Esch / Herrmann / Sattler
Marketing

Marketing

Eine managementorientierte Einführung

von

Prof. Dr. Franz-Rudolf Esch
Prof. Dr. Andreas Herrmann
Prof. Dr. Henrik Sattler

Verlag Franz Vahlen München

ISBN 3 8006 2695 0

© 2006 Verlag Franz Vahlen GmbH
Wilhelmstr. 9, 80801 München

Satz: Fotosatz Otto Gutfreund GmbH, Darmstadt
Druck und Bindung: Kösel GmbH & Co. KG,
Am Buchweg 1, 87452 Altusried-Krugzell
Umschlaggestaltung: simmel-artwork

Gedruckt auf säurefreiem, alterungsbeständigem Papier
(hergestellt aus chlorfrei gebleichtem Zellstoff)

Vorwort

Im letzten Jahr kamen in Deutschland mehr als 50.000 neue Produkte, rund 50.000 neue Marken und über 200 neue Marketingbücher auf den Markt.

Jetzt gibt es ein neues Marketing-Lehrbuch.

Wir wünschen Ihnen viel Spaß beim Lesen und danken unseren Mitarbeitern für ihre tatkräftige Unterstützung.

Mitgewirkt haben (v.l.n.r.): Frau Dr. Franziska Völckner, Herr Dipl.-Kfm. Mario Farsky, Herr Dipl.-Kfm. Felix Eggers, Frau Dipl.-Kffr. Gwen Kaufmann, Frau Dipl.-Kffr. Claudia Riediger, Herr Dipl.-Kfm. Christian Reinstrom, Frau Dipl.-Kffr. Sonja Kröger, Frau Veronika Hauser, Herr Dr. Tobias Langner, Herr Dipl.-Kfm. Jan Eric Rempel, Herr Dipl-Kfm. Christian Brunner, Herr Dipl.-Kfm. Kai Winter, Herr Dipl.-Kfm. Thorsten Möll, Frau Angelika Strass-Klingauf, Herr Dipl.-Kfm. Jan Rutenberg, Frau Dipl.-Kffr. Kristina Strödter, Frau Dipl-Kffr. Andrea Honal, Frau Dipl.-Kffr. Kerstin Hartmann und Frau Dipl.-Kffr. Eva Nentwich.

Wir freuen uns über Ihr Feedback.

Prof. Dr. Franz-Rudolf Esch
Institut für Marken- und
Kommunikationsforschung
Justus-Liebig-Universität
Gießen
Licher Straße 66
35 394 Gießen
Tel.: +49 641 99-22 401
Fax: +49 641 99-22 409
E-Mail: Marketing@
wirtschaft.uni-giessen.de

Prof. Dr. Andreas Herrmann
Zentrum für Business
Metrics
Universität St. Gallen
Guisanstraße 1 a
CH-9000 St. Gallen
Tel.: + 41 71 224-2131
Fax: + 41 71 224-2132
E-Mail: Andreas.Herrmann@
unisg.de

Prof. Dr. Henrik Sattler
Institut für Handel und
Marketing
Universität Hamburg
Von-Melle-Park 5
20 146 Hamburg
Tel.: +49 40 42838-6401
Fax: +49 40 42838-3650
E-Mail: uni-hamburg@
henriksattler.de

Inhaltsverzeichnis

Abbildungsverzeichnis

A. Manager für Marketing sensibilisieren

1. Revolution im Marketing

> *„Would you want your daughter to*
> *marry a marketing man?"*
> R. N. Farmer

Entwicklung des Marketings

Seit 6000 Jahren glaubt man, dass diejenigen, die Marketing betreiben, Künstler im schnellen und leichten Verdienen, gewissenlose Betrüger und Händler schäbiger Waren seien. Zu viele von uns sind sicher schon einmal jemandem ins Netz gegangen, und wir alle sind hin und wieder dazu angestachelt worden, alle möglichen Dinge zu kaufen, die wir nicht gebrauchen konnten und – wie wir später feststellen mussten – überhaupt nicht haben wollten. Diese Aussage traf Farmer im Jahr 1967 in seinem Beitrag „Would you want your daughter to marry a marketing man?" (Farmer, 1967, S. 1). Marketing wird selbst heute noch teilweise falsch verstanden und mit Verkauf und Werbung gleichgesetzt.

Das Marketingverständnis selbst hat sich allerdings grundlegend geändert. Es ist im Zeitablauf breiter geworden. Zudem weiß man heute, dass es beim Marketing eben nicht um den schnellen Verkauf geht, sondern darum, Kundenbedürfnisse bestmöglich zu befriedigen, um die Kunden langfristig an das Unternehmen zu binden, und dabei gleichzeitig die Gewinnziele des Unternehmens zu erfüllen.

Zunächst stand Marketing als Synonym für Verkaufen. Ziel und Aufgabe von Marketingaktionen war es demnach, Produkte und Dienstleistungen des Unternehmens am Markt zu vertreiben. Andere Funktionen und Bereiche, wie etwa die Produktion oder die Beschaffung, standen im Mittelpunkt des unternehmerischen Interesses. Mit dem Wandel vom Verkäufer- zum Käufermarkt stieg auch der Stellenwert des Marketings in Wissenschaft und Praxis. Heute hat sich in vielen Branchen eine konsequente Ausrichtung der gesamten Unternehmensführung auf den Markt durchgesetzt. Diese Entwicklung vollzog sich in mehreren Etappen (Abbildung 1).

Ihren Ursprung hat die wissenschaftliche Auseinandersetzung mit dem Marketingbegriff zu Beginn des 20. Jahrhunderts (Bartels, 1951). Vor allem der Verkauf von Produkten und Dienstleistungen war damals zentrale Komponente des Marketingverständnisses. Nach Beendigung des Zweiten Weltkrieges herrschte in Deutschland aufgrund der vorherrschenden Mangelsituation eine **Beschaffungsorientierung**. Produktion und Absatz richte-

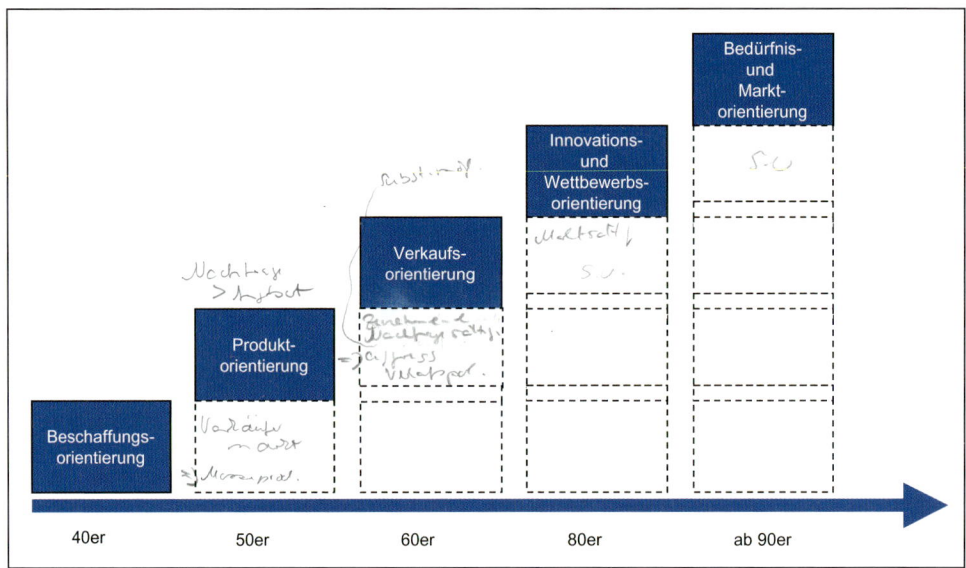

Abbildung 1: Entwicklungsphasen des Marketings
Quelle: in Anlehnung an Meffert, 2000, S. 10.

ten sich nach verfügbaren Rohstoffen und Betriebsmitteln. Das Nadelöhr war zu dieser Zeit nicht der Verkauf der Produkte, sondern vor allem die Sicherstellung regelmäßiger Lieferungen der Marktpartner.

In den Zeiten des wirtschaftlichen Aufschwungs der 50er Jahre orientierte sich das Marketing an den Produkten und der Produktion. Ziel dieser **Produktorientierung** war es, so viel wie möglich zu produzieren. Die Nachfrage überstieg das Angebot. Es lag also ein Verkäufermarkt vor. Massenproduktion und die Entwicklung rationeller Produktionstechnologien waren für diese Entwicklungsphase des Marketings kritische Erfolgsfaktoren.

Nach und nach traten Sättigungstendenzen auf der Nachfragerseite auf. Zudem erschwerte die wachsende Anzahl von Substitutionsmöglichkeiten den Absatz der Produkte. Es galt in der Phase der **Verkaufsorientierung**, die in Deutschland zeitlich etwa den 60er Jahren zuzuordnen ist, abzusetzen was produziert wurde. Dazu wurden verstärkt Werbung, aggressive Verkaufspolitik und Preispolitik eingesetzt.

Die zunehmende Marktsättigung sowie das steigende Einkommen und Konsumbewusstsein führten zu einer wachsenden Bedeutung von Innovationen. Forschung und Entwicklung wurden zu zentralen Bereichen der Unternehmensführung. Ziel dieser **Innovations- und Wettbewerbsorientierung** war es, durch einen erhöhten Investitionsaufwand eine Differenzierung gegenüber konkurrierenden Unternehmen zu erreichen und Wettbewerbsvorteile aufzubauen. Diese Phase ist in Deutschland zeitlich etwa in die 70er / 80er Jahre einzuordnen.

Die vollständige Entwicklung zum Käufermarkt vollzog sich in Deutschland ungefähr zu Beginn der 90er Jahre. Rahmenbedingungen, wie eine wachsende Globalisierung der

Märkte, Verkürzung der Produktlebenszyklen, austauschbare Produkte und Dienstleis-  tungen mit vergleichbaren Qualitäten sowie Sättigungserscheinungen bei den Kunden, führten zu einer noch stärkeren Marketingorientierung der Unternehmen. Dies beinhaltet eine konsequente Ausrichtung der Unternehmensführung an den Bedürfnissen der Kunden und am Markt. Die Maxime lautet nun, das zu produzieren, was man möglichst gewinnoptimal absetzen kann. Demnach werden künftig alle Aktivitäten des Unternehmens, inklusive der Forschung und Entwicklung, am Markt ausgerichtet.

Begriffsabgrenzung zum Marketing Definition

Die Entwicklungsphasen im Marketing reflektieren sich auch in der Vielzahl von Definitionen zum Marketing. Im Folgenden werden einige ausgewählte Begriffe vorgestellt.

Raffée (1979) orientiert sich bei seiner Definition an den Absatzmärkten. Er sieht „Marketing als Unternehmenskonzeption, bei der alle Aktivitäten auf **Absatzmärkte** hin ausgerichtet werden, ist Ausdruck einer ganz spezifischen Umweltkonstellation; diese ist dadurch charakterisiert, daß die **Absatzmärkte den Engpaß Nr. 1 bilden**" (Raffée, 1979, S. 4). Da sich Marketingaktivitäten jedoch bei weitem nicht mehr nur auf den Absatzmarkt beziehen, sondern auch beispielsweise Beschaffungsmärkte (Personal-, Beschaffungs-, Finanzmarketing usw.) im Fokus haben, erscheint diese Definition zu eng.

Meffert (2000) versteht unter Marketing die „... Planung, Koordination und Kontrolle aller auf die **aktuellen und potentiellen Märkte** ausgerichteten Unternehmensaktivitäten" (Meffert, 2000, S. 8). Durch die dauerhafte Befriedigung der Kundenbedürfnisse sollen die Unternehmensziele im gesamtwirtschaftlichen Güterversorgungsprozess verwirklicht werden. Diese Definition betont demnach den Anspruch des Marketings, immer dann, wenn der Engpass für Unternehmen im Markt liegt, eine marktorientierte Unternehmensführung zu betreiben. Der Fokus liegt jedoch noch auf Unternehmen.

Kotler und Bliemel (2001) erweitern diese Perspektive und beziehen das Marketing auf jede Form eines Austausches zwischen zwei Marktteilnehmern. Demnach ist Marketing „ein Prozess im Wirtschafts- und Sozialgefüge, durch den Einzelpersonen und Gruppen ihre **Bedürfnisse und Wünsche befriedigen**, indem sie Produkte und andere Dinge von Wert erzeugen, anbieten und miteinander austauschen" (Kotler/Bliemel, 2001, S. 24). Diese Definition umfasst auch Austauschprozesse zwischen nicht-kommerziellen Institutionen und einzelnen Personen.

Der Prozesscharakter des Marketings spiegelt sich in der Definition der American Marketing Association (AMA) wider. „Marketing is the process of planning and executing the conception, pricing, promotion and distribution of ideas, goods and services to **create exchanges** that satisfy individual and organizational objectives" (o. V., 1985). Demzufolge enthält Marketing sowohl unternehmensinterne Komponenten, in Form von Planungs- und Koordinationsprozessen, als auch unternehmensexterne Facetten, die durch die Austauschprozesse zwischen den Individuen und der Organisation auftreten. Im Jahr 2004 erweiterte die AMA die Definition des Marketings wie folgt, „Marketing is an organizational function and a set of processes for creating, communication and delivering value to customer and for managing customer relationships in ways that benefit the organization and its stakeholders" (AMA, 2004).

Der Deutsche Marketing-Verband verbindet in einer Definition von Esch diese Perspektiven wie folgt: Marketing im Sinne einer marktorientierten Unternehmensführung kennzeichnet die Ausrichtung aller relevanten Unternehmensaktivitäten und -prozesse auf die Wünsche und Bedürfnisse der Anspruchsgruppen (Deutscher Marketing-Verband, 2001, S. 5).

Nieschlag, Dichtl und Hörschgen (2002) stellen den Dominanzanspruch des Marketings in den Mittelpunkt ihrer Definition. Dieser besagt, dass die Absatz- und Marktorientierung aller betriebswirtschaftlichen Teilbereiche des Unternehmens auch auf die innerbetriebliche Leistungserstellung zurückwirkt, die sich ebenfalls am Markt orientieren muss. Marketing ist demnach die konsequente „... Ausrichtung aller unmittelbar und mittelbar den Markt berührenden Entscheidungen an den Erfordernissen und Bedürfnissen der Verbraucher bzw. Bedarfsträger ... (Marketing als Maxime)". Man ist dabei unablässig herausgefordert, sich auf den Nutzen, den eine Leistung den Abnehmern vermittelt, zu konzentrieren und ein Höchstmaß an Kundenzufriedenheit zu erreichen. Dies stellt ebenso ein Ergebnis des gezielten Einsatzes von Instrumenten (Marketing als Mittel) und einer systematischen Entscheidungsfindung (Marketing als Methode) dar (Nieschlag/Dichtl/Hörschgen, 2002, S. 14 f.).

Marketing kann demnach als **Maxime** verstanden werden, wenn alle Entscheidungen an den Erfordernissen des Marktes und Bedürfnissen der Abnehmer ausgerichtet werden. In diesem Sinne ist Marketing als Grundhaltung der Unternehmensführung zu verstehen.

Marketing kann weiterhin als **Mittel** gelten. Durch den koordinierten Einsatz marktbeeinflussender Instrumente des Marketing-Mix sollen dauerhaft Präferenzen geschaffen und Wettbewerbsvorteile aufgebaut werden.

Im Sinne der Anwendung systematischer, moderner Techniken kann Marketing außerdem als **Methode** verstanden werden, um durch Strategieverfahren und Marketingtechniken einen Beitrag zur bestmöglichen Entscheidung und deren Grundsätzen sowie durch systematische Analyseverfahren und Marketingtechniken einen Beitrag zur bestmöglichen Entscheidung und deren Realisation zu leisten (Nieschlag/Dichtl/Hörschgen, 2002, S. 14 f.).

All diese unterschiedlichen Marketingdefinitionen weisen zwei grundlegende Gemeinsamkeiten auf (Meffert, 2000, S. 10):

- Eine Transaktion zwischen Marktteilnehmern findet nur dann statt, wenn diese für alle Parteien von Vorteil ist **(Gratifikationsprinzip)**.
- Die Knappheit der Güter und Dienstleistungen bestimmt das Verhalten der Marktteilnehmer **(Knappheitsprinzip/Engpassorientierung)**.

Zentrale Anforderungen an das Marketing

Von zentraler Bedeutung für das Marketing ist dabei die Identifizierung von Kunden-wünschen und die Orientierung des Marketings an diesen (Drucker, 1954, S. 37; Levitt, 1986, S. 127 f.). Darüber hinaus verdeutlichen die Definitionen, dass der Kunde im Mittel-punkt des Marketings steht.

> Unter **Kundenorientierung** versteht man die **genaue Kenntnis der Wahrnehmungen, Er-fahrungen, Einstellungen sowie Erwartungen des Kunden** und die Bereitstellung eines **aus Kundensicht zufrieden stellenden** Leistungsangebotes, welches die Ziele und Be-dürfnisse des Kunden **besser erfüllt als das der Konkurrenz und gleichzeitig Unter-nehmensgewinnziele realisiert.**

Dabei genügt es nicht, Leistungen, die objektiv gegenüber konkurrierenden überlegen sind, anzubieten. Sie müssen auch von den Kunden subjektiv wahrgenommen werden. Objektiv können viele Biere frisch und natürlich sein. Subjektiv wird jedoch gerade Beck's als frisches und herbes Bier von den Kunden wahrgenommen. Dies wird nicht zuletzt durch die grüne Flasche und die maritime Welt von Beck's Bier bewirkt (Esch, 2005 a, S. 510; siehe auch Kapitel E.1.).

Die Orientierung an den Wünschen und Bedürfnissen der Konsumenten ist Grundlage für das Marketing. **Charles Revlon von Revlon Inc. brachte diese Denkweise auf den Punkt:**

> **„In the factory we make cosmetics. In the store we sell hope"** (Levitt, 1986, S. 127).

Es geht also nicht darum, dem Konsumenten eine Zusammensetzung verschiedener In-halts- und Wirkungsstoffe zu verkaufen, sondern die Bedürfnisse der Konsumenten an-zusprechen und diesen zu vermitteln, dass das Produkt geeignet ist, ihre Bedürfnisse zu befriedigen. Generell kann dabei zwischen **emotionalen** (z. B. nach Liebe oder Geborgen-heit) und **rationalen Bedürfnissen** (z. B. Bedürfnis nach finanzieller Sicherheit) unter-schieden werden. Welches Bedürfnis für Kunden überwiegend relevant ist, hängt von vie-len Faktoren ab, wie z. B. dem jeweiligen Markt, der Vergleichbarkeit der Angebote und Leistungen, dem Kundeninteresse usw.

Neben der Orientierung an den Bedürfnissen und Wünschen der Kunden muss aus Un-ternehmenssicht eine Differenzierung der Kunden vorgenommen werden. Es gilt, die Kundenorientierung insbesondere auf die Zielkunden auszurichten. Grundsätzlich muss dabei zwischen **Stamm-** und **Neukunden** unterschieden werden. Es gilt zu beachten, dass es typischerweise teurer ist, Neukunden zu akquirieren als bereits vorhandene Kunden zu halten.

> **Die Akquisitionskosten von Neukunden sind meist um ein Vielfaches höher als die Kosten zur Beibehaltung von Stammkunden.**

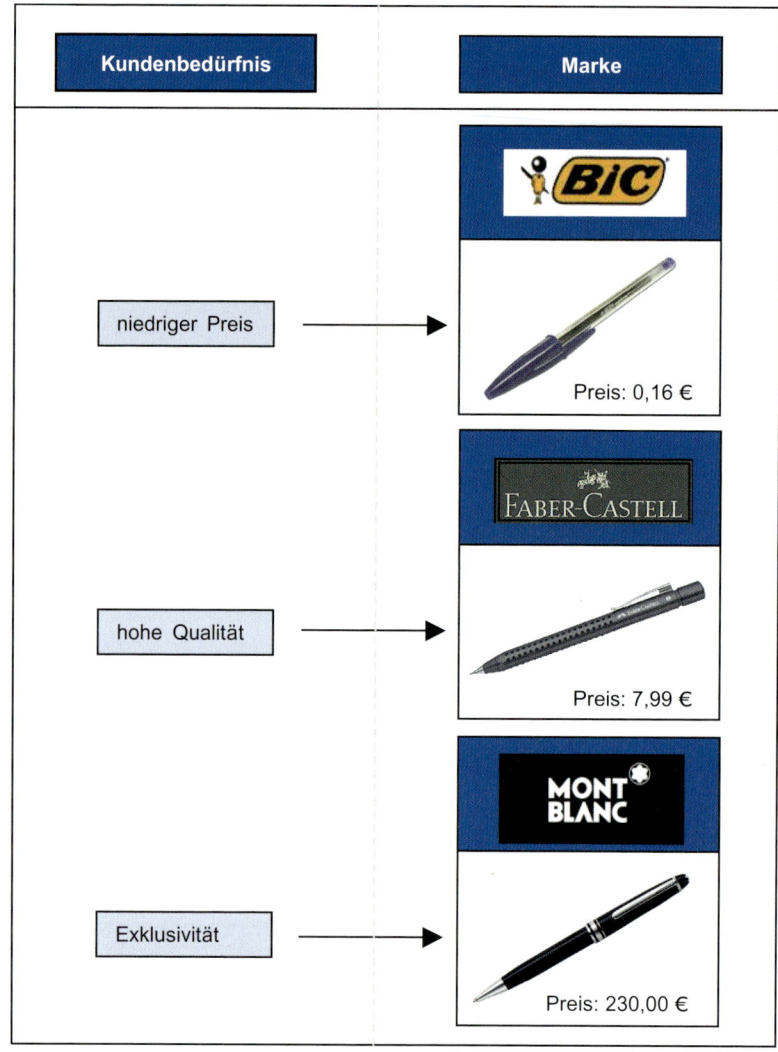

Abbildung 2: Kundenbedürfnisse und Markenwahl

Wichtig ist es, in diesem Zusammenhang den **„Buying Cycle"** des Kunden zu begleiten und die Kundenkontakte auf allen Ebenen zu verbessern. Um den Kunden optimal zu betreuen und seinen Bedürfnissen gerecht zu werden, müssen Kontaktpunkte zwischen Unternehmen und Kunden definiert und analysiert werden. Der „Buying Cycle" gibt den gesamten Ablauf des Verkaufs und der Auftragsabwicklung sowie die Kontaktpunkte mit dem Kunden wieder (Abbildung 3). Zu Beginn des Zyklus kennt der Kunde den Anbieter noch nicht. Im weiteren Verlauf entstehen Verkaufskontakte, auf die Auftragsabwicklung und Serviceleistungen folgen. Am Ende steht die allgemeine Beziehungspflege zu den Kunden. Grob kann der Zyklus in vier Phasen unterteilt werden: Die Kontakt-, die Evaluations-, die Kauf- und die Nutzungsphase. Einen allgemein gültigen Buying Cycle

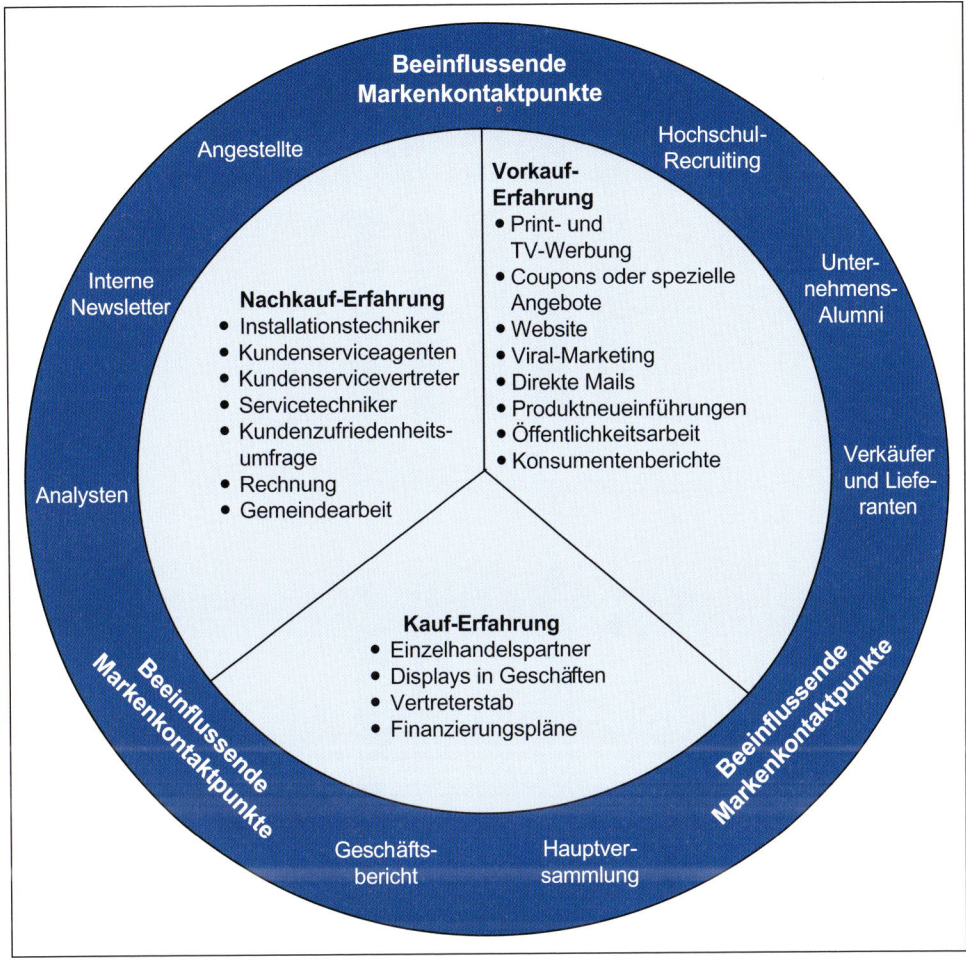

Abbildung 3: Der „Buying Cycle"
Quelle: modifiziert und erweitert in Anlehnung an Davis/Dunn, 2002, S. 61; Esch, 2005 a, S. 138.

gibt es nicht. In der Praxis existiert für jedes Unternehmen mindestens ein individueller Zyklus. Bei verschiedenen Angeboten können auch mehrere Buying Cycles für ein Unternehmen entstehen. Darüber hinaus gibt es starke Heterogenität zwischen den Kunden.

Kundenorientierung erfordert Investitionen. **Marktinvestitionen** sind dabei zu behandeln wie Investitionen in das Sachkapital (z. B. Anschaffung neuer Maschinen). Marktinvestitionen dienen u. a. dem Aufbau und der Stärkung des Marken- und des Kundenwertes. Dabei erfordern diese Investitionen eine langfristige Planung und eine regelmäßige Kontrolle. Es gilt zu beachten, dass Marktinvestitionen nicht kurzfristig wirken, sondern eine zeitliche Verzögerung, ein so genanntes „time lag", einkalkuliert werden muss (Abbildung 4; siehe hierzu auch Kapitel E. 6.). So ist nicht zu erwarten, dass Markenwerbung, die heute gesendet wird, auch unmittelbar zum Kauf der Marke führt. Vielmehr müssen

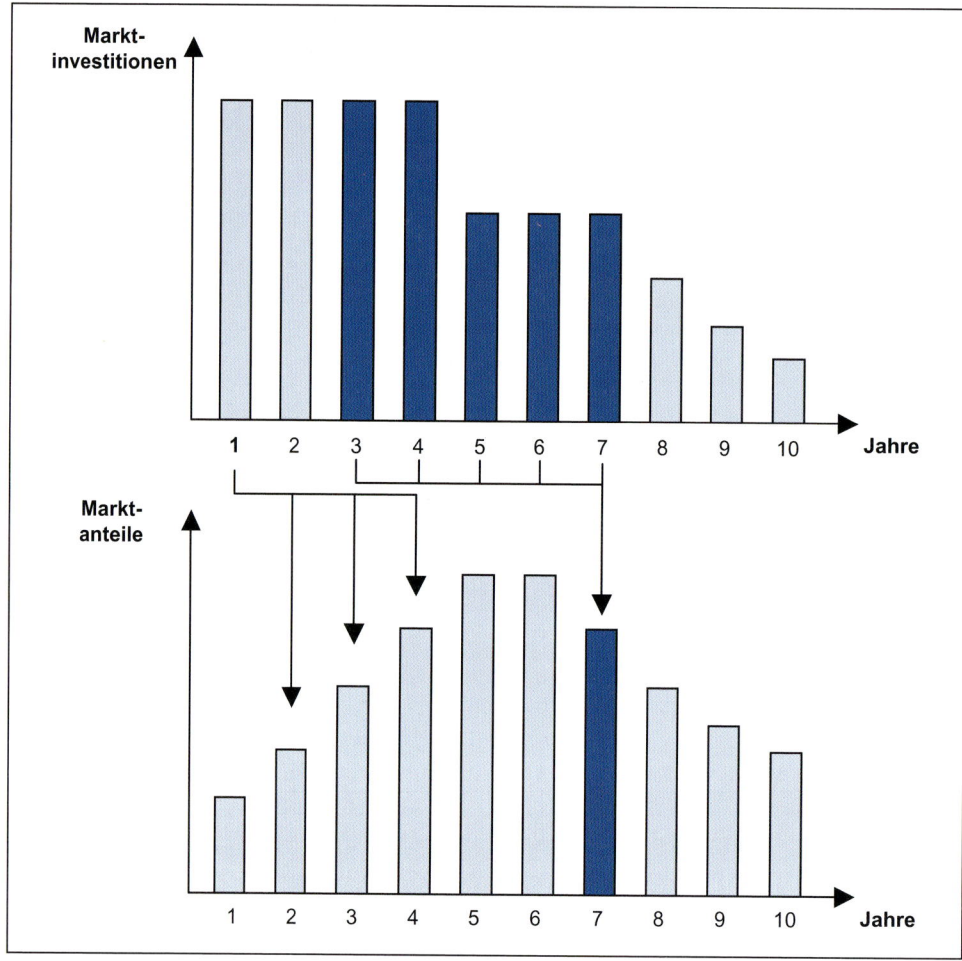

Abbildung 4: Marktinvestitionen und Marktanteile
Quelle: Slywotzky/Shapiro, 1994.

durch wiederholte Kontakte eine Markenbekanntheit und ein Markenimage aufgebaut werden, welche dann – bei entsprechender Relevanz für die Kunden – zum Kauf führen.

Beschreibung der Märkte für das Marketing

Um im weiteren Verlauf dieses Kapitels näher auf den Zusammenhang verschiedener Marktkennzahlen eingehen zu können, ist zunächst der Begriff Markt zu klären (Kotler/Bliemel, 2001).

Räumlich fixierte Märkte: Klassische Beispiele sind der Viktualienmarkt in München oder der Fischmarkt in Hamburg. Diese beziehen sich auf ein bestimmtes territoriales Gebiet und finden immer an der gleichen Stelle statt.

Grundsätzlich kann ein Markt als das Aufeinandertreffen von Angebot und Nachfrage definiert werden (z. B. Arbeits-, Güter- oder Wohnungsmarkt). Je nachdem, ob man zu den Verkäufern oder den Käufern zählt, befindet man sich auf dem **Absatz-** oder **Beschaffungsmarkt.**

Absatzmärkte können wiederum in Konsumgüter-, Dienstleistungs- und Industriegütermärkte gegliedert werden. Von **Konsumgütern** spricht man, wenn es sich entweder um ein Gebrauchsgut (z. B. Rasierapparat) oder ein Verbrauchsgut (z. B. Lebensmittel) handelt. Typische Merkmale dieser Märkte sind der originäre Bedarf der Nachfrager, die große Zahl an potenziellen Konsumenten, viele kleine Einzelkäufe, die Anonymität des Marktes und der relativ geringe Informationsstand bei den Nachfragern. Im Normalfall sind Käufer von Konsumgütern eher gering involviert und verwenden nur wenig gedankliche Anstrengung beim Kauf der Produkte. Mitunter reicht nur das Wiedererkennen einer Marke am Point of Sale aus, um die Konsumenten zum Kauf des Produktes zu veranlassen. Bei **Industriegütern** (z. B. Maschinen, Produktionsanlagen) leitet sich der Bedarf in besonderem Maße aus den Bedürfnissen der Kunden ab. Auf diesen Märkten existiert nur eine kleine Zahl potenzieller Nachfrager. Meistens bestehen feste Geschäftsbeziehungen und direkte Kontakte zwischen den Marktteilnehmern. Der Markt ist weniger anonym als bei den Konsumgütern und der Informationsstand bei den Käufern ist höher. Sie treffen in der Regel fundierte und formalisierte Kaufentscheidungen, in die oft mehrere Personen einbezogen werden. Dies alles führt zu einem lang andauernden Kaufentscheidungsprozess. **Dienstleistungsmärkte** haben hingegen intangible Güter zum Gegenstand. Dazu zählen klassische Branchen, wie Versicherungen, Banken, Handelsunternehmen, Beratungen, aber auch Friseure und Schneider. Die Grenzen zwischen den verschiedenen Bereichen verschwimmen zunehmend. Ein Hersteller wie die Heidelberger Druckmaschinen AG, die Druckmaschinen produziert, vermarktet auch zunehmend Servicedienstleistungen zur Rundum-Betreuung der Kunden. Das Gleiche gilt für Unternehmen wie die Telekom, die im Rahmen der Telefonie eine Dienstleistung erbringt, gleichzeitig jedoch auch Produkte (Telefone, Faxgeräte usw.) vermarktet.

Grundlegend kann man auch zwischen B2C- (Business to Consumer) sowie B2B-Märkten (Business to Business) unterscheiden. Konsumgütermärkte sind klassische B2C-Märkte. Hingegen können sich Dienstleistungen sowohl an Konsumenten (z. B. Lebensversicherungen, Friseur usw.) als auch an Geschäftskunden richten (Unternehmensberatung, Versicherung für Unternehmen oder Absicherung des Risikos von Versicherungen).

Bei den bisherigen Ausführungen handelt es sich um Grobklassifikationen im Markt nach bekannten Kriterien. Zur wahren Spezifikation impliziert der Marktbegriff im Marketing grundlegend den Bezug auf die **Bedürfnisse** der Kunden. Ein Markt gilt demnach als eine Menge potenzieller Kunden „. . . mit einem bestimmten Bedürfnis oder Wunsch, die willens oder fähig sind, durch einen Austauschprozess das Bedürfnis oder den Wunsch zu befriedigen" (Kotler/Bliemel, 2001, S. 19).

Um herauszufinden, welche Märkte für Unternehmen relevant sind, also wer als Wettbewerber oder Kunde in Betracht kommt, kann man einen Top-down- oder einen Bottom-up-Ansatz verfolgen (Day, 1984, S. 83).

Der **Top-down-Ansatz** setzt im Unternehmen selbst an. Ausgangspunkt sind die vorhandenen Ressourcen. Märkte werden definiert als Bereiche, auf denen Unternehmensressourcen Erfolg versprechend eingesetzt werden können. Der Schwerpunkt der Betrachtung liegt in den Vorteilen des Unternehmens gegenüber den Wettbewerbern in Hinblick auf Kosten, Erfahrung, Know-how usw. Als (neue) Teilmärkte werden demnach diejenigen identifiziert, in denen das Unternehmen beispielsweise neue Technologien oder die Schwächen von Wettbewerbern nutzen kann, also vorhandene Vorteile gegenüber den Konkurrenten ausspielen kann (Day, 1984, S. 84). Dies ist beispielsweise ein Weg, den der Chip-Hersteller Intel beschreitet.

An den Bedürfnissen der Konsumenten setzt hingegen der **Bottom-up-Ansatz** an. Um relevante Teilmärkte zu identifizieren, sucht das Unternehmen nach neuen oder bisher unbefriedigten Bedürfnissen der Konsumenten. Im Mittelpunkt der Betrachtung steht die Wahrnehmung des Produktnutzens aus subjektiver Sicht des Kunden im Vergleich zum Wettbewerb. Entscheidend ist also nicht der reale Produktnutzen, sondern die Wahrnehmung der Konsumenten. Märkte gelten demnach als sich verschiebende Gruppierungen von Kundenwünschen. So deckt beispielsweise Schwartau in der Produktkategorie Konfitüren durch die Produktlinien Schwartau Extra, Schwartau Extra Wellness, Schwartau Samt, Schwartau Diät-Genuss und Schwartau Spezialitäten verschiedene Konsumentenbedürfnisse ab.

Zur Beschreibung und Analyse eines (relevanten) Marktes wird auf verschiedene Größen zurückgegriffen. Abbildung 5 zeigt den Zusammenhang zwischen den Marktgrößen Marktpotenzial, Marktvolumen und Absatzvolumen.

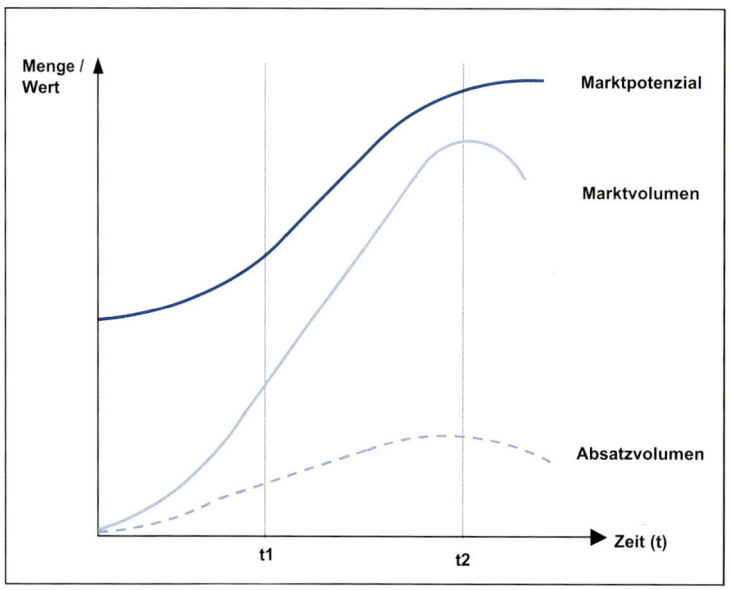

Abbildung 5: Marktpotenzial, Marktvolumen und Absatzvolumen
Quelle: in Anlehnung an Meffert, 1992, S. 334; GfK 2004.

Als **Marktpotenzial** wird die Aufnahmefähigkeit des Marktes für ein bestimmtes Produkt bezeichnet, also die maximal erreichbare Absatzmenge bzw. der maximal erzielbare Umsatz, wenn alle potenziellen Kunden ihren Bedarf decken würden. Das **Marktvolumen** gibt die prognostizierte oder realisierte Absatzmenge einer Branche in einer Periode an. Als **Absatzpotenzial** beschreibt man den Anteil am Marktpotenzial, den ein einzelnes Unternehmen maximal erreichen kann. Das **Absatzvolumen** ist die Gesamtheit der erzielten Absatzmenge eines Unternehmens. Der **Marktanteil** errechnet sich dann aus dem Verhältnis zwischen Absatzvolumen und Marktvolumen. Er kann mengen- oder wertmäßig berechnet werden (Meffert, 2000, S. 171).

Bei der Messung des Marktanteils können sich verschiedene Probleme ergeben:

- **Definition und Abgrenzung des Produktes**
  Vor allem bei Unternehmen/Konzernen mit einem breiten oder tiefen Produktprogramm kann es zu Schwierigkeiten bezüglich der Abgrenzung des zu messenden Marktanteils kommen. Es ist daher notwendig, von vornherein die Zielgrößen genau zu definieren und abzugrenzen. Beispielsweise müsste VW festlegen, ob der Marktanteil für den Konzern, für eine der Marken (VW, Audi, Skoda,...), für eine bestimmte Subbrand (Passat, Golf, Polo,...) oder, noch spezieller, für bestimmte Fahrzeugtypen (VW-Golf-Limousine, VW-Golf-Variant) gemessen wird. Je nach Produktabgrenzung ergibt sich auch ein unterschiedliches Wettbewerbsumfeld.

- **Definition und Abgrenzung des Marktes**
  Probleme können sich auch hinsichtlich der Abgrenzung des zu betrachtenden Marktes ergeben. So kann beispielsweise die regionale Abgrenzung (Weltmarkt, europäischer Markt, deutscher Markt,...) oder die Abgrenzung in Bezug auf relevante Produktmerkmale Schwierigkeiten bereiten (Pkw-Markt gesamt oder Markt für exklusive Pkws) (Abbildung 6).

- **Festlegung des Bezugszeitpunktes**
  Auch die genaue Festsetzung des Bezugszeitraums kann bei der Berechnung des Marktanteils Probleme bereiten. So können saisonale Schwankungen bei kurzfristiger Betrachtung zu Verzerrungen führen, bei zu langen Betrachtungsphasen wiederum werden Veränderungen erst zu spät wahrgenommen, und Maßnahmen zum Entgegensteuern werden dann unter Umständen zu spät ergriffen.

Ist das vorhandene Marktpotenzial deutlich größer als das Marktvolumen, spricht man von wachsenden Märkten. Die (potenzielle) Nachfrage liegt demnach über dem derzeitigen Angebot. Unternehmen, die auf stark wachsenden Märkten agieren, können von dem Marktwachstum profitieren. Sie wachsen mit dem Markt. Marktanteile lassen sich relativ leicht gewinnen. In stark wachsenden Märkten ist der Preisvorteil von Seiten der Abnehmer und Wettbewerber geringer. Es lassen sich für die Unternehmen leichter Gewinne erzielen. Ein Beispiel für einen wachsenden Markt ist der für Notebooks oder DVD-Brenner. Häufig finden sich auf wachsenden Märkten echte Innovationen.

Bei **gesättigten Märkten** ist hingegen das Marktpotenzial durch das Marktvolumen ausgeschöpft. Umsatz- bzw. Absatzzuwächse sind nicht durch Marktwachstum möglich. Eine Steigerung des Marktanteils ist nur auf Kosten der Konkurrenz realisierbar. Dementspre-

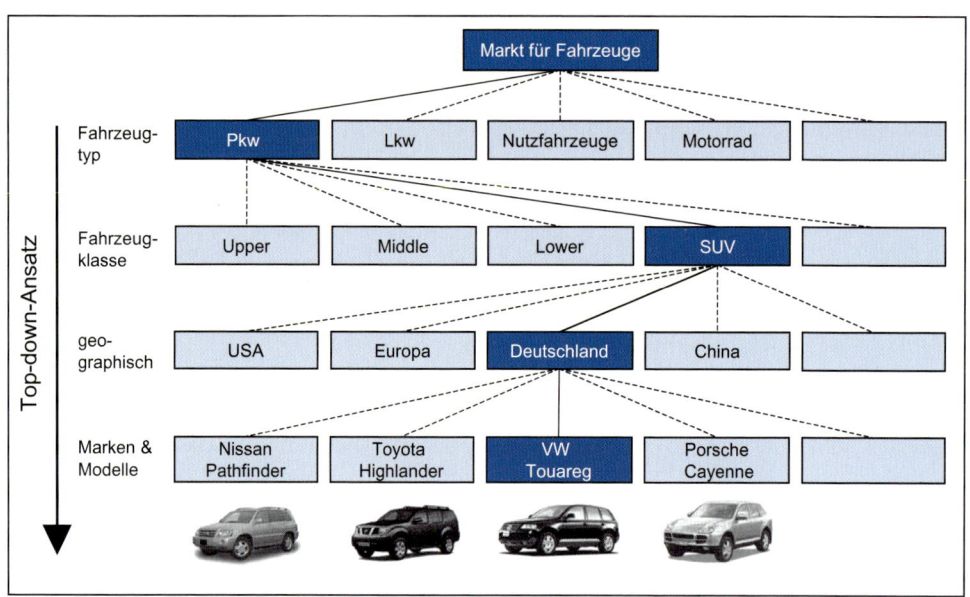

Abbildung 6: Abgrenzung des relevanten Marktes für Automobilhersteller

chend hart ist der Verdrängungswettbewerb unter den Unternehmen. Die Produktqualität ist auf gesättigten Märkten ausgereift und bei allen Anbietern annähernd gleich. Die Konsumenten können sich auf gute Qualität verlassen. Eine Differenzierung der Angebote ist daher über reine Produktmerkmale nur noch eingeschränkt möglich. Konsumenten kaufen verstärkt erlebnisbetonte Produkte oder preisbewusst. Rund 75 % aller Märkte gelten als gesättigt (Harrigan, 1989, S. 23 f.; Boston Consulting Group, 2004, S. 7 f.). Abbildung 7 stellt die verschiedenen Phasen, die Märkte in ihrer Entwicklung durchlaufen, dar.

Um erfolgreich am Markt agieren zu können, müssen Unternehmen die anderen **Marktteilnehmer** analysieren. Zu den Teilnehmern zählen Anbieter, Nachfrager, Lieferanten und Absatzmittler. Des Weiteren wird das Unternehmen durch andere Triebkräfte des Marktes beeinflusst, wie etwa durch den Staat, die Infrastruktur oder gesellschaftliche Rahmenbedingungen. Typische Beispiele sind die Gesetzgebungen zum Dosenpfand, die erhebliche Auswirkungen auf die Bierbrauer hatten, die Harmonisierung von EU-Richtlinien, die sich beispielsweise auf Vorgaben zur Werbung oder zur Preisharmonisierung beziehen, kulturelle Unterschiede zwischen Japan, China und Deutschland oder die Diskrepanzen in der Ausstattung mit Telefonen und Handys in China und Europa.

Die Beachtung und Analyse der Marktteilnehmer kommt auch in einem speziellen Managementkonzept zum Ausdruck, dem Stakeholder Ansatz (siehe hierzu auch Kapitel D.). Unter **Stakeholdern** versteht man Bezugspersonen bzw. -gruppen, die Einfluss auf das Unternehmen ausüben oder von diesen beeinflusst werden können. Es handelt sich also um die Mitwirkenden und Betroffenen einer geschäftlichen Betätigung. Stakeholder können somit Eigentümer, Banken, Mitarbeiter, Management, Gewerkschaften, Staat, Parteien, Verbände, Medien, öffentliche Meinung, Kooperationspartner, Lieferanten und

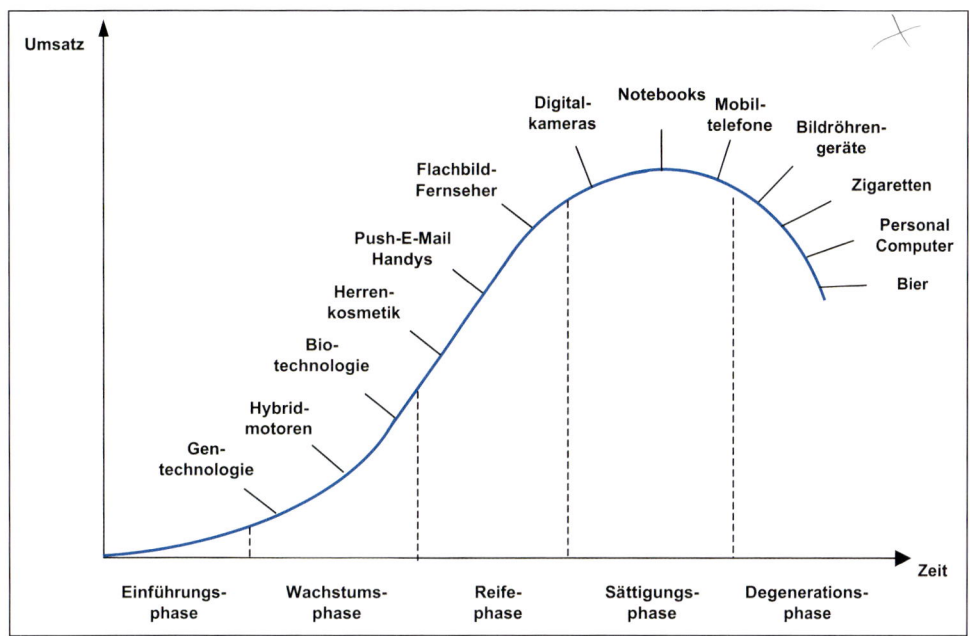

Abbildung 7: Entwicklungsphasen von Märkten
Quelle: in Anlehnung an Cox, 1967, S. 377.

Kunden sein. Dementsprechend ist bei der Unternehmensführung jeweils zu berücksichtigen, wie Maßnahmen von den Stakeholdern beurteilt und bewertet werden, wie sie die Ziele und Werte der Stakeholder beeinflussen und inwiefern diese davon betroffen sind und entsprechend reagieren.

Unternehmen in Marktwirtschaften berücksichtigen primär das Wohl und den Willen der Unternehmenseigentümer. Es setzt sich allerdings vermehrt die Erkenntnis durch, dass nur dann ausreichende Gewinne für die Eigentümer erwirtschaftet werden können, wenn auch die Interessen der anderen Stakeholder einbezogen werden. Dem Stakeholder-Ansatz ist der Shareholder-Value-Ansatz gegenüberzustellen. Bei den **Shareholdern** handelt es sich um die Anteilseigner, der Value bezeichnet den Vermögenswert der Anlage. Bei dieser Firmenstrategie werden im Gegensatz zum Stakeholder Value vor allem die Interessen der Anteilseigner (z. B. Aktionäre) berücksichtigt und weniger die Interessen anderer Gruppen wie Mitarbeiter oder Lieferanten. Auch der Unternehmenswert wird somit aus Sicht der Anteilseigner betrachtet. Das heißt, Ziel der Unternehmenspolitik ist es, primär den Gesamtwert des Unternehmens zu steigern. Der Vorstand einer Aktiengesellschaft, mit einer auf Shareholder Value ausgerichteten Unternehmenspolitik, wird bestrebt sein, den Kurs, z. B. der Aktie, bzw. die Aktienrendite zu maximieren. Eigentlich ist das Shareholder-Value-Konzept langfristig ausgerichtet. In der Praxis wird es allerdings oft kurzfristig interpretiert mit der Folge, dass das quartalsweise Ergebnisdenken die langfristige Ausrichtung im Sinne der Sicherung des Unternehmens und die Erzielung des Gewinns überstrahlt.

Erweiterung und Vertiefung des Marketings

Die Betrachtung der verschiedenen Marktteilnehmer verdeutlicht, dass das Marketing weit über die Orientierung am Kunden als alleinigen Fokus hinausgeht. Durch einen ständigen Wandel und somit vielschichtige Veränderungen der Unternehmensumwelt (z. B. Konsumentenbewegungen, Umweltschutz, Energiekrise oder Politik) soll im Marketinghandeln vermehrt gesellschaftliche Verantwortung übernommen werden. Somit ist eine traditionelle Mikro-Orientierung (Kunden bzw. Markt) durch eine Makro-Orientierung (Gesellschaft, Umwelt) zu vertiefen. Dies führt Ende der 60er Jahre auch zu einer Neuorientierung des kommerziellen Marketings, welche als Deepening und Broadening des Marketings bezeichnet wird (Abbildung 8).

Unter **Deepening** (the concept of marketing) versteht man die Vertiefung des kommerziellen Marketings bzw. eine Vertiefung der Zielinhalte desselben. Marktentscheidungen sollen nicht ausschließlich nach ökonomischen Kriterien ausgerichtet werden, sondern es sollen auch ökologische, humanistische und ethische Kriterien weiter in den Fokus gerückt werden. Diese Orientierung hat zwar ihren Ursprung in einer Sensibilisierung der Öffentlichkeit für Fragen des Umweltschutzes, betrifft mittlerweile aber auch das Human Concept of Marketing, Verbrauchsinteressen und die Zielgruppe der Mitarbeiter durch internes Marketing (Enis, 1973).

Das **Broadening** hingegen beschreibt die Ausweitung des klassischen Marketinggedankens und die Übertragung auf andere Bereiche, in denen Marketingorientierung bisher nur in seltenen Ausnahmefällen anzutreffen war. Die Grundgedanken und Instrumente

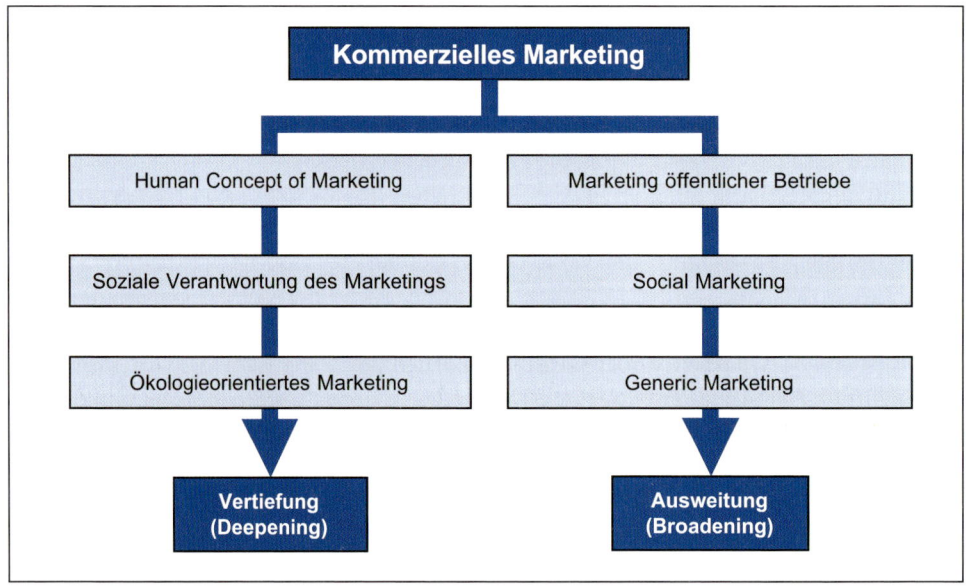

Abbildung 8: Deepening und Broadening des kommerziellen Marketings
Quelle: in Anlehnung an Wehrli, 1981, S. 51.

des Marketings lassen sich also nicht nur auf kommerzielle, sondern auch auf öffentliche und nicht-kommerzielle Organisationen übertragen bzw. anwenden, wie z. B. im Bereich des Non-Business-Marketing (Theater, Museen, Städte, Verbände) und des Generic Marketing (Marketing als Gestaltungsform für alle sozialen Interaktionen). Unter dieses Konzept würde z. B. die Anwendung des klassischen Marketinggedankens auf kommunale Abfallwirtschaftsbetriebe oder auf kirchliche Einrichtungen fallen (Kotler/Levy, 1969).

Bei Nonprofit-Unternehmen handelt es sich z. B. um nicht-erwerbswirtschaftlich orientierte Organisationen und Institutionen, die nicht bzw. nur teilweise unter Wettbewerbsbedingungen agieren. Sie verkaufen nicht-individuell nutzbare Güter oder Dienstleistungen gegen mindestens kostendeckende Preise, um Gewinn und Rentabilität zu erzielen. Unter diesen Bereich fallen öffentliche Verwaltungsbetriebe und private Nonprofit-Organisationen, wie z. B. Vereine, Verbände, Stiftungen, Wohlfahrtsorganisationen, Clubs, Kirchen oder Parteien. Grenzformen stellen Genossenschaften und Kammern dar (Kotler, 1978, S. 4; Bruhn, 2005, S. 33). Die Übertragung des Marketings auf diese Bereiche wird auch als **Nonprofit-Marketing** bezeichnet. Beispiele für ein solches nicht-kommerzielles Marketing sind die Gib-Aids-keine-Chance-Anzeigen der Bundeszentrale für gesundheitliche Aufklärung oder eine Anti-Rauchen-Werbekampagne in den USA (Abbildung 9).

Abbildung 9: Beispiele für Nonprofit-Marketing

Das Konzept des **Social Marketing** fällt ebenfalls unter das Broadening, welches auf Arbeiten von Philip Kotler in den 70er Jahren basiert. Es handelt sich hierbei um ein Marketing für soziale Ziele (und wird damit in Bezug auf die Inhalte definiert), das dem Marketing für öffentliche Betriebe (das sich auf Institutionen, wie z. B. öffentliche Verwaltungen, Unternehmen und Vereinigungen bezieht) gegenübergestellt wird (Kotler, 1972).

Sowohl das Social Marketing als auch das klassische Marketing weisen als Gemeinsamkeiten das Gratifikations- und das Knappheitsprinzip auf. Während das Gratifikationsprinzip besagt, dass lediglich Marktprozesse zustande kommen, wenn sie allen Beteiligten Nutzen versprechen, beschreibt das Knappheitsprinzip, dass beim Streben nach Austauschprozessen die Knappheit von Gütern bzw. Dienstleistungen das Verhalten der Marktparteien determiniert (Meffert, 2000, S. 1277).

Es lassen sich im Gegensatz zum klassischen Marketing drei wichtige **Besonderheiten** des Social Marketing feststellen (Bruhn, 2005, S. 41 ff.). Erstens sehen soziale Marketingorganisationen ihre primäre Aufgabe darin, die Interessen ihrer Zielmärkte oder der Gesellschaft allgemein zu fördern. Die bei Unternehmen im Vordergrund stehende Gewinnerzielungsabsicht stellt dagegen zumeist eine notwendige Nebenbedingung zur Verfolgung der primären Ziele dar (z. B. müssen auch SOS-Kinderdörfer finanziert werden). Zweitens sind Produkte nicht immer mit denen kommerzieller Organisationen gleichzustellen (neben Produkten und Dienstleistungen werden auch Interessen, Ideen und Werte von nichtkommerziellen Organisationen angeboten). Drittens wird im Social Marketing nicht zwingend die Erhöhung der Nachfrage verfolgt.

Theoretische Ansätze zum Marketing

Betrachtet man den theoretischen Zugang zum Marketing, so lassen sich eher klassische, neuere und solche Ansätze unterscheiden, die in Zukunft vermehrt diskutiert werden (Meffert, 2000, S. 19 ff.; Homburg/Krohmer, 2003; Abbildung 10).

Die institutions- und warenorientierten Ansätze zählen zu den ältesten der Marketingwissenschaft. Gegenstand der **institutionenorientierten Forschung** bildet die Deskription, Klassifikation und Erklärung empirisch relevanter absatzwirtschaftlicher Institutionen (Schäfer, 1950). Einen Schwerpunkt dieses Ansatzes bildet die Auseinandersetzung mit verschiedenen Betriebsformen des Handels (Nieschlag, 1954).

Der **warenorientierte Ansatz** stellt Produkte und Produkttypologien in den Mittelpunkt der marketingbezogenen Analyse (Koppelmann, 1973). Ausgehend von der Identifika-

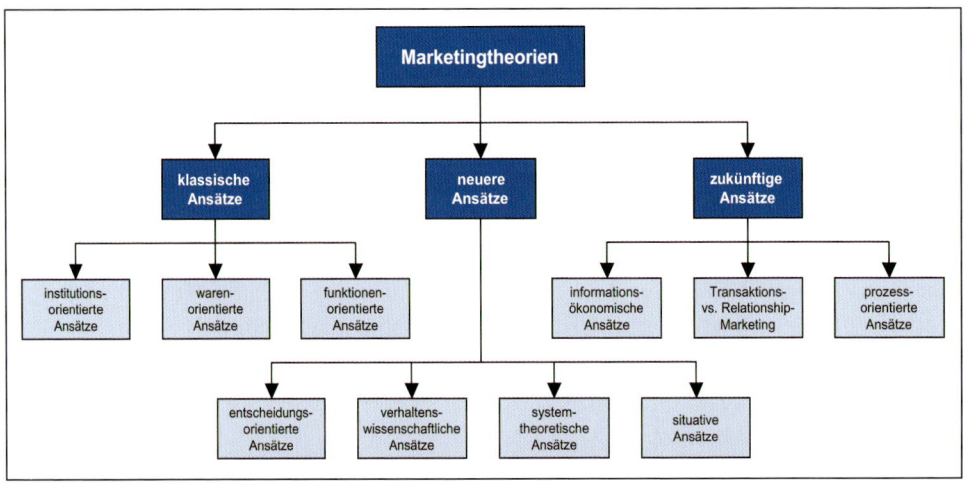

Abbildung 10: Marketingtheorien im Überblick

tion spezifischer Produkteigenschaften werden für einzelne Produktkategorien Besonderheiten der Ausgestaltung des Marketings abgeleitet, wie sich dies in den 70er Jahren für die Kategorien Konsumgüter, Investitionsgüter und Dienstleistungen durchgesetzt hat.

Der **funktionenorientierte Ansatz** beschreibt einzelne Funktionen des Marketings, z. B. nach objektbezogenen, inhaltlichen, zeitlichen und räumlichen Gesichtspunkten (Leitherer, 1989).

Bei den Ansätzen der modernen Marketingtheorie lassen sich im Wesentlichen vier Ansätze unterscheiden.

Das Erkenntnisziel des **entscheidungsorientierten Marketingansatzes** ist die zielorientierte Erstellung des Marketingprozesses. Die Entscheidungssituationen lassen sich durch drei Merkmale kennzeichnen:
- Zielvorstellungen,
- Instrumentalvariablen und
- entscheidungsrelevanter Datenkranz.

Die Bewältigung von marketingbezogenen Problemstellungen wird hier als Entscheidungsprozess aufgefasst. Dieser Ansatz ist durch eine große Offenheit für die Integration von interdisziplinären Bezügen des Marketings geprägt, was sich z. B. in einer Erweiterung der ökonomisch geprägten Zielebene um gesellschaftliche, humanistische und umweltbezogene Ziele zeigt. Der entscheidungsorientierte Ansatz liegt somit allen Marketingmaßnahmen zugrunde (Heinen, 1984).

Ziel des **verhaltenswissenschaftlichen Marketingansatzes** ist es, die Wirkung von Marketingmaßnahmen mittels verhaltenswissenschaftlicher Gesetzmäßigkeiten zu erklären und daraus Empfehlungen zur Gestaltung des Marketings abzuleiten (Howard/Sheth, 1969; Kroeber-Riel/Weinberg, 2003, S. 8 ff.). Diese verhaltenswissenschaftliche Sichtweise ist dem vorliegenden Buch zugrunde gelegt. Im Rahmen dieser Ansätze wird versucht, Erkenntnisse über das Verhalten von Konsumenten und Organisationen bereitzustellen.

Der verhaltenswissenschaftliche Marketingansatz postuliert ein völlig neues Menschenbild. Das alte Menschenbild des **homo oeconomicus** war durch folgende Charakteristika geprägt: vollständige Kenntnis der eigenen Präferenzstruktur, Zielsetzung der Nutzenmaximierung (Rationalverhalten), vollständige Markttransparenz, d. h. vollständige Information, unbegrenzte Informationsverarbeitungskapazität, keine Beeinflussung durch andere Personen oder Erfahrungen aus früheren Käufen und keinerlei zeitliche, sachliche oder räumliche Präferenzen. Zahlreiche empirische Studien belegen, dass dieses idealisierte Menschenbild völlig überholt ist.

Das neue **verhaltenswissenschaftlich fundierte Menschenbild** kennzeichnet sich durch
- keine klar ausgeprägte Präferenzstruktur (z. B. Konflikte bei der Entscheidung für zwei attraktive Produktalternativen, etwa beim Kauf eines Audi oder eines BMW),
- emotional beeinflusstes Verhalten (Rationalverhalten als Ausnahme und nicht als Regel): Marlboro wird sicherlich nicht wegen des Geschmacks, sondern wegen des Erlebnisses von Abenteuer und Freiheit gekauft,

- bedingte Markttransparenz (In der Regel haben Kunden nur wenige Marken in ihrem Set bekannter Alternativen. Zwischen diesen Alternativen wird jedoch meist die Entscheidung gefällt.),
- begrenzte Informationsverarbeitungskapazitäten (innerhalb einer bestimmten Zeit kann man nur wenige Informationen sinnhaft verarbeiten),
- starke kulturelle und subkulturelle Einflüsse (z. B. gibt es bei der Markenwahl von Jugendlichen extreme Bezugsgruppeneinflüsse) und
- Einflüsse durch Erfahrung (z. B. Markentreue als verfestigtes Verhalten aufgrund guter Erfahrungen mit einem Produkt).

Das Konsumentenverhalten wird von psychischen und sozialen Determinanten beeinflusst, auf die in Kapitel B. näher eingegangen wird. Grob gesprochen, lösen unterschiedliche Marketingmaßnahmen (z. B. Werbung oder Preisaktionen) beim Konsumenten psychische Prozesse aus (z. B. Emotionen oder Informationsverarbeitung), die wiederum sozialen Einflüssen unterliegen (z. B. Freunde, Bezugsgruppen oder Normen). Aus dieser Gesamtzahl von Einflüssen entstehen unterschiedliche Reaktionen (z. B. Markentreue oder Erstkauf). Der verhaltenswissenschaftliche Ansatz leistet somit einen Erklärungsansatz zur Wirkung von Marketingmaßnahmen und deren sinnvoller Ausrichtung auf die Kunden.

Beim **systemtheoretischen Marketingansatz** geht es um die Erfassung und Beschreibung komplexer Marketingsysteme. Ausgangspunkt bildet die Strukturierung komplexer Systeme und die Analyse einzelner Systemelemente unter Einbeziehung verhaltenswissenschaftlicher Erklärungsansätze. Ein System kann als ein dynamisches Ganzes verstanden werden, das als solches bestimmte Eigenschaften und Verhaltensweisen besitzt. Es besteht aus Teilen, die so miteinander verknüpft sind, dass kein Teil unabhängig ist von anderen Teilen. Das Verhalten wird vom Zusammenwirken aller Teile beeinflusst. Ziel dieses Ansatzes ist es, alle Systemteilnehmer und deren Verhalten bestmöglich zu koordinieren, so dass ein Zusammenwirken aller Teilnehmer zur zielgerichteten Erfüllung der Gesamtaufgabe des Unternehmens führt (Ulrich/Probst, 1995).

Der Vorteil dieses Ansatzes liegt v. a. in der Erfassung und Beschreibung komplexer Beziehungssysteme und in der mehrdimensionalen und ganzheitlichen Betrachtung der Marketingproblemstellung unter Einbeziehung ökonomischer und verhaltenstheoretischer Aspekte. Besondere Bedeutung erlangt diese Art von Ansätzen dadurch, dass das Marketing immer stärker in den gesellschaftlichen und ökologischen Kontext einbezogen wird (Meffert/Kirchgeorg, 1998, S. 60 ff.). Der systemorientierte Ansatz ermöglicht mithin eine Sensibilisierung für komplexe Zusammenhänge im Marketing und mögliche Auswirkungen einzelner Systemkomponenten auf andere damit verknüpfte Größen.

Der **situative Marketingansatz** stellt kontextbezogene Anpassungsnotwendigkeiten im Marketing in den Vordergrund. Zielsetzung dieses Ansatzes ist die Identifikation relevanter Situationsvariablen und -cluster sowie die Auswahl adäquater Gestaltungsempfehlungen, durch welche ein möglichst optimaler Fit zwischen der Marktsituation und den Strategien bzw. Marketinginstrumenten sichergestellt wird. Es handelt sich um keinen eigenständigen Theorieansatz im engeren Sinne, sondern um eine Weiterentwicklung des entscheidungsorientierten und systemtheoretischen Ansatzes, die um den kontextbezogenen Problembezug ergänzt werden (Weinhold-Stünzi, 1984).

Auch in Zukunft werden immer wieder neue Ansätze und Paradigmen diskutiert und entwickelt. Dazu gehören informationsökonomische, netzwerk- sowie prozessorientierte Ansätze.

Bei den **informationsökonomischen Ansätzen** werden die Kernprobleme des Marketings in der Bewältigung von marktbezogenen Informations- und Unsicherheitsproblemen gesehen (Kaas, 1995). Obwohl diese Probleme auch schon in den oben genannten verhaltenswissenschaftlichen und entscheidungsorientierten Ansätzen berücksichtigt werden, wird bei den hier genannten Ansätzen für die Notwendigkeit einer umfassenderen und systematischeren Analyse der marktspezifischen Informations- und Unsicherheitsstrukturen plädiert. Die informationsökonomischen Ansätze können somit als eine Ergänzung verhaltenswissenschaftlicher und entscheidungsorientierter Ansätze angesehen werden.

Transaktions- versus Relationship-Marketing: Die Vorstellung von einzelnen Transaktionen ist für das Verständnis der Kundenbeziehungen und das Entstehen neuer Organisationsformen (z. B. strategische Allianzen oder Netzwerkorganisationen) nicht adäquat. Eine

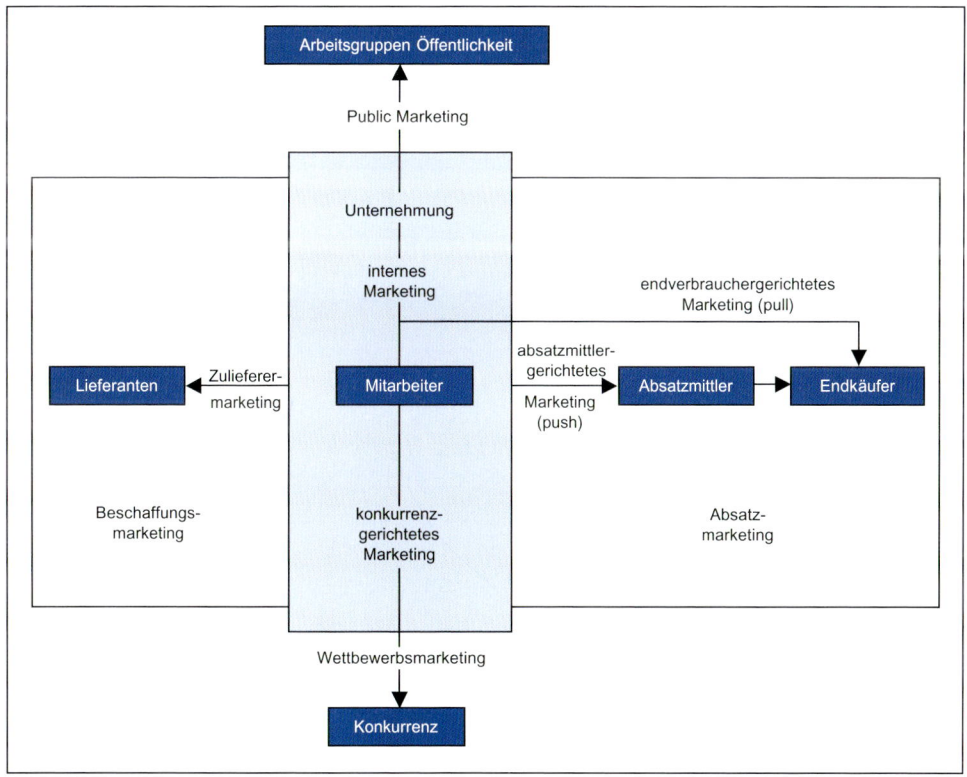

Abbildung 11: Konzept des integrierten Marketings
Quelle: Meffert, 2000, S. 27.

bisher auf den kurzfristigen Erfolg ausgerichtete Einwegbetrachtung soll durch eine prozessuale, ganzheitliche und dynamisch angelegte Betrachtung von Austauschbeziehungen abgelöst werden. Anstelle von „Beeinflussungsmarketing" wird „Beziehungsmarketing" postuliert (siehe hierzu bspw. Diller, 1995). Darin enthalten ist eine strategische Perspektive, was in dem auf Harmonie ausgerichteten Leitbild für Geschäftsbeziehungen, der inneren Verpflichtung gegenüber der Geschäftsbeziehung, der Gestaltung ökonomischer Anreize für den Aufbau und die Erhaltung einer dauerhaften Geschäftsbeziehung und vor allem in der Bedeutung des Konstruktes Vertrauen zur Erklärung von langfristigen Geschäftsbeziehungen zum Ausdruck kommt. Das Relationship-Marketing kann als eine solche Form der Partnerschaft zu allen externen und internen Anspruchsgruppen interpretiert werden (Backhaus, 1998). Der Fokus wird hierbei auf die Erklärung und Gestaltung der Kundenbeziehung gelegt, wobei die Verantwortung für die Kundenbeziehungen auf die gesamte Unternehmensorganisation übertragen wird.

Prozessorientierter Ansatz: In der Marketingwissenschaft ist, wie in vielen anderen Bereichen der Betriebswirtschaftslehre, eine Ergänzung der klassischen Funktionenlehre durch eine stärkere Prozessorientierung festzustellen. Alle Marketingaktivitäten sind somit über die gesamte Wertkette hinweg auf eine Erfolgsposition im Markt auszurichten. Obwohl dementsprechend die Prozessorientierung dem Marketing immanent ist, hat sich dieser Anspruch in der Praxis bislang noch nicht hinreichend durchgesetzt.

In Zukunft müssen sowohl Wissenschaft als auch Praxis das Marketing zunehmend als individualisiertes, vernetztes und multioptionales Beziehungsmanagement verstehen, was nach Kotler zu einer Vision des „totalen Marketing" führt (Kotler, 1992). Dabei werden zur Sicherung und Gestaltung von Wettbewerbsvorteilen alle Marktpartner im Beschaffungs- und Absatzbereich sowie die Koalitionspartner und gesellschaftlichen Anspruchsgruppen unter dem Aspekt der marktorientierten Führung einbezogen.

2. Ziele und Aufgaben des Marketings definieren

> „If you can dream it, you can do it."
> Walt Disney

2.1 Ziele des Marketings kennen

Vor der Darstellung einzelner Ziele des Marketings ist zunächst zu klären, was unter einem Ziel verstanden wird, welche Zieldimensionen unterschieden werden und in welchen Beziehungen Ziele zueinander stehen können. Anschließend erfolgt eine Einordnung der Marketingziele in das Zielsystem des Unternehmens, wobei einzelne Marketingziele konkretisiert werden.

Unter einem Ziel versteht man einen zukünftigen, angestrebten Soll-Zustand.

Strebt ein Unternehmen beispielsweise die Marktführerschaft im Markt für Wasser (Mineralwasser, natürliches Wasser) an, so muss ein solches Ziel näher konkretisiert werden.

Eine solche Konkretisierung erfolgt zunächst durch die Dimensionen Gestaltungsbereich, Inhalt, Ausmaß und zeitlicher Bezug, denn „Ziele können nur dann Richtschnur bzw. Maßstab für unternehmerisches Handeln sein, wenn die Ziele, die in das Zielsystem des Unternehmens eingehen, eindeutig determiniert sind" (Heinen, 1976).

Zunächst ist der **Gestaltungsbereich** zu klären, für den ein Ziel aufgestellt werden soll. Dieser Bereich kann sowohl das Unternehmen als Ganzes, ein Geschäftsfeld, eine Marke oder auch eine Region umfassen. Im Falle von Unternehmen wie Nestlé oder Danone, die zur Zeit gerade in den Wachstumsbereich Wasser investieren und weltweit Wassermarken aufkaufen, würde es sich demnach um einen von mehreren Geschäftsbereichen handeln.

Für welchen Bereich soll das Ziel gelten?

Bei der Operationalisierung des **Zielinhaltes** stellt sich die Frage, was erreicht werden soll. Ein Beispiel für eine inhaltliche Zielformulierung wäre die Erhöhung der Umsätze für Wasser oder die Erhöhung der Bekanntheit verschiedener Wassermarken wie San Pellegrino oder Perrier von Nestlé. Diese Konkretisierung reicht jedoch nicht aus, denn ein Ziel ist erst dann operational, „wenn eine Meßvorschrift vorliegt, mit deren Hilfe die Erreichung des Zieles gemessen werden kann" (Heinen, 1976, S. 116). Hier muss also zusätzlich festgestellt werden, ob das Ziel die ungestützte oder die gestützte Bekanntheit einer Marke beinhaltet. Dies ist insofern wichtig, da in diesem Fall die ungestützte Markenbekanntheit verhaltenswirksamer ist als die gestützte.

Was soll erreicht werden?

Nachdem der Zielinhalt festgelegt wurde, muss das **Zielausmaß** bestimmt werden. Grundsätzlich gibt es zwei Arten (Heinen, 1976, S. 117 f.):
- ein begrenzt und
- ein unbegrenzt definiertes Ziel.

Bei begrenzt definierten Zielen können unterschieden werden
- punktuell definierte Ziele (z. B. Erhöhung des Umsatzes um 5 % oder Erhöhung der ungestützten Markenbekanntheit um 10 %) und
- definierte Zielkorridore (z. B. Erhöhung des Umsatzes um 5 bis 10 % oder Erhöhung der ungestützten Markenbekanntheit um 10 bis 20 %).

Bei einem unbegrenzt definierten Ziel würde dagegen eine Maximierungs- (erreiche eine größtmögliche ungestützte Bekanntheit) oder Minimierungsvorschrift (halte die Marketingaufwendungen so gering wie möglich) als Zielausmaß formuliert.

Wie viel soll erreicht werden?

Die Wahl der Zielformulierung hat erheblichen Einfluss auf das Verhalten der Entscheidungsträger. So wird bei einem unbegrenzt definierten Ziel so lange nach Lösungen gesucht, bis eine mit dem höchsten Zielerreichungsgrad gefunden ist. Bei begrenzt definierten Zielen wird dagegen in der Regel nur so lange gesucht, bis eine Alternative dies erreicht (Heinen, 1976, S. 118 f.).

Damit ein Ziel „gemessen" werden kann, muss neben der Bestimmung von Inhalt und Ausmaß noch der **zeitliche Bezug** festgelegt werden. Es muss also der Zeitrahmen vorgegeben werden, in dem das Ziel erreicht werden soll. Für die Zeitdimension gibt es zwei mögliche Ausprägungen. Ein Ziel soll

- entweder bis zu einem Zeitpunkt erreicht (Punktziel) oder
- während eines Zeitraumes ständig gehalten werden (Zeitraumziel).

Das Punktziel kann auch hier wieder festgelegt werden als

- ein punktuell definiertes Ziel (z. B. bis zum 30.6. soll die nationale Markenbekanntheit 60 % betragen) oder
- ein Zeitkorridor (z. B. im Jahr 2008 soll die nationale Markenbekanntheit 60 % erreichen).

Für das Ziel, das innerhalb eines Zeitraumes ständig realisiert werden soll, würde die Formulierung z. B. wie folgt lauten: Im Jahr 2008 darf die nationale Markenbekanntheit 60 % nicht unterschreiten.

Bis wann soll das Ziel erreicht werden?

Bisher wurde immer nur ein Ziel und seine Dimensionen betrachtet. In einem Unternehmen existiert aber eine Reihe von Zielen nebeneinander, die in verschiedenen Beziehungen zueinander stehen (siehe hierzu auch Kapitel D.). Hierbei werden drei **Zielbeziehungstypen differenziert**:

- komplementäre,
- konkurrierende und
- indifferente.

Zwei Ziele sind komplementär, wenn die Realisierung eines Zieles auch die Erreichung des anderen fördert. Wird z. B. die Markenbekanntheit erhöht, fördert dies auch die Sympathiewerte der Marke (Esch, 2005a, S. 76). Bei konkurrierenden Zielen führt der erhöhte Zielerreichungsgrad eines Zieles zu einer Verminderung der Zielrealisierung des anderen. So ist bei einer Senkung der Werbeausgaben langfristig eine geringere Markenbekanntheit zu erwarten. Neben diesen beiden Arten können noch indifferente Beziehungen vorliegen. Das bedeutet, dass sich zwei Ziele nicht gegenseitig beeinflussen (z. B. die Erhöhung des Umsatzes in Geschäftsbereich A und die Steigerung der Wiederkaufrate in Geschäftsbereich B). Einen Überblick über die möglichen Zielbeziehungen gibt Abbildung 12.

Diese Zielbeziehungen sind in einem Zielbildungsprozess oft kritisch. So können beispielsweise kurzfristige Umsatz- und Marktanteilswachstumsziele im diametralen Wi-

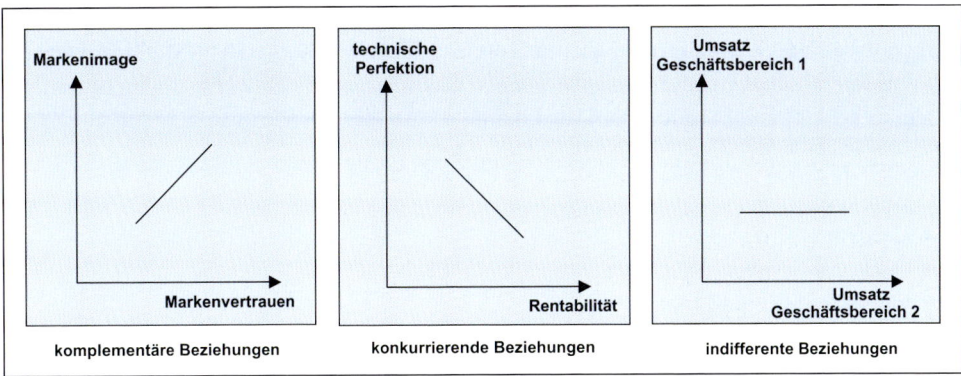

Abbildung 12: Beispiel für Zielbeziehungstypen
Quelle: in Anlehnung an Heinen, 1976, S. 94 ff.

derspruch zu dem Premiumimage einer Marke stehen. Gilt Warsteiner beispielsweise als Königin unter den Bieren mit dem Anspruch auf Exklusivität, so ergeben sich daraus zwangsläufig Leitplanken für die Wachstumsmöglichkeiten. Deshalb muss man im Zielbildungsprozess zwingend Prioritäten setzen und Ziele hierarchisch ordnen.

Je nach Hierarchieebene können die Ziele in **Ober-**, **Zwischen-** und **Unterziele** eingeteilt werden. Unterziele haben einen Mittelcharakter und dienen dem Zweck, ein Oberziel zu erfüllen (Heinen, 1976, S. 123 f.).

Die Einteilung von Zielen in über- und untergeordnete Ziele führt bei einer Unternehmung zu einem hierarchischen Aufbau des Zielsystems (Abbildung 13).

An der Spitze steht das oberste ökonomische Ziel als **Globalziel**. Es beinhaltet z. B. die langfristige Existenzsicherung des Unternehmens durch den Erhalt oder die Steigerung

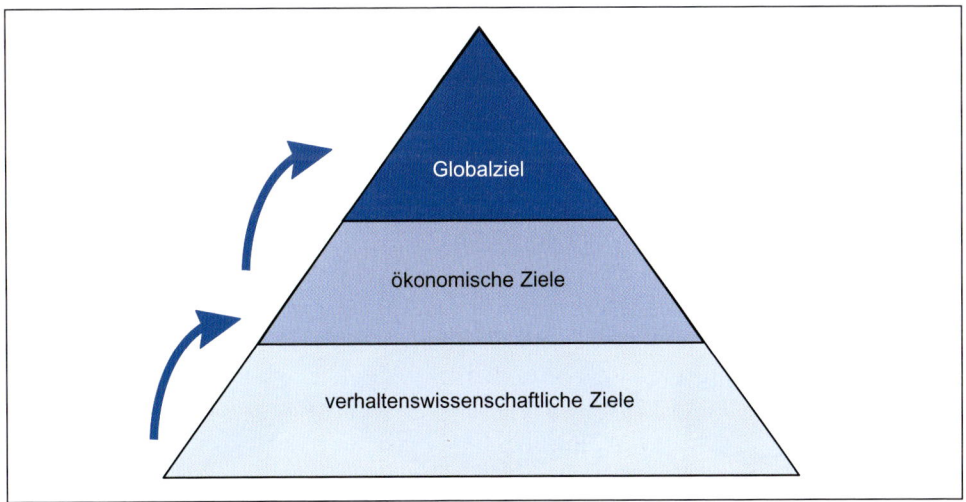

Abbildung 13: Zielpyramide
Quelle: Esch, 2005a, S. 60.

des Unternehmenswertes (Hahn/Hungenberg, 2001, S. 13). Dieser Unternehmenswert kann anhand der so genannten Discounted-Cash-Flow-Methode (DCF-Methode) errechnet werden. Hierbei werden die zukünftigen Cash-Flows (Einzahlungsüberschüsse) mit einem unternehmensindividuellen Risikozinssatz auf den Berechnungsstichtag abgezinst.

Dem Globalziel sind folgende **ökonomischen Ziele nachgelagert** (Meffert, 2000, S. 73):

1. Rentabilitätsziele
   - Gewinn
   - Deckungsbeitrag
   - Eigenkapitalrentabilität
   - Gesamtkapitalrentabilität
2. Marktstellungsziele
   - Umsatz
   - Marktanteil
3. Finanzziele
   - Liquidität
   - Kapitalstruktur
   - Kreditwürdigkeit

Für das Marketing sind vor allem die Rentabilitäts- und die Marktstellungsziele zu beachten. Aus den Finanzierungszielen ergeben sich für das Marketing z. B. anhand von beschränkten finanziellen Mitteln Rahmenbedingungen, in denen sich das Marketing-Management bewegen kann.

Ökonomische Ziele werden keinesfalls nur rational aufgestellt. Wenngleich sie in den meisten Zielpyramiden ganz oben angesiedelt sind, werden diese als „hart" und „messbar" bezeichneten Ziele dominant durch außerökonomische beeinflusst. Die Zielfindung im Unternehmen wird stark durch innere Antriebskräfte der Manager determiniert. Diese können z. B. das Streben nach größtmöglicher Macht oder Prestige sein, aber auch Risikovermeidung aufgrund von Versagensängsten. Solche Einstellungen beeinflussen entsprechend die Ableitung anderer quantitativer Zielvorgaben. Die Entwicklung des Volkswagen-Konzerns in den Jahren von Piëch als Vorstandsvorsitzender oder die Entwicklung von Microsoft, getrieben durch die Unternehmerpersönlichkeit von Bill Gates, sind Beispiele dafür.

Diese Zusammenhänge stellt Abbildung 14 dar.

*Abbildung 14: Zusammenhang zwischen ökonomischen, außerökonomischen
sowie psychographischen Zielen*

Abbildung 15 zeigt den Zusammenhang zwischen den einzelnen ökonomischen Größen sowie die Verbindung zwischen diesen und den psychographischen Faktoren. Grundsätzlich gilt: Ökonomische Ziele sind im Marketing nur durch eine entsprechende Realisierung außerökonomischer (psychographischer) Zielgrößen realisierbar (siehe zu Marketingzielen auch Kapitel D.). Erst ändern sich psychographische Größen, bevor sich ökonomische ändern. So wird sich zunächst Bekanntheit und Image einer Marke erhöhen bzw. verbessern, bevor mehr Kunden bei einem gegebenen Preis eine solche Marke auch kaufen.

Aus dieser Beziehung ergeben sich jedoch zwingend Zurechnungs- und Operationalisierungsprobleme, auf die im Folgenden eingegangen wird. Danach werden die psychographischen Zielgrößen erläutert, um anschließend ihren Zusammenhang mit den ökonomischen aufzuzeigen.

Ein **Zurechnungsproblem** entsteht, wenn keine direkten Beziehungen zwischen den einzelnen Zielgrößen bestehen. So hat die Zielvorgabe „Erhöhe den Umsatz mittels Werbung" ein Zurechnungsproblem, da zwischen der Werbung und dem Umsatz keine unmittelbare Beziehung besteht. Damit dieses Problem umgangen wird, wählt man als Ziel eine Variable, die hinter dem Verhalten steht. In dem obigen Beispiel könnte das Image als Ziel gewählt werden, da es ein recht zuverlässiger Indikator für das Kaufverhalten ist und durch die Werbung beeinflusst werden kann.

Da Ziele über unterschiedliche Wege und Techniken beeinflussbar sind, entsteht ein **Operationalisierungsproblem**. So kann beispielsweise in der Werbung versucht werden, das

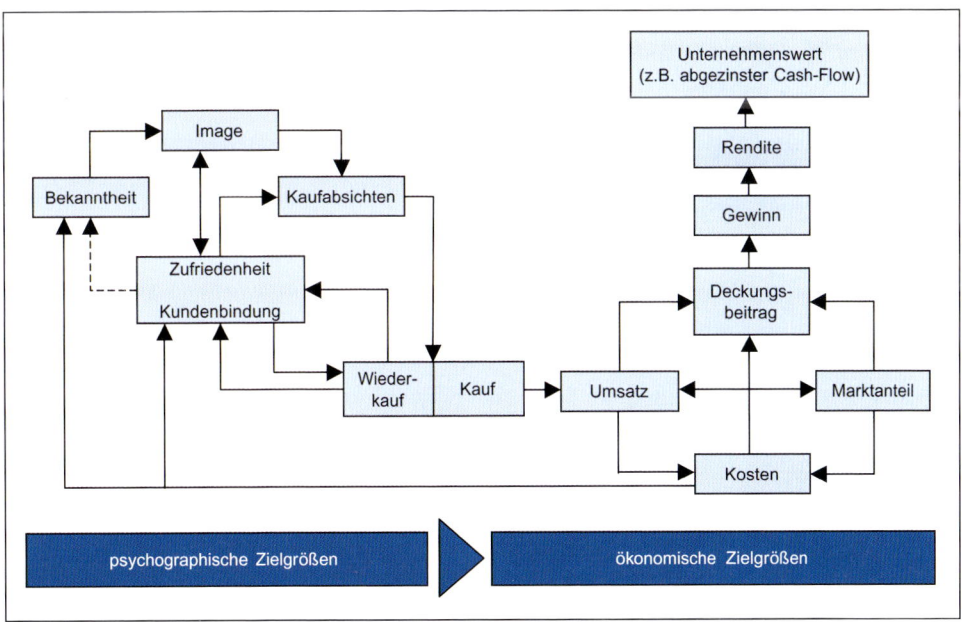

Abbildung 15: Zielgrößen im Marketing
Quelle: in Anlehnung an Meffert, 1994, S. 96.

Image einer Marke durch Informationen oder Emotionen in die gleiche Richtung zu verändern. Das Ziel der Imageveränderung kann also über zwei sehr unterschiedliche Wege realisiert werden. Damit die Ziele nicht unvollständig sind und ihre Umsetzung hinreichend kontrollierbar ist, müssen sie weiter operationalisiert werden, d. h. die Wege und Techniken, die zur Zielerreichung eingesetzt werden sollen, müssen angegeben werden.

Die **psychographischen Ziele** sind den ökonomischen Zielgrößen vorgelagert und beeinflussen diese. Dazu zählen vor allem Markenbekanntheit, Image, Kundenzufriedenheit, Kundenbindung sowie Kaufabsichten (Abbildung 15).

Der Aufbau einer hohen **Markenbekanntheit** ist eines der wichtigsten Ziele im Marketing, da diese einerseits einen großen Einfluss auf das Kaufverhalten der Konsumenten hat und andererseits die Voraussetzung ist, um ein klares Image einer Marke überhaupt aufbauen zu können (Kapitel E. 1.). Die Bekanntheit kann dabei entweder ungestützt oder gestützt sein. Die ungestützte Markenbekanntheit, bei welcher der Konsument die Marke aktiv nennen kann, ist dabei von besonderer Bedeutung, da diese einen sehr engen Bezug zum Kaufverhalten aufweist (Esch, 2005 a, S. 69). Bei der gestützten Bekanntheit hingegen kann der Konsument die Marke nicht von sich aus nennen, sondern erinnert sich an sie erst, wenn er sie sieht. Kunden wählen meist aus einem Bündel bekannter und akzeptierter Marken.

Das **Image** ist das zentrale Konstrukt zur Erklärung des Kaufverhaltens und bedarf so einer besonderen Aufmerksamkeit bei der Zielformulierung durch das Unternehmen. Das Markenimage ist vereinfacht ausgedrückt das Bild bzw. die Einstellung, die man sich von einem Angebot macht. Es umfasst alle sprachlichen und nicht-sprachlichen Assoziationen der Konsumenten zu einer Marke bzw. zu einem Angebot, die sich zu einem Marken- bzw. Angebotsschema in den Köpfen der Konsumenten zusammenfügen (Esch, 2005 a, S. 71 ff.). So werden z. B. mit der Marke Cliff bildlich der Klippenspringer ins Meer assoziiert und sprachlich die Frische und das Abenteuer (siehe hierzu ausführlicher Kapitel E. 1.).

Die **Kaufabsicht** drückt die Bereitschaft der Konsumenten aus, ob diese auch in Zukunft wieder eine bestimmte Marke erwerben würden (Esch, 2005 a, S. 79).

Präferenzen für einzelne alternative Marken bzw. Angebote bilden sich aufgrund des Images der einzelnen Marken heraus, die am ehesten den idealen Vorstellungen entsprechen. Hierbei können sich die Präferenzen sowohl aufgrund objektiver Leistungsmerkmale oder aber auch aufgrund emotionaler Merkmale bilden (Meffert, 1994, S. 98). Präferenzen zu Miele-Waschmaschinen können beispielsweise dadurch aufgebaut werden, dass man der Marke Miele vertraut und weiß, dass sie zuverlässig und langlebig ist sowie eine herausragende Qualität aufweist.

Kundenzufriedenheit ist ein weiteres wichtiges Ziel des Marketings. Der Konsument legt an die wahrgenommene Leistung einen individuellen Vergleichsmaßstab an. Es handelt sich demnach um einen Soll-Ist-Vergleich zwischen den Kundenerwartungen und der wahrgenommenen Leistung (Homburg/Koschate/Becker, 2005). Zufriedene Kunden werden Wiederholungskäufer, kaufen mehr und betreiben positive Mund-zu-Mund-Propaganda, kurzum die **Kundenbindung** steigt. Unzufriedene Kunden wandern nicht nur ab, sondern können durch die negative Mund-zu-Mund-Propaganda im schlimmsten Fall auch noch andere Kunden zum Markenwechsel bewegen (Homburg/Krohmer, 2003, S. 102 ff.). Empirische Untersuchungen belegen, dass negative Erfahrungen von Kunden häufiger weitergegeben werden als positive, so dass die Unternehmen ein aktives Kundenbindungsmanagement betreiben sollten. Kundenzufriedenheit und Kundenbindung spielen im Marketing eine große Rolle, weil es wesentlich billiger ist, vorhandene Kunden zu bearbeiten als neue zu gewinnen. Je nach Branche wird das Verhältnis hier auf sechs bis neun (neue Kunden) zu eins (alte Kunden) angegeben.

Durch den **Kauf** bzw. Wiederholungskauf von Produkten werden die zentralen ökonomischen Marketingziele, wie Umsatz, Marktanteil, Kosten, Deckungsbeitrag, Gewinn, Rendite und abschließend auch der Unternehmenswert, beeinflusst.

Der **Umsatz** wird von den Käufen der einzelnen Produkte durch die Konsumenten bestimmt. Um nun die Umsatzziele festlegen zu können, muss der Absatz der Produkte geschätzt und mit den geplanten Preisen multipliziert werden.

Der **Marktanteil** stellt eine wettbewerbsstrategische Zielgröße dar. Beim Marktanteil kann zwischen einem absoluten und einem relativen Marktanteil unterschieden werden. Der absolute Marktanteil ist definiert als das mengen- oder wertmäßige Verhältnis des Absatzes eines Unternehmens zum gesamten Absatz in einem Markt in einer bestimmten Zeitperiode. Der Marktanteil zeigt somit die Ausschöpfung des Marktvolumens durch das Unternehmen. Der relative Marktanteil ergibt sich, indem man den eigenen Marktanteil und den des stärksten Wettbewerbers ins Verhältnis setzt, und dient vor allem als Orientierungsgröße. So kann z. B. bei einem Vergleich mit dem schärfsten Wettbewerber über den Share of Voice, dem Verhältnis der eigenen Werbeausgaben zu den gesamten Werbeaufwendungen der Branche, ermittelt werden, ob dieser Konkurrent einen ähnlichen Marktanteil mit geringeren oder höheren Werbeaufwendungen erzielt. Dadurch lassen sich Rückschlüsse über die Effizienz der Werbeaufwendungen ziehen.

Eine weitere ökonomische Zielgröße ist der **Deckungsbeitrag**. Dieser ist definiert als Differenz zwischen dem Umsatz und den variablen Kosten (Hahn/Hungenberg, 2001, S. 232). Er gibt an, wie viel des Umsatzes zur Deckung der Fixkosten des Unternehmens zur Verfügung steht.

Kostenziele sind auch im Marketing nicht zu vernachlässigen, da sie eine wesentliche Größe bei der Gewinnermittlung spielen. Kosten entstehen im Marketing vor allem durch den Einsatz von marketingspezifischen Instrumenten zur Beeinflussung des Konsumenten. So müssen z. B. Werbekampagnen zum Markenaufbau oder Marktforschungsstudien zum Markenimage durchgeführt werden.

Aus dem Umsatzziel kann durch die Subtraktion des Kostenziels der **Zielgewinn** ermittelt werden. Aus den Gewinnzielen der nächsten Jahre können die Cash-Flows errechnet werden und durch die DCF-Methode der Unternehmenswert.

Die **Rentabilitätsziele** werden dann durch die Berücksichtigung des Kapitaleinsatzes (Eigen- und Fremdkapital) ermittelt. Während für die Eigenkapitalrentabilität der Gewinn durch das Eigenkapital dividiert wird, ergibt sich die Gesamtkapitalrentabilität als Summe aus Gewinn und gezahlten Fremdkapitalzinsen, dividiert durch die Summe aus

Eigen- und Fremdkapital (Wöhe/Döring, 2005, S. 52). Die Eigenkapitalrendite ist für die Eigentümer des Unternehmens eine bedeutende Größe, da sie die Verzinsung des Eigenkapitals widerspiegelt und somit eine Investitionsgrundlage darstellt.

Eine andere Darstellung der behandelten Zusammenhänge zwischen den Zielgrößen einer Unternehmung zeigt Abbildung 16. Hinter dem Kaufverhalten stehen die nicht beobachtbaren qualitativen Merkmale der einzelnen Käufer, wie die Bekanntheit von Marken in einer Produktgruppe, die Einstellung zu Marken derselben und die Zufriedenheit mit den genutzten Marken dieser Produktgruppe. Das produktbezogene Kaufverhalten bestimmt die beobachtbaren quantifizierbaren Merkmale der Käufer, wie den Kauf der Produktart, die Markenwahl, die Kaufhäufigkeit, die Menge und die jeweiligen Ausgaben pro Kauf. Diese Kennzahlen können dazu verwendet werden, den Umsatz einer Marke zu errechnen. Aus der Anzahl der Käufer pro Produktart und dem Käuferanteil der Marke erhält man die Anzahl der Käufer der Marke. Wird diese Größe mit der Kaufhäufigkeit in einer genau zu definierenden Periode multipliziert, so ergibt dies die Anzahl der Käufe der Marke in dieser Periode. Das Absatzvolumen der Marke errechnet sich dann aus der Anzahl der Käufe der Marke und der gekauften Menge pro Kauf. Durch die Multiplikation des Absatzvolumens mit dem Erlös pro verkaufte Menge der Marke errechnet sich der Umsatz. Subtrahiert man anschließend die markenbezogenen Kosten vom Umsatz, erhält man den Gewinn der Marke.

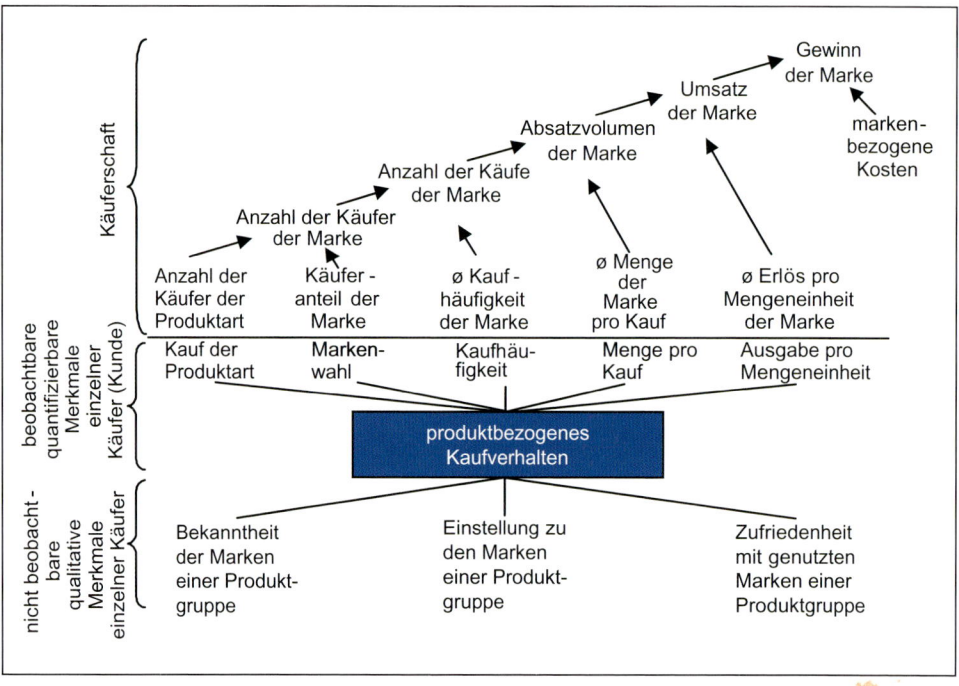

Abbildung 16: Maßgrößen aggregierten Kaufverhaltens als Marketing-Ziele
Quelle: in Anlehnung an Steffenhagen, 2004.

2.2 Aufgaben des Marketing verstehen

Grundlegende Aufgaben im Marketing

Nach herrschender Meinung umfasst das Marketing „die zielorientierte Gestaltung aller marktgerichteten Unternehmensaktivitäten" (Meffert, 2000, S. 11). Als Führungskonzeption gibt es dabei folgende drei wichtige Aufgabenkomplexe:

- marktbezogene,
- unternehmensbezogene und
- gesellschafts- und umweltbezogene Aufgaben.

Bei den **marktbezogenen Aufgaben** handelt es sich um die Steuerung der Nachfrage. Daraus können, je nach Stellung am Markt, folgende Aufgaben resultieren:

- vorhandene Nachfrage: Bedarf decken: Dies wäre typischerweise bei Grundnahrungsmitteln wie Brot oder Milch der Fall.
- fehlende Nachfrage: Bedarf schaffen: Dies gilt vor allem für Innovationen, für die man Kunden zunächst begeistern muss.
- latente Nachfrage: Bedarf entwickeln: Von einer latenten Nachfrage spricht man dann, wenn Kunden bereits bestimmte Produkte kaufen, den Anbieter jedoch wechseln würden, wenn ein neues Angebot besser ihren Bedürfnissen entspräche. So wurden neben Odol Med 3 noch weitere Varianten wie Odol Med 3 40 plus entwickelt, eine Zahncreme für Personen ab 40 Jahren, weil ältere Zähne einen zusätzlichen Schutz benötigen.
- stockende oder sinkende Nachfrage: Bedarf beleben: Die katholische Kirche ist zurzeit in einer solchen Situation, bei der mit geeigneten Mitteln die Nachfrage stimuliert werden müsste.
- schwankende Nachfrage: Bedarf synchronisieren: Hotels und Kinos sind schwankender Nachfrage ausgesetzt. Bei Hotels für Reisende sind beispielsweise Wochenendbelegungen kritisch, so dass man mit besonderen Weekend-Specials versucht, dem entgegenzutreten.
- übersteigende Nachfrage: Bedarf reduzieren: Dies könnte beispielsweise die Staulawine zu Beginn der Ferien oder die überfüllten Parkplätze in Einkaufszentren am Wochenende betreffen (Meffert, 2000, S. 12; Kotler/Bliemel, 2001, S. 19 f.).

Somit bestehen die marktbezogenen Aufgaben nicht nur in der Befriedigung vorhandener Bedürfnisse, sondern umfassen auch das Schaffen neuer Absatzmärkte. Daraus lassen sich dann grob zwei Stoßrichtungen ableiten:

- die Durchdringung und Ausschöpfung der vorhandenen Märkte mit vorhandenen Produkten, z. B. durch Intensivierung der Produktverwendung bei bestehenden Kunden, und
- die Entwicklung sowie Schaffung neuer Märkte mit neuen Produkten (Extensivierung), z. B. durch den Eintritt auf Auslandsmärkten, auf denen das Unternehmen bis dahin nicht vertreten war.

Es gilt jedoch zu beachten, dass die Risiken größer werden und der Marketing-Managementprozess immer komplexer wird, je weiter sich das Unternehmen von den angestammten Märkten entfernt.

> **Bearbeite die alten Märkte mit Umsicht und schaffe neue!**

Neben den marktbezogenen stehen die **unternehmensbezogenen Aufgaben**. Hierbei handelt es sich um die Koordination der Aktivitäten im Unternehmen. Zwischen Unternehmensbereichen müssen Interessenkonflikte ausgeglichen und Prioritäten festgelegt werden. Die Aufgaben sind in sachlicher und zeitlicher Hinsicht zu koordinieren, z. B. muss sich das Marketing mit der Forschungs- und Entwicklungsabteilung über mögliche Strategien abstimmen und Marketingaktivitäten sind mit dem Einkauf, der Produktion und den daraus resultierenden Lagerhaltungsstrategien zu koordinieren.

> **Erfolgreiches Marketing erfordert eine sachliche und zeitliche Koordination mit allen anderen Funktionsbereichen innerhalb einer Unternehmung.**

Ein gelungenes Beispiel für eine Koordination von Marketing sowie Forschung und Entwicklung ist die Marke Swatch. Ohne Zweifel stellt die von Swatch entwickelte Uhr eine technische Innovation dar, die durch die Reduktion der Uhrenteile von 90 bis 150 bei traditionellen Uhren auf 51 einen günstigen Verkaufspreis ermöglicht (Magyar/Magyar, 1987, S. 58). Die eigentliche Innovation aber ist das Markenkonzept hinter der Uhr. Mit einer Swatch-Uhr sollen die Lust- und Spaßbedürfnisse befriedigt und das Streben nach Individualität gefördert werden. So bringt Swatch halbjährlich neue Kollektionen auf den Markt und wird von einem reinen Zeitmesser zu einer Mode-Accessoire-Entwicklung (Kroeber-Riel/Esch, 2004, S. 85).

Wie oben beschrieben gibt es bei einer marketingorientierten Führungsweise des Unternehmens Koordinationsaufgaben für alle Funktionsbereiche desselben. Um die Unternehmensziele optimal erreichen zu können, muss der Marketinggedanke in die Unternehmensführung implementiert werden. Hieraus wird ersichtlich, dass das Marketing hierarchisch in der Unternehmensorganisation zumindest gleichberechtigt mit den anderen Funktionsbereichen eingeordnet werden sollte.

Neben den Koordinationsaufgaben zwischen den Funktionsbereichen bedarf es auch eines internen Marketings, um die Marktorientierung auch den Mitarbeitern nahe zu bringen. Eine gute Plattform hierfür stellen z. B. Mitarbeiterzeitungen, interne Schulungen als auch das Aufstellen von Regeln dar. So gibt es beispielsweise bei Wal-Mart die „Ten Foot Rule". Sie besagt, dass jeder Mitarbeiter, der näher als zehn Fuß von einem Kunden entfernt steht, diesem in die Augen sehen und grüßen muss sowie zu fragen hat, ob er behilflich sein kann (Esch/Langner, 2003, S. 27).

Die **gesellschafts- und umweltbezogenen Aufgaben** spiegeln die soziale Verantwortung des Marketingmanagements wider. Kritiker des Marketings sehen dabei eine Reihe dysfunktionaler Wirkungen oder „externe Effekte" unter gesamtwirtschaftlicher bzw. gesellschaftlicher Perspektive. Hierunter werden z. B. die künstliche Schaffung von Bedürfnissen, manipulative und irreführende Werbung, Verschwendungen in der Marktkommunikation, umweltschädliche Verpackungen und Produkte sowie unsichere Produkte angeführt (Meffert, 2000, S. 13).

Unternehmen müssen sich an gesellschaftliche Spielregeln halten, sonst schaden sie sich selber.

Beispielsweise bildete Benetton in der Werbung ein nacktes Gesäß mit einem Stempel HIV-infiziert und ein blutverschmiertes Baby an der Nabelschnur ab. Die Konsumenten waren geschockt und verschiedene Organisationen riefen zum Boykott der Produkte von Benetton auf.

Es ist zu beachten, dass die Aufgaben je nach Unternehmenstyp unterschiedlich gewichtet sein sollten. Die Schwerpunkte innerhalb der Aufgaben variieren also danach, ob es sich um einen Markenartikelhersteller, ein Handelsunternehmen oder einen Investitionsgüterhersteller handelt. Die Aufgaben werden weiterhin noch durch die spezifische Absatzsituation (z. B. latente Nachfrage) und die jeweiligen Ziele des Unternehmens beeinflusst (Meffert, 2000, S. 11 f.).

Marketing-Managementprozess

Alle Aufgaben im Marketing können als ein Prozess der Willensbildung und Willensdurchsetzung (Managementprozess) gekennzeichnet werden.

Marketing-Management ist somit die Planung, Steuerung und Kontrolle aller auf den Markt gerichteten Aktivitäten des Unternehmens (Meffert, 2000, S. 11).

Die folgenden Kapitel dieses Buches umfassen die unterschiedlichen Aufgabenbereiche im Managementprozess. Die in den einzelnen Bereichen des Marketing-Managements anfallenden Aufgaben werden im Folgenden kurz dargestellt und in den späteren Kapiteln ausführlich erläutert (Abbildung 17).

1. Verständnis für den Kunden entwickeln

Das Kapitel „Verständnis für den Kunden entwickeln" ist grundlegend für das Marketing. Marketing beginnt und endet beim Kunden (siehe Kapitel B.). Ohne ein tiefergehendes Verständnis der Kundenbedürfnisse und Kundenwünsche ist kein erfolgreiches Marketing möglich. Dazu muss man Kenntnis über die in einer Person ablaufenden psychischen Prozesse haben, die mehr oder weniger gefühlsmäßig bzw. gedanklich gesteuert ablaufen. So wird der Kauf von Toilettenpapier, einer Jeans oder eines Computers verschieden ablaufen. Dies muss Konsequenzen für die Beeinflussungsvorgänge und die jeweils zu ergreifenden Marketingmaßnahmen haben. Beim Toilettenpapier reicht möglicherweise die Thematisierung und Aktualisierung der Marke, bei der Jeans die gefühlsmäßige Verankerung, während bei Computern komplexere Entscheidungsvorgänge ablaufen und das Marketing entsprechende Argumente liefern muss. Solche psychischen Prozesse sind nicht unabhängig von der sozialen Umwelt. So kann eine schöne Zweitplatzierung in einem Laden ebenso einen (ungeplanten) Kauf auslösen, wie z. B. Empfehlungen von Freunden oder Experten die Kaufentscheidung beeinflussen können. Verhalten ist somit immer in Beziehung zum sozialen Kontext zu setzen.

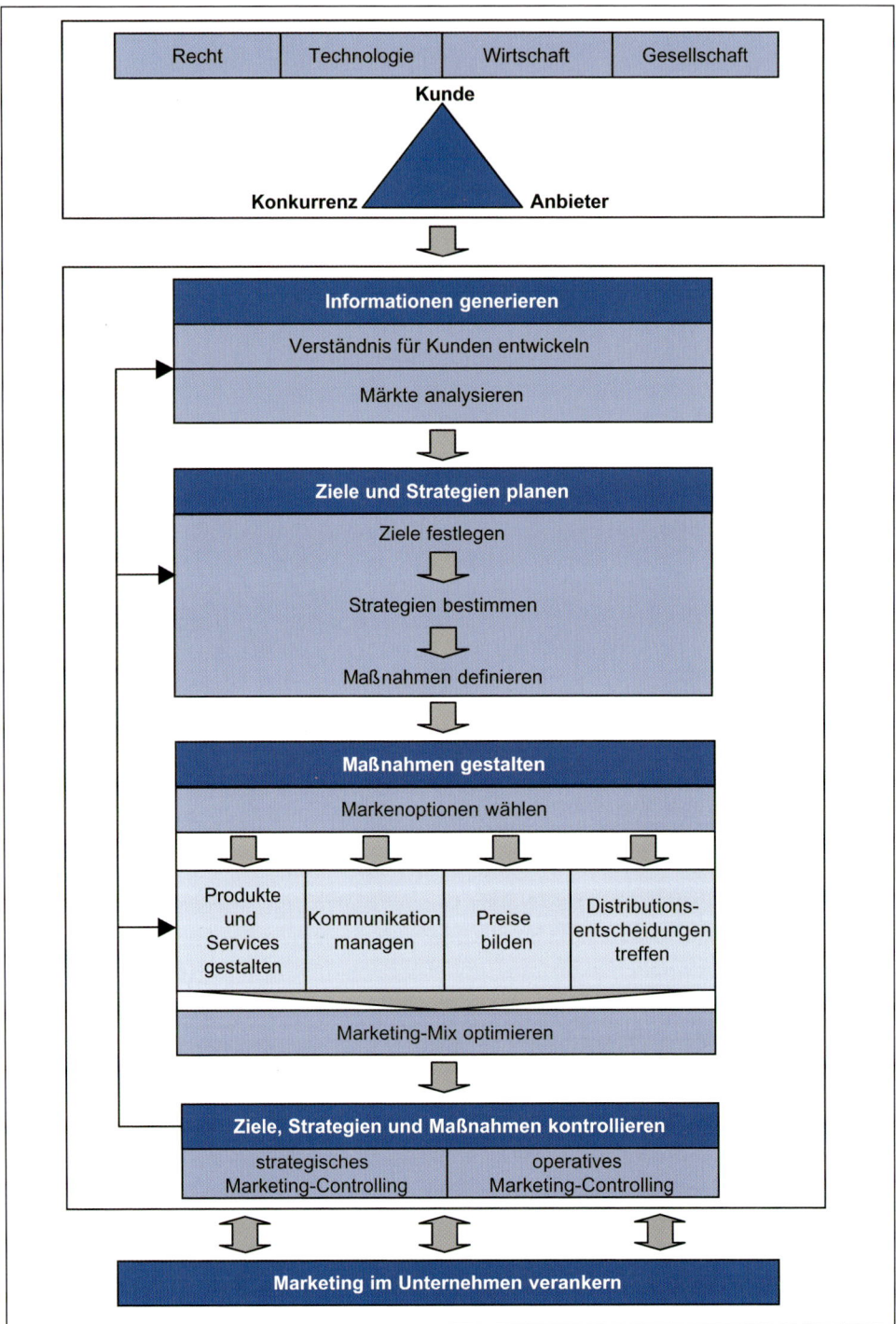

Abbildung 17: Aufgaben des Marketings als Managementprozess

> Ohne die theoretischen Zusammenhänge des Konsumentenverhaltens zu kennen, ist kein erfolgreiches Marketing möglich.

2. Märkte analysieren

Unternehmen sind in der Regel mehr oder weniger entkoppelt von ihren Kunden. Um erfolgreich auf Märkten agieren zu können, muss das Unternehmen Kenntnis über die Wünsche und Bedürfnisse der Konsumenten, über allgemeine Umfeldbedingungen und -entwicklungen sowie über Konkurrenten verfügen (siehe Kapitel C.). Dies soll im Marketing die Marktforschung leisten. Es müssen Marktgegebenheiten entdeckt, beschrieben und erklärt werden. Demnach ermöglichen durch Marktforschung gewonnene Erkenntnisse einen gezielten Einsatz von Marketingmaßnahmen und liefern gleichzeitig ein Feedback über deren Erfolg. Dazu bedarf es der systematischen Erfassung relevanter Marktdaten auf einer fundierten theoretischen Grundlage, die anschließend mit Hilfe statistischer Verfahren ausgewertet und interpretiert werden müssen.

> Erfolgreiches Marketing erfordert Kenntnisse über die Konsumenten, die Konkurrenz, den Markt und die Entwicklungen, die Einfluss auf den Markt nehmen können, sowie über das eigene Unternehmen.

3. Ziele und Strategien festlegen

Im Rahmen der Strategiebildung geht es um grundsätzliche und langfristige Fragen der Aufstellung des Unternehmens am Markt. Untersucht werden Richtung, Ausmaß, Struktur und Träger der Unternehmensentwicklung. Typischerweise sind strategische Entscheidungen von so grundlegender Bedeutung, dass ihre Rücknahme nur mit hohem Aufwand realisiert werden kann. Strategische Marketingentscheidungen werden von den Unternehmenszielen abgeleitet und müssen in einem nächsten Schritt in Maßnahmen umgesetzt werden. Damit der Beitrag der einzelnen Strategien messbar wird, müssen sie in konkreten Zielen operationalisiert werden (siehe Kapitel D.).

> Ohne konkrete Zielsetzungen kann keine Strategie und Maßnahme später auf ihren Erfolg hin überprüft werden.
>
> Ohne Strategien entsteht ein Kurzfristdenken, das sich durch ständige operative „Notoperationen" an allen Ecken des Unternehmens auszeichnet.

4. Maßnahmen gestalten

Klassischerweise geht man im Marketing von den vier P's (Product, Place, Promotion, Price) aus. Diese sind nach klassischem Verständnis systematisch zu gestalten und aufeinander abzustimmen, damit das Ganze mehr als die Summe der Einzelmaßnahmen ist. In diesem Buch wird eine davon etwas abweichende Auffassung vertreten und ergänzend der Bereich der Markenoptionen von dem der klassischen Produktpolitik getrennt (siehe Kapitel E.).

Markenoptionen gestalten

Hierbei wird davon ausgegangen, dass sich die Maßnahmen innerhalb der klassischen 4 P's an den grundlegenden Markenentscheidungen zu orientieren haben. Es ist logisch, dass Maßnahmen für eine Premiummarke wie Rolex anders gestaltet sein müssen als für eine Massenmarke wie Casio oder eine Lifestyle-Marke wie Swatch. Die 4 P's müssen bei einer Marke wie Aldi ebenfalls anders gestaltet sein als bei einem serviceorientierten Supermarkt. Basis für solche Überlegungen sind demnach immer die Positionierungen der jeweiligen Marken in den Köpfen der Kunden. Deshalb sind zunächst Markenoptionen auszuwählen. Die Positionierungsziele müssen gesteckt werden. Hier geht es darum festzulegen, welches Image eine Marke bei den Kunden erzielen will. Anschließend muss festgelegt werden, ob Einzel- (Rocher), Familien- (Nivea) und/oder Dachmarkenstrategien (BASF) verwendet werden sollen. Damit einhergehend ist auch die Frage zu klären, ob lediglich eine Marke geführt wird oder mehrere Marken unabhängig voneinander (z. B. Weißer Riese, Spee und Persil von Henkel). Mögliche Über- und Unterordnungsverhältnisse der Marken sind weiterhin zu überprüfen, um so die Markenarchitekturen festzulegen. So findet man beispielsweise bei den drei bereits genannten Marken jeweils den Absender der Dachmarke Henkel klar erkennbar auf der Verpackung, wohingegen bei den Produktmarken Ariel, Mr. Proper usw. von Procter & Gamble dies nicht der Fall ist. Des Weiteren sind noch Überlegungen zur Lizenzierung von Marken anzustellen. Auch hier müssen die durchgeführten Maßnahmen kontrolliert werden (siehe Kapitel E. 1.).

> Überlegungen zur Marke bilden die Vorgabe für die konkrete Ausgestaltung der vier P's im Marketing. Deshalb sind markenstrategische Überlegungen grundlegend für eine wirksame Umsetzung der Maßnahmen.

Im Marketing-Mix werden anschließend die (Marken-)Strategien in konkrete Maßnahmen umgesetzt (Abbildung 18).

Produkte und Services gestalten (Produkt-Mix)

Der Hersteller muss alle seine Leistungen auf die Erfordernisse des Marktes abstimmen, um so die Bedürfnisse der Kunden mit seinen Produkten oder Dienstleistungen erfüllen zu können. Dabei geht es nicht nur um das einzelne Produkt an sich, sondern um die Gesamtheit von Produkt und produktbegleitenden Diensten, wie z. B. Garantieversprechen oder Beratungsleistungen. Der Produkt-Mix umfasst sowohl die Entwicklung neuer als auch die Pflege bereits eingeführter Produkte. Produktinnovationen spielen für das Wachstum von Unternehmen eine entscheidende Rolle. Deshalb gilt es, den Entwicklungsprozess neuer Produkte möglichst systematisch voranzutreiben und den rechtzeitigen Markteintrittszeitpunkt für neue Produkte festzulegen. Dies stellt eine echte Herausforderung für jedes Unternehmen dar, weil nur wenige Produktinnovationen im Markt tatsächlich erfolgreich sind. Die Flopquote wird – je nach Markt – auf 10 bis 90 % geschätzt. Nach Angaben von Madakom waren von den im Jahr 1999 eingeführten 30.192 Innovationen (Fast Moving Consumer Goods) bereits ein Jahr später 67 % gefloppt, im zweiten Jahr nach ihrer Einführung insgesamt 72 %, und das dritte Jahr überlebten lediglich 75,6 % aller Innovationen (Madakom, 2002). Sind Produkte erst einmal eingeführt, so gilt es, diese ständig weiterzuentwickeln, damit solche Produkte einen möglichst langen Lebenszyklus haben und sich bestmöglich amortisieren. Dies ist gerade bei der heutigen technologischen Entwicklung schwierig. Die Produktlebenszyklen werden generell kürzer. Es geht zudem um die optimale Gestaltung des Produkt- bzw. Dienstleistungsprogramms. Dies ist deshalb erforderlich, weil durch Produktdiversifikationen immer mehr Produkte in einem Programm geführt werden, und unter Wirtschaftlichkeitsgesichtspunkten Unternehmen ihr Produktportfolio ständig optimieren müssen (siehe Kapitel E. 2.).

> Produkte und Dienstleistungen müssen Kundenbedürfnissen entsprechend maßgeschneidert werden. Innovationen in diesem Bereich stellen die Treiber des Unternehmenswachstums dar. Produktprogramme sind markt- und unternehmensbezogen zu optimieren.

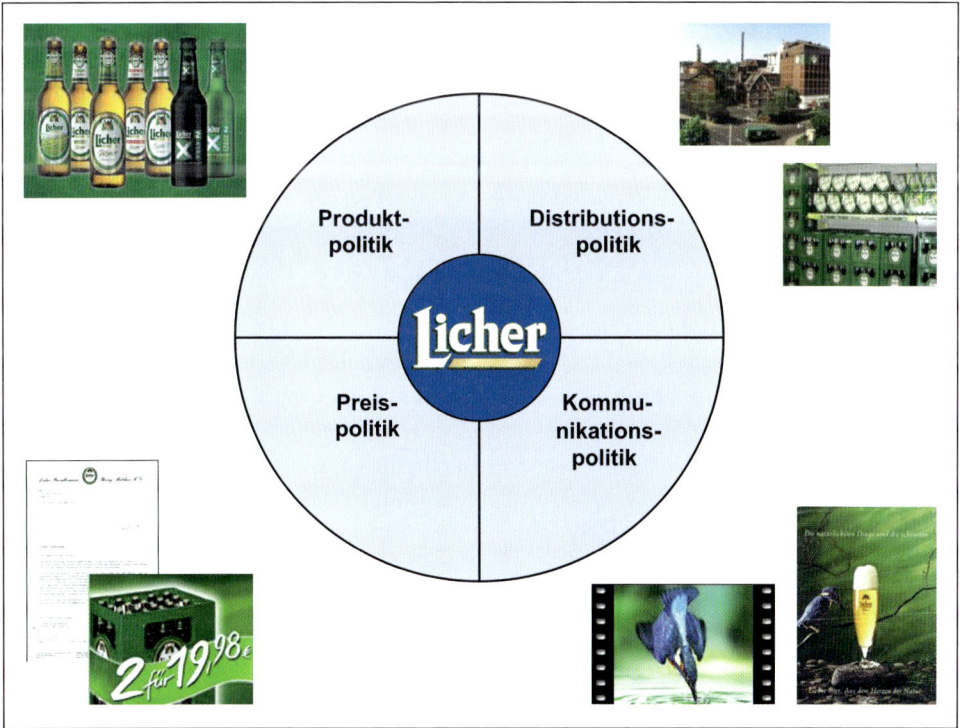

Abbildung 18: Der Marketing-Mix am Beispiel der Marke Licher

Kommunikation managen (Kommunikations-Mix)

Die Kommunikation ist das Sprachrohr von Unternehmen und Marken. Sie gewinnt bei der heutigen Informationsflut eine immer wichtigere Rolle, um Angebote im Markt sichtbar zu machen. Es muss über den Einsatz verschiedener Kommunikationsinstrumente entschieden werden. Neben den klassischen Massenkommunikationsmitteln, wie Print und TV, stehen noch weitere Optionen, wie z. B. Sponsoring und Event-Marketing, zur Auswahl. Diese Kommunikationsinstrumente unterscheiden sich in ihrer Wirksamkeit und in der breiten oder engen Ansprache eines Zielpublikums. So ist persönliche Kommunikation generell wirksamer als Massenkommunikation, allerdings kann man dadurch nicht so viele Personen erreichen. Zudem ist sie auch teurer als Massenkommunikation. Des Weiteren muss auch die persönliche Kommunikation gemanagt werden. Die Aufgabe besteht auch darin, den optimalen Mix unter Berücksichtigung der finanziellen Möglichkeiten zu finden. Optimal heißt, dass man, ausgehend von den mit der Kommunikation verfolgten Zielen, bei einem gegebenen Budget möglichst viele Personen der Zielgruppe effektiv und effizient mit seiner Kommunikationsbotschaft erreichen kann (siehe Kapitel E. 3.).

> Die Kommunikation als Sprachrohr von Unternehmen und Marken ist grundlegend, um Angebote in der heutigen Informationsflut bei den Kunden auf die Menükarte zu stellen und die spezifischen Vorteile der Angebote mundgerecht sowie bedürfnis- und markenadäquat zu vermitteln.

Preise bilden (Kontrahierungs-Mix)

Diese Aufgabe des Marketing-Mixes befasst sich mit der Bildung von Preisen, die vom Kunden für die Produkte oder Dienstleistungen zu entrichten sind. Bei der Preisbildung sind dabei sowohl die Wettbewerbspreise, die Kundenvorstellungen und die Ziele als auch die Kostenstrukturen im eigenen Unternehmen zu berücksichtigen. Zudem ist zu beachten, ob die Preisfestsetzung zum ersten Mal erfolgt, oder ob nach der Produkteinführung Preisänderungen vorgenommen werden. Dieses ist besonders bedeutend, wenn der Hersteller die Endkunden nur über den Handel erreicht (z. B. Lebensmitteleinzelhandel). Neben den grundlegenden Optionen, Prämien- oder Promotionspreise zu setzen, spielen Preisdifferenzierungen eine wichtige Rolle, durch die man die Preisbereitschaft unterschiedlicher Zielgruppen abfassen kann. So kann man abends und am Wochenende höhere Eintrittspreise im Kino verlangen als beispielsweise Montagnachmittag. Neben der Preispolitik, die vor allem endkundenorientiert ist, gilt es auch noch die Konditionenpolitik festzulegen. Hier müssen Entscheidungen über das Gewähren von Rabatten, Absatzkrediten sowie Lieferungs- und Zahlungsbedingungen getroffen werden (siehe Kapitel E. 4.).

> Die Preispolitik hat zum Ziel, durch eine optimale Preissetzung die maximale Zahlungsbereitschaft der Kunden abzuschöpfen. Da dies mit einem Einheitspreis nicht durchgängig möglich ist, müssen Maßnahmen zur Preisvariation initiiert werden.

Distributionsentscheidungen treffen (Distributions-Mix)

Es sind Entscheidungen über die Absatzwege und die logistische Ausgestaltung des Vertriebs zu treffen.

Bei der Absatzwegepolitik müssen die vertikale und die horizontale Struktur der Absatzkanäle festgelegt werden. Bei der vertikalen Struktur muss die Entscheidung über einen direkten und/oder indirekten Vertrieb getroffen werden. Es geht demnach um die Frage, ein eigenes Vertriebsnetz durch einen Außendienst aufzubauen (wie z. B. Avon oder Vorwerk) oder andere (z. B. Reisende) mit einzubeziehen. Bei der horizontalen Struktur geht es um die konkrete Auswahl der Absatzmittler. Zum einen ist die Breite festzulegen, d. h., wie viele Absatzmittler eingesetzt werden sollen, und zum anderen muss die Tiefe bestimmt werden, bei der es um die Art der Absatzmittler (Betriebsform, -typ) geht. Es liegt nahe, dass eine Premiummarke wie Armani sich auf wenige Absatzmittler beschränkt und diese nach bestimmten Vorgaben auswählt, hingegen eine Marke wie Tempo-Papiertaschentücher ein eher breites Absatzmittlernetz wählt. Ferner sind noch die konkreten vertraglichen Ausgestaltungen Gegenstand der Absatzwegepolitik. So kann man beispielsweise über Kontrakte, etwa durch Franchise-Verträge, die Art der Zusammenarbeit regeln. Jeder Franchisenehmer von McDonald's verpflichtet sich beispielsweise vertraglich zur Umsetzung von McDonald's-typischen Maßnahmen. Die Absatzwegepolitik ist immer auch unter dem Gesichtspunkt der strategischen Planung zu sehen, da es sich hier um eine langfristige Entscheidung handelt.

Bei der logistischen Ausgestaltung des Vertriebs geht es um eine Raum- und Zeitüberbrückung zwischen Produktionsort und -zeit und dem späteren Kauf. Es sind hierbei Fragen der Lagerhaltung, Kommissionierung, Verpackung, des Transports der Produkte und der Standortplanung zu klären (siehe Kapitel E. 5.).

> Distributionsentscheidungen beziehen sich auf die Wege, mit denen man die Angebote den Kunden näher bringt und sicherstellt, dass diese auch entsprechend der Nachfrage verfügbar sind.

Marketing-Mix optimieren

Des Weiteren muss eine Abstimmung aller Instrumente des Marketing-Mix erfolgen, um das Unternehmensziel zufrieden stellen zu können. Dazu dient die Orientierung an den Markenstrategien. Eine Rolex-Uhr, die zu einem Billigpreis in allen möglichen Geschäften angeboten würde, wäre demnach nicht markenkonform. Entsprechend wählt man hier eine markenkonforme Abstimmung des Marketing-Mix: Die Uhren unterstreichen durch ihr Gewicht und durch ihre Verarbeitung die Qualität, der hohe Preis gilt als Qualitätsindikator. Rolex-Uhren sind nur in ausgesuchten Uhrengeschäften erhältlich, und die Kommunikation mit bekannten und erfolgreichen Präsentern unterstreicht ebenfalls die Exklusivität (siehe Kapitel E. 6.).

Erst die Orchestrierung der Marketingmaßnahmen auf die Markenstrategie führt zu einem effektiven und effizienten Einsatz aller Marketing-Mix-Instrumente.

5. Ziele, Strategien und Maßnahmen kontrollieren

Die Ziele müssen immer auf ihren Zielerreichungsgrad kontrolliert werden, da die Zielsetzung sonst überflüssig wäre. Darüber hinaus sind die Ziele selbständig darauf zu überprüfen, ob sie z. B. noch zeitgemäß sind. So soll ein gefährlicher Stillstand im Unternehmen verhindert werden.

Auch der Erfolg von Strategien ist zu kontrollieren, um zu sehen, ob man sich auf der richtigen Spur befindet.

Gleiches gilt für die konkreten Maßnahmen zur Strategieerfüllung. Ihre Zielerreichung muss kontrolliert werden, um bei Abweichungen sofort gegensteuern zu können. Ist kein Beitrag einer Maßnahme zum Erfolg sichtbar, muss diese überdacht und gegebenenfalls ersetzt werden (siehe Kapitel F.).

Das Setzen von Zielen, Erarbeiten von Strategien und die Entwicklung von Maßnahmen sind ohne eine anschließende Kontrolle ihrer Effizienz sinnlos.

6. Marketing im Unternehmen verankern

Damit das Marketing effizient arbeiten kann, bedarf es unterstützender Organisationsstrukturen. So muss eine Aufbauorganisation gefunden werden, die in Abhängigkeit von den Produkten und Marken des Unternehmens, den Kunden und den bearbeiteten Regionen, optimale Aufgabenverteilungen, Kompetenzzuordnungen und Unterstellungsverhältnisse ermöglichen. Daneben sind noch die Prozesse in der Ablauforganisation festzulegen.

Da es heute aufgrund der Marktorientierung keine starre Trennung der einzelnen Funktionsbereiche mehr gibt, ergeben sich zwischen den Funktionsbereichen Schnittstellen. Hier treten immer wieder Koordinationsprobleme auf, die es durch ein aktives Schnittstellenmanagement zu bewältigen gilt (siehe Kapitel G.).

Ohne eine Verankerung in die Organisation kann kein erfolgreiches und effizientes Marketing im Unternehmen betrieben werden.

B. Verständnis für den Kunden entwickeln

1. Einflüsse auf das Kundenverhalten erkennen

> *„Wenn du nicht an den Kunden denkst,*
> *denkst du gar nicht."*
> Theodor Levitt

Um die Marketingmaßnahmen im Sinne der Unternehmensziele bestmöglich auf die Wünsche und Bedürfnisse der Kunden abzustimmen und diese wirksam zu beeinflussen, sind fundierte Kenntnisse zum Kundenverhalten erforderlich. Entsprechend sind hier Erkenntnisse der Psychologie, der Soziologie und der Sozialpsychologie mit Blick auf marketingrelevante Fragestellungen zu nutzen.

Zur Analyse des Konsumentenverhaltens spielen Prozesse, die in einem Menschen ablaufen, sowie Einflüsse der Umwelt eine zentrale Rolle. Dies lässt sich intuitiv nachvollziehen. Wenn ein Konsument beispielsweise einen Laden betritt, so wird die Gestaltung des Ladens bei ihm bestimmte Wirkungen hervorrufen. Er empfindet eine bestimmte Ladenatmosphäre, die ihm gefällt oder missfällt. Ist der Konsument bereits schon mal in diesem Laden gewesen, kann er sich leichter orientieren, z. B. weil er weiß, wo bestimmte Artikel zu finden sind. Gleichzeitig wird er durch das Umfeld beeinflusst. Ein Verkäufer, der ihn anspricht und sich nach seinen Wünschen erkundigt, das Kind, das im Einkaufswagen Wünsche äußert, das Warenangebot im Laden usw. Selbst dies unterliegt einem kulturellen und subkulturellen Filter. Kauft ein wohlhabender Kunde nur in kleinen Edelboutiquen, so wird er einen Aldi-Laden anders bewerten als jemand, der nur in Supermärkten und bei Discountern kauft. Zudem wird aufgrund des Erfahrungshintergrundes ein US-amerikanischer Käufer andere Ansprüche an ein Geschäft stellen als ein deutscher oder ein indischer Käufer.

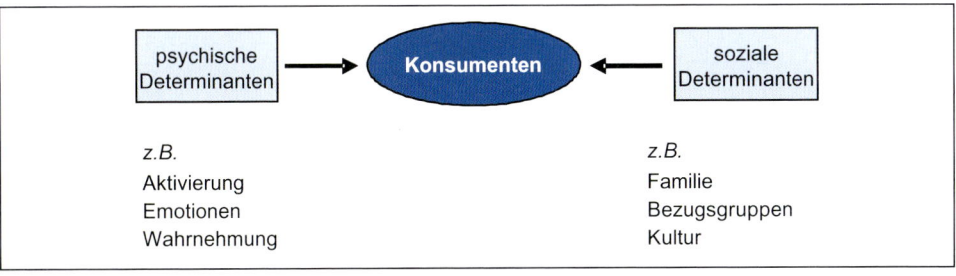

Abbildung 19: Determinanten des Kundenverhaltens

Entsprechend sind psychische Prozesse, die sich in einem Menschen abspielen, und soziale Determinanten, also die Umwelteinflüsse, genau zu analysieren, um Marketingmaßnahmen personenspezifisch und situativ zielgerichtet adressieren zu können.

Alle Reaktionen der relevanten Anspruchsgruppen auf Marketingmaßnahmen sind das Resultat aktivierender und kognitiver Prozesse, die durch soziale Einflüsse noch weiter moderiert werden können. Demzufolge lassen sich Marketingmaßnahmen nur dann wirksam gestalten, wenn man über fundierte Kenntnisse der bei Konsumenten ablaufenden Prozesse verfügt.

2. Fühlen, Denken und Handeln von Kunden verstehen

> *„Der Köder muss dem Fisch schmecken*
> *und nicht dem Angler!"*
> *(Anonymus)*

Um das Fühlen, Denken und Handeln von Kunden nachvollziehen zu können, ist ein Verständnis der in einem Menschen ablaufenden aktivierenden und kognitiven (gedanklichen) Prozesse wichtig.

Dies soll exemplarisch an zwei Marketingmaßnahmen dargestellt werden:

- Verkaufsdisplays in einem Laden erregen zunächst durch ihre Gestaltung Aufmerksamkeit. Sie wecken möglicherweise Neugier und werden als angenehm empfunden. Erst dann setzt man sich mit dem Angebot konkret auseinander, wie z. B. der Relevanz für die eigenen Bedürfnisse, dem Preis-Leistungs-Verhältnis, der Einschätzung der Qualität aufgrund gemachter Erfahrungen mit dem Produkt usw.
- Verkäufer-Käufer-Interaktionen werden ebenfalls durch aktivierende und kognitive Prozesse gesteuert: Man empfindet einen Verkäufer als angenehm, die Argumente er-

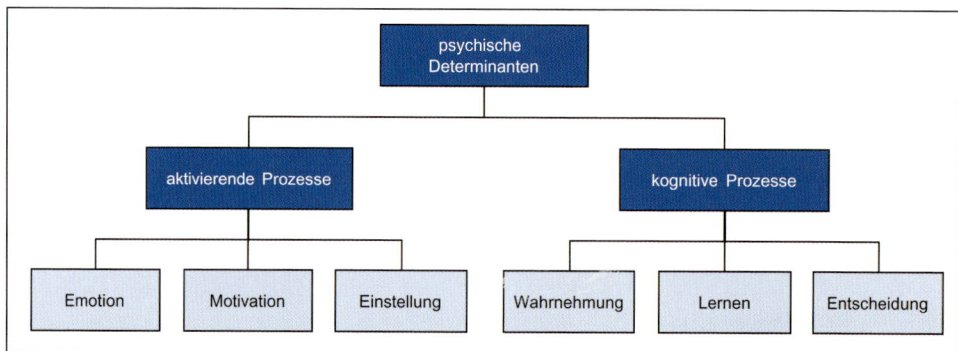

Abbildung 20: Psychische Determinanten des Konsumentenverhaltens

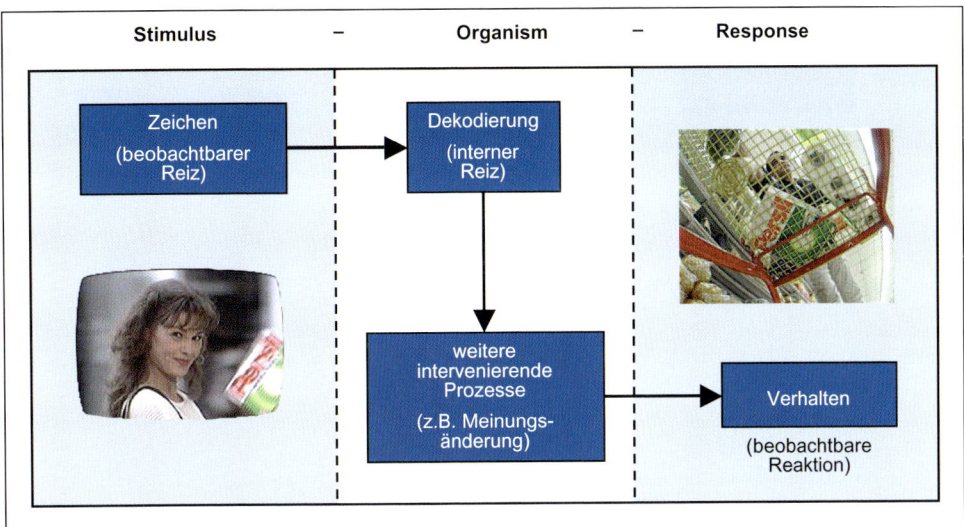

Abbildung 21: Stimulus-Organism-Response-(SOR-)Modell
Quelle: Kroeber-Riel/Weinberg, 2003, S. 501.

scheinen einem möglicherweise schlüssig, allerdings können durch Begründungen, die nicht dem eigenen Vorwissen und Einstellungen entsprechen, auch durchaus Abwehrreaktionen und Reaktanz ausgelöst werden.

War man früher bei den **Stimulus-Response-Theorien** von einfachen Reiz-Reaktionsmechanismen ausgegangen, so werden heute die Vorgänge komplexer und differenzierter betrachtet. Man berücksichtigt zunehmend die Prozesse, die in einem Konsumenten ablaufen und je nach Erfahrung, Vorlieben und vorhandenem Wissen unterschiedlich ausfallen können. Dies wird in den Stimulus-Organism-Response-**(SOR-)Modellen** berücksichtigt (Abbildung 21).

> Die Kenntnis der aktivierenden und kognitiven Prozesse bei Konsumenten hilft, Marketingmaßnahmen wirksam zu gestalten.

2.1 Aktivierende Prozesse verstehen

Aktivierende Prozesse sind Vorgänge, die mit inneren Erregungen und Spannungen verbunden sind und das menschliche Verhalten antreiben (Kroeber-Riel/Weinberg, 2003, S. 539). Sie umfassen (in Anlehnung an Kroeber-Riel/Weinberg, 2003; Trommsdorff, 2004)
- Aktivierung,
- Emotion,
- Motivation und Einstellung sowie Zufriedenheit.

Einen Zusammenhang dieser Größen gibt Abbildung 22 wieder.

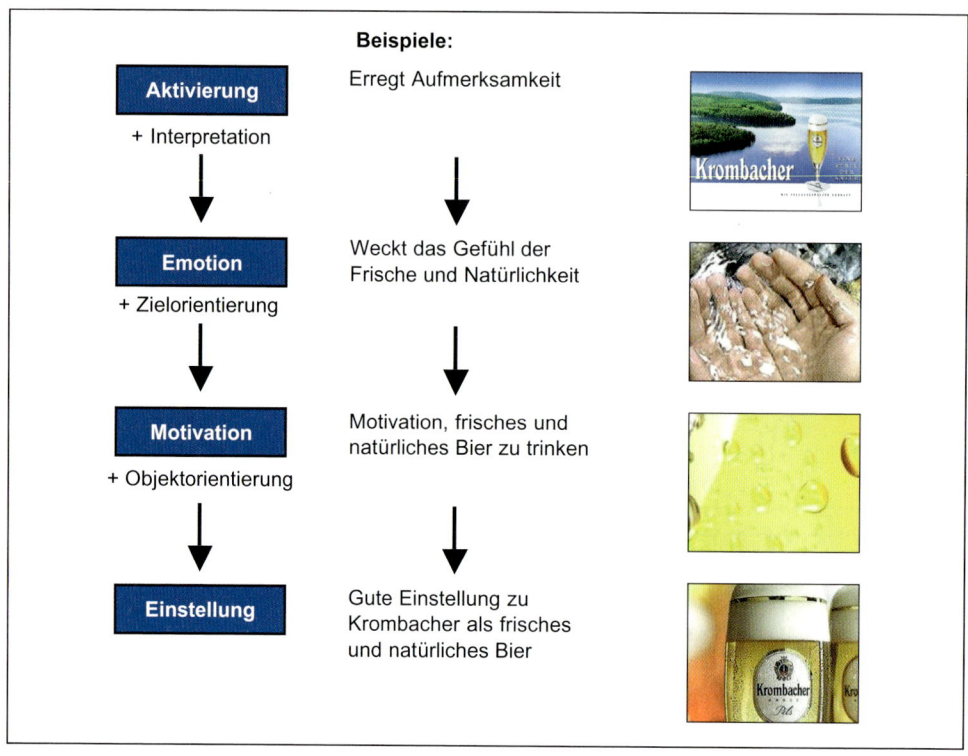

Abbildung 22: Zusammenhang zwischen Aktivierung, Emotion, Motivation und Einstellung

Aktivierung bei Kunden auslösen

Aktivierung ist der Motor für unser Handeln und kann mit „Erregung" oder „innerer Spannung" beschrieben werden. Der Organismus wird dadurch mit Energie versorgt.

> Die Stärke der Aktivierung ist ein Maß dafür, wie leistungsbereit und leistungsfähig der Organismus ist (Kroeber-Riel/Weinberg, 2003, S. 58 ff.).

Grundsätzlich hat eine Person im Tagesablauf ein bestimmtes Aktivierungsniveau (tonische Aktivierung), das im Schlaf sehr niedrig und am Arbeitsplatz sehr hoch ist. Durch Marketingmaßnahmen kann man nun zusätzlich zu diesem Aktivierungsniveau durch einen gezielten Reizeinsatz Aktivierungsschübe bewirken und somit durch eine phasische, also kurzfristige Aktivierung, Einfluss auf die Höhe der Aktivierung nehmen. Nach Berlyne (1970) steigt mit zunehmender Aktivierung zunächst die Leistungsfähigkeit einer Person bis zu einem gewissen Punkt an, nimmt dann jedoch mit weiterer Aktivierung des Organismus ab. Diese umgekehrte U-Hypothese wurde in vielen verschiedenen Kontexten bestätigt.

Im Marketing wird davon ausgegangen, dass mit zunehmender Aktivierung die Leistung bis zu einem bestimmten Punkt ansteigt. Nach Überschreiten dieses Optimums sinkt die

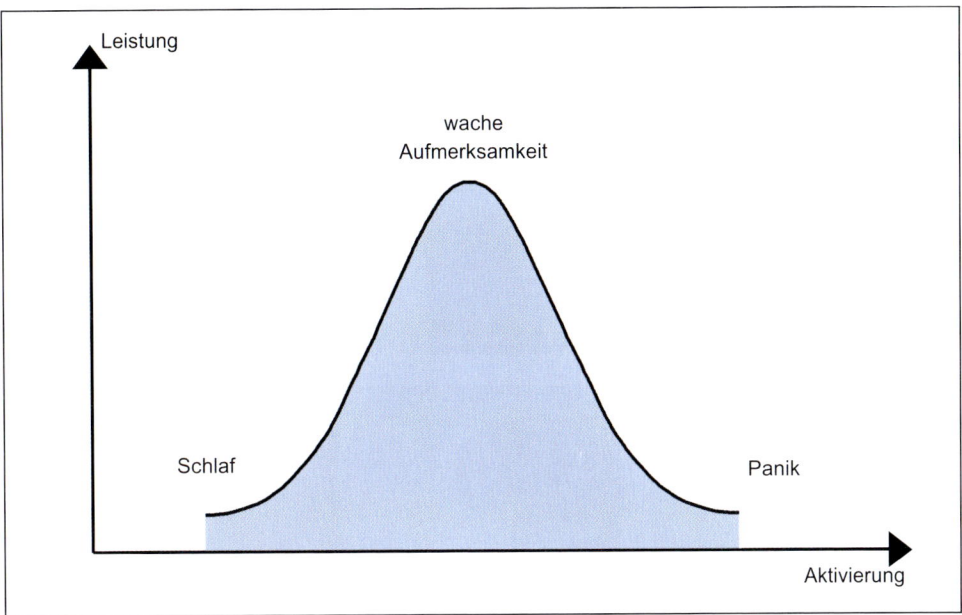

Abbildung 23: Beziehung zwischen Aktivierung und Leistung

Leistung wieder. So kann z. B. durch zunehmende Multimedialität eines Internetauftrittes zunächst die Leistungsfähigkeit einer Person gesteigert werden, allerdings nimmt bei zu viel Multimedialität durch den Einsatz von Bildern, Musik, akustischen Geräuschen, Sprache, Bewegung usw. von einem gewissen Punkt die Leistung ab, was sich in schlechteren Lernleistungen und Beurteilungen eines Internetauftrittes widerspiegelt.

Im Marketing kann man aktivierende Reize gezielt einsetzen.

Zur Auslösung der Aktivierung können folgende drei grundlegende Techniken eingesetzt werden:
- **physisch intensive Reize,**
- **emotional wirkende Reize und**
- **kognitiv überraschende Reize** (Abbildung 24).

Zu **physisch intensiven Reizen** zählen große, laute und bunte Reize. Media-Markt-Plakate aktivieren beispielsweise durch die rote Farbe und die Größe der abgebildeten Elemente (Kroeber-Riel/Esch, 2004, S. 165 ff.).

Emotionale Reize (z. B. Personenabbildungen, insbesondere Gesichter, Lächeln der Verkäuferin) lösen ebenfalls Aktivierung aus und halten darüber hinaus bei dem Empfänger eine gewisse Spannung aufrecht. Besonders wirksam sind emotionale Schlüsselreize (wie z. B. das Kindchenschema oder erotische Abbildungen), die bei dem Menschen biologisch vorprogrammierte Reaktionen auslösen (Kroeber-Riel/Esch, 2004, S. 174 ff.). So aktiviert der aufgeblasene Esso-Tiger auf den Esso-Tankstellen emotional sowie durch seine Größe.

Abbildung 24: Aktivierung durch physisch intensive und durch emotionale Reize

Kognitiv überraschende Reize sind solche, die gegen bestehende Erwartungen und Vorstellungen des Empfängers verstoßen und dadurch zu Überraschungen, gedanklichen Widersprüchen oder Konflikten führen. Techniken der Verfremdung (z. B. die Darstellung eines Mannes mit einem Schweinskopf) sind meist zwar erinnerungsstark, unterliegen aber bei mehrfachen Wiederholungen einem starken Abnutzungseffekt (Kroeber-Riel/ Weinberg, 2003, S. 70 ff.).

Durch Aktivierung erzielt man Aufmerksamkeit. Allerdings birgt die Aktivierung auch Gefahren in sich: So können aktivierende Reize von der Schlüsselbotschaft ablenken (**Vampireffekt**; Beispiel: Dekoration im Schaufenster lenkt von der Ware ab) (Kroeber-Riel/Esch, 2004, S. 181) oder die Gedanken in eine andere als die gewünschte Richtung lenken (**Boomerangeffekt**; Beispiel: Eine nackte Frau als Blickfang in einem Schaufenster kann Gedanken an einen Erotik-Shop hervorrufen, obwohl es sich vielleicht tatsächlich um ein seriöses Buchgeschäft handelt). Schließlich können Konsumenten durch Aktivierung verunsichert werden, weil diese gegen soziale Standards verstößt (**Irritation)**. Viele Konsumenten empfanden z. B. die Media-Markt-Werbung, in der eine Frau mit drei Brüsten gezeigt wurde und die Headline „Mehr drin als man glaubt" trug, als irritierend (Abbildung 26).

Viele Marketingmaßnahmen bleiben jedoch aufgrund fehlender **Aktivierungskraft** wirkungslos. Beispiele dafür sind zahlreich: Schaufenster, die im Konkurrenzumfeld unter-

Abbildung 25: Aktivierung durch kognitiv überraschende Reize

gehen, Messestände, an denen man vorbeiläuft oder Werbung und Verkaufsförderungsaktionen, die keine Beachtung finden.

Der Einsatz aktivierender Reize hängt stark vom Involvement der Kunden ab. Das **Involvement** kann mit „Ich-Beteiligung" übersetzt werden und wird als Engagement verstanden, mit dem sich jemand einem Gegenstand oder einer Aktivität zuwendet (Kroeber-Riel/Weinberg, 2003, S. 133). Je größer das Involvement der Personen ist, die man mit Marketingmaßnahmen ansprechen will, umso weniger wichtig wird eine gezielte Aktivierung. Je geringer hingegen das Involvement ist, umso stärker muss man aktivieren. Im Marketing hat man es vielfach mit wenig involvierten Konsumenten zu tun. Ausnahmen hierzu sind typischerweise konkrete Entscheidungssituationen und die damit verbundene aktive Informationssuche über persönliche Verkaufsgespräche oder Prospekte bzw. im Internet.

Abbildung 26: Beispiel für irritierende Werbung

Ein hoch involvierter Konsument ist stark angeregt, er setzt sich z. B. mit einem Produkt gedanklich oder emotional intensiv auseinander (Kroeber-Riel/Esch, 2004, S. 135). Vielfach wird in der Praxis noch Involvement mit Produktinvolvement, also dem Interesse an einer bestimmten Produktkategorie gleichgesetzt. Diese Auffassung ist allerdings zu eng und irreführend. Vielmehr setzt sich das Involvement aus mehreren Dimensionen zusammen (Kroeber-Riel/Esch, 2004, S. 143; Trommsdorff, 2004, S. 54 ff.):

- **Persönliches Involvement**: Personen können aufgrund unterschiedlicher Persönlichkeitszüge und persönlicher Eigenschaften (Kenntnisse, Erfahrungen, Einstellungen, Motive, Werte) in gleichen Situationen verschieden stark involviert sein.
- **Produktinvolvement**: Dieses hängt von dem Preis, den wahrgenommenen funktionalen Risiken beim Kauf und der Nutzung sowie den sozialen Risiken (Akzeptanz eines Produktes in einer sozialen Gruppe) ab. Neuerdings wird zusätzlich noch das **Markeninvolvement** berücksichtigt, das z. B. bei einer Rolex zweifelsfrei größer ist als bei einer Timex-Uhr.
- **Situationsinvolvement**: Unter Zeitdruck setzt man sich weniger mit etwas auseinander. Umgekehrt steigt das situative Involvement, wenn man Essen einkauft, um abends für die Schwiegereltern ein schönes Menü auf den Tisch zu zaubern, selbst wenn man kein begeisterter Koch ist.
- **Medieninvolvement**: Das Interesse bei Printmedien ist generell größer als beim Fernsehen, welches als klassisches Low-Involvement-Medium gilt.
- **Werbemittelinvolvement**: Dieses resultiert aus der Aktivierungskraft der eingesetzten Marketinginstrumente (= Reaktionsinvolvement).

Das **Gesamtinvolvement** wird stark von der Situation bestimmt. Dies ist das Nadelöhr, das es zu bewältigen gilt. Ein Konsument mit ausgeprägtem Interesse an Autos wird sich nicht intensiv mit Automobilwerbung in einer Zeitschrift auseinander setzen, wenn er aus Termindruck nur wenig Zeit zum Lesen hat (Kroeber-Riel/Esch, 2004, S. 135).

Aktivierung ist kein Selbstzweck. Sie dient der Erhöhung der Leistungsfähigkeit eines Konsumenten. Die Aktivierung zielt entweder darauf ab, einen Kontakt zu erreichen oder einen vorhandenen zu verstärken. Bei der **Kontaktwirkung** will man durch aktivierende Reize eine Zuwendung und Aufmerksamkeit der Empfänger erreichen (Kroeber-Riel/ Esch, 2004, S. 172). Der Kontakt stellt die notwendige Voraussetzung für den Erfolg der Marketingmaßnahme dar. Die Erzielung von Kontaktwirkungen ist in vielen Bereichen des Marketings von großer Bedeutung, z. B. bei der Gestaltung von:

- TV- oder Radio Spots (durch Auftakt- oder Initialaktivierung, z. B. durch Jingles),
- Produkt und Verpackung (auffällige Farben wirken z. B. aktivierend im Regal),
- Einkaufsstätten (Hinweisschilder auf Sonderangebote),
- Schaufenstern (bewegende Elemente wie eine fahrende Eisenbahn),
- Messen (Lächeln einer Hostess) als auch von
- Firmengebäuden (auffällige Fassade, großes leuchtendes Logo).

Die Verstärkerwirkung bezieht sich auf die bessere und intensivere Verarbeitung der Reize. Die ausgelöste **Aufmerksamkeit** soll dabei eine verbesserte Informationsaufnahme, -verarbeitung und -speicherung bewirken. Hat man sich z. B. einer Verpackung aufgrund der auffälligen Farbe zugewendet, dann wird die Informationsaufnahme und -verarbeitung der gesamten Verpackung angeregt. Untersuchungen belegen, dass stärker aktivierende Werbeanzeigen langfristig besser erinnert werden (Kroeber-Riel/Esch, 2004, S. 172).

Emotionen vermitteln

„Emotionen sind innere Erregungsvorgänge, die angenehm oder unangenehm empfunden und mehr oder weniger bewusst erlebt werden" (Kroeber-Riel/Weinberg, 2003, S. 106).

Von Emotionen werden in der Literatur Affekte und Stimmungen abgegrenzt. Affekte sind eher von kurzfristiger Natur, während Stimmungen eher lang anhaltende Gefühlslagen bezeichnen. Das Spektrum einsetzbarer Emotionen ist vielfältig, da sich aus den grundlegenden Emotionen (Primäremotionen) durch Kombinationen eine Vielzahl weiterer Sekundäremotionen ableiten lassen. Je nach Emotionsforscher ergeben sich unterschiedlich viele Primäremotionen. Allerdings weichen die verschiedenen Ansätze nicht grundlegend voneinander ab, sondern weisen weitestgehend Überschneidungen auf (Abbildung 27).

Zur Vermittlung von Emotionen eignen sich vor allem nonverbale Reize wie Bilder, Farben, Musik und Duftstoffe (Kroeber-Riel/Weinberg, 2003, S. 119). Der Porsche-Sound unterstützt die Sportlichkeit des Autos, die Bacardi-Musik evoziert das Gefühl von Exotik, das Design von Apple Modernität und die Bildwelt von Marlboro Abenteuer und Freiheit.

Sekundär-emotionen** \ Primär-emotionen*	Freude	Akzeptanz	Angst	Überraschung	Trauer
Enttäuschung					
Freundlichkeit					
Neugier					
Reue					
Vergnügen					
Verzweiflung					

Anmerkung:
* weitere Primäremotionen sind Ekel, Zorn und Spannung
** weitere Sekundäremotionen sind u.a. Aggression, Courage, Dominanz, Fatalismus, Feigheit, Schrecken, Verachtung, Vorsichtigkeit

Abbildung 27: Beispiele für Primäremotionen und daraus abgeleitete Sekundäremotionen
Quelle: in Anlehnung an Zeitlin/Westwood, 1986, S. 38.

Mit emotionalen Reizen sollen folgende **Wirkungen** erzielt werden:

1. Schaffung einer positiven Wahrnehmungsatmosphäre
2. Vermittlung emotionaler Konsumerlebnisse zur Produktdifferenzierung (Kroeber-Riel, 1986; 1993).

Durch eine **positive Wahrnehmungsatmosphäre** werden Informationen positiver aufgenommen, beurteilt und erinnert (Kroeber-Riel/Esch, 2004, S. 220). Emotionale Elemente bleiben hier im Hintergrund und schaffen somit eine angenehme Atmosphäre (Abbildung 28). Sie vermitteln jedoch keine konkreten Inhalte, die dem Imageaufbau der Marke bzw. des Produktes oder der Dienstleistung dienen sollen. Beispiele hierfür sind eine gefällige Produktverpackung, eine schöne Ladenatmosphäre, Werbung, die als angenehm empfunden wird, oder eine Verkäufer-Käufer-Interaktion, bei der durch eine positive Gesprächsführung und das Loben des Käufers durch den Verkäufer ein gutes Klima erzeugt wird.

Die Vermittlung emotionaler Konsumerlebnisse zielt hingegen darauf ab, Marken und Produkte mit spezifischen Emotionen zu verknüpfen und dadurch in den Köpfen der Konsumenten zu verankern. So steht Beck's Bier beispielsweise für die maritime Welt und Frische, Marlboro für Abenteuer und Freiheit sowie Montblanc für Exklusivität und Prestige.

Emotionale Konsumerlebnisse können primär über Kommunikation oder Produkte (Verpackung, Design) vermittelt werden. Bei einer **emotionalen Produktdifferenzierung** versucht man, funktional vergleichbare und qualitativ austauschbare Produkte emotional aufzuladen, um diese in der Erfahrungs- und Erlebniswelt der Konsumenten zu veran-

Abbildung 28: Schaffung einer positiven Wahrnehmungsatmosphäre

Abbildung 29: Bacardi-Erlebniswelt

kern (Kroeber-Riel/Weinberg, 2003, S. 128). So steht Apple beispielsweise für innovatives und menschliches Design. Dies ist schon an der Formensprache der Produkte erkennbar. Bei Party-Events der Marke Jägermeister wird neben dem Trinken von Jägermeister und gemeinsamen Feiern der aufgebaute „Hochsitz" zum besonderen Erlebnis. Von diesem Aufbau können die Besucher den Ausblick über die breite Menschenmasse genießen.

Die wichtigste Technik zur emotionalen Produktdifferenzierung ist die **emotionale Konditionierung** (Behrens, 1991, S. 274 ff.; Behrens et al., 2001, S. 19 f.). Hierbei wird eine „neutrale" Marke in der Werbung wiederholt gleichzeitig mit emotionalen Reizen dargeboten. Die Marke wird auf diese Weise emotional aufgeladen und erhält einen emotionalen Erlebniswert (Kroeber-Riel/Weinberg, 2003, S. 128 ff.). Die Marke Bacardi wurde beispielsweise durch die Bilder der Karibik und durch Menschen, die das karibische Lebensgefühl widerspiegeln, emotional aufgeladen.

In Bereichen, wo sich Kunden auf die Produktqualität verlassen und deshalb ein geringes Informationsinteresse aufweisen, können durch Erlebnisse starke Beeinflussungswirkungen erzielt werden (Kroeber-Riel/Weinberg, 2003, S. 131). Um entsprechende Erlebniswirkungen zu erzielen, ist eine multimodale Umsetzung besonders wichtig, so dass sich die modalitätsspezifischen Eindrücke gegenseitig stützen und verstärken.

Motive analysieren

Motive stellen Handlungsdispositionen dar, die der Aktivierung eine Handlungsorientierung geben. Motivation ist der Prozess, der die Auslösung von Handlungstendenzen beschreibt (Behrens et al., 2001, S. 269).

Entsprechend kann man Motivation als grundlegende Antriebskraft verbunden mit einer kognitiven Zielorientierung bezeichnen (Kroeber-Riel/Weinberg, 2003, S. 142).

Die aktivierende Motivationskomponente besteht aus Emotionen und Trieben, wie z. B. Hunger oder Durst. **Die kognitive Motivationskomponente** umfasst einen subjektiv gesehenen Ziel-Mittel-Zusammenhang sowie den erwarteten Wert des Ziels (Kroeber-Riel/Weinberg, 2003, S. 142 ff.). Will man beispielsweise seinen Hunger stillen, so bestünde die Möglichkeit, bei McDonald's einen Hamburger essen zu gehen. Dies macht man umso eher, je positiver die Einschätzung ist, dass man seinen Hunger auch tatsächlich mit diesem Hamburger stillen kann.

Motive lösen Verhaltensweisen aus. Allerdings ist es schwierig, aus den eher allgemein gehaltenen Motivtheorien direkt Empfehlungen für die Marketingpraxis abzuleiten (Behrens et al., 2001, S. 271).

Die **Bedürfnispyramide nach Maslow** ist ein klassisches Modell, das in den Wirtschaftswissenschaften breiten Anklang gefunden hat (Maslow, 1975, S. 358 ff.). Es zeigt fünf Bedürfniskategorien, die mit den grundlegenden Bedürfnissen beginnen und bis zu höheren sozialen Motiven reichen. Sind die Bedürfnisse der untersten Hierarchiestufe erfüllt, wird die Befriedigung der Bedürfnisse auf der nächst höheren Stufe angestrebt. Hier gilt frei nach Brecht: „Erst kommt das Fressen und dann die Moral." Diese Theorie gibt einen guten Überblick über verschiedene Bedürfnisarten. Die Abfolge der Stufen muss jedoch

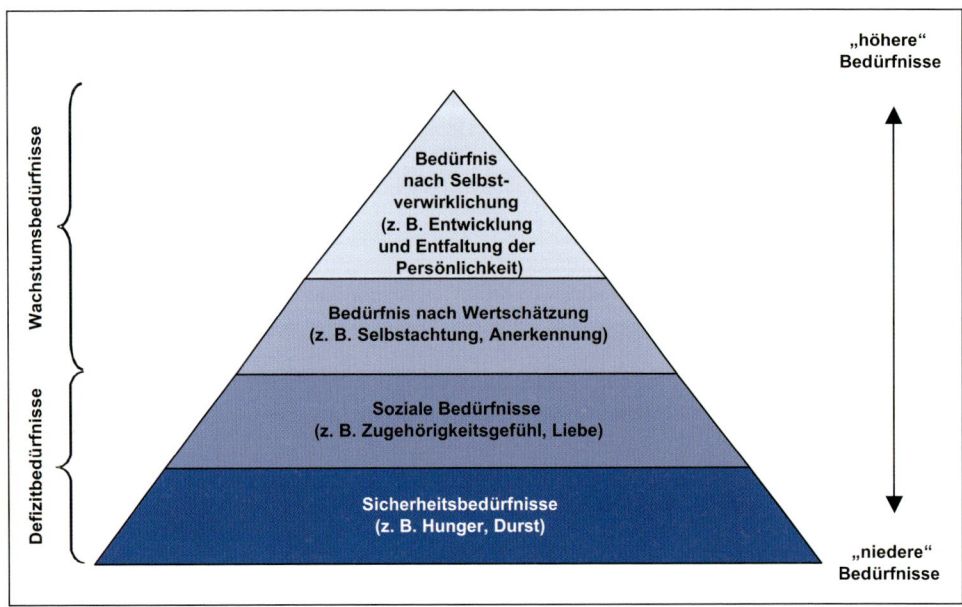

Abbildung 30: Bedürfnispyramide
Quelle: in Anlehnung an Solomon, 2001.

nicht zwingend immer diese Reihenfolge besitzen (wie bei einem hungernden Künstler), auch können Bedürfnisse von mehreren Stufen gleichzeitig vorhanden sein.

In der Praxis haben sich zwei **spezielle Motivtheorien** besonders gut bewährt: die Dissonanz- und die Reaktanztheorie.

Die **Dissonanztheorie** beschreibt einen Zustand der Motivation, vorhandene Unstimmigkeiten zu beseitigen (Festinger, 1957). Dissonanzen kommen z. B. dadurch zustande, dass der Käufer bei der Wahl von zwei Produktalternativen auf die Vorteile eines der beiden Produkte verzichten muss (**Appetenz-Appetenz-Konflikt**). Will man etwa ein sicheres und prestigeträchtiges Auto kaufen, kann es zu einem Appetenz-Appetenz-Konflikt zwischen einem Mercedes Benz und einem Volvo kommen. Dieser Konflikt spielt sich demnach immer zwischen mehreren verschiedenen Angeboten ab. Dissonanzen können allerdings auch bei einem einzigen Angebot entstehen, das sowohl positive als auch negative Eigenschaften in sich vereint (**Appetenz-Aversions-Konflikt**). Schokolade schmeckt zwar gut, hat aber viele Kalorien.

Möglichkeiten zur **Dissonanzreduktion** bestehen in einer weiteren Suche nach positiven Informationen und Zustimmung, in einer Umbewertung der Kriterien, im Festhalten an einer bewährten Alternative (Markentreue) oder im Aufschieben der Entscheidung. Das **Nachkaufmarketing** hat gerade hier die Aufgabe, Dissonanzen zu verringern. So wird beispielsweise bei jedem neuen technischen Produkt in der Bedienungsanleitung dazu gratuliert, ein so hochwertiges und qualitativ gutes Produkt gekauft zu haben. Die u. a. dadurch entstehende starke Kundenbindung und Markentreue verringern Dissonanzen bei zukünftigen Käufen (Behrens et al., 2001, S. 103 f.). Des Weiteren kann ein Verkäufer schon während einer Kaufentscheidung bei der Wahrnehmung von Dissonanzen den Kunden so beeinflussen, dass sich die Wahrnehmung zugunsten des eigenen Produktes verschiebt. Dies gilt gerade für die instabilen Konflikte zwischen mehreren Alternativen, die durch kleine Einflüsse schon zu der Wahl einer Alternative führen können.

Reaktanz beschreibt einen Motivationszustand, der darauf gerichtet ist, bedrohte Freiheiten zu erhalten (Brehm, 1966). Die beeinflussenden Maßnahmen des Marketings können von Konsumenten als Einengung der Freiheit wahrgenommen und deshalb abgewehrt werden. Dies kann z. B. bei einer zu intensiven Kundenbetreuung der Fall sein, wenn der Kundenberater einer Bank wiederholt zu Hause anruft, um einen Beratungstermin zu vereinbaren. Beeinflussungsversuche sollten deshalb für den Konsumenten nicht zu offensichtlich sein (Behrens et al., 2001, S. 271). Ein besserer Zugang könnte bei diesem Beispiel ein Informationsschreiben über eine günstige Geldanlagemöglichkeit sein, das beim Kunden die Motivation auslöst, mehr Informationen von dem Kundenberater zu erhalten.

Mögliche Reaktanzen und Dissonanzen beim Konsumenten sind im Marketing unerwünschte Motivationszustände. Die positiven Auswirkungen der Motivation sind hingegen eine schnellere Informationsverarbeitung und eine verkürzte Entscheidungszeit bei der Produktauswahl (Engel/Blackwell/Miniard, 2000; Blackwell/Miniard/Engel, 2005).

Wie werden nun erwünschte Motivationszustände ausgelöst? Welche Motive führen zum Kauf eines Produkts? Es lassen sich einige **Konsummotive** identifizieren, die sowohl theoretisch begründet als auch praktisch verwendbar sind (Trommsdorff, 2004, S. 121 ff.). Um zu verdeutlichen, wie die Werbung diese Konsummotive ansprechen kann, ist zu jedem Motiv ein Slogan als Beispiel gegeben:

- **Ökonomik/Sparsamkeit/Rationalität**: „Spee, die schlaue Art zu waschen" (Waschmittel)
- **Prestige/Status/soziale Anerkennung**: „Manchmal muss es eben Mumm sein" (Sekt)
- **Soziale Wünschbarkeit/Normenunterwerfung**: „Sichtbare Glättung in nur sieben Tagen" (Anti-Faltencreme)
- **Lust/Erregung/Neugier**: „Entdecken Sie das Geheimnis von Mon Chéri" (Schokolade)
- **Sex/Erotik**: „Prickelt länger als man trinkt" von Schöfferhofer Weizen (Bier)
- **Angst/Furcht/Risikoneigung**: „Hoffentlich Allianz versichert" (Versicherung)
- **Konsistenz/Dissonanz/Konflikt**: „Herzlichen Glückwunsch zum Kauf eines…" (Packungsbeilage)

Die Herausforderung für das Marketing liegt darin, die wesentlichen Motive zu erkennen, zu aktivieren und zu befriedigen. Ein Produkt sollte so positioniert werden, dass es zur Bedürfnisbefriedigung in Betracht kommt (Engel/Blackwell/Miniard, 2000; Blackwell/Miniard/Engel, 2005) und sich von der Konkurrenz abhebt.

Die Ergründung relevanter Kaufmotive ist nicht einfach. Dies liegt u. a. daran, dass sich teilweise Konsumenten ihrer eigentlichen Kaufmotive nicht bewusst sind oder diese nicht unmittelbar äußern wollen. Ein Mercedes Benz wird „natürlich" wegen seiner guten Verarbeitungsqualität gekauft und keinesfalls wegen des Prestiges. Zumindest würde dies kein Mercedes-Käufer unmittelbar eingestehen.

Der Zugang zu den echten Kaufmotiven ist entsprechend problematisch. Herkömmliche Befragungen greifen oft zu kurz. Würde man beispielsweise Hausfrauen und -männer unmittelbar fragen, warum sie ein bestimmtes Waschmittel kaufen, wäre die Antwort wahrscheinlich „weil es weiß wäscht". Dies ist ein rationales Urteil, das in der Regel nicht den wahren Kaufgrund zeigt. Kaufgründe können hier soziale Anerkennung als gute Hausfrau (z. B. bei Persil) oder andere Gründe sein.

Deshalb muss man sich Motiven häufig mit qualitativen Techniken (z. B. Bilder malen, Geschichten erzählen) oder spezifischen tiefer gehenden Befragungen zuwenden (siehe auch Kapitel C. 2.). Um Motive von Konsumenten zu ergründen, kann man diese mit der **Leiter-Technik („Laddering")** befragen, die auf der Grundlage der „means-end-analysis" entwickelt wurde (siehe hierzu ausführlich Kapitel E. 2.).

Die für den Konsumenten wichtigen Produktvorteile (z. B. natürliche Zutaten) und die dahinter stehenden Werte und Bedürfnisse (z. B. Lebensfreude) werden auf diese Weise sichtbar und können durch das Marketing gezielt angesprochen werden.

Einstellungen bilden

Einstellung kann man als Motivation mit einer kognitiven Gegenstandsbeurteilung definieren (Kroeber-Riel/Weinberg, 2003, S. 169).

Eine Einstellung kennzeichnet demnach die subjektiv wahrgenommene Eignung eines Angebots zur Befriedigung einer Motivation. Die Beeinflussung und der Aufbau von Einstellungen funktioniert nach folgendem Sprachmuster: „Appelliere an ein Bedürfnis und zeige, dass das Produkt geeignet ist, dieses Bedürfnis zu befriedigen." So kann man z. B. in der Werbung das Bedürfnis nach Sicherheit ansprechen und daraufhin die Marke oder das Produkt so darstellen, dass es zur Bedürfnisbefriedigung geeignet erscheint („Volvo ist ein sicheres Auto") (Kroeber-Riel/Weinberg, 2003, S. 169).

Die Einstellung umfasst die drei Komponenten **Fühlen, Denken und Handeln**:

1. **Affektive (emotionale, motivationale) Komponente:**
   Affekt oder Gefühl (z. B. „Das Produkt gefällt mir").

2. **Kognitive Komponente:** Wissen, Denken und Erfahrungen (z. B. „Das Produkt ist gesund").

3. **Konative (Verhaltens-)Komponente:** Bereitschaft, bestimmte Handlungen auszuführen (z. B. Kauf des Produkts).

In der Regel geht man von einer Übereinstimmung der drei Komponenten Fühlen, Denken und Handeln des Konsumenten aus. Ein Konsument mag z. B. einen Joghurt, er weiß, dass das Produkt gesund ist und kauft diesen. Eine **positive Einstellung zu einem Produkt** ist von zentraler Bedeutung, da diese meist das Verhalten, z. B. den Kauf, bestimmt.

> In vielen Fällen bestimmt die Einstellung das Verhalten.

Diese Beziehung zwischen der Einstellung und dem Verhalten gilt jedoch nicht immer, sondern wird durch folgende Faktoren moderiert (Kroeber-Riel/Weinberg, 2003, S. 175 ff.):

- **Situative Bedingungen:** Individuelle und soziale Normen nehmen starken Einfluss auf das Verhalten. Dies kann dazu führen, dass man trotz positiver Einstellung keinen Kauf tätigt: Wird der Kauf eines Porsche beispielsweise bei relevanten Anspruchsgruppen sozial nicht akzeptiert, verzichtet man möglicherweise darauf (soziale Norm). Weiß man, dass Süßigkeiten die Zähne schädigen, wird man möglicherweise ebenfalls auf einen Kauf verzichten trotz positiver Einstellung (soziale Norm). In einer Kaufsituation kann man sich ebenfalls aufgrund attraktiver Angebote oder aufgrund der Beratung eines versierten Verkäufers für eine andere Marke als die präferierte entscheiden.

- **Art der Einstellung:** Je spezifischer, stabiler und schneller verfügbar Einstellungen sind, um so eher ist ein Rückschluss auf das Verhalten möglich.

- **Persönlichkeitsfaktoren:** Manche Personen sind leichter beeinflussbar als andere, so dass der Schluss von der Einstellung auf das Verhalten unsicherer wird, da diese sich durch situative Einflüsse eher leiten lassen.

- **Involvement:** Je geringer das Involvement ist, umso unsicherer ist der Schluss von einer Einstellung auf das Verhalten. So wird bei Erstkäufen mit geringem Involvement (z. B. beim Kauf eines Kaugummis) ein Produkt gekauft, ohne darüber nachzudenken, die Einstellung bildet sich erst danach. Ähnlich ergibt sich bei impulsivem Kaufverhalten (Kauf aufgrund eines Zweitplatzierungsimpulses) die Einstellung erst nach dem Kauf.

Zur **Messung von Einstellungen** sind **Multiattributmodelle** weit verbreitet. Diese berücksichtigen affektive und kognitive Komponenten zu wahrgenommenen Ausprägungen von Produktmerkmalen. Exemplarisch werden zwei wichtige Modelle, das Fishbein- und das Trommsdorff-Modell, vorgestellt. Bei dem **Fishbein-Modell** (Fishbein, 1963) werden Eigenschaftsausprägungen zunächst allgemein bewertet („Wenn ein Reisebus viele Sitzplätze hat, so ist das sehr gut/sehr schlecht"). Es erfolgt dann eine subjektive Einschätzung zur Wahrscheinlichkeit, dass diese Eigenschaften bei diesem Objekt vorhanden sind („Dass der Reisebus Holiday nur wenige Sitzplätze hat, ist sehr wahrscheinlich/sehr unwahrscheinlich"). Die Wahrscheinlichkeit des Vorhandenseins einer Eigenschaft und die Bewertung dieser Eigenschaft werden miteinander multipliziert. Anschließend werden die daraus resultierenden Ergebnisse zu den einzelnen Ausprägungen zu einem Einstellungswert addiert. Je größer der Einstellungswert ist, desto besser ist die Einstellung der Person zu dem Produkt.

$$E_{ij} = \sum_{k=1}^{n} B_{ijk} \cdot a_{ijk}$$

E_{ij} =   Einstellung der Person i zu Produkt j

B_{ijk} =   Von der Person i wahrgenommene Wahrscheinlichkeit der Existenz der Eigenschaft k bei Produkt j

a_{ijk} =   Bewertung der Eigenschaft k von Produkt j durch Person i

Bei dem **Idealpunkt-Modell** werden die Eigenschaftsausprägungen hinsichtlich der idealen Ausprägung bei dem jeweiligen Objekt bewertet („Wie geräumig ist der Sitzplatz bei einem idealen Reisebus? sehr geräumig/überhaupt nicht geräumig"). Anschließend wird nach der subjektiven Einschätzung über die wahrgenommene graduelle Ausprägung der betreffenden Eigenschaft bei diesem Objekt gefragt („Wie geräumig ist der Sitzplatz im Reisebus Holiday? sehr geräumig/gar nicht geräumig"). Die Idealvorstellung wird anschließend von der wahrgenommenen Existenz der Eigenschaft subtrahiert. Auch hier werden die ermittelten Eindruckswerte für die einzelnen Eigenschaften zu einem Gesamtwert der Einstellung addiert. Je geringer der Einstellungswert ist, umso besser ist hier die Einstellung (Trommsdorff, 1975; Trommsdorff/Bookhagen/Hess, 2000, S. 778 ff.).

$$E_{ij} = \sum_{k=1}^{n} | B_{ijk} - I_{ik} |$$

E_{ij} =   Einstellung der Person i zu Produkt j

B_{ijk} =   Von der Person i wahrgenommene Wahrscheinlichkeit der Existenz der Eigenschaft k bei Produkt j

I_{ik} =   von der Person i gewünschte Ausprägung der Eigenschaft j bei dem Idealprodukt

Einstellungswerte liefern somit Informationen zu Ist-Zuständen auf dem Markt ebenso wie über Soll-Zustände. Diese können im Marketing bei der Analyse und Prognose des Konsumentenverhaltens Anwendung finden, ebenso wie bei der Bestimmung von Zielgruppen, Marktsegmenten und Positionierungszielen (siehe auch Kapitel E. 1.).

Auf Einstellungen kann man auf vielfältige Weise Einfluss nehmen:

- **Kommunikation:** Durch Kommunikation können Erlebniswelten für Marken und Unternehmen aufgebaut werden oder relevante Produkteigenschaften entsprechend in die subjektive Wahrnehmung der Kunden gerückt werden (siehe hierzu auch Kapitel E. 3.).
- **Gestaltung bestehender und neuer Produkte und Dienstleistungen:** Relevante Angebotseigenschaften (wie z. B. Qualität oder Design) können hinzugefügt oder verbessert werden.
- **Gestaltung der Verkaufssituation bzw. des sonstigen Umfelds:** Die Einkaufsatmosphäre sowie eine freundliche und kompetente Beratung sind wichtig beim Kundenkontakt und beeinflussen ebenfalls die Einstellung.

Zufriedenheit schaffen

Die Zufriedenheit von Kunden steht in einem engen Zusammenhang zur Einstellung. Stark vereinfacht könnte man die Zufriedenheit auch als „Einstellung nach dem Kauf oder der Nutzung eines Angebots" bezeichnen (siehe zur Kundenzufriedenheit auch Kapitel F.).

> Kundenzufriedenheit ist das Ergebnis eines Vergleichsprozesses zwischen den Kundenerwartungen und den wahrgenommenen Leistungen (Homburg/Stock, 2003).

Die Erwartungen an ein Angebot werden in hohem Maße geprägt von eigenen Erfahrungen und Bedürfnissen, den vorhandenen Angeboten und der Kommunikation über diese Angebote. So ist es logisch, dass die Erwartungen eines jungen Mannes, der gerade den Führerschein gemacht hat und als erstes Auto einen gebrauchten VW Polo fährt, andere sind, als die eines älteren Mannes, der bereits viele verschiedene Automobile bis hin zu einer Mercedes-S-Klasse gefahren hat. Erwartungen und wahrgenommene Leistungen sind allerdings nicht unabhängig voneinander. Vielmehr beeinflussen die Erwartungen auch die Wahrnehmung der Leistung: Hat eine Person beispielsweise ein positives Image zur Marke BMW, so wird sie unter diesem Wahrnehmungsfilter entsprechend auch die wahrgenommene Leistung (Sportlichkeit, Dynamik) positiver bewerten.

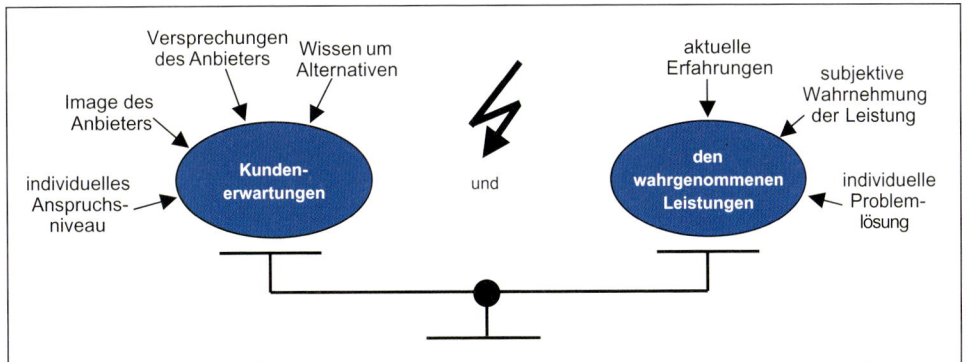

Abbildung 31: Beeinflussungsfaktoren der Kundenzufriedenheit
Quelle: Meyer/Dornach, 1997, S. 166.

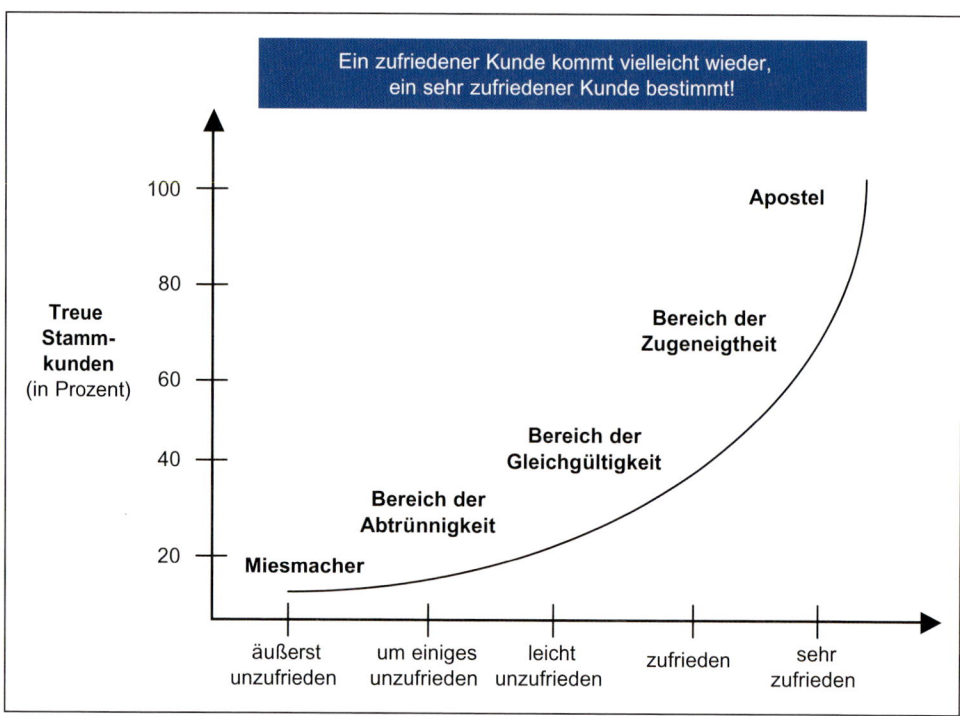

Abbildung 32: Beziehung Stammkunden und Zufriedenheit
Quelle: Heskett et al., 1994, S. 52.

Zufriedenheit ist ein positives Gefühl nach einer Entscheidung/Handlung. Das Verhalten, mit dem man zufrieden war, wird verstärkt und läuft mit weniger Involvement ab. Kauft ein Konsument ein Produkt, mit dem er sehr zufrieden war, wird er es wahrscheinlich ohne lange Entscheidungsprozesse wieder kaufen (Trommsdorff, 2004, S. 131). Die folgende Abbildung veranschaulicht den Zusammenhang von Zufriedenheit und Markentreue.

Zufriedenheit ist demzufolge eine Voraussetzung zur Kundenbindung. Kundenbindung ist dabei kein Selbstzweck. Der richtungweisende Beitrag von Reichheld und Sasser (1991) zur Zero-Migration untermauerte eindrucksvoll, dass die Erträge eines Unternehmens umso stärker ansteigen, je länger die Beziehung zu einem Kunden anhält. Bei ausschließlicher Betrachtung eines Erstkaufs ist der Ertragswert eines Kunden hingegen relativ gering. Erst durch langfristige Kundenbindung erfolgt eine Ausschöpfung des Kundenertragspotenzials. Entsprechend erhöht sich der Kundenwert je nach Branche bei einer 5-prozentigen Senkung der Kundenmigrationsrate um zwischen 25 % und 85 % (Abbildung 33).

Die Kundenbindung nimmt somit als psychographische Größe maßgeblichen Einfluss auf den Erfolg eines Unternehmens (Fritz, 1995; Homburg/Bruhn, 1999). Dies erklärt sich einerseits durch entsprechende Umsatzzuwächse aufgrund

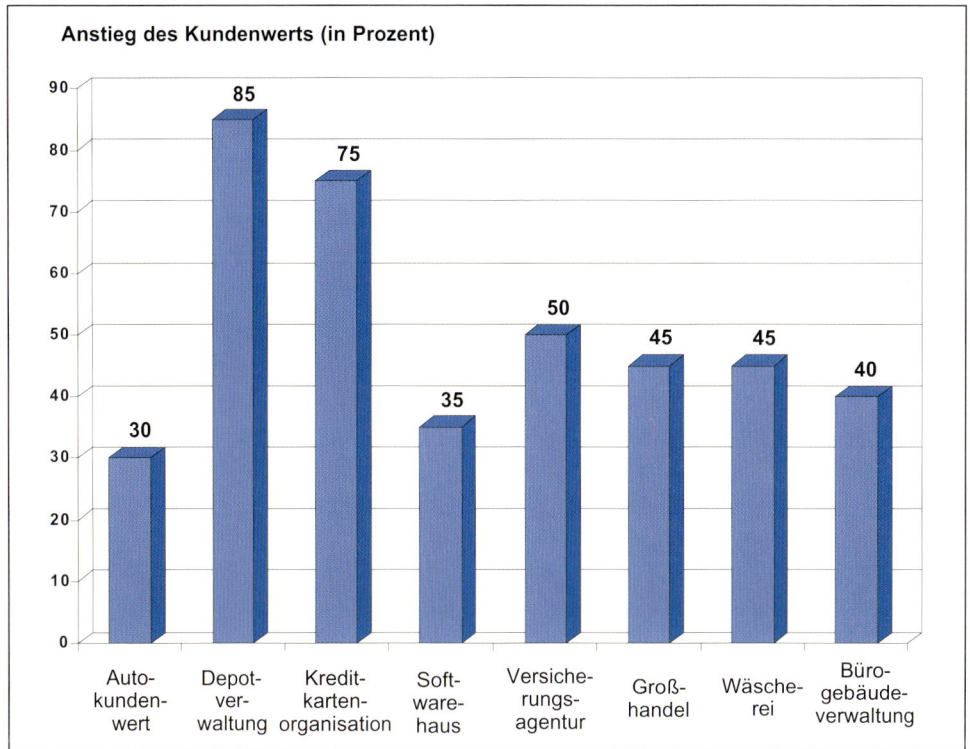

Abbildung 33: Zusammenhang zwischen einer 5-prozentigen Senkung der Migrationsrate und dem durchschnittlichen Kundenwert in verschiedenen Branchen
Quelle: Reichheld/Sasser, 1999, S. 143.

- erhöhter Kauffrequenzen bzw. gestiegener Rechnungsbeträge,
- Cross- und Up-Selling-Potenzialen,
- Gewinnen aus Preisaufschlägen aufgrund einer höheren Preisbereitschaft und
- Weiterempfehlungen,

und andererseits durch Kostenersparnisse aufgrund besserer Kenntnisse der Kunden und geringerer Kundenbetreuungskosten (Krafft, 2002). Diese Vorteile der Kundenbindung reflektieren sich nicht zuletzt in der häufig zitierten Tatsache, dass die Kosten einer Neukundenakquisition je nach Branche das Sechs- bis Neunfache der Kosten für die Pflege vorhandener Kunden betragen (Müller/Riesenbeck, 1991).

Kundennähe, -zufriedenheit und -bindung wirken über Käufe, die Kaufmenge und die Dauer der Beziehung auf die künftig erwirtschaftbaren Erlöse eines Unternehmens. Unter Berücksichtigung der Kosten der Kundenbearbeitung resultiert daraus der Kundenwert (Krafft, 2002). Die Kundenzufriedenheit spielt hierbei eine zentrale Rolle. Dabei bewegt sich die Zufriedenheit nicht auf einem Kontinuum, sondern lässt sich in zwei Bereiche einteilen. Von der Unzufriedenheit bis zur Bestätigung einerseits und von der Bestätigung zur Zufriedenheit andererseits. Die Nichterfüllung von Leistungen führt zu

Unzufriedenheit. Während zufriedene Kunden gerne das Produkt wieder kaufen, begeisterte Kunden zudem für positive Mund-zu-Mund-Werbung sorgen, wandern unzufriedene Kunden in der Regel ab und betreiben negative Mund-zu-Mund-Propaganda. Ein zentrales Problem hierbei sind die vielen „unvoiced complainers", also Kunden, die unzufrieden sind, sich aber nicht beschweren, sondern unmittelbar Konsequenzen ziehen. Hingegen belegen Studien immer wieder, dass Kunden, die sich beschweren, bei schneller und sachgemäßer Bearbeitung der Beschwerde in der Regel gehalten werden können. Das **Beschwerdemanagement** bietet hier die Chance, durch Analysen Aufschluss über die Gründe zu erhalten und unzufriedene Kunden von dem Unternehmen noch zu überzeugen (Günter, 2003, S. 291 ff.).

Die Erfüllung einer Erwartung führt zunächst nur zur Bestätigung, jedoch nicht zur Zufriedenheit. Erst das Übererfüllen einer Erwartung führt zu Zufriedenheit, die letztendlich eine Kundenbegeisterung bewirkt und „Apostel" für das Unternehmen generiert (Abbildung 34). So erwartet man bei einem Werkstattbesuch, dass alle Probleme am Auto beseitigt werden (= Bestätigung). Ein zusätzlich noch gereinigtes Auto würde hingegen möglicherweise die Erwartungen übertreffen und somit zur Zufriedenheit führen.

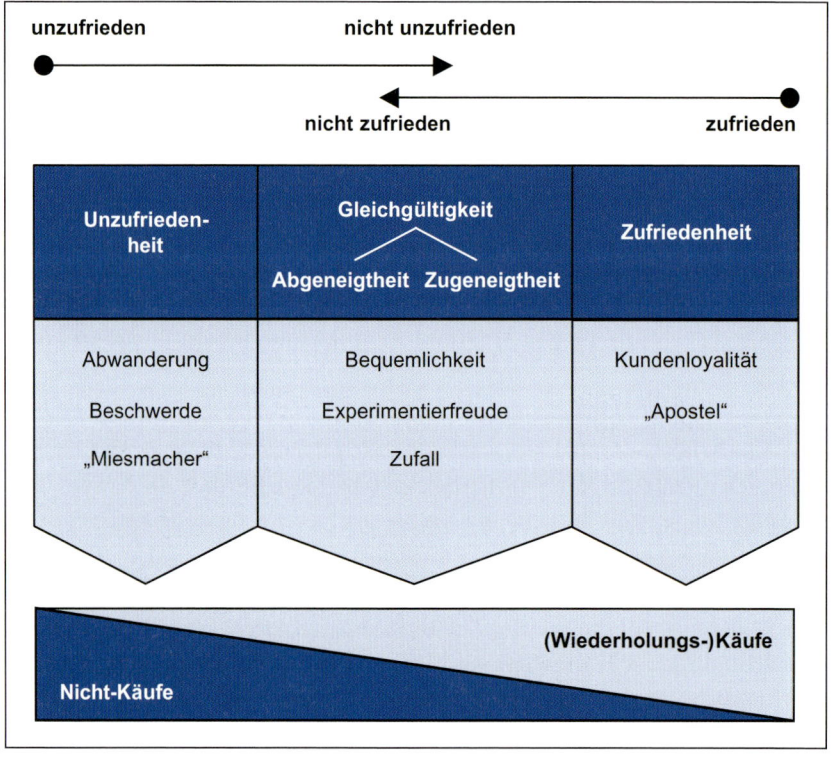

Abbildung 34: Konsequenzen von Zufriedenheit und Unzufriedenheit
Quelle: in Anlehnung an Trommsdorff, 2004, S. 139.

Um Zufriedenheit zu schaffen, muss man sich verdeutlichen, dass jeder Kontakt von Kunden mit dem Unternehmen einen so genannten **„moment of truth"** darstellt (Stauss/Seidel, 2002, S. 159). Gerade dies stellt erhöhte Anforderungen an die Messung der Zufriedenheit, besonders bei Dienstleistungen und im B2B-Bereich (siehe auch Kapitel F.).

2.2 Kognitive Prozesse analysieren

Kognitive Prozesse sind gedankliche („rationale") Vorgänge. Sie sind für die gedankliche Kontrolle und bewusste Steuerung des Verhaltens zuständig. Kognitive Prozesse werden stets von aktivierenden Prozessen begleitet (Kroeber-Riel/Weinberg, 2003, S. 225; Anderson, 2001), mehr noch: Der erste gefühlsmäßige Eindruck geht meistens dem darauf aufbauenden rationalen Eindruck voraus. So macht man sich beispielsweise von einer Person, die einen Raum betritt, aufgrund ihrer Erscheinung einen Eindruck, noch bevor diese etwas sagt.

Zur Beschreibung kognitiver Prozesse eignet sich das so genannte **Dreispeichermodell** (Abbildung 35). Dieses beschreibt die kognitiven Prozesse der Reizverarbeitung bis zur Speicherung mittels dreier Speicher. Dabei ist der Name Dreispeichermodell irreführend, weil er feste Plätze im Gehirn für bestimmte Prozesse suggeriert. Dem ist jedoch nicht so. Allerdings treffen die vorgestellten Abläufe zu, ohne dass man ihnen jedoch feste Positionen im Sinne getrennter Speicher zuweisen könnte.

Reize gelangen zunächst in den sensorischen Ultrakurzspeicher. Die Kapazität des Speichers ist zwar groß, aber Eindrücke werden hier nur ca. 0,1–1 Sekunde passiv festgehalten. Ein Teil dieser Reize (solche, die von besonderem Interesse für den Empfänger sind, oder solche, die stark aktivieren) gelangen anschließend in den Arbeitsspeicher. Hier wer-

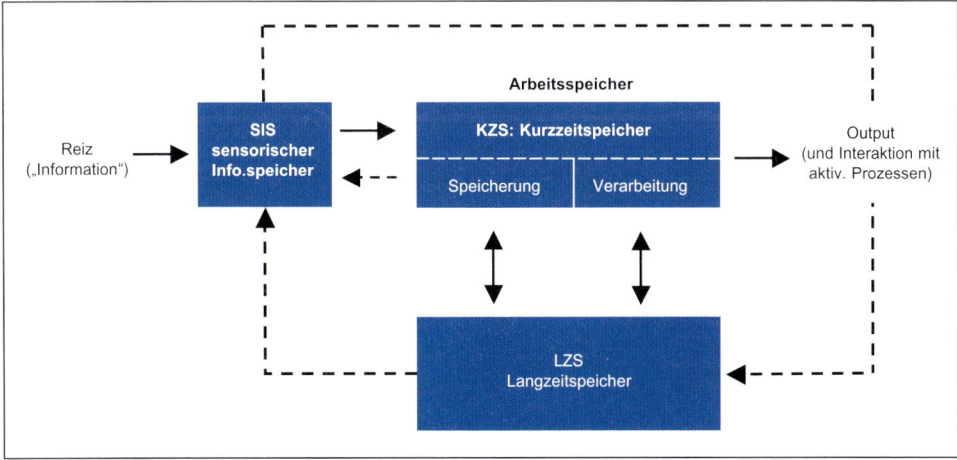

Abbildung 35: Gedächtnismodell zur Darstellung elementarer kognitiver Prozesse
Quelle: Kroeber-Riel/Weinberg, 2003, S. 226.

den Reize verarbeitet, interpretiert und in Informationen umgewandelt. Die Kapazitäten des Arbeitsspeichers sind begrenzt. Es können nur wenige Informationen in einer bestimmten Zeit verarbeitet werden. Marketingmaßnahmen sind entsprechend auf die beschränkte Kapazität des Speichers abzustimmen. Die Verarbeitung findet mit Rückgriff auf bestehendes Wissen aus dem Langzeitspeicher statt (eine neue Produktvariante wird z. B. mit Informationen zur bisherigen Variante in Beziehung gesetzt). Ein Teil der Informationen wird in den Langzeitspeicher (Gedächtnis) übernommen (Mouven/Minor, 2000, S. 56 ff.; Kroeber-Riel/Weinberg, 2003, S. 225 ff.; Solso, 2005, S. 196 ff.). Einmal im Langzeitspeicher abgelegte Informationen bauen sich nicht mehr ab. Allerdings besteht ein Zugriffsproblem auf solche Informationen, wenn diese nicht ständig aktualisiert werden.

Informationsaufnahme und Wahrnehmung sicherstellen

Die Aufnahme von Informationen umfasst alle Vorgänge, die zur Übernahme von Informationen in das Kurzzeitgedächtnis führen (Kroeber-Riel/Weinberg, 2003, S. 244).

Informationen können aus dem Gedächtnis abgerufen (z. B. die Räume der eigenen Wohnung) oder von außen aufgenommen werden (z. B. die Informationen auf einer Verpackung). Dies kann ohne willentliche Bemühungen absichtslos geschehen oder nach aktiver Suche (Kroeber-Riel/Weinberg, 2003, S. 244). So kann man vor dem Kauf einer neuen Küche an bestimmte Geschäfte denken, die man besuchen möchte, und in einem bestimmten Laden dann unterschiedliche Küchenhersteller genauer unter die Lupe nehmen.

Grob gesprochen erfolgt eine **externe Informationsaufnahme** entweder

- **reizgesteuert** (z. B. weil ein bestimmtes Verkaufsförderungsdisplay ansprechend und aufmerksamkeitsstark gestaltet ist),
- **gewohnheitsmäßig** (z. B. beim Lesen einer Zeitung oder beim Betrachten einer Werbeanzeige) oder
- **nach persönlichen Interessen oder Neigungen** (z. B. wenn man ein besonderes Interesse an Automobilen hat und sich entsprechend intensiv mit Automobilzeitschriften, Prospekten und Testberichten auseinander setzt).

Die bewusst gesteuerte, gezielte Informationssuche dient einem angelaufenen Entscheidungsprozess und somit zur Vorbereitung auf die Kaufentscheidung. Die Informationssuche wird dabei beeinflusst von der persönlichen Informationsneigung und situativen Faktoren, zu denen Konflikte und Risiken zählen, wie das wahrgenommene Kaufrisiko. Je höher das wahrgenommene Kaufrisiko ist, umso intensiver erfolgt in der Regel die Informationssuche. Dabei werden von vielen Kunden der Reihenfolge nach folgende **Informationsquellen** bevorzugt (Kroeber-Riel/Weinberg, 2003, S. 253):

- Verkaufsgespräche,
- Beratung im Bekanntenkreis,
- Informationen in Zeitschriften (u. a. Stiftung Warentest),
- Schaufenster und
- Werbung.

Die persönliche Kommunikation (Verkaufsgespräche, Beratung im Bekanntenkreis) ist nicht allein aus Gründen der Bequemlichkeit so beliebt, sondern auch weil soziale Bedürfnisse gestillt werden können (Kroeber-Riel/Weinberg, 2003, S. 253). Über diese sozialen Bedürfnisse hinaus kann das Verkaufspersonal ebenfalls Informationsbedürfnisse befriedigen. Dadurch ergibt sich für die Verkäufer die Möglichkeit einer gezielten Beeinflussung.

Die visuelle Informationsaufnahme kann auf der psychobiologischen Ebene durch Anwendung der Blickaufzeichnungsmethode gemessen werden. Mit Hilfe einer Blickaufzeichnungskamera, die man wie eine Brille aufzieht, kann der Blick auf einer Vorlage sichtbar gemacht und verfolgt werden. Hierbei wird festgehalten, auf welchen Punkten der Vorlage der Betrachter wie lange verweilt. Diese Methode kann zur Kontrolle von Werbewirkungen, Laden- und Schaufenstergestaltung sowie Verpackung und Design eingesetzt werden (Kroeber-Riel/Weinberg, 2003, S. 263 ff.).

Nach der Informationssuche und der Reizaufnahme erfolgt die **Informationsverarbeitung** im Kurzzeitspeicher. Die aufgenommenen Umweltreize und inneren Signale werden entschlüsselt und bekommen für das Individuum einen Sinn (Informationsgehalt). Reize werden zu Informationen verarbeitet. Dieser Verarbeitungsprozess wird auch als Wahrnehmung bezeichnet.

> **Wahrnehmen** bedeutet, Gegenstände, Vorgänge und Beziehungen in bestimmter Weise zu sehen, hören, tasten, riechen, schmecken, empfinden und die subjektiven Erfahrungen zu interpretieren und in einen sinnvollen Zusammenhang zu bringen (Kroeber-Riel/Weinberg, 2003, S. 269).

Aktivierende Prozesse beeinflussen den kognitiven Prozess der Wahrnehmung. Die Aufmerksamkeit (als vorübergehend erhöhte Aktivierung) bestimmt die Intensität der Wahrnehmung und selektiert die Reize. Es werden nur solche Reize bewusst wahrgenommen und effizient weiterverarbeitet, die Aufmerksamkeit erzeugen oder den Betrachter interessieren (Kroeber-Riel/Weinberg, 2003, S. 272). Für die selektive Wahrnehmung ist jedoch nicht allein das Aktivierungspotenzial ausschlaggebend, sondern ebenso ausgelöste Emotionen und Motivationen.

> Konsumenten nehmen bevorzugt solche Reize wahr, die ihren Bedürfnissen und Wünschen entsprechen (Kroeber-Riel/Weinberg, 2003, S. 274).

Ob die Reize bei dem ersten spontanen Eindruck (wie er z. B. bei flüchtiger Betrachtung eines Produkts im Regal entsteht) in beabsichtigter Weise wahrgenommen werden, kann mit Hilfe eines Tachistoskops gemessen werden. Mit Hilfe des **Tachistoskops** kann der Wahrnehmungsprozess vom flüchtigen Eindruck zum genauen Verständnis sichtbar gemacht werden, da man mit diesem Gerät systematisch die Expositionszeit von extrem kurzen Darbietungszeiten (z. B. 1/1000 Sekunde) zu längeren Expositionszeiten (1/100, 1/10, 1 Sekunde) systematisch erhöhen kann. Die Probanden werden dabei nach jeder Expositionszeit zu ihren Eindrücken zu dem dargebotenen Objekt (Werbeanzeige, Produkt usw.) befragt. In der Praxis ist dieses Verfahren wichtig für die Analyse von Werbung, von

Produktdesign und Verpackungen. Mit Hilfe des Verfahrens kann man mehrere Alternativen bei gleicher Betrachtungszeit sowie die Veränderung der Beurteilung einer Alternative bei unterschiedlichen Betrachtungszeiten analysieren. Volkswagen nutzt beispielsweise eine ähnliche Methode um zu analysieren, inwieweit etwa ein neues Golf-Modell auch tatsächlich als Golf erkannt und wie dieses Modell beurteilt wird.

Produktbeurteilungsprozesse

Bei der Wahrnehmung des Produktes werden die zur Verfügung stehenden Produktinformationen geordnet und bewertet. Dieser Prozess wird durch die Produktdarbietung ausgelöst und endet mit der subjektiven Einschätzung des Produktes (Abbildung 36).

> Die Produktbeurteilung wird beeinflusst von aktuellen und gespeicherten Informationen sowie kognitiven Programmen zur Verarbeitung dieser Informationen.

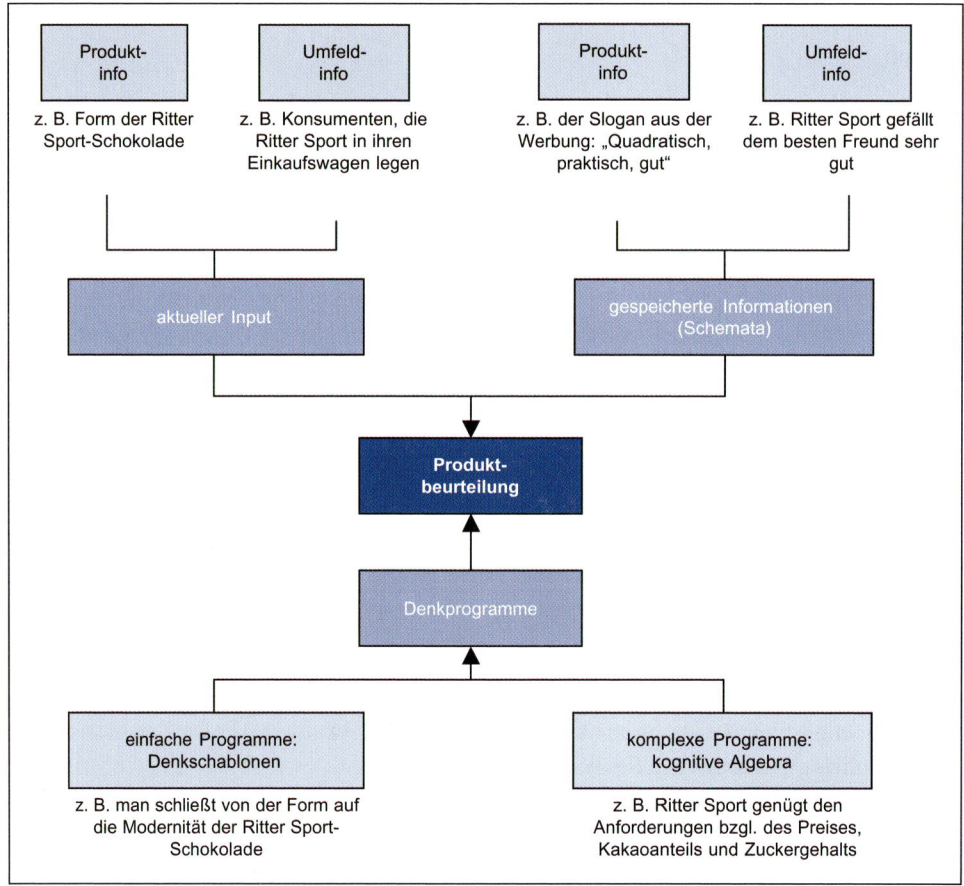

Abbildung 36: Einflussfaktoren auf die Produktbeurteilung
Quelle: Kroeber-Riel/Weinberg, 2003, S. 280.

Aktuelle Informationen durch Produktdarbietung umfassen direkte Produktinformationen und Produktumfeldinformationen. **Direkte Produktinformationen** beziehen sich auf wahrgenommene physikalisch-technische Eigenschaften des Produktes (wie Größe oder Farbe) und auf sonstige Merkmale (wie Preis oder Garantieleistung). Der Konsument neigt in der Regel zur Entscheidungsvereinfachung und nutzt deshalb zur Produktbeurteilung nicht alle, sondern nur einige wesentliche vorliegende Informationen, so genannte **Schlüsselinformationen**. Diese ersetzen oder bündeln andere Informationen. So wird der Preis, der Markenname oder das Testurteil der Stiftung Warentest gerne als Schlüsselinformation herangezogen (Kroeber-Riel/Weinberg, 2003, S. 281 ff.). **Produktumfeldinformationen** beziehen sich dagegen auf die Angebotssituation (Geschäftsausstattung, Personal) und Situationen, die in keinem Zusammenhang zur Produktdarbietung stehen, wie z. B. die Begleitung eines Bekannten. Durch Umfeldreize können dem Kunden Interpretationshilfen gegeben werden, z. B. durch Reden und Gesten eines Verkäufers. Auch ein ansprechend gestaltetes Regal kann die Produkte qualitativ höherwertig erscheinen lassen. Ein emotional gestaltetes Umfeld erzeugt zudem ein positives Wahrnehmungsklima. Solche Produktumfeldinformationen können in hohem Maße die Entscheidung beeinflussen. So wird ein Produkt in einem Umfeld vieler gleichartiger anderer Produkte völlig anders wahrgenommen, als wenn es allein angeboten würde. Produkte im Regal werden wiederum anders betrachtet als in Displays oder andersartigen Inszenierungen.

> „Benutze emotionale Umfeldinformationen, um ein attraktives Wahrnehmungsklima zu schaffen und die Produktbeurteilung in die gewünschte Richtung zu lenken" (Kroeber-Riel/Weinberg, 2003, S. 294).

Gespeicherte Informationen stellen das Produktwissen dar. Die Wahrnehmung erfolgt dabei in einem mehrstufigen Mustervergleich. So werden bei der Wahrnehmung von Produkten und Marken diese mit dem jeweiligen Produkt- und Markenschema verglichen, das sich bei dem Konsumenten aufgrund seiner Erfahrungen gebildet hat. Informationen, die vorhandene Schemata ansprechen, erleichtern die Produktbeurteilung und fördern die Erinnerung. In dem Schema zu Milka ist z. B. die lila Kuh und die Farbe Lila enthalten. Die Abbildung dieser Kuh am Point of Sale würde somit zu einer schnelleren Produktwahrnehmung führen, weil es mit dem vorhandenen Wissen korrespondiert. Bekannte Marken wie Milka aktivieren ein Markenschema, das sich aufgrund von Werbung (Alpenwelt von Milka) und eigener Erfahrung (guter Geschmack) gebildet hat (Kroeber-Riel/Weinberg, 2003, S. 294 f.).

Aktuelle und gespeicherte Informationen bilden quasi den Input für die Produktbeurteilung. Die **kognitiven Programme** zur Produktbeurteilung kann man in

- Denkschablonen (einfache Programme) sowie
- kognitive Algebra (komplexe Programme) einteilen.

Der Produktbeurteilungsprozess ist stets von der **subjektiven Psycho-Logik** geprägt. Dieser Rückschluss (z. B. von einem Merkmal auf die gesamte Produktqualität) ist subjektiv und intuitiv, auch bei rationalen Urteilen (Kroeber-Riel/Weinberg, 2003, S. 297 ff.). Häufig kommt es zu solchen subjektiven Verzerrungen bei der Produktbeurteilung, weil

- Emotionen einen in eine bestimmte Richtung drängen (das Design eines Computers gefällt und nimmt entsprechend starken Einfluss auf das Urteil),
- verfestigte Vorurteile (Schemata) das Urteil beeinflussen (Miele ist gut),
- intuitive Schlüsse das Urteil beeinflussen.

Denkschablonen vereinfachen die Produktbeurteilung. Man unterscheidet drei Formen der schematischen Produktbeurteilung (Abbildung 37):

1. Der Schluss von einem einzelnen Eindruck (E1) auf die gesamte Produktqualität (P), z. B. von einer Schlüsselinformation (Stiftung Warentesturteil „gut") auf die Gesamtqualität des Produktes.

2. Der Schluss von einem Eindruck (E1) auf den anderen (E2): „Irradiation", z. B. von dem Geräusch beim Zuschlagen der Autotür auf dessen Verarbeitungsqualität oder von der Kleidung eines Vertreters auf dessen Seriosität.

3. Schluss von der gesamten Produktqualität (P) auf einen einzelnen Eindruck (E1 oder E2): „Halo-Effekt", z. B. von der Marke IBM auf die Zuverlässigkeit und Qualität eines Computers.

Bei **komplexeren Programmen** widmen die Konsumenten der Produktbeurteilung mehr Aufmerksamkeit und gehen rationaler in Form einer **kognitiven Algebra** vor. Die Beurteilung kann anhand der Vorgehensweise der Konsumenten unterschieden werden (Kroeber-Riel/Weinberg, 2003, S. 310 ff.): Danach unterscheidet man das attribut- und das alternativenweise Vorgehen. Beim **attributweisen Vorgehen** wählt man eine Alternative, die eine bestimmte Eigenschaft am besten erfüllt (Lexikographische Regel), z. B. den billigsten PC, oder man setzt für eine Eigenschaft einen kritischen Wert und sondert die Alternativen aus, die diesen Wert nicht erfüllen (z. B. Notebook mit 1400 HZ und 512 MB RAM). Dies kann man für weitere Eigenschaften fortführen, bis nur noch ein Notebook übrig bleibt (attributweise Elimination). **Alternativenweises Vorgehen** bezieht sich auf mehrere Attribute der jeweiligen Alternative:

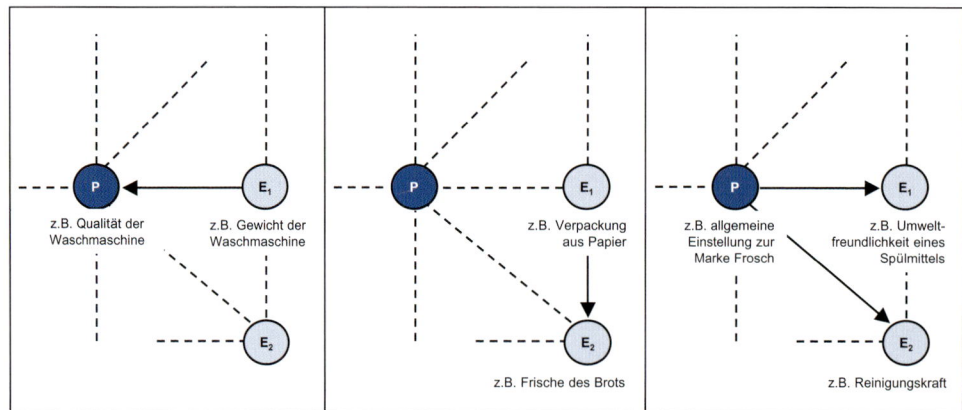

Abbildung 37: Denkschablonen
Quelle: in Anlehnung an Kroeber-Riel/Weinberg, 2003, S. 304.

1. **Dominanzprinzip:** Es wird die Alternative ausgewählt, die wenigstens bei einem Attribut besser beurteilt wird als die restlichen Alternativen.

2. **Disjunktive Regel:** Es werden kritische Werte für alle Attribute festgesetzt. Man wählt dann eine Alternative, wenn sie bei mindestens einem Attribut den Wert erfüllt.

3. **Konjunktive Regel:** Die Alternative muss bei allen Attributen einen kritischen Wert erfüllen. Trifft dies auf mehrere Angebote zu, so wird dieser Wert so lange angehoben, bis nur noch eine Alternative übrig bleibt.

Dabei ist vor allem die subjektive Wichtigkeit von Produkteigenschaften entscheidend, die durch das Marketing (z. B. durch Hinweise des Verkäufers oder durch die Werbung) beeinflusst werden kann. Zudem können in der Kommunikation zielgruppenrelevante Schlüsselinformationen zur Erleichterung der Produktbeurteilung vermittelt werden. Die Aufgabe der Marktforschung ist es schließlich herauszufinden, welches Beurteilungsmodell jeweils innerhalb der Produktgruppe vorherrschend ist.

Entscheidungen beeinflussen

Die verschiedenen Arten von Entscheidungsverhalten können nach dem Grad der Beteiligung kognitiver Prozesse eingeteilt werden in

1. Entscheidungsverhalten bei starker kognitiver Kontrolle und

2. Entscheidungsverhalten mit geringer kognitiver Kontrolle.

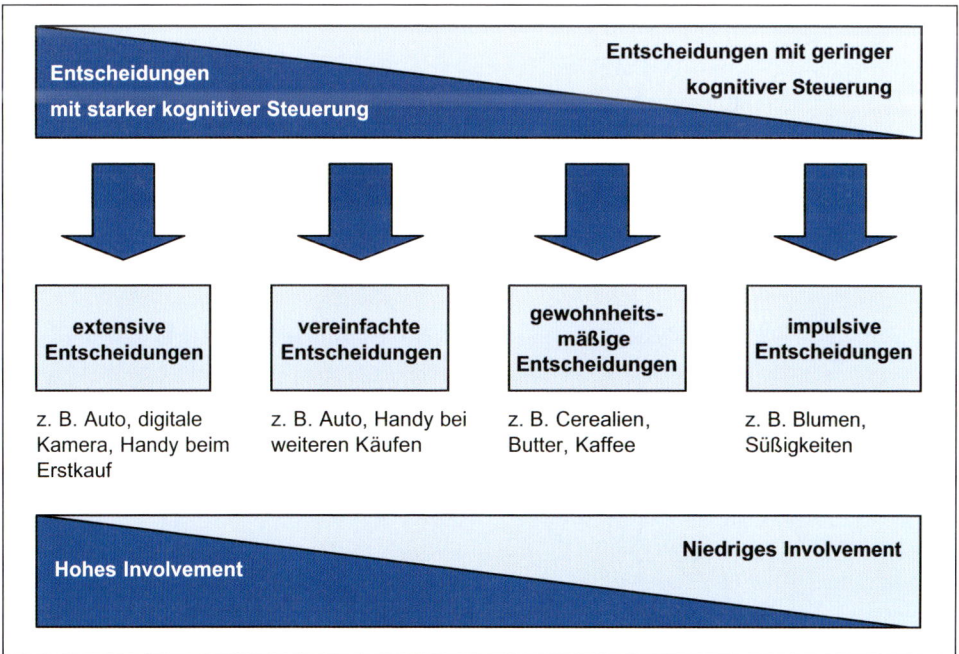

Abbildung 38: Kaufentscheidungen auf einem Kaufentscheidungskontinuum

1. Entscheidungsverhalten bei starker kognitiver Kontrolle:

Bei **extensivem Entscheidungsverhalten** bedingen sich emotionale und kognitive Prozesse gegenseitig und sorgen für ein hohes Involvement. Solche Entscheidungsprozesse sind vor allem bei innovativen Produkten und in neuartigen Entscheidungssituationen anzutreffen, wie dem erstmaligen Kauf eines Notebooks. Das Anspruchsniveau als subjektive Zielnorm treibt dabei die gedanklich gesteuerte Produktauswahl an. So beeinflusst z. B. der Anspruch auf gute Qualität zu einem günstigen Preis die Produktauswahl (Kroeber-Riel/Weinberg, 2003, S. 382 f.).

Limitiertes Entscheidungsverhalten ist zwar ebenfalls ein ausgeprägt kognitiver, gleichzeitig jedoch auch vereinfachter Prozess. Diese Entscheidungen werden geplant und überlegt gefällt, wobei man jedoch auf vorhandenes Wissen und Erfahrungen zurückgreift. Bei der Produktauswahl werden interne Informationen bevorzugt. Ist dieses Wissen (z. B. Kauferfahrung, Preiskenntnis) nicht ausreichend, werden zusätzlich externe Schlüsselinformationen zur Entscheidung herangezogen (Kroeber-Riel/Weinberg, 2003, S. 384 ff.). Am Point of Sale sollten deshalb die für die Entscheidung relevanten Schlüsselinformationen (wie das positive Urteil der Stiftung Warentest) hervorgehoben werden. Für diese Form der Entscheidung spielt das evoked set of alternatives, also die Zahl bekannter und akzeptierter Marken, eine wichtige Rolle. Will man beispielsweise ein prestigevolles Auto der Oberklasse kaufen, wird sich ein solches evoked set typischerweise auf Marken wie Mercedes, Audi oder BMW beschränken.

Die meisten Kaufentscheidungen folgen nicht einer komplexen Algebra, sondern werden meist vereinfacht. Neben dem extensiven Entscheiden oder Entscheidungsregeln, wie „wähle die Alternative mit dem größten Nettonutzen", werden kognitive Programme, wie sie bei der Produktbeurteilung bereits erläutert wurden, als heuristische Auswahlregeln angewendet.

2. Entscheidungen mit geringer kognitiven Kontrolle:

Habitualisiertes Verhalten entsteht aufgrund von verfestigten Verhaltensmustern, die durch Erfahrung gelernt oder durch Sozialisation vermittelt wurden (Kroeber-Riel/Weinberg, 2003, S. 400 ff.). Die Entscheidung wird weder stark kognitiv noch emotional involviert getroffen, sondern folgt bewährten Gewohnheiten. Die Entscheidung ist risikoarm, weil der Kunde – anders als bei einem neuen Produkt – aufgrund seiner Erfahrung keine negativen Folgen seines Konsums befürchten muss. Aus diesem Verhalten folgt, in Kombination mit Zufriedenheit, die Markentreue. Ein Kunde kauft, ohne weiter darüber nachzudenken, eine neue Nivea-Creme, weil er gute Erfahrungen gemacht hat und seine Mutter immer Nivea zu Hause hatte. Gewohnheitsmäßiges Verhalten ist ein Langzeiteffekt, der durch das Marketing erzielt werden kann (Abbildung 39).

Impulsives Entscheidungsverhalten erfolgt unmittelbar reizgesteuert und emotional. Der Kunde sieht z. B. an der Kasse platzierte Schokoladenriegel und greift zu, obwohl er sich eigentlich keine Schokolade kaufen wollte. Statt gedanklicher Kontrolle sind in diesem Moment emotionale Prozesse entscheidend. Impulskäufe sind je nach Produktkategorie unterschiedlich stark ausgeprägt (Abbildung 40). Für das Marketing besonders wichtig

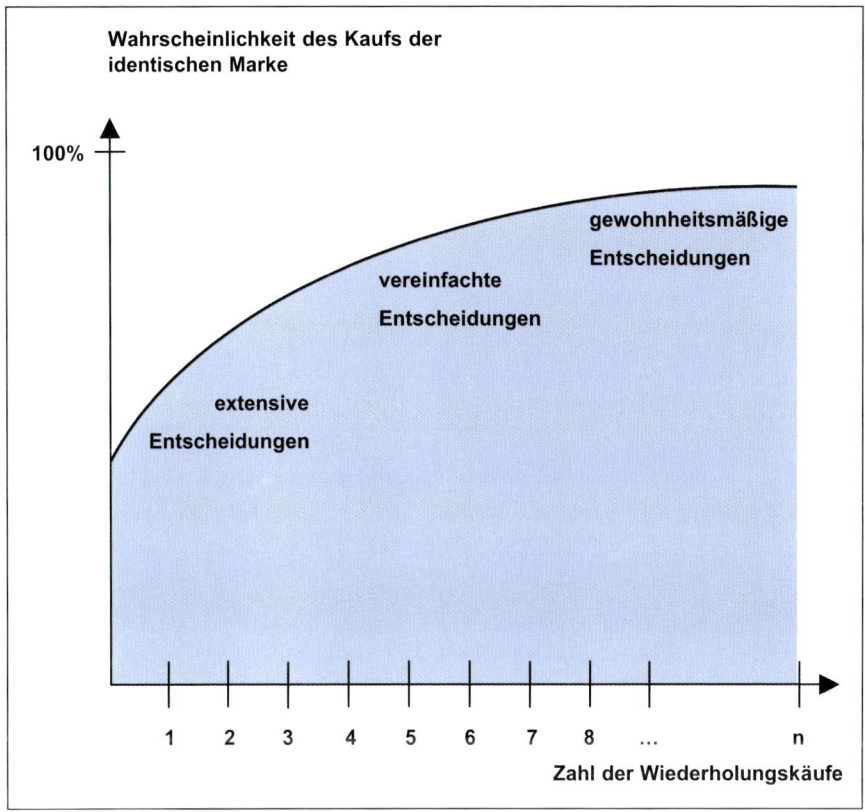

Abbildung 39: Entscheidungsverhalten und Markentreue
Quelle: Assael, 1998, S. 126.

sind Impulskäufe, die aufgrund einer bestimmten Reizsituation ausgelöst werden, etwa durch eine anregende Ladengestaltung oder durch die Verwendung aufmerksamkeitsstarker Displays in Zweitplatzierungen. Impulskäufe stellen somit Soforteffekte dar, die durch das Marketing bewirkt werden können und die die Ratio des Konsumenten umgehen.

Zur Erleichterung der Kaufentscheidung und zur Verkürzung der Entscheidungszeit stehen folgende Möglichkeiten zur Verfügung (Kroeber-Riel/Weinberg, 2003, S. 392 f.):

1. Es wird nur eine geringe Zahl von Produkteigenschaften oder Alternativen berücksichtigt. Gerade die Zahl akzeptierter Marken innerhalb einer Produktkategorie ist gering. Sie umfasst in der Regel nicht mehr als sechs Alternativen.

2. Man greift auf vorhandene Einstellungen zurück. Hat man beispielsweise eine positive Einstellung zum Waschmittel Persil, wird man dieses entsprechend bei der Kaufentscheidung berücksichtigen.

3. Die eigene Wahlentscheidung kann durch Kaufempfehlungen von Dritten ersetzt werden. So lässt man sich z. B. von einem Experten beim Kauf einer Flasche Wein beraten.

Produktgruppe	% Bevölkerung
Eis	87
Blumen	76
Schokolade	60
Autozubehör	56
Kleidung und Schuhe	55
Bücher	48
Spielsachen	33
Babynahrung	14

Abbildung 40: Anzahl der Impulskäufe in verschiedenen Kategorien
Quelle: POPAI, 1999, S. 20.

4. Schließlich kann man entsprechend dem Anspruchsniveau die nächstbeste Alternative wählen. Will man beispielsweise eine Salami-Pizza kaufen, wählt man am Point of Sale z. B. ein Sonderangebot aus, eine Marke, von der man schon gehört hat, wie Wagner-Pizza, oder einfach nur nach dem Gefallen der Verpackung.

Lernen fördern

Lernen kann definiert werden als „relativ dauerhafte Veränderung einer Verhaltensmöglichkeit aufgrund von Erfahrung oder Beobachtung" (Kroeber-Riel/Weinberg, 2003, S. 322).

Mit Lernen werden eine Informations- und eine Verhaltensfunktion erfüllt. Zur Informationsfunktion zählt das Speichern von Umweltzusammenhängen (z. B. Marken im Zahnpastabereich) und die Konsequenzen des eigenen Verhaltens auf die Umwelt (Öffnen einer Chips-Tüte während der Fahrt im Auto). Die Verhaltensfunktion dient dazu, das eigene Verhalten auf die Gegebenheiten anzupassen (Behrens et al., 1991, S. 231).

Das Lernen vollzieht sich nicht nach einem Schema. Vielmehr sind mehrere lerntheoretische Ansätze für das Marketing relevant:

Das **Lernen nach dem Kontiguitätsprinzip** entspricht der **Theorie des Konditionierens** (Kroeber-Riel/Weinberg, 2003, S. 335 f.). Das klassische Experiment hierzu wurde von Pawlow mit einem Hund durchgeführt. Durch wiederholte Lernvorgänge der identischen Situation wird ein neutraler Reiz (beim Hund die Glocke bzw. auf das Marketing übertragen, z. B. der Produktname) mit einem unbedingtem Reiz aufgeladen (Futter bzw. emotionale Bilder). Die Reaktion (Speichelabsonderung bzw. emotionale Bedeutung wird aktiviert) erfolgt nun allein durch den neutralen Reiz. Der Hund reagiert bei dem Geräusch der Glocke automatisch mit Speichelabsonderung, und bei dem Konsument wird durch den Markennamen die emotionale Bedeutung aktiviert.

Bei dem **Lernen nach dem Verstärkungsprinzip** fungieren Umweltreize als positive oder negative Verstärker und lösen dadurch entsprechende Verhaltensreaktionen aus. Ein Beispiel für einen Verstärker sind positive Kauferfahrungen. Sie erhöhen die Wahrscheinlichkeit von zukünftigen Käufen (Kroeber-Riel/Weinberg, 2003, S. 337 f.). Bei der Verkäufer-Käufer-Interaktion kann das Verhalten als Belohnung oder Bestrafung angesehen werden. Der Verkäufer kann den Kunden z. B. mit Sätzen wie „Sie kennen sich aber gut aus" belohnen oder mit einer Körperhaltung, die Desinteresse signalisiert, bestrafen. Belohntes Verhalten fördert das Lernen stärker als Bestrafung.

Kognitive Theorien betrachten das Lernen als Aufbau von Wissensstrukturen. Der Aufbau von Wissensstrukturen ist dabei abhängig von der Verarbeitungstiefe, die wiederum durch das Involvement der Konsumenten beeinflusst wird. Bei hoher Verarbeitungstiefe setzen sich Konsumenten intensiv mit vorhandenen Informationen auseinander (z. B. Erstkauf eines Automobils), bei geringer Verarbeitungstiefe hingegen nur oberflächlich (z. B. Wahl eines Joghurts). Die Verarbeitungstiefe, mit der man neue Informationen verarbeitet und lernt, ist abhängig von

1. dem vorhandenen Wissen (z. B. zu Konkurrenzprodukten),

2. dem Lernmaterial (z. B. Gestaltung der Werbung),

3. den Lernbedingungen (z. B. Zeitdruck) und

4. den persönlichen Voraussetzungen (Kroeber-Riel/Weinberg, 2003, S. 342).

> Aus Marketingsicht bedeutet Lernen den Erwerb von Marken- und Produktwissen.

Dieses **Wissen** kann man grundsätzlich in prozedurales und deklaratorisches Wissen einteilen. Beim prozeduralen Wissen geht es um Handlungswissen (Wie kann man Informationen zu IBM im Internet suchen?) (= know-how). Deklaratives Wissen hat hingegen beschreibenden Charakter und bezieht sich auf Sachverhalte, Ereignisse und Objekte (z. B. ein SB-Warenhaus ist größer als ein Supermarkt, Coca-Cola ist ein Erfrischungsgetränk und eine Verkäufer-Käufer-Interaktion beginnt immer mit einer Begrüßung) (= knowing that).

Solches Wissen ist in Form von semantischen Netzwerken oder Schemata im Gedächtnis abgelegt. Semantische Netzwerke bestehen aus Knoten und Kanten. Knoten umfassen Inhalte zu bestimmten Objekten oder Sachverhalten, im Marketing also zu Produkten, Dienstleistungen und Marken. Bei Persil könnten dies Inhalte sein wie „wäscht weiß", „breiter Anwendungsbereich" oder „für die gute Hausfrau". Knoten sind in einem Netzwerk über Kanten miteinander verbunden. Die räumliche Nähe zwischen Knoten gibt nun Auskunft darüber, wie nahe diese Inhalte bei einem Produkt oder einer Marke miteinander oder zur Marke und zum Produkt verknüpft sind. Es gilt: Je näher bestimmte Inhalte in Knoten an ein Produkt oder eine Marke geknüpft sind, umso leichter kann man darauf zurückgreifen. Schemata umfassen standardisierte Eigenschaften mit typischen Vorstellungen zu Objekten, Ereignissen und Situationen, also auch zu Marken, Produkten und Dienstleistungen. Schemata können als Netzwerke dargestellt werden und umfassen verbale und nonverbale sowie sachliche und emotionale Inhalte (Abbildung 41).

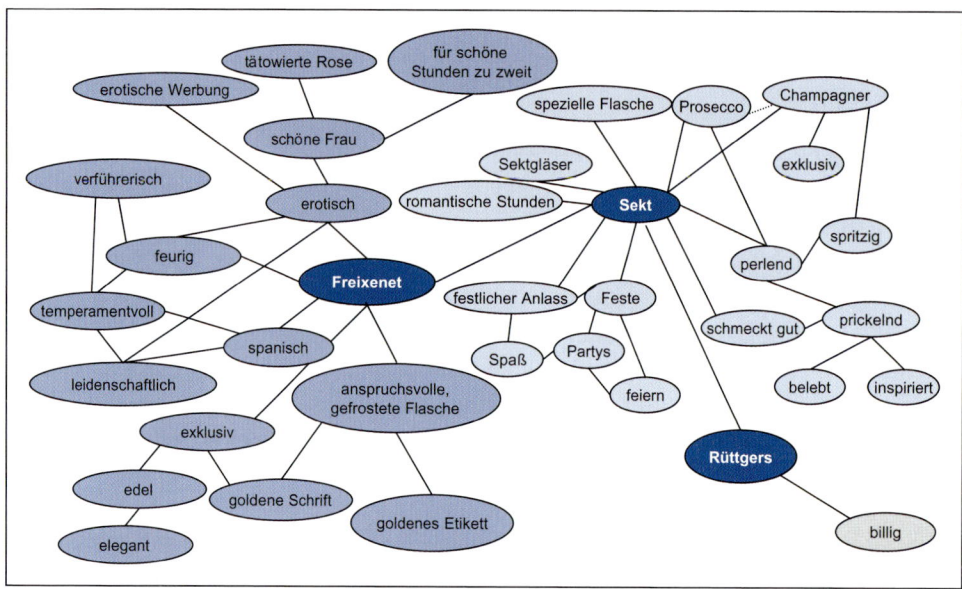

Abbildung 41: Semantisches Netzwerk zur Sektmarke Freixenet
Quelle: Esch, 2005 a, S. 542.

Solche Wissensstrukturen, ob zu Marken, Produkten, Dienstleistungen oder Ereignissen, können durch entsprechende Lernprozesse aufgebaut, vertieft, ergänzt und verändert werden.

Bei den Theorien des verbalen und bildlichen Lernens ist für das Marketing v. a. das **Lernen durch Bilder** interessant. Damit beschäftigt sich die **Imagery-Theorie**, die die Aufnahme, Verarbeitung und Speicherung von Bildern versucht zu erklären. Nach dieser Theorie werden Bilder und Sprache in getrennten Gehirnhälften abgelegt. Die rechte Hirnhälfte ist für Bilder, die linke für Sprache zuständig. Aufgrund dieser unterschiedlichen Speicherung werden dieser Theorie zufolge Bilder ganzheitlich mit geringer kognitiver Kontrolle aufgenommen. Hingegen erfordert die Aufnahme von Sprache eine große gedankliche Anstrengung, da Wörter und Sätze sequentiell-analytisch aufgenommen, verarbeitet und gespeichert werden. Dadurch wird der so genannte Picture-Superiority-Effekt, also die Bildüberlegenheit gegenüber der Sprache, erklärt (Kroeber-Riel, 1993, S. 25 f.).

Es gibt zwar verschiedene Standpunkte darüber, wie genau Bilder im Gedächtnis gespeichert sind, aber Einigkeit besteht darüber, dass bildliche Vorstellungen einen starken Einfluss auf das Fühlen, Denken und Handeln von Konsumenten besitzen.

Eine besondere Rolle spielen dabei Gedächtnisbilder, also Bilder, die man sich bei Abwesenheit eines Reizes aus dem Gedächtnis abrufen kann. So kann beispielsweise fast jeder ein Gedächtnisbild von der Coca-Cola-Flasche oder von Esso (mit dem Esso-Tiger) vor sein inneres Auge rufen. Gedächtnisbilder werden auch als **innere Bilder** bezeichnet.

Diese bestimmen emotionale Erlebnisse und Präferenzen der Konsumenten und entfalten damit emotionale Wirkungen (Kroeber-Riel, 1993).

> Je klarer und deutlicher ein inneres Bild ist, desto stärker wirkt es auf das Verhalten (Kroeber-Riel/Esch, 2004, S. 155 ff.).

Der Aufbau innerer Bilder wird für das Marketing immer wichtiger, sei es um durch formale Elemente, wie einen bestimmten Color-Code bei Sixt, die Markenbekanntheit zu stärken, durch ein Präsenzsignal, wie das Michelin-Männchen, den Zugriff auf die Marke zu erleichtern oder durch Schlüsselbilder, wie den Marlboro-Cowboy, die Positionierung der Marke zum Ausdruck zu bringen.

Allgemein geht man davon aus, dass es mit zunehmender Zahl von Wiederholungen identischer oder ähnlicher Botschaften für Marken und Unternehmen zu einem so genannten **Wear-out-Effekt** kommt. Darunter versteht man absolute Abnutzungserscheinungen beim Lernen aufgrund zu vieler Wiederholungen. Dies trifft in der Regel jedoch nur bei hoch involvierten Konsumenten zu. Rein sachliche Kommunikationsinhalte stützen diesen Effekt noch. Hingegen ist bei gering involvierten Konsumenten kaum mit einem solchen Wear-out-Effekt zu rechnen, sofern es sich um eine bildlich-emotionale Kommunikation handelt. Hier ist der Wear-in, d. h. das Lernen, wofür eine Marke oder ein Produkt steht, bei den herrschenden Markt- und Kommunikationsbedingungen weitaus schwieriger (Kapitel E. 3.).

Die klassischen kognitiven Theorien und die Theorien zum bildlichen und verbalen Lernen beschreiben die Vorgänge im Gehirn in einer Benutzersprache. In der Maschinensprache funktioniert das Gehirn in Form neuronaler Netze. Gedächtniswirkungen entstehen nach dem Modell der Hebbschen Plastizität dadurch, dass zwei oder mehrere Nervenzellen gleichzeitig feuern: „Cells that fire together, wire together" (Hebb, 1949). Dies geschieht durch Synapsen, also die Punkte, durch die zwei Nervenzellen durch gemeinsame Erregung die synaptische Verbindung stärken. Wird diese synaptische Verbindung zwischen Nervenzellen durch häufige Benutzung verstärkt, spricht man von Bahnung. Lernen besteht demnach in der Verstärkung synaptischer Verbindungen zwischen Neuronen. Es handelt sich um Veränderungen im Gehirn, die erfahrungsabhängig sind. Je öfter man beispielsweise mit Kommunikation und Produkten von BMW in Verbindung tritt, umso mehr Wissen lässt sich durch Bahnung (gleichzeitige Feuerung von Neuronen) aufbauen, etwa zum typischen Design, wie das der BMW-Niere, und zu Eigenschaften, wie sportlich, dynamisch usw. In der Zwischenzeit ist es den **Neurowissenschaften** gelungen, mittels bildgebender Verfahren relativ genau die Gehirnregionen zu ermitteln, die bei bestimmten Tätigkeiten aktiv sind (z. B. beim Betrachten eines emotionalen Werbespots für eine bekannte Marke, beim Gespräch mit einem Verkäufer über unterschiedliche Fernsehmarken usw.) (Esch/Möll, 2005, S. 61 ff.).

3. Interaktion zwischen Kunden und Umwelt beachten

> *„Niemand ist eine Insel ganz in sich selbst; jeder ist ein Stück des Kontinents, ein Teil des Ganzen."*
> *John Donne*

3.1 Komplexe Umwelteinflüsse verstehen

Die Beachtung der Umwelt ist von grundsätzlicher Bedeutung für das Verhalten der Konsumenten. Nach Erkenntnissen der Umweltpsychologie stehen Mensch und Umwelt in einer dynamischen Wechselbeziehung. Schon Lewin (1963) brachte dies auf der Grundlage feldtheoretischer Arbeiten durch die Formel $V = f(P, U)$ zum Ausdruck. Danach ist das Verhalten (V) eine Funktion von Person (P) und Umwelt (U). Es sind somit nicht nur die internen menschlichen Antriebskräfte, die für die Erklärung des Verhaltens von zentraler Bedeutung sind. Vielmehr müssen auch Umweltfaktoren untersucht werden, welche das Verhalten der Konsumenten beeinflussen.

> Die für den Menschen erlebbare Umwelt besteht aus allen Gegenständen, die sich im Wahrnehmungsbereich menschlicher Sinne befinden.

Grundsätzlich kann man die Umwelt in die physische und die soziale Umwelt einteilen. Zur **physischen** Umwelt werden Landschaften, Klima und die vom Menschen geschaffene Umwelt wie Gebäude, Läden, Brücken usw. gezählt (Weinberg, 1992, S. 163). Die **soziale Umwelt** umfasst die Menschen, ihre Interaktionen und die dazu dienenden Organisationen, Werte und Normen, sowie Tiere, wie z. B. Haustiere (Kroeber-Riel/Weinberg, 2003, S. 419).

Je nachdem, ob Konsumenten in häufigen persönlichen Beziehungen zur Umwelt stehen oder nur ab und zu eher distanzierte Kontakte haben, ergibt sich eine weitere Unterscheidung in die nähere und die weitere Umwelt. Die **nähere** Umwelt bildet sich z. B. durch das Büro, in dem wir arbeiten, die Berufskollegen, die Freunde, mit denen wir leben, und die Familie. Die **weitere Umwelt** umfasst u. a. Landschaften in unserer Umgebung oder Vereine, denen wir angehören (Kroeber-Riel/Weinberg, 2003, S. 419).

Die Wirkungen von näherer und weiterer Umwelt sind miteinander verflochten. Sie üben gemeinsam Einfluss auf jeden Einzelnen aus (Kroeber-Riel/Weinberg, 2003, S. 666): die nähere Umwelt über die persönliche Kommunikation, die weitere Umwelt hingegen über die Massenkommunikation.

Der letzten Unterscheidung kommt v. a. unter dem Aspekt der fortschreitenden Technologien und der rasanten Entwicklung der Computertechnologie eine immer größere Bedeutung zu (z. B. zur virtuellen Realität: Diehl, 2002, S. 13 ff.). Die Unterscheidung in die reale Umwelt (Erfahrungsumwelt) und die mediale (Medienumwelt) differenziert danach, ob wir die **reale** Umwelt durch direkte Kontakte wahrnehmen oder die **mediale Umwelt** uns indirekt durch Medien vermittelt wird (Kroeber-Riel/Weinberg, 2003, S. 419). Beide Umwelten sind für den Konsumenten wirklich, sie bestimmen sein Verhalten und können manchmal nicht auseinander gehalten werden.

Die Medienumwelt hat verschiedene Wirkungen auf den Konsumenten. Sie hat einmal eine Informationswirkung durch die Vermittlung von Wissen. Des Weiteren spielt die Beeinflussungswirkung der Medien eine zentrale Rolle. Hierbei ist zwischen der Bestätigung und Verstärkung von vorhandenen Meinungen und dem Thematisieren von bestimmten Themen (Agenda-Setting) zu unterscheiden. Die Bestätigung und Verstärkung der eigenen Meinung wird damit erklärt, dass so kognitive Dissonanzen vermieden werden und die Person dadurch kognitiv entlastet wird. So wird z. B. der typische FAZ-Leser weniger die Frankfurter Rundschau lesen, da dort seine eher konservative Ausrichtung nicht so widergespiegelt wird. Das Agenda-Setting beschreibt das Phänomen, dass die Massenmedien die Themen vorgeben, mit denen sich die Menschen dann vermehrt beschäftigen (Schenk, 2002, S. 194 ff.; Kroeber-Riel/Esch, 2004, S. 97). Die dritte Wirkung ist die Überzeugungswirkung durch eine Veränderung von Einstellungen. So können z. B. Einstellungen zu Hühnereiern aus der Käfighaltung nachhaltig durch die Medien verändert werden. Während die Sichtweise bei den vorherigen Wirkungen vom Sender auf den

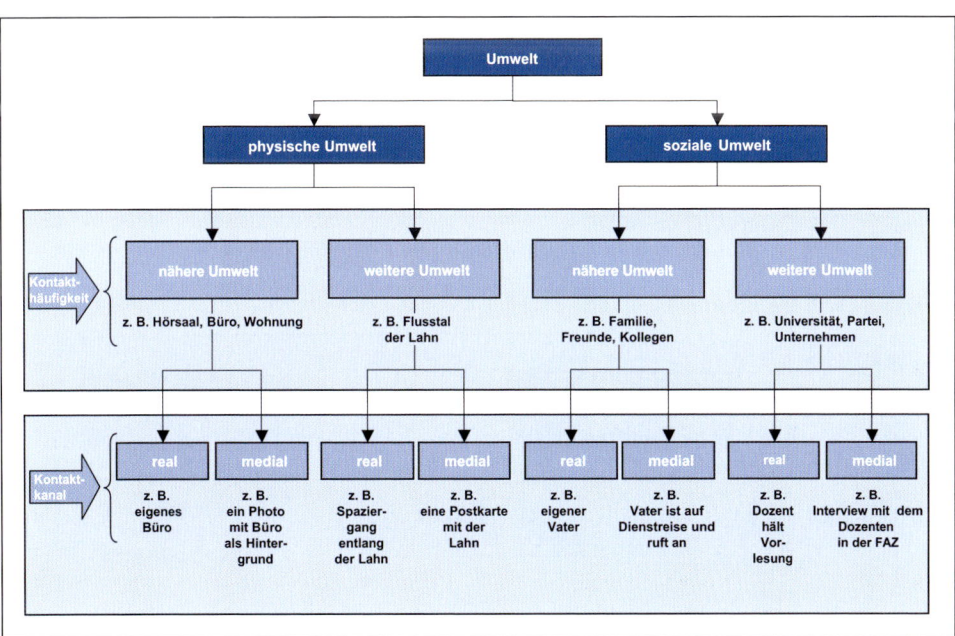

Abbildung 42: System der Umweltvariablen
Quelle: in Anlehnung an Kroeber-Riel/Weinberg, 2003, S. 420.

Empfänger gerichtet war und von einem eher passiven Publikum ausgegangen wurde, nimmt der Empfänger bei der Nutzenwirkung eine aktive Rolle ein. Er erzielt durch die Medien eine Befriedigung von bestehenden Bedürfnissen (Kroeber-Riel/Weinberg, 2003, S. 590 ff.).

Die Medienumwelt wird zunehmend dominanter, wodurch neue Lebenswelten entstehen, die das Individuum und seine Umwelt prägen (Kroeber-Riel/Weinberg, 2003, S. 422). Man denke nur an die Chatrooms im Internet und daraus resultierende Ehen, obwohl man sich vorher noch nie real begegnet ist. Abbildung 42 gibt einen abschließenden Überblick über die Umwelt.

3.2 Räumliche Umwelten gestalten

Gefallen auslösen: Modell von Mehrabian und Russell

Das bevorzugte Thema der Umweltpsychologie ist die Abhängigkeit des menschlichen Verhaltens von der physischen Umgebung. Im Marketing ist vor allem die Gestaltung von Verkaufsräumen von besonderem Interesse. Nach Abbildung 43 lassen sich sozialtechnische und strategische Wirkungen von Ladengestaltungen unterscheiden.

Strategische Wirkungen ergeben sich daraus, dass der Verkaufsraum das relevante Image für ein Handelsunternehmen vermitteln soll. Dementsprechend wäre es für Aldi nicht ratsam, exklusive Regale im Verkaufsraum einzusetzen, da dies der strategischen Ausrichtung, nämlich günstige Produkte direkt von der Palette weg anzubieten, entgegenstehen würde.

Bei den **sozialtechnischen Wirkungen** geht es um atmosphärische Wirkungen und Orientierungswirkungen. Man geht davon aus, dass die Umwelt ganzheitlich wahrgenommen und verarbeitet wird und diese Prozesse weitgehend unbewusst und mit geringer ge-

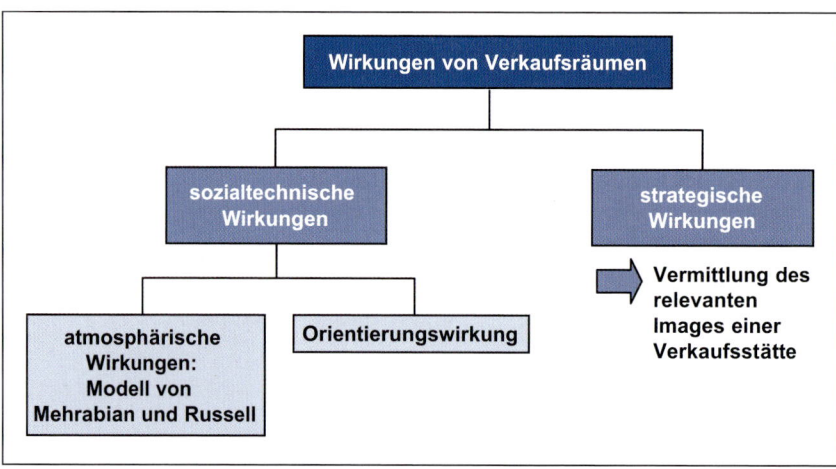

Abbildung 43: Wirkungen von Verkaufsräumen

danklicher Kontrolle ablaufen (Abbildung 44). Daher ist die erste Reaktion auf eine Umwelt in der Regel affektiver Art (Ittelson et al., 1977, S. 131). Ein Verkaufsraum kann einem Konsumenten gefallen oder missfallen. Ein zentraler Ansatz zur Erklärung solch emotionaler Wirkungen ist das **Verhaltensmodell von Mehrabian und Russell** (Abbildung 45).

> Ein Verkaufsraum verursacht bei einem Menschen emotionale Reaktionen. Diese Reaktionen bewirken, dass der Mensch sich dieser Umgebung nähert oder sie meidet.

Verschiedene Umweltreize (S) lösen Gefühle aus, welche als intervenierende Reaktionen (I) das Verhalten gegenüber der Umwelt (R), z. B. in einem Laden, bestimmen. Reagieren Individuen auf die gleiche Umwelt unterschiedlich, so hängt dies von Persönlichkeitsunterschieden (P) ab. Diese vier Variablen (S, I, P, R) umfassen wiederum zahlreiche Einzelgrößen (Mehrabian/Russell, 1974; Gröppel, 1991):

Die Stimulusvariablen S (Umweltvariablen): Diese Umweltreize bestehen aus Einzelreizen verschiedener Modalität, z. B. die Farben oder die Beleuchtung (visuelle Modalität), sowie Geräusche, Sprache oder Musik (akustische Modalität). Diese Einzelreize wirken zusammen in einer Reizkonstellation. Dies kommt auch in der intermodalen Wirkung von Reizen zum Ausdruck: So können Farben z. B. bestimmte Temperaturempfindungen hervorrufen (Kroeber-Riel/Weinberg, 2003, S. 429). Mehrabian und Russell kennzeichnen diese Reizkonstellationen als „**Informationsrate**", also der Menge an Informationen, die pro Zeiteinheit in der Umwelt enthalten sind oder wahrgenommen werden. Eine hohe Informationsrate zeigt somit eine reizstarke Umgebung an. Je höher die Reizstärke ist,

Abbildung 44: Beispiel für die atmosphärische Wirkung von Verkaufsräumen

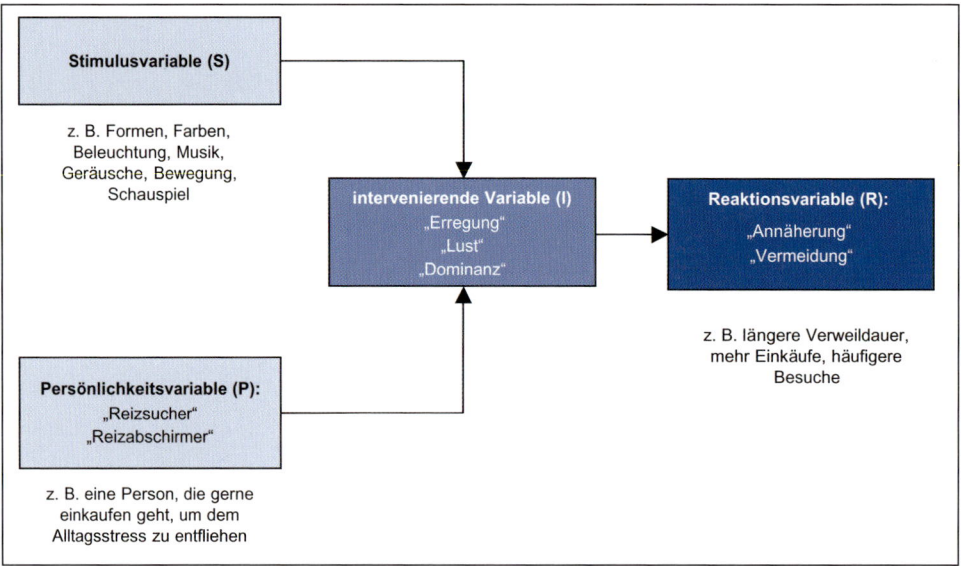

Abbildung 45: Das umweltpsychologische Modell von Mehrabian und Russell
Quelle: in Anlehnung an Mehrabian/Russell, 1974, S. 8.

umso höher ist die von der Umwelt ausgelöste Erregung. Beeinflusst wird die Informationsrate auch durch die Neuartigkeit und die Komplexität des Ladens.

Die intervenierenden Variablen (I): Diese beschreiben grundlegende Gefühlskomponenten, die in einer Person ablaufen. Hierzu zählen Erregung – Nichterregung (Stärke der durch die Umwelt ausgelösten Erregung), Lust – Unlust (Gefallen der Umwelt) sowie Dominanz – Unterwerfung (Gefühl der Kontrolle über die Umwelt). Je lustbetonter und erregender die Umwelt gestaltet ist, umso eher ist mit einem Annäherungsverhalten zu rechnen. Allerdings kann zu viel Erregung zu einer Umkehr dieser Beziehung führen (Abbildung 46).

Die Persönlichkeitsvariablen (P): Anhand dieser Variablen soll erklärt werden, warum von Individuen unterschiedliche Reaktionen auf die gleiche Umwelt erfolgen können. Vereinfacht kann hier zwischen Reizsuchern, die sich stimulieren lassen wollen, und Reizabschirmern unterschieden werden (Gröppel, 1991).

Die Reaktionsvariablen (R): Letztendlich erfolgt auf die bisher genannten Variablen als Reaktion ein Annäherungs- oder Vermeidungsverhalten. Annäherungsverhalten schlägt sich in allen Aktivitäten nieder, in denen eine positive Haltung gegenüber einem Laden zum Ausdruck kommt (Kroeber-Riel/Weinberg, 2003, S. 430 f.), z. B. einer längeren Verweildauer, einem häufigeren Besuch einer Einkaufsstätte, in höheren Ausgaben beim Einkauf oder einer wachsenden Einkaufszufriedenheit.

Empirische Erkenntnisse belegen, dass die erregende und lustbetonte Ladengestaltung das Verhalten im Laden positiv beeinflusst.

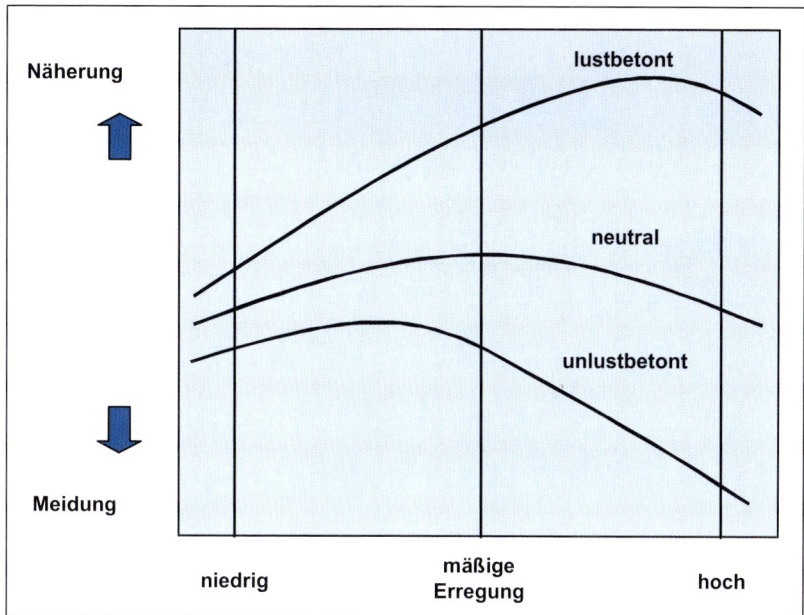

Abbildung 46: Zur Beziehung zwischen Lust und Erregung und dem
Annäherungs- und Meidungsverhalten im Laden
Quelle: Mehrabian, 1987, S. 32.

Orientierung schaffen

Neben der atmosphärischen Wirkung ist die Orientierung in einem Verkaufsraum wichtig. Menschen besitzen hervorragende Fähigkeiten, räumliche Umwelten wahrzunehmen und zu erinnern. Diese mentalen Repräsentationen werden als „cognitive maps" bzw. gedankliche Lagepläne bezeichnet. Sie sind subjektiv vereinfachte innere Bilder einer räumlichen Ordnung (Russell/Ward, 1982, S. 660). Abbildung 47 veranschaulicht, durch welche Dimensionen der Orientierungsprozess in Einzelhandelsgeschäften beeinflusst wird.

Die Orientierung erfolgt durch Rückgriff auf bestehende Gedächtnisstrukturen, insbesondere die cognitive maps, sowie durch Verwendung von zusätzlich im Laden angebotenen Informationen, wie z. B. Hinweisschildern. Empirischen Ergebnissen zufolge werden zentrale Bereiche einer Region weniger bemerkt und sind weniger verhaltensrelevant als die Randbereiche; Konsumenten kennen bevorzugt die Randlagen eines Supermarktes (u. a. Esch/Billen, 1996). Dies liegt daran, dass in den inneren, zentralen Raumbereichen weniger auffallende Markierungen und Orientierungspunkte wie Eingänge, Treppen, Fenster, Tafeln usw. vorhanden sind (Gröppel, 1991, S. 268 f.). Fehlen diese, fällt es den Konsumenten schwerer, orientierungsfreundliche Lagepläne zu bilden. Bei der Konstruktion von „cognitive maps" spielen Wege, Ecken, Bezirke, Knoten und außergewöhnliche Merkmale (landmarks) eine wichtige Rolle. Menschen benutzen diese als Ori-

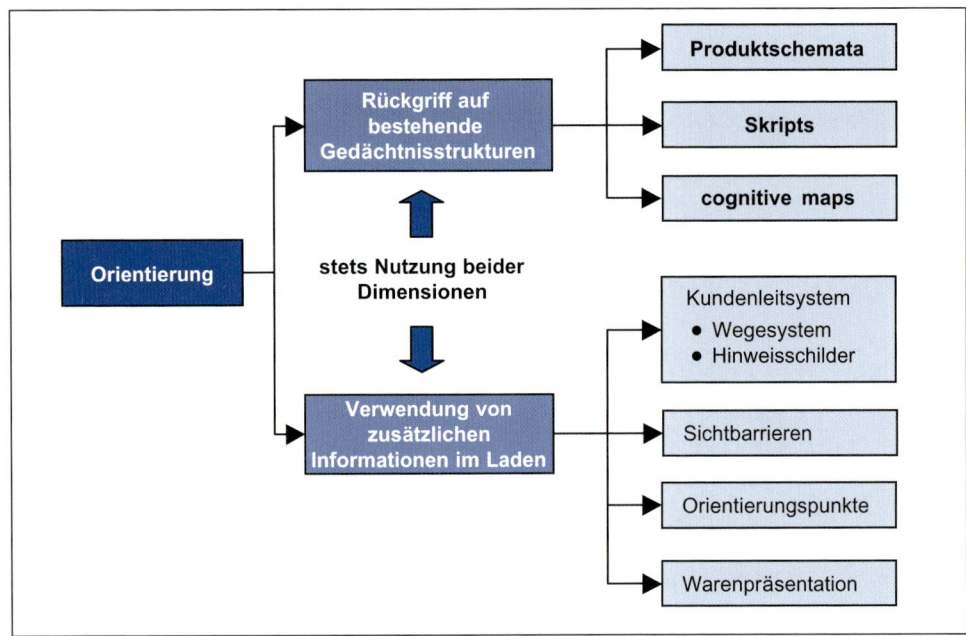

Abbildung 47: Prozess der Orientierung in Einzelhandelsgeschäften
Quelle: in Anlehnung an Esch/Billen, 1996, S. 323.

entierungsanker zur Bildung gedanklicher Lagepläne. Empirischen Ergebnissen zufolge ist die Orientierung in der Umwelt umso besser, je ausgeprägter die cognitive map ist. Zusätzlich wird die Umwelt attraktiver wahrgenommen, weil die Einkaufsbequemlichkeit steigt (Grossbart/Rammohan, 1981).

Für die Ladengestaltung lassen sich drei zentrale Erkenntnisse festhalten:

• Je besser die Orientierungsfreundlichkeit eines Verkaufsraumes ist, umso besser ist die am POS empfundene Stimmung und Einkaufszufriedenheit (Bost, 1987, S. 77).

Abbildung 48: Beispiel für gute und schlechte Orientierung in Verkaufsräumen

- Gut ausgebildete innere Lagepläne erleichtern die Orientierung und damit die subjektiv empfundene Einkaufsbequemlichkeit der Konsumenten (Grossbart/Rammahon, 1981).
- Konsumenten können innerhalb eines Geschäftes vor allem Produkte angeben, die sich in den Randlagen des Geschäftes befinden, d. h., innerhalb eines Geschäftes gibt es verschiedene Wertigkeitszonen (Sommer/Aitkens, 1982; Esch/Billen, 1996).

3.3 Soziale Umwelten gestalten

Die soziale Umwelt lässt sich in eine nähere und eine weitere soziale Umwelt einteilen. Die **weitere soziale Umwelt** setzt sich aus Personen und Gruppen zusammen, zu denen der Konsument keine regelmäßigen persönlichen Beziehungen unterhält (Kroeber-Riel/Weinberg, 2003, S. 439 ff.). Hierunter fallen z. B. soziale Hintergrundsysteme wie Kultur und Subkultur, große soziale Organisationen wie Großstädte, Behörden, der weitere Bekanntenkreis, Personen in der Nachbarschaft, Vereine, religiöse Vereinigungen und Personen, wie Politiker oder Schauspieler. Die **nähere soziale Umwelt** umfasst hingegen Personen und Gruppen, mit denen der Konsument in einem regelmäßigen persönlichen Kontakt steht, also z. B. Familie, Freunde und Berufskollegen.

Da die Kultur und Subkultur als Hintergrundphänomene unser Verhalten prägen, ohne dass wir uns dieses Einflusses bewusst sind, werden diese im Folgenden kurz erläutert.

> Die Kultur umfasst gesellschaftlich übereinstimmende Muster im Denken, Fühlen und Handeln (Kroeber-Riel/Weinberg, 2003, S. 553).

Die Kultur bestimmt übereinstimmende Verhaltensweisen von verschiedenen Gesellschaften. So werden die Deutschen allgemein als fleißig und pünktlich beschrieben und die Italiener als temperamentvoll und lebenslustig. Der Begriff Subkultur analysiert Verhaltensweisen von sozialen Gruppierungen innerhalb der Gesellschaft (Kroeber-Riel/Weinberg, 2003, S. 552).

Für das Marketing gibt es zwei wichtige Zugänge, um die Kultur zu erfassen. Zum einen spiegeln sich kulturelle Verhaltensweisen in der **Sprache** wider, da der Einzelne mit dem Gebrauch der Sprache eine kulturell vorgeformte Sicht seiner Umwelt erwirbt (Kroeber-Riel/Weinberg, 2003, S. 556). Beispielsweise wäre für einen Eskimo das allumfassende Wort Schnee nahezu undenkbar. Eskimos differenzieren in ihrer Kultur zwischen fallendem Schnee, Schnee auf dem Boden, Schnee, der zu eisartiger Masse zusammengedrückt ist, wässrigem Schnee, windgetriebenem, fliegenden Schnee usw.

Der **Lebensstil** hingegen repräsentiert kulturelle und subkulturelle Verhaltensmuster und ist als ein komplexes und typisches Verhaltensmuster aufzufassen, das für eine Gruppe von Menschen typisch ist und sowohl psychische Größen als auch beobachtbare Verhaltensweisen umfasst (Kroeber-Riel/Weinberg, 2003, S. 558 f.; siehe hierzu auch Kapitel E. 2.).

Lebensstilmessungen stützen sich in der Konsumentenforschung häufig auf den klassischen A-I-O-Ansatz von Wells und Tigert (1971). Dabei bedeuten

Der Mitläufer

Die Mitläufer gehören zum großen Teil der Bevölkerung, der eher traditionell ausgerichtet ist. In dieser Gruppe bewegt man sich unauffällig und paßt sich an die gesellschaftlichen Spiel-

„Ganz für die Familie dasein ist mir wichtig."

regeln an. Es handelt sich meist um introvertierte, häusliche Personen, die ihr Augenmerk vor allem auf die Familie und das häusliche Umfeld richten. Das Interessensspektrum dieses

„Ich achte beim Einkaufen oft darauf, was es im Sonderangebot gibt."

Typs ist relativ eng gefaßt. Aufwendige Inszenierungen entsprechen nicht der Grundhaltung dieses Typs, eher der praktisch-zweckmäßige bis sportliche Stil. Der Mitläufer kann sich aufgrund des engen finanziellen Ausstattungsrahmens auch gar keinen extravaganten Konsumstil erlauben. Die Deckung des täglichen Lebensbedarfs steht im Vordergrund der Konsumentscheidung.

Die Mitläufer repräsentieren 22 % oder 13,97 Millionen Personen in der Bevölkerung. Überwiegend Gründer- und Familienphase. Breite Mittelschicht und einfachste soziale Schicht. Unterdurchschnittlicher gesellschaftlich-wirtschaftlicher Status. Geringer frei verfügbarer finanzieller Spielraum.

Abbildung 49: Beispiel einer sozio-ökonomischen Marktsegmentierung
Quelle: Reader's Digest, 1996.

- A = Aktivitäten (z. B. in den Bereichen Arbeit, Freizeit, Einkauf)
- I = Interessen (z. B. hinsichtlich Familie, Beruf, Erziehung oder Essen)
- O = Meinungen / Opinions (z. B. über sich selbst, über Politik, Wirtschaft, Erziehung oder Natur)

Durch diese A-I-O-Komponenten werden die drei wesentlichen Formen menschlicher Verhaltensmuster erfasst (Kroeber-Riel/Weinberg, 2003, S. 559):

(1) die beobachtbaren Aktivitäten,

(2) emotional bedingtes Verhalten (Interessen) und

(3) kognitive Orientierungen (Meinungen).

Im Marketing werden mit Hilfe von Lebensstilen Marktsegmente abgegrenzt. Darauf aufbauend kann eine entsprechende Ausrichtung der Marketingaktivitäten auf die Lebensstilsegmente erfolgen.

Haushalts- und Familienentscheidungen

Eine besonders große Beeinflussungswirkung geht von den näheren sozialen Gruppen, insbesondere von der Familie und Bezugsgruppen (z. B. dem Freundeskreis) aus, auf die im Folgenden näher eingegangen wird.

Die Begriffe **Haushalt** und **Familie** werden nachfolgend synonym verwendet. Der Haushalt ist eine organisatorische Einheit mit einem oder mehreren Konsumenten, in welchem Prozesse der Güterentstehung und -vernichtung stattfinden. Er dient der individuellen

Bedürfnisbefriedigung seiner Mitglieder und ist durch eine eigene Wirtschaftsführung gekennzeichnet.

Die Familie übt einen großen Einfluss auf das Konsumverhalten aus. Dabei existiert kulturabhängig eine festgelegte Rollenstruktur, also eine bestimmte Tätigkeitsaufteilung für Mann, Frau und Kind (Wiswede, 2000). Zudem besteht eine starke gefühlsmäßige Ausprägung der Beziehungen zwischen den Familienmitgliedern sowie eine relativ große Stabilität derselben.

Allerdings hat in den letzten Jahren der Einfluss der Familie auf Kaufentscheidungen aufgrund folgender gesellschaftlicher Entwicklungen nachgelassen (Kroeber-Riel/Weinberg, 2003, S. 448):
• Trend zur zeitweise dezentral lebenden Kernfamilie,
• steigender Single-Anteil,
• Vergreisung der Gesellschaft,
• zunehmende Berufstätigkeit der Frau und
• zunehmender Einfluss von Bezugsgruppen außerhalb der Familie.

Die Bedeutung der Familienmitglieder für individuelle und gemeinsame Kaufentscheidungen ist zwar nach wie vor groß, wird aber grundsätzlich geringer. Die Familie dient demnach als Filter für soziale Einflüsse. Als Sozialisationsagent vermittelt bzw. transformiert sie externe soziale Einflüsse auf das Verhalten der einzelnen Familienmitglieder (Kroeber-Riel/Weinberg, 2003, S. 449; Abbildung 50).

Zur Ermittlung der Indikatoren für typische Verhaltensweisen von Familienmitgliedern oder Haushalten wird häufig der Familienzyklus als eine demographische Variable herangezogen. Hierbei wird der Lebensablauf in einzelne Phasen, wie Kindheit, Jugend, Ehe usw., eingeteilt. Vom Familienzyklus spricht man, wenn der Lebenszyklus unter dem Gesichtspunkt der Eingliederung der Familie in den Lebensablauf gesehen wird (Kroeber-Riel/Weinberg, 2003, S. 449 f.). Abbildung 51 zeigt eine schematische Darstellung des Familienzyklus in Relation zur sozialen Schicht.

Jede Phase des Familienzyklus repräsentiert eine bestimmte Konstellation von Einflussgrößen, die sich durch eine Kombination soziodemographischer Variablen angeben lässt. So liegt ein deutlicher Unterschied in dem Verhalten von jungen und älteren Erwachsenen ohne Kinder oder Eltern mit einem Kind oder mehreren Kindern vor. Im letztge-

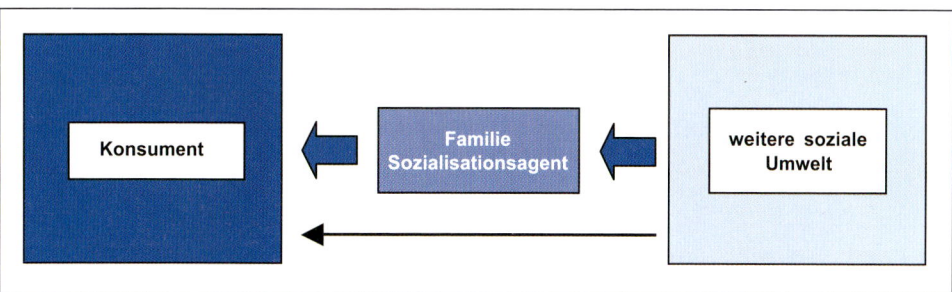

Abbildung 50: Familie als wichtiger Filter für soziale Einflüsse

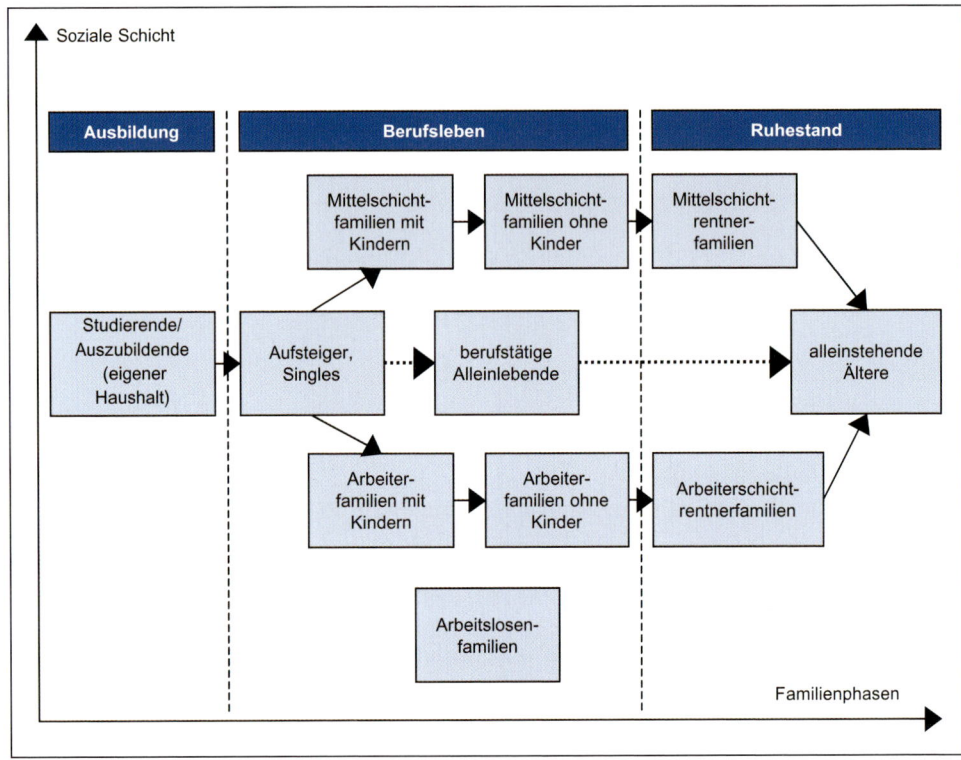

Abbildung 51: Familienzyklus in Abhängigkeit zur sozialen Schicht
Quelle: GfK, 2001, S. 8.

nannten Fall spielen beispielsweise der Abschluss von Versicherungen zum Schutz und zur Absicherung der Familie und der Kauf von Möbeln und Kinderausstattung eine größere Rolle als Urlaubsreisen oder Freizeitbeschäftigungen, für die das verfügbare Haushaltseinkommen bei Einzelpersonen oder ledigen Paaren ausgegeben wird. Deshalb ist der Familienlebenszyklus in vielen Branchen, wie z. B. der Versicherungsbranche, ein wichtiges Kundensegmentierungsmerkmal. Der Familienzyklus ist oft ein besserer Prädiktor für das Konsumentenverhalten als einfache soziodemographische Merkmale wie Alter oder Einkommen (Kroeber-Riel/Weinberg, 2003, S. 453).

Bezugsgruppeneinfluss nutzen

Bezugsgruppen sind Gruppen, nach denen sich ein Individuum richtet. Bezugsgruppen liefern Normen für das Verhalten von Individuen.

Bezugsgruppen sind also tatsächliche oder eingebildete Individuen oder Gruppen, die einen bedeutenden Einfluss auf die Bewertungen, Ziele oder das Verhalten eines Individuums ausüben (Solomon/Bamossy/Askegaard, 2001, S. 315; Schiffman/Kanuk, 2004,

Abbildung 52: Beispiele für Bezugsgruppen

S. 330 ff.). So können der Freundeskreis, die Mitglieder der eigenen Fußballmannschaft oder berühmte Persönlichkeiten, an denen man sich als Vorbild orientiert, als Bezugsgruppen dienen. Unter den Begriff der Bezugsgruppen können demnach auch Einzelpersonen fallen.

Bezugsgruppen haben gerade für Jugendliche eine immer größere Bedeutung: Teenager ziehen mit steigendem Alter eine wachsende Anzahl von Informationsquellen heran, auf die sie sich stützen (nicht mehr nur noch Familie). Dabei üben Bezugsgruppen einen wachsenden Einfluss auf Kaufentscheidungen aus (Assael, 1998, S. 581). Abbildung 53 stellt die Wirkung des sozialen Einflusses von Bezugsgruppen dar.

Bezugsgruppen üben zusammen mit anderen sozialen Einflüssen einen Anpassungsdruck auf das Individuum aus und sind wesentlich für konformes Verhalten (**Konformität**) verantwortlich (Kroeber-Riel/Weinberg, 2003, S. 478). Indikatoren dafür sind Jugendgruppen, die bestimmte Kleidungsstücke und -marken bevorzugt nutzen, bestimmte Musikstücke anderen gegenüber präferieren und ganz bestimmte Szenelokale aufsuchen. Wenn wir als Ergebnis des Bezugsgruppeneinflusses die Konformität sehen, ist es zweckmäßig, nicht-konformes Verhalten in unabhängiges Verhalten (**Unabhängigkeit**) und in antikonformes Verhalten (**Anti-Konformität**) zu gliedern (dazu Kroeber-Riel/Weinberg, 2003, S. 478):

- **Unabhängigkeit**: Das Individuum entzieht sich dem sozialen Einfluss. Es urteilt und handelt unabhängig von seiner sozialen Beeinflussung.
- **Anti-Konformität**: Das Individuum reagiert auf den sozialen Einfluss, aber in einer der Beeinflussungsabsicht entgegengesetzten Weise.
- Ist **Konformität** das Ergebnis des Bezugsgruppeneinflusses, so übernehmen Bezugs-

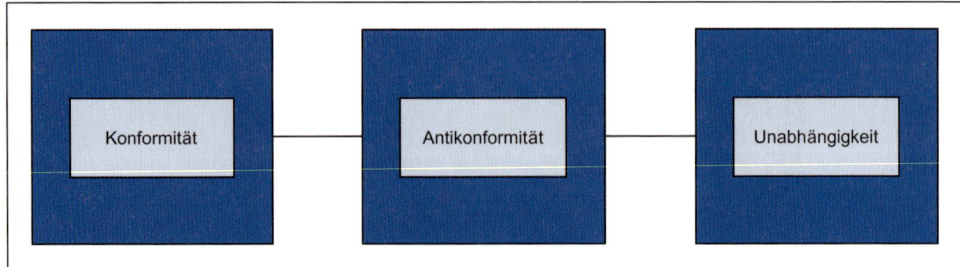

Abbildung 53: Wirkung des sozialen Einflusses von Bezugsgruppen
Quelle: Kroeber-Riel/Weinberg, 2003, S. 478.

gruppen nach Kelley (1968) komparative Funktionen (informative Wirkung), wenn sie Maßstäbe liefern, an denen das Individuum seine Wahrnehmungen, seine Einstellungen, Meinungen und Urteile messen kann, oder normative Funktionen und sorgen durch Sanktionen für die Einhaltung dieser Normen.

Im Marketing bezieht sich der Bezugsgruppeneinfluss v. a. auf das Verhalten gegenüber sozial auffälligen Produkten, d. h. das Produkt muss von anderen nicht nur gesehen, sondern auch beachtet werden (Kroeber-Riel/Weinberg, 2003, S. 484). Dementsprechend kann man Produkte wie folgt einteilen:

- Luxusgüter/Alltagsgüter und
- öffentlich konsumierte Güter/privat konsumierte Güter.

Durch die Kombination dieser Produktmerkmale ergeben sich vier Produktbereiche, in denen ein unterschiedlich starker Bezugsgruppeneinfluss zu erwarten ist (Abbildung 54):

Möchte man als absatzpolitische Maßnahme verschiedene Produkte verstärkt einem Bezugsgruppeneinfluss aussetzen, weil dies für das Marketing günstig ist, so kommen Maßnahmen in Betracht, welche die soziale Auffälligkeit eines Produktes erhöhen (Kroeber-Riel/Weinberg, 2003, S. 487).

Sozialtechniken im Marketing können sich erstens auf vorhandene Konsumnormen beziehen (z. B. die Werbung von „Weißer Riese", in der die Wäsche gründlich sauber wird), zweitens vorhandene Konsumnormen verbreiten, verstärken und modifizieren (z. B. Werbung von Sheba, in der die Liebesbeziehung zwischen einer Katze und einem Menschen dargestellt wird) sowie drittens neue Konsumnormen einführen (z. B. die Firma Starbucks, die Kaffee zu fairen Preisen einkauft). Dabei kann man vorhandene Bezugsgruppen heranziehen oder neue schaffen, z. B. durch symbolische Bezugsgruppen in Form von Stereotypen (Kroeber-Riel/Weinberg, 2003, S. 494).

Meinungsführer und Diffusion im Kommunikationsprozess nutzen

Meinungsführer spielen eine wichtige Rolle bei der persönlichen Kommunikation. Gerade bei der Kommunikation in kleinen Gruppen hat nicht jedes Mitglied das gleiche Gewicht. Man muss sich hierbei des starken Einflusses der Meinungsführer bewusst sein, den sie im Rahmen der Interaktion zwischen Kunden und Umwelt ausüben.

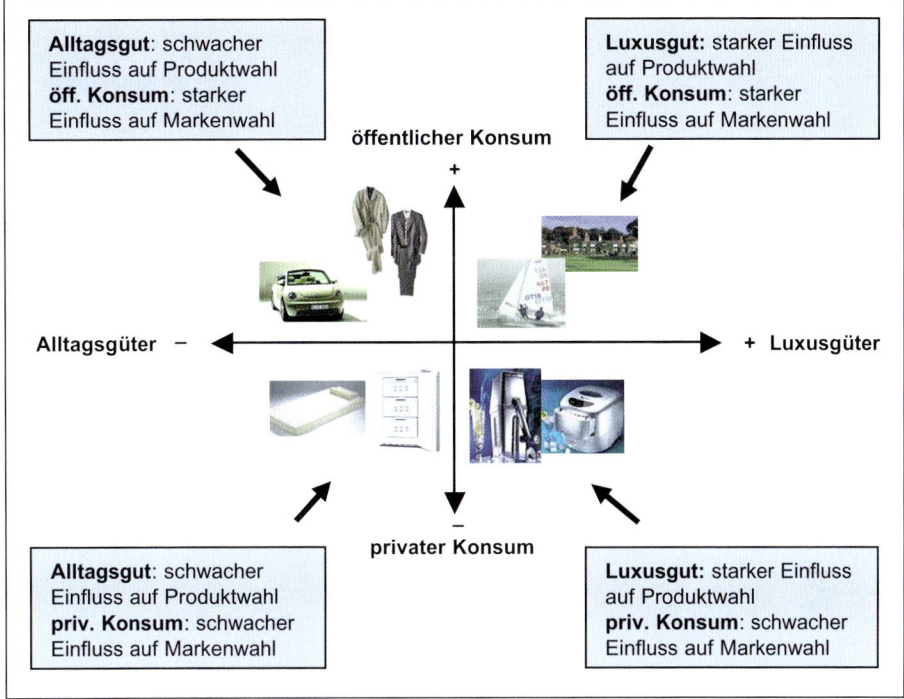

Alltagsgut: schwacher Einfluss auf Produktwahl
öff. Konsum: starker Einfluss auf Markenwahl

Luxusgut: starker Einfluss auf Produktwahl
öff. Konsum: starker Einfluss auf Markenwahl

öffentlicher Konsum
+

Alltagsgüter −   + **Luxusgüter**

−
privater Konsum

Alltagsgut: schwacher Einfluss auf Produktwahl
priv. Konsum: schwacher Einfluss auf Markenwahl

Luxusgut: starker Einfluss auf Produktwahl
priv. Konsum: schwacher Einfluss auf Markenwahl

Abbildung 54: Bezugsgruppeneinfluss auf Kaufentscheidungen für Produkte und Marken
Quelle: in Anlehnung an Bearden/Etzel, 1982.

> Meinungsführer sind Personen, die einen stärkeren persönlichen Einfluss ausüben als andere und somit Verhalten und Einstellungen von anderen beeinflussen können (Kroeber-Riel/Weinberg, 2003, S. 518).

Das Marketing kann nun direkt oder indirekt (über Meinungsführer) auf die persönliche Kommunikation zwischen den Konsumenten einwirken (Trommsdorff, 2004, S. 238 f.).

Meinungsführer ist man nicht in jedem Themenbereich, sondern dies kann je nach Interessengegenstand wechseln. So kann ein Konsument Meinungsführer bei Fragen rund um das Automobil sein, nicht jedoch bei dem Thema Kunst. Meinungsführerschaft entsteht durch ein Zusammenwirken von persönlichen und situativen Bedingungen:

- **persönliche Merkmale**, wie z. B. das persönliche, anhaltende Involvement sowie die kommunikative und sachliche Kompetenz (Brüne, 1989),
- **situative Merkmale**, wie z. B. das situative Involvement einer Person, das ihre Kommunikationsaktivitäten fördert, und die Kommunikationssituation, die eine Person mit der Nachfrage nach meinungsbildenden Gefühlsäußerungen und Informationen konfrontiert.

Meinungsführer spielen eine wichtige Rolle im Bereich der persönlichen Kommunikation. Da sich diese v. a. innerhalb einer Gruppe abspielt, ist die Meinungsführung ein Be-

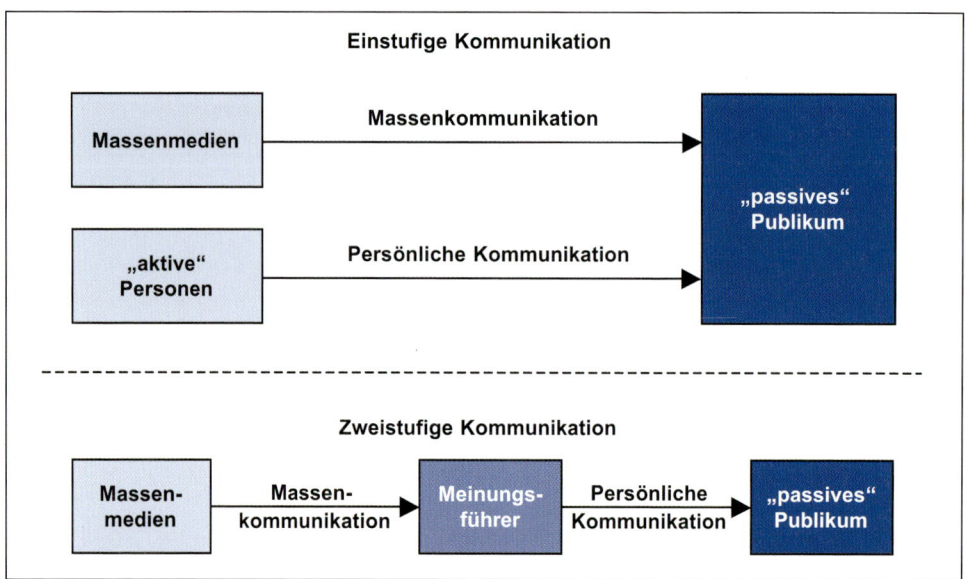

Abbildung 55: Schematische Darstellung der einstufigen und zweistufigen Kommunikation
Quelle: Kroeber-Riel/Weinberg, 2003, S. 667 f.

einflussungsprozess, der hauptsächlich horizontal in den sozialen Schichten verläuft (Katz/Lazarsfeld, 1972). Das **Kommunikationsverhalten** bei Meinungsführern ist stets aktiv, denn es müssen viele Kontakte entfaltet werden. Sie zeichnen sich dadurch aus, dass sie einerseits mehr kommunizieren (Kommunikator), andererseits empfangen sie aber auch mehr Informationen (Kommunikant) (Koeppler, 1984, S. 100). Der **Einflussbereich** der Meinungsführer ist relativ breit: Ist jemand Meinungsführer für ein Produkt, so ist dieser mit großer Wahrscheinlichkeit auch Meinungsführer für ein anderes Produkt (King/Summers, 1970).

Grundsätzlich kann man, wie in Abbildung 55 dargestellt, die einstufige und die zweistufige Kommunikation unterscheiden.

Bei der **einstufigen Kommunikation** spricht der Kommunikator den Empfänger unmittelbar an und vermittelt diesem einen Kommunikationsinhalt. Das Kommunikationsmuster der einstufigen Kommunikation lässt sich auf Massenkommunikation und persönliche Kommunikation beziehen (Kroeber-Riel/Weinberg, 2003, S. 666). Dem gegenüber steht die **zweistufige Kommunikation**. Da Meinungsführer hierbei eine zentrale Rolle übernehmen, wird sie auch als Theorie vom persönlichen Einfluss der Meinungsführer bezeichnet: Die Massenkommunikation wirkt zunächst unmittelbar auf die Meinungsführer ein. Die Meinungsführer wiederum üben über die persönliche Kommunikation einen Einfluss auf das übrige Publikum aus, welches von der Massenkommunikation nicht erreicht wird. Meinungsführer übernehmen in diesem Punkt zwei Funktionen, die in Abbildung 56 dargestellt sind.

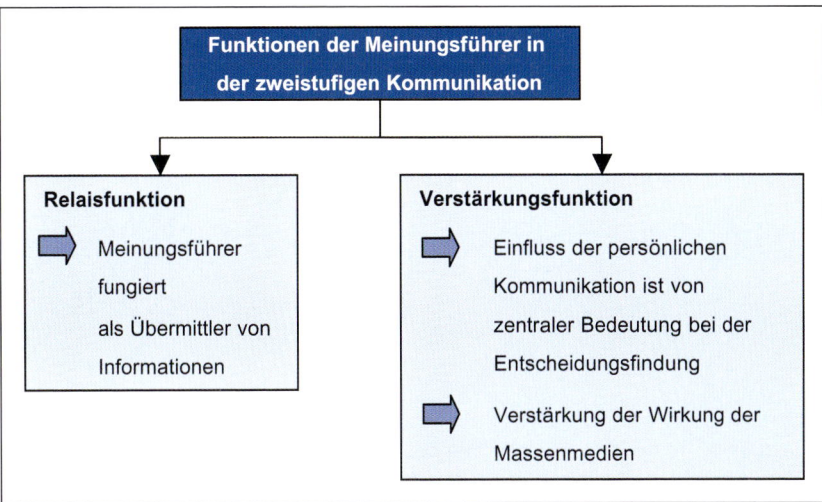

Abbildung 56: Funktionen der Meinungsführer

Meinungsführer üben zum einen eine **Relaisfunktion** der zwischenmenschlichen Beziehungen aus. Sie dienen als persönliche Übermittler für andere, ohne diese Relaisperson würden durch Massenmedien übermittelte Nachrichten manche Leute gar nicht erreichen (Katz/Lazarsfeld 1962, S. 97 ff.).

Die **Verstärkungsfunktion** der Meinungsführer zeigt sich andererseits in dem persönlichen Einfluss der Meinungsführer, der außerordentlich wirksam zu sein scheint. Fällt ein Beeinflussungsversuch durch Massenmedien mit zwischenmenschlichen Beziehungen zusammen, hat der Beeinflussungsversuch viel größere Erfolgsaussichten.

Die zweistufige Kommunikation findet sich auch beim Diffusionsprozess wieder. Unter der **Diffusion** versteht man die Ausbreitung einer Neuigkeit (Innovation) in einem sozialen System von der Quelle bis zum letzten Übernehmer. Diese Neuigkeiten können auch ein neues Produkt oder eine neue Dienstleistung sein (Kroeber-Riel/Weinberg, 2003, S. 675). Durch die Diffusion wurde der Zeitfaktor in die Kommunikationsforschung eingeführt, denn verschiedene Innovationen benötigen mehr oder weniger viel Zeit, um sich in einem sozialen System auszubreiten (Katz, 1992, S. 195). Zur Erklärung dieses zeitlichen Verlaufs kann man bei zwei Schlüsselfiguren der sozialen Interaktion ansetzen, den Innovatoren und den Diffusionsagenten:

- **Innovatoren** übernehmen als die Ersten eine Innovation und stellen somit für das Marketing strategisch wichtige Kontaktpersonen dar. Innovatoren können aufgrund ihrer persönlichen Merkmale und Verhaltensweisen weitgehend mit den **Meinungsführern** in einem sozialen System gleichgesetzt werden.
- **Diffusionsagenten** sind andere wichtige Kontaktpersonen während des Diffusionsprozesses für den Konsumenten. Dies können z. B. der Handel oder die Handelsvertreter und Reisende sein, die neue Produkte an den Mann bringen.

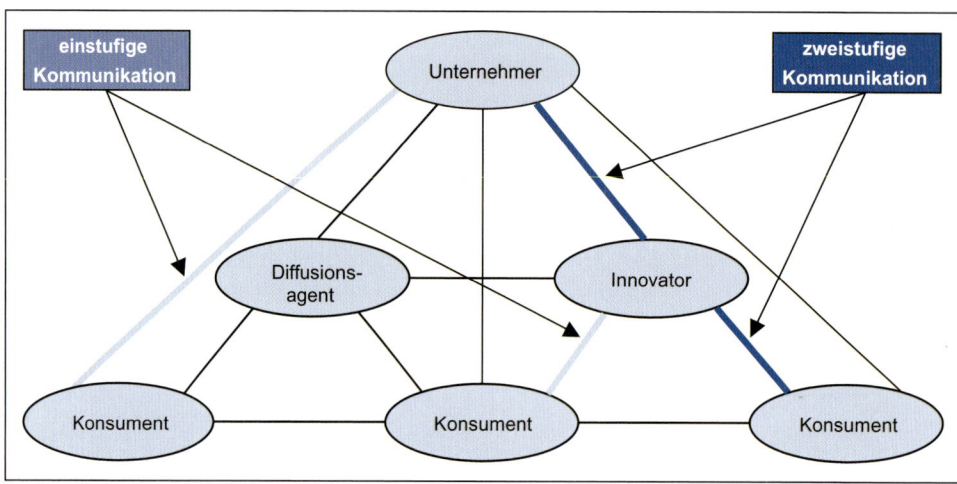

Abbildung 57: Schema zum Kommunikationsfluss beim Diffusionsprozess
Quelle: Kaas, 1973.

Abbildung 57 zeigt das Diffusionsmodell von Kaas (1973), welches die Kommunikationsbeziehungen zwischen dem Anbieter eines neuen Produktes, den Diffusionsagenten, den Innovatoren und den übrigen Konsumenten darstellt.

Es zeigt sich das typische Kommunikationsgeflecht einer mehrstufigen Kommunikation einschließlich der in sie eingebetteten zweistufigen Kommunikation: Innovatoren (Meinungsführer) und Diffusionsagenten vermitteln zum einen Informationen an die übrigen Konsumenten, z. B. über ihre persönlichen Erfahrungen mit der Innovation, zum anderen geben sie nach dem Konzept der zweistufigen Kommunikation die von ihnen aufgenommenen Inhalte der Werbung weiter (Kaas, 1973; Kroeber-Riel/Weinberg, 2003, S. 677 f.).

C. Märkte analysieren

1. Den Marktforschungsprozess planen

> „Wenn ich Hundefutter verkaufen will,
> muss ich erst einmal die
> Rolle des Hundes übernehmen;
> denn nur der Hund allein weiß ganz
> genau, was Hunde wollen."
> Ernest Dichter

Marktanalysen dienen der empirischen Fundierung betriebswirtschaftlicher Entscheidungen. Sie sind die Voraussetzung dafür, dass Unternehmen ihre Ziele und Aktivitäten an den Gegebenheiten des Marktes orientieren (Böhler, 2004, S. 19).

Marktanalysen stellen dem Management die Informationsgrundlage für die Ziel- und Maßnahmenplanung, -umsetzung und -kontrolle bereit.

Der Marktforschungsprozess lässt sich in folgende Phasen unterteilen:
1. Formulierung des Entscheidungsproblems
2. Klärung des Informationsbedarfs
3. Wahl der Studienart: explorativ, deskriptiv oder kausal
4. Wahl des Datentyps: Primär- versus Sekundärforschung
5. Wahl des Marktforschers: Eigen- versus Fremdforschung
6. Auswahl von Erhebungsobjekten
7. Variablenauswahl und Skalierung
8. Befragung und Beobachtung
9. Datenanalyse
10. Datengütebeurteilung

Kapitel C. orientiert sich an diesen Phasen. In C. 1. wird auf die Phasen 1 bis 5 eingegangen. Kapitel C. 2. behandelt Fragen der Datenerhebung mit den Phasen 6 bis 8. Schließlich werden im Kapitel C. 3. die Analyse und Gütebeurteilung von Daten ausführlich dargestellt. Die einzelnen Phasen sind nicht notwendigerweise in dieser Reihenfolge anzugehen. Viel-

mehr richtet sich dies nach dem vorliegenden Kenntnisstand und dem noch verbleibenden Informationsbedarf. Zudem sind vielfach Rücksprünge zu anderen (vorgelagerten)
Phasen notwendig. Führt z. B. die Datenanalyse zu einem unzureichenden Ergebnis oder
ist die Datengüte nicht akzeptabel, so mag eine erneute Datenerhebung notwendig sein.

1.1 Entscheidungsprobleme formulieren

Die Formulierung des mit der Marktforschung zu untersuchenden Entscheidungsproblems ist von zentraler Bedeutung für den gesamten Forschungsprozess. Hieraus wird
anschließend der Informationsbedarf abgeleitet (s. u.), sodass ein Fehler in dieser Phase
der Problemformulierung nicht oder nur durch unangemessen hohen Aufwand rück-
gängig gemacht werden kann. In diesem Stadium ist es von besonderer Bedeutung, dass
der Marktforscher in der Lage ist, das Anliegen des Auftraggebers – typischerweise des
Managers – zu verstehen.

Das Entscheidungsproblem muss hinreichend detailliert formuliert werden. Eine Problemformulierung der Art „unsere Umsätze sind zurückgegangen – woran liegt es?" ist
wenig hilfreich für ein konkretes Marktforschungsprojekt. Die Aufgabe des Auftraggebers besteht darin, in Zusammenarbeit mit dem Marktforscher das allgemein formu-
lierte Problem in eine Reihe spezifischer Einzelprobleme und Forschungshypothesen zu
transformieren. Allenfalls dann, wenn so gut wie kein Vorwissen für einen Entschei-
dungstatbestand besteht, kann hiervon abgewichen werden. In solchen Fällen ist ein
exploratives Forschungsdesign erforderlich (s. u.).

> Um ein möglichst genaues Untersuchungsergebnis zu erzielen, sollte die Formulie-
> rung des Entscheidungsproblems möglichst detailliert erfolgen. Hierzu bietet sich die
> Transformation in spezifische Einzelprobleme und Forschungshypothesen an.

In manchen Fällen werden Marktforschungsuntersuchungen aus zweifelhaften Anlässen
initiiert. Teilweise werden Entscheidungsprobleme und Forschungshypothesen so formuliert, dass es im Endeffekt nur um die Bestätigung einer bereits im Vorfeld gefestigten
Meinung geht. Marktforschung zur Meinungsabsicherung wird auch als Alibi-Marktfor-
schung bezeichnet. Des Weiteren ist Marktforschung aus Nachahmungs- oder Prestigegründen ebenfalls kritisch zu betrachten. Jedes Entscheidungsproblem sollte hinsichtlich
seiner Relevanz für die zukünftige Entwicklung des Unternehmens überprüft werden,
um den Aufwand und die Kosten der Marktforschung zu reduzieren (Berekoven/
Eckert/Ellenrieder, 2004, S. 33).

1.2 Informationsbedarf klären

Aus dem zu untersuchenden Entscheidungsproblem lässt sich der benötigte Informationsbedarf ableiten. Es gilt diesen hinsichtlich Art, Qualität und Umfang zu klären. Im

Wesentlichen zielt die Bedarfsklärung auf eine Feststellung des Wertes der Information ab (Lehmann/Gupta/Steckel, 1998, S. 21 ff.).

Hierbei lassen sich qualitative und quantitative Bewertungskriterien unterscheiden. Zu den qualitativen Bewertungskriterien zählen Nützlichkeit, Vollständigkeit, Aktualität und Wahrheit der Information (Berekoven/Eckert/Ellenrieder, 2004, S. 26 ff.). Diese Kriterien spiegeln im Wesentlichen die Art und Qualität des Informationsbedarfs wider. Die quantitativen Bewertungskriterien geben Auskunft über den ökonomisch sinnvollen Umfang der benötigten Informationen.

> Demnach bestimmen drei Faktoren den Umfang des Informationsbedarfs:
> 1. Der Beitrag zusätzlicher Informationen für das Treffen richtiger Entscheidungen.
> 2. Die Opportunitätskosten bzw. der relative Nutzen der alternativen Entscheidung.
> 3. Die Kosten der Informationsbeschaffung.

Zur monetären Bewertung einer Information bietet sich das **Entscheidungsbaum-Konzept** an (Bamberg/Coenenberg, 2004, S. 273 f.). Hierbei werden in einem ersten Schritt die möglichen Entscheidungsalternativen festgestellt. Beispielsweise hat ein Unternehmen hinsichtlich seiner Produktpolitik grundsätzlich die Möglichkeiten, sein Produktprogramm so beizubehalten wie bisher oder ein neues Produkt einzuführen. Bei einer Neuprodukteinführung kann es das Produkt entweder vorher testen, d. h. umfangreiche Marktforschung betreiben, um entscheidungsrelevante Informationen zu generieren, oder dieses direkt einführen. In einem zweiten Schritt werden die möglichen Gewinne ermittelt. Hierbei werden aus Vereinfachungsgründen nur wenige Alternativen verwendet, z. B. die drei Gewinnniveaus niedrig, mittel und hoch. In einem letzten Schritt werden die Eintrittswahrscheinlichkeiten der Gewinnalternativen ermittelt. Diese Wahrscheinlichkeiten basieren meist auf Erfahrungen oder Expertenurteilen. Es wird nun diejenige Entscheidung getroffen, die den höchsten Gewinnerwartungswert hervorbringt. Der Wert der Informationen, die in diesem Beispiel durch Tests generiert wurden, ergibt sich aus der Differenz zwischen dem Gewinnerwartungswert, der erzielt wird, wenn das Produkt vor Einführung getestet wird, und dem Gewinnerwartungswert, der sich ohne vorherige Tests ergibt. Man spricht hierbei auch von dem **„Erwartungswert vollkommener Information" (EVI)** (Lehmann/Gupta/Steckel, 1998, S. 27 ff.; Berekoven/Eckert/Ellenrieder, 2004, S. 27 ff.).

> Der Wert einer Information kann als „Erwartungswert vollkommener Information" ausgedrückt werden. Er bildet die Differenz zwischen dem Gewinnerwartungswert bei vollkommener Information und dem Gewinnerwartungswert bei unvollkommener Information.

Das skizzierte Entscheidungsbaumverfahren ist aufwendig, da die zu schätzenden Gewinne und Eintrittswahrscheinlichkeiten hohe Anforderungen an den Anwender stellen und mit erheblichem Ermessensspielraum verbunden sind. Dennoch hat die Vorgehens-

weise den Vorteil, dass der Manager gezwungen wird, das zu lösende Problem zu strukturieren und zu durchdenken. Die Marktforschung kann mittels Generierung relevanter
Informationen zwar Unsicherheit reduzieren, sie kann sie jedoch nicht gänzlich ausräu-
men. Leider führt diese Tatsache häufig zu Fehleinschätzungen von Seiten des Managements. So wird zum Teil ganz auf Marktforschung verzichtet mit der Begründung, dass
ein Restwert an Unsicherheit immer bleibt.

Zur Überprüfung einer gewählten Entscheidungsalternative bieten sich **Sensitivitäts-
analysen** an. Hierbei werden die geschätzten Gewinne und Eintrittswahrscheinlichkeiten
separat und nacheinander in ihrer Ausprägung variiert. Ändert sich die Entscheidung
aufgrund einer Ausprägungsänderung, so sollte dies als Hinweis für eine detaillierte Untersuchung des betreffenden Merkmals dienen. Ziel ist es, möglichst dessen korrekte Ausprägung zu bestimmen (Lehmann/Gupta/Ellenrieder, 1998, S. 36 f.).

1.3 Studienart auswählen: Explorativ, deskriptiv oder kausal

Je nach Zielsetzung der Marktforschung wird zwischen explorativen, deskriptiven und
kausalen Ansätzen unterschieden (Herrmann/Homburg, 2000 a, S. 15).

Eine **explorative** Untersuchung dient dazu, eine weitgehend unbekannte Untersuchungs-
thematik zu verstehen und zu strukturieren. Hierüber wird es möglich, Entscheidungsprobleme genauer zu formulieren, relevante Fragestellungen einzugrenzen oder Forschungshypothesen abzuleiten. Als erster Schritt einer diesbezüglichen Datenerhebung
bieten sich Sekundäranalysen an (Kapitel C. 1.4). Weiterhin sind Fallstudien besonders
hilfreich für explorative Forschungsdesigns, da sie ein tief greifendes Verständnis eines
Einzelfalls erlauben, allerdings nur sehr eingeschränkt verallgemeinerbare Aussagen zu-
lassen. Wertvolle Anregungen lassen sich auch durch Befragung von unternehmensinternen Experten (beispielsweise Produktmanagern oder Außendienstmitarbeitern) oder von
unternehmensexternen Experten (beispielsweise Marktforschern oder Absatzmittlern)
gewinnen. Bei der Planung von Experteninterviews ist zu bedenken, dass bei eng spezia-
lisierten Fachleuten die Gefahr der Einseitigkeit besteht. Außerdem kann darüber hinaus
der Interviewer mangels Fachkenntnis eventuell nicht alle gegebenen Informationen aufnehmen. Um das Problemfeld aus Sicht der Kunden zu verstehen, bietet sich eine qualitative Marktforschung an (Kapitel C. 2.3).

Explorative Forschung wird auch als Vorphase zu einer deskriptiven Phase genutzt, um
die dort zu untersuchenden Variablen zunächst einmal zu bestimmen. Soll beispielsweise
die Zufriedenheit von Kunden mit verschiedenen Aspekten einer Dienstleistung ermittelt werden, dient die Vorphase dazu, die dabei relevanten Aspekte, die bei den Kunden
zur Zufriedenheit führen, möglichst umfassend zu ermitteln.

Das Ziel **deskriptiver** Forschung ist insbesondere die Beschreibung von Markttatbeständen, die Ermittlung von Zusammenhängen zwischen Variablen und das Abgeben von
Prognosen. Markttatbestände bestehen beispielsweise aus demographischen, sozioökonomischen und psychologischen Merkmalsausprägungen von Kunden, Marktvolumina

oder Marktanteilen. Deskriptive Forschungsvorhaben unterscheiden sich von einer explorativen Untersuchung hinsichtlich genau festgelegter Forschungsziele und der Kenntnis über die zu beschaffende Information. Die deskriptive Forschung lässt sich in Querschnittsanalyse und Längsschnittsanalyse unterteilen. Während bei der Querschnittsanalyse nur Daten eines bestimmten Zeitpunkts untersucht werden, findet bei der Längsschnittsanalyse eine wiederholte Erhebung von Daten zu verschiedenen Zeitpunkten statt. Die Querschnittsanalyse eignet sich zur Ermittlung von Markttatbeständen, während die Längsschnittsanalyse zur Aufdeckung von Veränderungen dient (Böhler, 2004, S. 38 ff.). Das Panel als Forschungsdesign für Längsschnittsanalysen wird ausführlich in Kapitel C. 2.6 behandelt.

Wichtigstes Ziel einer **kausalen** Untersuchung ist es, verlässliche Aussagen über Ursache-Wirkungs-Beziehungen zwischen Variablen zu ermitteln. Ursache-Wirkungs-Beziehungen können in Form von Kausalhypothesen formuliert und mithilfe von Experimenten überprüft werden. Wird z. B. im Anschluss an eine Werbekampagne eine Absatzsteigerung des beworbenen Produkts festgestellt, so kann nur mithilfe eines Experiments verlässlich geprüft werden, ob die Absatzsteigerung kausal auf die Werbekampagne oder auf andere Faktoren zurückzuführen ist. Mit deskriptiven Analysen können solche Aussagen nicht getroffen werden. Kausale Forschungsdesigns werden ausführlich in Kapitel C. 2.5 behandelt.

> Eine **explorative** Untersuchung dient der Strukturierung und dem Verständnis einer unbekannten Untersuchungsthematik. Mithilfe **deskriptiver** Forschung werden Markttatbestände beschrieben, Zusammenhänge zwischen Variablen ermittelt und Prognosen erstellt. Mittels einer **kausalen** Untersuchung sollen verlässliche Aussagen über Ursache-Wirkungs-Beziehungen zwischen Variablen aufgedeckt werden.

1.4 Datentyp auswählen: Primär- versus Sekundärforschung

Daten lassen sich über Primär- oder Sekundärforschung erfassen. Bei der **Primärforschung** werden Daten eigens für die Untersuchung neu erhoben. Der Informationsbedarf ist speziell auf die Erfordernisse des Auftraggebers zugeschnitten.

Bei der **Sekundärforschung** wertet man bereits vorhandenes Material aus. Da auf die Methoden der Primärerhebung in nachfolgenden Abschnitten ausführlich eingegangen wird, soll in diesem Abschnitt hauptsächlich die Sekundärforschung betrachtet werden. Beispiele für Sekundärquellen sind in Abbildung 58 zusammengestellt. Hierbei wird zwischen unternehmensinternen und unternehmensexternen Datenquellen unterschieden. Umfang und Qualität von unternehmensinternen Datenquellen sind vor allem abhängig von der Qualität und der Struktur des jeweiligen internen Berichtswesens und Management-Informationssystems (Berekoven/Eckert/Ellenrieder, 2004, S. 43). Die Anzahl unternehmensexterner Datenquellen ist vor allem durch die zunehmende Verbreitung von Informationstechnologien immer größer geworden. So wird z. B. durch Scannerkassen und elektronische Warenwirtschaftssysteme eine solche Fülle an Daten generiert, dass die Unternehmen kaum mehr in der Lage sind, diese aufzubereiten. Das Know-how zur Auswertung solcher Daten kann hier zum kritischen Erfolgsfaktor werden.

Der Hauptvorteil der Sekundärforschung liegt in der Kosten- und Zeitersparnis gegenüber einer Primärerhebung. Bei einer Primärerhebung besteht ein erster Schritt häufig in einer Sekundärdatenanalyse, die dazu dient, sich in die Materie einzuarbeiten. Dadurch soll die Erhebung möglichst kosteneffizient gestaltet werden. Ist die betrachtete Fragestellung nicht zufrieden stellend durch die Analyse von Sekundärquellen zu beantworten, ist eine Primärerhebung zu erwägen. Nachteile der Sekundärforschung sind mangelnde Aktualität und die Tatsache, dass die Aussagekraft und Generalisierbarkeit

Unternehmensinterne Quellen	Unternehmensexterne Quellen
Buchhaltungsunterlagen	Veröffentlichungen des Statistischen Bundes-amts, der statistischen Landesämter und der kommunalstatistischen Ämter
Unterlagen der Kostenrechnung (z. B. Absatz- und Vertriebskosten, Deckungs-beiträge)	
Umsätze insgesamt und nach Produktgrup-pen, Artikeln, Kunden, Vertretern, Gebieten, Perioden	Veröffentlichungen anderer Institutionen (z. B. Ministerien, Deutsche Bundesbank, Industrie-, Handels- und Handwerkskam-mern, Bundesanstalt für Arbeit, Kraftfahrt-Bundesamt, bei internationalen Studien auch Weltbank, IWF)
Kundenstatistiken (nach Art, Größe und Ge-biet, Auftragsgrößen, Vertriebswegen, Mah-nungen)	
Berichte und Meldungen des Außendienstes und des Einkaufs	Veröffentlichungen von Wirtschaftsver-bänden
Kundendaten aus Registrierungen oder Ga-rantieanmeldungen	Veröffentlichungen von Wirtschaftsfor-schungsinstituten und wirtschaftswissen-schaftlichen Lehrstühlen
Eingelöste Coupons	Veröffentlichungen von Banken und Sonder-diensten
Kundendienstberichte oder Berichte des Ser-vice-Centers (z. B. Reklamationen)	Bücher, Fachzeitschriften, Zeitungen und sonstige Publikationen
Lagerstatistiken	Messe- und Ausstellungskataloge und -besuche
Frühere Primärerhebungen	Veröffentlichungen von Werbeträgern und Werbemittelherstellern
	Geschäftsberichte, Firmenzeitschriften, Kataloge und Werbemitteilungen der Wett-bewerber
	Informationsmaterial von Adressverlagen, Informationsdiensten, Beratungsfirmen und Marktforschungsinstitutionen

Abbildung 58: Sekundärquellen
Quelle: in Anlehnung an Herrmann/Homburg, 2000a, S. 25.

von Sekundärdaten durch die ursprüngliche Zwecksetzung eventuell eingeschränkt ist (Hüttner, 1999, S. 194; Berekoven/Eckert/Ellenrieder, 2004, S. 42).

> Da Sekundärforschung meist kostengünstiger ist als Primärforschung, sollte diese den ersten Schritt eines Marktforschungsprojekts darstellen. Lässt sich das Entscheidungsproblem nicht zufrieden stellend lösen, ist eine Primärerhebung zu erwägen.

1.5 Marktforscher auswählen: Eigen- versus Fremdforschung

Für die Durchführung einer Marktanalyse stehen zwei grundlegende Optionen zur Verfügung: Marktinformationen lassen sich durch Eigen- oder Fremdforschung gewinnen. Bei der **Fremdforschung** werden Marktforschungsaufträge an externe Unternehmen vergeben, typischerweise an Marktforschungsinstitute oder entsprechend spezialisierte Unternehmensberatungen. Nach einer Übersicht des Arbeitskreises Deutscher Markt- und Sozialforschungsinstitute e. V. (ADM) existieren 196 Marktforschungsinstitute in Deutschland (o. V., 2004, S. 2).

Bei der **Eigenforschung** wird die Marktforschung unternehmensintern durchgeführt. Die Grenzen zwischen den beiden Forschungsformen sind jedoch fließend. Für Eigen- oder Fremdforschung lassen sich verschiedene Argumente anführen (Abbildung 60). Die Argumente sind je nach Forschungssituation zu gewichten. Personalintensive Marktforschung wird im Normalfall nach außen vergeben, insbesondere wenn Spezialwissen erforderlich ist (Lehmann/Gupta/Steckel, 1998, S. 101).

> Je umfangreicher und methodisch anspruchsvoller das Marktforschungsprojekt, desto eher sollte die Fremdforschung gewählt werden.

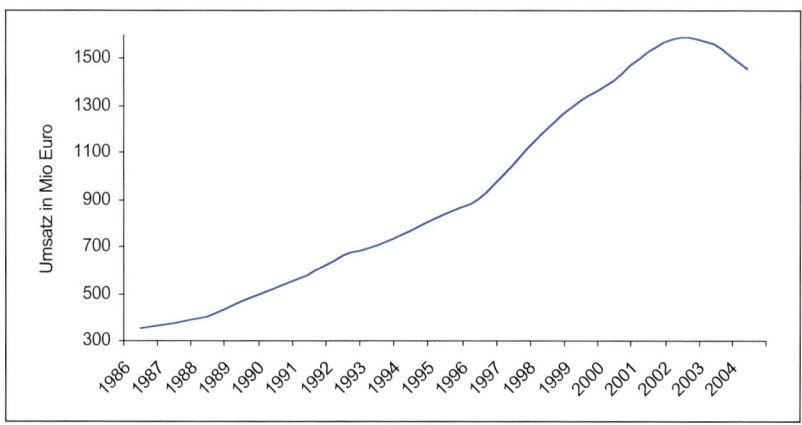

Abbildung 59: Entwicklung der Marktforschung in Deutschland
Quelle: http://www.adm-ev.de

Vorteile der Eigenforschung	Vorteile der Fremdforschung
Unternehmensspezifische Erfahrung kann genutzt werden	Methodenkenntnis und -erfahrung ist meistens höher
Vertraulichkeit ist gesichert	Kosten sind meist niedriger
Kontrolle des Marktforschungsprozesses ist höher	Objektivität ist besser gewährleistet
	Akzeptanz im Unternehmen ist meist höher
	Es liegen keine Kapazitätsrestriktionen vor

Abbildung 60: Eigen- versus Fremdforschung

Entscheidet man sich für Fremdforschung, stellt sich die Frage nach der Auswahl der Marktforschungsinstitute. Es gibt eine Vielzahl von Instituten unterschiedlichster Ausrichtung, aus denen ein Anbieter ausgewählt werden kann. Der Berufsverband Deutscher Markt- und Sozialforscher e. V. (BVM), der Arbeitskreis Deutscher Markt- und Sozialforschungsinstitute e. V. (ADM) und die World Association for Research Professionals (ESOMAR) bieten Recherchemöglichkeiten zur Identifikation eines geeigneten Anbieters. Die Kriterien für eine solche Auswahl sind in Abbildung 61 dargestellt. Sie sind je nach Forschungsziel unterschiedlich zu gewichten.

- Branchenkenntnis und Vertrautheit mit der vorliegenden Fragestellung
- Leistungsspektrum und Methodenkompetenz
- Qualität der Infrastruktur
- Qualitätsmanagement im Marktforschungsprozess
- Sicherstellen von Datensicherheit und Vertraulichkeit
- Reputation des Anbieters
- Zeitbedarf und Terminzuverlässigkeit
- Kosten

Abbildung 61: Auswahlkriterien bei der Institutswahl
Quelle: Lehmann/Gupta/Steckel, 1998, S. 102 f.

Im Vergleich zur Eigenforschung sind vor allem die Punkte Sicherheit und Vertraulichkeit sowie Qualität der Marktforschung, Zeitbedarf und Terminzuverlässigkeit bei einer Entscheidung zugunsten der Fremdforschung kritisch zu betrachten. Das Risiko, dass unbefugte Dritte Einblicke in vertrauliche Unternehmensdaten erhalten, erhöht sich bei der Fremdforschung. Des Weiteren sind die Qualität der Marktforschung und die Terminzuverlässigkeit eines externen Forschungsinstituts schwierig zu kontrollieren und daher ebenfalls kritisch zu betrachten. Da ein fremdes Marktforschungsinstitut lediglich als Dienstleister agiert und keine eigene, emotionale Bindung zu dem Projekt aufweist, kann es vorkommen, dass ein nur eingeschränktes Engagement aufgebracht wird.

2. Daten erfassen

> *„Ein Weiser gibt nicht die richtigen*
> *Antworten, sondern er stellt die*
> *richtigen Fragen."*
> Claude Lévi-Strauss

Sind die grundsätzlichen Fragen eines Marktforschungsprozesses abgeschlossen, so erfolgt als nächstes die Datenerhebung. Zunächst sind die Erhebungsobjekte auszuwählen (Kapitel C. 2.1), z. B. Konsumenten, die im Hinblick auf die Beurteilung eines neuen Produkts befragt werden sollen. Anschließend werden die relevanten Variablen ausgewählt und skaliert (Kapitel C. 2.2). Die Festlegung der Variablen ergibt sich zumindest teilweise schon aus den vorgelagerten Phasen des Marktforschungsprozesses, bedarf vielfach aber noch einer Präzisierung. Soll z. B. das nicht direkt beobachtbare Konstrukt „Markentreue" erfasst werden, so müssen entsprechende Variablen in Form von Indikatoren (z. B. Wiederkaufhäufigkeit und Weiterempfehlungsabsicht) ausgewählt werden, über die dieses Konstrukt gemessen werden kann. Für jede ausgewählte Variable muss eine Skalierung vorgenommen werden. Die Skalierung beinhaltet eine Zuweisung von Zahlenwerten zu gemessenen Ausprägungen von Variablen. Wird z. B. die Variable Geschlecht in den Ausprägungen weiblich und männlich erhoben, so wird zum Zweck der späteren Datenanalyse eine Kodierung weiblich = 1 und männlich = 0 vorgenommen. Jede Form der Datenerhebung erfolgt durch Befragung oder Beobachtung, die in den Kapiteln C. 2.3 (Befragen) und C. 2.4 (Beobachten) dargestellt werden. Je nachdem, ob ein kausaler Forschungsansatz gewählt wird oder nicht, wird die Datenerhebung experimentell oder nicht-experimentell vorgenommen. In Kapitel C. 2.5 werden Experimente und Tests behandelt. Schließlich wird im Kapitel C. 2.6 mit Panelerhebungen eine Form der Datenerfassung erörtert, die in der Unternehmenspraxis den größten Teil des Marktforschungsbudgets vereinnahmt.

2.1 Erhebungsobjekte auswählen

Um die interessierenden Objekte auszuwählen, ist zunächst die **relevante Grundgesamtheit** festzulegen. Abhängig vom Untersuchungsgegenstand können dies beispielsweise alle haushaltsführenden Personen, z. B. für Waschmittel, Mütter von Babys bei Windeln oder Teenager bis 17 Jahre bei einer Jugendzeitschrift sein. Neben Personen können z. B. auch Unternehmen oder Regionen Erhebungsobjekte darstellen. **Vollerhebungen**, bei denen alle Einheiten der Grundgesamtheit erfasst werden, sind in der Regel sehr kostenintensiv und zeitaufwendig und werden deshalb nur selten durchgeführt. Lediglich bei einer kleinen Grundgesamtheit, hoher Streuung (z. B. starke Heterogenität von Kundenpräferenzen) sowie hohen Kosten des Irrtums (z. B. bei Sicherheitstests) werden Vollerhebungen in der Marktforschung durchgeführt. Zumeist basiert die Marktforschung auf **Teilerhebungen**. Dabei wird eine Teilmenge der Grundgesamtheit mit dem Ziel erfasst, aufgrund der Ergebnisse der Teilmenge eine Aussage über die Grundgesamtheit treffen zu können. Ein solcher Rückschluss ist jedoch nur möglich, wenn die ausgewählte Teilmenge ein getreues Abbild der Grundgesamtheit darstellt. Erfüllt die Teilmenge diesen Anspruch, so ist sie repräsentativ für die Grundgesamtheit.

Teilerhebungen sind jedoch immer mit Fehlern behaftet, zum einem mit dem Zufallsfehler, zum anderen dem systematischen Fehler. Der **Zufallsfehler**, auch Stichprobenfehler genannt, ist bei einer Teilerhebung unvermeidbar. Dieser statistisch abschätzbare Fehler lässt sich jedoch durch Vergrößerung der Stichprobe verringern. Dagegen ist der **systematische Fehler** nicht abhängig von der Stichprobengröße. Er ist allerdings durch sorgfältige Konstruktion und Durchführung des Messinstruments vermeidbar. Beispiele für systematische Fehler bilden unsachgemäße Beeinflussungen durch Interviewer (so genannter Interviewerbias) oder falsch geeichte Messinstrumente (z. B. ein Metermaß, das 1,02 m anstelle von 1 m lang ist, oder ein Programmierfehler im Erfassungssystem von Scannerkassen; Kapitel C. 3.5).

Ist die Entscheidung für eine Teilerhebung gefallen, muss für die Durchführung der Erhebung über das weitere Vorgehen entschieden werden. Dies kann anhand des in Abbildung 62 dargestellten Auswahlplans erfolgen.

In den meisten Fällen wird nicht die vollständige Grundgesamtheit als **Auswahlbasis** herangezogen, sondern ein Abbild, z. B. in Form einer Einwohnerkartei, einer Landkarte oder eines Adressbuches. Anschließend ist über das **Auswahlprinzip** zu entscheiden. Die Auswahl der Objekte kann zufällig oder nicht-zufällig vorgenommen werden.

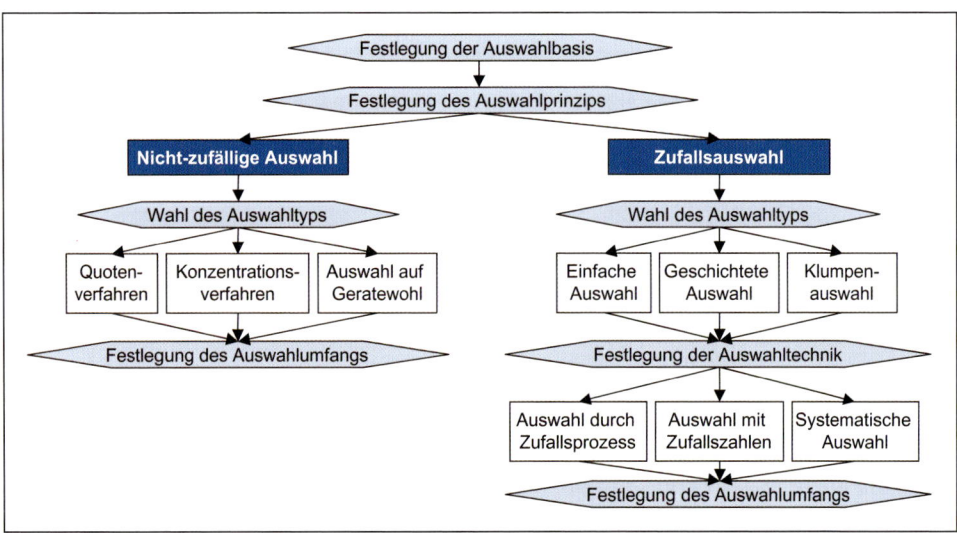

Abbildung 62: Elemente des Auswahlplans
Quelle: in Anlehnung an Hammann/Erichson, 2000, S. 133.

Für die **nicht-zufällige Auswahl** stehen unterschiedliche **Auswahltypen** zur Verfügung. Bei der **Auswahl aufs Geratewohl** erfolgt typischerweise eine willkürliche Auswahl der Personen aus der Grundgesamtheit, die besonders bequem zu erreichen sind. So werden z. B. häufig Hausfrauen im Supermarkt gebeten, an einem Produkttest teilzunehmen. Eine Auswahl aufs Geratewohl hat zwar Zeit- und Kostenvorteile, nimmt allerdings deutliche Verzerrungen infolge der Unterrepräsentanz bestimmter Personenkreise in Kauf. So sind je nach Uhrzeit Hausfrauen mit Kindern oder Berufstätige kaum im Supermarkt anzutreffen. Ein ähnliches Problem ergibt sich für das **Konzentrationsverfahren**. Hierbei konzentriert man sich bei der Auswahl aus Praktikabilitätsgesichtspunkten auf bestimmte Teile der Grundgesamtheit, z. B. auf die umsatzstärksten Unternehmen im Rahmen einer Mitarbeiterbefragung oder die wichtigsten Kunden. Das in der Praxis am häufigsten eingesetzte Auswahlverfahren stellt die **Quotenauswahl** dar. Dabei versucht man, durch Vorgabe bestimmter Merkmale ein Abbild der Grundgesamtheit herzustellen und somit Repräsentanz zu erreichen. Zumeist werden dazu leicht feststellbare Merkmale, so genannte **Quotenmerkmale**, wie Geschlecht, Alter, Haushaltsgröße oder Beruf gewählt. Weiß man beispielsweise, dass die Käufer eines Produkts zu 80 % aus Frauen bestehen, so würde man bei einer Stichprobe von n = 100 Personen 80 Frauen auswählen. Die festgelegten Quotenmerkmale sollen in möglichst engem inhaltlichen Zusammenhang zum Untersuchungsmerkmal stehen. Dies ist in der Praxis nicht immer gegeben. Solange sich die Interviewer an die vorgegebenen Quoten halten, sind sie bei der Ansprache der Probanden frei. Dies kann dazu führen, dass Interviewer verstärkt ihnen sympathische bzw.

Auswahl-Vorschrift für 10 bzw. 20 Personen				
Befragen Sie bitte nach der Form, die angekreuzt ist. --- Bei 20 Interviews wird nach Formen a *und* b befragt.				
		Form IV a ****)**		Form IV b ****)**
Geschlecht				
Männer	4	1 2 3 4	5	1 2 3 4 5
Frauen	6	1 2 3 4 5 6	5	1 2 3 4 5
Alter				
16 bis unter 21 Jahre	1	1	1	1
21 bis unter 25 Jahre	1	1	1	1
25 bis unter 30 Jahre	1	1	1	1
30 bis unter 50 Jahre	3	1 2 3	3	1 2 3
50 bis unter 65 Jahre	3	1 2 3	2	1 2
65 Jahre und älter	1	1	2	1 2
Berufe *)				
Arbeiter	3	1 2 3	4	1 2 3 4
Angestellte (o. Beh.-Angest.)	3	1 2 3	2	1 2
Beamte u. Behördenangestellte	1	1	1	1
Selbständige	1	1	1	1
Landwirte	0		0	
Landarbeiter	0		0	
Rentner	2	1 2	2	1 2

*) Siehe Rückseite   **) Hier erledigte Interviews abstreichen!

Ich, der Unterzeichner, versichere, dass ich die mit dieser Quotenvorschrift zugeteilten Interviews genau den Anweisungen entsprechend durchgeführt habe. Die folgenden Abweichungen waren nicht zu vermeiden: ....

....
(Interview-Ausweis-Nr.)   (Unterschrift des Interviewers)

Abbildung 63: Beispiel eines Quotenplans

leicht zu erreichende Personen auswählen. Trotz dieser Probleme sind die praktischen Erfahrungen mit der Quotenauswahl grundsätzlich positiv. Abbildung 63 stellt einen Quotenplan beispielhaft dar.

Im Gegensatz zur nicht-zufälligen Auswahl lässt sich der oben beschriebene Zufallsfehler bei allen Auswahltypen der Zufallsauswahl berechnen. Dieser Fehler hängt ab von der festgelegten Irrtumswahrscheinlichkeit (z. B. 5 %), der Varianz des interessierenden Merkmals in der Grundgesamtheit (mit zunehmender Varianz nimmt auch der Fehler zu) und vom Stichprobenumfang (mit zunehmender Stichprobengröße nimmt der Fehler ab). Akzeptiert man eine bestimmte Fehlerspanne und Irrtumswahrscheinlichkeit und hat eine Vorstellung über die Größenordnung der Varianz, so lässt sich – bei Annahme einer Normalverteilung – die notwendige Stichprobengröße berechnen. Bei einer einfachen **Zufallsauswahl** hat jedes Objekt der Grundgesamtheit die gleiche Chance, in die Stichprobe zu gelangen.

Die Herstellung einer echten Zufallsauswahl ist häufig mit Schwierigkeiten verbunden. Werden z. B. 100 Haushalte zufällig ausgewählt, so kommt es häufig vor, dass einige der ausgewählten Haushalte die Mitarbeit verweigern. Letztere können zwar durch eine nochmalige Zufallsziehung ersetzt werden, genügen dann aber nicht mehr den Anforderungen an eine Zufallsauswahl.

> Eine echte Zufallsauswahl ist häufig mit großen Schwierigkeiten verbunden. Deshalb werden in der Praxis meist Quotenauswahlverfahren eingesetzt.

Bei der **Klumpenauswahl** – einer speziellen Form der Zufallsauswahl – werden Untersuchungseinheiten in sich gegenseitig ausschließenden Gruppen bzw. Klumpen zusammengefasst, z. B. Haushalte oder Unternehmen. Die Klumpen werden dann zufällig ausgewählt, wobei sämtliche Elemente innerhalb eines Klumpens vollständig erfasst werden. Durch die Klumpenauswahl lassen sich Zeit- und Kostenvorteile realisieren, da die Elemente leichter erreichbar sind im Vergleich zu einer einfachen Zufallsauswahl. Dieser Vorteil wird allerdings durch einen Klumpungseffekt erkauft, der dann auftritt, wenn die Klumpen in sich hinsichtlich des Untersuchungsgegenstands homogener sind, als eine Zufallsauswahl es erwarten ließe. Bei der **geschichteten Auswahl** wird die Grundgesamtheit in einem ersten Schritt in disjunkte Schichten eingeteilt. Anschließend wird aus jeder Schicht eine einfache Zufallsauswahl getroffen. Infolge des so genannten Schichtungseffekts lässt sich eine effizientere Stichprobenziehung realisieren. Dieser Effekt ist umso stärker, je heterogener die Schichten untereinander sind (Hammann/Erichson, 2000, S. 137 ff.; Böhler, 2004, S. 139 ff.).

Aufbauend auf dem Auswahltyp ist bei der Zufallsauswahl zudem die **Auswahltechnik** festzulegen. Dabei besteht zum einen die Möglichkeit der Auswahl durch einen **Zufallsprozess**. Dieses Vorgehen ist jedoch meistens mit Schwierigkeiten in der Umsetzung behaftet, da die Durchführung einer „idealen" Urnenauswahl häufig sehr aufwendig umzusetzen ist. Besteht die Grundgesamtheit beispielsweise aus allen Einwohnern Hamburgs, müsste eine Urne mit 1,8 Millionen von Gewicht und Abmessung identischen Kärtchen mit Namen bereitgestellt und daraus die entsprechende Stichprobe gezogen werden. Da dies zu aufwendig ist, wird häufig auf eine **Auswahl mit Zufallszahlen** zurückgegrif-

fen. Hierbei wird z. B. allen Hamburger Einwohnern eine fortlaufende Nummer zuge-
wiesen und mithilfe von Tabellen mit Zufallszahlen eine Stichprobe gezogen. Eine weitere Alternative stellt eine **systematische Auswahl** dar, bei der z. B. aus der Liste aller Hamburger Einwohner (N) jedes k-te Element gezogen wird, sodass man eine Stichprobe von
n erhält, mit $k = N/n$.

Den abschließenden Schritt der Auswahl der Erhebungsobjekte stellt die Bestimmung des
Auswahlumfangs dar. Bei der Festlegung des Umfangs einer Teilerhebung gibt es einen
Konflikt zwischen Kosten und Genauigkeit. Die Kosten steigen typischerweise linear mit
dem Erhebungsaufwand, die Genauigkeit der Ergebnisse nur unterproportional.

> Für die Durchführung einer Teilerhebung sind Auswahlbasis, -prinzip, -typ, -technik
> und -umfang festzulegen.

2.2 Variablen auswählen und skalieren

Ebenso große Sorgfalt wie bei der Auswahl der Erhebungsobjekte sollte bei der Auswahl
und Messung der Variablen an den Tag gelegt werden. Dabei ist zunächst die Entscheidung zu treffen, **was** gemessen werden soll. Die zu messenden Größen werden als **Konstrukte** bezeichnet. Diese können – wie eingangs bereits erwähnt – direkt beobachtbar
sein, wie z. B. der Preis, oder auch nicht direkt beobachtbar, wie z. B. die Markentreue. Insbesondere nicht direkt beobachtbare Konstrukte werden häufig über mehrere Objektmerkmale, so genannte **Items**, gemessen. Die Auswahl der zu erfassenden Items ist abhängig vom Untersuchungsgegenstand. Die relevanten Größen müssen im Vorfeld der
Untersuchung identifiziert und operationalisiert werden. Damit bei der späteren Beurteilung der Güte der Daten (Kapitel C. 3.5) keine unerwarteten Messprobleme aufgedeckt
werden, sollte nach Möglichkeit auf bereits etablierte Multi-Item-Konstrukte zurückgegriffen werden (einen Überblick über etablierte Skalen bieten z. B. Bruner II/Hensel,
1994). Sollte für die relevanten Konstrukte nicht auf bestehende Skalen zurückgegriffen
werden können, müssen geeignete Items entwickelt werden. Diese sollten vor Durchführung der eigentlichen Untersuchung in einem Pretest auf ihre Güte zur Erfassung des interessierenden Konstrukts überprüft werden (Lehmann/Gupta/Steckel, 1998, S. 181 ff.).

Aufbauend auf der Festlegung der zu messenden Variablen ist zu entscheiden, **wie** diese
gemessen werden sollen. Das **Messen** bezeichnet den empirischen Vorgang, bei dem die
Ausprägungen der Objektmerkmale festgelegt werden. Messungen erfolgen über Befragungen oder Beobachtungen. Der abstrakte Vorgang der Zuordnung von Zahlen zu den
Ausprägungen wird als **Skalierung** bezeichnet. Dafür stehen diverse Skalen mit unterschiedlichen Eigenschaften zur Verfügung, die in Abbildung 64 anhand von Beispielen
vorgestellt werden.

Die einfachste Form der Messung kann auf einer **Nominalskala** erfolgen. Auf dieser Skala
wird eine Einteilung in Klassen, wie z. B. „männlich = 0" und „weiblich = 1", vorgenommen. Auch **paarweise** Vergleiche wie „Welche Marke mögen Sie lieber? Milka oder Ritter

Sport" sind dabei möglich. Eine **Ordinalskala** bringt die Untersuchungsobjekte in eine Rangordnung (Ranking), wie z. B. die Präferenzen für bestimmte Marken. Eine Aussage über den Abstand der einzelnen Rangplätze kann auf dieser Skala jedoch nicht erfolgen. Dies ist bei der **Intervallskala** möglich. Hier liegt zwischen zwei Skalenpunkten eine standardisierte Messeinheit zugrunde, sodass der Abstand exakt bestimmbar ist. Rating-Skalen – beispielhaft illustriert in Abbildung 64 – werden so ausgestaltet, dass die Befragten ihr Urteil weitmöglichst auf Intervallskalenniveau abgeben können. Allerdings ist die Interpretation einer Rating-Skala als Intervallskala nur dann zulässig, wenn die Abstände zwischen benachbarten Skalenpunkten als jeweils gleich groß empfunden werden, im Beispiel der Abstand zwischen „stimme zu" und „unentschieden" ähnlich groß empfunden wird wie der Abstand zwischen „stimme voll zu" und „stimme zu". Trifft dies nicht zu, so liegt lediglich eine Ordinalskala vor. Die weitestgehende Skala ist die **Ratio-** oder **Verhältnisskala**. Merkmal dieser Skala ist, dass sie einen eindeutigen Nullpunkt besitzt. Beispiele für verhältnisskalierte Eigenschaften sind Einkommen, Marktanteil, Preis und Umsatz.

Abhängig vom verwendeten Skalenniveau können bestimmte Relationen, Transformationen und Statistiken gebildet werden, die mit zunehmendem Skalenniveau ebenfalls zunehmen (Hammann/Erichson, 2000, S. 89 ff.). Bei Nominalskalenniveau sind lediglich Äquivalenzrelationen wie Modal- oder Prozentwerte möglich. Bei ordinal skalierten Daten lassen sich zusätzlich Mediane, Rangkorrelationskoeffizienten und Quantile bestim-

---

1) NOMINALSKALA (binär)
Fahren Sie gerne einen BMW? ❏ Ja   ❏ Nein

2) NOMINALSKALA
Von welchem Hersteller kaufen Sie am liebsten ein Auto?
❏ BMW ❏ Opel ❏ Volkswagen ❏ Ford

3) ORDINALSKALA
Bringen Sie die folgenden Automarken in eine Reihenfolge gemäß Ihrer Präferenz:

Rang	Automarke
____	VW New Beetle
____	Opel Astra
____	Ford Focus
____	BMW 318

4) INTERVALLSKALA: Rating-Skala
Der VW New Beetle ist ein geräumiges Auto!

❏	❏	❏	❏	❏
stimme voll zu	stimme zu	unent- schieden	stimme nicht zu	stimme gar nicht zu

5) VERHÄLTNISSKALA (RATIOSKALA)
Wie hoch ist die Wahrscheinlichkeit, im nächsten Jahr einen BMW zu kaufen?

❏	❏	❏	❏	❏	❏	❏	❏	❏	❏	❏
0%	10%	20%	30%	40%	50%	60%	70%	80%	90%	100%

Abbildung 64: Skalentypen

men. Da bei Intervallskalen nicht nur die Skalenwerte, sondern auch deren Differenzen geordnet sind, sind zusätzlich numerische Relationen möglich. Es können arithmetische Mittelwerte, Standardabweichungen und Maßkorrelationen berechnet werden. Die umfassendsten Möglichkeiten bieten Ratioskalen, da bei diesen auch die Verhältnisse der Skalenwerte geordnet sind.

Das Skalenniveau bestimmt maßgeblich die Datenanalysemöglichkeiten.

In der Marktforschungspraxis finden insbesondere Rating-Skalen sehr häufig Anwendung. Bei der Operationalisierung bestehen dabei diverse Möglichkeiten der Ausgestaltung dieser Skalen, wie Abbildung 65 veranschaulicht.

Beim Einsatz von Rating-Skalen ist eine Entscheidung hinsichtlich der **Anzahl der Skalenpunkte** zu treffen. Dabei besteht ein Konflikt hinsichtlich des Informationsgehaltes und der Antwortbereitschaft. Je größer die Zahl der Skalenpunkte, desto größer ist der Informationsgehalt, gleichzeitig sinkt jedoch die Antwortbereitschaft sowie die Reliabilität (Kapitel C. 3.5). Typischerweise bieten Skalen mit zwei bis vier Antwortmöglichkeiten zu geringe Auswertungsmöglichkeiten. Skalen mit acht und mehr Skalenpunkten sind hingegen zu komplex und können Antwortverweigerung hervorrufen. Als guter Kompromiss gelten aus diesen Gründen Skalen mit fünf bis sieben Antwortmöglichkeiten. Ebenso muss eine Entscheidung getroffen werden, ob die verwendete Skala eine gerade oder ungerade Anzahl an Skalenpunkten aufweisen soll. Bei einer ungeraden Anzahl an Antwortmöglichkeiten ist eine neutrale Position möglich, bei einer geraden Anzahl nicht. Eine diesbezügliche Entscheidung ist zumeist vom Untersuchungsgegenstand abhängig (Cox, 1980).

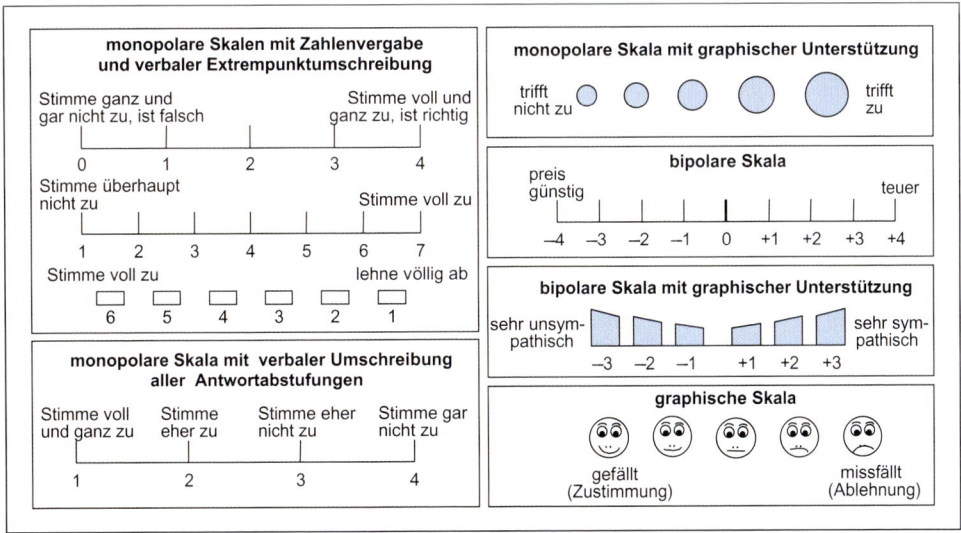

Abbildung 65: Beispiele für in der Marktforschung verwendete Rating-Skalen
Quelle: in Anlehnung an Berekoven/Eckert/Ellenrieder, 2004, S. 77.

2.3 Befragen

Befragungen stellen eine Grundform der Datenerhebung dar. Es existieren verschiedene Befragungsmethoden (Böhler, 2004, S. 85 ff.; Hüttner/Schwarting, 2002, S. 68 ff.). Wesentliche Unterscheidungskriterien sind:

- Quantitative versus qualitative Befragungen,
- direkte versus indirekte Befragungen und
- mündliche versus schriftliche Befragungen.

Quantitative versus qualitative Befragungen

Bei **quantitativ** orientierten Methoden werden standardisierte Befragungen eingesetzt. Fragestellungen sowie Antwortmöglichkeiten sind dabei für alle Befragten im Wesentlichen gleich, da zumeist Antwortalternativen vorgegeben werden. Dadurch lassen sich **große Fallzahlen** zu vertretbaren Kosten realisieren. Die durch quantitative Befragungen erhobenen Daten lassen sich unmittelbar miteinander vergleichen und – abhängig vom Skalenniveau – statistisch auswerten (Kapitel C. 3.). Quantitative Befragungen sind am einfachsten durchzuführen, wenn über die Grundsachverhalte des Untersuchungsgegenstands bereits viel bekannt ist und somit präzise Fragestellungen formuliert werden können.

Kennzeichen der quantitativen Marktforschung sind ein strukturiertes Vorgehen, eine große Fallzahl sowie statistische Auswertbarkeit.

Bei **qualitativen Befragungen** werden Fragen und Antwortmöglichkeiten sehr flexibel gestaltet und können sich deutlich zwischen den Befragten unterscheiden. Aufgrund des großen Aufwands bei der Erhebung ist nur eine sehr begrenzte Fallzahl möglich. Dafür gewinnt man einen vertieften Einblick in Einzelfälle, z. B. in die Motivationsstrukturen von Konsumenten. Qualitative Ansätze eignen sich insbesondere für explorative Forschungsansätze (Kapitel C. 1.3). Je nachdem, ob jeweils eine einzelne Person oder eine Gruppe befragt wird, unterscheidet man Tiefeninterviews und Gruppendiskussionen. Bei **Tiefeninterviews** ist entweder nur ein Rahmenthema vorgegeben, sodass der Interviewer völlige Freiheit hinsichtlich der Abwicklung hat (nicht-standardisiertes Tiefeninterview), oder es liegt ein grob strukturiertes Fragenschema, der so genannte Interviewleitfaden, vor. Bei diesen teilstandardisierten Tiefeninterviews können Reihenfolge und Ausformulierung der Fragen jedoch von Fall zu Fall variieren (Kepper, 2000, S. 165 ff.). Bei **(Fokus-) Gruppendiskussionen** werden mehrere Personen, zumeist sechs bis acht, zugleich befragt. Der speziell geschulte Moderator initiiert das Gespräch (z. B. über ein Produkt, eine Werbeaussage oder Konsumgewohnheiten) und stimuliert die Gruppenmitglieder, miteinander über dieses Thema zu sprechen. Typischerweise hat eine solche Fokusgruppendiskussion eine Dauer von ein bis anderthalb Stunden. Um die Teilnehmer zu motivieren, sich an der Diskussion zu beteiligen und ihre Meinung auch zu persönlichen Themen preis zu geben, sollte eine angenehme und offene Atmosphäre geschaffen werden. Die Zusammensetzung der Gruppe sollte deswegen möglichst homogen sein (Krueger/Casey, 2000; Kepper, 2000, S. 172 ff.). Bei qualitativen Befragungen können besondere **Gesprächstechniken,** wie z. B. das so genannte Laddering oder Means-End-Verfahren zum Einsatz kommen (siehe hierzu auch Kapitel E. 2.). Die inhaltsanalytische Auswertung sowohl von Tiefeninterviews als auch von Fokusgruppen erfolgt fallspezifisch oder gegebenenfalls fallübergreifend auf Basis von Gesprächsprotokollen, Tonband- oder Videoaufzeichnungen. Ob bei einer qualitativen Befragung Tiefeninterviews oder Gruppendiskussionen eingesetzt werden sollen, hängt von der Forschungssituation ab (Herrmann/Homburg, 2000a, S. 29; Böhler, 2004, S. 88; Lehmann/Gupta/Steckel, 1998, S. 90 f.).

> Qualitative Befragungen können insbesondere zur Problemstrukturierung, qualitativen Prognose, Ursachenforschung, Ideengenerierung oder zum Screening eingesetzt werden.

In der Marktforschungspraxis werden qualitative und quantitative Methoden häufig aufeinander aufbauend und ergänzend eingesetzt. So kann z. B. mittels Fokusgruppen die Exploration einer Fragestellung erfolgen und daran anschließend eine großzahlige Befragung vorgenommen werden. Aber auch umgekehrt können qualitative Verfahren bei der Interpretation quantitativer Ergebnisse hilfreich sein.

Direkte versus indirekte Befragungen

Bei direkten Fragen wird der interessierende Sachverhalt unvermittelt erfragt, z. B. „Kennen Sie Ritter Sport?", „Wie alt sind Sie?". Diese Art der Fragestellung ist jedoch nur bei unproblematischen Sachverhalten wie Alter, Geschlecht, Haushaltsgröße möglich. Komplexere oder persönlichere Fragen wie beispielsweise nach der Verwendung von Zahncreme oder der politischen Einstellung können bzw. wollen Probanden häufig nicht präzise beantworten. Um solche Probleme der Verweigerung zu umgehen, können indirekte Fragen gestellt werden. Hierzu zählen **psychotaktische Befragungen.** Statt z. B. direkt zu fragen „Haben Sie sich gestern die Haare gewaschen?" kann indirekt folgende Formulierung verwendet werden: „Viele Menschen sagen ja, dass es schädlich für Haar und Kopfhaut ist, wenn man zu oft den Kopf wäscht. Können Sie mir sagen, wann Sie zum letzten Mal Ihre Haare gewaschen haben?" (Hüttner/Schwarting, 2002). Alternativ lassen sich psychologische Tests einsetzen, insbesondere in Form **projektiver Verfahren.** Letztere stellen Tests dar, die so angelegt sind, dass die Reaktionen der Probanden auf die vorgegebenen Reize ihre eigenen z. B. Einstellungen erkennen lassen, ohne dass sie sich dessen bewusst sind. Dies kann durch Vorgabe mehrdeutiger Situationen oder Drittpersonentechniken geschehen. Die Drittpersonentechnik kann die Befragten beispielsweise in Form einer Analogiebildung dazu auffordern, die zu untersuchende Marke mit einem beliebigen Objekt zu vergleichen (Kepper, 2000, S. 184 ff.). In Abbildung 66 wird das Untersuchungsobjekt mit einem Auto verglichen, um von den Eigenschaften der Automobile Rückschlüsse auf das Image der eigenen Marke zu ziehen.

Abbildung 66: Beispiel für projektives Verfahren
Quelle: in Anlehnung an Daur, o. J.

Dagegen wird den Befragten bei Picture-Frustration-Tests eine Bildgeschichte mit der Bitte um Kommentierung vorgelegt, in der beispielsweise ein Kellner einem Gast eine Suppe mit den Worten serviert: „Es tut mir leid, aber der Koch hat es nicht so zubereitet, wie Sie es bestellt haben" (Hüttner/Schwarting, 2002).

Mündliche versus schriftliche Befragungen

Grundsätzlich können Befragungen **mündlich** unter direkter Beteiligung eines Interviewers oder **schriftlich** ohne unmittelbaren Kontakt zu einem Interviewer erfolgen. Mündliche Befragungen lassen sich weiterhin in persönliche sowie telefonische Interviews untergliedern. Befragungen ohne Interviewer können schriftlich oder im Internet durchgeführt werden. Abbildung 67 stellt die Merkmale und Eigenschaften der unterschiedlichen Kommunikationsformen einander gegenüber. Die vorgestellten Formen werden dabei in **traditionelles** Vorgehen sowie Formen mittels **Computerunterstützung**, die inzwischen sehr weite Verbreitung gefunden haben, untergliedert. Es erfolgt eine Beurteilung der Kommunikationsformen anhand der erzielbaren **Repräsentanz**, der **Flexibilität** in der Erhebung, den **Kosten** sowie des möglichen **Interviewereinflusses** (Berekoven/ Eckert/Ellenrieder, 2004, S. 106 ff.; Böhler, 2004, S. 91 ff.; Hammann/Erichson, 2000, S. 96 ff.).

Bei einem **persönlichen Interview** werden die Fragen von einem Interviewer gestellt sowie die Antworten notiert. Dazu werden Probanden typischerweise in ein Interview-Studio geführt. Bei der computerunterstützten Form des CAPI (Computer Assisted Personal Interview) werden die Fragen von einem Bildschirm abgelesen und die Antworten direkt in das System eingegeben. Dies reduziert nicht nur Fehler bei einer späteren Dateneingabe, sondern ermöglicht auch einen adaptiven, individualisierten Befragungsverlauf, wodurch die Flexibilität dieser Befragungsform weiter erhöht wird. Repräsentanz ist bei persönlichen Befragungen problemlos zu erzielen, die Auswahl erfolgt typischerweise per Quoten- oder Klumpen-Auswahl (Kapitel C. 2.1). Für persönliche Interviews spricht auch der sehr hohe Rücklauf, da es in einem persönlichen Gespräch selten zu Abbrüchen kommt. Negativ zu vermerken ist jedoch der erhebliche Zeitaufwand und die damit verbundenen hohen Kosten sowie der hohe Grad der Beeinflussbarkeit durch den Interviewer.

Die Durchführung **telefonischer Interviews** erfolgt analog zu persönlichen Befragungen, jedoch per Telefon. Auch hier ist eine Computerunterstützung in Form von CATI (Computer Assisted Telephone Interview) mit den entsprechenden Vorteilen möglich. Die Flexibilität ist hierbei jedoch leicht eingeschränkt, da keine optischen Stimuli vorgelegt werden können. Ebenfalls ist der Rücklauf etwas geringer. Zwar wird auch am Telefon ein persönliches Gespräch durchgeführt, allerdings kommt es durch Auflegen seitens der Probanden eher zu Gesprächsabbrüchen. Auch bei einer telefonischen Befragung hat der Interviewer erhebliche Möglichkeiten der Einflussnahme, ein großer Vorteil ist allerdings, dass telefonische Befragungen bei Bedarf sehr schnell durchgeführt werden können. Ebenfalls sind die Kosten geringer als bei persönlichen Gesprächen.

Bei **schriftlichen Befragungen** erhalten die Probanden den Fragebogen zumeist per Post bzw. per E-Mail zugesandt. Die Kosten einer solchen Befragung sind zwar vergleichsweise gering und ein Interviewereinfluss kann ausgeschlossen werden, allerdings bestehen erhebliche Probleme hinsichtlich des Rücklaufs. Die Rücklaufquoten breit gestreuter Fragebogenaktionen liegen häufig selbst bei aufwendiger Fragebogengestaltung, Durchführung von Nachfassaktionen und unmittelbaren Anreizen für die Befragten bei unter 20 %. Optische Unterstützung kann nur bedingt gegeben werden, ebenso wie eine adaptive Fragebogengestaltung nur eingeschränkt möglich ist.

	mündlich		schriftlich	
	persönlich	**telefonisch**	**offline**	**online**
„Traditionell"	Interviewer mit Fragebogen	Interviewer mit Fragebogen	Fragebogen per Post	Internet-Befragung
Computergestützt	Computer Assisted Personal Interview (CAPI)	Computer Assisted Telephone Interview (CATI)	Elektronischer Fragebogen z. B. per E-Mail	
Repräsentanz	hoch	hoch	mittel bis gering	mittel bis gering
Rücklaufquote	sehr hoch	hoch	gering	gering
Flexibilität	hoch	mittel bis hoch	gering	hoch
Kosten	hoch	mittel	gering	gering
Interviewereinfluss	hoch	hoch	gering	gering

Abbildung 67: Kommunikationsformen bei der Befragung

Befragungen im **Internet** können entweder adressiert oder anonym erfolgen. Bei **adressierten** Online-Befragungen werden gezielt Testpersonen per E-Mail eingeladen, an der Erhebung teilzunehmen, während bei **anonymen** Umfragen Probanden über ein Pop-up, ein Banner oder eine anderweitige Verlinkung im Internet per Selbstselektion rekrutiert werden. Dies führt zu einer deutlich eingeschränkten Repräsentanz, da neben der Selbstselektion möglicherweise ein großer Teil der zu untersuchenden Grundgesamtheit keinen Internetzugang hat bzw. E-Mail-Adressen für die Kontaktaufnahme nicht vorliegen. Die Rücklaufquoten anonymer Online-Befragungen sind gering. Die Vorteile von Internet-Befragungen liegen in einer sehr hohen Flexibilität, da Fragen automatisch rotiert sowie gegebenenfalls optische Hilfsmittel eingebunden werden können. Die Kosten sind als eher gering einzustufen, und ein Interviewereinfluss kann ausgeschlossen werden (Zerr, 2003, S. 9 ff.). Die genannten Vorteile treffen in gleicher Weise auf Online-Panels zu (auch Kapitel C. 2.6), mit allerdings vergleichsweise hohen Repräsentativitätswerten durch Einsatz von Quotenauswahlverfahren. Neben quantitativen Befragungen kann mittlerweile auch eine qualitative Marktforschung wie Online-Fokusgruppen im Internet durchgeführt werden (Epple/Hahn, 2003).

Bei der Ausgestaltung eines Fragebogens für eine Befragung sollte zudem auf die **Reihenfolge der Fragen** geachtet werden. Dabei empfiehlt es sich, den Fragebogen mit Kontaktfragen zu beginnen, um den Befragten aufzuwärmen. Daran sollten die Sachfragen anschließen sowie gegebenenfalls Kontrollfragen. Abschließend können Ergänzungsfragen, z. B. zur Person, gestellt werden. Bei der Anordnung der Fragen ist darauf zu achten, dass vorangehende Fragen nachfolgende Antworten nicht beeinflussen. In solchen Fällen sollten Ablenkungs- oder Pufferfragen eingebaut werden.

2.4 Beobachten

Im Gegensatz zu Befragungen werden bei Beobachtungen Informationen nicht aktiv von Probanden abgerufen, sondern passiv aufgenommen. Da es aufgrund verschiedenster Kommunikationsschwierigkeiten manchmal nicht gelingt, die ursächlichen Gründe für ein Verhalten durch befragende Methoden zu erkennen, können ergänzend oder alternativ Beobachtungen zum Einsatz kommen. Sie beschäftigen sich u. a. mit dem sozialen und physischen Kontext, in dem Produkte gekauft und benutzt werden. So wird beispielsweise erst durch den Kontext deutlich, dass bei einer Getränkebestellung in einer vollen Bar eine leichte Wiedererkennbarkeit von Marken wichtig ist, da die Situation schnelles Handeln von den Gästen erfordert. Oder aus Beobachtung der Produktverwendung im Hausgebrauch zeigt sich, dass Produkte aus dem Kühlschrank öfter verwendet werden als solche, die in der hintersten Ecke eines Regals stehen. Der Verbraucher könnte aufgrund dieser Informationen durch Marketing-Maßnahmen dazu angeleitet werden, ein bestimmtes Produkt im Kühlschrank aufzubewahren. Diese Informationen wären durch Befragungen nur schwer aufgedeckt worden, da sie unbewusstes Verhalten erfassen.

Bei der Beobachtung lassen sich die teilnehmende und die nichtteilnehmende Beobachtung unterscheiden. Bei der **teilnehmenden Beobachtung** nimmt der Marktforscher aktiv an der Situation teil, z. B. als Kunde, um etwas über das Beratungsverhalten des Handels herauszufinden, oder als Verkäufer bzw. Außendienstmitarbeiter, um Kundenargumente kennen zu lernen oder Verwendungsprobleme aufzudecken. Häufiger findet jedoch die **nichtteilnehmende Beobachtung** Anwendung. Der Marktforscher beobachtet Verhalten dabei als unbeteiligter Dritter. Solche Beobachtungen können unter Laborbedingungen oder im Feld stattfinden (Kapitel C. 2.5). Gegenstand der Beobachtung müssen dabei nicht immer Personen sein, auch die Auswertung z. B. der Entwicklung von Absatzzahlen sowie der Abgleich von Lagerabgängen und Käufen im Rahmen einer Inventur stellen Beobachtungen dar. Letztere wird mehr und mehr durch das **Scanning**, die elektronische Erfassung von Artikel-Strichcodes, abgelöst (Hammann/Erichson, 2000, S. 122 ff.). Die Erfassung und Verarbeitung von Scannerdaten ist in Abbildung 68 exemplarisch dargestellt. Auch das Scanning, auf das im Rahmen von Panels in Kapitel C. 2.6 näher eingegangen wird, stellt eine Beobachtungsform dar. Ebenso können materielle Spuren registriert werden, wie z. B. die Abnutzung des Fußbodens in einem Museum, anhand derer die Attraktivität der einzelnen Exponate beurteilt werden kann (Kroeber-Riel/Weinberg, 2003, S. 34).

Wie bei Befragungen lassen sich auch bei Beobachtungen standardisierte und nicht-standardisierte Formen unterscheiden. Bei **standardisierten** Beobachtungen liegt ein klares Beobachtungsschema zugrunde, und es werden ausschließlich darin enthaltene Beobachtungskategorien erfasst. Diese Art der Beobachtung eignet sich für leicht überschaubare Vorgänge. Im Gegensatz dazu können bei komplexeren Situationen **nicht-standardisierte** Beobachtungen zum Einsatz kommen, bei denen das Verhalten möglichst vollständig erfasst wird, z. B. über eine Videokamera. Eine weitere Unterscheidung kann hinsichtlich der **Durchschaubarkeit** von Beobachtungen getroffen werden. Bei **verdeckten** Beobachtungen ist es den betreffenden Personen nicht bewusst, dass ihr Verhalten erfasst wird, bei **offenen** Beobachtungen wissen sie hingegen, dass sie beobachtet werden. Bei Kenntnis der Beobachtungssituation können Personen dazu neigen, ihr Verhalten bewusst infolge der Beobachtung zu verändern. Inwieweit dieser **Beobachtungseffekt** jedoch das Forschungsergebnis beeinflusst, hängt vom jeweiligen Forschungszweck ab. Die Beobachtung eines Hausputzes hat möglicherweise einen Einfluss auf die Gründlichkeit, mit der dieser durchgeführt wird, aber nicht darauf, in welcher Art und Weise Produkte be-

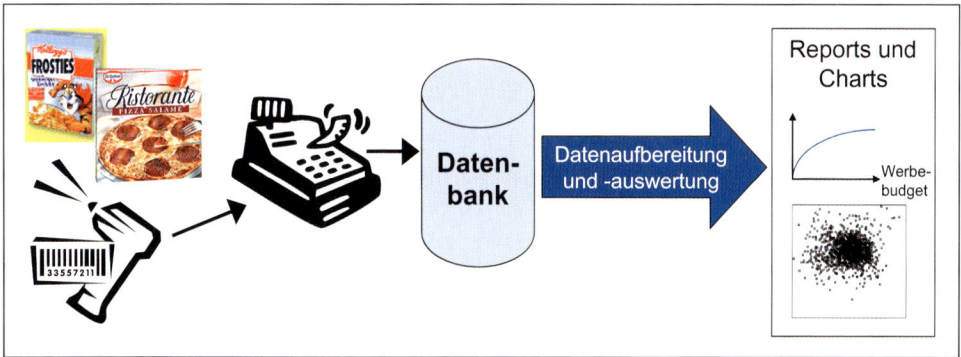

Abbildung 68: Erfassung und Verarbeitung von Scannerdaten

nutzt werden. Um die Veränderung von Verhaltensgewohnheiten zu erfassen, sind häufig langfristige Beobachtungen notwendig. Sollen beispielsweise Gewohnheiten beim Kauf von Weihnachtsgeschenken ermittelt werden, so ist eine Beobachtung über mehrere Jahre notwendig (Lowrey/Otnes/Ruth, 2004).

> Beobachtungen dienen der Erfassung von bewusstem und unbewusstem Verhalten.

Die **Erfassung** beobachteten Verhaltens kann mittels diverser Medien geschehen. So können Protokolle, Audio- oder Videoaufzeichnungen angewendet werden, um z.B. den Kauf einer Digitalkamera in einem Elektrogeschäft zu beobachten. Dabei können Mimik und Gestik sowie die Stimmfrequenz ausgewertet werden. Bei großflächigen Einzelhandelsgeschäften können so genannte **Kundenlaufstudien** von Nutzen sein. Dabei wird der Gang von Konsumenten durch den Laden aufgezeichnet. Somit kann festgestellt werden, welche Abteilungen mit welcher Intensität und in welcher Reihenfolge aufgesucht werden, um somit die Warenpräsentation zu verbessern. Für Hersteller von Konsumgütern ist eine **Handhabungsbeobachtung** ihrer Produkte von Interesse. Mittels dieser kann herausgefunden werden, ob Konsumenten mit Verpackungen zurechtkommen und in welchem Kontext die Produkte zum Einsatz kommen. Auch das **Surf-Verhalten** im Internet kann durch die Zeiterfassung des Verbleibs auf einzelnen Websites beobachtet werden. Zur Erfassung von Einschaltdauer und Programmwahl im Fernsehen kommen so genannte **Telemeter** zum Einsatz. Hierbei handelt es sich um eine Apparatur, die an Fernsehgeräten angebracht wird.

Eine eigenständige Gruppe bilden apparative Beobachtungen, bei denen spezielle Geräte zum Einsatz kommen, die periphere Körperreaktionen messen, da diese als Verhaltensindikatoren dienen können. Ein insbesondere für Pretests von Werbung und Designs angewendetes Verfahren ist die **Blickaufzeichnung**. Der Versuchsperson wird dafür eine brillenähnliche Vorrichtung aufgesetzt, welche die Augenbewegung bei Vorlage z.B. einer Werbeanzeige aufzeichnet. Dabei ergeben sich Wanderungsmuster des Auges, welche Ruhepunkte (so genannte Fixationen) und Sprünge (die Sakkaden) aufweisen. Anhand der Dauer der Fixationen lässt sich die Intensität der Informationsaufnahme und somit der Grad des Interesses erfassen (Kroeber-Riel/Weinberg, 2003, S. 264 ff.). Ein Beobachtungsverfahren, das vor allem zur Messung der Aktivierung herangezogen werden kann, ist die **Hautwiderstandsmessung**. Zur Messung werden den Probanden Elektroden an der Hautoberfläche, zumeist an den Händen, befestigt. Durch sie nimmt der Körper elektrische Impulse auf und leitet sie ab. Während der Vorlage von Reizen wie Fernseh- bzw. Radiospots oder Anzeigen erfolgt die Aufzeichnung des psychogalvanischen Hautwiderstands. Die Reliabilität dieser Methode ist z.B. bei Werbepretests erwiesen (Kroeber-Riel/Weinberg, 2003, S. 66 ff.). Allerdings stellen sowohl die Blickaufzeichnung als auch die Hautwiderstandsmessung sehr aufwendige Beobachtungsverfahren dar, die eine umfangreiche Ausrüstung sowie großes Know-how bei der Anwendung und Auswertung erfordern.

Stellt man Beobachtungen und Befragungen vergleichend gegenüber (Abbildung 69), so ist zu betonen, dass Beobachtungen vielfach eine neutrale, weitgehend unbeeinflusste Er-

Beobachtung	Befragung
• Unabhängig von der Auskunftsbereitschaft und Verbalisierungsfähigkeit der Probanden	• Abfrage von nicht beobachtbaren Größen, wie Präferenzen, Einstellungen und Erinnerungen
• Erfassung von unbewusstem und unreflektiertem Verhalten, wie Körperreaktionen	• Geringere Erhebungsdauer und Kosten
• Kein Interviewereinfluss (bei verdeckten Beobachtungen)	• Weitgehend objektive Daten
• Subjektive Daten durch selektive Wahrnehmung des Beobachters	• Zufallsauswahl möglich

Abbildung 69: Beobachtung versus Befragung

fassung von realem Verhalten erlauben. Dies ist durch Befragungen nicht möglich, allerdings können dadurch nicht beobachtbare Größen wie Einstellungen, Präferenzen oder Erinnerungen ermittelt werden. Befragungen sind zudem typischerweise weniger aufwendig und somit weniger zeit- und kostenintensiv als Beobachtungen. Ebenso weisen die durch Befragungen ermittelten Daten einen üblicherweise höheren Objektivitätsgrad auf, und es ist eine Zufallsauswahl möglich, was sich bei Beobachtungen kaum realisieren lässt.

Beobachtungen können unbewusstes und routiniertes Verhalten erfassen. Zur Aufdeckung nicht direkt beobachtbarer Konstrukte, wie Präferenzen und Einstellungen, sind Befragungen notwendig.

Die Behandlung der beiden Verfahren Befragung und Beobachtung zeigt, dass es von der jeweiligen Forschungsfrage abhängt, welches der Verfahren zweckmäßig ist. Einerseits gibt es Forschungsgegenstände, die sich einfacher und billiger durch eine Befragung untersuchen lassen. Andererseits können in manchen Fällen jedoch nur mittels Beobachtungen die relevanten Informationen ermittelt werden. Die beiden Erhebungsmethoden schließen sich also nicht gegenseitig aus, sondern können sich innerhalb eines Forschungsprojekts sinnvoll ergänzen.

2.5 Tests und Experimente durchführen

Tests stellen Instrumente zur Absicherung von Hypothesen dar. Dabei können sowohl vermutete Zusammenhänge der Unternehmenspraxis auf dem Prüfstand stehen als auch die Gültigkeit theoretischer Grundlagen nachgewiesen werden. Tests erfordern in einem ersten Schritt die Definition der zu untersuchenden Hypothese sowie die Festlegung der Art der Messung (Testdesign). Im zweiten Schritt wird dann die Art der Auswertung der aufbereiteten Daten bestimmt und die Beurteilung der Testergebnisse vorgenommen

(Testauswertung). Im Anschluss muss die Güte der konstatierten Ergebnisse überprüft werden, um Aussagen über deren Gültigkeit (Validität), die Zuverlässigkeit der Resultate auch bei Wiederholung des Tests (Reliabilität) und die Eignung zur praktischen Anwendung (Praktikabilität) treffen zu können (zur Datengüte siehe Kapitel C. 3.5).

Tests lassen sich nach unterschiedlichen Merkmalen klassifizieren und finden in der Marktforschung in sehr verschiedenen Formen Anwendung.

Weite Verbreitung haben Produkt-, Werbemittel-, Packungs-, Geschmacks- und Preistests gefunden. Von besonderer Bedeutung sind weiterhin Testmärkte. Hierbei werden Produkte in einem begrenzten Markt probeweise eingeführt, um unter Verwendung möglichst realistischer Rahmenbedingungen den Erfolg des Neuprodukts prognostizieren zu können (Hammann/Erichson, 2000, S. 180 ff. und 205 ff.).

Eine wichtige Form so genannter **elektronischer Testmärkte** stellt das Instrument „BehaviorScan" dar, das in Deutschland von der Gesellschaft für Konsumforschung (GfK) angeboten wird (Abbildung 70). Dieser Testmarkt wird in Haßloch, Pfalz, durchgeführt. Durch vertragliche Vereinbarungen nehmen neben allen relevanten Lebensmitteleinzelhandelsgeschäften auch 3000 repräsentativ ausgewählte Haushalte an dieser fortlaufend durchgeführten Untersuchung teil. Da verschiedene Daten auf Geschäfts- und Haushaltsebene in eine „Quelle" integriert werden, spricht man auch von so genannten „Single Source Daten" (siehe hierzu auch Kapitel C. 2.6). Alle Testgeschäfte sind mit Scannerkassen ausgestattet. Die teilnehmenden Haushalte geben sich über spezielle Identifikationskarten der GfK bei jedem Einkauf an der Kasse zu erkennen. Zusätzlich zu dieser Erfassungsmöglichkeit des Lebensmittelkonsums sind 2000 der insgesamt 3000 Haushalte mit einer speziellen „GfK-Box" ausgestattet, die einen Test nationaler Fernsehwerbung durch spezielle Testwerbung erlaubt. Die verbleibenden 1000 Haushalte dienen als Kontrollgruppe. Wenn z. B. national ein Werbespot von Red Bull geschaltet wird, sehen die 2000 Testhaushalte einen Spot des zu testenden Produkts, z. B. eine neue Zahnpasta von Nivea. Diese technischen Voraussetzungen machen es möglich, die Wirkung verschiedener Kampagnen auf das Einkaufsverhalten zu bestimmen. Zudem können die Wirkungen von Printwerbung, Verkaufsförderungsmaßnahmen und Preisänderungen überprüft werden. Somit kann der gesamte Marketing-Mix inklusive der Einführung neuer Produkte simultan und realitätsgetreu getestet werden (o. V., o. J., S. 4). Ein zum „BehaviorScan" vergleichbares Instrument stellt TELERIM von A. C. Nielsen dar (Günther/Vossebein/Wildner, 1998, S. 94 ff.)

Neben dieser Form eines elektronischen Testmarkts, der zwar sehr umfangreiche Informationen liefert, aber auch entsprechend kostenintensiv ist, können z. B. auch **Store-Tests** durchgeführt werden (z. B. Hammann/Erichson, 2000, S. 212 f.). Hierbei werden in ausgewählten Geschäften probeweise für einen bestimmten Zeitraum Produkte eingeführt. Es lassen sich u. a. Produktverpackungen, Verkaufsförderungsmaßnahmen, Preise oder Regalplatzierungseffekte testen. Im Vergleich zum beschriebenen „BehaviorScan" sind die Testmöglichkeiten allerdings geringer, u. a. weil die einzelnen Käufer nicht identifi-

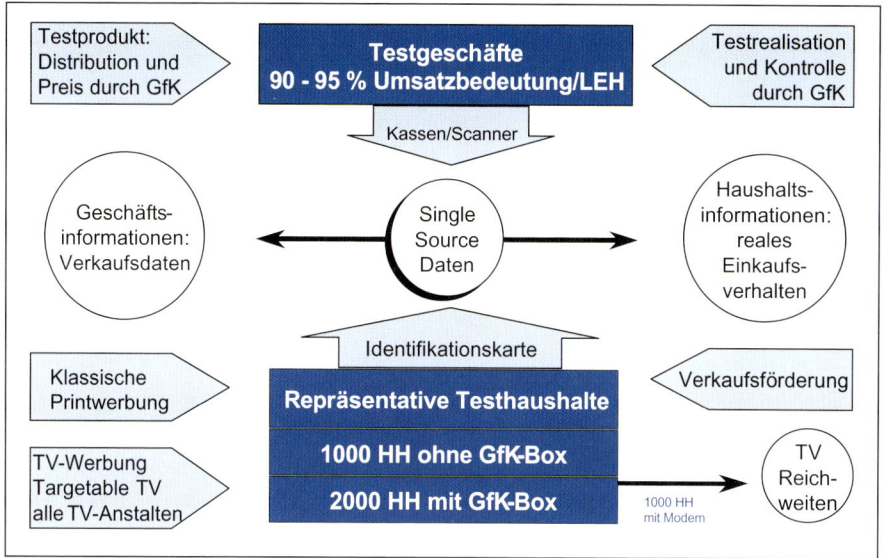

Abbildung 70: BehaviorScan der GfK
Quelle: o. V., o. J.

ziert werden können und TV-Werbung unberücksichtigt bleibt. Zudem muss eine vergleichbare Gruppe von Geschäften als Kontrollgruppe zur Verfügung stehen.

Neben diesen tatsächlich im realen Marktumfeld durchgeführten Tests können auch so genannte **Testmarktsimulationen** zum Einsatz kommen. Sie bieten ähnliche Testmöglichkeiten wie die Store-Tests, finden aber unter Laborbedingungen statt. Beispielsweise werden nach einem Quotenverfahren ausgewählte Konsumenten in Teststudios eingeladen und können dort mit einem zur Verfügung gestellten Geldbetrag in einer simulierten Einkaufsstätte Käufe tätigen. Für den Kauf stehen das Testprodukt sowie gängige Konkurrenzprodukte zur Verfügung. Beim Verlassen des Testmarkts werden an der Kasse die Käufe erfasst. Nichtkäufern des Testprodukts wird das Produkt geschenkt. Zur Erfassung von Wiederkäufen wird in einer Nachfassaktion zeitlich versetzt die Möglichkeit zu einem erneuten (oder erstmaligen) Kauf der getesteten Produkte gegeben. Darüber hinaus werden im Rahmen des Testmarktsimulators verschiedene Käuferbefragungen und gegebenenfalls Werbemitteltests durchgeführt (z. B. Brockhoff, 1999, S. 233 ff.). Testmarktsimulatoren verursachen vergleichsweise geringe Kosten, sind allerdings im Vergleich zu den anderen beschriebenen Testmärkten weniger realitätsnah.

Viele der aufgeführten Einsatzmöglichkeiten von Tests machen die Kontrolle von Umweltbedingungen notwendig, um kausale Wirkungszusammenhänge isolieren zu können. Beispielsweise kann in einem Geschäft eine Steigerung des Verkaufsförderungsbudgets um 20 % und im gleichen Zuge eine Absatzsteigerung um 5 % beobachtet werden, während in anderen Geschäften beide Größen unverändert bleiben. Es ist jedoch problematisch davon auszugehen, dass die Erhöhung des Verkaufsförderungsbudgets die Absatzsteigerung verursacht hat. Die Absatzsteigerung kann zufällig eingetreten sein, auf andere Ursachen, etwa den Rückzug eines Wettbewerbers, zurückzuführen sein oder erst zur Erhöhung des Verkaufsförderungsbudgets geführt haben (Lehmann/Gupta/Steckel, 1998, S. 144 ff.).

Die Überprüfung der Hypothese „Eine Steigerung des Verkaufsförderungsbudgets führt zu einer entsprechenden Steigerung des Absatzes" und somit die Aufdeckung eines kausalen Zusammenhangs kann nur durch ein **Experiment** überprüft werden. Ein solches kausales Forschungsdesign unterscheidet sich von deskriptiven Forschungsdesigns durch die Kontrolle von störenden Einflussfaktoren. Das Ziel eines Experiments ist demnach das Erkennen von Ursache-Wirkungs-Zusammenhängen.

> Ursache-Wirkungs-Zusammenhänge können nur bei Kontrolle von störenden Einflussfaktoren ermittelt werden. Dies ist nur mit Experimenten möglich.

Experimente stellen nur eine bestimmte Form eines Untersuchungsdesigns dar. Somit sind Experimente keine gesonderte Art der Datenerhebung, sondern lediglich eine Gestaltungsform für Befragungen und Beobachtungen. Experimente können auch als kontrollierte Form des Tests verstanden werden und bilden somit eine Untergruppe der Tests (Böhler, 2004, S. 40 f.).

In einem Experiment wird die erklärende Variable als unabhängige Variable oder Experimentalvariable bezeichnet, während die erklärte Größe als abhängige Variable benannt wird. Im obigen Beispiel bilden demnach das Verkaufsförderungsbudget die unabhängige und der Absatz die abhängige Variable. Kausalität liegt nur dann vor, wenn folgende drei Bedingungen erfüllt sind:

- unabhängige und abhängige Variablen variieren gemeinsam,
- die Änderung der abhängigen Variable folgt zeitlich der Änderung der unabhängigen Variablen, und
- mit Ausnahme der untersuchten unabhängigen Variable(n) bleiben alle Einflussfaktoren der abhängigen Variablen im Untersuchungszeitraum konstant.

In der experimentellen Marktforschung können Labor- und Feldexperimente unterschieden werden. Das **Laborexperiment** findet unter künstlichen Bedingungen statt, bei denen die Realität in der Versuchsanlage vereinfacht abgebildet wird. Da alle sonstigen Einflüsse meist gut kontrolliert werden und somit Ursachen direkt auf die Wirkungen zurückgeführt werden können, bieten Laborexperimente in der Regel eine hohe interne Validität, d. h. die ermittelten Befunde besitzen eine hohe Gültigkeit innerhalb der Laborbedingungen. Die Übertragbarkeit der Ergebnisse auf die Realität ist jedoch aufgrund des künstlichen Laborumfelds eingeschränkt, d. h. es besteht eine geringe externe Validität.

Das **Feldexperiment** wird hingegen in einer natürlichen Umgebung der Testpersonen durchgeführt. Verzerrungen durch eine eventuell fehlerhafte Nachbildung der Realität sind also tendenziell nicht zu erwarten, sodass von hoher externer Validität ausgegangen werden kann. Allerdings ist eine Kontrolle externer Störgrößen schwieriger als bei Laborexperimenten zu gewährleisten. Der Kosten- und Zeitbedarf ist bei Feldexperimenten meist höher als bei Laborexperimenten. Zudem bedarf es typischerweise einer Kooperation mit externen Partnern, z. B. Handelsgeschäften. Weiterhin ist eine Geheimhaltung der Experimentdurchführung nur schwer zu bewerkstelligen.

Unabhängig von der Form der Datenerhebung bestehen verschiedene Typen von **Experimentaldesigns** (Campbell/Stanley, 1966). Die meisten Experimentaldesigns umfassen eine Experimental- und eine Kontrollgruppe. Beide Gruppen können beispielsweise aus jeweils zehn Lebensmittelgeschäften bestehen. In der Experimentalgruppe wird die Experimentalvariable eingesetzt (z. B. Schaltung von Verkaufsförderung in Form der Verteilung von Handzetteln), in der Kontrollgruppe hingegen nicht. Nach Durchführung des Experiments (hier dem Einsatz von Verkaufsförderung) wird sowohl in der Experimental- als auch in der Kontrollgruppe jeweils die abhängige Variable gemessen, z. B. durch Beobachtung der Abverkäufe eines bestimmten Produkts über einen bestimmten Zeitraum. Anschließend wird die Differenz zwischen den Abverkäufen in der Experimental- und der Kontrollgruppe gebildet. Als Ergebnis mag sich z. B. ein Mehrverkauf von 20 % ergeben haben. Der Ablauf eines solchen Experiments ist in Abbildung 71 beispielhaft demonstriert. Zentrale Voraussetzung für eine kausale Interpretation der Verkaufsförderung als Ursache für den Mehrabsatz ist, dass Test- und Kontrollgruppe strukturgleich sind. Dies ist z. B. dann nicht gewährleistet, wenn die üblichen Umsätze der Lebensmittelgeschäfte deutlich zwischen Experimental- und Kontrollgruppe differieren. Man kann versuchen, dieses Problem durch ein „Matching" der Experimental- und Kontrollgruppe zu umgehen, indem z. B. Geschäfte mit jeweils gleichen Umsatzzahlen verwendet werden. Auch alle übrigen Einflussgrößen auf den Absatz müssen strukturgleich zwischen den beiden Gruppen sein, beispielsweise Konkurrenzaktivitäten in Form von Preisänderungen oder Werbeaktivitäten. Dies lässt sich nur eingeschränkt durch ein Matching realisieren. Alternativ kann jeweils eine Zufallsauswahl von Geschäften oder Konsumenten in Experimental- und Kontrollgruppe vorgenommen werden. Bei hinreichend großen Stichproben lässt sich hierüber eine Kontrolle externer Störgrößen bewerkstelligen.

Neben den bisher betrachteten so genannten einfaktoriellen Experimentaldesigns sind auch **mehrfaktorielle Experimentaldesigns** möglich. Dabei werden nicht nur eine, sondern mehrere Experimentalvariablen simultan getestet. Soll z. B. neben der Verkaufsförderung in den beiden Ausprägungen „Handzettel verteilen" und „keine Handzettel verteilen" auch die unabhängige Variable Regalhöhenplatzierung des betrachteten Produkts in den Ausprägungen „hoch", „mittel" und „niedrig" geprüft werden, so liegt ein mehrfaktorielles Design vor. Für jede Kombination der Ausprägungen der Experimentalvariablen bedarf es einer Experimentalgruppe. Im Beispiel sind dies $2 \times 3 = 6$ Gruppen. Bei mehr als zwei Experimentalvariablen kommt es schnell zu einer sehr großen Zahl an Experimentalgruppen. Verwendet man z. B. 4 Variablen mit je 3 Ausprägungen, so ergeben sich bereits $3 \times 3 \times 3 \times 3 = 81$ Gruppen. Sofern davon ausgegangen werden kann, dass Wechselwirkungen zwischen den Variablen vernachlässigbar sind, lässt sich mithilfe spezieller so genannter **orthogonaler Designs** eine deutliche Reduktion der Gruppenzahl bewerkstelligen, im genannten Beispiel wäre dies eine Reduktion von 81 auf 9 Gruppen (Addelman, 1962).

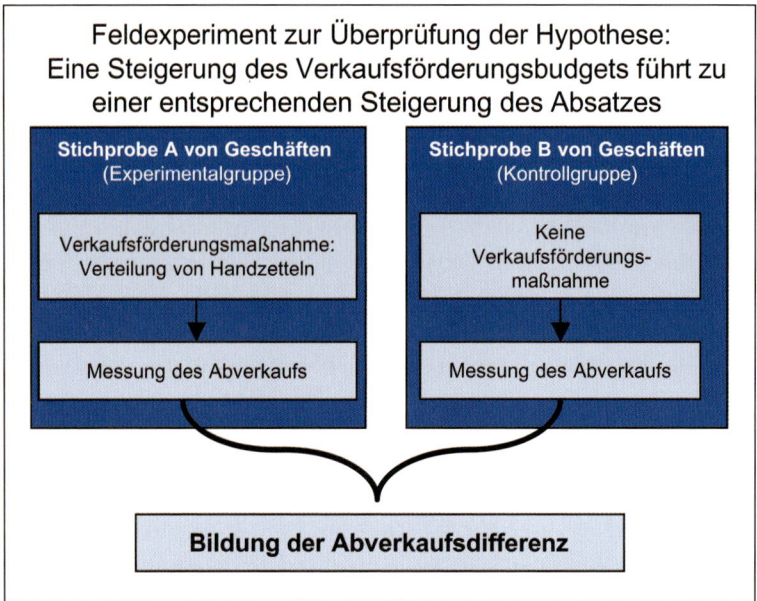

Feldexperiment zur Überprüfung der Hypothese:
Eine Steigerung des Verkaufsförderungsbudgets führt zu
einer entsprechenden Steigerung des Absatzes

Stichprobe A von Geschäften (Experimentalgruppe)

Verkaufsförderungsmaßnahme: Verteilung von Handzetteln

Messung des Abverkaufs

Stichprobe B von Geschäften (Kontrollgruppe)

Keine Verkaufsförderungs- maßnahme

Messung des Abverkaufs

Bildung der Abverkaufsdifferenz

Abbildung 71: Beispielhafter Aufbau eines Experiments

2.6 Panels erheben

Neben den in den vorangegangenen Abschnitten erläuterten Erhebungsmethoden stellen Panels derzeit die wichtigste Form primärer Datenquellen dar. So wurden im Jahr 2003 mithilfe von Panels 34 % aller Primärerhebungen durchgeführt (o. V., 2004). Grundsätzlich handelt es sich bei einem Panel um eine besondere Form der Teilerhebung, die den gleichen Sachverhalt in regelmäßigen Abständen misst. Dabei wird weder die Stichprobe noch der Untersuchungsgegenstand variiert. Von Panels nach dieser Definition sind so genannte **Befragungspanels** zu unterscheiden. Solche Panels legen zwar ebenfalls eine fixe Stichprobe und regelmäßige Befragungen zugrunde, jedoch zu unterschiedlichen Themenbereichen. Ein Vorteil gegenüber einer nicht-panelbasierten Befragung liegt in der Möglichkeit, kleine Zielgruppen bestimmter Eigenschaften ohne Streuverluste auszuwählen. Da soziodemographische Daten der Teilnehmer bekannt sind, ist eine zielgenaue Selektion der relevanten Teilgruppe leicht möglich (Günther/Vossebein/Wildner, 1998, S. 1 ff.).

> Panels erheben den gleichen Sachverhalt zu regelmäßig wiederkehrenden Zeitpunkten bei der gleichen Stichprobe in immer derselben Art und Weise.

Eine besondere Eigenschaft von Panels liegt in der Analyse **dynamischer Effekte**. Die Möglichkeit, Daten im Zeitablauf zu erfassen, bringt die Chance mit sich, Veränderungen des Umfelds aufzudecken und eine solide Basis für Prognosen zu schaffen. Die idealtypische Annahme immer gleicher Stichproben und Befragungssachverhalte ist in der praktischen Anwendung allerdings nicht immer gegeben, z. B. infolge von Panelsterblichkeit, also dem Austritt von Mitgliedern des Panels.

Panels werden vor allem von Marktforschungsinstituten eingesetzt, die über entsprechende Ressourcen für Durchführung und Pflege verfügen. Die mit Abstand bedeutendsten Anbieter in Deutschland sind A. C. Nielsen und die Gesellschaft für Konsumforschung.

In Abhängigkeit von den Panelteilnehmern können bei traditionellen Panels Handelspanels, Verbraucherpanels und Spezialpanels unterschieden werden. Ein **Handelspanel** zeichnet sich durch die Erfassung der Abverkäufe des Handels aus. Dies kann sowohl auf Einzelhandels- als auch auf Großhandelsebene geschehen. Traditionelle Handelspanels erfassen analog zu einer Inventur den Bestand zu Beginn der Periode, alle Warenzugänge sowie den Bestand am Ende des Zeitraums und bestimmen mithilfe dieser Werte die Absatzmenge der betrachteten Periode. Traditionell erfolgt dies durch Mitarbeiter von Marktforschungsinstituten im zweimonatigen Rhythmus.

Verbraucherpanels erfassen den Konsum von Verbrauchern entweder von Personen (Individualpanel) oder von Haushalten (Haushaltspanel). Die Erhebung erfolgt meist mithilfe von Befragungen, indem die Panelmitglieder ihre Einkäufe in einem Berichtsbogen oder mithilfe eines Handscanners zu Hause erfassen. Üblicherweise werden das Datum des Einkaufs, der Marken- oder Herstellername, die Art des Produkts, der Preis sowie die besuchte Einkaufsstätte abgefragt. Eine typische Datenerfassung im Rahmen eines Haushaltspanels ist in Abbildung 72 dargestellt. Neben diesen beiden Grundformen von Panels können Spezialpanels aufgeführt werden, die anstelle der gesamten Breite möglichen Konsums lediglich ausgewählte Bereiche betrachten. So gibt es Babypanels, deren Mitglieder über den Einkauf von Babyartikeln berichten, ebenso wie z. B. Fernsehzuschauerpanels, die zur Erfassung von Einschaltquoten verwendet werden (Günther/Vossebein/Wildner, 1998, S. 59 ff.).

Zusätzlich zu den dargestellten traditionellen Formen finden sich **Scannerpanels** als technisch weiterentwickelte Erscheinungsformen von Panels. Sie basieren auf Abverkaufsdaten, die direkt am Point-of-Sale, z. B. der Scannerkasse im Supermarkt, erfasst werden. Im Vergleich zu traditionellen Handelspanels entfällt dadurch die manuelle Datenerfassung. Zudem werden Auswertungen in kurzen Intervallen möglich. Eine weitere Form von Scannerpanels wird als **Single-Source-Panel** bezeichnet. Solche Panels integrieren Daten verschiedener Quellen in einem Panel. Sie kombinieren die Vorteile von Handels- und Verbraucherpanels und bieten damit zusätzliche Analysemöglichkeiten beim Einsatz von Werbeexperimenten, Verkaufsförderungsanalysen und dem Test von Neuprodukten. Ein diesbezügliches Beispiel stellt das bereits in Kapitel C. 2.5 erläuterte Instrument Behavior-Scan dar.

Durch die starke Verbreitung des Internets gewinnen **Online-Panels** zunehmend an Bedeutung. Ähnlich wie bei klassischen Panels ist auch hier zwischen Panels im eigentlichen Sinne und so genannten Online-Access-Panels zu unterscheiden. Online-Access-Panels weisen die Eigenschaften von Befragungspanels auf und verwenden lediglich einen festen Pool teilnahmewilliger Probanden, ohne diese aber zu immer dem gleichen Thema zu befragen. Vorteile bestehen in einem flexiblen Fragendesign, sehr schnellen Erhe-

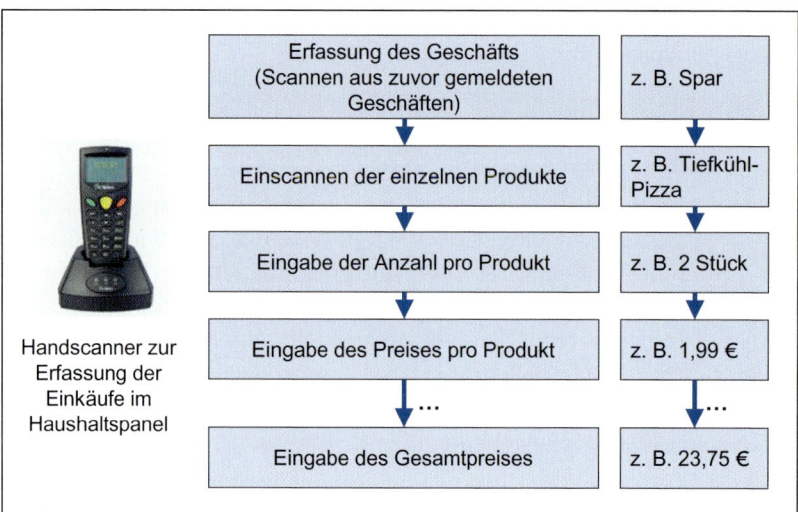

Abbildung 72: Datenerfassung im Rahmen eines Haushaltspanels

bungszeiten (Datenerhebung und -analyse in teilweise weniger als einer Woche) und geringen Kosten (auch Kapitel C. 2.3). Der Nachteil einer eingeschränkten Repräsentativität schwindet zunehmend.

Allgemein weisen Panels **Repräsentativitäts- und Validitätsprobleme** auf. Im Bereich der Panel-Teilnehmer kann es zu Fluktuationen kommen, indem Probanden durch Umzug, Heirat oder schlicht die einseitige Beendigung des Kommunikationsverhältnisses nicht mehr zur Verfügung stehen. Diese Panelsterblichkeit erschwert die Prognose von Zeitreihendaten, da immer weniger Teilnehmer zur Verfügung stehen, die durchgehend berichtet haben. Allenfalls kann versucht werden, die ausgefallenen Probanden durch strukturgleiche Personen zu ersetzen, eine Zufallsauswahl der Grundgesamtheit ist damit allerdings nur noch bedingt gegeben. Zudem kann eine angestrebte vollkommene Marktabdeckung (Coverage) häufig nicht erreicht werden, da bestimmte Käufer (z. B. Großverbraucher) oder Handelsunternehmen (z. B. Aldi) nicht erfasst werden. Weiterhin kann es zu so genannten Paneleffekten des Over- oder Underreporting kommen. Beispielsweise geben Konsumenten Einkäufe aus Prestigegründen an, die gar nicht getätigt wurden (Overreporting, z. B. wird mehr Zahnpasta angegeben, als tatsächlich gekauft wurde), oder Käufe werden gar nicht angegeben (Underreporting, z. B. die täglich gekaufte Flasche Springer Urvater). Allgemein kann zudem ein erhöhtes Bewusstsein bei der Einkaufstätigkeit zu einem veränderten Verhalten führen (Hammann/Erichson, 2000, S. 167).

Was die **Auswertung** anbelangt, so stellen Panels große fachliche Anforderungen an den Marktforscher, verbunden mit einem hohen Kosten- und Zeitbedarf.

> Durch die großen Datenmengen, die gerade bei Scannerpanels automatisch generiert werden, erfordert die Datenaufbereitung und -analyse eine hohe fachliche Kompetenz.

3. Daten auswerten

> *„Höchste Weisheiten sind belanglose Daten,*
> *wenn man sie nicht zur Grundlage von*
> *Handlungen und Verhaltensweisen macht."*
> Peter F. Drucker

Der Prozess der Datenauswertung lässt sich in mehrere Schritte untergliedern (Abbildung 73). Am Beginn steht die Aufbereitung und Sichtung von Daten.

3.1 Daten aufbereiten und sichten

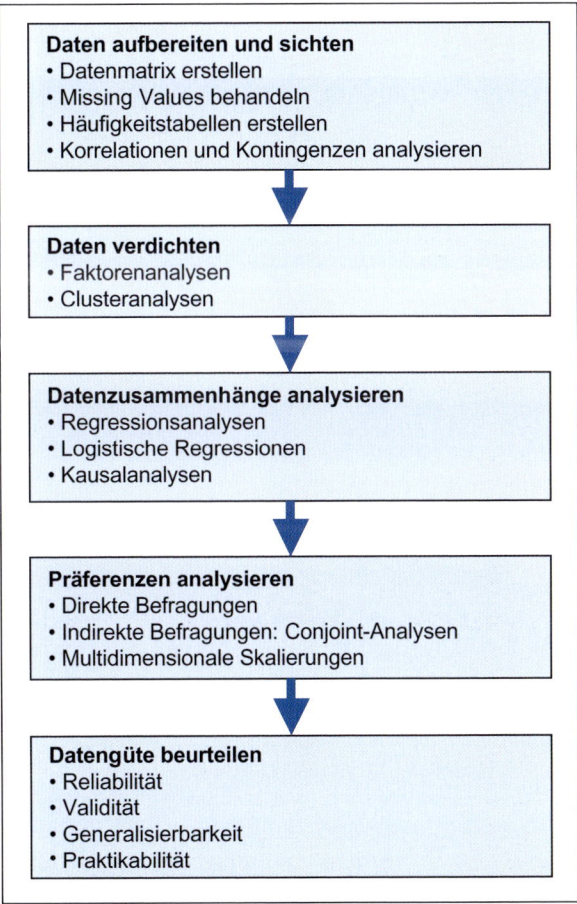

Abbildung 73: Prozess der Datenauswertung

Um die gewonnenen Daten statistisch mittels einer geeigneten Software (z. B. SPSS) aus-
werten zu können, müssen diese zunächst kodiert (siehe hierzu Kapitel C. 2.2) und in eine
Datenmatrix transformiert werden. Ein Beispiel für die Kodierung einer Likertskala ist in
Abbildung 74 für zwei Variablen wiedergegeben. Hierbei wurde die Kodierung schon im
Vorfeld der Befragung vorgenommen. Die korrespondierende Datenmatrix findet sich in
Abbildung 75.

Frage: „Inwiefern stimmen Sie folgender Aussage zu: „Schokolade macht glücklich"	Stimme gar nicht zu 1	2	3	4	Stimme voll zu 5
Person 1					X
Person 2			X		
...					
Person n				X	

Frage: „Inwiefern stimmen Sie folgender Aussage zu: „Schokolade hat viele Kalorien"	Stimme gar nicht zu 1	2	3	4	Stimme voll zu 5
Person 1				X	
Person 2		X			
...					
Person n			X		

Abbildung 74: Antworten zu Fragen auf einer kodierten Likertskala

	Variable 1: Glück	Variable 2: Kalorien	...	Variable z: ...
Person 1	5	4	...	...
Person 2	3	2	...	...
...	...	...	...	...
Person n	4	3	...	...

Abbildung 75: Beispiel einer Datenmatrix

Im nächsten Schritt muss die Datenmatrix auf fehlende, unlogische und nicht zulässige
Eingaben überprüft werden. Es gibt zwei grundlegende Verfahrenskategorien, wie diese
so genannten **Missing Values** behandelt werden. Die erste Kategorie umfasst Methoden,

bei denen die fehlenden Werte als solche erhalten bleiben und die Datenanalyse auf Basis einer unvollständigen Datenmatrix vorgenommen wird. Die zweite Kategorie beinhaltet Verfahren, die eine Imputation der fehlenden Werte vornehmen, d. h. das Datenmaterial wird hier durch geeignete Schätzwerte für die fehlenden Werte vervollständigt (Schnell, 1991, S. 106; Zatloukal, 2002, S. 108).

Innerhalb der ersten Verfahrenskategorie, den so genannten **Eliminierungsverfahren**, werden zwei Vorgehensweisen unterschieden. Entweder wird der gesamte Fall, bei dem Missing Values vorkommen, entfernt (listwise deletion, z. B. Entfernung sämtlicher Antworten einer Person) oder es wird nur die jeweilige Variable des Falls, die einen Missing Value aufweist, eliminiert (Lehmann/Gupta/Steckel, 1998, S. 346 f.). Die einfache Durchführung der Eliminierungsverfahren und ihre Implementation in den gängigen Softwarepaketen sprechen besonders für diese Methode.

Der Vorteil der zweiten Verfahrenskategorie, den so genannten **Imputationsverfahren**, liegt vor allem darin, dass der Stichprobenumfang nicht reduziert wird, es findet kein Informationsverlust statt. Auch hier werden zwei verschiedene Vorgehensweisen unterschieden. Bei den nicht-informativen Imputationsverfahren werden keine Informationen aus dem vorhandenen Datensatz verwendet, um Werte zu generieren. Stattdessen werden Missing Values z. B. durch den Variablenmittelwert oder durch Expertenratings ersetzt. Informative Imputationsverfahren hingegen verwenden Informationen des vorliegenden Datensatzes. So werden z. B. Missing Values durch den Variablenwert des ähnlichsten, aber vollständigen Falles ersetzt (Nearest-Neighbor-Methode: z. B. Zatloukal, 2002). Bislang sind informative Imputationsverfahren aber nur sehr eingeschränkt in gängigen Statistik-Softwarepaketen integriert.

Nachdem die Daten aufbereitet wurden, kann mit der eigentlichen Analyse begonnen werden. Datenanalyseverfahren lassen sich hinsichtlich verschiedener Kriterien klassifizieren. Am meisten verbreitet sind die Einteilungen nach der Anzahl der zu untersuchenden Variablen oder nach der Zielsetzung der Analyse. Wird nur eine Variable untersucht, so handelt es sich um ein **univariates** Verfahren. Die Untersuchung der Beziehung von zwei Variablen zueinander wird als **bivariate** Datenanalyse bezeichnet. Werden die Beziehungen von mehr als zwei Variablen untersucht, so liegen **multivariate** Analysen vor. Die gängigsten Methoden multivariater Analyseverfahren werden in den nachfolgenden Abschnitten behandelt. Die Zielsetzung einer Analyse kann entweder die Beschreibung der vorhandenen Daten mittels deskriptiver statistischer Verfahren sein oder aber die Überprüfung von Hypothesen über die Grundgesamtheit mittels inferenzstatistischer Verfahren.

Als erster Schritt einer Datenanalyse bieten sich **Häufigkeitstabellen** an, in denen die absoluten und relativen Häufigkeiten einer Variablen abgetragen werden. Durch eine graphische Darstellung der korrespondierenden Häufigkeitsverteilung werden Form und Lage der Verteilung sichtbar. Statistische Kennwerte geben Auskunft über spezielle Eigenschaften der Verteilung der Variablen. Hier interessieren vor allem Lageparameter, die die gesamte Verteilung repräsentieren, wie der Modus (am häufigsten besetzter Wert), der Median (Zentralwert oder auch mittlerer Wert) und das arithmetische Mittel (Mittelwert).

Des Weiteren sind Streuungsparameter, die die Variabilität der einzelnen Werte beschreiben, wie die Varianz, die Standardabweichung (Quadratwurzel aus der Varianz) und die Spannweite, von Bedeutung. Bei einer Normalverteilung liegen ca. 2/3 aller Fälle im Bereich „Mittelwert +/− 1xStandardabweichung" und ca. 95 % aller Fälle im Bereich „Mittelwert +/− 2xStandardabweichung".

> Durch Betrachtung der Häufigkeitsverteilung einer Variablen und der dazugehörigen Verteilungsparameter, wie Mittelwert und Varianz, lassen sich wertvolle Erkenntnisse im Vorfeld weitergehender Datenanalysen gewinnen.

In einem nächsten Schritt sind häufig **inferenzstatistische Analysen** nützlich. Im Bereich der univariaten Verfahren können der empirische Mittelwert der Stichprobe sowie die empirische Stichprobenverteilung mittels t- und χ^2-Test gegen einen hypothetischen Mittelwert und eine hypothetisch vermutete Verteilung der Grundgesamtheit getestet werden (Bortz, 1999, S. 137 f.). Beispielsweise kann geprüft werden, ob die Variable „Schokolade macht glücklich" normalverteilt ist. Als Prüfgröße dient in diesem Fall ein empirisch gemessener χ^2-Wert. Mit einer bestimmten Irrtumswahrscheinlichkeit von z. B. 5 % kann die Nullhypothese, dass keine Normalverteilung vorliegt, verworfen werden, sofern der empirisch gemessene χ^2-Wert größer ist als der tabellierte theoretische χ^2-Wert. Bei bivariaten Verfahren sind vor allem Vergleiche von Verteilungen oder zwischen Lageparametern von Interesse. Hierfür werden t-Tests für Parametertests und χ^2-Tests für Verteilungstests herangezogen (Bortz, 1999, S. 137 f.). Der t-Test soll anhand eines Beispiels erläutert werden: Angenommen es wurde die Zahlungsbereitschaft für Schokolade in zwei Stichproben A und B ermittelt, wobei Gruppe A nur weibliche Befragte und Gruppe B nur männliche Befragte enthält. Es soll nun die Nullhypothese überprüft werden, dass kein Unterschied zwischen den Mittelwerten der beiden Stichproben besteht. Die Vorgehensweise ist in folgendem Beispiel zur Zahlungsbereitschaft für eine Tafel Schokolade in Cent dargestellt.

Gruppe A: 58 56 53 55 55; MW_A: 55; Var_A: 2,8

Gruppe B: 50 51 49 48 50; MW_B: 50; Var_B: 1,2

$t_{emp} = (MW_A − MW_B)/s \cdot$ Wurzel $(N_A \cdot N_B/(N_A + N_B))$; hier = 3,95

wobei: MW_A bzw. MW_B: Mittelwert der Zahlungsbereitschaft in Gruppe A bzw. B

       Var_A bzw. Var_B: Varianz der Zahlungsbereitschaft in Gruppe A bzw. B

       $s^2 = [(N_A − 1) \cdot Var_A + (N_B − 1) \cdot Var_B] / (N_A + N_B − 2)$

       N_A bzw. N_B: die Anzahl der Beobachtungen in Gruppe A bzw. B

t_{krit} = 2,31; bei einer Vertrauenswahrscheinlichkeit von 95 % und 8 Freiheitsgraden und einem zweiseitigen Test (d. h. 1− α/2 = 0,975)

Da der empirische t-Wert den tabellarisch ermittelten kritischen t-Wert übersteigt, kann die Nullhypothese verworfen werden. Somit ist davon auszugehen, dass die Zahlungsbereitschaft von Frauen höher ist als die von Männern.

Eine bivariate Analysemethode ist die Prüfung des **Korrelationskoeffizienten** r (nach Bravais-Pearson), der den linearen Zusammenhang zweier metrisch skalierter Variablen misst. Die Überprüfung, ob der gefundene Zusammenhang auch in der Grundgesamtheit statistisch signifikant ist, erfolgt ebenfalls mittels t-Test. Der Korrelationskoeffizient r liegt im Intervall zwischen –1 und +1, wobei –1 auf einen stark negativen linearen Zusammenhang und +1 auf einen stark positiven linearen Zusammenhang zwischen den Variablen hindeutet.

Die **Kontingenzanalyse (χ^2-Test)** ist eine bivariate Analysemethode für diskrete Variablen. Hierbei werden zwei Variablen auf ihre Unabhängigkeit in der Grundgesamtheit überprüft (Böhler, 2004, S. 191 ff.). Hierüber kann z. B. die Nullhypothese getestet werden, dass die Präferenz für Schokolade oder Chips und das Geschlecht der Befragten voneinander unabhängig sind. Ist der empirische χ^2-Wert größer als der tabellarisch ermittelte kritische Wert, dann ist die Nullhypothese zu verwerfen, d. h. es ist nicht von einer Unabhängigkeit auszugehen.

Wie bei allen statistischen Signifikanztests lässt der nachgewiesene Zusammenhang nicht zwingend auf eine Kausalität zwischen den beiden Variablen schließen.

> Empirisch gemessene signifikante Zusammenhänge zwischen Variablen sind nicht zwangsläufig kausal zu interpretieren.

3.2 Daten verdichten

Eine erste Gruppe multivariater Analyseverfahren versucht, Daten zu verdichten. Hierzu zählen u. a. Faktorenanalysen. Eine Datenverdichtung ermöglicht es, eine große Menge von Variablen zu strukturieren und auf relevante Fragestellungen zu verdichten.

Faktorenanalyse

Mithilfe von Faktorenanalysen können eine Vielzahl teilweise miteinander zusammenhängender Variablen auf wenige voneinander unabhängige Faktoren verdichtet werden. Im Rahmen so genannter explorativer Faktorenanalysen sollen a priori unbekannte Zusammenhänge zwischen zwei oder mehreren Variablen aufgedeckt und zu Faktoren verdichtet werden. Die explorative Faktorenanalyse zählt daher zu den hypothesengenerierenden Verfahren. Bei so genannten konfirmatorischen Faktorenanalysen werden hingegen konkret vermutete Zusammenhänge zwischen Variablen überprüft.

Die **konfirmatorische Faktorenanalyse** wird insbesondere zur Messung nicht direkt beobachtbarer, latenter Konstrukte eingesetzt (Homburg/Pflesser, 2000a, S. 415 ff.). Letztere stellen komplexe Größen dar, die nicht direkt gemessen werden können, sondern nur indirekt über Indikatorvariablen erfasst werden können. So könnte z. B. das Konstrukt Markentreue über die drei, jeweils auf Rating-Skalen gemessenen Indikatorvariablen Wiederkaufabsicht, Wiederkaufhäufigkeit und Weiterempfehlungsabsicht gemessen werden.

In diesem Fall wird a priori die Hypothese aufgestellt, dass die unterschiedlichen Aspekte der Markentreue über die drei genannten Indikatoren zu dem einen Faktor Markentreue verdichtet werden können. Da die konfirmatorische Faktorenanalyse als Spezialfall der Modellierung einer Kausalanalyse (siehe Kapitel C. 3.3) angesehen werden kann, werden weitergehende Aspekte dort behandelt. Im Folgenden wird ausschließlich die explorative Faktorenanalyse betrachtet.

Als Beispiel für die Vorgehensweise einer **explorativen Faktorenanalyse** soll eine Studentenbefragung zur Beurteilung der Vorlesungen von Professoren dienen. Als Beurteilungsdimensionen wurden 13 Variablen herangezogen, die verschiedene Aspekte der Vorlesungsqualität abbilden. Die 13 Variablen finden sich in Kurzform auf der linken Seite der Abbildung 76. Sie wurden jeweils auf sechsstufigen Rating-Skalen gemessen. Die Variable Didaktik wurde z. B. folgendermaßen erhoben: „Inwiefern stimmen Sie folgender Aussage zu auf einer Skala von 1 = stimme gar nicht zu bis 6 = stimme voll zu: Die Vorlesung von Prof. X genügt didaktisch sehr hohen Anforderungen." Insgesamt lagen Antworten von 192 Studierenden zu sämtlichen 13 Variablen vor. Ordnet man die Variablen zeilenweise und die Studierenden (allgemein: Objekte) spaltenweise an, so führt dies zu einer **Datenmatrix** mit $13 \cdot 192 = 2496$ Datenpunkten.

Im Vorhinein lagen keine konkreten Vorstellungen über Zusammenhänge zwischen den 13 Variablen vor. Bei einer Analyse der **Korrelationsmatrix**, welche die paarweisen Korrelationskoeffizienten zwischen den 13 Variablen in einer Matrix darstellt, ergaben sich allerdings hohe Korrelationen zwischen Teilen der Variablen (ein Ausschnitt der Korrelationsmatrix ist in Abbildung 77 abgebildet). Dies war ein Hinweis, dass ggf. der Einsatz einer explorativen Faktorenanalyse von Nutzen sein könnte. In Ergänzung zur Korrelationsmatrix lassen sich weitere Tests zur Eignung einer Faktorenanalyse einsetzen (z. B. Backhaus et al., 2006, S. 272 ff.).

Die Verwendung einer explorativen Faktorenanalyse ist insbesondere aus zwei Gründen sinnvoll. Zum einen dient sie zur **Datenreduktion** bzw. einer anschaulicheren Dateninterpretation, im Anwendungsbeispiel führte sie zu einer Reduktion der 13 Variablen auf 5 Faktoren (Abbildung 76). Zum anderen setzen viele multivariate Analyseverfahren voraus, dass die analysierten Variablen voneinander **unabhängig** sind. Besteht diese Unabhängigkeit nicht, so kann es zu schwerwiegenden Analysefehlern kommen (z. B. bei der Regressionsanalyse infolge so genannter Multikollinearität, siehe hierzu Kapitel C. 3.3).

Die Grundannahme der Faktorenanalyse ist, dass sich die oben erläuterte (standardisierte) Datenmatrix Z als Linearkombination der Faktorladungen multipliziert mit den Faktorwerten darstellen lässt: $Z = A \cdot P$. Hierin beschreibt A die Faktorladungsmatrix. In den Spalten dieser Matrix sind die Faktoren abgebildet (hier 5) und in den Zeilen die Variablen (hier 13). Die Faktorladung entspricht dem Korrelationskoeffizienten zwischen Faktor und Variable. P entspricht der Faktorwertematrix. In den Spalten dieser Matrix stehen die Objekte (hier die 192 Studierenden) und in den Zeilen die Faktoren (hier 5). Die Faktorenwerte geben die Ausprägungen der Faktoren im Hinblick auf die Objekte wieder, z. B. welche Ausprägung der Faktor „pädagogische Kompetenz" aus Sicht eines bestimmten Studierenden hat.

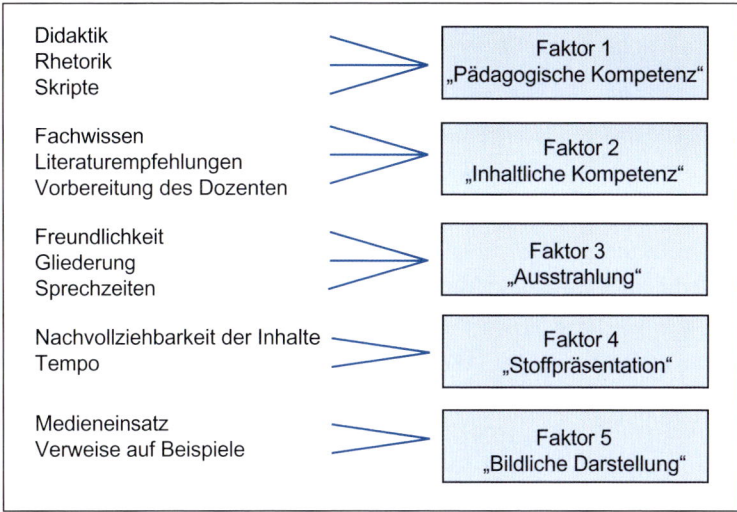

Abbildung 76: Beispiel für ein Ergebnis einer Faktorenanalyse

Unter der Annahme, dass die Faktoren untereinander unkorreliert – d. h. voneinander unabhängig – sind, lässt sich nun das so genannte Fundamentaltheorem der Faktorenanalyse herleiten (z. B. Backhaus et al., 2006, S. 278 f.): $R = A \cdot A'$

> Das Fundamentaltheorem der Faktorenanalyse besagt, dass sich die Korrelationsmatrix (R) der Ausgangsdatenmatrix durch die Faktorladungsmatrix abbilden lässt.

Die Korrelationsmatrix R ergibt sich unmittelbar aus der Multiplikation der standardisierten Datenmatrix Z mit ihrer transponierten Z', multipliziert mit Faktor 1 / (K−1), wobei K der Anzahl der Objekte entspricht (hier 192).

Die **Extraktion der Faktoren** auf Basis der Korrelationsmatrix lässt sich graphisch veranschaulichen (siehe hierzu die linke Graphik in Abbildung 78). Am Beispiel der Vorlesungsbeurteilung ist für die vier Variablen Nachvollziehbarkeit der Inhalte (Variable 10), Tempo (Variable 11), Medieneinsatz (Variable 12) und Verweise auf Beispiele (Variable 13) die Extraktion der zwei Faktoren „Stoffpräsentation" und „Bildliche Darstellung" erläutert. Aus Gründen der Übersichtlichkeit sind lediglich 4 Variablen in der Graphik wiedergegeben. In der Abbildung werden die Variablen als Vektoren dargestellt. Die Vektoren sind so angeordnet, dass der Cosinus des Winkels zwischen zwei Variablen dem dazugehörigen Korrelationskoeffizienten entspricht. Beispielsweise ist der Korrelationskoeffizient zwischen der Variablen 10 und 11 in Höhe von 0,9659 gleich dem Cosinus von 15 Grad. In der unteren Halbmatrix der Abbildung 78 sind die Korrelationskoeffizienten und in der oberen Halbmatrix die korrespondierenden Winkel wiedergegeben. Der erste Faktor ergibt sich aus der Resultante der vier Vektoren in Abbildung 78 (linke Graphik). Der zweite Faktor wird rechtwinklig zum ersten angeordnet, da die Faktoren untereinander unkorreliert sind (der Cosinus von 90 Grad ist gleich 0, d. h. die Faktoren sind nicht

	Inhalte (V10)	Tempo (V11)	Medien (V12)	Beispiel (V13)
Inhalte (V10)		10°	80°	90°
Tempo (V11)	0,9848		70°	80°
Medien (V12)	0,1736	0,3420		10°
Beispiel (V13)	0,0000	0,1736	0,9848	

Abbildung 77: Teilausschnitt einer Korrelationsmatrix

korreliert). Die Faktorladungen sind nun unmittelbar gleich dem Cosinus des Winkels zwischen einem Faktor und einer Variablen.

Um die Faktoren inhaltlich besser **interpretieren** zu können, ist es üblich, die Faktoren rechtwinklig zu rotieren, und zwar so, dass sich zwischen Variablen und Faktoren möglichst kleine Winkel und damit hohe Faktorladungen ergeben (siehe hierzu die rechte Graphik aus Abbildung 78). Je kleiner der Winkel ist, desto höher ist die Faktorladung. Im Beispiel laden die Variablen 10 und 11 hoch auf den ersten Faktor und die Variablen 12 und 13 hoch auf den zweiten Faktor. Aufgabe des Marktforschers ist es, aus den jeweils hoch ladenden Variablen eine adäquate Bezeichnung für die Faktoren abzuleiten. Hierbei verbleibt immer ein subjektiver Ermessensspielraum.

Die **Anzahl** der zu extrahierenden **Faktoren** sollte neben einer sinnvollen Interpretierbarkeit an der Varianzerklärung der Ursprungsvariablen ausgerichtet werden. Zum einen kann gefordert werden, dass ein Faktor mehr Varianz erklären sollte als eine Variable, da ein Faktor Informationen über mehrere Variablen in sich bündelt (so genanntes Kaiser-Kriterium). Zum anderen sollte die Gesamtheit der Faktoren einen hohen Anteil der Varianz sämtlicher Ausgangsvariablen erklären. Je mehr Faktoren extrahiert werden, desto mehr Varianz kann erklärt werden. Mit steigender Anzahl der Faktoren verliert die Faktorenanalyse allerdings ihre Fähigkeit zur Datenreduktion. In Anwendungsfällen begnügt man sich häufig mit 60 bis 80 % Varianzerklärung. Im betrachteten Beispiel führt

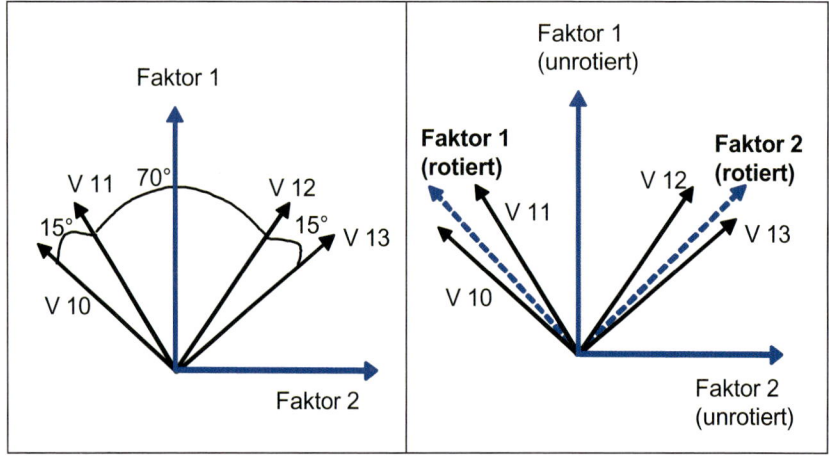

Abbildung 78: Graphische Extraktion von Faktoren

die Anwendung des Kaiser-Kriteriums zu einer Extraktion von 5 Faktoren aus den ursprünglich 13 Variablen, wobei die Faktoren 69 % der Varianz erklären.

Clusteranalyse

> Ziel einer Clusteranalyse ist es, Objekte (z. B. Kunden) so zu Gruppen (synonym Cluster) zusammenzufassen, dass die Objekte innerhalb der Gruppe bezüglich ausgewählter Variablen möglichst ähnlich sind, die Gruppen untereinander aber möglichst unterschiedlich sind.

Die Clusteranalyse wird häufig zur **Marktsegmentierung** (siehe Kapitel D. 3.) herangezogen. So lassen sich z. B. weitgehend homogene Kundensegmente in Bezug auf ihre Produktpräferenzen identifizieren. Hierbei bilden die Produktpräferenzen die Clustervariablen, z. B. Nutzenwerte von Produkteigenschaften, die mittels einer Conjoint-Analyse (siehe Kapitel C. 3.4) individuell ermittelt wurden. Clusteranalysen können sich auch auf Wettbewerber (z. B. im Hinblick auf eingesetzte Preisstrategien und Innovationspotenziale), Handelsbetriebe (z. B. hinsichtlich Sortiment und Ladenausstattung) oder Persönlichkeitstypen (z. B. hinsichtlich Freizeit- und Einkaufsverhalten) beziehen.

Hier soll die Clusteranalyse anhand des im vorangegangenen Abschnitt erläuterten Beispiels einer Studentenbefragung zur Beurteilung der Vorlesungen von Professoren erläutert werden. Die zu clusternden Objekte bilden die 192 befragten Studierenden. Analysiert werden sollte, ob sich Segmente von Studierenden mit homogenen Beurteilungen der Vorlesungen identifizieren lassen. Clustervariablen sind die mittels der Faktorenanalyse extrahierten 5 Faktoren „Pädagogische Kompetenz", „Inhaltliche Kompetenz", „Ausstrahlung", „Stoffpräsentation" und „Bildliche Darstellung" (Abbildung 80). Allgemein bietet sich die Vorschaltung einer Faktorenanalyse zur Extraktion unabhängiger Clustervariablen an, da sich hierdurch trennschärfere und besser interpretierbare Clusterlösungen ergeben.

Sind die zu klassifizierenden Objekte und Clustervariablen ausgewählt, so muss vor Durchführung der Clusteranalyse zunächst ein **Maß für die Ähnlichkeit** bzw. Unähnlichkeit zwischen Objekten festgelegt werden. Auf Basis der gemessenen Ähnlichkeiten erfolgt eine Zuordnung der Objekte zu den Clustern. Je ähnlicher sich Objekte sind, desto höher ist die Wahrscheinlichkeit, dass sie in einem Cluster vereinigt werden. Die Wahl des Ähnlichkeitsmaßes hängt u. a. vom Skalenniveau ab. Bei metrischen Daten wird zumeist die **euklidische Distanz** verwendet. Hierbei wird zunächst für jedes Paar von Objekten (z. B. Student 1 im Vergleich zu Student 2) die quadrierte Differenz pro Variable bestimmt. Hat Student 1 z. B. beim Faktor Ausstrahlung eine 5 auf der sechsstufigen Skala und Student 2 eine 3 bei diesem Faktor angegeben, so beträgt die quadrierte Differenz $(5-3)^2 = 4$. Anschließend wird die Summe der quadrierten Differenzen über alle Variablen (hier die 5 Faktoren) gebildet und hieraus die Quadratwurzel gezogen. Je höher die so berechnete euklidische Distanz ist, desto unähnlicher sind sich zwei Objekte. Bei nicht-metrischen Variablen erfolgt häufig eine Transformation in binär kodierte Variablen (z. B. pädagogische Kompetenz vorhanden = 1 versus nicht vorhanden = 0). Für jedes Paar von Objekten wird dann bestimmt, wie häufig die Variablen bei beiden, bei einem der beiden oder bei keinem der beiden Objekte vorhanden sind. Auf Basis dieser Zählungen lassen sich dann verschiedenste Ähnlichkeitsmaße bestimmen (z. B. Büschken/von Thaden, 2000, S. 346 ff.).

Sind die Ähnlichkeiten zwischen den Objekten bestimmt, so erfolgt die eigentliche Clusteranalyse mithilfe eines bestimmten **Gruppierungsalgorithmus**. Die größte praktische Bedeutung haben so genannte agglomerative hierarchische Verfahren. Hierbei stellt zunächst jedes Objekt (hier jeder der 192 Studenten) ein eigenes Cluster dar. Im nächsten Schritt werden die beiden Cluster zusammengelegt, die die höchste Ähnlichkeit aufweisen. Im Beispiel ergeben sich 191 Cluster. Anschließend werden die Distanzen zwischen

```
* * * H I E R A R C H I C A L   C L U S T E R    A N A L Y S I S * * *

Dendrogram using Ward Method

                    Rescaled Distance Cluster Combine

  C A S E     0          5         10        15        20        25
  Label  Num  +---------+---------+---------+---------+---------+

         35   -+
         47   -+-+
          7   -+ I
         45   -+ +---+
         18   -+ I   I
         46   -+-+   I
         10   -+     +-+
         25   -+     I I
         27   -+-+   I +------------------------+
         38   -+ +---+ I                        I
          6   ---+    I                         I
         23   -----+---+                        I
         42   -----+                            +-------------+
         14   -+-+                              I             I
         21   -+ +--------------------+         I             I
         20   ---+                    I         I             I
         49   ---+                    I         I             I
         26   -+-+                    +---------+             I
         36   -+ I                    I                       I
          1   ---+---------+          I                       I
         37   ---+         +----------+                       I
          4   -+-----+     I                                  I
         40   -+     +-----+                                  I
          3   -------+                                        I
          2   -+-+                                            I
          5   -+ +-----------+                                I
         30   ---+           I                                I
         39   ---+           I                                I
         22   -+-+           +-------------------------------+
         31   -+ +-+         I
         19   ---+ +-+       I
         50   -----+ +-------+
         24   -------+
```

Abbildung 79: Beispiel für ein Dendrogramm

dem neuen und den übrigen Clustern bestimmt und wiederum die beiden ähnlichsten zu einem neuen Cluster zusammengefasst. Im Beispiel sind nun 190 Cluster vorhanden. Dieser Prozess wird sukzessive fortgesetzt, bis lediglich ein Cluster verbleibt. Das Ergebnis ist eine hierarchisch aufgebaute Struktur alternativer Clusterbildungen, die sich in einem so genannten **Dendrogramm** darstellen lässt. Das Dendrogramm ist für eine Teilstichprobe der befragten Studierenden in Abbildung 79 wiedergegeben. Hierin symbolisieren die unten angegebenen Zahlen einzelne Studierende. Auf der Vertikalen ist ein Maß für die Heterogenität der Clusterlösung auf der jeweiligen Hierarchiestufe abgetragen. Es misst über alle Cluster hinweg die Varianz innerhalb der Cluster bezüglich der Clustervariablen. Es stellt gleichzeitig ein Gütemaß der jeweiligen Clusterlösung dar. Je weniger Cluster gebildet werden, desto heterogener sind die gebildeten Cluster. Von daher erscheint es sinnvoll, viele Cluster zu bilden. Je mehr Cluster allerdings gebildet werden, desto schwieriger ist die Interpretation und der praktische Nutzen der gefundenen Clusterlösung. Hier muss der Marktforscher einen Trade-off bei der Ermittlung der **Clusteranzahl** vornehmen.

Im Beispielfall ergab eine 2-Cluster-Lösung eine sinnvoll interpretierbare Lösung. Zudem betrug die Summe der Varianzen innerhalb der Cluster weniger als 50 % der Gesamtvarianz, was auf eine vertretbar homogene Clusterlösung hindeutet.

Zur **Interpretation der Clusterlösung** ist es hilfreich, die Mittelwerte der hier fünf Clustervariablen pro Cluster zu vergleichen (Abbildung 80). Es zeigen sich deutliche Unterschiede zwischen den beiden Clustern, insbesondere im Hinblick auf die ersten drei Faktoren. Das erste Segment von Studierenden nimmt sehr gute, das zweite Segment

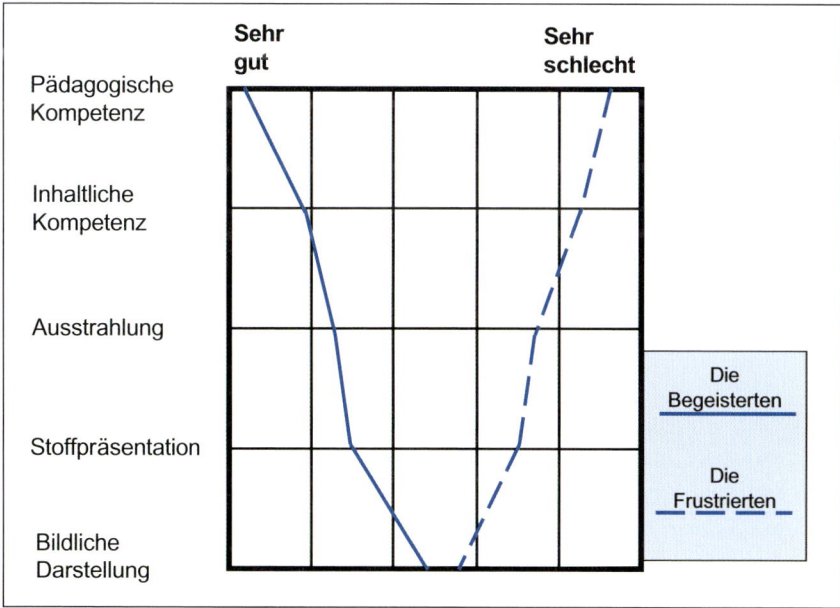

Abbildung 80: Ergebnis der 2-Cluster-Lösung

hingegen sehr schlechte Bewertungen vor. Von daher liegen die Bezeichnungen „die Be-geisterten" und „die Frustrierten" nahe.

3.3 Datenzusammenhänge analysieren

Um Zusammenhänge zwischen Daten zu analysieren, kann man Dependenzanalysen durchführen. Dependenzanalysen untersuchen, ob und in welchem Maße bestimmte unabhängige Variablen (z. B. Preis und Werbebudget) einen Einfluss auf abhängige Vari-ablen (z. B. Absatz) ausüben. In diesem Abschnitt werden mit der Regressionsanalyse, lo-gistischen Regression und Kausalanalyse drei gängige Verfahren der **Dependenzanalyse** betrachtet. Für die Wahl des Datenanalyseverfahrens ist das Skalenniveau der betrachte-ten Variablen ausschlaggebend.

Regressionsanalysen

Die Regressionsanalyse untersucht die lineare Beziehung zwischen einer abhängigen, metrisch skalierten Variablen (Y) und einer oder mehrerer unabhängiger Variablen (X). In der Grundform sind die unabhängigen Variablen metrisch skaliert; es ist jedoch auch möglich, nicht-metrische, d. h. binäre oder kategorial ausgeprägte unabhängige Variablen in einer Regression zu verwenden. Somit erschließt sich der Regressionsanalyse ein sehr

Beobachtung i	Absatz Y	Preis P	Werbebudget W	Handzettel H
1	667	1,95	19	1
2	567	2,39	20	1
3	569	2,10	13	0
4	690	2,05	20	1
5	540	2,29	16	0
6	630	2,39	21	1
7	720	1,85	25	1
8	632	2,05	30	1
9	620	1,89	22	0
10	720	1,99	29	1
11	605	2,15	28	0
12	590	2,19	12	0
13	590	2,25	25	0
14	527	2,45	13	0
15	535	2,35	18	1
16	683	2,29	28	1
17	592	1,98	17	0
18	688	2,09	23	1
19	650	1,90	25	0
20	645	2,22	14	1

Abbildung 81: Rohdaten zur Schätzung eines Regressionsmodells

breites Anwendungsfeld. Fragestellungen aus der Marktforschung sind z. B. die Abhängigkeit des Absatzes von Preis-, Werbe- und Distributionsaktivitäten oder etwa die Analyse von Konsumentenpräferenzwerten als Funktion von Produkteigenschaften (z. B. Lehmann/Gupta/Steckel, 1998, S. 464 ff.; Skiera/Albers, 2000, S. 205 ff.).

> Mit der Regressionsanalyse kann statistisch getestet werden, ob die unabhängige(n) Variable(n) einen Effekt auf die abhängige Variable ausüben. Falls dies der Fall ist, können Richtung und Stärke des Einflusses untersucht werden.

Das Konzept und die Vorgehensweise der Regressionsanalyse sollen im Folgenden an einem Beispiel erläutert werden (Abbildung 81). Anhand eines illustrativen **Datensatzes** sollen mittels Regression die Determinanten des Absatzes (Y, in 1000 Stück) beschrieben werden. Als geeignete unabhängige Variablen wurden der Preis (P, in Euro), das Werbebudget (W, in 1000 Euro) und der Einsatz von Handzetteln als Werbemaßnahme (H, dummykodiert mit 0 = kein Einsatz und 1 = Einsatz) ausgewählt.

Wird zunächst nur die bivariate Regression vom Absatz (Y) auf den Preis (P) betrachtet, lassen sich deren gemeinsame Wertepaare anhand eines Streuungsdiagramms darstellen (Abbildung 82).

Ziel der Regressionsanalyse ist es nun, eine Gerade an die Punktwolke anzupassen, welche die beobachteten Werte bestmöglich beschreibt. Diese Gerade wird durch folgende Funktion beschrieben:

> $\hat{Y} = a + b \cdot P$
> Mit $\hat{Y}$ = geschätzte Absatzmenge, a = Ordinatenabschnitt und b = Steigung

Da die beobachteten Werte nicht exakt auf der Geraden liegen, sondern um diese streuen, ist es notwendig, die Abweichung jeder einzelnen Beobachtung von der Regressions-

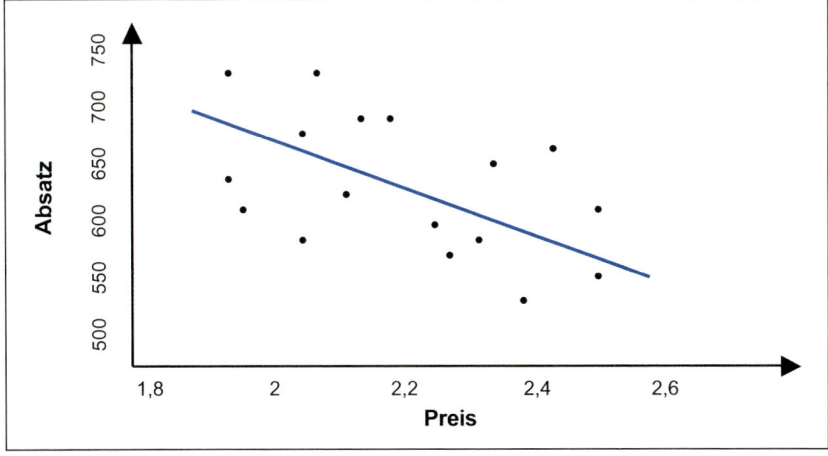

Abbildung 82: Streuungsdiagramm der Regression von Absatz auf Preis

geraden, d. h. dem geschätzten Wert, zu bestimmen. Dieser Fehlerterm wird auch als Residuum e_i bezeichnet. Somit ergibt sich für die beobachteten Werte die Gleichung $Y_i = a + b \cdot P_i + e_i$ bzw. für das Residuum $e_i = \hat{Y}_i - Y_i = y_i - a - b \cdot P_i$, mit $\hat{Y}_i$ als geschätztem Wert für Y bei gegebenem P_i. Die Residuen können nun als Zielkriterium einer Schätzung der Koeffizienten a und b verwendet werden, die so gewählt werden, dass die Fehlerterme bzw. die Summe der quadrierten Residuen minimiert werden. Dies entspricht der **Methode der kleinsten Quadrate** (üblicherweise abgekürzt mit **OLS**, für Ordinary Least Squares). Im Streuungsdiagramm in Abbildung 82 sind die geschätzte Regressionsgerade sowie die Residuen für Beobachtungen i = 3 und i = 16 exemplarisch angegeben.

Die multiple Regression, d. h. die Schätzung des Modells mit mehreren unabhängigen Variablen, verläuft analog. Allerdings wird nunmehr keine Gerade geschätzt, sondern eine Linearkombination der Koeffizienten, die Y beschreiben soll. Für das Beispiel werden die Daten durch folgende Beziehung wiedergegeben:

$Y_i = a + b \cdot P_i + c \cdot W_i + d \cdot H_i + e_i$.

Für das multiple Regressionsmodell liefert die OLS-Schätzung die in Abbildung 83 aufgeführten Ergebnisse.

Variablen	Koeffizient	Standardfehler	t-Wert	p-Wert
Preis (P)	−180,45	43,21	−4,18	0,0007
Werbebudget (W)	2,42	1,47	1,65	0,1193
Handzettel (H)	59,60	15,41	3,87	0,0014
Konstante	925,92	106,20	8,72	<0,0001

Abbildung 83: Schätzungsergebnisse der Regression

Werden die Koeffizienten in die Gleichung eingesetzt, ergeben sich die geschätzten Absatzmengen aus $\hat{Y}_i = 925{,}92 - 180{,}45 \cdot P + 2{,}42 \cdot W + 59{,}6 \cdot H$

Die Konstante gibt demnach an, welcher Absatz zu erwarten wäre, sofern alle Koeffizienten den Wert 0 aufweisen.

> Die Koeffizienten der erklärenden Variablen geben die direkte Wirkung an, die sie auf Y ausüben.

Betrachtet man die Regressionskoeffizienten, wird deutlich, dass laut Schätzung der Preis einen negativen Einfluss und das Werbebudget sowie die Handzettelverteilung einen positiven Einfluss auf den Absatz haben. Wird demnach der Preis um eine Einheit (Euro) erhöht, verringert sich der Absatz *ceteris paribus* um 180 450 Stück (180,45 · 1000). Werden Handzettel verteilt, hat dies hingegen eine Absatzsteigerung um 59 600 Stück zur Folge.

Bevor allerdings mit der Interpretation der Ergebnisse begonnen werden kann, muss der Einfluss der Variablen auf **Signifikanz** überprüft werden. Zur Beurteilung der Signifikanz der Schätzer werden diese zunächst jeweils durch den Standardfehler der Schätzung geteilt, wodurch sich als Prüfgröße ein empirischer t-Wert ergibt. Der zugehörige p-Wert

(d. h. die Irrtumswahrscheinlichkeit) kann dann in einer Tabelle der t-Verteilung nachgesehen oder mit einem Statistik-Programm ausgerechnet werden. Die zugehörigen Freiheitsgrade entsprechen der Anzahl der Fälle (hier: n = 20) abzüglich der Anzahl der zu schätzenden Koeffizienten (k = 4). Im Beispiel sind alle Koeffizienten bis auf den des Werbebudgets signifikant. Es kann somit nicht unterschieden werden, ob der geschätzte Regressionskoeffizient c für die Werbung (allgemein auch Schätzer genannt) auf systematische oder zufällige Effekte zurückzuführen ist.

> Der Signifikanztest prüft, ob sich die Schätzer signifikant von Null unterscheiden.

Während der oben genannte Test die Signifikanz einzelner Koeffizienten prüft, ist es ebenfalls möglich, das gesamte Regressionsmodell auf Signifikanz zu überprüfen. Der Test basiert auf der durch das Regressionsmodell erklärten Varianz von Y und entspricht einem F-Test der **Varianzanalyse** bzw. ANOVA (analysis of variance, z. B. Herrmann/Seilheimer, 2000). Für das Beispiel ergeben sich die in Abbildung 84 aufgeführten Werte.

Quelle	df	Abweichungs-quadratsumme	Mittel der Quadrate	F-Wert	p-Wert
Regression	3	$\sum_i (\hat{Y}_i - \overline{Y})^2 = 51233{,}6$	17 077,9	16,51	<0,0001
Residuen	16	$\sum_i (Y_i - \hat{Y}_i)^2 = 16550{,}4$	1034,4		
Gesamt	19	$\sum_i (Y_i - \overline{Y})^2 = 67784{,}0$			

Abbildung 84: ANOVA des Regressionsmodells

Zur Bestimmung des F-Werts werden die jeweiligen Abweichungsquadratsummen durch die Anzahl der Freiheitsgrade geteilt, um so die mittlere Quadratsumme zu erhalten. Der Quotient aus der mittleren Quadratsumme, die durch das Regressionsmodell erklärt wird, und der nicht erklärten mittleren Quadratsumme ergibt den empirischen F-Wert. Die Freiheitsgrade entsprechen der Anzahl der Parameter minus 1 (im Beispiel: k – 1 = 3) sowie der Anzahl der Fälle abzüglich der Anzahl zu schätzender Parameter (n – k = 16). In diesem Fall wäre das gesamte Regressionsmodell mit einem empirischen F-Wert von 16,51 hoch signifikant.

Aus den Quadratsummen der Varianzanalyse lässt sich außerdem ein zentrales Gütekriterium für das Modell ableiten. Das **Bestimmtheitsmaß R^2** basiert ebenfalls auf dem Varianzzerlegungssatz und entspricht dem Anteil der durch das Regressionsmodell erklärten Abweichungsquadratsumme bezogen auf die gesamte Quadratsumme von Y.

> Zentrales Gütekriterium der Regression ist das Bestimmtheitsmaß, welches den Anteil der durch das Regressionsmodell erklärten Varianz an der Gesamtvarianz von Y angibt.

Wird die gesamte Varianz der abhängigen Variablen durch die unabhängigen Variablen erklärt, ergibt sich somit ein Bestimmtheitsmaß von 1. Im Beispiel berechnet es sich, wie aus Abbildung 84 ersichtlich, als $R^2 = 51233,6 / 67784,0 = 0,756$. Die Unterschiede im Absatz lassen sich also zu 75,6 % durch den Preis, das Marketingbudget und die Handzettelverteilung erklären. Da jedoch das Bestimmtheitsmaß mit jeder zusätzlich aufgenommenen Variablen zunimmt, unabhängig davon, ob die Variable für das Modell relevant ist oder nicht, wird häufig ein korrigiertes R^2 angegeben. Dieses korrigiert den ursprünglichen Wert wie folgt:

$$R^2_{korr} = R^2 - \frac{(1 - R^2) \cdot (k - 1)}{(n - k)}$$

Insgesamt muss bei der linearen Regression beachtet werden, dass ihr Einsatz nur dann gerechtfertigt ist, sofern verschiedene **Voraussetzungen** erfüllt sind, die für das Modell bzw. die Schätzung gelten. Zu den Prämissen gehören (z. B. Lehmann/Gupta/Steckel, 1998, S. 482 ff.):

- **Linearität**, d. h. ein linear-additiver Zusammenhang zwischen den Variablen. Ein linearer Zusammenhang kann dabei auch approximativ für einen bestimmten Wertebereich gelten oder durch Transformation hergestellt werden.
- **Homoskedastizität**, d. h. die Varianz von Y bzw. die beobachteten Residuen, darf nicht von den Prädiktorvariablen abhängen.
- **Autokorrelation** bzw. Unkorreliertheit der Residuen, d. h. die Verteilung der Residuen muss zufällig sein. Die Residuen dürfen also nicht voneinander abhängen. Autokorrelation tritt vor allem bei Zeitreihenanalysen auf.
- **Normalverteilung** der Residuen. Diese Annahme ist u. a. für das Schätzen auf Signifikanz erforderlich.

Problematisch für die Schätzung und Interpretation der Ergebnisse ist es weiterhin, wenn die unabhängigen Variablen untereinander **hoch** korreliert sind. Treten hohe Abhängigkeiten der Variablen, d. h. **Multikollinearität**, auf, führt dies dazu, dass die Koeffizienten der korrelierten Variablen verzerrt werden und somit keine reliablen Aussagen möglich sind.

Durch die Quadrierung der Residuen mit der Methode der kleinsten Quadrate haben weiterhin **Ausreißer**, d. h. Extremwerte, einen großen Einfluss auf die Schätzergebnisse. Treten diese Fälle auf, sind sie sorgfältig zu berücksichtigen und ggf. aus dem Datensatz zu eliminieren.

Zur Überprüfung der Annahmen und zur Identifikation von möglichen Problemen können graphische Betrachtungen oder geeignete Testverfahren herangezogen werden (z. B. Lehmann/Gupta/Steckel, 1998, S. 482 ff.).

Logistische Regression

Die logistische Regression untersucht analog zur linearen Regression Beziehungen zwischen einer abhängigen Variablen (Y) und einer oder mehrerer unabhängigen Variablen (X). Der Unterschied ist, dass die **abhängige Variable** bei der logistischen Regression **binär** ausgeprägt ist, d. h. lediglich zwei Werte annehmen kann (kodiert als 0 und 1). Die unabhängigen Variablen können wie bei der linearen Regression metrisch oder nicht-metrisch skaliert sein (z. B. Krafft, 2000; Lehmann/Gupta/Steckel, 1998, S. 695 ff.).

> Die logistische Regression dient dazu, eine binär ausgeprägte Variable durch eine oder mehrere unabhängige Variablen zu erklären bzw. zu prognostizieren.

Anstelle logistischer Regressionen wurden bislang vielfach Diskriminanzanalysen eingesetzt. Aufgrund spezifischer statistischer Vorteile der logistischen Regression (Krafft, 2000) werden Diskriminanzanalysen mittlerweile jedoch kaum noch eingesetzt.

Beispiele für die Anwendungen der logistischen Regression sind die Untersuchung der Determinanten für den Kauf oder Nicht-Kauf von Produkten, die Wahl zwischen Handelsvertretern und Reisenden oder die Wahl einer Hersteller- oder Handelsmarke. Mithilfe der logistischen Regression lässt sich beispielsweise analysieren, unter welchen Rahmenbedingungen (unabhängige Variablen wie z. B. Ausmaß der Reisetätigkeiten oder Anzahl der zu vertreibenden Produkte) die Wahl eines Handelsvertreters gegenüber dem Einsatz eines Reisenden (abhängige Variable) vorteilhaft ist.

Die logistische Regression ist der linearen Regression ähnlich. Geht man zunächst vom linear-additiven Zusammenhang aus, gilt analog zur linearen Regression $\hat{Y} = a + b \cdot X$. Diese Modellierung einer Variablen, die nur die Werte 0 oder 1 annehmen kann, ist allerdings nicht angemessen, da hier Y beliebige Werte annehmen könnte.

> Anstatt direkt die Werte der abhängigen Variablen Y zu schätzen, geht die logistische Regression dazu über, die Wahrscheinlichkeit des Eintritts von Y, p(Y) zu schätzen.

Somit ergibt sich: $\hat{p}(Y) = a + b \cdot X$ (1)

Da die geschätzte Wahrscheinlichkeit $\hat{p}(Y)$ allerdings auch keine beliebigen Werte annehmen kann, sondern nur zwischen den Werten 0 und 1 definiert ist, muss eine weitere Modifikation vorgenommen werden:

$$\ln\left(\frac{\hat{p}(Y)}{1 - \hat{p}(Y)}\right) = a + b \cdot X \qquad (2)$$

Der Term $\hat{p}(Y) / (1 - \hat{p}(Y))$, also die Wahrscheinlichkeit zur Gegenwahrscheinlichkeit, wird als **odds** bezeichnet. Die odds sind definiert für das Intervall $[0,+\infty[$. Die Logarithmierung der odds (log odds bzw. **Logit**) ergibt dann die gewünschte lineare Beziehung im erwünschten Wertebereich von $]-\infty,+\infty[$. Die Wahrscheinlichkeit des Eintretens von Y als abhängige Variable ergibt sich nun durch Rücktransformation:

$$\hat{p}(Y) = \frac{\exp(a + b \cdot X)}{(1 + \exp(a + b \cdot X))} = \frac{1}{(1 + \exp(-1 \cdot (a + b \cdot X)))} \qquad (3)$$

Nach Transformation wird durch (3) die S-förmige **logistische Funktion** beschrieben, die auf das Intervall zwischen 0 und 1 definiert ist. Ein Beispiel für eine solche logistische Funktion ist in Abbildung 85 aufgeführt.

Während bei der linearen Regression die Schätzer der unabhängigen Variablen den direkten Einfluss auf die abhängige Variable angeben, ist die Interpretation der Schätzer bei der logistischen Regression schwieriger. Sie geben den Einfluss auf die log odds an (Gleichung (2)). Dieser Wert sowie das weitere Vorgehen bei der logistischen Regression sollen an einem Beispiel erläutert werden.

Das Beispiel stellt eine Untersuchung der Teilnahme an fünf Wellen einer Online-Panelumfrage (Y, mit 0 = keine Teilnahme, 1 = Teilnahme) in Abhängigkeit von der Entlohnung der Panelmitglieder (E: Wert in Euro) sowie des Besitzes einer Flatrate (F: 0 = nicht vorhanden, 1 = vorhanden) dar. Der dazugehörige Datensatz umfasst 110 Werte. Wird zunächst nur der Einfluss des Entgelts (E) auf die Wahrscheinlichkeit der Teilnahme p(Y) betrachtet, ergibt sich das in Abbildung 85 angegebene Streuungsdiagramm. Die Werte wurden dabei in horizontaler Richtung graphisch gestreckt. Das Strecken ist lediglich als Hilfsmittel zu verstehen, sodass alle Datenpunkte sichtbar werden.

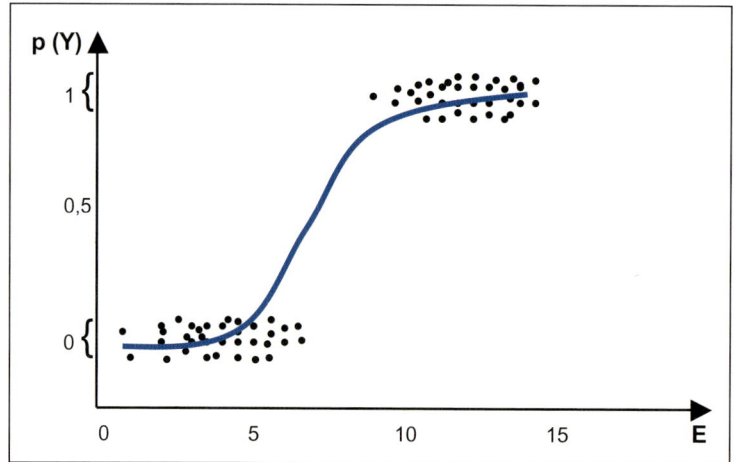

Abbildung 85: Logistischer Funktionsverlauf

Die Graphik lässt vermuten, dass die Höhe des Entgelts (E) einen positiven Einfluss auf die Teilnahmewahrscheinlichkeit hat, da bei niedrigerer Entlohnung mehr Werte bei 0 liegen und umgekehrt. Um nun die in der Graphik dargestellte logistische Funktion zu schätzen, wird die Maximum-Likelihood-Schätzung (ML) eingesetzt. Sie wählt die Koeffizienten so, dass die Wahrscheinlichkeit der Beobachtung der empirischen Daten maximiert wird (Krafft, 2000, S. 242). Sie liefert für das multiple Modell das in Abbildung 86 aufgeführte Ergebnis.

Die p-Werte des t-Tests (analog zur linearen Regression) weisen für alle Parameter signifikante Werte auf. Die Wahrscheinlichkeit der Teilnahme am Panel wird demnach laut (3) beschrieben durch:

$$\hat{p}(Y) = \frac{1}{(1 + \exp(-1 \cdot (-9{,}175 + 1{,}335 \cdot E + 0{,}743 \cdot F)))}$$

Variablen	Koeffizient	Exp (Koeffizient)	Standard- fehler	t-Wert	p-Wert
E	1,335	3,800	0,144	9,298	<0,001
F	0,743	2,102	0,290	2,562	0,012
Konstante	−9,175		1,031	−8,901	<0,001

Abbildung 86: Schätzergebnisse für die logistische Regression

Mit den Schätzwerten lassen sich nun die Wahrscheinlichkeiten der Teilnahme am Panel berechnen. Für einen Probanden, der keine Flatrate besitzt (F = 0) und für die Teilnahme 5 Euro (E = 5) bekommt, gilt

$$\hat{p}(Y \mid E = 5, F = 0) = \frac{1}{(1 + \exp(-1 \cdot (-9{,}175 + 1{,}335 \cdot 5 + 0{,}743 \cdot 0)))} = 0{,}076$$

Dieser Wert entspricht den odds von 0,076 / (1 − 0,076) = 0,082.

Wird das Entgelt auf 6 Euro erhöht (c. p.), so ergibt sich analog eine vorhergesagte Wahrscheinlichkeit der Teilnahme von $\hat{p}(Y \mid E = 6, F = 0) = 0{,}238$ bzw. ein odds von 0,238 / (1 − 0,238) = 0,312.

Wird der Quotient aus beiden odds gebildet, erhält man das so genannte **odds ratio** (OR).

Das odds ratio gibt den Faktor an, um den sich die Chance der Teilnahme ändert, sofern die unabhängige Variable um eine Einheit erhöht wird und alle weiteren Variablen konstant gehalten werden.

Für das Beispiel erhält man ein odds ratio von OR = 0,312 / 0,082 = 3,8. Eine Erhöhung des Entgelts für die Teilnahme um einen Euro steigert demnach die Chance, dass der Proband an der Umfrage teilnimmt, um den Faktor 3,8. Dieser Wert entspricht exp(Koeffizient) und wird wegen der besseren Interpretation häufig in den Schätzergebnissen mit aufgeführt. Für Probanden, die eine Flatrate besitzen, kann eine um den Faktor 2,1 höhere Chance an allen Wellen des Panels teilzunehmen, angenommen werden (Abbildung 87).

Die **Güte** einer logistischen Regression kann zum einen anhand der Likelihood-Werte der Schätzung beurteilt werden. Ein Gütekriterium, das auf den Likelihood-Werten basiert,

		Prognostiziert		
		Teilnahme	Keine Teilnahme	Korrekte Klassifizierung
Beobachtet	Teilnahme	49	16	75,4 %
	Keine Teilnahme	14	31	68,9 %
	Gesamtprozentsatz			72,7 %

Abbildung 87: Klassifikationsmatrix

ist z. B. McFaddens R^2 (Krafft, 2000, S. 246). Es kann näherungsweise analog zum Bestimmtheitsmaß der linearen Regressionsanalyse interpretiert werden. Ein weiteres Kriterium zur Beurteilung der Güte stellt der Anteil der durch das Modell richtig klassifizierten Fälle dar. Werden Wahrscheinlichkeitswerte von $p(Y) > 0{,}5$ als Teilnahme und Werte darunter als Nicht-Teilnahme interpretiert, so lassen sich diese Vorhersagen mit den tatsächlichen Werten vergleichen. Es ergibt sich die in Abbildung 87 dargestellte Klassifikationsmatrix (allgemein Krafft, 2000, S. 246 f.).

Der Anteil insgesamt korrekt klassifizierter Fälle, der auch als **hit ratio** bezeichnet wird (Krafft, 2000, S. 247), entspricht im Beispiel demnach $(49 + 31) / 110 = 0{,}727$, also 72,7 %.

Kausalanalyse

Wie die Regressionsanalyse ist auch die Kausalanalyse ein Verfahren zur empirischen Überprüfung von **Ursache-Wirkungs-Zusammenhängen** (Hildebrandt/Homburg, 2001). Im Vergleich zur Regressionsanalyse weist die Kausalanalyse jedoch insbesondere die folgenden Vorteile auf: Während die Regressionsanalyse eine fehlerfreie Messung der Variablen unterstellt, erlaubt die Kausalanalyse die explizite Berücksichtigung von Messfehlern. Des Weiteren ermöglicht die Kausalanalyse im Gegensatz zur Regressionsanalyse die Überprüfung komplexer Abhängigkeitsstrukturen, wie z. B. wechselseitiger Abhängigkeiten (z. B. Markeneinstellung ↔ Markenwahl) oder kausale Ketten (z. B. Werbung → Markenbekanntheit → Kaufabsicht). Schließlich können Korrelationen zwischen den unabhängigen Variablen explizit im Rahmen der Modellformulierung und -schätzung berücksichtigt werden. Sie stellen somit im Gegensatz zur Regressionsanalyse (Multikollinearitätsproblem) kein prinzipielles Problem dar.

> Die Kausalanalyse überwindet verschiedene Restriktionen der Regressionsanalyse, indem sie Messfehler explizit berücksichtigt, komplexe Abhängigkeitsstrukturen überprüft und Korrelationen zwischen den unabhängigen Variablen prinzipiell zulässt.

Zur Veranschaulichung der Kausalanalyse soll auf eine Studie zurückgegriffen werden, die sich mit den Erfolgsfaktoren von Markentransfers beschäftigt (Völckner, 2003; siehe hierzu genauer Kapitel E. 3.). Die Studie basiert auf einer Konsumentenbefragung (Quotenstichprobe, n = 2426). Die Aufgabe der Befragten bestand darin, eine Reihe von Markentransfers anhand verschiedener Merkmale zu beurteilen. Dabei wurden unter anderem die Größen Muttermarkenstärke, Marketingunterstützung des Transferprodukts und subjektiv wahrgenommener Erfolg des Transferprodukts berücksichtigt. Die genannten Größen stellen **komplexe Konstrukte** dar, die nicht direkt beobachtet und gemessen werden können. Die Kausalanalyse ist in der Lage, Wirkungszusammenhänge zwischen solchen komplexen Konstrukten zu überprüfen. Eine grundlegende Besonderheit der Kausalanalyse liegt in der Unterscheidung von **beobachteten** (d. h. direkt messbaren) Variablen (so genannten Indikatorvariablen bzw. Items, z. B. die subjektiv wahrgenommene Qualität der Muttermarke) und **latenten Variablen** (z. B. das Konstrukt Muttermarkenstärke). Letztere stellen komplexe Größen dar, die nicht direkt gemessen werden können, sondern nur indirekt über die Indikatorvariablen erfasst werden können.

Die Grundidee der Kausalanalyse besteht nun darin, auf der Basis empirisch gemessener Varianzen und Kovarianzen von Indikatorvariablen Rückschlüsse auf die Wirkungszusammenhänge zwischen den zugrunde liegenden latenten Variablen zu ziehen (Homburg/Pflesser, 2000b, S. 643f.). Die Analyse kann in vier Ablaufschritte unterteilt werden, die im Folgenden näher betrachtet werden sollen:

1. Schritt: Modellformulierung

Ein vollständiges Kausalmodell besteht aus jeweils einem Messmodell für die latenten exogenen (d. h. erklärenden) und latenten endogenen (d. h. durch die Kausalstruktur erklärten) Variablen und aus einem Strukturmodell.

Im Rahmen des **Messmodells** wird festgelegt, welche Konstrukte betrachtet und wie diese gemessen werden sollen. In der Regel wird eine einzelne latente Variable über mehrere Indikatorvariablen (Items) gemessen. Dabei wird unterstellt, dass jeder Indikator eine fehlerbehaftete Messung der zugrunde liegenden latenten Variable darstellt (Hildebrandt/Homburg, 2001). Das Messmodell der Kausalanalyse entspricht damit dem Grundgedanken der konfirmatorischen Faktorenanalyse (siehe hierzu auch Kapitel C. 3.2). In Abbildung 88 ist das Messmodell für das Konstrukt Muttermarkenstärke des Anwendungsbeispiels dargestellt. Auf einer 7-stufigen Ratingskala wurde jeweils der Grad der Zustimmung zu den einzelnen Items erfasst. Analog sind Messmodelle für die übrigen Konstrukte zu formulieren.

Das Kausalmodell in Abbildung 88 umfasst ausschließlich so genannte **reflektive Konstrukte**. Ein reflektives Konstrukt ist dadurch gekennzeichnet, dass es die ihm zugeordneten Indikatoren verursacht. Die Beziehungen zwischen Konstrukt und zugehörigen Indikatoren werden hier über Faktorladungen beschrieben. Daneben gibt es auch so genannte **formative Konstrukte**, deren wesentliches Merkmal darin zu sehen ist, dass sie durch ihre Indikatoren verursacht werden. Die Indikatoren sind nicht austauschbar, sondern in ihrer Gesamtheit zur vollständigen Erfassung des betrachteten Konstrukts erforderlich (Chin, 1998). Die Unterscheidung zwischen reflektiven und formativen Konstrukten soll anhand des Konstrukts „Trunkenheit" veranschaulicht werden (Chin, 1998). Möchte man das Ausmaß der „Trunkenheit" einer Person messen, so könnte man z. B. die Indikatoren Blutalkohol, Fahrtüchtigkeit und das Abschneiden der Person bei Kopfrechenaufgaben erfassen. „Trunkenheit" stellt in diesem Fall ein reflektives Konstrukt dar. Denn je größer das Ausmaß der „Trunkenheit" ist, desto schlechter wird z. B. die Fahrtüchtigkeit der Person oder ihr Abschneiden beim Kopfrechnen sein, d. h. das Konstrukt verursacht die zugrunde liegenden Indikatoren. Umgekehrt verursacht z. B. die konsumierte Menge an Bier, Wein und harten Spirituosen die „Trunkenheit" einer Person. Das Konstrukt wird in letzterem Fall also durch die betrachteten Indikatoren verursacht und folglich als formatives Konstrukt gemessen.

Das **Strukturmodell** beschreibt die hypothetischen Beziehungen zwischen den betrachteten Konstrukten (also den latenten Variablen). Die entsprechenden Hypothesen des An-

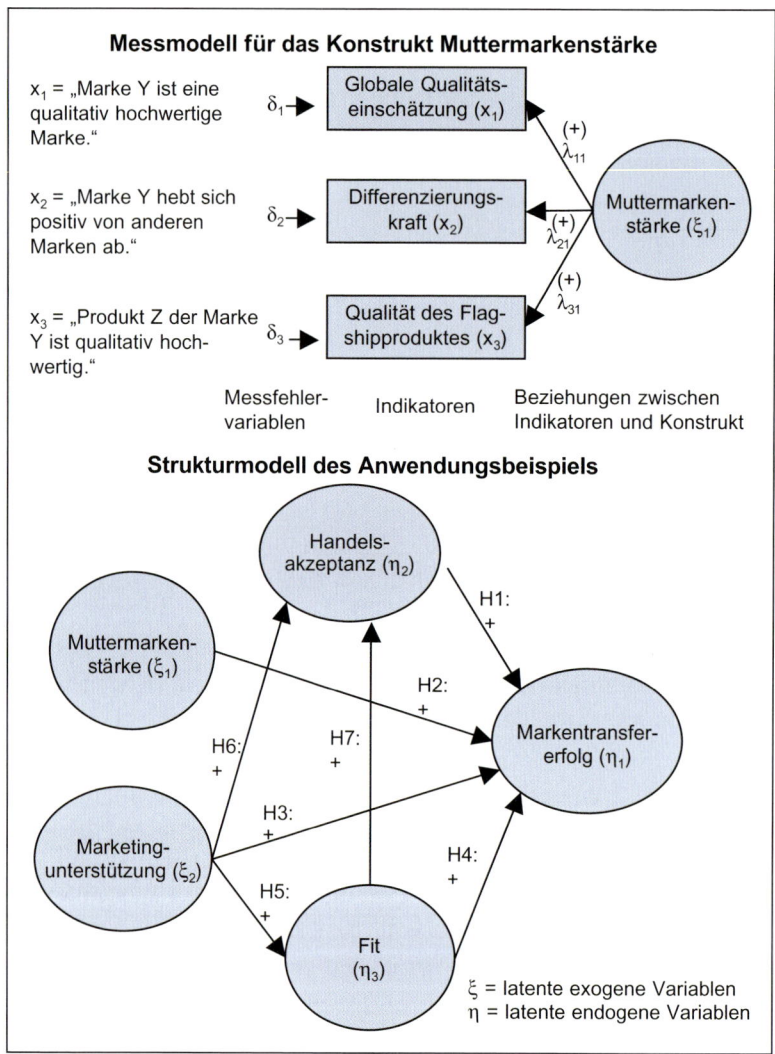

Abbildung 88: Messmodell und Strukturmodell der Kausalanalyse

wendungsbeispiels zwischen den Konstrukten sind in Abbildung 88 dargestellt. Bei-spielsweise wurden hier die Hypothesen aufgestellt, dass die Marketingunterstützung einen positiven Einfluss auf die Handelsakzeptanz ausübt (Hypothese 6) und sich die wahrgenommene Ähnlichkeit zwischen Muttermarke und Transferprodukt positiv auf den Erfolg eines Transferprodukts auswirkt (Hypothese 4). Im Strukturmodell finden sich somit Grundgedanken der Regressionsanalyse wieder.

> Die Kausalanalyse stellt eine multivariate Methode dar, die Elemente der klassischen Regressionsanalyse und der konfirmatorischen Faktorenanalyse miteinander verbindet.

2. Schritt: Schätzung der Modellparameter

Zu den Modellparametern gehören (1) die Parameter, welche die Beziehungen zwischen den latenten Variablen beschreiben, (2) die Koeffizienten der Pfade zwischen den latenten Variablen und ihren Indikatoren und (3) die Kovarianzen der latenten exogenen Variablen, der Messfehlervariablen und der Residualvariablen der latenten endogenen Variablen. (Letztere sind mit der Residualgröße der Regressionsanalyse vergleichbar.)

Die **Datengrundlage** für die Bestimmung der Modellparameter bilden die Varianzen und Kovarianzen der Indikatoren. Die in der Literatur weit verbreitete Bezeichnung Kausalanalyse ist insofern als problematisch anzusehen, da sie suggeriert, dass mithilfe eines statistischen Verfahrens Kausalität nachgewiesen werden könnte. Die Kovarianz stellt aber lediglich ein statistisches Kriterium dar, das eine Quantifizierung der zwischen den betrachteten Variablen bestehenden Beziehung erlaubt. Sie lässt keine Aussage darüber zu, welche der beiden Variablen als verursachend für die andere Variable anzusehen ist.

> Bei der Kausalanalyse werden Korrelationen bzw. Kovarianzen auf verschiedene Weise kausal interpretiert. Die Aufdeckung von Ursache-Wirkungs-Zusammenhängen ist hingegen ausschließlich durch ein Experiment möglich (siehe hierzu Kapitel C. 2.5).

Das Ziel der Modellschätzung (typischerweise in Form einer Maximum-Likelihood-Schätzung) besteht darin, die Parameter so zu bestimmen, dass die auf Basis der Ergebnisse berechnete modelltheoretische Kovarianzmatrix $\sum = \sum(\alpha)$ der auf Basis der Stichprobe ermittelten Kovarianzmatrix S **möglichst ähnlich** wird. Dabei bezeichnet α den Vektor der zu schätzenden Parameter und $\sum(\alpha)$ die Kovarianzmatrix der Indikatoren als Funktion von α.

Im Zusammenhang mit der Parameterschätzung ist anzumerken, dass die Kausalanalyse ein Verfahren darstellt, das auf asymptotischer Statistik beruht. Daher ist eine sinnvolle Anwendung des Verfahrens ausschließlich bei hinreichend **großen Stichproben** möglich. Wie groß eine Stichprobe sein muss, lässt sich nicht pauschal beantworten, sondern hängt vor allem von der Modellkomplexität und der verwendeten Schätzmethode ab. In der Literatur wird für ML-Schätzungen häufig ein Verhältnis zwischen Stichprobenumfang und Anzahl zu schätzender Parameter von mindestens 5:1 empfohlen, sofern zumindest annähernd multivariat normalverteilte Variablen vorliegen (Bagozzi/Yi, 1988, S. 82).

In Abbildung 89 sind die Ergebnisse der Parameterschätzung für die Beziehungen zwischen den latenten Variablen des Anwendungsbeispiels dargestellt. Die angegebenen Werte stellen analog zu den Beta-Koeffizienten der klassischen Regressionsanalyse standardisierte Schätzer dar, die unmittelbar miteinander verglichen werden können.

Im Anschluss an die Schätzung der Modellparameter erfolgt eine **Plausibilitätsbetrachtung der Ergebnisse**. Dabei wird geprüft, ob nicht-sinnvolle Resultate auftreten, wie z. B. negative Varianzen oder Korrelationskoeffizienten größer als 1. Solche Werte liefern einen Hinweis darauf, dass ein Modell fehlerhaft spezifiziert wurde oder in Teilen nicht identifizierbar ist.

3. Schritt: Beurteilung der Modellgüte

Liegen keine unplausiblen Schätzwerte vor, so erfolgt im nächsten Schritt die Beurteilung der **Modellgüte** mithilfe von Anpassungsmaßen, welche die Güte der Anpassung des betrachteten Modells an den vorliegenden Datensatz beurteilen. Grundsätzlich kann zwischen **globalen** und **lokalen Anpassungsmaßen** unterschieden werden:

> Globale Anpassungsmaße geben Aufschluss darüber, wie gut die in den Hypothesen aufgestellten Beziehungen insgesamt durch die empirischen Daten wiedergegeben werden. Sie beruhen auf einem Vergleich der empirischen Kovarianzmatrix mit der modelltheoretischen Kovarianzmatrix. Mit lokalen Anpassungsmaßen werden die einzelnen Teilstrukturen des Modells beurteilt, d. h. die einzelnen Konstrukte und Indikatoren.

Einzelheiten zur Beurteilung von Kausalmodellen findet der Leser z. B. bei Völckner (2003).

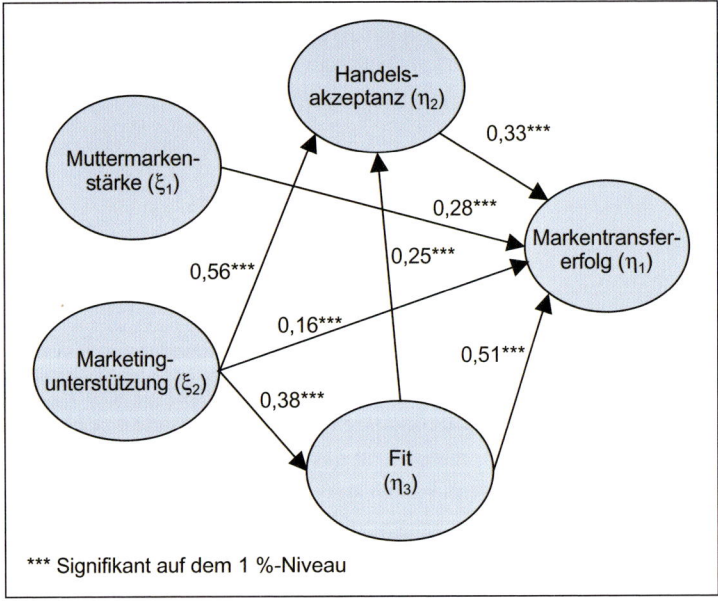

Abbildung 89: Ausgewählte Ergebnisse der Parameterschätzung

4. Schritt: Ergebnisinterpretation

Bei der Ergebnisinterpretation sollte sowohl eine Interpretation der Modellstruktur in ihrer Gesamtheit als auch eine Interpretation der einzelnen Koeffizienten hinsichtlich ihrer Signifikanz und Stärke erfolgen. Besonders aufschlussreich ist dabei die Betrachtung von direkten und indirekten Effekten der Konstrukte. Letztere treten bei der Analyse komplexer Abhängigkeitsstrukturen auf und können somit bei der klassischen Regressionsanalyse nicht erfasst werden.

Im Anwendungsbeispiel geht der stärkste **direkte** Einfluss auf den Markentransfererfolg vom wahrgenommenen Fit zwischen Muttermarke und Transferprodukt aus. Der standardisierte Pfadkoeffizient in Höhe von 0,51 besagt, dass mit der Zunahme des wahrgenommenen Fit um eine Einheit die Erfolgswahrscheinlichkeit eines geplanten Markentransfers um 0,51 Einheiten zunimmt (der indirekte Effekt des Fit ist hier noch nicht berücksichtigt). Die Handelsakzeptanz übt mit einem Wert von 0,33 den zweitstärksten direkten Effekt auf den Markentransfererfolg aus. Neben den direkten Effekten liegen verschiedene **indirekte Einflüsse** der einzelnen Erfolgsfaktoren auf den Markentransfererfolg vor. So geht von der Marketingunterstützung nicht nur ein direkter Effekt auf den Markentransfererfolg aus, sondern auch indirekte Effekte über den Fit und die Handelsakzeptanz. Ein indirekter Effekt wird durch Multiplikation der einzelnen Effekte des indirekten Weges berechnet. Der **totale** Beeinflussungseffekt der Marketingunterstützung ergibt sich als Summe aus indirekten Effekten und direktem Effekt: $0{,}38 \cdot 0{,}25 \cdot 0{,}33 + 0{,}38 \cdot 0{,}51 + 0{,}56 \cdot 0{,}33 + 0{,}16 = 0{,}57$.

Dieses Beispiel veranschaulicht, dass durch die bloße Betrachtung der direkten Effekte die Einflussstärken der betrachteten Variablen unter Umständen erheblich unter- oder überschätzt werden. Die Kausalanalyse ist in der Lage, komplexe Wirkungszusammenhänge abzubilden und auf diese Weise auch die indirekten Effekte von Variablen offen zu legen.

3.4 Präferenzen analysieren

Präferenzen stellen einen eindimensionalen Indikator zur Erklärung von (Kauf-)Entscheidungen dar. Die Präferenz bringt das Ausmaß der Vorziehenswürdigkeit eines Beurteilungsobjekts für eine bestimmte Person während eines bestimmten Zeitraumes zum Ausdruck (Böcker, 1986, S. 554), z. B. die auf einer 100-Punkte-Skala gemessene Präferenz eines Konsumenten gegenüber einem Audi A4. Weitgehend synonym mit dem Begriff der Präferenz sind die Konstrukte Nutzen oder Wert. Präferenzanalysen sind für das Marketing von herausragender Bedeutung, u. a. für die Neuproduktplanung (z. B. Messung von Präferenzen für neue Produkte), die Preispolitik (z. B. Analyse des Trade-offs zwischen einem höheren Preis und einer präferierten Produkteigenschaft), die Kommunikationspolitik (z. B. Positionierung von Marken) oder die Distributionspolitik (z. B. Analyse von Einkaufsstättenpräferenzen).

Im Rahmen quantitativer Präferenzanalysen ist es weit verbreitet, Produkte als ein Bündel von Produkteigenschaften aufzufassen (Brockhoff, 1999, S. 12 ff.). Beispielsweise kann ein Pay-TV-Angebot von Premiere durch die Produkteigenschaften Marke in der Ausprägung Premiere, Preis in der Ausprägung 25 € pro Monat, Anzahl zur Verfügung stehender Kameraperspektiven in der Ausprägung 6 Kameraperspektiven und Fußballangebot in der Ausprägung Fußball-Bundesliga beschrieben werden.

> Ziel der quantitativen Präferenzanalyse ist es, Präferenzen in Form von Nutzen für einzelne Produkteigenschaftsausprägungen zu messen.

Die einfachste Form einer Präferenzmessung erfolgt über eine **direkte Befragung** (auch Self-Explicated-Methode genannt: Srinivasan, 1988, S. 296). Die Vorgehensweise ist in Abbildung 90 illustriert. Die Aufgabe der Befragten ist es zunächst, für jede Produkteigenschaft die beste und schlechteste Ausprägung auszuwählen. Diese erhalten dann z. B. 10 bzw. 1 Nutzenpunkt(e). Bei mehr als zwei Eigenschaftsausprägungen werden die dazwischen liegenden Ausprägungen von den Probanden mit Punktwerten zwischen 1 und 10 bewertet (z. B. 6 Nutzenpunkte für den Preis 19,90 €). Im nächsten Schritt geben dann die Befragten ein Präferenzgewicht für jede Eigenschaft an, im Beispiel Werte zwischen 10 und 1. Der Gesamtnutzen für ein Produkt in Form einer beliebigen Kombination von Eigenschaftsausprägungen ergibt sich durch Multiplikation jeder Eigenschaftsausprägung mit dem dazugehörigen Gewicht und anschließender Addition über alle Eigenschaften. Hierbei wird eine gewichtet-additive Aggregationsregel angewandt. Beispielsweise beträgt der Gesamtnutzen für ein Pay-TV-Angebot mit einem Preis von 19,90 €, einer Kameraperspektive, keinem Fußball, Formel-1-Angebot und der Marke Bild für die Werte aus Abbildung 90: $(6 \cdot 10) + (1 \cdot 2) + (1 \cdot 6) + (10 \cdot 5) + (1 \cdot 8) = 126$ Nutzeneinheiten.

Auf diese Weise lassen sich für unterschiedliche Produkte und Befragte Nutzenwerte bestimmen. Hierauf aufbauend können Prognosen für die Marktchancen neuer Produkte ermittelt werden. Wird z. B. eine direkte Präferenzbefragung nach dem beschriebenen Muster für eine repräsentative Stichprobe von 1000 potenziellen Pay-TV-Kunden durchgeführt und unterstellt, dass von jedem Befragten das Produkt gewählt wird, das unter den zur Verfügung stehenden Produkten den höchsten Nutzenwert aufweist, so lässt sich eine **Marktsimulation** durchführen. Ein entsprechendes Beispiel mit insgesamt fünf ver-

Eigenschaft	Ausprägung 1	Ausprägung 2	Ausprägung 3	Gewicht
Preis	14,90 €	19,90 €	24,90 €	
Bewertung	10	6	1	10
Kameraperspektiven	6	1	–	
Bewertung	10	1	–	2
Fußballprogramm	Bundesliga + Champions League	Bundesliga	Kein Fußball	
Bewertung	10	8	1	6
Formel 1-Programm	Ja	Nein	–	
Bewertung	10	1	–	5
Marke	Premiere	Bild-TV	Tchibo-TV	
Bewertung	10	1	7	8

Abbildung 90: Beispiel einer Präferenzmessung mittels direkter Befragung

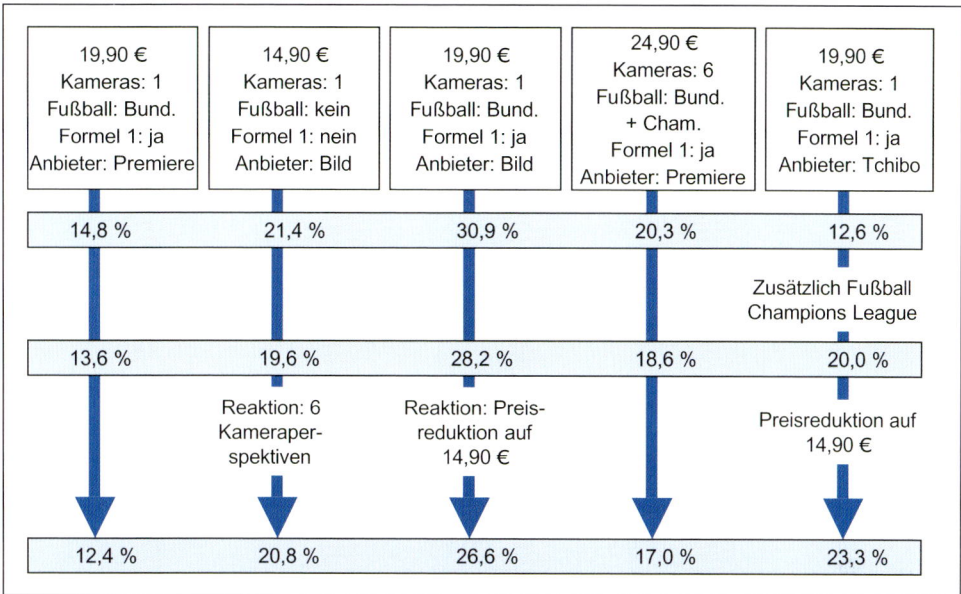

Abbildung 91: Prognostizierte Wahlanteile für alternative Marktkonstellationen

fügbaren Produktalternativen ist in Abbildung 91 wiedergegeben. In der Ausgangssituation hat sich gemäß der Ergebnisse der direkten Präferenzbefragung ergeben, dass für 126 der 1000 Probanden das Produkt Nr. 5 den höchsten Gesamtnutzen aufweist. Dies führt zu einem Wahlanteil von 12,6 %. Im Rahmen der Marktsimulation lassen sich auch die Effekte von Produktvariationen und Wettbewerbsreaktionen analysieren. Für die modifizierten Produkte wird jeweils gemäß der gemessenen Nutzenwerte ermittelt, für wie viele Kunden das jeweilige Produkt den höchsten Gesamtnutzen aufweist. Hieraus ergeben sich dann die verschiedenen Wahlanteile (Abbildung 91).

Die am Beispiel illustrierte direkte Präferenzbefragung ist für die Probanden sehr einfach aufgebaut und erfordert vom Marktforscher geringes Methoden-Know-how. Dem stehen Validitätsprobleme gegenüber, z. B. infolge der deutlich von realen Kaufentscheidungen entfernten Aufgabenstellung.

Alternativ zu direkten sind indirekte Präferenzbefragungen in Form von **Conjoint-Analysen** entwickelt worden (z. B. Gustafsson / Herrmann / Huber, 2003; Sattler, 2006). Hierbei bewerten Probanden verschiedene Alternativen, z. B. Produkte, als Ganzes. Die Produkte sind als Bündel von Eigenschaften beschrieben, wobei die Eigenschaftsausprägungen systematisch zwischen den Alternativen variiert werden. Bei der Conjoint-Analyse werden aus den ganzheitlich bewerteten Alternativen die Nutzenwerte der einzelnen Eigenschaftsausprägungen mittels statistischer Schätzverfahren abgeleitet. Ein Beispiel analog zum oben betrachteten Pay-TV-Fall ist in Abbildung 92 dargestellt. Die Aufgabe der Befragten besteht darin, aus den präsentierten Produkten (hier drei) jenes auszuwählen, das sie am ehesten kaufen würden (ggf. besteht auch die Möglichkeit, keines der präsentier-

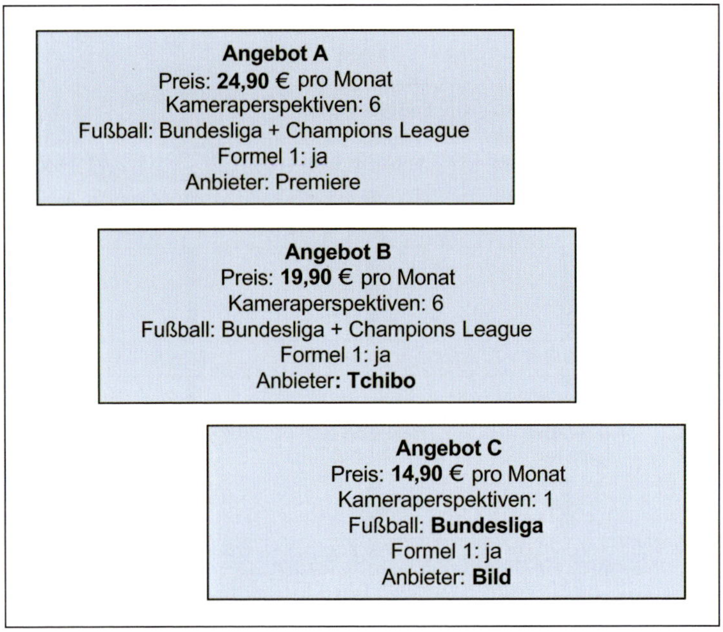

Angebot A
Preis: **24,90 €** pro Monat
Kameraperspektiven: 6
Fußball: Bundesliga + Champions League
Formel 1: ja
Anbieter: Premiere

Angebot B
Preis: **19,90 €** pro Monat
Kameraperspektiven: 6
Fußball: Bundesliga + Champions League
Formel 1: ja
Anbieter: **Tchibo**

Angebot C
Preis: **14,90 €** pro Monat
Kameraperspektiven: 1
Fußball: **Bundesliga**
Formel 1: ja
Anbieter: **Bild**

*Abbildung 92: Alternative Produktbündel im Rahmen
einer Conjoint-Analyse*

ten Produkte auszuwählen). Bei einer solchen wahlbasierten Abfrage spricht man von einer **Choice-based Conjoint-Analyse** (Haaijer/Wedel, 2003). Typischerweise werden pro Befragtem mehrere solcher Wahlentscheidungen getroffen. Alternativ kann die Aufgabe der Probanden auch darin bestehen, eine Reihe von Produkten (ggf. deutlich mehr als drei, z. B. 10) in eine Präferenzrangfolge zu bringen oder jeweils auf einer 10-Punkte-Präferenzskala zu bewerten (klassische Conjoint-Analyse). In jedem Fall sind die Befragten indirekt dazu gezwungen, bei der Beurteilung der Angebote Trade-offs zwischen Eigenschaften vorzunehmen. Bei der Wahl zwischen Angebot A und B aus Abbildung 92 muss beispielsweise ein Trade-off zwischen einer Preisdifferenz von fünf Euro und einem etablierten versus neuen Anbieter (Premiere versus Tchibo) gemacht werden. In diesen Trade-offs spiegeln sich indirekt die Nutzenwerte der Eigenschaftsausprägungen wider.

Die Bestimmung der Nutzenwerte pro Eigenschaft erfolgt über eine statistische **Schätzung**. Ziel der Schätzung ist es, die Parameter der Nutzenwerte so zu ermitteln, dass die erfragten ganzheitlichen Präferenzurteile (z. B. angegebene Werte auf einer 10-Punkte-Präferenzskala oder das Wahlverhalten, d. h. wurde ein bestimmtes Produkt gewählt oder nicht gewählt) möglichst gut durch die Schätzwerte wiedergegeben werden. Das Grundprinzip ist in Abbildung 93 illustriert. Beispielsweise wurde für das Pay-TV-Angebot K ein Gesamtpräferenzwert von 5 auf der 10-Punkte-Skala angegeben. Das Angebot K ist u. a. durch einen Preis von 14,90 €, eine Kameraperspektive, Fußball-Bundesliga und Formel-1 gekennzeichnet. Die Nutzenwerte für jede Eigenschaftsausprägung werden nun so geschätzt, dass die Summe der Nutzenwerte über alle Eigenschaften möglichst genau den

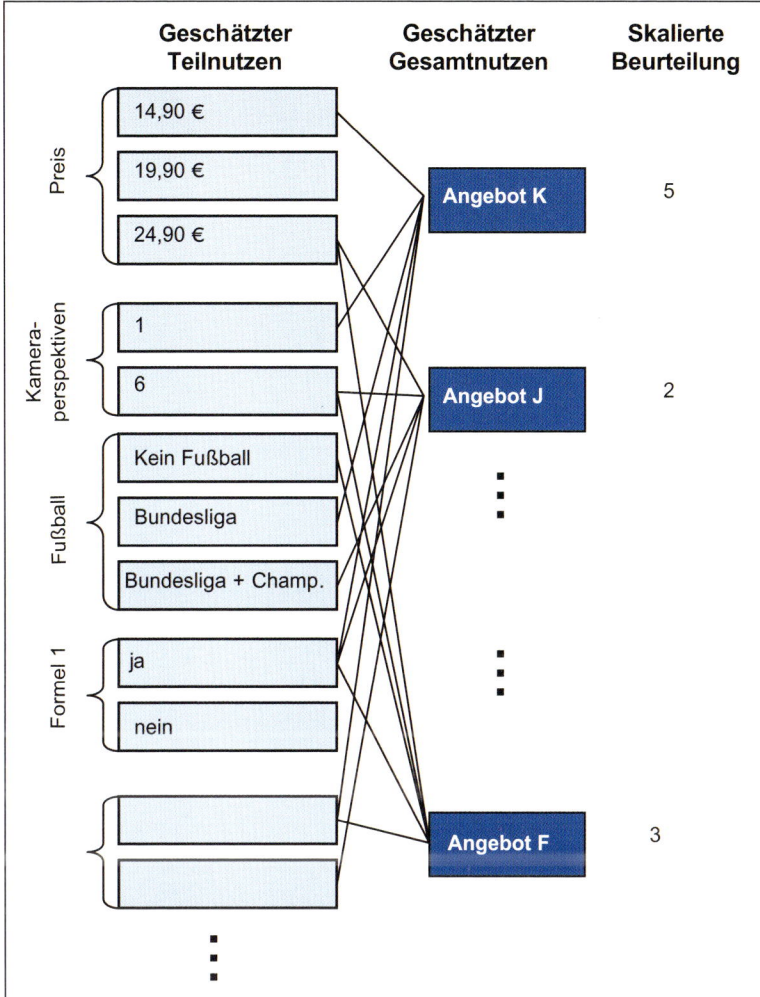

Abbildung 93: Nutzenschätzung mittels einer Conjoint-Analyse

skalierten Beurteilungen (bei Angebot K = 5) entsprechen. Hierfür kann z. B. ein lineares Optimierungsprogramm eingesetzt werden.

Die Nutzenwerte werden entweder individuell oder für Segmente von Befragten geschätzt. Genau wie bei direkten Präferenzbefragungen lassen sich auch für die mittels Conjoint-Analysen geschätzten Nutzenwerte Marktsimulationen durchführen (Abbildung 92). Der Vorteil von Conjoint-Analysen gegenüber direkten Präferenzabfragen besteht insbesondere in einer realitätsnäheren Aufgabenstellung für die Probanden und einer damit verbundenen höheren **Validität**. Die gilt insbesondere für Choice-based Conjoint-Analysen (Hartmann/Sattler, 2004). Allerdings werden höhere Anforderungen an das Methoden-Know-how gestellt.

Sowohl Conjoint-Analysen als auch direkte Präferenzbefragungen setzen voraus, dass die präferenzdeterminierenden Eigenschaften a priori bekannt sind. In manchen Anwendungsfällen kann hiervon jedoch nicht zwangsläufig ausgegangen werden. Sollen z. B. Imagedimensionen von Marken analysiert werden, so ist nicht unmittelbar klar, welche Dimensionen aus Sicht von Konsumenten relevant sind. In diesen Fällen bietet sich der Einsatz einer spezifischen Analysetechnik an, der so genannten **Multidimensionalen Skalierung (MDS)**.

> Mit Hilfe der Multidimensionalen Skalierung (MDS) können komplexe Affinitätsbeziehungen von Objekten transparent gemacht und präferenzdeterminierende Objekteigenschaften aufgedeckt werden.

Die MDS nimmt eine räumliche Darstellung von Objekten nach Maßgabe ihrer wahrgenommenen Ähnlichkeiten (bzw. Affinitäten) so vor, dass die Raumdistanzen der Objekte möglichst gut mit den empirisch gemessenen Ähnlichkeiten übereinstimmen. Ergebnis einer MDS ist ein **Wahrnehmungsraum**, dessen Achsen die Wahrnehmungsdimensionen der Objekte darstellen. Objekte können z. B. Marken, Produkte, Personen (z. B. Prominente im Rahmen einer Testimonialanalyse) oder Institutionen (z. B. Universitäten) sein. Ein Beispiel für Schokoladenmarken ist in Abbildung 94 wiedergegeben. Aus der räumlichen Nähe der beiden Marken Sprengel und Trumpf kann geschlossen werden, dass diese sich sehr ähnlich sind. Hingegen sind sich Trumpf und Ritter Sport infolge der großen Distanz sehr unähnlich. Im Beispiel sind zwei Wahrnehmungsdimensionen aufgedeckt worden, die im Zuge der MDS interpretiert und inhaltlich benannt werden müssen.

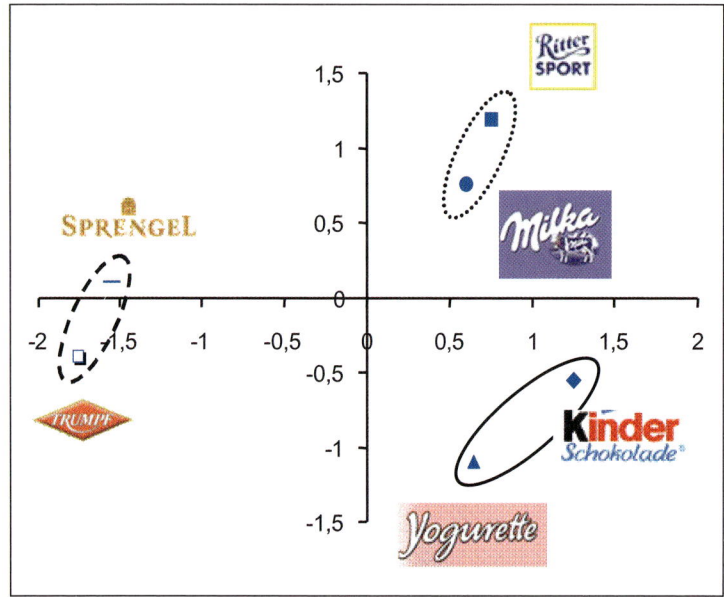

Abbildung 94: Wahrnehmungsraum für Schokoladenmarken

Grundlage der MDS bildet eine **Ähnlichkeitsmessung** zwischen den Objekten. Für das Schokoladenbeispiel ist die Messung anhand der so genannten Ankerpunktmethode für eine befragte Person in Abbildung 95 illustriert (zu alternativen Ähnlichkeitsmaßen siehe z. B. Lehmann/Gupta/Steckel, 1998, S. 630 ff.). Die Marke in der jeweiligen Spalte dient als Anker, d. h. die Ähnlichkeit der anderen Marken wird im Vergleich zum Anker in eine Rangreihung gebracht. In diesem Beispiel stellt Ritter Sport den Anker dar. Milka wird am ähnlichsten (Rang 1), Trumpf-Schokolade am unähnlichsten (Rang 5) zu Ritter Sport eingestuft. Die Ähnlichkeitsurteile werden anschließend für die weitere Analyse über die Menge der Befragten aggregiert, z. B. durch Mittelwertbildung.

Basierend auf diesen Urteilen wird der Wahrnehmungsraum aufgespannt. Der Wahrnehmungsraum stellt einen r-dimensionalen Raum dar (im Beispiel 2 Dimensionen), in dem die Objekte positioniert werden. In diesem Raum sollen die Distanzen zwischen den einzelnen Objektpositionen den Ähnlichkeitsurteilen der Befragten möglichst gut entsprechen. Um dieses zu überprüfen, müssen die Distanzen zwischen den einzelnen Objektpositionen berechnet werden, wozu ein geeignetes **Distanzmaß** gewählt wird. Zumeist wird die euklidische Metrik verwendet:

$$d_{kl} = (\sum_{r=1}^{R} | W_{kr} - W_{lr} |^2)^{\frac{1}{2}}$$

wobei:

d_{kl}: Distanz zwischen Objekt k und Objekt l

w_{kr}: Koordinatenpunkt des Objekts k auf der Dimension r

w_{lr}: Koordinatenpunkt des Objekts l auf der Dimension r

	Kinderschokolade	Milka	Ritter Sport	Sprengel	Trumpf	Yogurette
Kinderschokolade			2			
Milka			1			
Ritter Sport						
Sprengel			4			
Trumpf			5			
Yogurette			3			

Abbildung 95: Ähnlichkeitsmessung für Schokoladenmarken

Zunächst werden die Objekte beliebig im Wahrnehmungsraum positioniert. Für diese Startpartition wird überprüft, inwiefern die Rangfolge der im Raum gemessenen Distanzen zwischen den Objekten möglichst gut die Rangfolge der gemessenen Ähnlichkeiten wiedergibt. Je höher die Übereinstimmung zwischen den beiden Rangfolgen ist, desto besser ist die **Anpassungsgüte** der MDS. Die optimale Anpassungsgüte wird normalerweise nicht unmittelbar in der Startpartition erreicht. Deshalb werden die Objekte ausgehend von der Startpartition mithilfe eines iterativen Optimierungsverfahrens so lange verlagert, bis eine möglichst hohe Anpassungsgüte erzielt ist (z. B. Lehmann/Gupta/ Steckel, 1998, S. 631 ff.). Je weniger Objekte und je mehr Raumdimensionen betrachtet werden, desto höher ist c. p. die Anpassungsgüte. Aus Anschaulichkeitsgründen werden meist zwei oder drei Dimensionen gewählt.

Um die **Achseninterpretation** des Wahrnehmungsraums vornehmen zu können, erhebt man häufig zusätzlich zu den Ähnlichkeitsbewertungen Urteile über potenziell relevante Eigenschaften der Objekte. Beispielsweise könnte die wahrgenommene Sortenvielfalt bei den sechs Schokoladenmarken auf einer Rating-Skala erhoben werden. Auf Basis dieser Urteile wird ein Vektor so in den Wahrnehmungsraum gelegt, dass die Projektion der Marken auf den Vektor mit den Urteilen auf der Rating-Skala möglichst gut korrespondiert. Verlaufen nun ein oder mehrere solcher Vektoren näherungsweise parallel zu einer Achse, so ist dies ein Hinweis, dass die Vektoren in engem inhaltlichen Zusammenhang mit der jeweiligen Achse stehen. Für das Schokoladenbeispiel können die Achsen wie folgt interpretiert werden: Die y-Achse steht für die Sortenvielfalt, die x-Achse für die Jugendlichkeit. Ritter Sport verfügt somit über die größte Sortenvielfalt, während Kinderschokolade am jugendlichsten ist.

Schließlich lassen sich **Idealvorstellungen** von Probanden über Objekte in den Wahrnehmungsraum integrieren. Hierzu werden zunächst die Präferenzen der Probanden hinsichtlich der Objekte erhoben, z. B. über die Abfrage einer Präferenzrangfolge bezüglich der Objekte. Die Präferenzen werden nun in Form von Idealpunkten so in den Wahrnehmungsraum integriert, dass die Rangfolge der Distanzen zwischen Idealpunkt und Marken möglichst gut der abgefragten Präferenzrangfolge entspricht (Lehmann/Gupta/ Steckel, 1998). Die ermittelten Idealpunkte können beispielsweise als Anhaltspunkte für Neuproduktentwicklungen oder Markenumpositionierungen dienen.

3.5 Datengüte beurteilen

Marktforschungsergebnisse sollten zunächst frei von Zufallsfehlern sein. Trifft dies zu, so ist die Messung **reliabel**. Bei der Messung der Reliabilität wird insbesondere darauf Bezug genommen, inwiefern bei einer Wiederholung der Messung das gleiche Messergebnis erzielt wird. Wird beispielsweise eine Person mittels einer Rating-Skala befragt, inwiefern sie der Aussage zustimmt, dass Schokolade glücklich mache, so sollte die Person bei mehrfacher Befragung, z. B. am Anfang eines Fragebogens und am Ende in einem Kontrollteil, die gleiche Antwort geben. Kommt es zu abweichenden Antworten, so ist die Messung nicht reliabel. Ist eine Messung darüber hinaus frei von systematischen Fehlern, heißt sie **valide** (Hammann/Erichson, 2000, S. 92 ff.). Die Validität zielt darauf ab, inwiefern ein Messinstrument in der Lage ist, das zu messen, was gemessen werden soll. Ein weiterer Aspekt der Datengüte betrifft die **Generalisierbarkeit** von Befunden in sachlicher, räumlicher und zeitlicher Hinsicht. Wird beispielsweise in einem Laborexperiment die überlegene Wirksamkeit einer neuen Werbeform bei einer Marke ermittelt, so sollten die Befunde auch außerhalb des Labors (räumlich), über mehrere Monate oder gar Jahre hinweg (zeitlich) und über andere Marken (sachlich) verallgemeinerbar sein. Schließlich sollten Datenanalysemethoden **praktikabel** sein, insbesondere im Hinblick auf ein möglichst einfaches Verständnis der Methode und einen ökonomischen Einsatz bezüglich Kosten und Zeit.

> Für die Beurteilung der Datengüte sind vier zentrale Kriterien relevant:
> - Reliabilität: Erreicht man das gleiche Ergebnis bei Messwiederholung?
> - Validität: Misst man das, was man messen will?
> - Generalisierbarkeit: Lassen sich die Ergebnisse in sachlicher, räumlicher und zeitlicher Hinsicht verallgemeinern?
> - Praktikabilität: Ist die Datenanalysemethode für den Untersuchungszweck anwendbar und ökonomisch sinnvoll?

Auf die Kriterien Reliabilität und Validität soll näher eingegangen werden. Zur Überprüfung der Reliabilität werden verschiedene Konzepte verwendet. Die **Wiederholungsreliabilität** (test-retest reliability) vergleicht die Ergebnisse zeitlich aufeinander folgender Messungen mit demselben Instrument. Zur Operationalisierung können z. B. bei einer Stichprobe von Konsumenten die erste Messung und die Messwiederholung miteinander korreliert werden. Ein Korrelationskoeffizient nahe 1 deutet dann auf eine hohe Reliabilität hin. Bei der **Halbierungsreliabilität** (split-half reliability) werden die Items, mit deren Hilfe ein (reflektives) Konstrukt gemessen wird, halbiert und die Messergebnisse der reduzierten Tests verglichen (Churchill, 1979).

Verschiedene Fehler in den Phasen des Marktforschungsprozesses können dazu führen, dass die Validität eines Ergebnisses vermindert wird. Eine Übersicht über die häufigsten systematischen **Fehlerquellen** findet sich in Abbildung 96.

Für die Messung der Validität kann zunächst die so genannte **Face-Validität** herangezogen werden. Hierbei werden die Messergebnisse einer Plausibilitätsprüfung unterzogen, z. B. ob die ermittelten Ergebnisse den Erwartungen entsprechen oder sinnvoll interpretiert werden können. Hierzu können auch Experten herangezogen werden. Auch wenn die Face-Validität offensichtlich einen hohen Ermessensspielraum aufweist, so ist sie für viele Marktforschungsprojekte von hoher Bedeutung. Sind Ergebnisse auch mit viel Mühe nicht interpretierbar oder in hohem Maße überraschend, so ist dies ein deutlicher Hinweis auf fehlende Validität. Die Ergebnisse der Datenanalysen sollten in diesem Fall kritisch hinterfragt werden.

Ein weiteres Kriterium zur Validitätsprüfung stellt die **Konvergenzvalidität** dar. Sie beschreibt den Grad der Übereinstimmung zweier Messinstrumente, die das gleiche Kon-

Untersuchungsträger	Interviewer	Probanden
Fehler in der Erhebungspla- nung: • Veraltete Unterlagen • Falsche Definition der Grundgesamtheit • Falsche Methodenaus- wahl Fehler in der Erhebungs- durchführung Fehler in der Auswertung Fehler in der Interpretation	Verzerrung des Auswahl- planes: • Quotenfälschung • Selbstausfüllung • Verzerrung der Antworten: • Suggestives Fragen • Selektive Antwortregistrie- rung	Non-Response-Fälle Falschbeantwortung

Abbildung 96: Ursachen für systematische Fehler
Quelle: in Anlehnung an Berekoven/Eckert/Ellenrieder, 2004, S. 69 f.

strukt messen. Wird beispielsweise mit zwei ähnlichen, aber nicht identischen Messin-strumenten jeweils ein Markenimage gemessen, so sollten die Messergebnisse überein-stimmen, d. h. konvergieren. Wendet man hingegen zwei Messinstrumente an, die ganz unterschiedliche Sachverhalte messen (z. B. Markenimage und Markenerhältlichkeit), so sollten die Ergebnisse nicht übereinstimmen. Trifft dies zu, so liegt **diskriminierende Va-lidität** vor, andernfalls besteht ein Hinweis auf mangelnde Validität der Messinstrumente. Konvergierende und diskriminierende Validität werden häufig zur Überprüfung der **Konstruktvalidität** herangezogen. Weitere Aspekte der Konstruktvalidität wurden im Rahmen der Kausalanalyse in Kapitel C. 3.3 bereits behandelt.

Die so genannte **Multitrait-Multimethod-Matrix** stellt eine Methode dar, um die Diskri-minanz- und Konvergenzvalidität sowie die Reliabilität zu überprüfen (Campbell/Fiske, 1959). Ein diesbezügliches Beispiel ist in Abbildung 97 beschrieben. Es werden die Vari-ablen „Zufriedenheit mit dem Job", „Rollenkonflikt" und „Rollenverständnis" mit zwei verschiedenen Methoden gemessen und die Messergebnisse jeweils miteinander korre-liert. Der obere linke Teil der Abbildung 97 zeigt hohe positive Korrelationen zwischen den zeitlich versetzten Messergebnissen derselben Variablen mittels derselben Methode. Die Messung weist somit eine hohe Reliabilität auf. Der untere linke Teil der Abbildung zeigt, dass die Ergebnisse ebenfalls eine hohe Konvergenzvalidität aufweisen, da die mit unterschiedlichen Methoden erzielten Werte derselben Variablen ebenfalls stark positiv korrelieren. Die Diskriminanzvalidität lässt sich über die übrigen Korrelationen ablesen, z. B. im unteren rechten Teil der Abbildung. Da die mit derselben Methode erzielten Werte unterschiedlicher Variablen nur schwach positiv bzw. negativ miteinander korrelieren, ist auch Diskriminanzvalidität gegeben.

Schließlich kann die **nomologische Validität** gemessen werden. Diese beschreibt den Grad der Übereinstimmung der Messergebnisse von Konstrukten und theoretisch postulierten Beziehungen. Sie kann insbesondere zur Beurteilung eines Messmodells herangezogen

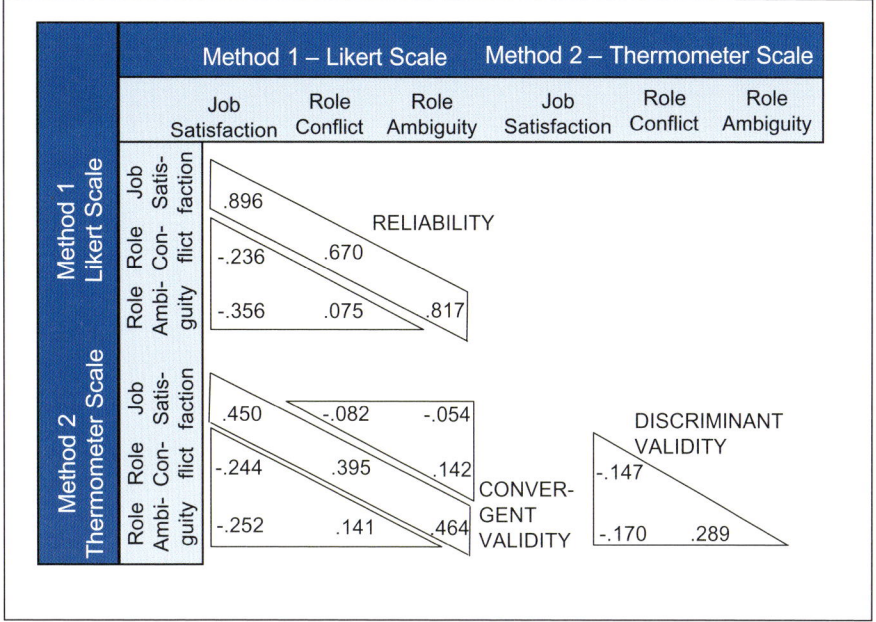

Abbildung 97: Multitrait-Multimethod-Matrix
Quelle: in Anlehnung an Churchill, 1979, S. 71.

werden. Soll z. B. im Rahmen eines Regressionsmodells der Einfluss des Markenimages und des Preises auf den Absatz gemessen werden, so muss im ersten Schritt das Konstrukt Markenimage valide gemessen werden (Konstruktvalidität). Anschließend prüft man, inwiefern die unabhängigen Variablen Preis und Markenimage die erwarteten Vorzeichen aufweisen (nomologische Validität). Schließlich kann erwartet werden, dass das Regressionsmodell einen nennenswerten Teil der Varianz des Absatzes erklärt, gemessen über das Bestimmtheitsmaß (nomologische Validität).

Zur Beurteilung der Validität müssen verschiedene Kriterien überprüft werden, da die wahren, d. h. validen Werte im Vorhinein zumeist nicht bekannt sind.

D. Ziele und Strategien planen

1. Struktur und Methodik der Marketingplanung verstehen

> *„Der Weg ist immer mehr als das Ziel."*
> *Heimito von Doderer*

Die Notwendigkeit einer systematischen Planung marketingpolitischer Aktivitäten nimmt vor dem Hintergrund wachsender **Dynamik** und **Komplexität** des **Umwelt-** und **Unternehmensgeschehens** zu. Angesichts verstärkter Umwelt- und Unternehmensturbulenzen vermittelt die Analyse isoliert voneinander betrachteter Marktgegebenheiten kaum Anhaltspunkte für den gezielten Einsatz der marketingpolitischen Maßnahmen. Vielmehr erscheint ein **umfassendes Planungskonzept** erforderlich, das angemessene Reaktionen eines Unternehmens auf sich rasch verändernde Marktbedingungen erlaubt (Welge/Al-Laham, 1999 und Müller-Stewens/Lechner, 2003).

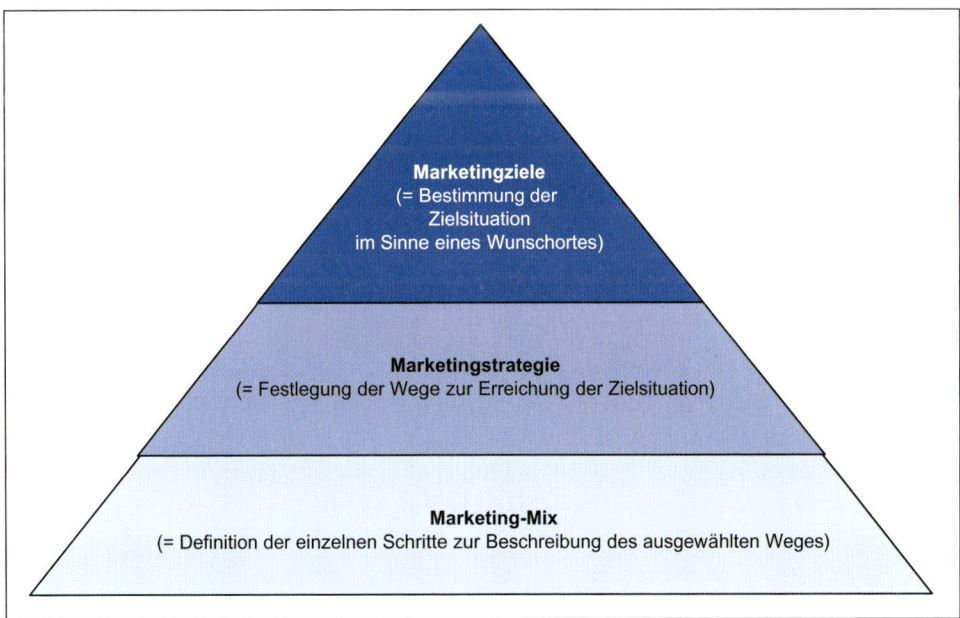

Abbildung 98: Konzept der Marketingplanung
Quelle: in Anlehnung an Becker, 2001, S. 28.

Deshalb liegt es auf der Hand, dass eine klare Orientierung von Unternehmen für den Erfolg von zentraler Bedeutung ist. Abbildung 98 zeigt ein Konzept (Becker, 2001, S. 11 ff.), bei dem die **Marketingziele** die gewünschte Zielsituation zum Ausdruck bringen. Ist diese Wunschsituation bekannt, lassen sich verschiedene Wege ausmachen, um diese Situation zu erreichen. Diese Wege verkörpern die **Marketingstrategien**, die ihrerseits durch das **Marketing-Mix** zu präzisieren sind. Diese drei Ebenen der Marketingplanung bilden drei aufeinander folgende, aber in sich unabhängige Teilstufen eines konzeptionellen Gesamtprozesses. Dabei erfolgt von oben nach unten eine zunehmende Konkretisierung bzw. Detaillierung der inhaltlichen Spezifikation. Aus den Marketingzielen geht die gewünschte Zielposition des Unternehmens hervor, die Marketingstrategien definieren die grundsätzlichen Wege, um diese Zielposition zu erreichen, und das Marketing-Mix bestimmt die einzusetzenden Instrumente.

Aus dieser Logik geht hervor, dass die Marketinginstrumente erst dann ihre volle Wirksamkeit erhalten, wenn sie über die **Ziel-** und **Strategiediskussion** in ein **Gesamtkonzept** eingebunden sind. Beispielsweise ist eine aggressive Preispolitik im Sinne einer Gewährung beachtlicher Rabatte nur dann sinnvoll, wenn das Unternehmen die Preisführerschaft anstrebt und als geeignet erachtet, um bestimmte Rentabilitätsziele zu erreichen.

> Marketingplanung lässt sich auffassen als einen Handlungsrahmen, der von ins Auge gefassten Zielen (Wunschorten) ausgeht, Strategien im Sinne von Wegen zur Erreichung dieses Wunschortes festlegt und adäquate Instrumente zur Beschreibung dieses Weges (Marketing-Mix) definiert.

2. Ziele festlegen

> *„Wenn ein Kapitän nicht weiß,*
> *welches Ufer er ansteuern muss,*
> *dann ist kein Wind der richtige."*
> Lucius Annaeus Seneca

Ein Blick in die Praxis zeigt, dass bei vielen Unternehmen eine **Multidimensionalität** des **Zielsystems** vorliegt (Nieschlag/Dichtl/Hörschgen, 2002, S. 160 ff.) (siehe zur Zielformulierung ausführlich Kapitel A. 2.). Unternehmen verfolgen im Allgemeinen mehrere Ziele, die in einem wechselseitigen und vielfältigen Verhältnis zueinander stehen. Aus der Fülle möglicher Unternehmensziele werden die Folgenden immer wieder genannt: Gewinn, Rentabilität, Umsatz, Sicherheit, soziale Verantwortung, Kundenzufriedenheit und Kundenbindung, Marktanteil oder Prestige. Im Hinblick auf die Bedeutung dieser Ziele gilt der Fokus in vielen Fällen dem **Gewinn** bzw. der **Rentabilität**. Bei der Erfassung solcher Ziele geht es immer wieder darum, Einblicke in das Prioritätengefüge von Zielen zu erhalten, um ein Verständnis über das Handeln von Managern zu entwickeln. Dabei spielen neben dem Gewinn und der Rentabilität auch qualitative Größen eine zentrale Rolle, wie z. B. die Zufriedenheit der Kunden, die Qualität der Produkte, die soziale Verantwortung oder das Ansehen des Unternehmens in der Öffentlichkeit.

Neben der Identifikation möglicher Ziele interessiert auch deren Verhältnis zueinander (siehe Kapitel A. 2.). Diese können in drei verschiedenen Relationen zueinander stehen. **Komplementäre Beziehungen** liegen vor, sofern die Realisierung eines Zieles der Realisierung eines anderen Zieles zuträglich ist. Dies gilt beispielsweise für die Kernziele Gewinn und Rentabilität. Ist das eine Ziel nur auf Kosten des anderen zu erreichen, spricht man von **konkurrierenden Zielen**. Ein Beispiel hierfür bildet der Konflikt zwischen hoher Produktqualität und niedrigem Preis. Allerdings können Ziele auch in einer **indifferenten Beziehung** zueinander stehen. In diesem Fall führt die Forcierung eines Ziels nicht zur Vernachlässigung eines anderen. Eine neutrale Relation zwischen zwei Zielen besteht beispielsweise zwischen sozialer Verantwortung und Kundenzufriedenheit. Neben dieser Zielbeziehungstypologie spielen auch **Mittel-Zweck-Relationen** zwischen Zielen eine Rolle. Beispielsweise existieren **Oberziele** (z. B. ein bestimmter Marktanteil), die durch bestimmte **Unterziele** realisiert werden können (Bekanntheitsgrad der Produkte, Präsenz der Produkte in allen Distributionskanälen). Daneben ist zwischen Haupt- und Nebenzielen zu differenzieren. **Hauptziele** stehen im Mittelpunkt des unternehmerischen Tuns, während **Nebenziele** zwar stets Beachtung erfahren, nicht jedoch die unternehmerische Agenda beherrschen. Ein Beispiel für ein Hauptziel bildet die Zufriedenheit der Kunden, welche für viele Unternehmen die zentrale Orientierung im Markt darstellt. Ein bestimmter Verbreitungsgrad der Produkte in den unterschiedlichen Distributionskanälen könnte ein Beispiel für ein Nebenziel sein.

Ziele dienen nur dann als Maßstab für das unternehmerische Handeln, wenn sie klar und eindeutig spezifiziert sind. Im Rahmen der Operationalisierung geht es darum, diese Ziele auf der empirischen Ebene zu verankern, so dass sie gemessen werden können. Bei dieser Konkretisierung sind drei Fragen zu beantworten: Zunächst geht es um den **Zielinhalt** und die Beantwortung der Frage, was überhaupt erreicht werden soll. Wie bereits erwähnt, spielt das Gewinnziel eine zentrale Rolle, das beispielsweise in der Eigen- oder Gesamtkapitalrentabilität zum Ausdruck kommt. Ein anderes Beispiel betrifft die Kundenzufriedenheit. Hier ist vorstellbar, dass etwa die Anzahl der Reklamationen oder die telefonischen Anfragen rund um die Produktverwendung Indikatoren für diese Zielgröße bilden.

Ein zweiter Aspekt betrifft das **Zielausmaß**, das sich in der Frage, wie viel von dieser Zielgröße erreicht werden soll, konkretisiert. Beispielsweise könnte ein Umsatzziel von 20 Millionen Euro vorgegeben werden. Auch bei nicht-monetären Größen lässt sich das Zielausmaß spezifizieren. Man könnte die Zufriedenheit der Kunden auf einer sieben-stufigen Skala erfassen (1 = sehr unzufrieden, 7 = sehr zufrieden) und eine Vorgabe insofern treffen, als ein Wert von 5 erreicht werden sollte. In diesem Zusammenhang sind auch Zielkorridore denkbar, die beispielsweise für den Bekanntheitsgrad einen Wert von 30–40 % innerhalb eines bestimmten Marktes fordern.

Die dritte Frage betrifft die **Zielperiode**, also bis wann dieses Ziel erreicht werden sollte. Neben der kurzfristigen Planung, die etwa ein Jahr umfasst, liegt zumeist eine mittelfristige ca. vier Jahre umfassende Planung vor. Für diese beiden Zeitpunkte lassen sich konkrete Vorgaben für die einzelnen Ziele formulieren. Beispielsweise fordert die Unternehmensleitung, dass der Marktanteil für ein bestimmtes Produkt in vier Jahren von heute 28 % auf zukünftig 36 % zu steigern ist. Neben solchen quantitativen Zielen sind auch qualitative denkbar, wie etwa ein gutes Image bei der Bevölkerung oder besondere Beziehungen zu Lieferanten verbunden mit dem Anliegen der gemeinsamen Produktentwicklung.

Im Sinne einer Erreichung der zuvor spezifizierten Ziele ist es unerlässlich, diese in ein klares und eindeutiges Zielsystem zu integrieren. In Anlehnung an Becker (2001, S. 27 ff.) bietet es sich an, eine **Pyramide** zu erstellen, an deren Spitze die Wertevorstellungen des Unternehmens angeordnet sind (Abbildung 99). Aus diesen resultiert der Unternehmenszweck, der sich seinerseits in den Unternehmenszielen niederschlägt. Diese lassen sich dann in Bereichs-, Aktionsfeld- und Instrumentalziele übertragen. Bei der Ausgestaltung dieser Hierarchie von oben nach unten findet eine zunehmende **Konkretisierung** der Ziele statt. Zudem nimmt die Zahl der Ziele und ihre **Detaillierung** von oben nach unten zu. Dabei stehen die Ziele in einem **Mittel-Zweck-Zusammenhang**, wobei insbeson-

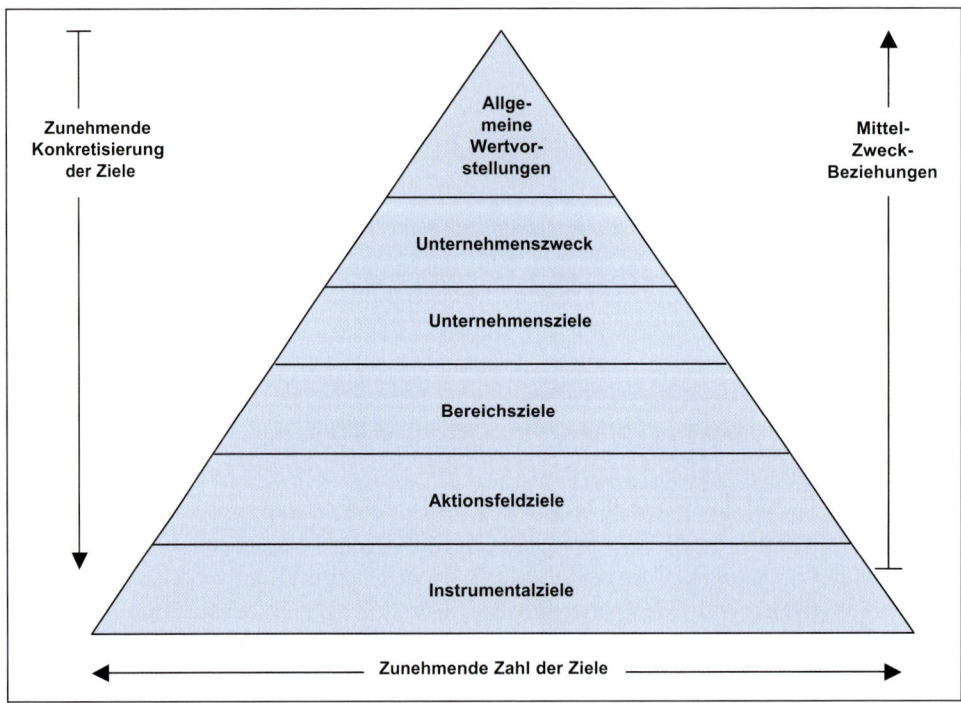

Abbildung 99: Elemente einer Zielpyramide
Quelle: Becker, 2001, S. 28.

dere Instrumental-, Aktionsfeld- und Bereichsziele den Unternehmenszielen zuträglich sein sollen.

Die allgemeinen **Wertvorstellungen** bilden im Kern eine **Verfassung** bzw. ein **Grundgesetz** für das Unternehmen. Dieses bringt zum Ausdruck, dass das Unternehmen eingebettet ist in ein gesellschaftliches Gefüge. Inzwischen dokumentieren viele Unternehmen ihre Verantwortung für die Gesellschaft in Unternehmensgrundsätzen. In diesen Grundsätzen sind die Interessen aller Bezugsgruppen des Unternehmens berücksichtigt. Zudem sind Wege zum Ausgleich konkurrierender Interessen durch die Unternehmensführung aufgezeigt. Ebenso gehen viele Unternehmen auf den Konflikt zwischen dem Anliegen, Gewinn zu erzielen, und der Notwendigkeit, sich in ein soziales Gefüge einzubringen, ein. Solchen Unternehmensgrundsätzen liegt zumeist das **Stakeholder-Konzept** zugrunde, bei dem es darum geht, die Aufmerksamkeit des Unternehmens nicht nur auf die Aktionäre (Shareholder-Konzept) zu lenken, sondern auf alle Individuen und Gruppen, die vom unternehmerischen Agieren betroffen sind. Beispielsweise hat Henkel die ökologischen Anforderungen an seine Produkte in den Unternehmensgrundsätzen verankert. Zur Überprüfung der ökologischen Ausrichtung existieren operationale und überprüfbare Handlungsanweisungen, um diese Ausrichtung des Unternehmens zu erfassen und gegenüber allen Stakeholdern zu dokumentieren. Von zentraler Bedeutung ist, dass sich diese ökologische Ausrichtung auch in der Unternehmenskultur widerspiegelt. Beispielsweise ist die Forschung und Entwicklung dazu verpflichtet, Produkte zu generieren, die ökologischen Ansprüchen genügen.

Mit diesen allgemeinen Wertvorstellungen vor Augen lässt sich die **Mission** spezifizieren. Sie konkretisiert den eigentlichen Unternehmenszweck und gibt in Verbindung mit einer **Vision** dem Unternehmen einen bestimmten Handlungsrahmen und eine bestimmte Handlungsrichtung vor (Abbildungen 100 und 101). Die Mission lässt sich als Startpunkt jeglicher unternehmerischer Aktivitäten interpretieren (Nieschlag/Dichtl/Hörschgen, 2002, S. 70 ff.).

Beispiele für Visionen:

- Democratize the automobile (Ford Motor Company, Anfang 1900).
- Become the most powerful, the most serviceable, the most far-reaching world financial institution that has ever been (City Bank, Vorgänger der Citibank, 1915).
- Crush Adidas (Nike, 1960er).
- Knock off RJR as the number one tobacco company in the world (Phillip Morris, 1950er).
- Become the Harvard of the West (Stanford University, 1940er).
- Become as respected in 20 years as Hewlett-Packard is today (Watkins-Johnson, 1996).
- Become number one or two in every market we serve and revolutionize this company to have the strengths of a big company combined with the leanness and agility of a small company (GE, 1980er).

Abbildung 100: Beispiel für Visionen
Quelle: Collins/Porras, 1996, S. 72; Esch, 2005 a, S. 87.

> **Vivid description für Ford (1903) (Collins/Porras, 1996, S. 73):**
>
> „I will build a motor car for the great multitude (. . .). It will be so low in price that no man making a good salary will be unable to own one and enjoy with his family the blessing of hours of pleasure in God's great open space. When I'm through, everybody will be able to afford one, and everybody will have one. The horses will have disappeared from our highways, the automobile will be taken for granted … [and we will] give a large number of men employment at good wages." (Henry Ford, 1903)

Abbildung 101: Vivid description für Ford
Quelle: Collins/Porras, 1996, S. 73; Esch, 2005 a, S. 87 f.

Beispielsweise definiert die Hilti AG (http://www.hilti.com) alle ihre Tätigkeiten, durch die sie Absatz, Umsatz und Gewinn erzielt, in einer aus **acht Statements** bestehenden **Mission**. Diese Mission basiert auf den Ressourcen, Fähigkeiten und Werten des Unternehmens und soll von allen Führungskräften und Mitarbeitern des Unternehmens geteilt werden. Hieraus lässt sich in leitsatzhafter Form das Grundanliegen sowie die Grundsatzpositionen des Unternehmens, also der Sinn seiner Existenz und seiner Tätigkeit, ableiten.

Eine Mission muss durch entsprechende Leistungen verwirklicht werden, sofern sie nicht zur bloßen Deklaration verkümmern soll. Bei der konsequenten Verwirklichung ermöglicht sie einen **pointierten** und **kompetenten Marktauftritt** des Unternehmens. Die Eckpunkte der Mission bestehen aber auch in einem Verzicht bzw. in einem Ausschluss bestimmter Produkte, Verfahren oder Anwendungen. Insofern spiegelt die Mission einer Firma das Spannungsfeld zwischen Kunden, Produkten und Mitarbeitern wider, wie dies das Beispiel der Mövenpick AG in Abbildung 102 verdeutlicht.

> **Die Mission der Mövenpick AG**
> - Wir laden unsere Gäste ein, mit Eisgekühltem, Duftendem und Verführerischem aus Küche und Kellerei ein kleines, erschwingliches Stück Luxus im Alltag zu genießen. Dabei verbinden wir Bewährtes harmonisch mit Neuem zu einem außergewöhnlichen Genusserlebnis – zuhause, unterwegs oder in den Ferien.
> - Wir verwöhnen unsere Gäste mit jeder Geste, jedem Detail, jeder unerwarteten Aufmerksamkeit. Unsere Produkte und die dafür verwendeten Rohwaren müssen höchsten Qualitätsansprüchen genügen. Uneingeschränkt verwöhnen zu dürfen, ist die Leidenschaft unserer freundlichen und aufmerksamen Mitarbeitenden – jeden Tag aufs Neue.
> - Wir pflegen die Kultur einer ehrlichen und authentischen Gastfreundschaft. Dabei paaren wir Schweizer Qualität und Beständigkeit mit einem internationalen, weltoffenen Flair, pflegen Bekanntes und lassen Unbekanntes entdecken. Unser Ziel ist der echte Geschmack und die täglich gelebte Rolle des glaubwürdigen Gastgebers.

Abbildung 102: Die Mission der Mövenpick AG
Quelle: http://www.moevenpick.com

Zudem zeigt die Mission auf, in welche **Richtung** sich das Unternehmen in den kommenden Jahren entwickeln will. Sie legt die **Ziele** des **Handelns** offen, und alle **strategischen Entscheidungen** können an ihr ausgerichtet werden. Das Beispiel der BASF AG verdeutlicht, dass sich das Unternehmen als weltweit führendes Chemieunternehmen versteht. Es will intelligente Lösungen mit innovativen Produkten und maßgeschneiderten Dienstleistungen bieten. Hierbei zielt es auf eine vertrauensvolle und verlässliche Partnerschaft mit den Kunden ab (Abbildung 103).

Die Mission der BASF AG

- Wir sind „The Chemical Company" und arbeiten erfolgreich auf allen wichtigen Märkten.
- Wir sind der bevorzugte Partner der Kunden.
- Wir sind mit unseren innovativen Produkten, intelligenten Problemlösungen und Dienstleistungen weltweit der leistungsfähigste Anbieter in der Chemischen Industrie.
- Wir erwirtschaften eine hohe Rendite auf das eingesetzte Kapital.
- Wir treten für nachhaltige Entwicklung ein.
- Wir nutzen den Wandel als Chance.
- Wir, die BASF-Mitarbeiter, schaffen gemeinsam den Erfolg.

Abbildung 103: Die Mission der BASF AG
Quelle: http://www.basf.com

Ohne Zweifel steht das **Gewinnziel** im **Mittelpunkt** des **unternehmerischen Tuns**. In den letzten Jahren betonen viele Unternehmen die Notwendigkeit, Gewinne unter Berücksichtigung aller relevanten Interessen der Stakeholder zu erzielen. Immer wieder wurde versucht, ausgehend von diesem Gewinnziel, konsistente Ziel- und Kennzahlensysteme zu entwerfen. Das in der Literatur immer wieder zitierte Du-Pont-System ist ein bekanntes Beispiel hierfür (Reichmann, 1997, S. 22 ff.; Abbildung 104).

Dieses System basiert auf der **Rentabilität** des **eingesetzten Kapitals** als zentrale Zielgröße des Unternehmens. Dieses Kernziel lässt sich in Unterzielen konkretisieren bis hin zu Beständen, Forderungen und Zahlungsmitteln, die ihrerseits relevante Zielgrößen für einzelne Abteilungen darstellen. Aus diesem Konzept geht die Mittel-Zweck-Beziehung zwischen verschiedenen Zielebenen hervor. Ein Zielgefüge dieser Art eignet sich in besonderer Weise für jegliche Planungsaktivitäten. Zudem lassen sich Vergleiche im Zeitverlauf durchführen und Prognosen ableiten. Allerdings bewirkt diese Mechanik der Zielpräzisierung, dass möglicherweise weiche, nicht ohne Schwierigkeiten fassbare Ziele an Bedeutung verlieren. Deshalb ist es unerlässlich, stets das **Stakeholder-Konzept** vor Augen zu haben, um neben diesen rein monetären Zielen auch qualitative Zielgrößen ins Kalkül zu ziehen (siehe hierzu genauer Kapitel A. 1.).

Zur Realisierung dieser monetären Ziele im Sinne der dargelegten Zielhierarchie bedarf es einer **Spezifikation** von **Bereichszielen**. Dies bedeutet, dass die monetäre Zielsetzung in die einzelnen unternehmerischen Funktionsbereiche zu übertragen ist. In klassischen produzierenden Unternehmen sind am Oberziel orientierte Unterziele für folgende Be-

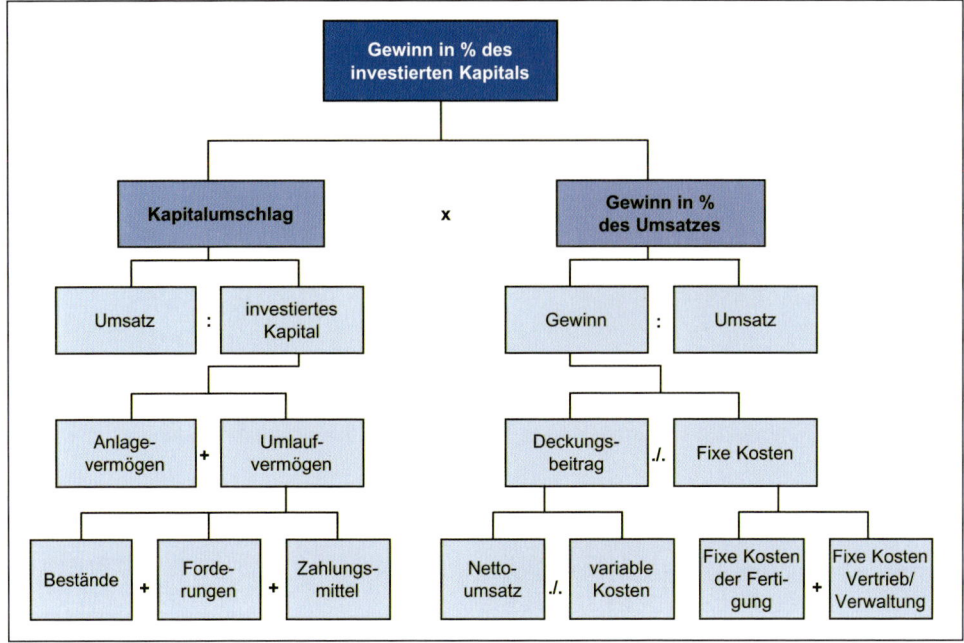

Abbildung 104: Das Du-Pont-Zielsystem

reiche denkbar: Beschaffungs-, Produktions- und Marketingbereich sowie Forschung und Entwicklung. Beispielsweise lässt sich das Oberziel, eine Rentabilität des eingesetzten Kapitals von 8 % zu erreichen, in folgenden **Produktionszielen** konkretisieren:

- Reduktion der Gemeinkosten um 5 %
- Erhöhung der Durchlaufgeschwindigkeit in der Fertigung um 3 %
- Verminderung der Fehlerrate um 0,6 %
- Senkung der Produktkosten um 1,8 %

Für das **Marketing** sind in Anbetracht des Oberziels die folgenden Bereichsziele denkbar:

- Erschließung eines neuen Marktes in Osteuropa (z. B. Ungarn)
- Steigerung der Produktpreise um durchschnittlich 3 %
- Reduktion der Händlermarge um 1,2 %
- Steigerung des Anteils neuer Produkte von derzeit 20 auf 26 %.

Im Anschluss an die Bereichsziele geht es um die **Aktionsfeldziele**, aus denen sich konkrete Hinweise für die Ausgestaltung spezifischer Funktionsbereiche ergeben. Auf dieser Ebene lassen sich Ziele im Hinblick auf die einzelnen **marketingpolitischen Instrumente** spezifizieren. Damit soll sichergestellt werden, dass die Ausgestaltung der Instrumente im Einklang mit den unternehmerischen Zielen erfolgt. Beispielsweise ergeben sich Zielsetzungen bezüglich der Beschaffenheit der Produkte, des Distributionskanals oder der Kommunikation.

Auf der letzten Ebene der Zielhierarchie geht es darum, die **Instrumentalvariablen** inhaltlich zu spezifizieren. Ausgehend von den einzelnen marketingpolitischen Instrumenten resultiert ein Gefüge verästelter Teilziele, aus denen sich **Handlungsanweisungen** für die Verantwortlichen in den entsprechenden organisatorischen Einheiten ergeben. Beispielsweise kann es Preisziele in der Form geben, dass in einem bestimmten Markt eine Preisanhebung um 3 % geplant ist. Zudem ist vorstellbar, in bestimmten Regionen Aktionspreise einzuführen. Diese Teilziele, die aus dem Oberziel abgeleitet sind, bilden den Orientierungsrahmen für das Preismanagement. Gelingt es, diese Ziele zu realisieren, entsteht ein Gefüge stimmiger Aktivitäten, die alle zur Realisierung des gemeinsamen Oberziels beitragen.

Ein Blick auf das Geschehen in vielen Unternehmen zeigt, dass in Abhängigkeit der Größe des Unternehmens, seiner Markt- und Umweltgegebenheiten sowie der Ausgestaltung des Planungssystems unterschiedlich differenzierte Ziele auf der Instrumentalebene vorliegen. Im Bereich der Produktpolitik ist bekannt, dass viele Unternehmen Teilziele für ausgewählte Zielkonstrukte formulieren. In vielen Märkten existiert die Vorstellung, dass der Kunde z. B. über die Markenbekanntheit zur Markensympathie bis zur Markenverwendung gelangt. Folglich zielen viele Unternehmen darauf ab, die Wirkungskette Markenbekanntheit, Markensympathie und Markenverwendung in der Form zu steuern, dass bestimmte Zielvorgaben für diese einzelnen Konstrukte existieren. Beispielsweise können Unternehmen vorgeben, eine Markenbekanntheit von 80 % erreichen zu wollen, um 30 % Sympathie zu realisieren und schließlich eine Markenverwendung, was dem Marktanteil entspricht, von 5 % zu erreichen. Diese Teilziele bilden die Basis für die konkrete Ausgestaltung der marketingpolitischen Aktivitäten. In der Folge sind kommunikations- und preispolitische Maßnahmen zu ergreifen, um eine Markenbekanntheit in der gewünschten Höhe zu erreichen. Geht es um die Markensympathie, so kommen möglicherweise produktpolitische Maßnahmen zum Einsatz, um die Attraktivität des Erzeugnisses zu verbessern. Was die Markenverwendung anbelangt, spielen distributionspolitische Maßnahmen, wie Kaufanreize, Point-of-Sale-Aktivitäten etc., eine wichtige Rolle (siehe zu den Zielbeziehungen auch Kapitel A. 2.).

Das, was ein Unternehmer als Ziel ins Auge fasst, hängt entscheidend von den **unternehmensexternen** und **unternehmensinternen Bedingungen** sowie der Art und Richtung ihrer Veränderung ab. Insofern bilden umfassende und differenzierte **Umwelt-** und **Unternehmensanalysen** den Ausgangspunkt jeglicher **unternehmenspolitischer Aktivitäten**. Alle relevanten Umwelt- und Unternehmensdaten sollen in einem ersten Schritt erfasst und verdichtet werden. Daraufhin findet eine Bewertung dieser Informationen sowie eine Verzahnung der daraus resultierenden Sachverhalte und Erkenntnisse statt. Die auf dem Wege der Umwelt- und Unternehmensanalyse gewonnenen Erkenntnisse bilden die Informationsbasis zur Präzisierung von Zielen, Strategien und dem Marketing-Mix (Abbildung 98). Nach dem von Porter (1995, S. 25 ff.) entwickelten Konzept hängt die Zielerfüllung von **fünf Wettbewerbskräften** im relevanten Markt ab (Abbildung 105).

Die Verhandlungsmacht der **Abnehmer** hat eine zentrale Wirkung auf die Unternehmensziele insofern, als deren Einfluss auf den Preis und die Beschaffenheit der Produkte direkt gewinn- bzw. rentabilitätswirksam ist. Man denke etwa an die Diskussion in der Automobilindustrie, wo immer wieder postuliert wird, dass die wenigen Automobilher-

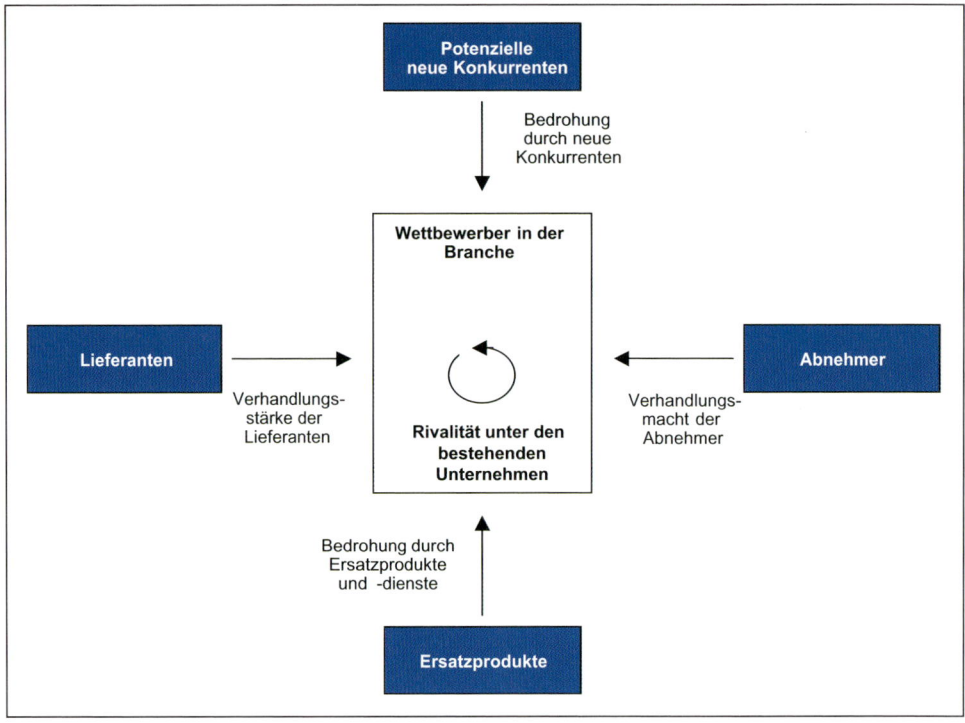

Abbildung 105: Wettbewerbskräfte nach Porter

steller als Abnehmer die Absatzpreise ihrer Zulieferer bestimmen. In Analogie dazu können auch die **Lieferanten** die Preise und Konditionen bestimmen und damit einen erheblichen Effekt auf den Unternehmenserfolg ausüben. Gerade in der Automobilindustrie gibt es auch Beispiele für Lieferanten, die aufgrund ihrer Monopolstellung die Preise und Mengen diktieren. Die Bedrohung durch neue **Konkurrenten** ergibt sich zumeist aus veränderten Spielregeln im Wettbewerb oder aus technologischen Veränderungen. Insbesondere der technologische Fortschritt führt zumeist dazu, dass sich Markteintrittsbarrieren verschieben bzw. neue Kompetenzen durch neue Unternehmen am Markt offeriert werden (Eintritt von Apple in den Musikmarkt). Die Bedrohung durch **Ersatzprodukte** ist dann gegeben, wenn neue Produkte aus anderen Branchen und Sektoren die bisherigen substituieren können. Beispielsweise sind die Postunternehmen durch die Verbreitung des Internets, insbesondere der E-Mails, gefährdet. Der Grad der **Rivalität** unter den bestehenden Unternehmen innerhalb einer Branche hängt von der Wettbewerbsintensität und vom Wettbewerbsspiel ab. Gerade in preisintensiven Branchen ist die Rivalität zwischen den Akteuren besonders deutlich (Markt für Strom oder Telekommunikation).

Branchenstrukturanalysen dieser Art ermöglichen einen Einblick in die Entwicklung einer Branche im Hinblick auf Gewinnmöglichkeiten. Auf der Basis der Strukturierung der Umwelt mit diesem Schema lassen sich nun akteursspezifische Untersuchungen vornehmen, um ein differenziertes Bild über die Marktgegebenheiten zu erhalten.

In diesem Zusammenhang besitzt die **SWOT-Analyse** (strengths, weaknesses, opportunities, threats) eine zentrale Bedeutung (Nieschlag/Dichtl/Hörschgen, 2002, S. 103 ff.), da sie die Stärken und Schwächen des Unternehmens (die interne Sicht) mit den Chancen und Risiken des Marktes (die externe Sicht) verzahnt. Die Beurteilung der Markt- und Unternehmensgegebenheiten verlangt eine umfassende Untersuchung der Kunden- und Konkurrenzsituation (Abbildung 106).

Die **Stärken-Schwächen-Analyse** umfasst eine Bewertung der wesentlichen Vorteile (Stärken) und Nachteile (Schwächen) eines Unternehmens häufig im Vergleich zu seinem wichtigsten Konkurrenten. Dabei erscheint es ratsam, nicht nur die gegenwärtige Situation zu beurteilen, sondern auch zukünftige Entwicklungen mit einzubeziehen. Bei der Erstellung einer Stärken-Schwächen-Analyse kommt eine dreistufige Vorgehensweise in Betracht: Zunächst sind die strategischen Potenziale festzulegen und das Unternehmen im Hinblick auf diese zu beurteilen. Des Weiteren interessieren Informationen über Wettbewerber bzgl. dieser strategischen Potenziale. Abschließend erfolgt eine Gegenüberstellung anhand eines Stärken-Schwächen-Profils. Bei der **Chancen-Risiken-Analyse** geht es darum, möglichst frühzeitig jene Entwicklungen im Markt und dessen Umfeld zu identifizieren, die mit den Stärken und Schwächen des Unternehmens zusammentreffen. Eine Analyse dieser Art ermöglicht es dem Unternehmen, rechtzeitig strategische Entscheidungen zu treffen. Damit besteht die Chance, entsprechende Aktivitäten schneller und besser umsetzen zu können als die Wettbewerber.

intern \ extern	Chancen (opportunities)	Risiken (threats)
Stärken (strengths)	**SO** • Auf dem chinesischen Markt lassen sich auch Luxus-Pkw verkaufen. • Die Nachfrage nach sportlichen Fahrzeugen ist ungebrochen.	**ST** • Neue Anbieter drängen in das Luxussegment mit derzeit noch qualitativ schlechteren Produkten. • In verschiedenen Ländern sind Sättigungserscheinungen im Luxussegment auszumachen.
Schwächen (weaknesses)	**WO** • In Osteuropa öffnet sich das Segment für Kleinwagen. • Die off-road-Fahrzeuge erfreuen sich großer Beliebtheit.	**WT** • Eine drastische Erhöhung der Mineralölsteuer fördert den Absatz von Kompaktfahrzeugen. • Der steigende Benzinpreis ist dem Absatz verbrauchsarmer Fahrzeuge zuträglich.

Abbildung 106: Beispiel für eine SWOT-Analyse

Aus dieser Analyse ergeben sich Normstrategien, denen die Grundüberlegung „Stärken betonen, Schwächen vermeiden" zugrunde liegt. Zur Beschreibung der strategischen Situation lässt sich die in Abbildung 106 dargestellte Matrix aufgreifen, wobei S (Strengths = Stärken) und W (Weaknesses = Schwächen) für die unternehmensinternen Komponenten und O (Opportunities = Chancen) und T (Threats = Risiken) für die unternehmensexternen Komponenten stehen.

In einer SO-Situation liegt ein Idealfall insofern vor, als ausgeprägte interne Stärken existieren, die auf Umweltchancen treffen. In dieser Situation liegt es nahe, die Wettbewerbsposition auszubauen. In der WO-Situation zielt das Unternehmen darauf ab, seine internen Schwächen zu beseitigen bzw. zu reduzieren, um sich den Chancen des Umfeldes zuwenden zu können. Dabei sollte das Unternehmen sein Augenmerk darauf richten, die Schwächen in Stärken umzuwandeln, um eine SO-Position zu erreichen. Hierzu kommen beispielsweise Kooperationen mit anderen Unternehmen in Betracht. In einer ST-Situation dienen die Stärken des Unternehmens dazu, die Gefahren des Umfeldes zu reduzieren oder zu umgehen. Hier bietet sich die Diversifikation in einen anderen Markt an, um auf diese Weise Marktrisiken zu umgehen. In einer WT-Situation ist zurückhaltendes Verhalten angebracht. Einerseits sollten die internen Schwächen minimiert werden, andererseits geht es darum, den Gefahren des Umfeldes auszuweichen.

Kritisch anzumerken ist, dass die **SWOT-Analyse** vor allem in Betracht kommt, um eines der Geschäftsfelder zu analysieren. Zumeist lässt sich mit diesem Instrument keine Gesamtsicht des Unternehmens im Sinne der Summe verschiedener Tätigkeitsbereiche erreichen.

Im Hinblick auf die Verzahnung der einzelnen Unterziele bietet sich ein Rückgriff auf das **Shareholder-Value-Konzept** als Basis einer wertorientierten Unternehmensführung an (siehe hierzu genauer Kapitel A. 1.). Die Methodik zur Verknüpfung einzelner Teilziele erfolgt über die **Balanced Scorecard** (Kaplan/Norton, 1997, S. 12 ff.), mit der sich einerseits die verschiedenen Teilziele stets auf das Gesamtziel ausrichten lassen. Andererseits leistet dieser Ansatz einen Beitrag zur Berücksichtigung qualitativer Ziele, die neben den finanziellen Zielgrößen für das Unternehmen bedeutsam sind. Abbildung 107 zeigt die Grundstruktur dieser Balanced Scorecard, die aus **vier Prozessbereichen** besteht, die in einem Ursache-Wirkungs-Zusammenhang zu sehen sind. Kennzeichnend für diesen Ansatz ist die Ausgewogenheit der verschiedenen Bereiche und das Ableiten jeweils teilbereichsspezifischer Kennzahlen. Neben finanzwirtschaftlichen und prozessbezogenen Größen spielen ausdrücklich **Kundenaspekte** eine zentrale Rolle. Jeder Prozessbereich lässt sich über Ziele, Kennzahlen und Vorgaben steuern, die in bestimmten Maßnahmen münden. Beispielsweise erscheinen im Bereich Kunden Zufriedenheits- und Bindungskenngrößen, die Auskunft über die Kundenorientierung des Unternehmens erteilen. Auf diese Weise erfährt jeder der vier Bereiche eine Operationalisierung und eine damit verbundene Messung der zentralen Aspekte. In vielen Unternehmen wurde in den letzten Jahren diese Balanced Scorecard implementiert, um eine umfassende Steuerung des Unternehmens zu ermöglichen. Sie trägt entscheidend dazu bei, das Unternehmen nicht nur aus finanzwirtschaftlicher Sicht zu steuern, sondern auch andere Gestaltungsdimensionen zuzulassen.

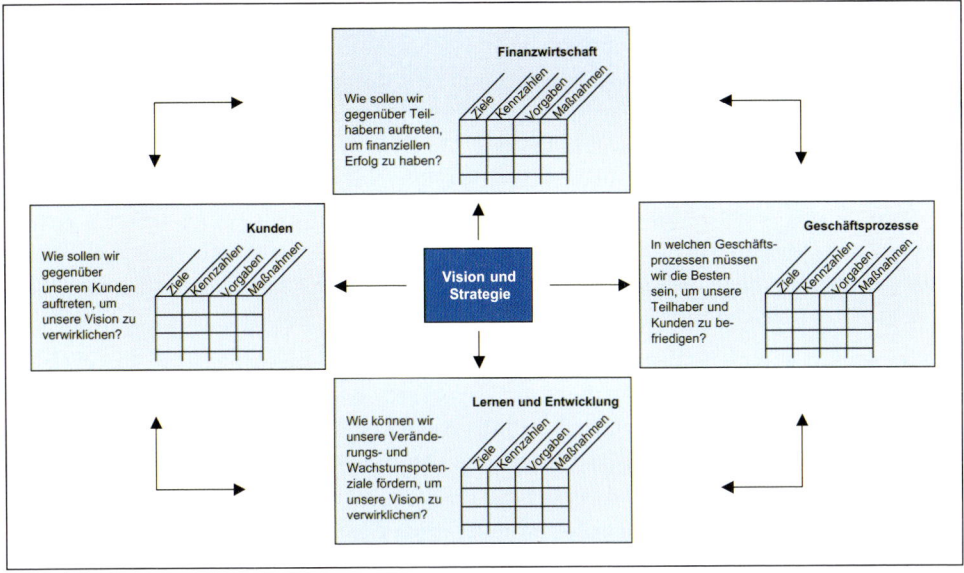

Abbildung 107: Grundstruktur der Balanced Scorecard

3. Strategien bestimmen

> *„Visionen brauchen Fahrpläne."*
> *Hilmar Kopper*

Das unternehmerische Handeln ist zweck- bzw. zielorientiert in dem Sinne, dass es auf eine Erreichung von Zielen ausgerichtet ist. Dabei besteht die Herausforderung darin, die Vielzahl der Aktivitäten auf das gemeinsame Ziel zu lenken. Dies erfordert die Definition **zieladäquater Strategien**, die als Steuerungsmechanismen für die Instrumente agieren.

Eine zielführende Steuerung des Instrumenteneinsatzes bedarf **zukunftgerichteter** und **potenzialorientierter Strategien**, die allen Akteuren die Handlungsrichtung vorgeben. Im Kern dient eine Strategie als Wegbeschreibung mit dem Anliegen, jegliches unternehmerische Handeln auf das intendierte Ziel auszurichten. Fehlen Strategien im Unternehmen oder werden sie nicht kommuniziert, besteht die Gefahr, dass die vielfältigen Aktivitäten sich in verschiedene Richtungen entwickeln. Dies äußert sich in Doppelarbeit, unwirtschaftlicher Nutzung der verfügbaren Ressourcen, Schwierigkeiten in der Abgrenzung von Kompetenzen und einer widersprüchlichen Ausgestaltung der Instrumente. Zudem bewirkt Strategielosigkeit, dass die vielfältigen Synergien zwischen den Instrumenten nicht genutzt werden können.

Marketingstrategien bilden somit verbindliche Leitlinien für den Instrumenteneinsatz. Idealerweise zeichnen sie sich durch **Kontinuität** und **Prägnanz** aus. Sie sind darauf ausgerichtet, die Möglichkeiten und Fähigkeiten der Organisation in marktfähige Produkte zu transformieren und dem Unternehmen eine eigenständige Position im Absatzmarkt zu verleihen. Trotz diesem Plädoyer für Kontinuität bei der Marketingstrategie ist innerhalb des vorgegebenen Korridors **Flexibilität** möglich. Strategien stecken Suchfelder ab, innerhalb derer schnelles und unkompliziertes Handeln möglich sein muss, um den sich verändernden Marktgegebenheiten ständig Rechnung zu tragen. Trotz der Grundstruktur, die sich aus der Strategie für die Gestaltung der Instrumente ergibt, ist auch **Kreativität** jederzeit möglich. Jedoch muss diese Kreativität insofern gelenkt sein, als es darum geht, die Instrumente auf das gemeinsame Ziel zu lenken. Insofern gilt auch hier, dass Strategien Leitplanken für inhaltliche Anpassungen ermöglichen.

Die Entwicklung generischer Marketingstrategien geht auf die Arbeit von Ansoff (1966) zu den Produkt- und Markstrategien und den Wettbewerbstrategien von Porter (1995) zurück. Darüber hinaus liefert auch der **PIMS-Ansatz** (profit impact of market strategies) Hinweise zur Definition generischer Strategien (Buzzell/Gale, 1989). Beim PIMS-Projekt geht es darum, zentrale Faktoren für den Markterfolg zu identifizieren. Hierzu liegt eine umfassende Datenbank vor, die Informationen über die Geschäftsentwicklung von Unternehmen bei einer Vielzahl von Kriterien (Umsatz, Absatz etc.) enthält. Auf der Basis dieser Daten können eine Reihe von Wirkungszusammenhängen identifiziert werden, die in die Strategiediskussion der letzten Jahre eingingen (Hildebrandt, 1992, S. 1071 ff.). Hierzu zählen beispielsweise die Beziehung zwischen Marktanteil und Gewinn, der Effekt der Unternehmensgröße auf den Erfolg oder die Relation zwischen einer bestimmten strategischen Ausrichtung (Preis- oder Qualitätsführer) und dem Gewinn.

Eine Zusammenfassung aller dieser Entwicklungslinien führt zu vier materiell-inhaltlichen Strategiedimensionen, die im Folgenden betrachtet werden sollen (Becker, 2001, S. 135 ff.): **Marktfeldstrategien** legen die strategische Stoßrichtung des Unternehmens in Bezug auf mögliche Produkt-Markt-Kombinationen fest. Aus **Marktstimulierungsstrategien** ergibt sich die Art und Weise der Bearbeitung des Marktes durch das Unternehmen. Dagegen definieren **Marktparzellierungsstrategien** die Intensität der Differenzierung der Marktbearbeitung. Mit **Marktarealstrategien** lässt sich der Markt- und Absatzraum des Unternehmens festmachen. Jede dieser **Strategiedimensionen** weist bestimmte Ausprägungen auf (Abbildung 108).

Aus einer Kombination ausgewählter Ausprägungen ergibt sich das **strategische Gesamtkonzept**, das eine Führung des Unternehmens vom Markt her ermöglicht. Diesem Ansatz liegt die Vorstellung zugrunde, dass der Erfolg eines Unternehmens am Markt nicht das Ergebnis einzelner, isolierter Aktivitäten ist, sondern vielmehr das Resultat des kombinierten Einsatzes mehrerer marketingpolitischer Aktivitäten bildet. Hierzu formuliert der Marketingmanager eine Strategie, die im Kern die **Art**, **Richtung**, **Intensität** und **Gewichtung** des Instrumenteneinsatzes determiniert.

Ebene	Strategische Option			
Marktfeld-strategie	• Marktdurch-dringungs-strategie	• Marktent-wicklungs-strategie	• Produkt-innovations-strategie	• Diversifika-tions-strategie
Marktstimulierungs-strategie	• Präferenz-strategie		• Preis-Mengen-Strategie	
Marktparzellierungs-strategie	• Massen-markt-strategie (totale)	• Massen-markt-strategie (partiale)	• Segmentie-rungs-strategie (totale)	• Sementie-rungs-strategie (partiale)
Marktareal-strategie	• Lokale Strategie	• Nationale Strategie	• Internationale Strategie	

Abbildung 108: Strategische Optionen im Überblick
Quelle: in Anlehnung an Becker, 2001, S. 352.

(1) Marktfeldstrategien

Die Strategie der **Marktdurchdringung** kennzeichnet eine Intensivierung insbesondere der produktpolitischen Aktivitäten mit dem Anliegen, den derzeitigen Erzeugnissen auf den gegenwärtigen Märkten zu mehr Erfolg zu verhelfen (z. B. alkoholfreie Erfrischungsgetränke). Damit bezweckt man einerseits eine Stabilisierung beziehungsweise Vergrößerung des Marktanteils, andererseits eine Ausweitung des Marktvolumens (Abbildung 109).

Bei der **Marktentwicklung** wird der Markt nicht als undifferenzierte Einheit betrachtet, sondern als ein Gebilde, das aus einzelnen Abnehmergruppen besteht, die sich im Hinblick auf kaufverhaltensrelevante Merkmale voneinander unterscheiden. Eine solche Vorgehensweise erlaubt die Auswahl vielversprechender Segmente und deren spezifische Bearbeitung mit produktpolitischen Maßnahmen (z. B. Alcopops).

Die Strategie der **Produktinnovation** zielt auf die Überwindung von Sättigungserscheinungen beziehungsweise auf die Sicherung des Unternehmenswachstums durch neue beziehungsweise verbesserte Erzeugnisse ab. Der Begriff der Innovation umspannt dabei echte Innovationen, die es ursprünglich überhaupt nicht gab (CD-Player), quasi neue Erzeugnisse, die an vorhandene Güter anknüpfen (Mountain Bike) und me-too-Güter, die lediglich für das jeweilige Unternehmen eine Innovation darstellen, sich aber kaum von anderen, bereits am Markt befindlichen Varianten unterscheiden.

Die **Diversifikation** besteht in der Aufnahme neuer Produkte, die häufig in einem weiten, aber dennoch sinnvollen Zusammenhang mit dem bisherigen Betätigungsfeld des Anbieters stehen. Diese Strategie erlaubt einem Unternehmen, auf neuen Märkten zu agie-

Produkte / Märkte	bestehende Produkte	neue Produkte
bestehende Märkte	Marktdurchdringung (z. B. Porsche 911)	Produktinnovation (z. B. Porsche Cayenne)
neue Märkte	Marktentwicklung (z. B. Porsche für den Kleinwagenmarkt)	Diversifikation (z. B. Porsche-Transporter)

Abbildung 109: Grundstruktur der Ansoff-Matrix

ren, und zwar so, dass es Kenntnisse, Erfahrungen, Beziehungen und andere spezifische Vorteile aus seiner bisherigen Tätigkeit für den neuen Bereich einsetzt, was seine Krisenanfälligkeit mindert und ihm gegenüber Konkurrenten möglicherweise Wettbewerbsvorteile verschafft.

(2) Marktstimulierungsstrategien

Diese Strategiedimension betrifft die Art und Weise der **Marktbeeinflussung** bzw. Steuerung im Sinne der zuvor festgelegten Marktziele. Grundsätzlich lassen sich zwei Wege zur Stimulierung eines Marktes ausmachen: Der klassische **Preiswettbewerb** zielt darauf ab, durch einen möglichst niedrigen Preis **Wettbewerbsvorteile** im Markt zu erzielen. Er ist dort nahe liegend, wo homogene Produkte, die Kernfunktionalitäten bieten, im Wettbewerb stehen (Aldi im Handel oder Ryan-Air im Fluggeschäft). Dagegen versucht der **Qualitätswettbewerb** mit nicht-preislichen Mitteln, die Kunden zum Kauf des betrachteten Produktes zu bewegen. Hier spielen neben den Basisleistungen insbesondere Zusatzleistungen eine zentrale Rolle, um eine Differenzierung des Produktes im Wettbewerb zu erreichen. Im Kern lassen sich hierbei die folgenden Strategieausprägungen festmachen:

Die **Präferenzstrategie** bedeutet, dass der Anbieter den Erwartungen und Vorstellungen der tatsächlichen und potenziellen Abnehmer entgegenkommt. Da in vielen Märkten die Sättigung von Grundbedürfnissen erreicht ist, suchen Unternehmen konsequent nach einer Befriedigung von Zusatzbedürfnissen. Beispielsweise versuchen sich einige Möbelhäuser durch Serviceleistungen wie das Einscannen von Grundrissen zur computergestützten Einrichtungsplanung zu differenzieren.

Die **Preis-Mengen-Strategie** ist auf einen aggressiven Preiswettbewerb ausgerichtet, und zwar unter Verzicht auf sonstige präferenzpolitische Maßnahmen. Das akquisitorische Potenzial von Unternehmen, die gemäß dieser Strategie agieren, beruht im Kern auf einem Angebotspreis, der besonders niedrig ist. Zum Beispiel zielt Ikea darauf ab, mittels standardisierter Möbel, die in zahlreichen Filialen angeboten werden, einen besonders niedrigen Preis zu erreichen.

(3) Marktparzellierungsstrategien

Diese Strategiedimension betrifft die Art und Weise der **Differenzierung** des Marktes, in dem das Unternehmen agieren will. Im Kern legt die Marktparzellierungsstrategie die **Zielgruppe** fest, auf die sich das Unternehmen ausrichtet. Die Entscheidung, nur einzelne Segmente im Markt zu bedienen, ist dort nahe liegend, wo die Marktstruktur sehr heterogen ist. Dies bedeutet, dass die Wünsche und Vorstellungen der Kunden nicht mit einem einzigen Produkt bzw. einer einzigen Dienstleistung erfüllt werden können, sondern vielfältige Leistungen notwendig erscheinen. Darüber hinaus ist denkbar, dass nicht jedes Unternehmen über die Fähigkeit und Ressourcen verfügt, um alle Teilmärkte mit separaten Produkten zu bedienen. In diesem Fall wählt das Unternehmen einen bestimmten Marktausschnitt bzw. ein Marktsegment aus und gestaltet sein Erzeugnis entsprechend den Kundenwünschen in diesem Segment. Drei Basisoptionen sind hier relevant:

Das Prinzip der **Massenmarktstrategie** mit **totaler Abdeckung** besteht darin, den Gesamtmarkt nicht in seinen Teilen zu würdigen, sondern als Aggregat zu behandeln. Dabei konzentriert sich der Anbieter auf solche Wünsche und Bedürfnisse, die alle Individuen aufweisen, und vernachlässigt jene, in denen sie sich unterscheiden.

Bei einer **Massenmarktstrategie** mit **partialer Abdeckung** bedient ein Anbieter zwar den Massenmarkt, dieser ist jedoch eng gefasst. Hierzu kommen Abgrenzungsmerkmale ins Spiel, die zur Offenlegung unterschiedlicher Anforderungen der Nachfrager an die Unternehmensleistung beitragen.

Einer **Marktsegmentierung** liegt die Idee zugrunde, die Abnehmer nicht als undifferenzierte Einheit zu betrachten, sondern sie unter anderem im Hinblick auf ihre Bedürfnisse, soziodemographischen und psychographischen Merkmale sowie ihre finanziellen Mittel zu unterteilen. Folglich besteht der Gesamtmarkt aus einzelnen Gruppierungen von Nachfragern (Segmenten, Clustern), die sich bezüglich relevanter Eigenschaften unterscheiden lassen. Im Anschluss an eine Segmentierung ist der Anbieter in der Lage, seine produktpolitischen Aktivitäten clusterspezifisch auszurichten. In Abhängigkeit davon, ob der Gesamtmarkt oder ein Ausschnitt davon die Basis einer nachfragerbezogenen Abgrenzung bildet, ist von totaler oder partialer Segmentierung die Rede. Ein Beispiel bildet die Deutsche Bank AG, die den Markt für Finanzdienstleistungen in acht Segmente unterteilt, die mit unterschiedlichen Offerten bearbeitet werden. Eines dieser Segmente umfasst die jungen Familien, während die beruflichen Aufsteiger zu einem anderen gehören.

(4) Marktarealstrategien

Eine weitere Strategiedimension richtet sich auf den **Markt-** bzw. **Absatzraum** des Unternehmens. In der Literatur findet die Beantwortung geopolitischer Fragen bislang keine besondere Beachtung, jedoch spielen sie in der Praxis eine zentrale Rolle. Man denke etwa an die Nahrungsmittelindustrie, Unternehmen im Chemiesektor oder Hersteller in der

Automobilbranche, die allesamt sehr gezielt **geostrategische Planungen** bei der Produktgestaltung vornehmen.

Marketingpolitische Maßnahmen richten sich bei vielen Unternehmen in der Entwicklungsphase zunächst auf ein **lokales** oder **regionales** und erst im Laufe der Zeit auf ein **überregionales** oder **nationales Absatzgebiet**. Ein solcher Prozess vollzieht sich häufig über mehrere Jahre und bleibt in vielen Fällen auch auf einer der genannten Stufen stehen. Diese Situation tritt zum Beispiel dann ein, wenn Konkurrenten aufeinander stoßen und sich in ihrer weiteren Entwicklung hemmen. Ebenso ist eine Stagnation denkbar, sofern umfassende produktpolitische Anstrengungen für einen Sprung auf die nachfolgende Stufe erforderlich sind.

Eine **multinationale**, **internationale** oder **Weltmarktstrategie** liegt nahe, falls der Inlandsmarkt gesättigt ist. Außerdem lassen sich oft die Produktionskosten reduzieren, Fertigungskapazitäten auslasten, Wechselkurs- und Kaufkraftunterschiede ausnutzen, die Krisenfestigkeit des Unternehmens sichern, Kostenvorteile erzielen, eine bessere Marktnähe gegenüber dem klassischen Export erreichen und zusätzliches Know-how erwerben. Ein Beispiel hierfür bilden die deutschen Automobilunternehmen, die allesamt weltweit produzieren und distribuieren.

Durch die Verknüpfung der einzelnen strategischen Optionen entsteht ein **Strategie-Chip** (Becker, 2001, S. 365 ff.), das es dem Unternehmen erlaubt, seine marketingpolitischen Aktionen zu steuern. Was die Spezifikation eines Strategie-Chips anbelangt, so sind grundsätzlich zwei Ansätze denkbar: die Bestimmung der strategischen Höhe und die Festlegung der strategischen Breite (Abbildung 110).

Aus der Festlegung der **strategischen Höhe** resultiert die Grundausrichtung des Unternehmens, die sich zum Beispiel in der Kombination Produktinnovation, Präferenzstrategie, totale Segmentierung und nationale Strategie äußert. Die Strategieebenen eins und zwei repräsentieren die klassischen strategischen Optionen, während die Ebenen drei und vier die strategischen Entwicklungsmöglichkeiten des Anbieters verkörpern.

Die Bestimmung der **strategischen Breite** zielt auf die Strategieentwicklung ab, die beispielsweise in einer Ergänzung der nationalen Strategie um eine Weltmarktstrategie oder in einer Erweiterung der Produktinnovationsstrategie durch eine Diversifikationsstrategie zum Ausdruck kommt. Eine Strategiekombination dieser Art ist die Konsequenz spezifischer Umwelt- und Unternehmensentwicklungen, auf die eine Firma nicht nur taktisch, sondern vor allem strategisch antworten muss.

Vor allem Unternehmen mit **ehrgeizigen Gewinnzielen** zeichnen sich durch prägnante Strategiemuster aus. Ein modellhafter Strategie-Chip von Audi zeigt die strategische Dominanz einzelner Strategieebenen und das Potenzial, auf anderen Strategieebenen zusätzliches Potenzial zu nutzen. Besonders ausgeprägt ist der Ausschöpfungsgrad der ersten Strategieebene (**Marktfeldstrategien**). Hier liegen für alle vier Ausprägungsstufen unterschiedliche Produkte vor. Während die Marktdurchdringung mit den klassischen Volumenmodellen bewältigt wird, versucht man mit neuen Technologien eine Markt- und Produktentwicklung zu betreiben. Dagegen dominiert auf der zweiten Ebene die Präferenzstrategie, und bezüglich der Parzellierung des Marktes ist eine partiale Mas-

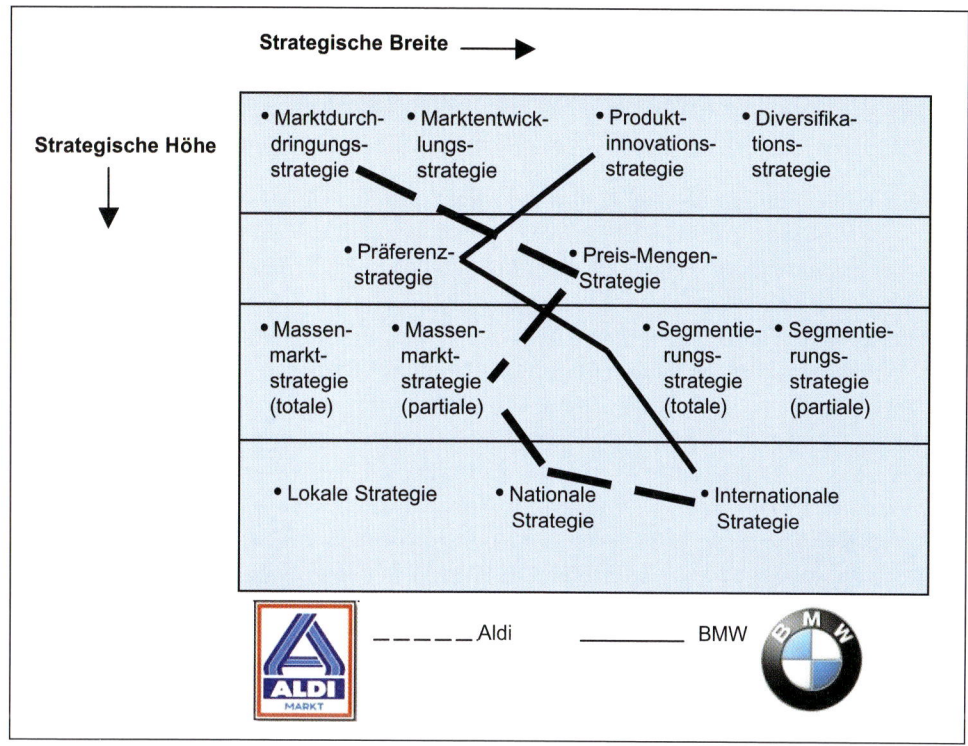

Abbildung 110: Kombination der strategischen Optionen
Quelle: in Anlehnung an Becker, 2001, S. 356.

senmarktstrategie zu konstatieren. Das Marktareal ist der Weltmarkt, jedoch mit einem klaren Fokus auf Europa, USA und Japan.

Im Anschluss an die Spezifikationen der Strategiedimensionen interessiert im Folgenden die **Strategiefestlegung** auf allen diesen vier Ebenen.

(1) Bestimmung des Marktfeldes

Marktfeldstrategien sind auf die Definitionen des Leistungsprogramms gerichtet. Mit der Festlegung der Produkt-Markt-Kombination ergibt sich die Orientierung für die Entwicklung des Unternehmens. Im Sinne einer zielorientierten Formulierung solcher Strategien ist es unerlässlich, die Strategiewahl an den bisherigen und zukünftigen Unternehmenszielen festzumachen. Hierfür dienen Gap-Analysen, die bei komplexen Markt- und Umfeldbedingungen die Strategieformulierung erleichtern (Homburg/Krohmer, 2003, S. 375 ff.).

Die **GAP-Analyse** basiert im Kern auf der Szenario-Technik und zielt darauf ab, die zukünftige Wirklichkeit zu beschreiben und strategische Differenzen aufzudecken (Schoemaker, 1995, S. 25 ff.). Hierbei vergleicht man einen angestrebten, zukünftigen Zustand mit dem auf der Basis aktueller Aktivitäten prognostizierten Unternehmenserfolg innerhalb eines bestimmten Planungshorizonts. Die **Gap-Analyse** kommt vor allem bei komplexen Markt- und Umweltbedingungen zum Einsatz, da dort die Gefahr besteht, relevante Ziele aus den Augen zu verlieren und vom eingeschlagenen Strategiepfad abzukommen.

Zur Konkretisierung des gegenwärtigen und des geplanten Zustandes kommen üblicherweise **ökonomische Kenngrößen** wie Umsatz oder Gewinn in Betracht. Dabei geben Entwicklungslinien an, inwieweit sich die Ziele mit den bisher verfolgten Strategien noch erreichen lassen. Sofern diese Ziele nicht aufgegeben und nach unten korrigiert werden sollen, sind im Falle einer strategischen Lücke **neue strategische Alternativen** zu suchen. Der strategische Handlungsrahmen wird durch das produkt- und marktbezogene Gestaltungspotenzial begrenzt. In Abbildung 111 zeigt die untere Kurve die Entwicklung des Basisgeschäfts, d.h. die Umsatz- bzw. Gewinnentwicklung bei einem unveränderten Marketing-Konzept. Diese untere Kurve entsteht zumeist durch eine Fortschreibung des bestehenden Zustands und einer Berücksichtigung der Aktivitäten des eigenen Unternehmens und der der Wettbewerber. Betrachtet man zusätzlich das zur Zielerreichung erforderliche Geschäft, so ergibt sich eine Lücke, die mit zusätzlichen Aktivitäten zu schließen ist. Eine solche Analyse soll rechtzeitig Aufschluss über Veränderungen im Aktivitätenset erteilen.

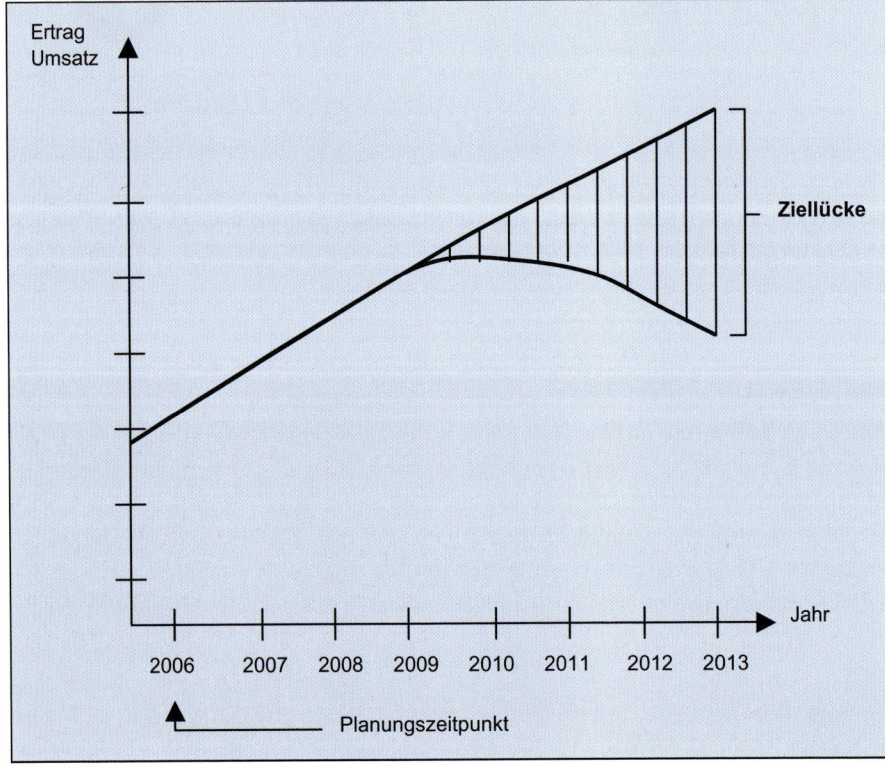

Abbildung 111: Beispiel für eine Gap-Analyse

Trotz der Relevanz dieses Verfahrens hängt die Güte der Analyse letztlich von der Prognose umfangreicher Informationen und Rahmenbedingungen ab. Wenn es nicht gelingt, den notwendigen Dateninput sorgfältig zu prognostizieren, dann kann eine solche Analyse sehr schnell zu Fehlentscheidungen führen. Zudem besteht eine Messproblematik insofern, als viele Größen nur abgeschätzt werden können, ohne dass genaue Werte vorliegen. Jedoch vermag die **Gap-Analyse** im Unternehmen eine Kultur zu entwickeln, die Entscheidungsträger dazu zwingt, Zielgrößen möglichst genau zu spezifizieren und in quantitative Größen zu überführen (Brauers/Weber, 1986, S. 635 ff.).

Die Ergebnisse der Gap-Analyse vor Augen, erfasst und interpretiert die **Portfolio-Analyse Schlüsselgrößen** für den **Unternehmenserfolg.** Sie findet ihren Einsatz dort, wo sich eine Fülle von Informationen über das Unternehmen, den Markt und die Wettbewerber auf zentrale Dimensionen reduzieren lassen. Die Portfolio-Analyse und ihre spezielle Methodik knüpft an drei grundlegende strategische Konzepte an. Neben dem bereits erläuterten **PIMS-Projekt** spielen das **Erfahrungskurven- und das Produktlebenszyklus-Konzept (Kapitel D. 4.)** als Basis für die Portfolio-Analyse eine zentrale Rolle. Es geht auf eine empirische Untersuchung der Boston Consulting Group über Preis- und Kostenwirkungen bei Unternehmen zurück. Diesem Konzept nach reduzieren sich die preisbereinigten Kosten eines Produkts um **20–30 %**, sofern sich die **kumulierte Produktionsmenge verdoppelt,** und zwar bezogen auf einzelne Unternehmen, aber auch ganze Industrien. Dabei ist jedoch zu beachten, dass das Erfahrungskurvenkonzept kein Gesetz im eigentlichen Sinne beschreibt, sondern lediglich das Kostensenkungspotenzial aufzeigt, das ausgeschöpft werden kann, sofern das jeweilige Management die Fähigkeit besitzt, die Ansätze zur Kostensenkung zu erkennen und umzusetzen.

Die **Portfolio-Analyse** geht auf die Arbeit von Markowitz (1954) zurück, der sich mit der optimalen Zusammenstellung von Portfolios für Investoren beschäftigt. In Analogie dazu lässt sich ein Unternehmen als ein Portfolio von strategischen Geschäftseinheiten auffassen. Dabei ist eine strategische Geschäftseinheit eine möglichst homogene und isolierbare Planungseinheit, die auf einem definierten Markt selbständig und mit abgrenzbaren Produkten agiert. Im Mittelpunkt der Portfolioanalyse steht das Anliegen, eine vom Unternehmen **beeinflussbare Größe** (z. B. Deckungsbeitrag einzelner Pkw-Modelle) einem **vom Markt vorgegebenen Faktor** (z. B. Wachstumsrate des Pkw-Markts) gegenüberzustellen. Eine Matrix dieser Art lässt Aussagen über die Ausgewogenheit der Produktpalette zu und liefert Hinweise für zukünftige marketingpolitische Aktivitäten. Auf diesem Wege lassen sich die strategischen Geschäftseinheiten eines Unternehmens positionieren und auf Basis dieser Positionierung Empfehlungen ableiten. Neben einer Positionierung der strategischen Geschäftseinheiten eines Unternehmens eignet sich die Portfolio-Analyse auch für die Untersuchung aller strategischen Geschäftseinheiten der Konkurrenten in einem bestimmten Markt. Damit erlaubt die Portfolio-Analyse eine Beurteilung sowohl des eigenen Unternehmens als auch der Konkurrenten (Nieschlag/Dichtl/Hörschgen, 2002, S. 118 ff.).

Ein in Wissenschaft und Praxis verbreiteter Portfolio-Ansatz besteht aus der **Vier-Felder-Matrix der Boston Consulting Group**, die durch die Dimensionen **Marktwachstum** und **Marktanteil** aufgespannt ist (Abbildung 112).

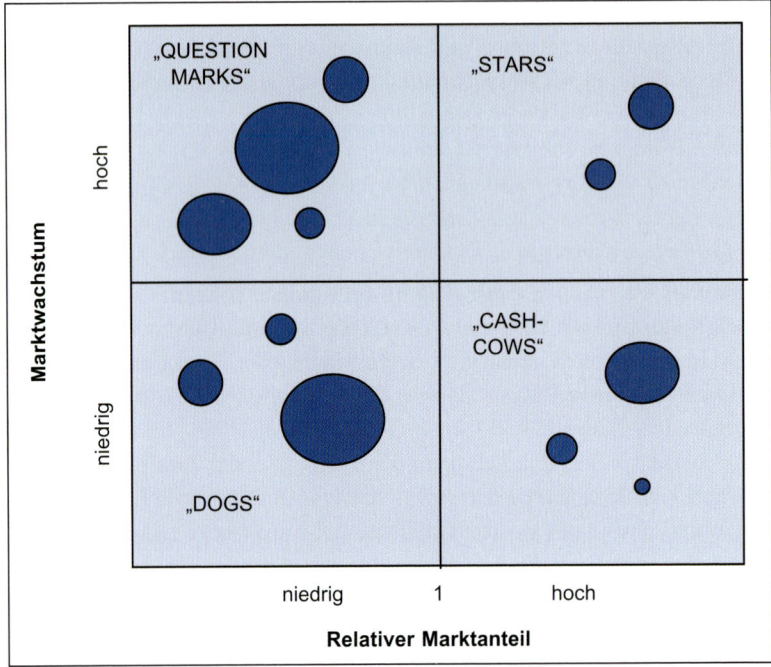

Abbildung 112: Beispiel eines Marktanteil-Marktwachstum-Portfolios

Die im rechten oberen Quadranten zusammengefassten strategischen Geschäftseinheiten, die „Stars", befinden sich in einem Wachstumsmarkt und besitzen einen beachtlichen Marktanteil. Im Allgemeinen generieren sie Gewinne, die zur Sicherung der Marktposition des Unternehmens in der Zukunft investiert werden müssen. Die darunter angesiedelten strategischen Geschäftseinheiten, die „**Cash-Cows**", lassen sich auch als Melkkühe bezeichnen. Hierbei handelt es sich um strategische Geschäftseinheiten, die einen sehr hohen Marktanteil besitzen, jedoch kein besonderes Marktwachstum aufweisen. Sie befinden sich in einer Phase, in der sie einen erheblichen Mittelüberschuss generieren, der für zukunftssichernde Investitionen anderer strategischer Geschäftseinheiten genutzt werden kann. Die unten links angesiedelten strategischen Geschäftseinheiten, die „**Dogs**", weisen ein niedriges Marktwachstum auf bei einem niedrigen Marktanteil. Sofern diese Einheiten überhaupt Gewinne abwerfen, empfiehlt es sich, diese in die „Question Marks" oder „Stars" zu investieren. Sollten sie in die Verlustzone abgleiten, erscheint es nahe liegend, über Desinvestitionsstrategien zu entscheiden, sofern dies keinen negativen Einfluss auf andere Geschäftsbereiche hat. Die oben links positionierten strategischen Geschäftseinheiten, die „**Question Marks**", bestehen aus Nachwuchsprodukten, die noch einen niedrigen Marktanteil aufweisen, sich jedoch durch hohes Marktwachstum auszeichnen. Hierbei handelt es sich um Erzeugnisse, die am Beginn ihres Lebenszyklus stehen und als hoffnungsvolle Umsatzträger eingestuft werden. Ihre Förderung erscheint notwendig, um auch in Zukunft ertragreiche Erzeugnisse im Leistungsprogramm zu haben. Allerdings ist zu bedenken, dass diese strategischen Geschäftseinheiten derzeit mehr finanzielle Mittel benötigen als sie generieren. Zudem ist ihr Markterfolg in der Zukunft unsicher. Daher bedarf es umfassender Analysen, um die Erfolgsträchtigkeit solcher strategischer Geschäftseinheiten abzuschätzen.

Aus der Anordnung der strategischen Geschäftseinheiten im **Marktwachstums-Marktanteils-Portfolio** ergeben sich Normstrategien. Grundsätzlich bietet es sich an, in die „Stars" zu investieren, bei den „Dogs" gegebenenfalls Desinvestitionen vorzunehmen, die „Cash Cows" zur Generierung finanzieller Mittel heranzuziehen und die „Question Marks" selektiv auszubauen. Diese Methodik lässt sich nicht nur zur Bestimmung der Marktposition und strategischen Geschäftseinheiten heranziehen, sondern fungiert auch als Instrument zur Beurteilung gegenwärtiger und neuer Technologien (**Technologie-Portfolio**). Hierbei vergleicht der Manager beispielsweise die Attraktivität einer Technologie, etwa Hybridantrieb, mit den Ressourcen des Fahrzeuganbieters, wie Finanzkraft und technisches Know-how (Abbildung 113).

Trotz einer beachtlichen Verbreitung von Portfolio-Ansätzen und ihrer von vielen Managern geschätzten Handhabbarkeit bergen sie einige Risiken. Zwar erscheinen die Dimensionen Marktwachstum und Marktanteil als relevant, jedoch sind sie nicht unumstritten

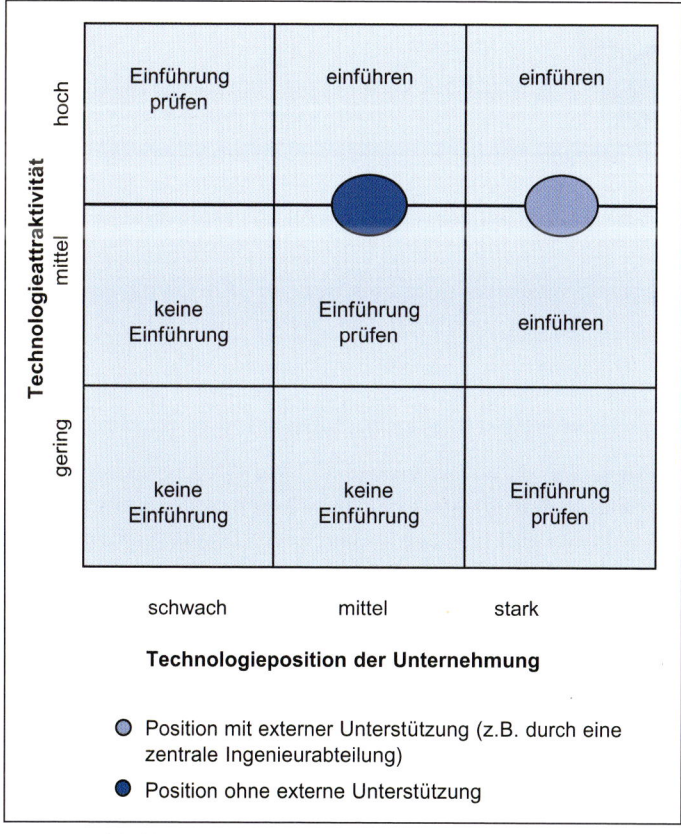

Abbildung 113: Beispiel eines Technologie-Portfolios

im Hinblick auf die Beurteilung strategischer Geschäfteinheiten. Gerade die Reduktion des Markt- und Unternehmensgeschehens auf zwei Dimensionen erscheint gefährlich, da vielfältige Facetten damit ausgespart bleiben. Zahlreiche andere Einflussfaktoren werden von vornherein nicht berücksichtigt. Zudem erscheint die Reduktion auf eine Vier-Felder-Matrix problematisch. Damit einher gilt die Kritik den Ausprägungen der beiden Achsen, die sich auf hoch und niedrig beschränken. Hier besteht die Gefahr, dass vereinfachte Normstrategien abgeleitet werden, ohne die differenzierten Markt- und Umweltgegebenheit zu berücksichtigen. Zudem ist die Abgrenzung der Achsen problematisch, da sie nicht völlig unabhängig voneinander sind. Ferner ist anzumerken, dass die Zukunftsperspektiven durch neue Produkte keine Berücksichtigung finden.

(2) Festlegung der Marktstimulierung

Bei der **marktstimulierungsstrategischen Ausrichtung** geht es um die Beantwortung der Frage nach der Relevanz einer Präferenz- bzw. Preis-Mengen-Strategie (Aaker, 1998). Verfolgt das Unternehmen die **Präferenzstrategie**, geht es um die Generierung von Zusatznutzenkomponenten. In diesem Fall spielt nicht nur die Funktionalität des Produkts für den Markterfolg eine Rolle, sondern auch emotionale Zusatznutzenkomponenten jenseits des eigentlichen Produktkerns. Dabei liegt der Fokus der Generierung solcher Zusatznutzenerlebnisse auf der Produktentwicklung (Design des Apple iPod), der Gestaltung begleitender Dienstleistungen (24-Stunden-Service von Caterpillar) oder auf der Kommunikation (Erlebniswelt von Marlboro: Abenteuer und Freiheit). Gilt das Augenmerk hingegen der **Preis-Mengen-Strategie**, soll über einem niedrigen Produktpreis eine große Absatzmenge generiert werden. Hintergrund ist die Idee, von der Erfahrungskurve zu profitieren und die Produktkosten und damit auch den Produktpreis mit jeder zusätzlich abgesetzten Einheit reduzieren zu können. Bei dieser Strategie steht das Preisargument bei jeder Form der Unternehmenskommunikation im Mittelpunkt mit allen organisatorischen und kulturellen Konsequenzen für das Unternehmen. Üblicherweise sind bei dieser Strategie auch bestimmte Distributionskanäle auszuwählen. Hier kommen Discounter-Märkte für den Absatz in Betracht, da diese die Preis-Mengen-Strategie des Unternehmens durch ein entsprechendes Preisimage unterstreichen (Abbildung 114).

Die **Präferenzstrategie** zielt darauf ab, permanent **Vorteile** gegenüber **Wettbewerbern** bei **einzelnen Produktmerkmalen** zu entwickeln oder durch die Kommunikation aufzubauen (Herrmann, 1998, S. 135 ff.). Die in Frage kommenden Differenzierungsmöglichkeiten variieren je nach Branche, Unternehmen und Markt. Diese können sich im technischen Bereich beispielsweise auf Lebensdauer, Zuverlässigkeit und Handlichkeit von Geräten beziehen. Man denke etwa an Miele, deren Waschmaschinen deutlich teurer als die der Wettbewerber sind, jedoch stets besondere technische Funktionen aufweisen. Die Differenzierung kann jedoch auch aus dem Design der Produkte resultieren. Hier seien beispielhaft die Geräte im Bereich der Unterhaltungselektronik von Bang & Olufsen genannt. Diese beeindrucken durch eine besondere Gestaltung, die bislang von keinem Wettbewerber kopiert werden konnte. Auch der Kundendienst kann ein Differenzierungsmerkmal sein. Gerade im Business-to-Business-Marketing spielt die Verfügbarkeit von

Abbildung 114: Beispiele für Preis-/Mengen- und Präferenzstrategien
Quelle: in Anlehnung an Kuß/Tomczak, 2002, S. 180.

Servicepersonal eine zentrale Rolle. Beispielsweise bietet DaimlerChrysler seinen Lastwagenkunden einen weltweiten Rundumservice an, sollte ein Lastwagen irgendwo zu irgendeinem Zeitpunkt einen Defekt aufweisen. Ein ähnliches Kundendienstpaket bietet auch der Baumaschinenhersteller Caterpillar an, der in der Lage ist, innerhalb weniger Stunden weltweit die entsprechenden Ersatzteile bereitzustellen.

Bei der **Preis-Mengen-Strategie** will das Unternehmen besonders **kostengünstig produzieren** und damit die **Preis-** bzw. **Kostenführerschaft** übernehmen. Durch besonders niedrige Preise soll eine führende Wettbewerbsposition eingenommen werden, bei noch akzeptabler Qualität des Erzeugnisses. Kostenvorteile lassen sich beispielsweise durch Skaleneffekte erzielen, die etwa mit dem Einkauf von Rohstoffen und Betriebsstoffen verbunden sind. Hierzu bedarf es eines beachtlichen Absatzgebietes, um die entsprechende Absatzmenge realisieren zu können. Darüber hinaus ist auch der technische Fortschritt ein Treiber der Kostenführerschaft. Man denke etwa an Just-in-Time-Systeme und andere fortschrittliche Produktionstechnologien, die die Kosten der Lagerhaltung und Produktion deutlich reduzieren. Zudem spielt der Zugang zu kostengünstigen Produktionsfaktoren eine zentrale Rolle. Dies kann beispielsweise durch die Auslagerung der Produktion in Billiglohnländer realisiert werden (Abbildung 115).

Unter dem Stichwort **Outpacing-Strategien** finden sich Ansätze, denen die Idee zugrunde liegt, einen Wechsel zwischen der **Präferenz-** und der **Preis-Mengen-Strategie** zu gegebe-

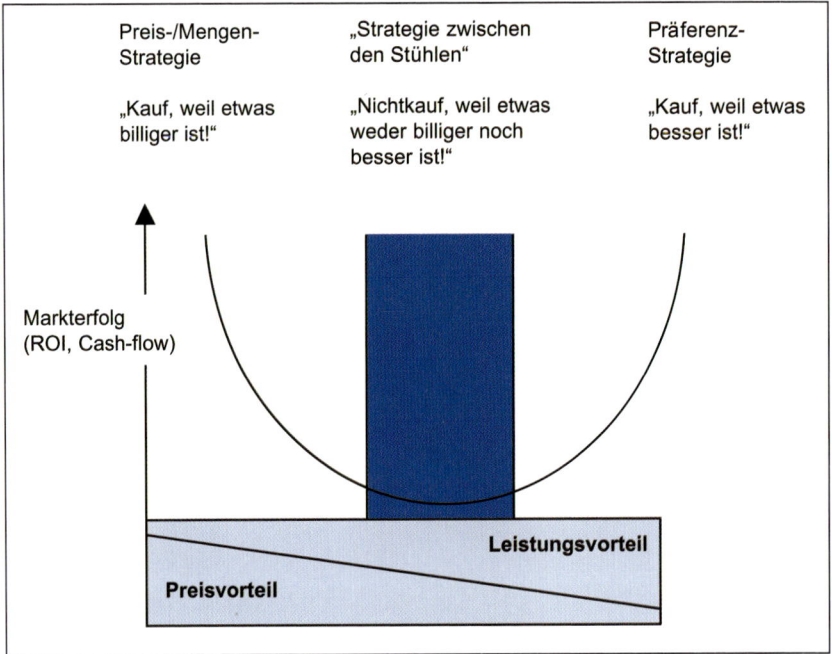

Abbildung 115: Zusammenhang zwischen Preis- bzw. Leistungsvorteil
und Markterfolg
Quelle: in Anlehnung an Kuß/Tomczak, 2002, S. 181.

ner Zeit vorzunehmen (Kuß/Tomczak, 2002, S. 86 ff.). Sofern ein Unternehmen Differenzierungsvorteile realisiert hat, ist damit zu rechnen, dass Konkurrenten im Verlauf der Zeit einen entsprechenden Leistungsstandard erreichen. In diesem Fall liegt eine Outpacing-Strategie nahe, d. h. die Ausrichtung der Strategie rechtzeitig zu wechseln, also Kostensenkung zu betreiben, um den Differenzierungsvorteil mit dem Preisvorteil zu verbinden. Dadurch besteht die Option, langfristig eine führende Position am Markt einzunehmen und trotz erheblicher Anstrengungen der Konkurrenten auch in der langen Frist führend zu sein. Auch umgekehrt kann argumentiert werden, indem man Kostenführern eine Präferenzstrategie nahe legt, sofern die Gefahr besteht, dass andere Unternehmen die Kostenvorteile ausgleichen (Abbildung 116).

Ein Beispiel hierfür bildet die **Automobilindustrie**. Über viele Jahre versuchten europäische Hersteller durch Produktdifferenzierungen und Modellwechsel einen Wettbewerbsvorteil zu erzielen. Bei dieser Präferenzstrategie wurde übersehen, dass die japanischen Konkurrenten, die zunächst eine Preis-Mengen-Strategie verfolgten, im Zuge einer Qualitätsoffensive die Beschaffenheit ihrer Produkte beachtlich verbessern konnten. Diesen strategischen Wechsel der Wettbewerber vor Augen, leiteten die europäischen Automobilhersteller Anfang der 90er Jahre massive Kostensenkungsprogramme ein, um die Preise für ihre Produkte zumindest konstant halten zu können. Als damit der Preisvorteil japanischer Konkurrenten ausgeglichen wurde, wendeten sich die europäischen Anbie-

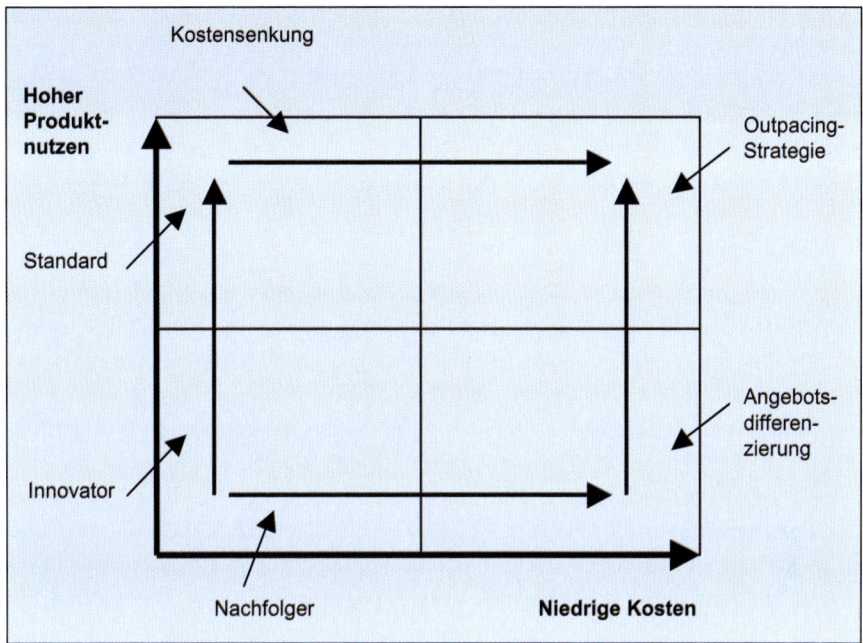

Abbildung 116: Outpacing-Strategien im Überblick
Quelle: in Anlehnung an Gilbert/Strebel, 1987, S. 32.

ter seit etwa Mitte der 90er Jahre neuerlich der Präferenzstrategie zu. Es ist zu erwarten, dass dieses Wechselspiel zwischen Präferenz- und Preis-Mengen-Strategie anhält.

(3) Definition der Marktparzellierung

Im Hinblick auf die marktparzellierungsstrategische Ausrichtung ist über die **Art** bzw. **Intensität differenzierter Marktbearbeitung** zu entscheiden. Insbesondere entwickelte Märkte sind durch spezifische Ausdifferenzierungen der Kundenwünsche geprägt. Eine solche Ausdifferenzierung der Bedürfnisse führt zur Aufspaltung von Massenmärkten in unterschiedliche Teilmärkte, die differenziert zu bearbeiten sind. In Anlehnung an Abell (1980) und Becker (2001, S. 448 ff.) lassen sich fünf typische Muster der Marktbearbeitung voneinander unterscheiden. Zunächst ist die **Produktspezialisierung** zu nennen. Hier liegt der Fokus auf dem Produkt mit dem Anliegen, aus dem Erzeugnis heraus spezifische Wettbewerbsvorteile zu erzielen. Ein Beispiel hierfür ist eine überlegene Technologie, wie sie sich etwa in Miele-Waschmaschinen findet. Bei der **Marktspezialisierung** gilt das Augenmerk einem kompletten Sortiment von Produkten und Dienstleistungen, die auf einen bestimmten Komplex von Bedürfnissen ausgerichtet sind. Hier ist beispielsweise das Hilti-Bohrsortiment zu nennen, das Produkte für jegliche Form des Bohrens bereitstellt. Die **Nischenspezialisierung** zieht auf einen kleinen Teilmarkt aufgrund einer besonderen Kompetenz des Unternehmens ab. Hier geht es darum, die besondere Attraktivität der Nische zu nutzen. Beispiel hierfür ist der exklusive Sportwagenmarkt, den Ferrari bedient. Bei der **differen-**

zierten Spezialisierung geht es um die Bearbeitung eines ausgewählten Teilmarktes mit ausgewählten Produkten. Hier spielen spezifische, produktpolitische Kompetenzen eine Rolle, die auf besondere Kundenbedürfnisse treffen. Ein Beispiel dafür ist das Leistungsspektrum der Privatbank Sal. Oppenheim. Bei der **Gesamtmarktabdeckung** steht ein Vollsortiment im Mittelpunkt, wie es etwa von Kaufhäusern angeboten wird. Dieses Sortiment ist differenziert, so dass die Kunden aus verschiedenen Segmenten angesprochen werden.

(4) Formulierung des Marktareals

Eng damit verbunden ist die **marktarealstrategische Ausrichtung** des Unternehmens. Hier geht es darum, eine **gebietepolitische Rasterung** vorzunehmen und sich etwa für eine nationale bzw. internationale Strategie zu entscheiden. Typischerweise vollzieht sich die internationale Strategie in verschiedenen Stufen ausgehend von einer nationalen Strategie. Erst die nationale Markterschließung ermöglicht eine internationale Ausrichtung, da Kompetenzen über Produkte, Märkte etc. im nationalen Umfeld am besten zu erwerben sind. Bei der Entscheidung für eine Internationalisierung spielen die **Marktattraktivität** und die **Eintrittsbarrieren** eine zentrale Rolle. Die Attraktivität neuer Märkte resultiert beispielsweise aus dem Kaufkraft- und Umsatzpotenzial sowie aus den spezifischen rechtlichen und ökonomischen Bedingungen im entsprechenden Land. Zudem bedarf es im Vorfeld einer Abschätzung des **Marktvolumens** und des möglichen **Marktanteils**. Zur Abschätzung von Marktpotenzialen spielen Prognosen über Marktvolumen und Marktanteile eine wichtige Rolle. Zudem sind entsprechende Konkurrenzanalysen durchzuführen, um die Triebkräfte des Wettbewerbs zu identifizieren.

Darüber hinaus bedarf es einer sorgfältigen Untersuchung von **Markteintrittsbarrieren**, die sowohl wirtschaftlicher als auch rechtlicher Natur sein können. Sie entscheiden darüber, ob es dem Unternehmen möglich ist, innerhalb kurzer Zeit im entsprechenden Markt Fuß zu fassen. In diesem Zusammenhang sind auch die Marktaustrittsbarrieren zu untersuchen, um gegebenenfalls sehr schnell und mit wenig finanziellem Aufwand den Markt wieder verlassen zu können. Solche Barrieren sind z. B. steuerrechtliche Aspekte, Genehmigungsverfahren, Sprache und Kultur. Häufig kommen zur Beurteilung dieses Sachverhaltes eindimensionale und mehrdimensionale Punktbewertungsverfahren zum Einsatz. Die bekannteste Methode dieser Art ist der **BERI-Index**, der anhand von zahlreichen Kriterien die Attraktivität eines Landes zum Ausdruck bringt (Kutschker/Schmid, 2004, S. 929 ff.). Ein solcher Index dient dazu, im Sinne einer Vorselektion mögliche Auslandsmärkte zu identifizieren, die daraufhin einer differenzierten Analyse zugeführt werden (Abbildung 117).

Der BERI-Index wird seit den 70er Jahren vom Business Environment Risk Information Institute mit Sitz in Genf erstellt. Dieser jährlich erscheinende Index umfasst 45 Länder und liefert Prognosen für ein Jahr und für fünf Jahre. Als Teilindizes des BERI-Index existieren der **Operations Risk Index** (ORI), mit dem sich das Geschäftsklima beurteilen lässt. Der **Political Risk Index** (PRI) dient dazu, die politische Stabilität zu überprüfen, während der **Rückzahlungsfaktor** das Transferrisiko zum Ausdruck bringt. Diese Teilindizes lassen sich zusammenfassen, um zu einer Einschätzung über die Attraktivität des Landes zu gelangen.

Kriterien des Operations Risk Index (ORI)

1 Politische Stabilität
2 Verhalten gegenüber ausländischen Investoren und deren Gewinnen
3 Verstaatlichungstendenzen
4 Geldentwertungsrate
5 Zahlungsbilanz
6 Bürokratische Hemmnisse
7 Wirtschaftswachstum
8 Währungskonvertibilität
9 Durchsetzbarkeit von Verträgen mit Einheimischen
10 Lohnkosten und Produktivität
11 Verfügbarkeit örtlicher Fachleute und Lieferanten
12 Nachrichten- und Transportwesen
13 Verfügbarkeit örtlicher Manager und Partner
14 Verfügbarkeit von kurzfristigen Krediten
15 Verfügbarkeit von langfristigen Krediten und Eigenkapital

Kriterien des Political Risk Index (PRI)

Interne Ursachen
1 Fraktionalisierung des politischen Spektrums und die Macht der einzelnen Gruppen
2 Fraktionalisierung durch Sprache, Volksstämme, Religionen und die Macht der einzelnen Gruppen
3 Unterdrückungsmaßnahmen zur Aufrechterhaltung der Macht
4 Mentalität: Fremdenfeindlichkeit, Nationalismus, Korruption, Nepotismus, Bereitschaft zum Kompromiss
5 Soziale Lage, Bevölkerungsdichte, Wohlstandsverteilung
6 Organisation und Stärke der radikalen Linken

Externe Ursachen
7 Abhängigkeit von der Bedeutung für eine feindliche Großmacht
8 Negative Einflüsse von regionalen politischen Kräften

Symptome
9 Soziale Konflikte: Streiks, Demonstrationen, Aufruhr, Putschversuche
10 Politische Morde, Terrorismus

Abbildung 117: Kriterien innerhalb des BERI (Business Environment Risk Index)
Quelle: Kutschker/Schmid, 2004, S. 931.

4. Maßnahmen definieren

> *„Es ist die größte Aufgabe und zugleich*
> *das Kennzeichen der*
> *Weisheit, dass Worte und Werke*
> *miteinander in Einklang stehen"*
> *Annaeus Lucius Seneca*

Die Gestaltung des **Marketing-Mix** bildet den letzten Schritt bei der Marketingplanung (Kap. E). Hierbei geht es um die **Kombination** der **absatzpolitischen Instrumente** in dem Sinne, dass sie auf das gemeinsame Ziel ausgerichtet sind. Die am Markt erlebte Leistung eines Unternehmens entsteht erst dann, wenn die Marketinginstrumente gezielt ausgerichtet und miteinander kombiniert sind. Hinter dieser Kombination steht eine umfassende und stetige Koordinationsaufgabe, die sich auf ein komplexes Verteilungs- und Allokationssystem reduzieren lässt. Durch die Zuweisung von Ressourcen zu den einzelnen marketingpolitischen Instrumenten lässt sich deren Ausrichtung bestimmen. Dabei sind die vielfältigen Interdependenzen, die zwischen diesen Instrumenten existieren, zu berücksichtigen. Dieses Spezifikationsproblem lässt sich üblicherweise nur in verschiedenen Stufen lösen. Zunächst ist zu klären, welche Instrumente einem Unternehmen überhaupt zur Verfügung stehen. In der klassischen produktorientierten Welt sind dies die **Produkt-**, die **Preis-**, die **Distributions-** und die **Kommunikationspolitik** (Kapitel E.). Im Dienstleistungsgeschäft kommen weitere hinzu, wie etwa das **Personal**. Darüber hinaus sind die Intensität des Einsatzes und die zeitliche Koordinierung zu bestimmen. Abschließend geht es um die Kombination der verschiedenen Marketinginstrumente zu einem in sich stimmigen Marketing-Mix.

Ohne Zweifel variiert die Bedeutung der einzelnen marketingpolitischen Instrumente über die verschiedenen Märkte. Beispielsweise ist in einem Markt die Werbepolitik zentral für den Unternehmenserfolg (z. B. im Zigarettenmarkt), während in anderen Märkten (z. B. in nahezu allen Industriegütermärkten) mit der klassischen Massenwerbung kein Erfolg zu erzielen ist. Die Kenntnis dieser marktspezifischen Wirkung der einzelnen absatzwirtschaftlichen Aktivitäten ist entscheidend, um die dem Unternehmen zur Verfügung stehenden Ressourcen effizient einzusetzen. In diesem Sinne legen Kühn und Vifian (2003, S. 45 ff.) das **Dominanz-Standard-Modell** vor, um entsprechende Aktivitäten in Anbetracht bestimmter Marktgegebenheiten auszuwählen (Abbildung 118).

Dieses Modell besteht im Kern aus vier Faktoren: Die **dominierenden Faktoren** besitzen eine besondere Relevanz für den Markterfolg. Sie bieten die Möglichkeit zur Differenzierung von den Angeboten der Konkurrenz und bilden damit die Basis zum Aufbau und zur Pflege von Wettbewerbsvorteilen. Den Einsatz dieser Faktoren kann man daran erkennen, dass sie in ihrer Ausprägung über die verschiedenen Unternehmen variieren. Jeder Anbieter versucht mit einer besonderen Variation bezüglich dieser dominierenden

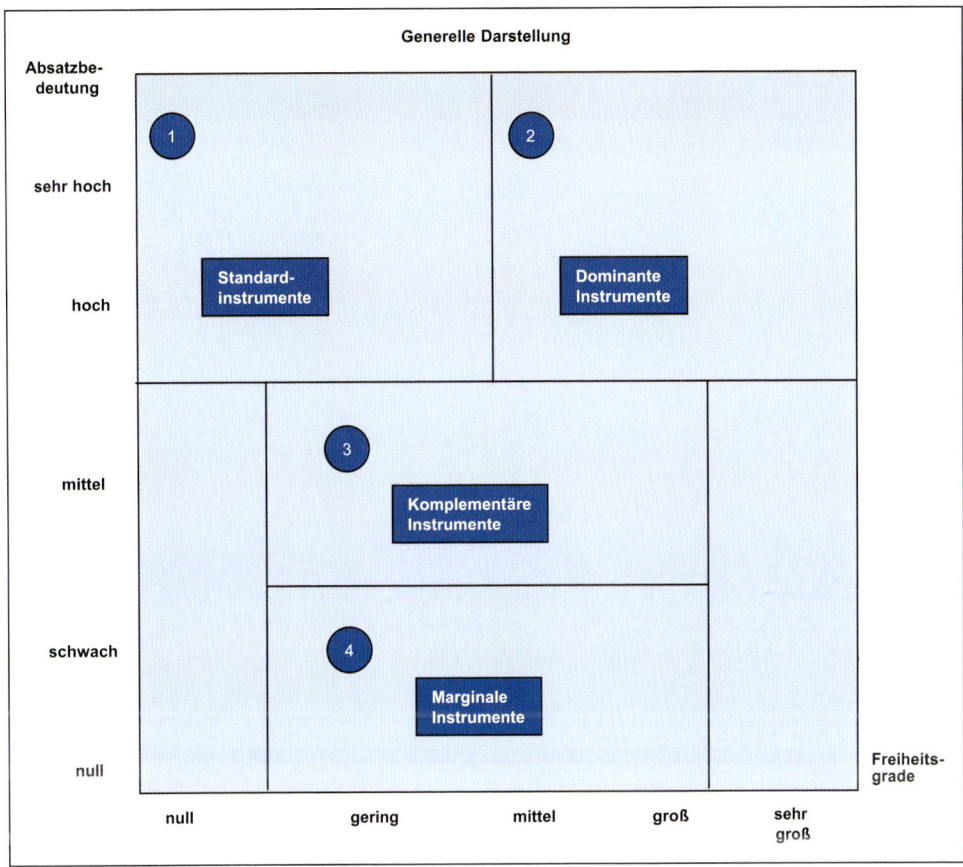

Abbildung 118: Grundstruktur des Dominanz-Standard-Modells
Quelle: Kühn/Vifian, 2003, S. 47.

Faktoren eine besondere Position im Markt zu erreichen. Beispielsweise gehört im Pkw-Markt das Design der Produkte zu den dominierenden Faktoren.

Auch **Standardfaktoren** besitzen eine zentrale Bedeutung für den Markterfolg. Im Unterschied zu den dominierenden Faktoren kommt ihnen jedoch keine Relevanz für die Differenzierung zu. Sie sind Standard im Markt und können nur mit sehr viel Mühe variiert werden. Insofern geht es darum, bei diesen Faktoren die Marktstandards zu erfüllen. Im Automobilbereich gehören hierzu Kernfunktionalitäten, wie die Sicherheit, der Spritverbrauch oder der Sitzkomfort.

Als **Komplementäre Faktoren** bezeichnet man Instrumente mit geringerer bis mittlerer Bedeutung, die typischerweise zur Unterstützung der Wirkung der dominierenden Faktoren zum Einsatz kommen. Wird zum Beispiel in einem Markt die Werbung als dominierender Faktor eingestuft, dient die Verkaufsförderung als Unterstützung am Point of Sale. Sie gilt in diesem Modell als der komplementäre Faktor. Zu den **markennahen Faktoren** zählen jene Aktivitäten, die in einem bestimmten Markt aufgrund unzureichender Wir-

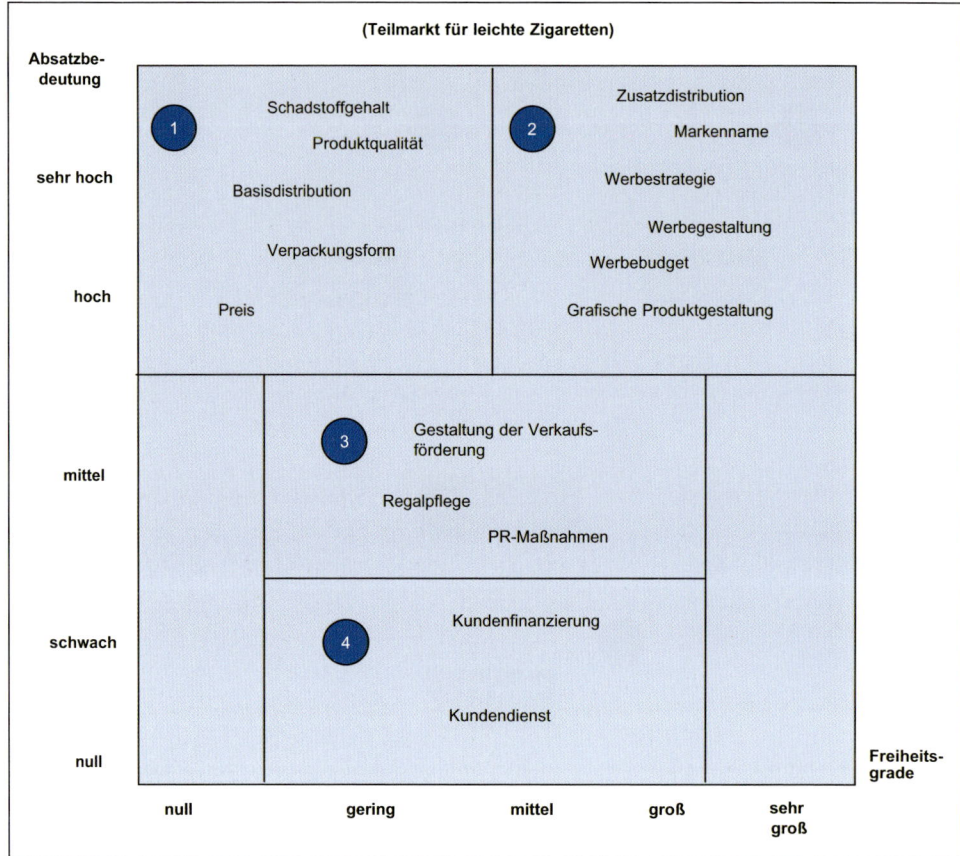

Abbildung 119: Beispiel einer Anwendung des Dominanz-Standard-Modells
Quelle: Kühn/Vifian, 2003, S. 47.

kung oder mangelnder Umsetzbarkeit nicht zum Einsatz kommen. Kaum ein Marketer kommt auf die Idee, bei der Förderung des Absatzes von Gütern des täglichen Bedarfs das Instrument der Kundenfinanzierung einzusetzen.

Abbildung 119 zeigt beim Beispiel der Vermarktung von Zigaretten, welche Instrumente zur Differenzierung und zur Sicherung der Marktstandards zum Einsatz kommen. Darüber hinaus gehen aus der Darstellung verschiedene komplementäre und marginale Instrumente hervor, wobei Erstere insbesondere die dominierenden Instrumente in ihrer Wirksamkeit unterstützen.

(1) Phasenbezogener Einsatz der Marketinginstrumente

Eine Diskussion zum Marketing-Mix bleibt dann unvollständig, wenn nicht die **Phasen** des Instrumenteneinsatzes Berücksichtigung finden. Bei dieser Perspektive geht es darum, den Einsatz von marketingpolitischen Aktivitäten entlang des Lebenszyklus eines Produktes zu diskutieren. In Anbetracht der entsprechenden Lebenszyklusphase besitzen die einzelnen absatzwirtschaftlichen Instrumente eine unterschiedliche Bedeutung und sind inhaltlich verschieden ausgestaltet. Insofern ist die Diskussion rund um die Spezifikation des Marketing-Mix zwingend mit dem Produktlebenszyklus-Konzept zu verzahnen.

Dem Konzept des **Produktlebenszyklus** liegt die Vorstellung zugrunde, dass das Gesetz „des Werdens und Vergehens" nicht nur für natürliche Organismen gilt, sondern auch auf Produkte übertragen werden kann. In diesem Zusammenhang ist von einem Lebensweg von Produkten die Rede, der sich in verschiedenen Phasen zwischen der Einführung im Markt und dem Ausscheiden aus dem Markt vollzieht. In diesem Konzept des Produktlebenszyklus manifestieren sich Mode-, Geschmacks- und Stilveränderungen sowie psychisch erlebte Veralterungen und technischer Fortschritt. Lebenszyklen lassen sich nicht nur bei einzelnen Produkten, sondern auch bei Produktgattungen, Produktlinien und ganzen Unternehmen feststellen. Zudem liegen auch Materialien, wie beispielsweise Kunststoffe, Farben, Formen, und Verarbeitungsweisen Lebenszyklen zugrunde. Im Kern handelt es sich hierbei um ein Marktreaktionsmodell, bei dem als abhängige Variable unternehmerische Erfolgsgrößen wie Absatz, Umsatz, Deckungsbeitrag und Gewinn in Betracht kommen und als unabhängige Variable die Zeit fungiert (zu Marktreaktionsfunktionen auch Kapitel E. 6.). Üblicherweise geht man davon aus, dass dem Produktlebenszyklus ein S- bzw. glockenförmiger Verlauf zugrunde liegt. Aus dieser Analyse ergeben sich Hinweise für die Charakterisierung des Unternehmens und der Umweltsituation sowie Anhaltspunkte für die Leistungsgestaltung. Dieses Konzept ist dabei durch eine Abfolge von in der Regel fünf Phasen gekennzeichnet, die sich durch unterschiedliche Ausprägungen bei den bedeutsamen Zielgrößen auszeichnen. Bei einem Pkw-Unternehmen findet dieses Instrument vor allem im Rahmen der Preisbildung, der Modellpflege und der Festlegung von Neuproduktpräsentationen seine Berücksichtigung (Bauer/Fischer, 2000, S. 940 ff.; Abbildung 120).

Im Anschluss an die Produktentwicklung beginnt die **Einführungsphase** des Produktlebenszyklusses. Der Markterfolg stellt sich typischerweise nur allmählich ein; die Umsätze wachsen, jedoch sind zum Teil erhebliche Investitionen in den Aufbau der Verkaufs- und Vertriebsorganisation vorzunehmen. Im Laufe der Zeit werden immer mehr Individuen auf das Produkt aufmerksam, so dass die Gewinnzone erreicht werden kann. Hier kommt es darauf an, durch ein entsprechendes Qualitätsmanagement die Funktionalität des Produktes zu gewährleisten.

Sofern das Produkt auf Anerkennung im Markt stößt und als Problemlösung akzeptiert ist, kommen Wiederholungskäufe hinzu. Zudem weitet sich in dieser **Wachstumsphase** die Nachfragermenge aus. Absatz und Umsatz steigen, so dass auch bezüglich des Gewinns Zuwächse zu erwarten sind. Hier spielt die differenzierte Bearbeitung der Kunden über verschiedene Distributionskanäle eine Rolle.

Der Wendepunkt der Umsatzkurve markiert den Übergang zur **Reifephase**. Das Umsatzvolumen nimmt zwar noch zu, jedoch verringern sich die Zuwachsraten. Wiederholungskäufe dominieren die Erstkäufe, der Markt wächst nicht mehr. In dieser Phase lassen sich die höchsten Deckungsbeiträge erwirtschaften, und auch der Gewinn ist beachtlich, da sich in der Entwicklung, in der Produktion und auch bei Verkauf und Ver-

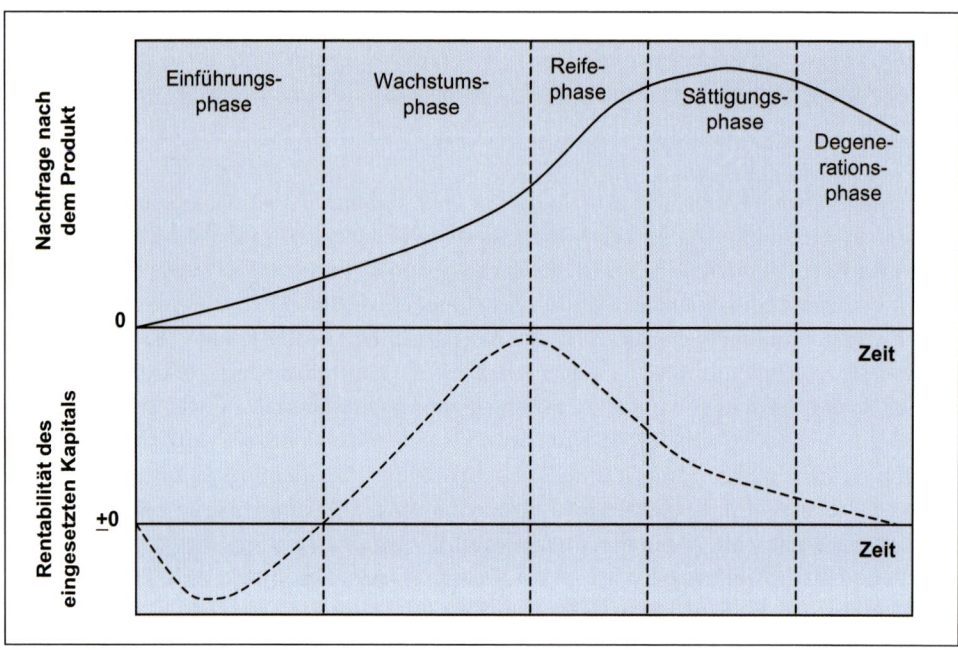

Abbildung 120: Typischer Verlauf eines Produktlebenszyklus

trieb Investitionen zurückführen lassen. Hier ist entscheidend, den Markt zu segmentieren und segmentspezifische Produktvarianten anzubieten.

In der **Sättigungsphase** stagniert der Umsatz und entwickelt sich sogar rückläufig. Die Stagnation bzw. Schrumpfung des Absatzes wirkt sich negativ auf Deckungsbeitrag, Gewinn und andere Größen aus, die allesamt sinken. Gegebenenfalls lässt sich in dieser Phase durch Sondermodelle und Preisreduktionen der Absatz noch eine gewisse Weile stabilisieren. Häufig bietet es sich hier an, etwa durch Produktpakete attraktive Angebote zu machen.

Die Sättigungsphase leitet über zur **Degenerationsphase**. Hier ist ein massiver Umsatzrückgang und ein erheblicher Deckungsbeitragsverfall zu verzeichnen. In dieser Phase liegen Desinvestitionen nahe, sofern die betrachteten Produkte keine Verbundeffekte zu anderen Erzeugnissen des Unternehmens aufweisen oder sofern noch keine Folgeprodukte zur Marktreife gelangt sind.

Trotz diverser Anwendungsmöglichkeiten des Produktlebenszyklus-Konzepts weist es einige kritische Details auf: Dieses Konzept entstammt einer intuitiven Verallgemeinerung empirischer Befunde. So sind völlig unterschiedliche Verläufe von Produktlebenszyklen vorstellbar, insbesondere dann, wenn durch bestimmte Produktpflegemaßnahmen die Sättigungs- und Degenerationsphasen verlängert werden. Insofern sind Zweifel angebracht bezüglich der Allgemeingültigkeit des Verlaufs des Lebenszyklus. Hinzu kommt Kritik im Hinblick auf die Abfolge der einzelnen Lebenszyklusphasen. Vielfältige Beispiele zeigen, dass Produkte selbst in Degenerationsphasen durchaus wieder einen

Aufschwung nehmen können, mitunter unterstützt durch entsprechende produktpolitische Aktivitäten. Dieser Punkt knüpft unmittelbar an die Beobachtung an, dass Lebenszyklen durchaus aktiv verlängert werden können. Man denke etwa an Produkte wie Persil, Nivea oder Maggi, bei denen es im Laufe der Jahre und Jahrzehnte immer wieder gelungen ist, fortgeschrittene Lebenszyklen zu verlängern und so ein Ausscheiden der Produkte aus dem Markt zu vermeiden. Besonders zu beachten ist der Umstand, dass die Zeit als einzige unabhängige Variable in diesem Modell in Betracht kommt. Jedoch ist bekannt, dass durch entsprechende Marketing-Strategien und -Aktivitäten Einfluss genommen werden kann auf den Verlauf des Produktlebenszyklus. Ebenso spielen die Aktivitäten der Wettbewerber sowie rechtliche Auflagen des Staates eine entscheidende Rolle. Insofern bedarf es bei der Verwendung des Produktlebenszyklus-Konzeptes einer expliziten Berücksichtigung weiterer Variablen.

(2) Kombination der Marketinginstrumente

Um die Wirksamkeit der Marketinginstrumente sicherzustellen, ist ihre **optimale Kombination** notwendig (siehe hierzu auch Kapitel E. 6.). Dabei ist festzulegen, welche Instrumente zu welchem **Zeitpunkt** in welcher **Intensität** am Markt einzusetzen sind, um das vorgegebene Ziel zu erreichen. Die Abstimmung der einzelnen Marketinginstrumente ist ein in Theorie und Praxis bislang nur unzureichend gelöstes Problem (Kuß/Tomczak, 2002, S. 2003 ff.). Hierfür lassen sie die folgenden Gründe anführen:

- Bereits vier Marketinginstrumente mit ihren möglichen **Ausprägungen** führen zu einer nicht mehr handhabbaren Zahl von Kombinationsmöglichkeiten. Der Marketingmanager sieht sich einer nicht mehr überschaubaren Menge von Kombinationen gegenüber, die in ihrer Komplexität nicht mehr einzeln beurteilbar und umsetzbar sind.
- In jedem Instrumentalbereich entstehen ständig **neue Spielarten** und **Varianten** mit der Folge, dass die Kombinationsmöglichkeiten stetig wachsen. Man denke etwa an die Kommunikationspolitik, bei der inzwischen das Mail, Multimediaauftritte, Event-Marketing oder Szene-Marketing zu den gängigen Maßnahmen zählen. Diese Vielzahl von einzelnen kommunikationspolitischen Aktivitäten lassen sich ihrerseits mit einer Fülle von produkt- und preispolitischen Maßnahmen kombinieren.
- Die **Interdependenzen** zwischen den **Marketinginstrumenten** sind vielfältig und kaum prognostizierbar. Hierzu sei ein marketingpolitisches Profil betrachtet, das etwa aus der Lancierung eines Produktbündels zu einem bestimmten Preis in einem bestimmten Distributionskanal mittels einer bestimmten Werbebotschaft besteht. Allein die Wirkung dieses Aktivitätengefüges auf die Kunden lässt sich nicht ohne weiteres im Vorfeld abschätzen. Hält man sich vor Augen, dass eine Vielzahl weiterer Kombinationen denkbar ist, ist das Problem der Marketingplanung deutlich.
- Zwischen den für die einzelnen Marketinginstrumente verantwortlichen Managern existieren zumeist **Koordinationsschwierigkeiten**, die nicht leicht lösbar sind. Hierbei handelt es sich um Kompetenz- und Abstimmungsschwierigkeiten, die den koordinierten Einsatz der Marketingaktivitäten erschweren. Die aus inhaltlicher Sicht notwendige Arbeitsteilung erweist sich hier dem koordinierten Einsatz der Marketinginstrumente nicht zuträglich.

Zwei Beispiele verdeutlichen diese Schwierigkeiten:

Von Finanzdienstleistern ist bekannt, dass die Kundenbindung ein zentrales unternehmerisches Ziel darstellt. Kunden lassen sich jedoch über eine Vielzahl von marketingpolitischen Instrumenten binden. Hierzu gehört einerseits ein niedriger Preis für die verschiedenen Finanzdienstleistungen. Andererseits sind auch vertragliche Vereinbarungen denkbar, die einen Kunden möglichst lange an das Unternehmen binden. Darüber hinaus führt eine überzeugende unternehmerische Leistung dazu, dass Kunden dem Unternehmen die Treue halten.

Viele Telekommunikationsunternehmen sind bestrebt, die besondere Leistungsfähigkeit ihrer Angebote in den Mittelpunkt der Kommunikation zu stellen. Dabei verweisen sie auf die technischen Innovationen, die ihre Hard- und Software auszeichnen. Gleichzeitig versuchen sie immer wieder durch aggressive preispolitische Maßnahmen Kunden zu binden bzw. neue Kunden zu gewinnen. Verspricht ein Unternehmen gleichzeitig die Preis- und Qualitätsführerschaft, führt dies zumeist zu einer unkoordinierten und widersprüchlichen Gestaltung der marketingpolitischen Aktivitäten mit der Folge, dass das ins Auge gefasste Gewinnziel zumeist nicht erreicht werden kann.

Will man trotzdem den Einsatz des Marketing-Mix optimieren, bedarf es bei der Planung einer Berücksichtigung der folgenden Informationen: Zunächst müssen die **Marketingziele** über die verschiedenen Ebenen (Bereichsfeld, Aktionsfeld) bekannt sein. Darüber hinaus sollten zumindest die wichtigsten Kombinationen und **Interdependenzen** möglicher Marketinginstrumente beachtet werden. Zudem ist der **Planungshorizont** ins Kalkül zu ziehen, da es Effekte von Maßnahmen in einer Periode auf nachgelagerte Perioden geben kann. Dies setzt voraus, dass **Informationen** über die **zukünftigen Marktgegebenheiten** bekannt sind. Dazu gehören auch Szenarien über die Aktivitäten von Wettbewerbern im Absatzmarkt. Von Wichtigkeit sind zudem die Kosten über die einzelnen **Marketingaktivitäten** und die **Wirksamkeit**, die mit den einzelnen Aktivitäten erzielt werden kann. Dabei gelten Umsatz und Absatz als relevante Zielgrößen. Diese Informationen lassen sich in mehr oder weniger umfassende Modelle zur Planung des Marketing-Mix einbauen. Hierzu existieren einerseits modellgestützte Optimierungsverfahren, wie etwa das Dorfmann-Steiner-Theorem. Es weist jedoch eine Reihe von Restriktionen auf, so dass es für den praktischen Einsatz wenig Bedeutung besitzt. Neben solchen modellgestützten Optimierungsverfahren finden sich in der Literatur eine Reihe von heuristischen Verfahren, die auf der Basis einfacher Regeln die Wechselwirkung zwischen den verschiedenen Modellvariablen determinieren. Dabei lässt sich das Problem der Festlegung des Marketing-Mix als Folge von einzelnen Teilschritten lösen, die vom Marketingmanager schrittweise zu bearbeiten sind. Im Kern lassen sich alle diese Verfahren auf ein **dreistufiges Prozedere** reduzieren:

In einem ersten Schritt geht es um die **Planung** des **Kernanliegens** und der **Positionierung** sowie der **Budgetierung**. Hierbei ist das Anliegen zu definieren, das den Einsatz der Marketinginstrumente rechtfertigt. Zudem ist die Position des Produktes bzw. der Dienstleistung relativ zu den Leistungen der Wettbewerber zu definieren. Eine Budgetierung soll dabei den Rahmen festlegen, in dem die einzelnen Aktivitäten auszugestalten sind.

Im zweiten Schritt geht es darum, die **instrumentale Planung** für das Marketing-Mix aus Sicht der Marke vorzunehmen. Hierbei erfolgt eine Spezifikation der Ausgestaltung einzelner Marketinginstrumente vor dem Hintergrund der in Schritt eins vorgenommenen Zielsetzung. In Anbetracht der angestrebten Position im Markt, der Wettbewerberaktivitäten, des Anliegens von Marketingaktivitäten und dem Budget lassen sich Anhaltspunkte für die Ausgestaltung des Produkts, des Preises, der Kommunikation und der Distribution ableiten.

Sind die **Marketinginstrumente** in ihrem Wesen **definiert**, lassen sie sich drittens detailliert ausarbeiten. Beispielsweise geht es darum, das zuvor festgelegte Kommunikationsinstrument Event-Marketing mit einzelnen Eventschritten auszugestalten. Hierbei sind beispielsweise die Art des Events, der Zeitpunkt der Durchführung, die angesprochene Zielgruppe, die detaillierten Kosten etc. festzulegen. Hieraus resultiert der in Abbildung 121 dargestellte Instrumentenplan, der einen detaillierten Überblick über die konkrete Ausgestaltung einzelner marketingpolitischer Instrumente erteilt.

Im Hinblick auf die konkrete Umsetzung der nun detailliert vorliegenden Instrumentenbeschreibungen ist ein Rückgriff auf den Zweck des Einsatzes der Marketinginstrumente notwendig. Hierbei hilft die in Abbildung 122 dargestellte Matrix, aus der der Zusam-

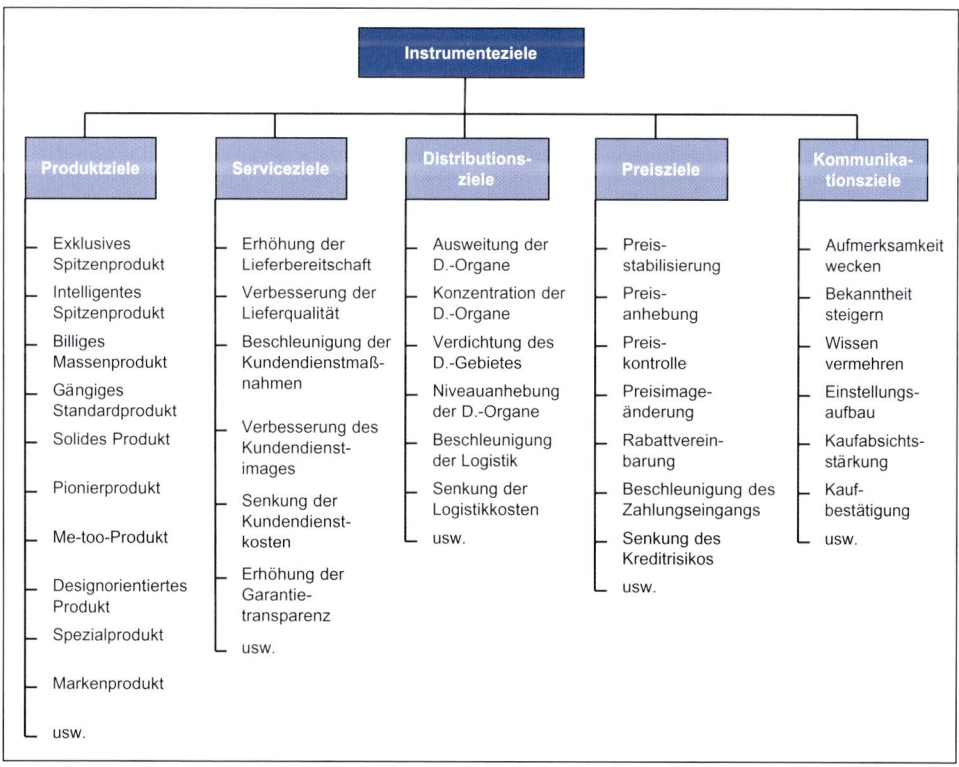

Abbildung 121: Beispiele für Instrumentalziele

Anliegen der Marketing-aktivität / Instrumente	Kunden-akquisition	Kunden-bindung	Leistungs-innovation	Leistungs-pflege
Marktleistung	• Leistungsstan-dardisierung/ -individuali-sierung	• Leistungs-systeme • Zusatz-/Ergän-zungsleistungen	• Marktneuheiten • Imitationen	• Leistungsvariation • Leistungsdiffe-renzierung
Preis	• Lockvogel-angebote • Preistrans-parenz	• Treuerabatte • Kundenkarte	• Kennenlernpreis	• Preiserlässe bei Wiederkauf
Kommunikation	• Werbung • Direct Marketing	• Hotlines • Kundenclub • Kundenzeit-schrift	• Werbung • One-to-one-Kommunikation	• Promotions • Direct Marketing
Distribution	• Wahl des Standorts	• Distributions-wegeindivi-dualisierung	• spezifische Distributions-wege	• Distributions-wegeerweiterung

Abbildung 122: Zusammenhang zwischen Anliegen und Instrument
Quelle: in Anlehnung an Kuß/Tomczak, 2002, S. 247.

menhang zwischen dem **Anliegen** und dem **Instrument** hervorgeht. Nur dort, wo ein klarer Bezug zwischen Instrument und Anliegen existiert, ist die unternehmerische Anstrengung zu rechtfertigen. Insofern erlaubt diese Matrix eine Überprüfung, ob und inwieweit die einzelnen im Rahmen der detaillierten Planung definierten Aktivitäten tatsächlich notwendig sind. Sind diese Schritte vollzogen, kann im Anschluss die Detailplanung vorgenommen werden.

E. Maßnahmen gestalten

1. Markenoptionen auswählen

1.1 Marken charakterisieren

Das **klassische Markenverständnis** basiert auf einer merkmalsbezogenen Definition der Marke, für die zunächst die physische Kennzeichnung der Herkunft des Markenartikels wichtig ist (Mellerowicz, 1963, S. 39). Der Konsument erfährt, wer der Hersteller bzw. Anbieter des Produktes oder der Dienstleistung ist. Weiterhin fordert Mellerowicz (1963, S. 40) für eine markierte Fertigware eine starke Verbraucherwerbung und eine hohe Anerkennung im Markt. Schließlich werden Merkmale wie konstante oder verbesserte Qualität bei gleichbleibender Menge und Aufmachung der überall erhältlichen Ware genannt (Domizlaff, 1992, S. 37 ff.). Dieses Markenverständnis hat sich aber im Laufe der Zeit als zu eng erwiesen, da heute z. B. auch Personen, wie Michael Schumacher, eine Marke sein können. Auch ist die Überallerhältlichkeit z. B. bei Luxusmarken, wie Armani-Anzügen, gar nicht gewollt, da diese sonst ihre Attraktivität verlieren würden. Zudem ist die Qualität zwar eine notwendige, jedoch keine hinreichende Bedingung für den Markenerfolg. Dies belegen z. B. Stiftung-Warentest-Urteile, die den meisten Marken das Qualitätsurteil „gut" bzw. „sehr gut" attestieren.

Nach der **rechtlichen Definition** können als Produktmarken „alle Zeichen, insbesondere Wörter einschließlich Personennamen, Abbildungen, Buchstaben, Zahlen, Hörzeichen, dreidimensionale Gestaltungen einschließlich der Form einer Ware oder ihrer Verpackung sowie sonstiger Aufmachungen einschließlich Farben und Farbzusammenstellungen geschützt werden, die geeignet sind, Waren oder Dienstleistungen eines Unternehmens von denjenigen anderer Unternehmen zu unterscheiden" (§ 3 Abs. 1 MarkenG). Somit sind nach diesem Gesetz u. a. auch die Flaschenform von Coca-Cola, die gelb und rote Farbkombination von Maggi und das Hörzeichen der Telekom schützbar. Neben den Produktmarken können nach § 5 Abs. 2 MarkenG auch Unternehmenszeichen (z. B. Siemens) geschützt werden.

Stellt man nun aber das Verhalten der Kunden und sonstigen Anspruchsgruppen in den Vordergrund, so sind die bisherigen Definitionen nicht ausreichend, um den Einfluss von

Marken zu verstehen. Aus diesem Grund ist eine **wirkungsbezogene Definition** notwendig (Berekoven, 1978, S. 43), wonach ein Produkt, eine Dienstleistung oder ein Unternehmen genau dann eine Marke darstellt, wenn sie ein positives, relevantes und unverwechselbares Image bei den Konsumenten aufgebaut hat. Zieht man zu dieser Auffassung noch die Identifikations- und Differenzierungsfunktion hinzu, kann man eine Marke wie folgt definieren:

> „Marken sind Vorstellungsbilder in den Köpfen der Anspruchsgruppen, die eine Identifikations- und Differenzierungsfunktion übernehmen und das Wahlverhalten prägen" (Esch, 2005a, S. 23).

Vorstellungen werden als semantische Netzwerke in den Köpfen der Konsumenten gespeichert, die sachliche und emotionale, verbale und nonverbale Eigenschaften zu Marken, Produkten und Dienstleistungen umfassen. Starke Marken, wie z.B. Milka, haben neben den aus der jeweiligen Produktkategorie vererbten Eigenschaften einen hohen Anteil eigenständiger Assoziationen (Abbildung 123).

Ein weiteres Beispiel für eine starke Marke ist Coca-Cola. Während Pepsi im Blindtest vor Coca-Cola liegt, dreht sich die Beurteilung dramatisch, wenn ein Test mit der Darbietung der Marke erfolgt. Der Geschmack wird deshalb anders erlebt, weil mit der Marke positive Vorstellungen wie Lebensfreude oder „American Way of Life" verbunden werden, die das Geschmacksurteil positiv beeinflussen (Esch, 2005a, S. 10).

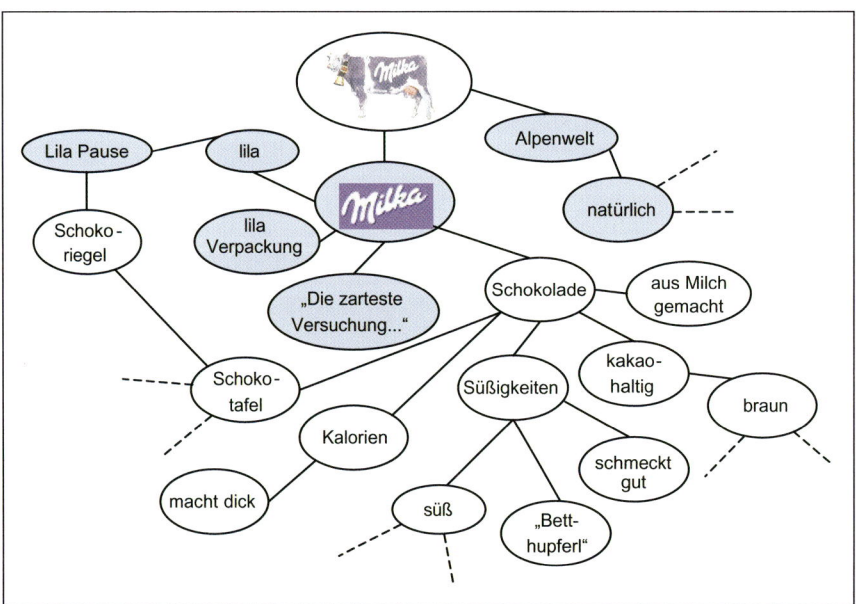

Abbildung 123: Semantisches Netzwerk am Beispiel der Marke Milka
Quelle: Esch/Wicke, 2001, S. 48.

Durch den Kauf von Marken können die Konsumenten verschiedene **Risiken** des Kaufs **reduzieren**, was einen Vorteil der Marke gegenüber einem unmarkierten Produkt darstellt (Keller, 2003, S. 10):

- funktionales Risiko: Das Produkt erfüllt die Erwartungen nicht.
- physikalisches Risiko: Von dem Produkt gehen Gefahren für die Gesundheit des Konsumenten aus.
- finanzielles Risiko: Das Produkt ist den Preis nicht wert.
- soziales Risiko: Das Produkt sorgt für Verwirrung bei anderen.
- psychologisches Risiko: Das Produkt beeinflusst das mentale Wohlergehen des Konsumenten.
- Zeitrisiko: Entspricht das Produkt nicht den Erwartungen, fallen Opportunitätskosten für das Suchen eines neuen Produktes an.

Marken stellen in diesem Sinne verdichtete Informationen und Vertrauensanker für Kunden und andere Anspruchsgruppen dar. Neben der Risikoreduktion für die Anspruchsgruppen haben Marken auch bestimmte **Funktionen für die Unternehmen**:

- Sie differenzieren das eigene Angebot von dem der Konkurrenz (Esch, 2005a, S. 25).
- Starke Marken haben eine höhere Markenloyalität und -bindung, was zu einer erhöhten Planungssicherheit führt (Aaker, 1992, S. 33 ff.).
- Starke Marken erzeugen Halo-Wirkungen, d. h. die Marke wirkt sich positiv auf die Beurteilung einzelner Markeneigenschaften aus (siehe Kapitel B. 2.).
- Starke Marken bieten eine Basis für Markenerweiterungen und für Lizenzierungen (Tauber, 1988, S. 26 f.; Völckner/Sattler, 2005a, S. 25).
- Starke Marken schützen die eigenen Produkte und Dienstleistungen vor Krisen und Einflüssen der Wettbewerber (Shocker/Srivastava/Ruekert, 1994, S. 155).
- Starke Marken bieten einen größeren Preisspielraum (Sattler, 2001, S. 23 f.).

1.2 Relevanz der Markenführung einschätzen

Nach einer Untersuchung der Unternehmensberatung McKinsey haben starke Marken einen „Total Return to Shareholder", der um 1,9 % über dem Industriedurchschnitt der 130 analysierten Unternehmen liegt. Schwache Marken hingegen liegen um 3,1 % darunter (Court/Leiter/Loch, 1999, S. 101).

Laut Interbrand verfügen die wertvollsten Marken auf der Welt über horrende Markenwerte, die bei Coca-Cola beispielsweise bei 56,0 Mrd. €, bei Microsoft bei 49,8 Mrd. € und bei IBM bei 44,3 Mrd. € liegen (Interbrand, 2005).

Allerdings sind die berechneten Werte mit einer erheblichen Schätzunsicherheit behaftet (Sattler, 2005, S. 5) (siehe hierzu auch Kapitel F.). In einer Managementbefragung von Sattler und PriceWaterhouseCoopers (2001) lag der Anteil des Markenwertes am Unternehmenswert bei 56 %. Dieser schwankte jedoch zwischen den Branchen erheblich. Während die Marke im Konsumgüterbereich bereits eine große Rolle spielt, besteht im Industriegüterbereich noch erhebliches Markenpotenzial.

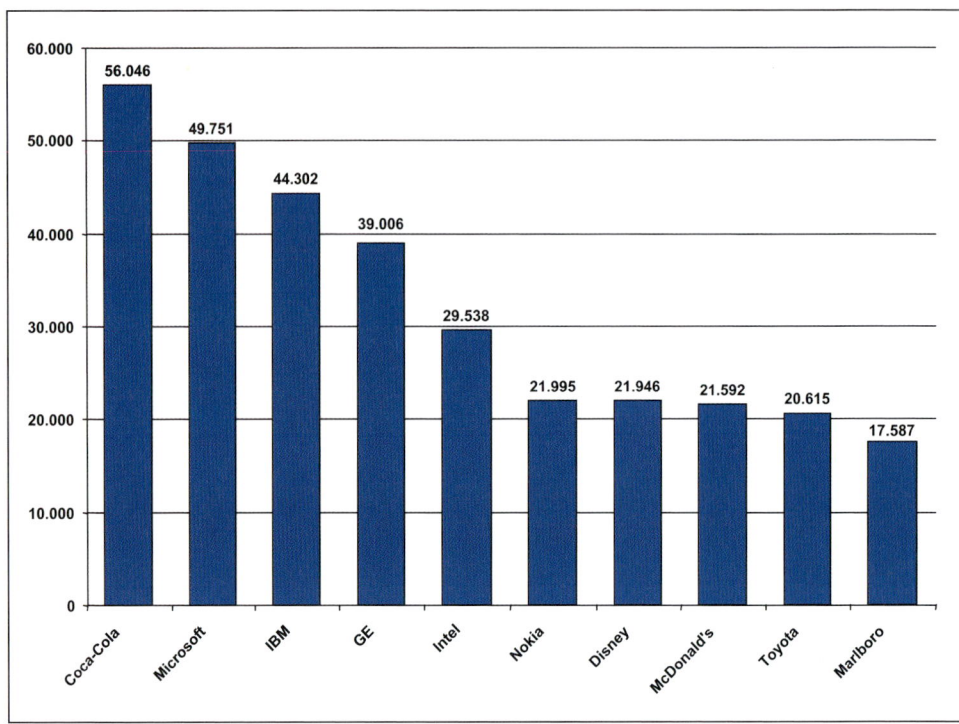

Abbildung 124: Markenwerte nach Interbrand
Quelle: Interbrand, 2005.

Bei der Betrachtung der einzelnen Anspruchsgruppen wird ersichtlich, dass diese sich jeweils für verschiedene Arten von Marken interessieren. So sind für die Aktionäre die Dachmarken von höherer Bedeutung als die einzelnen Marken eines Unternehmens, da sich auf diese der Aktienkurs bezieht. Bei den Kunden ist es genau umgekehrt. Hier steht die Produktmarke im Vordergrund (Kapferer, 1998, S. 223; Esch/Bräutigam, 2005, S. 844). Auf dem Arbeitsmarkt spielen Marken ebenfalls eine große Rolle. Sieht man sich z. B. die Hitliste der Unternehmen bei Hochschulabgängern an, liegen hier Unternehmen wie BMW, DaimlerChrysler, Siemens unter den Top-Ten der begehrtesten Arbeitgeber (Monster, 2001). Es scheint auch auf diesem Markt so zu sein, dass eine enge Beziehung zwischen der Bekanntheit und der Attraktivität der Unternehmen besteht (Esch, 2005a, S. 415).

In der heutigen Zeit der „Aldisierung" geht es entweder darum, immer preiswerter zu sein oder eine starke Marke aufzubauen. Marken ohne klares Profil werden zunehmend von den Handelsmarken verdrängt.

Unter Marken versteht man in diesem Fall nicht nur Produkte der Hersteller, sondern auch der Handel selber kann und muss sich als Marke verstehen, da er immer weniger über sein Sortiment differenzieren kann, das auch in anderen Geschäften erhältlich ist, sondern zunehmend über sein Image. Positive Beispiele für Handelsmarken sind Aldi oder Hennes & Mauritz. Aldi ist nach einer Berechnung von Young & Rubicam die Marke mit der größten Markenstärke in Deutschland (Esch, 2005 a, S. 454).

So wichtig Marken als zentrale immaterielle Wertschöpfer heute und in Zukunft sind, so schwierig ist die Markenführung. Die Gründe dafür liegen in einem wachsenden Wettbewerb der Marken, einem weiterhin stark ansteigenden kommunikativen Rauschen und immer größeren Problemen, Anspruchsgruppen wirksam zu erreichen.

1.3 Markenpositionierung als Grundlage der Markenführung bestimmen

Positionierungsidee verstehen

Nachdem eine Marke als Vorstellungsbild in den Köpfen der Konsumenten definiert wurde, stellt sich nun die Frage, welche Position diese Vorstellung in den Köpfen der Konsumenten einnehmen soll. Dieser aktive Prozess der Gestaltung des Images durch das Unternehmen wird als Positionierung bezeichnet (Brockhoff, 1992, S. 880 f.; Esch, 1992).

> „Eine Markenpositionierung zielt darauf ab, dass die Marke
> - in den Augen der Zielgruppen so attraktiv ist und
> - gegenüber konkurrierenden Marken so abgegrenzt wird,
>
> dass sie gegenüber den Konkurrenzmarken vorgezogen wird" (Esch, 2005 a, S. 142).

Ziel ist somit der Aufbau von eigenständigen und relevanten Gedächtnisinhalten in Bezug auf Marken. Die angestrebte Positionierung wird in einer Soll-Positionierung formuliert. Im Gegensatz dazu stellt die derzeitige Position in den Köpfen der Konsumenten die Ist-Position dar.

Gesucht wird die optimale Position der Marke in den Köpfen der Konsumenten als Grundlage für einen potenziellen Unternehmenserfolg (Keller, 2003, S. 119). Die Markenpositionierung kann somit zu Recht als die hohe Schule des Marketings bezeichnet werden (Kroeber-Riel / Esch, 2004, S. 51).

Der Grundgedanke der Positionierung kann in einem Positionierungsmodell abgebildet werden.

> Ein Positionierungsmodell gibt die räumlichen Positionen von Marken aus Sicht der Anspruchsgruppen wieder, wobei zwei- oder mehrdimensionale Positionierungsmodelle unterschieden werden können.

Den Achsen werden Positionierungseigenschaften zugeteilt, die für das Unternehmen von höchster Relevanz sind. Das Modell zeigt dann die subjektiv wahrgenommene Stellung der eigenen sowie der Konkurrenzmarken und die Idealvorstellung der Anspruchsgruppen in Bezug auf diese Positionierungseigenschaften (Carpenter, 1989, S. 1031).

Je näher die Marke an der Idealposition liegt und je weiter die Konkurrenzmarken entfernt sind, desto höher ist die Kaufwahrscheinlichkeit für die eigene Marke (Wind, 1982).

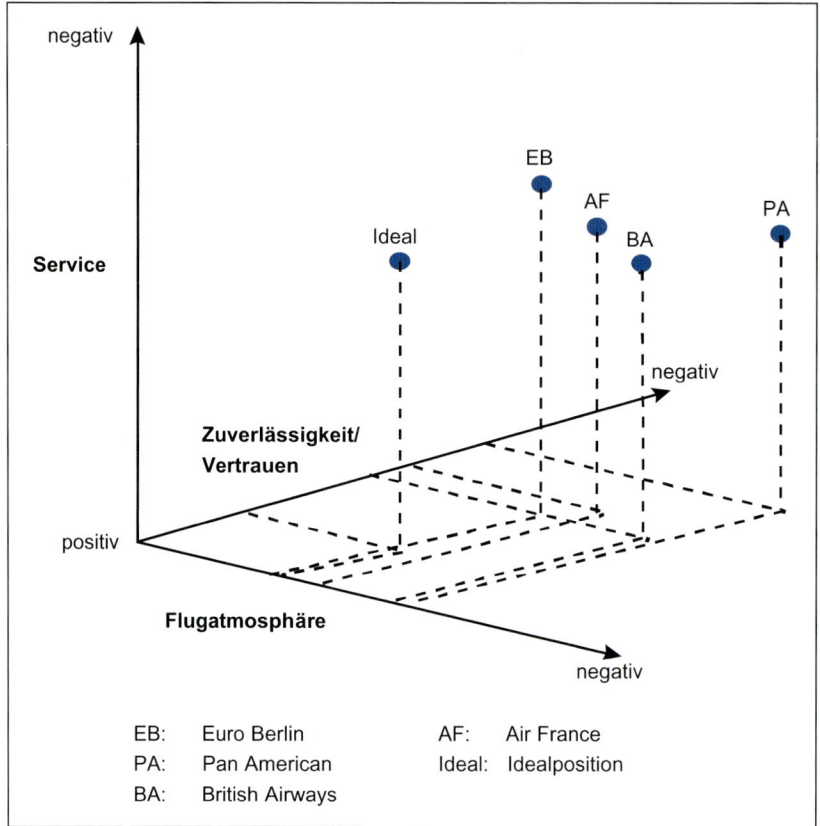

Abbildung 125: Positionierungsmodell
Quelle: Trommsdorff, 1992, S. 330.

Liegen nun die Marken, z. B. Air France und British Airways in Abbildung 125, sehr dicht zusammen, steigt die Gefahr der Austauschbarkeit. Die Marken werden substituierbar.

Wie Abbildung 125 zeigt, können nur wenige Dimensionen im Positionierungsmodell dargestellt werden. Gerade aber diese Einschränkung stützt den Grundgedanken der Positionierung – nämlich die Fokussierung auf wenige relevante Positionierungseigenschaften. Das heißt im Umkehrschluss jedoch nicht, dass die anderen möglichen Eigenschaften unwichtig wären. Es bedeutet nur, dass nicht alle Merkmale für die Marke das gleiche Gewicht besitzen, weil z. B. eine Positionierungseigenschaft schon von einer Konkurrenzmarke besetzt ist. Keller (2003, S. 131 ff.) spricht deshalb auch von

• Points-of-Difference-Positionierung und
• Points-of-Parity-Positionierung.

Bei BMW ist z. B. die Differenzierung gegenüber den Konkurrenten durch die Sportlichkeit und Dynamik gegeben. Obwohl man in anderen Eigenschaften, wie z. B. Sicherheit, nicht schlechter als die Konkurrenz sein möchte, kann diesem Merkmal keine zentrale Bedeutung beigemessen werden, da dieses in den Köpfen der Konsumenten von Mercedes belegt ist.

Die zentralen Schwächen des Positionierungsmodells liegen zum einen in seiner fehlenden Zukunftsorientierung, sowie darin, dass Nuancen von Positionierungseigenschaften nicht ausreichend darzustellen sind (Esch, 2005a, S. 145).

Strategieoptionen der Positionierung

Die **Strategieoptionen der Positionierung** setzen beim derzeitigen Markenimage an. Es geht nun darum, konkrete strategische Maßnahmen für das weitere Vorgehen für die Positionierung der Marke festzulegen (Esch, 2005b, S. 143).

Mit Hilfe des Positionierungsmodells konnte die eigene Ist-Position, die der Konkurrenten sowie die Idealposition ermittelt werden. Auf dieser Grundlage wird die Strategie für die Soll-Positionierung festgelegt.

> Ziel ist die Reduktion des wahrgenommenen Abstandes zwischen der Idealvorstellung der Konsumenten und dem eigenen Angebot unter Beachtung von Gewinnerzielungsmöglichkeiten.

Wie in Abbildung 126 dargestellt, können sich die Positionierungsstrategien auf den alten oder auf einen neuen Positionierungsraum beziehen.

Hieraus ergeben sich drei grundlegende Strategien (Esch, 2005b, S. 145):

1. Beibehaltung der Markenposition

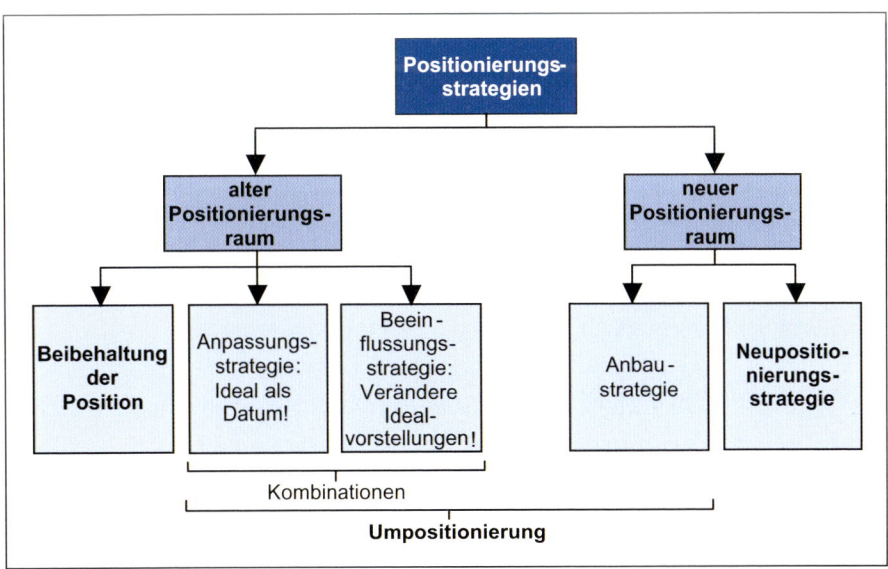

Abbildung 126: Positionierungsstrategien
Quelle: Esch, 2005a, S. 154.

2. Umpositionierung der Marke, entweder
- im alten Positionierungsraum durch eine Anpassungs- und/oder Beeinflussungsstrategie,
- im neuen Positionierungsraum durch eine Anbaustrategie

3. Neupositionierung der Marke

Zu 1: Beibehaltung der Markenposition

Die Markenposition kann beibehalten werden, wenn die Übereinstimmung zwischen der Idealvorstellung und der Ist-Position aus Sicht der relevanten Zielgruppe hoch ist und wenn keine stärkere Marke eine ähnliche Positionierung verfolgt. Dies bedeutet allerdings keinesfalls ein Erstarren oder gar Ausbleiben der Marketingmaßnahmen. So wird beispielsweise durch einen dauerhaften, massiven Werbeauftritt der Marke Marlboro die Erlebniswelt des Marlboro-Cowboys aufrechterhalten. Eine gezielte Anpassung der Marketingmaßnahmen an den Zeitgeist und aktuelle Strömungen sollte unter der Beachtung der Markenidentität und dem -image erfolgen.

Zu 2: Umpositionierung der Marke

> „Eine Umpositionierung ist dann sinnvoll, wenn die Markenposition zu weit von den Idealvorstellungen der Konsumenten abweicht" (Esch, 2005a, S. 154).

Im alten Positionierungsraum liegen die Alternativen in der Anpassungs- und der Beeinflussungsstrategie, wobei jeweils der Zielgruppenkern bei beiden Möglichkeiten erhalten bleibt.

Im neuen Positionierungsraum kann eine Anbaustrategie verfolgt werden. Hierbei wird die Positionierung um eine wichtige Eigenschaft für eine andere Teilzielgruppe ergänzt. Dies ist immer dann sinnvoll, wenn
- eine Anpassungsstrategie zu einer Me-too-Position führen würde oder
- eine Beeinflussungsstrategie in Richtung der eigenen Marke zu kostenintensiv wäre.

Ein gutes Beispiel für eine Anbaustrategie ist die Marke Fa. Hier wurde die Positionierung von einer wilden Frische zu einer pflegenden Frische geändert. Während man einen Teil der Zielgruppe halten konnte (diejenigen, die nach Frische suchen) und einen anderen Teil abgegeben hat (diejenigen, die das „Wilde" wollen), konnte eine neue Teilzielgruppe (diejenigen, die nach Pflege suchen) hinzugewonnen werden.

Zu 3: Neupositionierung der Marke

Eine Neupositionierung kann dann sinnvoll sein, wenn die Ist- und die Idealposition der Marke extrem voneinander abweichen, und die Idealposition schon von Konkurrenzmarken belegt ist (Esch, 2005a, S. 155). Es sind dann andere Positionierungsmerkmale für eine neue Zielgruppe zu finden und umzusetzen.

Die Marke West positionierte sich in den 80er Jahren wie Marlboro über Abenteuer und Freiheit. Da aber diese Eigenschaften immer mit Marlboro in Verbindung gebracht wurden, trugen sie nicht zu einem Imageaufbau für West bei. Der Marktanteil von Marlboro stieg auf Kosten von West. Eine Umpositionierung wurde nötig und mit der „Test the West"-Strategie realisiert. Mit dieser neuen Positionierung wurde zweifelsfrei eine andere Zielgruppe angesprochen.

Markenpositionierung umsetzen

Nachdem eine Positionierungsstrategie festgelegt worden ist, muss diese umgesetzt werden. Um nun eine Systematik in Konzeption und Umsetzung zu bekommen, empfiehlt es sich, die strategischen Dreiecke der Positionierung zugrunde zu legen (Abbildung 127).

Wie aus Abbildung 127 ersichtlich, gibt es eine Konzept- und eine Umsetzungsphase. In der Regel besteht zwischen diesen das Problem der Implementierungslücke. Darunter versteht man, dass die Positionierungskonzepte bei den relevanten Anspruchsgruppen nicht wirksam vermittelt werden und demnach auch keinen Beitrag zur Imagebildung leisten können.

Das **strategische Dreieck der Konzeptebene** wird durch die eigene Marke, die Zielgruppe und durch konkurrierende Marken gebildet. Auf dieser Ebene werden also die grundlegenden Fragen der Positionierung geklärt.

Die Hauptprobleme bei der Entwicklung von Positionierungskonzepten sind (Esch, 2005a, S. 157 ff.):

- das Haften an Branchenklischees, d. h. in Branchen werden oftmals nur wenige Positionierungseigenschaften herangezogen und somit latente Bedürfnisse der Konsumenten nicht berücksichtigt,
- ein einseitiges Festhalten an sachlichen Positionierungseigenschaften, was die Austauschbarkeit erhöht,

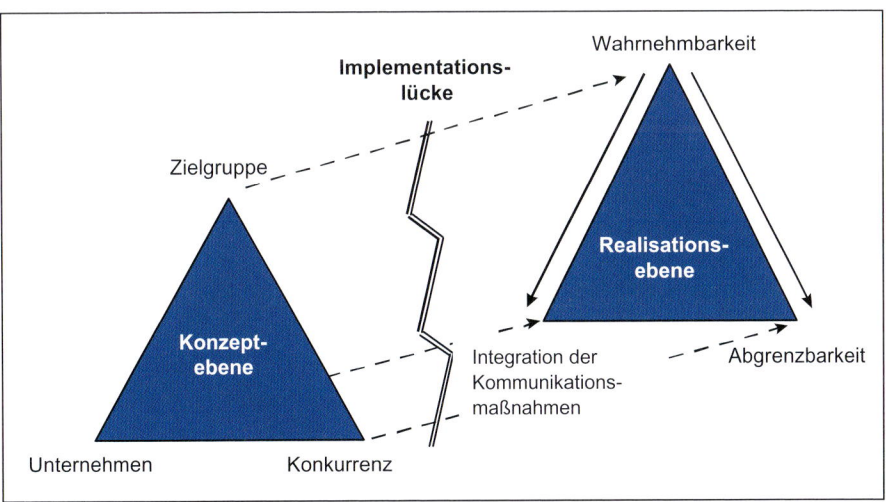

Abbildung 127: Die strategischen Dreiecke der Positionierung
Quelle: Esch, 1992, S. 309.

- eine stereotype Erfassung der Ist-Situation, die dazu führt, dass relevante Eigenschaften nicht erfasst werden,
- eine Defizitausgleichsstrategie aufgrund der Ergebnisse der Ist-Situation. Schneidet man in einer Eigenschaft schlechter ab als die Konkurrenz, wird häufig versucht gegenzusteuern, was zu einer Überlagerung vorhandener Gedächtnisstrukturen führt.
- eine mangelnde Verankerung von Positionierungsentscheidungen auf der Top-Managementebene führt oft zu Kurzfristdenken und somit im schlimmsten Fall zur Markenwertvernichtung.

Nachdem das Konzept festgelegt ist, erfolgt eine Umsetzung der jeweiligen Endpunkte in die korrespondierenden Punkte des **Realisationsdreiecks**. Die Umsetzung muss

- auf die Wahrnehmung der Konsumenten abgestimmt werden,
- eigenständig sein, d. h. die Austauschbarkeit mit der Konkurrenz ist zu vermeiden,
- über alle Marketingmaßnahmen integriert werden, da der Aufbau eines klaren Markenimages erleichtert wird, wenn immer das gleiche konsistente Bild in allen Kommunikationsinstrumenten wiedergegeben wird.

1.4 Markenstrategien festlegen

„Markenstrategieentscheidungen stehen immer dann an,
- wenn ein Unternehmen vor der Einführung oder dem Aufkauf eines neuen Produktes über dessen Markierung nachdenkt oder
- wenn vorhandene Markensysteme restrukturiert werden sollen" (Esch, 2005a, S. 275).

Grundsatzstrategien der Markenführung bewerten

In einem Unternehmen stehen drei markenstrategische Grundoptionen zur Verfügung (Becker, 2005, S. 381 ff.; Kapferer, 1992, S. 157 ff.; Sattler, 2001, S. 69 ff.):

1. Einzelmarken (Produktgruppen- oder Mono-Marken-Konzept: z. B. Red Bull, Knoppers)
2. Familienmarken (Produktgruppen- oder Range-Marken-Konzept: z. B. Nivea, Tesa)
3. Dachmarken (Company-Marken, Umbrella-Brands: z. B. Allianz, Siemens).

Zu 1: Einzelmarken

Das Prinzip der Einzelmarke besteht darin, dass jedes Produkt eines Anbieters eine eigenständige Marke bildet.

Eine Marke = ein Produkt = ein Produktversprechen

Das Schaffen von Einzelmarken bietet sich vor allem dann an, wenn ein Unternehmen ein heterogenes Produktprogramm für unterschiedliche Kundengruppen und -segmente anbietet (Becker, 2005, S. 386). Hierfür steht bspw. das Unternehmen Ferrero mit Einzelmarken wie Hanuta, Nutella, Giotto oder Mon Chéri (Abbildung 128).

Abbildung 128: Einzelmarken der Firma Ferrero

Der Vorteil der Einzelmarkenstrategie liegt darin, dass man auf die Bedürfnisse und Wünsche der Konsumenten durch eine sehr klare und spitze Profilierung sehr genau eingehen kann. Ein großer Nachteil besteht darin, dass sich die Marketingaufwendungen über eine einzige Marke amortisieren müssen, was unter den immer kürzer werdenden Produktlebenszyklen ein enormes Risiko darstellt. Weitere Vor- und Nachteile sind in Abbildung 129 abgebildet.

Vorteile	Nachteile
• Klare („spitze") Profilierung eines Produktes möglich	• Ein Produkt muss den gesamten Markenaufwand (Markenbudget) alleine tragen
• Konzentration auf eine definierte Zielgruppe	• Voraussetzung ist ein tragfähiges Marktvolumen (-potenzial)
• Wahl einer spezifischen Positionierung gegeben	• Langsamer Aufbau der Markenpersönlichkeit („brand identity")
• Gute Darstellungsmöglichkeiten des Innovationscharakters eines neuen Produktes	• Bei immer kürzeren Produktlebenszyklen Gefahr, dass der Break-even-Point nicht mehr erreicht wird
• Profilierungs- und Positionierungsfreiheiten im Produktlebenszyklus (Relaunch-Maßnahmen)	• Durch Strukturwandel von Märkten kann die Überlebensfähigkeit produktspezifischer Marken gefährdet sein
• Vermeidung eines Badwill-Transfereffektes bei Misserfolg des Produktes auf andere Produkte des Unternehmens	• Immer größere Probleme, geeignete und schutzfähige Markennamen zu finden

Abbildung 129: Vor- und Nachteile der Einzelmarkenstrategie
Quelle: Becker, 2001, S. 196.

Zu 2: Familienmarke

Bei der Familienmarke werden mehrere Produkte unter einer einheitlichen Marke geführt. Während man früher der Ansicht war, dass eine Familienmarke nur aus Produkten einer Produktgruppe bzw. -linie bestehen dürfe, werden diese engen Grenzen heute aufgehoben. Eine Familienmarke, wie z.B. Nivea, kann somit Produkte aus verschiedenen Produktgruppen umfassen (Becker, 2005, S. 388). Die Klammer bildet in diesem Fall der breitere Pflegeaspekt.

> Allen Familienmarkenstrategien ist gemein, dass die angebotenen Produkte vom aufgebauten Markenimage profitieren (Esch, 2005 a, S. 278).

Die Familienmarke nimmt eine Mittelposition zwischen Einzel- und Dachmarke ein. Sie vereint die Vorteile der Einzelmarke, wie z.B. eine ähnlich spitze Profilierung, und der Dachmarke, z.B. Synergieeffekte. Neben den Vorteilen existieren eine Reihe von Nachteilen, wie z.B. die Gefahr der Überdehnung oder nur begrenzt mögliche wettbewerbsbedingte Restrukturierungsmaßnahmen (Abbildung 130).

Beispiele für das Entstehen von Familienmarken sind die Du-darfst-Linie von Unilever und die Milka-Linie von Kraft Foods.

Abbildung 130: Familienmarke Nivea

Vorteile	Nachteile
• Spezifische Profilierungsmöglichkeiten (vor allem bei spezieller „Nutzenphilosophie" für Produktlinien)	• Der „Markenkern" der Ausgangsmarke begrenzt die Innovationsmöglichkeiten
• Mehrere Produkte tragen den erforderlichen Markenaufwand (Markenbudget)	• Andererseits Gefahr der Markenüberdehnung bzw. -verwässerung durch nicht philosophieadäquate Neuprodukte („rubber effect")
• Neue Produkte partizipieren am Goodwill der Familienmarke (Starthilfe)	• Bei der Profilierung einzelner Produkte muss Rücksicht auf die Basispositionierung genommen werden
• Insbesondere bei Vorhandensein einer speziellen Nutzenphilosophie gute Ausschöpfungsmöglichkeiten von (neuen) Teilmärkten (Satellitenstrategie)	• Wettbewerbsbedingte Restrukturierungsmaßnahmen (Relaunch) sind relativ begrenzt (insbesondere gegenüber starken Einzelmarken)
• Jedes „philosophiegerechte" Produkt stärkt das Markenimage (Markenkompetenz)	• Die Familienmarke ist nur dort einsetzbar, wo die Abnehmer (Verbraucher) Angebotssysteme mit entsprechenden Nutzenklammern akzeptieren
• Die Familienmarke ermöglicht die Bildung eigenständiger „strategischer Geschäftsfelder" (Organisationseinheiten mit eigenen strategischen Erfolgsfaktoren)	• Familienmarkensysteme sind gefährdet, wenn der Handel solche Systeme nicht voll aufnimmt (bzw. nicht als System präsentiert)

Abbildung 131: Wichtige Vor- und Nachteile der Familienmarke
Quelle: Becker, 2001, S. 199.

Zu 3: Dachmarke

Die Dachmarkenstrategie ist dadurch gekennzeichnet, dass alle Produkte eines Unternehmens unter einer Marke angeboten werden. Im Vordergrund der Profilierungsbemühungen steht das Unternehmen und dessen Kompetenz (Becker, 2005, S. 390).

Dachmarkenstrategien sind vor allem dann sinnvoll, wenn
• der Umfang des Produkt- bzw. Dienstleistungsprogramms zu groß für eine sinnvolle Einzelmarkenstrategie ist (z. B. Siemens) oder
• sich Zielgruppen bzw. Positionierung der Programmteile nicht oder nicht wesentlich voneinander unterscheiden (z. B. Allianz) oder
• das Produktprogramm bzw. wesentliche Teile davon starken Modeschwankungen unterliegen (z. B. Armani) (Becker, 2005, S. 391).

Die Vorteile sind vergleichbar mit denen der Familienmarke. Diesen stehen jedoch einige Nachteile gegenüber, wobei der größte sicherlich der Profilierungsnachteil ist (Abbildung 133).

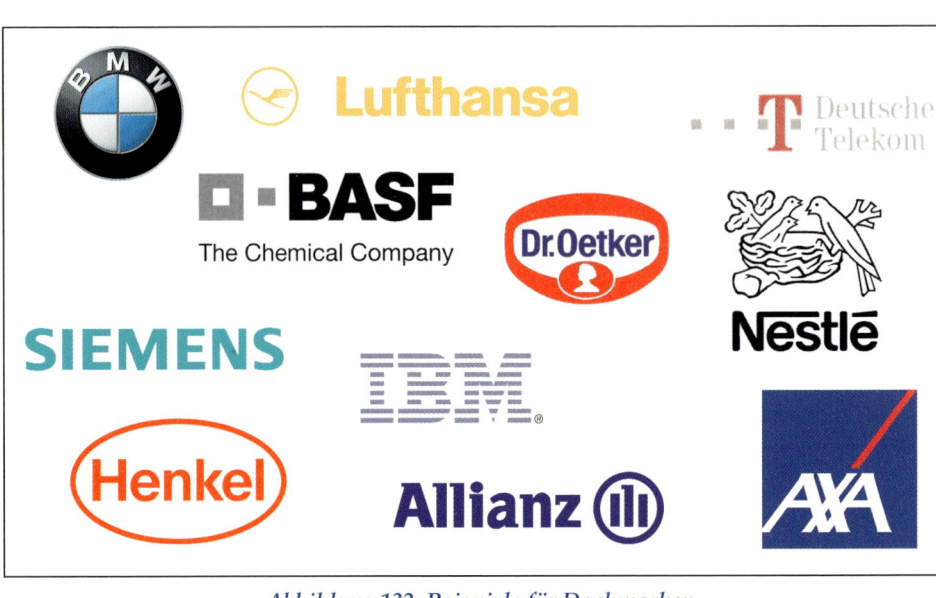

Abbildung 132: Beispiele für Dachmarken

Vorteile	Nachteile
• Alle Produkte tragen den notwendigen Markenaufwand (Markenbudget) gemeinsam	• Die klare Profilierung eines ganzen Programms unter einer Marke ist erschwert (nur „runde" Profilierung)
• Eine vorhandene Dachmarke erlaubt relativ leicht die Einführung neuer Produkte	• Die Konzentration auf einzelne Zielgruppen ist im Prinzip nicht möglich
• Jedes neue Produkt kann am Goodwill der Dachmarke partizipieren (Starthilfe)	• Als Positionierung kann nur eine allgemeine, eher unspezifische „Lage" gewählt werden
• Das Unternehmen kann sich auch in kleineren Teilmärkten engagieren	• Als Besonderheiten der Profilierung einzelner Programmteile kann (auch bei Relaunchaktivitäten) keine Rücksicht genommen werden
• Kurze Produktlebenszyklen bei einzelnen Produkten gefährden nicht die gesamte Ökonomie der Marke	• Innovationen können nicht spezifisch profiliert bzw. ausgelobt werden
• Man ist nicht auf den aufwendigen Prozess der Suche nach neuen schutzfähigen Marken angewiesen	• Im Falle des Scheiterns eines Produktes ergeben sich Badwill-Transfereffekte auf die Marke und alle Produkte insgesamt

Abbildung 133: Wichtige Vor- und Nachteile der Dachmarkenstrategie
Quelle: Becker, 2001, S. 198.

		Anzahl der Marken	
		eine Marke	**zwei oder mehr Marken**
Anzahl der Hierarchie-ebenen	**eine Hierarchieebene**	• Einzelmarke • Familienmarke • Dachmarke	• Mehrmarke • Markenallianzen
	zwei oder mehr Hierarchieebenen		komplexe Marken-architekturen

Abbildung 134: Markenarchitektur-Matrix
Quelle: Esch/Bräutigam, 2001, S. 715.

In der Praxis existieren die angesprochenen Grundsatzstrategien heute nur noch selten in ihrer reinen Form. In der Regel werden sie kombiniert eingesetzt, wobei zwei Stoßrichtungen eine zentrale Bedeutung zukommt (Esch, 2005 a, S. 286 f.; Abbildung 134):

1. **Horizontale Kombination von Markenstrategien**: Hierbei werden von einem Unternehmen mehrere Marken in einem Markt geführt. Diese können sowohl Einzel- als auch Familienmarken sein.

2. **Vertikale Kombination von Markenstrategien**: Hier entstehen durch Kombinationen von Einzel-, Familien- und Dachmarken komplexe Markenarchitekturen.

Markensysteme gestalten

Markensysteme können sich darauf beziehen, wie viele Produkte unter einer Marke geführt werden, wie man die Marke systematisch dehnt (Markendehnung), wie man als Unternehmen mehrere Marken in einem Markt führt (Mehrmarkenstrategien) oder wie man Marken zwischen verschiedenen Unternehmen (Markenallianzen, Ingredient Branding) oder in einem Unternehmen (Markenarchitektur) miteinander kombiniert. Darauf wird im Folgenden eingegangen.

Markendehnungen stellen für Unternehmen eine wichtige Wachstumsoption dar. Eine Markendehnung kann als Produktlinienerweiterung (= Dehnung der Marke in der bisherigen Produktkategorie) oder als Markenerweiterung (= Dehnung der Marke in eine neue Produktkategorie) durchgeführt werden (Esch, 2005 a, S. 287). Die Dehnung von Punica Orangensaft in weitere Geschmacksrichtungen wie Punica Tea & Fruit wäre eine typische Produktlinienerweiterung. Hingegen ist die Dehnung der Marke Boss in die Bereiche Parfum, Uhren, Schuhe, Lederaccessoires eine Markenerweiterung, da die Marke neben der klassischen Bekleidung in neuen Produktkategorien eingesetzt wird.

Mit Markendehnungen will man Investitionen in die Marke durch den Transfer aufgebauter Vorstellungsbilder und damit verbundener Präferenzen in neue Produkte kapitalisieren und das Risiko des Eintritts in neue Märkte reduzieren (Esch, 2005a, S. 287).

Markendehnungen lassen sich typischerweise günstiger realisieren als der Aufbau einer neuen Marke (Sattler, 2001, S. 75).

Die Voraussetzung für das Gelingen einer **Produktlinienerweiterung** ist, dass man mit der Marke bisher noch nicht befriedigte Konsumentenbedürfnisse trifft, die Marke hierfür auch relevant ist und dass sie gegenüber den konkurrierenden Marken einen Wettbewerbsvorteil besitzt (Esch, 2005a, S. 297). Vorteile liegen in der besseren Marktabdeckung und dem damit in der Regel verbundenen größeren Marktanteil. Allerdings fallen durch die Vermarktung der neuen Variante und durch die Lagerhaltung usw. auch erhöhte Kosten in der Produktion an. Neben den Kosten sind auch einige Nachteile zu berücksichtigen, wie z. B. das erhöhte Risiko der Verwässerung des Markenimages (Sattler, 2001, S. 75).

Vor der Aufnahme eines neuen Produktes ist immer darauf zu achten, dass das Produkt auch zur Marke passt (Esch, 2005a, S. 299; Völckner/Sattler, 2005a, S. 4).

Bei der Umsetzung der Produktlinienerweiterung sind die folgenden Grundregeln zu beachten (Esch, 2005a, S. 303ff.):
- Die Selbstähnlichkeit muss gewahrt werden, d. h. die Integration der Angebote innerhalb einer Produktlinie. So muss eine Aspirin-Tablette immer aussehen wie eine Aspirin.
- Die Differenzierung zwischen den Angeboten einer Marke muss gewährleistet sein. So ist Aspirin-Plus-C klar unterscheidbar von Aspirin direkt oder Aspirin forte.
- Die Mental Convenience ist zu beachten, d. h. die Produktlinie muss sich dem Konsumenten leicht und ohne große gedankliche Anstrengung erschließen. Kunden können beispielsweise bei Aspirin direkt nachvollziehen, dass es schneller wirkt als andere Produkte, die unter dem Namen Aspirin geführt werden.

Bei einer **Markenerweiterung** sollen positive Imagekomponenten einer etablierten Marke auf ein Erweiterungsprodukt übertragen werden. Das Erweiterungsprodukt wiederum soll dann mit seinem Image zu einer Stärkung der Stammmarke beitragen.

Durch eine erfolgreiche Markenerweiterung kann die Stammmarke revitalisiert und verjüngt werden. Zudem profitiert das Erweiterungsprodukt im Vergleich zu einer neuen Marke durch einen Bekanntheits-, Image- und Vertrauensvorsprung. Neben diesen Vorteilen besteht noch eine Reihe weiterer Chancen, aber auch Risiken bei einer Markenerweiterung (Abbildung 135). So können negative Imagebeeinträchtigungen der Stammmarke infolge einer Markenerweiterung Absatzeinbußen für sämtliche unter der Marke angebotenen Produkte zur Folge haben. Im Rahmen einer Längsschnittanalyse verschiedener realer Markenerweiterungen zeigt sich beispielsweise, dass selbst starke Marken

	Stammmarke	Erweiterungsprodukt
Chancen	• Revitalisierung der Stammmarke • Umpositionierung wird erleichtert • positiver Imagetransfer vom Erweiterungsprodukt zur Stamm-marke	• geringerer Lernaufwand beim Konsumenten, da die Marke schon bekannt ist • höhere Listungsbereitschaft beim Handel • Kostenersparnisse im Unter-nehmen durch Synergien im Marketing-Mix
Risiken	• Imageverwässerung	• Stammmarke ist nicht stark genug für die Erweiterung • Image der Stammmarke ist für die Erweiterungsproduktkategorie nicht relevant • fehlendes Geld für das Erweite-rungsprodukt, da die Synergien überschätzt wurden

Abbildung 135: Chancen und Risiken einer Markenerweiterung

einen nicht unerheblichen Imageverlust erleiden können – unabhängig davon, ob die Markenerweiterung erfolgreich ist oder nicht (Kaufmann/Sattler/Völckner, 2006 a).

Markenerweiterungen beeinflussen in ganz erheblichem Maße den Wert einer Marke (siehe zur Markenwertmessung genauer Kapitel F. 5.). Der Markenwert ergibt sich nicht nur aus den Wertschöpfungsmöglichkeiten der gegenwärtig unter der Marke angebote-nen Produkte, sondern auch aus der Möglichkeit, zukünftig neue Produkte unter dem Dach der Marke einzuführen. Will man – z. B. im Rahmen einer wertorientierten Mar-kenführung – den Gesamtwert einer Marke erfassen, so muss also auch das Markener-weiterungspotenzial erfasst werden (Kaufmann/Sattler/Völckner, 2006 b).

Bevor man eine Marke erweitert, sollten zunächst einige Analyseschritte durchlaufen werden:

1. Ermittlung des Markenwertes als das Fundament der Markendehnung (= Wie viel?)

2. Analyse potenzieller Erweiterungsprodukte (= In welche Produktkategorie?)

3. Prüfung unternehmensinterner und marktbezogener Rahmenbedingungen (= Ob und mit wem?)

4. Positionierung und deren Umsetzung (= Wie?)

Bei potenziellen Markenerweiterungen spielt eine Reihe von Einflussfaktoren eine wich-tige Rolle. Hinsichtlich der Relevanz zeigt sich eine herausragende Bedeutung des Fit, d. h. die wahrgenommene globale Ähnlichkeit zwischen der Marke und dem Erweite-rungsprodukt. Weitere Faktoren sind (Völckner/Sattler, 2006):

- die Marketingunterstützung der Markenerweiterung,
- die Akzeptanz auf Handelsseite,
- die Historie vergangener Markentransfers und
- das Markeninvolvement.

Bei einer Fit-Messung prüft man die Passung eines neuen Produktes zur Marke. Das Problem der Fit-Messung liegt darin, dass man zwar einen guten ersten Eindruck durch die Over-all-Messung erhält, allerdings ohne diagnostischen Tiefgang. Man erfährt nicht, warum eine Markenerweiterung mehr oder weniger akzeptiert wird. Auch lässt sich nur schwer ein Schwellenwert festlegen, ab wann eine Dehnung durchgeführt werden soll. Wegen dieser Probleme ist zwingend eine tiefer gehende Dehnungsanalyse durchzuführen, indem man offen bei den Kunden die Gründe für die Fit-Beurteilung erfasst (Esch, 2005a, S. 322).

Die hohe Bedeutung des Fit gilt für verschiedenste Warengruppen und Muttermarkentypen. Allerdings zeigt sich auch, dass in Abhängigkeit von der jeweiligen Warengruppe die relative Bedeutung der übrigen Einflussfaktoren variieren kann. Außerdem ist zu beachten, dass sich zwischen Konsumentensegmenten deutliche Unterschiede in den Wirkungen der Einflussfaktoren ergeben können (Völckner/Sattler, 2005b). Für eine Detailanalyse sind also neben dem zentralen Faktor Fit weitere Einflussgrößen auf den Markentransfererfolg zu berücksichtigen.

Markenlizenzierung betreiben

Hat die Analyse ein Dehnungspotenzial ergeben, das ein Unternehmen jedoch nicht in Eigenfertigung umsetzen kann, so ist die Möglichkeit der Markenlizenzierung zu prüfen.

> Der Inhaber einer Marke räumt einem anderen Unternehmen das Recht ein, diese Marke für seine Produkte zu benutzen (Binder, 2005, S. 525).

Dieses Nutzungsrecht kann sich dabei entweder auf
- neue Produkte (Markenerweiterung, z. B. Joop! Parfum) oder
- neue Regionen (Markterweiterung, z. B. Löwenbräu) beziehen.

Die Vorteile für den Lizenzgeber liegen darin, dass er sich auf seine Kernkompetenzen stützen und Wachstum in neuen Märkten erzielen kann. Zugleich lassen sich Kostenvorteile in der Markenführung realisieren als auch ein ressourcenschonendes Wachstum. Vor diesem Hintergrund erscheint die Lizenzierung einer Marke ein geeignetes Mittel zu sein, um Wertschöpfungsnetzwerke zu bilden (Esch/Langner, 2003).

Der Lizenzierung von Marken kommt eine nicht unerhebliche wertmäßige Bedeutung zu. So zeigt eine Studie von Hartmann/Sattler/Völckner (2003), dass mit Lizenzmarken auf dem deutschsprachigen Markt im Jahr 2001 ein Umsatzvolumen von rund 8,5 Mrd. € zu Herstellerabgabepreisen (exklusive Mehrwertsteuer) erzielt wurde. Die Einnahmen aus der Vergabe von Markenlizenzen im deutschsprachigen Raum im Jahr 2001 belaufen sich auf ca. 1 Mrd. €.

Spielt man die Lizenzierung bis zum Ende durch, so ergibt sich in ihrer Extremform eine virtuelle Marke. Hierbei hat der Lizenzgeber keine eignen Produkte mehr, sondern nur noch die Rechte an der Marke, die er an andere vergibt. Dies ist beispielsweise bei der Marke Ralph Lauren der Fall.

Der Lizenznehmer hat die Vorteile einer bereits eingeführten Marke. Diese besitzt einen gewissen Grad an Bekanntheit und ein Markenimage, wodurch bei den Konsumenten bereits Präferenzen bzw. Loyalität für die Marke aufgebaut wurden. Dadurch können höhere Preise erzielt werden, die zu höheren Deckungsbeiträgen führen (Binder, 2005, S. 529).

Markenallianzen bilden

In den vorherigen Kapiteln wurde bisher nur eine Marke auf einer Hierarchiestufe berücksichtigt. Bei zwei oder mehr Marken ergeben sich die Möglichkeiten der Mehrmarkenführung und der Bildung von Markenallianzen (Abbildung 136).

Markenallianzen im engeren Sinne, auch Co-Branding genannt, gehen über Markendehnungen hinaus. Das Besondere an einer solchen Markenallianz ist, dass Marken unterschiedlicher Eigentümer aus der gleichen Wirtschaftsstufe für die Markierung eines Produktes zusammengeschlossen werden, und dass sie über eine kurzfristige Zusammenarbeit hinausgeht (Esch/Redler, 2005, S. 79).

> Ziel einer Markenallianz ist ein effektiverer und effizienterer Zugang zu neuen Produktkategorien als durch Markendehnung.

Abbildung 136: Beispiele für Markenallianzen

Die Chancen und Risiken einer solchen Markenallianz unterscheiden sich nicht grundsätzlich von denen der Markenerweiterungen. Jedoch ergibt sich durch das Führen von zwei Marken ein höherer Koordinationsaufwand und ein durch die zentralen Markenassets eingeschränkter Handlungsspielraum (Esch, 2005a, S. 365 f.).

So gehen bei der Markenallianz von Philips und Alessi bei der Produktion von Kleingeräten mit hohem Designanspruch die positiven Vorstellungen von Alessi und von Philips in diese Allianz mit ein. Umgekehrt stellen diese auch die zentralen Restriktionen bei der Führung von Produkten unter einer Markenallianz dar.

Wie bei der Markendehnung kann man auch hier eine Konzept- und eine Umsetzungsebene unterscheiden. Damit eine Markenallianz erfolgreich wird, sollte man auf der Konzeptebene folgende Kriterien beachten (Esch, 2005a, S. 365):

- Es muss einen Markenfit geben, d. h. die Marken müssen zueinander passen. Dies wäre in dem Beispiel von Philips und Alessi gegeben.
- Die Marken müssen sich bei den Gedächtnisstrukturen so ergänzen, dass die Vorstellungen zur neuen Marke von Relevanz für das neue Produkt sind. So bringt Philips den technischen Anspruch „Let's make things better" mit ein, Alessi hingegen das italienische Design.
- Die Marken benötigen jeweils eine gewisse Markenstärke, die in unserem Beispiel bei beiden vorliegt.
- Es muss einen wahrgenommenen Produktfit, d. h. eine Ähnlichkeit zu den bisherigen Produkten der Marken geben. Auch dies wäre durch das Design und die Produktkategorie gewährleistet, da es sich jeweils um technische Haushaltsprodukte handelt.

Bei der Umsetzung muss geklärt werden, welche der Marken den Markenkopf bildet, da dieser einen stärkeren Einfluss auf die Wahrnehmung der Eigenschaften des neuen Produktes hat (Park/Jun/Shocker, 1996, S. 464). Diese Festlegung bildet die Grundlage für die Gestaltung der Kommunikation und des Produktdesigns.

Neben der Markenallianz im engeren Sinne existieren noch weitere mögliche Allianzen (Blackett/Russel, 1999, S. 16 ff.). So versteht man unter Co-Promotion den Zusammenschluss von Marken bei gemeinsamen kommunikativen Auftritten (z. B. Fairy Ultra und Bauknecht) oder unter Ingredient Branding, zwei Marken, die sich auf vertikalen Wirtschaftsstufen zusammenschließen (z. B. IBM und Intel). Bei einer Mega-Brand verbinden sich eine ganze Reihe von Marken zu einer Supermarke (z. B. Star Alliance als Zusammenschluss von mehreren Luftverkehrsdienstleistern). Neben diesen Formen der Markenallianz wird auch das Joint Venture als die weitest gehende Spielform genannt. Wegen der besonderen Bedeutung von Ingredient Brands wird auf diese Spielform nachfolgend kurz eingegangen.

Ingredient Branding kennzeichnet die Markierung von Materialien, Komponenten und Teilen, die in anderen Produkten zum Einsatz kommen und deren Leistungen von Kunden als eigenständiger Bestandteil der Produkte wahrgenommen werden (Keller, 2003; Esch, 2005a, S. 371 f.; Freter/Baumgarth, 2005). Beispiele für Ingredient Brands sind Intel, Lycra und Goretex (Abbildung 137).

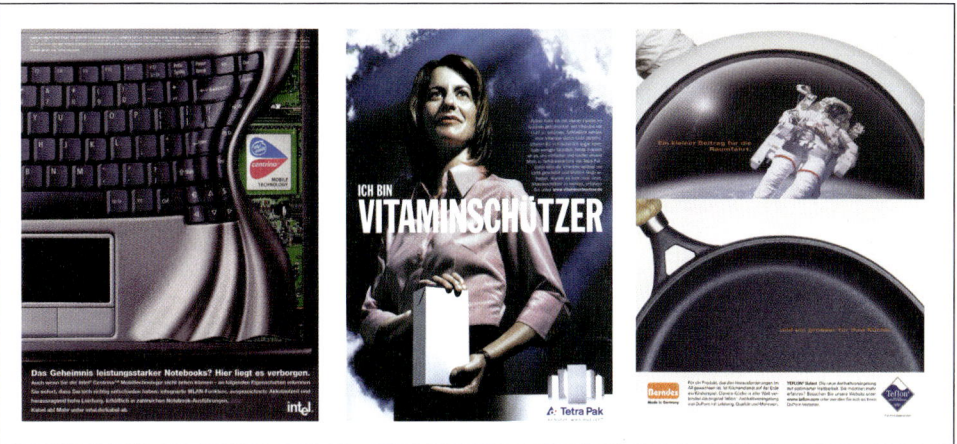

Abbildung 137: Beispiele für Ingredient Branding

Die Ingredient-Brand-Strategie setzt vor allem auf eine Pull-Through im Markt. Man will demnach bei den Kunden Begehrlichkeiten für die Ingredient Brand wecken. Voraussetzung dafür ist jedoch, dass die Teile ein wichtiger Bestandteil des Produkts darstellen, wie dies bei Speicherchips für Computer ohne Frage der Fall ist. Um eine solche Ingredient-Brand-Strategie zu realisieren, ist dazu zunächst die Kooperationsbereitschaft der Hersteller der Endprodukte erforderlich. Je schneller sich der Aufbau einer Ingredient Brand vollzieht, um so unabhängiger wird man dann vom Hersteller des Endproduktes. Heute ist beispielsweise für viele Computerkäufer „Intel inside" wichtiger als der Herstellername des Computers.

Mehrmarken führen

Während bei der Markenallianz zwei eigenständige Marken kombiniert wurden, werden bei **Mehrmarkenstrategien** mehrere Marken in einer Produktkategorie von einem Unternehmen geführt. Eine Mehrmarkenstrategie lässt sich durch folgende Merkmale näher charakterisieren (Kapferer, 1992, S. 211 ff.; Esch, 2005 a):
• Die Marken sind auf den gleichen Produktbereich ausgerichtet,
• sie unterscheiden sich anhand zentraler Leistungsmerkmale (sachlich-funktionale und / oder emotionale Eigenschaften),
• sie richten sich an unterschiedliche Zielgruppen in dem jeweiligen Markt,
• sie treten getrennt voneinander am Markt auf und
• sie werden organisatorisch von unterschiedlichen Einheiten geführt.

Ein Beispiel für eine solche Mehrmarkenstrategie ist der Henkel-Konzern mit seinen sieben verschiedenen Marken (Abbildung 138).

Es gibt eine Reihe von Gründen, eine Mehrmarkenstrategie zu wählen. Einer liegt sicherlich darin, dass der Markt auf diese Weise feiner segmentiert wird und dadurch den Wünschen und Bedürfnissen der Konsumenten besser Rechnung getragen werden kann (Esch,

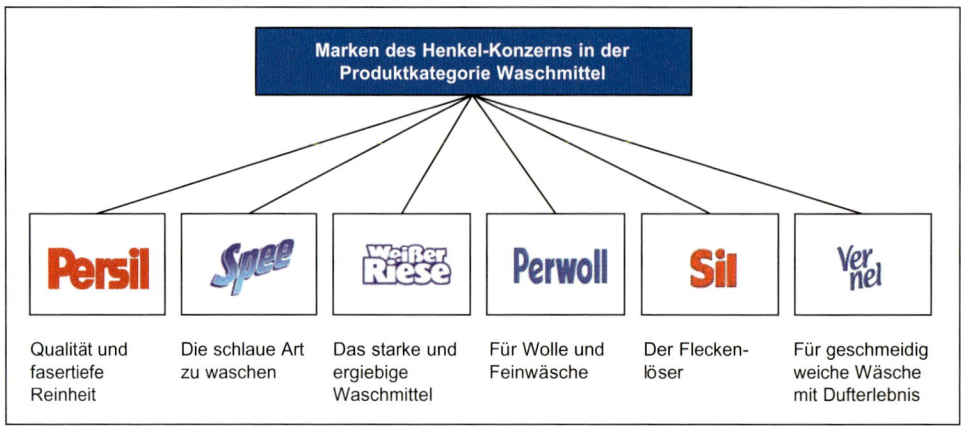

Abbildung 138: Mehrmarkenstrategie im Henkel-Konzern

2005 a, S. 379 ff.; Meffert/Perrey, 2005 b, S. 816 ff.). Dies gilt umso mehr, da die Grenzen einer Markendehnung durch das Image recht eng gehalten sind (Kapferer, 1998, S. 284). Ebenso können durch die Mehrmarkenstrategie die Markteintrittsbarrieren erhöht werden. So kann z. B. die Premiummarke vor Preiskämpfen durch die Einführung preisaggressiver Kampfmarken abgesichert werden. Ein Beispiel für diese Strategie liefert Volkswagen mit der Marke Skoda (Cravens/Piercy/Prentice, 2000, S. 383; Krüger, 2000, S. 47).

Ein Nachteil der Mehrmarkenstrategie liegt in den Kosten der parallelen Marktbearbeitung. Mit baugleichen Teilen für die verschiedenen Marken soll dieser Nachteil abgemildert werden (badge engineering). Diese Strategie verfolgt z. B. der Volkswagen-Konzern mit seiner Plattformstrategie (Meffert/Perrey, 2005 a, S. 219). Diese Strategie birgt jedoch die Gefahr der mangelnden Differenzierung und somit auch der Kannibalisierung unter den Marken in sich. Eine weitere negative Folge könnte in der Übersegmentierung und damit möglicherweise nicht mehr gewährleisteten Profitabilität der einzelnen Segmente liegen (Meffert/Perrey, 2005 a, S. 226).

Komplexe Markenarchitekturen managen

Nachdem zuvor die Anzahl der Marken erhöht und so Mehrmarkensysteme und Markenallianzen zustande kamen, wird nun auch die Hierarchieebene von einer auf zwei oder mehr erweitert (Abbildung 139). Die Abstufung der Marken untereinander wird hierbei als Hierarchieebene aufgefasst, so dass sich Über- und Unterordnungsverhältnisse ergeben.

„Komplexe Markenarchitekturen lassen sich folglich definieren als
- Markenarchitekturen,
- bei denen zwei oder mehr Marken
- auf unterschiedlichen Hierarchieebenen
angeordnet sind" (Esch/Bräutigam, 2005, S. 844).

Während bei Mehrmarkenstrategien auf eine ausreichende Differenzierung zu achten war, ist nun die Logik der Anordnung und die Beziehung zwischen den Marken von entscheidender Bedeutung. Dies ist die Voraussetzung dafür, dass bei den Konsumenten trotz zunehmender Komplexität der Markenarchitekturen klare Vorstellungsbilder aufgebaut werden können.

Wichtig ist also eine Klassifikation, welche die tatsächliche Wahrnehmung der Konsumenten berücksichtigt. Esch und Bräutigam (2005) schlagen deshalb eine wirkungsbezogene Klassifikation von Markenarchitekturen vor (Abbildung 139).

Abbildung 139 macht deutlich, dass komplexe Markenarchitekturen neben der Unternehmensmarke und der Einzelmarke nur einen Teil der möglichen Markenarchitekturen darstellen.

Es muss deshalb zunächst geklärt werden, ob eine Einzel- oder eine Dachmarke oder aber eine komplexe Markenarchitektur für das Unternehmen vorliegt bzw. anzustreben ist.

Wird eine **Dachmarkenstrategie** gewählt, ist zu überlegen, ob nur die Markenbekanntheit oder auch das Markenimage durch die Dachmarke bestimmt werden soll. Werden nur die Bekanntheit bzw. allgemeine Wahrnehmungen und Eindrücke übertragen, soll durch die Marke beim Konsumenten beispielsweise Vertrauen erzeugt werden. Dies wäre bei einer Dachmarke wie Siemens der Fall (Esch, 2005a, S. 432).

Eine **Einzelmarke** sollte gewählt werden, wenn man negative Spillover-Effekte erwarten kann (z. B. Mars als Schokoriegelhersteller, dem auch die Tierfuttermarken Pedigree und Whiskas gehören).

Auf der Suche nach einer optimal gestalteten **komplexen Markenarchitektur** ist die Frage

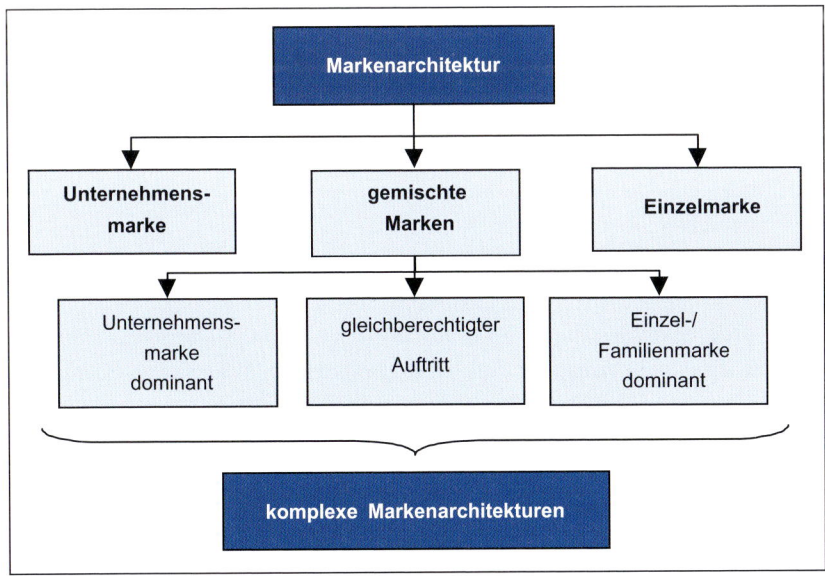

Abbildung 139: Wirkungsbezogene Klassifikation von Markenarchitekturen
Quelle: Esch/Bräutigam, 2005, S. 855.

zu klären, wie die Marken strukturiert sein müssen, um einerseits Synergieeffekte zwischen den Marken zu realisieren und andererseits die nötige Eigenständigkeit der Marken zu gewährleisten. Dies ist bei der Vermittlung von Markenbekanntheit und -image grundsätzlich zu berücksichtigen. Sollen viele Synergien erzielt werden, muss die Unternehmensmarke mehr im Vordergrund stehen und die zusätzliche Marke das Image dieser modifizieren. Dies ist typischerweise bei BMW der Fall, wo die einzelnen Modellmarken wie der 5er oder 7er sich zwar den segmentspezifischen Bedürfnissen anpassen, allerdings die Dachmarke dominant bleibt.

Ist dagegen viel Eigenständigkeit erforderlich, nimmt die Unternehmensmarke nur eine Begleitfunktion ein. Sie soll hauptsächlich Kompetenz und Vertrauen vermitteln (Esch, 2005 a, S. 432). Dies ist beispielsweise bei Persil von Henkel der Fall. Hier steht die Einzelmarke im Vordergrund, während die Dachmarke Henkel primär unterstützend als weiterer Vertrauensanker eingesetzt wird. Dadurch ist entsprechend auch eine Mehrmarkenstrategie im Waschmittelmarkt für Henkel mit den weiteren Marken, wie z. B. Weißer Riese und Spee, möglich.

1.5 Markenkontrollen durchführen

Der Beitrag der Markenführung zum Unternehmenserfolg muss gemessen und kontrolliert werden (siehe hierzu auch Kapitel F.).

> Markenführung ist kein Selbstzweck.

Da Kontrolle ohne vorherige Planung sinnlos ist (Hahn/Hungenberg, 2001, S. 265), muss ein Markencontrolling mit markenspezifischen Planungs-, Steuerungs- und Kontrollprozessen eingeführt werden (Kriegbaum, 2001; Meffert/Koers, 2005).

Das Controlling in seiner allgemeinen Form beinhaltet systemgestaltende und systemnutzende Aktivitäten (Hahn/Hungenberg, 2001, S. 277 ff.). Dies kann auf das Markencontrolling übertragen werden. Während die systemgestaltende Funktion das Schaffen von geeigneten Rahmenbedingungen für die Markenführung umfasst, beinhaltet die Systemnutzung eine Bereitstellung von Informationen.

Wesentliche Kontrollaspekte für die Markenführung sind dabei
- die Überprüfung der gesetzten Ziele und der geplanten Maßnahmen,
- die Kontrolle der Umsetzung der Ziele und Maßnahmen in konkrete Handlungen sowie
- die Ergebniskontrolle (Tomczak/Esch/Roosdorp, 1997, S. 69).

Anforderungen an das Markencontrolling

Bei der Konzeption eines Markencontrollingsystems stehen Aufbau und Einsatz eines vernetzten und mit mess- und kontrollierbaren Größen verknüpften Steuerungskonzeptes im Vordergrund (Meffert/Koers, 2005). Um eine sinnvolle Abbildung der Markenentwicklung zu gewährleisten, müssen bei den zu messenden markenrelevanten Indikatoren folgende Aspekte berücksichtigt werden (Esch, 2005 a, S. 491 ff.):

- Zeitpunkt und Zeitraum der Betrachtung: Marketingmaßnahmen können zu einem Zeitpunkt sowohl vor ihrem Einsatz im Markt (ex ante) als auch danach (ex post) getestet werden. Zeitraumbezogene Maßnahmen werden in der Regel nur ex post durchgeführt (z. B. Panelstudie). Pretests beziehen sich dabei vor allem auf die Gestaltung und Wirkungsprüfung von Produkten und von Kommunikation. Posttests beziehen sich hingegen auf markenbezogene Kommunikationswirkungen sowie auf Markentracking- und Markenstatus-Untersuchungen. Erstere sind zeitraumbezogene Messungen, letztere zeitpunktbezogene Messungen.
- Zielgrößen der Messung: Hier kann man zwischen ökonomischen (z. B. Umsatz, Ertrag) und verhaltenswissenschaftlichen (z. B. Bekanntheit, Image) Größen unterscheiden. Diese können von qualitativer oder quantitativer Art sein. Da psychographische Zielgrößen den ökonomischen vorgelagert sind, geben diese ein besonders sensibles und frühzeitiges Feedback für künftige Marktentwicklungen einer Marke. Hier gilt: Erst ändern sich Größen wie die Markenbekanntheit, das Markenimage und das Markenvertrauen, bevor sich Absatz- und Umsatzzahlen ändern.
- Ausrichtung der Messung: Es kann sich sowohl um eine interne als auch um eine externe Betrachtungsweise handeln.

Markenbekanntheit und Markenimage messen

Als zentrale Größen im Markenmanagement können die Markenbekanntheit und das -image angesehen werden (Keller, 1993; Esch, 2005 a, S. 499). Sie beeinflussen alle anderen ihnen nachgelagerten Wirkungsgrößen, wie Markenloyalität, -bindung, -vertrauen und -zufriedenheit (Esch/Geus/Langner, 2002, S. 474).

Markenbekanntheit

Bei der Markenbekanntheit unterscheidet man zwischen aktiver und passiver Bekanntheit (Keller, 1993; Sattler, 2001, S. 134 ff.). Die Messung der aktiven Bekanntheit erfolgt über Recalltests, bei denen die Konsumenten spontan die ihnen einfallenden Marken zu einer gesuchten Produktgruppe nennen müssen. Bei der passiven Markenbekanntheit erfolgt eine Messung über Recognitiontests. Die Konsumenten erhalten eine Liste mit Markennamen und müssen entscheiden, welche sie kennen und welche nicht. Oft führt eine hohe Markenbekanntheit zu Sympathie und Vertrauen zur Marke und dadurch bereits zum Kauf. Auf jeden Fall kommen bekannte und akzeptierte Marken in das so genannte evoked set of alternatives, unter denen man in der Regel die Kaufentscheidung trifft.

Markenimage

Das Markenimage ist quasi das Bild, das sich jemand von einer Marke macht. Es beinhaltet die Vorstellungen der Konsumenten über eine Marke. Das Markenimage wird auch häufig mit der Einstellung zu einer Marke gleichgesetzt (siehe hierzu auch Kapitel B. 2.).

Als Verfahren zur Erfassung des Markenimages können

- Imagemessungen mittels klassischer Imageprofile,
- Assoziationstests und Protokolle lauten Denkens sowie
- innere Bilder verwendet werden.

Die **Imagemessung** kann sowohl als Over-all-Urteil als auch durch differenziertere Messungen erfolgen. Bei einem Over-all-Urteil wird allgemein die Haltung zu einer Marke erfragt, z. B. durch die Frage „Marke X finde ich sehr gut – sehr schlecht". Differenziertere Messungen werden über Imageprofile durchgeführt. Dies kann auch als klassische Imagemessung bezeichnet werden. Der Konsument gibt hierbei sein Urteil zu verschiedenen Items ab, die über Ratingskalen verbunden sind. Das Problem dieser Methode besteht darin, dass oftmals nicht die differenzierenden und relevanten Eigenschaften der Marken erfasst, sondern nur einwertige Beziehungen abgebildet werden.

Diesen Nachteil können **Assoziationstests** oder **Protokolle lauten Denkens** besser ausschalten, da sie alle Dimensionen des gespeicherten Markenwissens erfassen können. Es werden so auch die komplexen mehrwertigen Beziehungen des Markenwissens berücksichtigt (Abbildung 140). Die Probanden werden aufgefordert, sich zu bestimmten ausgewählten Themen zu äußern, und geben dann alles wieder, was ihnen einfällt. Die Unterschiede zwischen den Assoziationstests und den Protokollen lauten Denkens liegen darin, dass sich Assoziationstests in der Regel nur auf ein Reizwort beziehen und ex post durchgeführt werden.

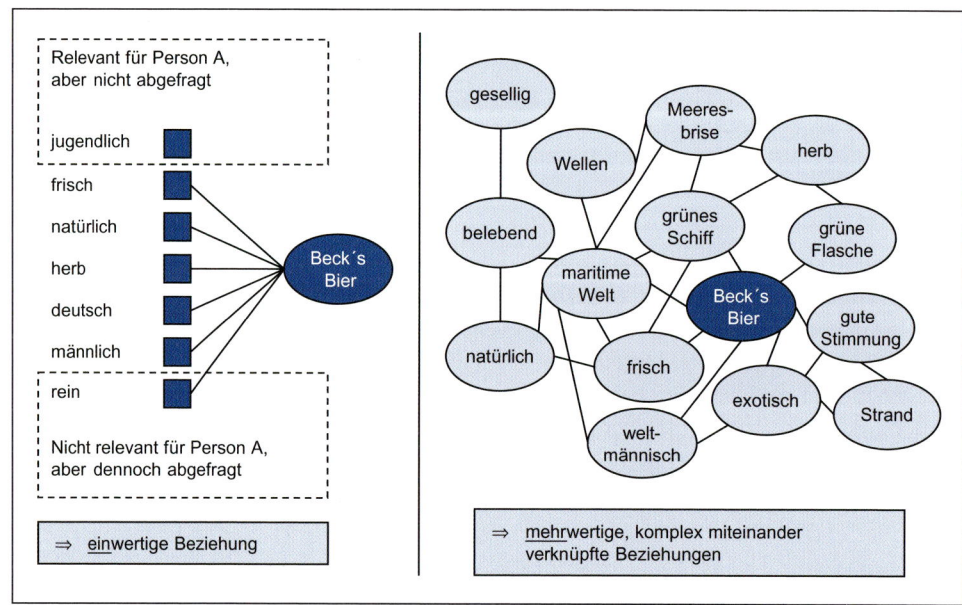

Abbildung 140: Erfassung von Beziehungen bei klassischen Imageprofilen versus netzwerkartiger Speicherung von Markenwissen im Gedächtnis
Quelle: Esch, 2005a, S. 510.

Das Verhalten von Konsumenten kann durch die Messung **innerer Bilder** besser voraus-gesagt werden als durch herkömmliche Imagemessungen. Sie können sowohl über bild-liche als auch über verbale Skalen erfolgen. Die Vividness des inneren Bildes wird als Su-perdimension bezeichnet. Sie beschreibt die Klarheit und Lebendigkeit, mit der man eine Marke vor seinem inneren Auge sieht (Ruge, 1988, S. 105). Starke Marken, wie z. B. Marl-boro, verfügen in der Regel über klare und lebendige innere Markenbilder, schwache Marken wie Ernte 23 hingegen nicht.

Die Markenbekanntheit und das Markenimage bilden die Grundlage für den Aufbau von Markenvertrauen, -bindung, -loyalität und -zufriedenheit.

2. Produkte und Services gestalten

> *„Ich denke, dass es einen Weltmarkt für*
> *vielleicht fünf Computer gibt."*
> Thomas Watson (1943)

2.1 Ziele und Aufgaben im Produkt- und Servicemanagement festlegen

Die Gesamtheit aller Leistungen eines Unternehmens bildet die **Angebotspalette**, die in der Industrie als **Produktionsprogramm** und im Handel als **Sortiment** bezeichnet werden. Dabei ist das einzelne Erzeugnis (Produkt und Service) in vielfältiger Weise Gegenstand von Entscheidungen. Es wird entwickelt, auf dem Markt eingeführt, dort gepflegt, bei Be-darf modifiziert und gegebenenfalls eliminiert (Brockhoff, 1999, S. 94 ff.). Wie aus Abbil-dung 141 hervorgeht, spielen im Rahmen des Produkt- und Servicemanagements darüber hinaus auch Entscheidungen über die **Verpackungsgestaltung** und die **Segmentierung der Kunden** eine Rolle.

Obgleich ein Angebotsprogramm aus einzelnen Erzeugnissen besteht, bezieht sich die Programmpolitik nicht nur auf das einzelne Erzeugnis, sondern auf die Zusammenstel-

Handlungsoptionen im Produkt- und Servicemanagement	
Produktpolitischer Gestaltungsspielraum	**Programmpolitische Entscheidungsfelder**
• Kunden segmentieren	• Leistungsprogramm festlegen
• Produkte und Services positionieren	• Neue Produkte entwickeln
• Leistungskern definieren	• Produkte variieren
• Produkte verpacken	• Produkte differenzieren

Abbildung 141: Aufgaben im Produkt- und Servicemanagement

lung verschiedener Güter und Services zu einer Gesamtheit (Brockhoff, 1999, S. 57 ff.). Dies hat zur Folge, dass der Marketer auch Fragen hinsichtlich **Umfang** und **Struktur** der **Angebotspalette** zu beantworten hat. Außerdem interessieren ihn Möglichkeiten zur Veränderung des Produktprogramms im Hinblick auf die **Breite** (Anzahl der geführten Produktlinien) und die **Tiefe** (Anzahl der Varianten innerhalb einer Produktlinie).

Daneben bedarf es einer Entscheidung darüber, ob und inwieweit neue Produkte und Dienstleistungen ins Angebot aufgenommen werden sollen (**Diversifikation**). Diese produktpolitische Maßnahme führt zu einer Erweiterung der Angebotspalette, vermag neue Ertragsquellen zu erschließen und das unternehmerische Risiko zu reduzieren, setzt aber voraus, dass sich das Unternehmen eine bislang unbekannte Technologie möglichst rasch zu eigen macht.

Eine zum Beispiel in der Automobilindustrie populäre Aktivität besteht darin, einzelne Komponenten (z. B. Aluminiumfelgen, Sportlenkrad, Sportsitze und Metalliklackierung) zu einem Bündel zusammenzufassen, dieses mit einem bestimmten Nutzenversprechen zu versehen (z. B. Sportpaket) und am Markt zu offerieren. Hierzu gehört auch die Verknüpfung von Erzeugnissen, die funktional nicht zwingend zusammengehören (z. B. ein aus einer Armbanduhr und einem Parfüm bestehendes Paket), und die Verquickung eines Hauptprodukts mit einem oder mehreren Nebenprodukten (z. B. ein aus einem CD-Player und einer Disk zusammengefügtes Bündel).

2.2 Produkte und Services als Problemlösungen auffassen

Die Beschäftigung mit dem Produkt bzw. Service setzt eine Definition voraus, was man unter diesen Begriffen überhaupt versteht. Obgleich diese Termini einheitlich verwendet werden, liegen ihnen zumeist völlig unterschiedliche Vorstellungen zugrunde (Albers/Herrmann, 2002b, S. 7 ff.). Dem **substantiellen Produktbegriff** zufolge lässt sich ein Erzeugnis als ein Bündel aus verschiedenen nutzenstiftenden Eigenschaften beschreiben. Häufig sind die physikalisch-chemisch-technischen Merkmale eines Objekts ohne große Mühe zu erkennen. Beispielsweise besteht das Angebot eines Herstellers von Schokolade aus Vollmilch, Kakao und Zucker, während ein Produzent von Fruchtsäften zum Beispiel Wasser, Zucker und Fruchtmark zu einem Gesamt verbindet (Abbildung 142).

Nicht ganz so einfach ist die Frage nach der Leistung eines Anbieters von schlüsselfertigen Wohnhäusern zu beantworten. Ein konkretes Produkt besteht in diesem Fall aus zum Beispiel den Elementen Beton, Eisen, Glas, Holz und Kunststoff, die ein fertig gestelltes Wohnhaus verkörpern. Kauft ein Bauherr tatsächlich eine bestimmte Menge der einzelnen Materialien? Oder interessiert er sich nicht eher für die Fähigkeit des Unternehmens, aus diesen Materialien ein Wohnhaus zu bauen? Sofern neben dem substantiellen Produkt (Beton, Eisen, Glas, Holz und Kunststoff) auch eine Dienstleistung (Erstellung des Wohnhauses) eine Rolle spielt, sprechen Marketer von einem **erweiterten Produkt**. Hierbei stehen weniger die physikalisch-chemisch-technischen (objektiven) Merkmale eines Objekts im Mittelpunkt der Betrachtung, sondern vielmehr die Serviceleistung im Sinne einer Problemlösung.

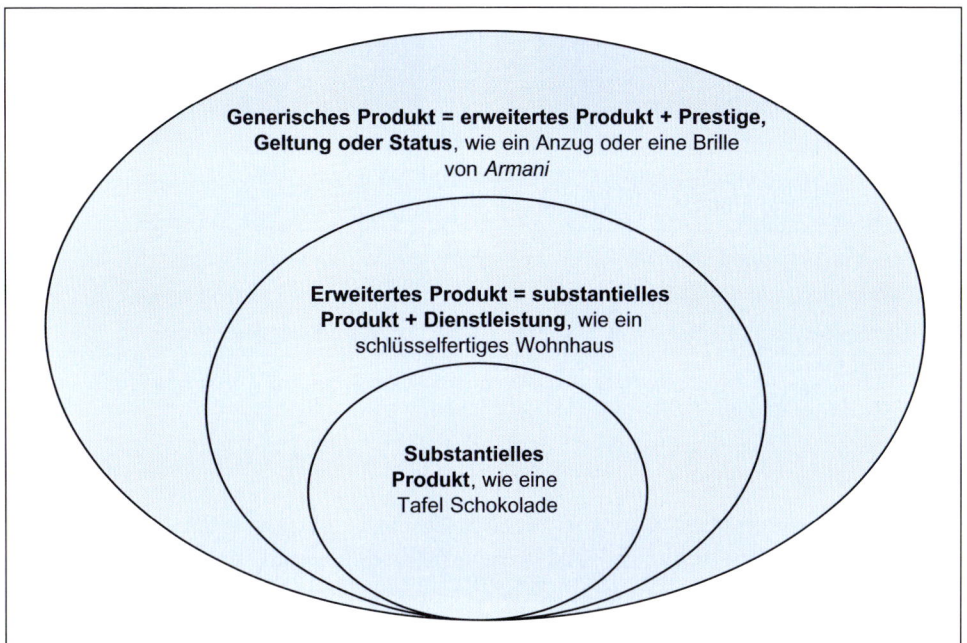

Generisches Produkt = erweitertes Produkt + Prestige,
Geltung oder Status, wie ein Anzug oder eine Brille
von *Armani*

Erweitertes Produkt = substantielles
Produkt + Dienstleistung, wie ein
schlüsselfertiges Wohnhaus

Substantielles
Produkt, wie eine
Tafel Schokolade

Abbildung 142: Produktbegriffe im Überblick

Sehr viel problematischer erscheint die Spezifikation der bspw. von Armani offerierten Erzeugnisse, wie Anzüge oder Brillen. Das Kernprodukt lässt sich als ein Paket kennzeichnen, das aus verschiedenen Stoffarten bzw. aus Glas und Metall besteht. Darüber hinaus bieten Geschäfte, die solche Güter führen, dem Verbraucher eine umfassende Beratungsleistung an. Geht es bei der Entscheidung für ein Erzeugnis von Armani in der Tat um ein aus einer Kernleistung und einem Service zusammengesetztes erweitertes Produkt? Oder verkauft dieser Designer seinen Kunden gar Status, Prestige und Seriosität? Zur Erfassung von Leistungen dieser Art taucht in der Marketingliteratur der Begriff des **generischen Produkts** auf. Es umfasst nicht nur das durch physikalisch-chemisch-technische Eigenschaften definierte Erzeugnis und die begleitenden Dienste, sondern auch alle darüber hinausgehenden Produktfacetten, wie Prestige, Geltung und Status.

Ein Kaufwilliger bewertet das vorliegende Gut durch einen Vergleich des damit verbundenen **Nutzens** mit den Kosten, die mit dessen Erwerb auftreten. Damit lässt sich die Gesamtheit aller positiven Facetten des Angebots als Leistung kennzeichnen, wohingegen alle Kosten zum Erwerb der Alternative den Preis verkörpern. Die Leistung erteilt Auskunft über die Fähigkeit eines Produzenten, die Bedürfnisse der Nachfrager zu befriedigen, d. h., ihnen Problemlösungen zu vermitteln. Insofern ist es für den Erfolg eines Unternehmens unerlässlich, die Fähigkeit seiner Erzeugnisse zur Problemlösung in den Blickpunkt zu stellen (Herrmann, 1998, S. 57 ff.). Abbildung 143 zeigt fiktive Beispiele für **eigenschaftsbezogene Produktdefinitionen** und **nutzenorientierte Interpretationen** der Unternehmensleistung.

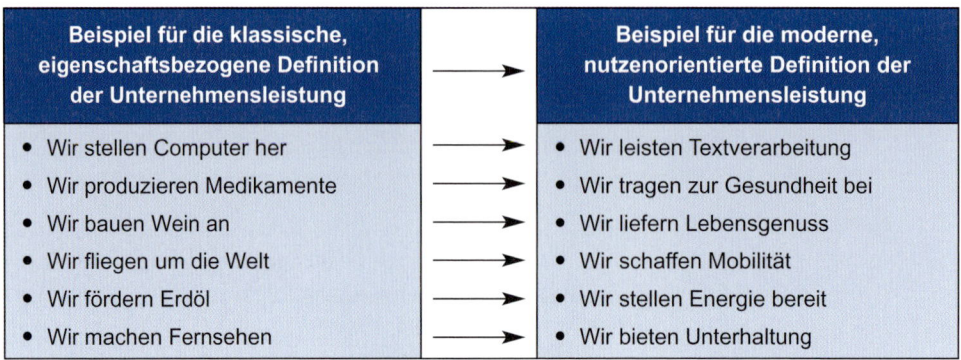

Abbildung 143: Eigenschaftsbezogene versus nutzenorientierte Leistungsdefinition

Will ein Unternehmen erfolgreich sein, muss es die Leistungsgestaltung an den Ansprüchen der Individuen orientieren. Das Postulat der umfassenden Marktadäquanz bildet somit den Ausgangspunkt aller leistungsbezogenen Gestaltungsmaßnahmen. In diesem Konzept enthalten ist die Forderung, nicht zwingend eine nutzenmaximale Leistung zu generieren, sondern die Bedürfnisse lediglich besser zu befriedigen als die Wettbewerber.

Beispielsweise sollte ein Pkw-Hersteller ein im Kraftstoffverbrauch sehr günstiges Fahrzeug nur dann entwickeln, produzieren und vermarkten, wenn er eine entsprechende Nachfrage für dieses Produkt erwartet. Eine Erhöhung der Nutzenstiftung, etwa durch eine Reduzierung des Kraftstoffverbrauchs, muss nicht zwingend den Vorstellungen und Wünschen der potenziellen Käufer entsprechen. Auch ist darauf zu achten, dass dieses Gut im Hinblick auf die relevanten Nutzendimensionen in den Augen der Nachfrager besser abschneidet als die Konkurrenzprodukte. Insofern lautet das erste Problem der Produktkonzeption wie folgt:

> Ein Anbieter hat darauf zu achten, dass die Nutzenstiftung seines Produkts möglichst exakt den Nutzenerwartungen der Nachfrager entspricht. Die Kongruenz von Nachfragerbedürfnissen und offerierter Leistung entscheidet über den Erfolg des Unternehmens am Markt. Allerdings ist nicht unbedingt ein nutzenmaximales Gut zu entwickeln, da es lediglich die Wettbewerbsprodukte bei allen relevanten Nutzendimensionen schlagen sollte.

Ob bzw. inwieweit ein Angebot den Erwartungen des Konsumenten entspricht, geht aus dessen **Wahrnehmungs**- und **Bewertungsverhalten** hervor. Eine Leistung lässt sich nicht durch ihre objektive Beschaffenheit mittels technisch-konstruktiver und physikalisch-chemischer Merkmale (Sachgut) oder die Art der Verrichtung (Dienstleistung) charakterisieren. Vielmehr bildet das Urteil über die Zwecktauglichkeit einer Offerte das Ergebnis eines komplexen **Informationsaufnahme**- und **-verarbeitungsprozesses**, der im Innern der Käuferpsyche abläuft (Kapitel C.). Erst der Wirkungsverbund bspw. aus Wahrnehmung, Erfahrung, Einstellung, Präferenzbildung und Lernen lässt im Bewusstsein des Individuums eine Vorstellung über die erwartete Problemlösungskraft des Angebots entstehen.

Offenbar bestimmen nicht die physikalisch-chemisch-technischen Merkmale eines Erzeugnisses die Kaufentscheidung, sondern die mitunter von objektiven Gegebenheiten abweichende **subjektive Einschätzung** seines Potenzials zur Problemlösung. So gelten Fahrzeuge der DaimlerChrysler AG in den Augen vieler Pkw-Fahrer als zuverlässig, sicher und solide, obgleich diese Automobile in der Pannenstatistik des ADAC im Mittelfeld rangieren. Hieraus ergibt sich die zweite Herausforderung für die Produktgestaltung:

> Nicht das reale Produkt, sondern seine **subjektive Wahrnehmung und Beurteilung** determiniert das Kauf- und Konsumverhalten der Individuen. Insofern bildet die Analyse des Informationsaufnahme- und -verarbeitungsprozesses eine zentrale Aufgabe im Rahmen des Produkt- und Servicemanagements.

Dies gilt auch dort, wo mehrere Personen an der Kaufentscheidung beteiligt sind (Buying Center), wie z. B. bei der Beschaffung von Investitionsgütern. Zwar liegen Erkenntnisse darüber vor, dass insgesamt gesehen die Bedeutung der Wahrnehmung gegenüber objektiven Produktmerkmalen in den Hintergrund tritt. Allerdings tendieren die Mitglieder eines **Buying Centers** mitunter dazu, einen bestimmten Sachverhalt isoliert zu betrachten und subjektiv zu erfassen.

In Analogie zu den bisherigen Überlegungen lässt sich schlussfolgern, dass Nachfrager nicht **Eigenschaftsbündel**, sondern einen Komplex an **Nutzenkomponenten** kaufen. Diese Vorstellung ist nahe liegend, da die Abnehmer selten alle nutzenstiftenden Eigenschaften eines Erzeugnisses kennen. Außerdem gilt in zahlreichen Fällen, dass verschiedene Merkmale einen konkreten Nutzen erfüllen und ein Attribut auf verschiedene Nutzenbereiche wirkt. Beispielsweise wirkt das Merkmal Bereifung eines Pkw auf die Nutzenkomponenten Fahrgeräusch, Aquaplaning und Kurvenstabilität, wohingegen die Nutzenkomponente Fahrgeräusch nicht nur aus der Pkw-Eigenschaft Bereifung, sondern auch aus dem Luftwiderstandsbeiwert und der Fahrwerkskonstruktion resultiert (Abbildung 144). Dieser Gedanke verdeutlicht eine dritte Schwierigkeit der Produktkonzeption:

> Ein Anbieter vermag bei der Entwicklung eines Erzeugnisses lediglich Entscheidungen über die Ausprägungen der physikalisch-chemisch-technischen Merkmale zu treffen. Dagegen legt ein Abnehmer der Entscheidung die aus der Wahrnehmung der Produkteigenschaften stammenden Nutzenvorstellungen zugrunde.

Die konsequente Orientierung der Unternehmensleistung an den Nutzenvorstellungen der Nachfrager führt häufig zu einer Aufhebung der traditionellen Branchengrenzen. Aus Banken entstehen All-Finanz-Unternehmen, die den Kunden nicht nur günstige Kredite und attraktive Kapitalanlagen vermitteln, sondern auch Versicherungen und Immobilien anbieten. Darüber hinaus wandeln sich Tenniscenter zu Freizeitparks, deren Angebotspalette bspw. Squash und Badminton, einen Sauna-, Fitness- und Badebetrieb sowie ein Restaurant umfasst. Aus dieser strategischen Ausrichtung resultieren ganz neue Konkurrenzrelationen zwischen Unternehmen, die bislang nicht im Wettbewerb miteinander standen und sogar als sich ergänzende Anbieter (z. B. Banken und Versicherungen, Ge-

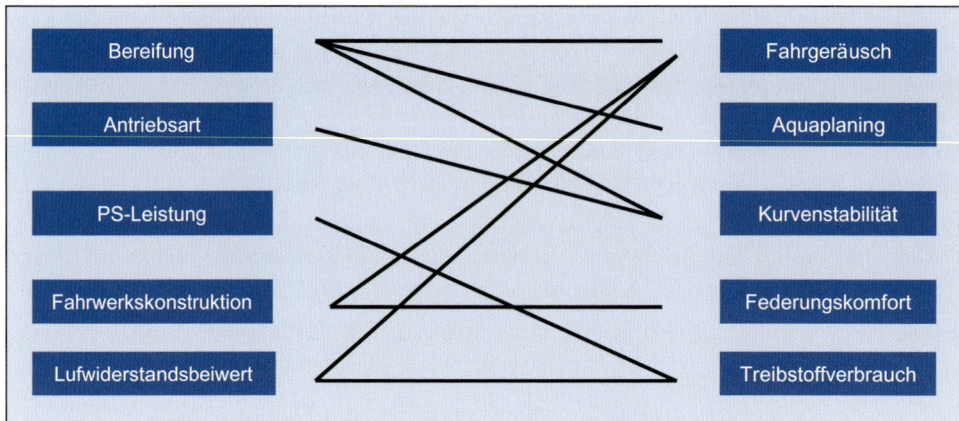

Abbildung 144: Zusammenhang zwischen der Gestaltungs- und Wahrnehmungs- bzw. Beurteilungsebene

tränkeanbieter und Tenniscenter) am Markt agierten. Damit ergibt sich das vierte Problem der Produktgestaltung:

> Ein Unternehmen überschreitet bei der nutzenorientierten Gestaltung seiner Leistung häufig die traditionellen Branchengrenzen. Hieraus entstehen bislang nicht näher analysierte Wettbewerbsbeziehungen, die im Vorfeld einer Produktkonzeption einer genauen Analyse bedürfen.

2.3 Kunden verstehen und Nutzen stiften

Bei der Beantwortung der Frage, welche Erwartungen einen Verbraucher dazu motivieren, sich für ein bestimmtes Gut zu interessieren, taucht der überaus bedeutsame, obgleich wenig konkrete Begriff des **Nutzens** auf. Dieser Terminus drückt ein nach subjektiven Maßstäben bewertbares und deshalb intersubjektiv nur schwer überprüfbares Maß an **Bedürfnisbefriedigung** aus. Was einen Nachfrager bewegt, sich für ein ganz bestimmtes Produkt zu entscheiden bzw. gerade mit diesem oder jenem Hersteller in eine Geschäftsbeziehung einzutreten, hat im Einzelfall vielfältige Ursachen. Die diesem Vorgang zugrunde liegenden Nutzenerwartungen haben die Ökonomen Böhler und Brentano sowie der Verhaltenswissenschaftler Vershofen zweigeteilt (Wiswede, 1973, S. 42 ff.):

> Jedes Gut stiftet zunächst einen **Grundnutzen**, der aus den physikalisch-chemisch-technischen Eigenschaften resultiert und gewissermaßen die funktionale Qualität verkörpert. Davon unterscheidet sich der **Zusatznutzen**, der alle für die Funktionsfähigkeit des Produkts nicht zwingend erforderlichen Extras und begleitenden Dienste umfasst.

Inspiriert durch die Anthropologie entwickelte Vershofen Ende der 50er Jahre (1959, S. 81 ff.) eine eigenständige Nutzentheorie. Sie basiert auf der Vorstellung, dass Personen Erlebnisse suchen, die anregen, Freude schaffen, die Phantasie beflügeln, die Gefühle vertiefen, das Denken stimulieren und zum Handeln treiben. Hierzu zählt auch der Güterkauf, dessen Bestimmungsfaktoren im Zentrum des wissenschaftlichen Interesses von Vershofen standen. Zur Erforschung dieser Determinanten entlieh der Autor aus der Mikroökonomie den Begriff Nutzen, der als allgemeine Kategorie für alle möglichen Kauf- und Konsumgründe (Motive) dient. Es bedarf nach Vershofen lediglich einer Umdeutung dieser vielfältigen Motive in Nutzenarten, um ihnen ökonomische Relevanz zu verleihen.

Anknüpfend an diese Idee entwickelte Vershofen eine **Nutzenleiter**, die ihren Ausgangspunkt in der zuvor erläuterten Unterscheidung zwischen Grund- und Zusatznutzen nimmt (Abbildung 145). Dabei betrachtet er die Aufgliederung des Nutzens in eine **stofflich-technische** (Grundnutzen) und eine **geistig-seelische** (Zusatznutzen) **Komponente** als eine Differenzierung, die in der ganzheitlichen Erlebniswelt des Konsumenten nur eine tendenzielle Entsprechung findet. Nur aus analytischen Gründen erscheint es ratsam, das wechselseitige Miteinander in ein Neben- oder Nacheinander aufzugliedern (Berekoven, 1979, S. 2 ff.).

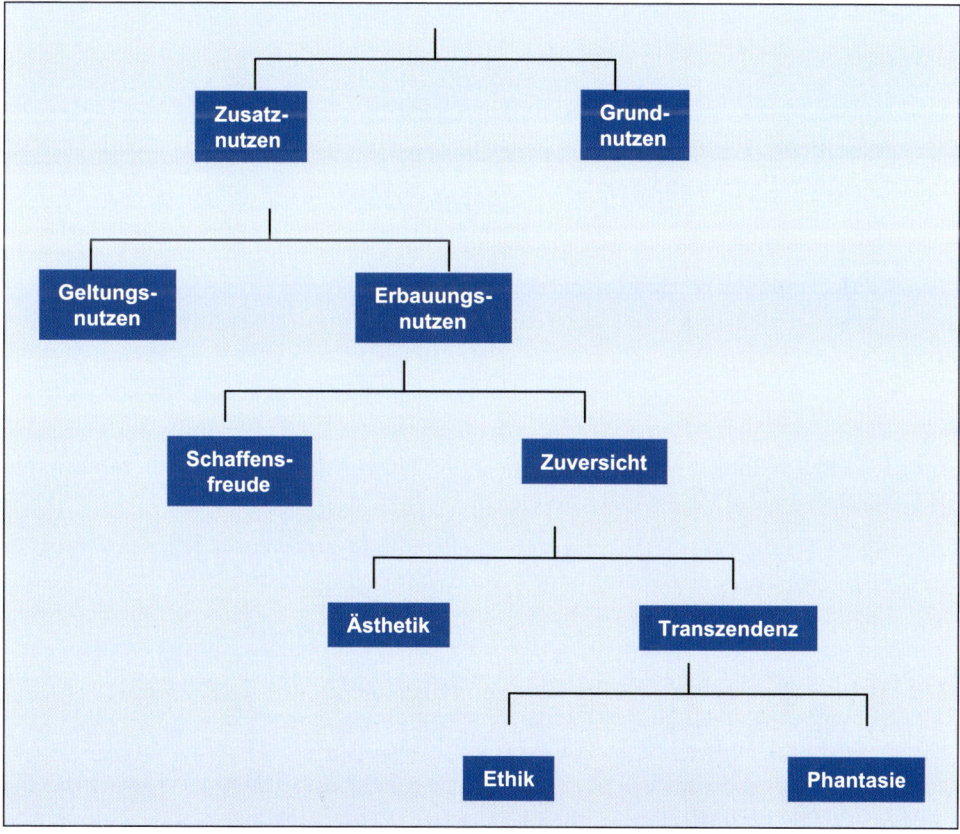

Abbildung 145: Die Nutzenleiter von Vershofen

Ein Blick auf die Nutzenleiter verdeutlicht, dass der Grundnutzen keine weitere Unterteilung erfährt. Obwohl Vershofen ohne Zweifel die Vielfalt der naturwissenschaftlich-technischen Eigenschaften von Produkten kannte, gelang es ihm offenbar nicht, in den Schriften der Warenkundler eine geeignete Systematik zu finden. Dagegen existiert für den Zusatznutzen eine tief gestaffelte Hierarchie. Gemäß diesem Schema lässt sich der geistig-seelische Nutzen auf der obersten Sprosse der Vershofenschen Leiter in den **Geltungs-** (Nutzen aus der sozialen Sphäre) und **Erbauungsnutzen** (Nutzen aus der persönlichen Sphäre) zerlegen, wobei die zuletzt genannte Nutzenart in die Komponenten Schaffensfreude (Nutzen aus Leistung) und Zuversicht (Nutzen aus Wertung) zerfällt. Die Zuversicht besteht ihrerseits aus den beiden Nutzenarten Ästhetik (Harmonie) und Transzendenz (Zurechtfindung), wohingegen die unterste Sprosse der Leiter den Nutzen der transzendenten Art in die Elemente Ethik (Ordnung) und Phantasie (Magie) unterteilt.

Aus dieser Hierarchie von Nutzenarten leitet Vershofen (1959, S. 91) eine **Heuristik** zur Beschreibung des Verhaltens der Nachfrager beim Kaufakt ab. Den Kern dieser **Nürnberger Regel** erläutert er auf folgende Weise:

> Je spezieller eine Nutzenart im Sinne des Schemas der Leiter ist, desto stärker beeinflusst sie die Entscheidung. Weil sie die Entscheidung erbringt, ist sie als der ausschlaggebende Hauptnutzen zu bezeichnen. Außerdem fügt er hinzu, dass ein mehrere Nutzenarten (z. B. Magie, Zurechtfindung, Zuversicht) stiftendes Gut immer auf Grund der in der Leiter am tiefsten angesiedelten Nutzenkomponente (Magie) beim Nachfrager auf Interesse stößt.

So besitzt z. B. eine Kaffeetasse für ein Individuum weniger aufgrund ihrer physikalisch-chemisch-technischen Beschaffenheit einen sehr hohen Wert. Vielmehr ist es die Überzeugung, mit dieser Tasse lässt sich jede schriftliche Prüfung bestehen, die ihr diesen großen Nutzen verleiht.

Die zentrale Herausforderung für ein Unternehmen besteht darin, die Ebene der **Leistungsgestaltung** (also die Produkt- und Servicemerkmale) mit der Ebene der **Wahrnehmung** und **Beurteilung** der Erzeugnisse (also die Nutzenkomponenten) zu verknüpfen. Hierzu bietet sich die Means-end-Theorie an:

Reynolds und Gutman (1988, S. 11 ff.) entwickelten das **Means-end-Modell**, das darauf abzielt, eine gewählte Antriebskraft (eine Nutzenstiftung) mit den für die Produktgestaltung bedeutsamen physikalisch-chemisch-technischen Eigenschaften zu verzahnen. Zunächst erscheint eine Unterteilung der Attribute im Hinblick auf ihren Abstraktionsgrad nahe liegend. Eine **Eigenschaft** gilt als **konkret**, sofern ihre Ausprägung die physikalisch-chemisch-technische Beschaffenheit eines Erzeugnisses (Nike Sportschuhe) beschreibt (etwa mit Fersenstütze). Während ein solches Merkmal häufig nur eine Facette einer Erscheinung zu spezifizieren vermag, ermöglicht eine **abstrakte Eigenschaft** eine umfassende Beschreibung eines Guts (liegt gut am Fuß). Dabei hängt ihre Ausprägung bei einem Produkt weniger von objektiven Gegebenheiten, sondern vielmehr vom Empfinden des Individuums ab. In Anlehnung an die Nutzentheorie stiftet ein Erzeugnis einen **funktionalen Grundnutzen**, der die Qualität (Zwecktauglichkeit) eines Guts zum Ausdruck bringt (ich laufe schneller). Dagegen umschließt der **soziale** bzw. **psychische Nutzen** alle für die Funktionsfähigkeit des Erzeugnisses nicht zwingend erforderlichen Extras. Hierzu gehören Produktmerkmale, die etwa die ästhetische Erscheinung des Guts oder die soziale Akzeptanz des Nachfragers verbessern (ich bin entspannt nach dem Laufen). Graumann und Willig (1983, S. 326 ff.) schlagen zudem vor, **instrumentale** (modes of conduct) und **terminale** (end state of existence) **Werthaltungen** voneinander zu unterscheiden. Eine Werthaltung bildet eine explizite oder implizite, für ein Individuum charakteristische Konzeption des Wünschenswerten, die die Auswahl unter verfügbaren Handlungsarten, -mitteln und -zielen beeinflusst. Während instrumentale Werthaltungen wünschenswerte Verhaltensweisen zum Ausdruck bringen, umfassen die terminalen Werthaltungen wünschenswerte Seinszustände.

Mittels der spezifizierten Means-end-Elemente lässt sich die in Abbildung 146 wiedergegebene Means-end-Kette konstruieren. Hiernach führt die Absicht einer Person, ein Produkt zu kaufen (Nike Sportschuhe), in einem ersten Schritt zu einer Aktivierung der mit ihm verknüpften konkreten (mit Fersenstütze) und abstrakten (liegt gut am Fuß) Merkmale. In einem zweiten Schritt breitet sich dieser Impuls auf die funktionalen (ich laufe schneller) und sozialen (ich bin entspannt nach dem Laufen) Nutzenkomponenten aus, bevor er in einem dritten Schritt die instrumentalen (ich bin körperlich fit) und terminalen (Selbstachtung) Werthaltungen erreicht. Zur Veranschaulichung dieser Idee zeigt Abbildung 146 drei fiktive Means-end-Ketten, die aus unterschiedlichen Lebensbereichen stammen und verschiedene Erzeugnisse bzw. Produktgattungen betreffen. Es ist zu erkennen, dass eine Person bei der Wahl eines Haarsprays auf den Zerstäuber achtet (konkrete Eigenschaft). Sein Vorzug besteht darin, dass er beim Sprühen einen Nebel generiert (abstrakte Eigenschaft). Da die Haare nicht verkleben (funktionale Nutzenkomponente), fühlt sich der Betroffene attraktiv (soziale und psychische Nutzenkomponente). Hinter

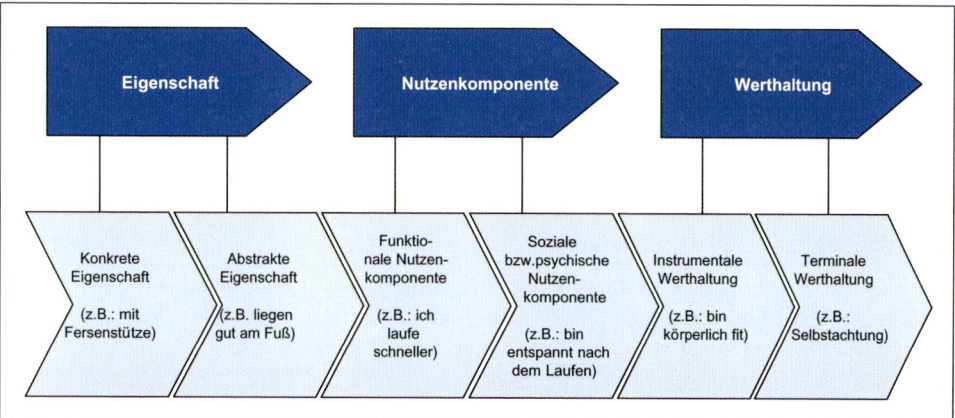

Abbildung 146: Grundstruktur einer Means-end-Kette für Laufschuhe

dem Wunsch nach einem attraktiven Erscheinen verbirgt sich das Bedürfnis, Selbstachtung zu besitzen (terminale Werthaltung). Ferner zeigt sich, dass ein Konsument beim
Kauf von Kartoffelchips großen Wert auf die Würze (konkrete Eigenschaft) legt. Ein wür-
ziger Geschmack signalisiert aus Sicht des Probanden eine hohe Qualität (abstrakte Eigenschaft). Solche Kartoffelchips schmecken den Gästen besonders gut (funktionale Nutzenkomponente), was zur Steigerung der Stimmung bei einer Party beiträgt (soziale und
psychische Nutzenkomponente). Sofern sich die Gäste amüsieren, gilt der Befragte als ein
guter Gastgeber (instrumentale Werthaltung). Dieses Urteil vermittelt ihm das Gefühl, in
Freundschaft mit anderen zu leben (terminale Werthaltung). Schließlich bringt diese Darstellung zum Ausdruck, dass die Versuchsperson französischen Wein bevorzugt (konkrete Eigenschaft). Weine aus Frankreich besitzen aus ihrer Sicht eine gehobene Qualität
und ein gutes Image (abstrakte Eigenschaft). Der Genuss eines besonderen Produkts bildet eine Belohnung z. B. für eine zuvor erbrachte Leistung und dient der Motivation für
eine bevorstehende Aufgabe (soziale und psychische Nutzenkomponente). Der große
Ehrgeiz, mit dem der Betroffene seine Ziele verfolgt (instrumentale Werthaltung), äußert
sich in dem Streben, die Anerkennung anderer zu gewinnen (terminale Werthaltung).

Produkt means- end-Element	Haarspray	Kartoffelchips	Französischer Wein
Konkrete Eigenschaft	besitzt einen Zerstäuber	sind sehr gut gewürzt	Wein kommt aus Frankreich
Abstrakte Eigenschaft	generiert einen Nebel	weisen hohe Qualität auf	besitzt Qualität und Image
Funktionale Nutzen- komponente	Haare verkleben nicht	es schmeckt den Gästen	–
Psychische Nutzen- komponente	ich fühle mich attraktiv	Stimmung auf der Party steigt	damit kann ich mich motivieren
Instrumentale Werthaltung	–	ich bin ein guter Gastgeber	verfolge Ziele mit Ehrgeiz
Terminale Werthaltung	erlebe Selbstachtung	genieße Freundschaft	erfahre Anerkennung

Abbildung 147: Ausgewählte Means-end-Ketten im Überblick

2.4 Aufgaben im Produkt- und Servicemanagement bestimmen

Hält man sich das Aufgabenspektrum im Produkt- und Servicemanagement vor Augen, geht es zunächst darum, den **produktpolitischen Gestaltungsspielraum** auszuschöpfen. Hierbei interessieren die Kunden, die man hinsichtlich bestimmter Kriterien in Segmente unterteilt. Sind die Kundensegmente bekannt, lassen sich Produkte und Services positionieren. Gegebenenfalls ist der Leistungskern in Anbetracht der Wünsche und Vorstellungen der Kunden neu zu gestalten oder zu modifizieren. Daraufhin sind die Produkte zu verpacken und der Distribution zu übergeben. Darüber hinaus besteht die Herausforderung darin, programmpolitische Entscheidungen zu treffen. In diesem Zusammenhang ist das Leistungsprogramm festzulegen, und der Produktmanager muss immer wieder neue Produkte auf den Weg bringen. Zudem sind die existierenden Erzeugnisse zu variieren und zu differenzieren, bevor sie vom Markt genommen werden müssen.

Produktpolitischer Gestaltungsspielraum

(1) Kunden segmentieren

Im Allgemeinen stellt die Nachfragerschaft keine homogene Einheit dar, sondern verkörpert ein Gebilde, das aus einzelnen Gruppierungen von Individuen besteht. Die Personen unterscheiden sich hinsichtlich bestimmter Merkmale, wie Bedürfnisse, Einstellungen, finanzielle Mittel und verfügbare Zeit. Die Kriterien für die Vorauswahl einer geeigneten Probandenschar resultieren zumeist unmittelbar aus dem Anliegen der ins Auge gefass-

Segmentierungskriterien		
Soziodemographische Kriterien	**Psychographische Kriterien**	**Kriterien des beobachteten Kauf- bzw. Konsumverhaltens**
• Soziale Schicht: z. B. Einkommen, Alter, Beruf • Familienlebenszyklus: z. B. Familienstand, Zahl und Alter der Kinder • Geographische Kriterien: z. B. Wohnort, Region, Land	• Persönlichkeitsmerkmale: z. B. Interessen, Meinungen, soziale Orientierung • Produktbezogene Kriterien: z. B. Wahrnehmung, Einstellung, Präferenz	• Preisverhalten: z. B. Preisklasse, Kauf von Sonderangeboten • Mediennutzung: z. B. Art und Zahl der Medien, Nutzungsintensität • Einkaufsstättenwahl: z. B. Betriebsformen und Geschäftstreue • Produktwahl: z.B. Markentreue und -wechsel, Kaufintensität

Abbildung 148: Merkmale zur Segmentierung von Nachfragern
Quelle: in Anlehnung an Freter, 1995, S. 1807.

ten Untersuchung. Interessiert zum Beispiel das Verhalten der Käufer bzw. Leser von Jugendzeitschriften, drängt sich die Gruppe der Teenager als relevante Startmenge auf. Um jedoch nicht schon an dieser Stelle das Analyseziel unangebracht einzuschränken, erscheint eine weite Eingrenzung ratsam. Aus Studien geht hervor, dass auch Eltern die von Jugendlichen gelesenen Zeitschriften erwerben.

Für die Identifikation eines Segments kommen ganz unterschiedliche Trennvariablen in Betracht, die allesamt für die Produktpolitik relevante Tatbestände abgreifen. Ein Blick auf Abbildung 148 zeigt, dass sich die Kriterien zur Strukturierung einer Käufermenge in drei Gruppen unterteilen lassen: in **soziodemographische** (z. B. Einkommen, Alter, Wohnort) und **psychographische** (z. B. Einstellungen, Meinungen, Motive) Merkmale sowie in **Kriterien des beobachteten Kauf-** beziehungsweise **Konsumverhaltens** (z. B. Art und Zahl der genutzten Medien, Markentreue, bevorzugte Preisklasse).

Häufig trägt die Verknüpfung bspw. der Merkmale Alter, Geschlecht und Haushaltsgröße dazu bei, tiefer gehende Erkenntnisse über das Verhalten der Individuen beim Kauf- und Konsumakt zu gewinnen. Ein bedeutsames Konstrukt bildet die **soziale Schicht**, die aus einer Verknüpfung der Kriterien **Einkommen**, **Beruf** und **Ausbildung** entsteht. Ein häufig beschrittener Weg besteht auch in der Beobachtung des tatsächlichen Verhaltens der Individuen beim Kauf und Konsum von Gütern. Zu den hierzu erforderlichen Kriterien gehören bspw. die Loyalität gegenüber einer Marke, die Nachfrage nach Sonderangeboten und die Art und Anzahl der genutzten Medien. Zudem liegt der Gedanke einer auf psychographischen Kriterien gestützten Segmentierung des Markts nahe. Dahinter steht die Erkenntnis, dass Produktpräferenzen nicht auf der Grundlage objektiver Gütereigenschaften entstehen, sondern aus den subjektiv wahrgenommenen und erlebten Eigenschaften der Objekte sowie den damit verbundenen Nutzenvorstellungen stammen. Bei einer Analyse des Charakters psychischer Dimensionen tauchen eine ganze Reihe von Kriterien, wie Einstellungen, Motive und Werthaltungen, auf.

Eine besondere Beachtung findet eine Spielart des **life-style-Ansatzes**, die sich durch die Vorstellung auszeichnet, dass der Lebensstil ein Konglomerat individueller und sozialer Aktivitäten, Neigungen und Meinungen bildet. Die Vertreter dieser in Abbildung 149 präsentierten Variante liefern einen konzeptionellen Rahmen, der die Gewähr leistet, dass alle Lebensbereiche bei der Spezifikation von Marktsegmenten ihre Berücksichtigung finden. Auf seiner Grundlage lassen sich Aussagen formulieren, die den Lebensstil einer

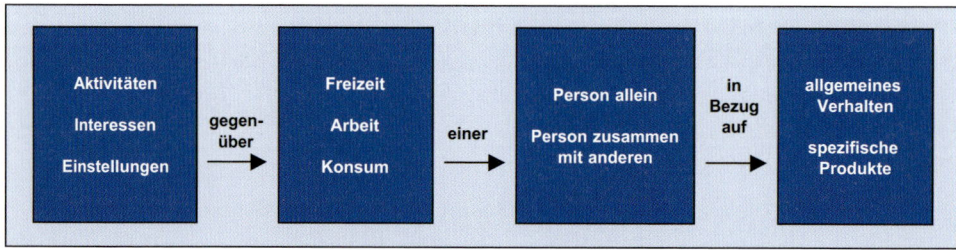

Abbildung 149: Bezugsrahmen zur Erfassung des Lebensstils
Quelle: Wind, 1972, S. 303.

Person charakterisieren. Hierzu erarbeitet man im ersten Schritt Statements über individuelle und soziale Einstellungen, Interessen und Aktivitäten. Im zweiten Schritt werden die Auskunftspersonen aufgefordert, die vorliegenden Formulierungen auf einer Rating-Skala (z. B. von zutreffend bis unzutreffend) zu bewerten.

(2) Produkte und Services positionieren

Das Anliegen der **Produktpositionierung** besteht darin, ein Erzeugnis auf den Markt zu bringen, das sich von den Produkten der Wettbewerber deutlich abhebt (Urban/Hauser, 1993, S. 201 ff.). Hierbei richtet sich das Interesse vor allem darauf, dass das Gut eine **unverwechselbare Stellung** am Markt einnimmt und über ein **prägnantes Profil** mit markanten Konturen verfügt (Trommsdorff, 2002, S. 337 ff.). Ob die Absicht des Unternehmens, eine bestimmte Marktposition zu erobern, auch ökonomisch sinnvoll ist, hängt von den Reaktionen der Nachfrager ab. Häufig sind Individuen und Kaufkraft innerhalb eines Markts unterschiedlich verteilt. Insofern gilt die Positionierung erst dann als gelungen, wenn das Produkt bei einer stattlichen Käuferschaft auf Resonanz stößt. Die Vorgehensweise bei der Produktpositionierung lässt sich in sechs Schritte unterteilen.

Bestimmung der relevanten Positionierungsobjekte

Den Ausgangspunkt einer Produktpositionierung bildet die Festlegung aller Marken des betrachteten Markts. Hierbei sind sämtliche Erzeugnisse einzubeziehen, die in den Augen der Nachfrager für den gleichen Verwendungszweck in Betracht kommen. Geht es um ein Neuprodukt, so lassen sich auch Gips-, Kork- oder Holzmodelle sowie Prototypen berücksichtigen.

Ermittlung der relevanten Wahrnehmungs- und Beurteilungsdimensionen

Nahezu alle Ansätze zur Produktpositionierung knüpfen an die Überlegung an, dass eine Produktwahlhandlung nach Attributen erfolgt. Insofern sind jene Gütermerkmale zu identifizieren, die aus Nachfragersicht eine große Bedeutung bei der Kaufentscheidung besitzen. Marktforscher weisen darauf hin, dass für zahlreiche Erzeugnisse 10 bis 20 Attribute entscheidungsrelevant sind.

Erfassung der Wahrnehmungs- und Präferenzurteile

Eine Spielart besteht darin, dass man Probanden auffordert, ihre Meinung über die Beschaffenheit von Produkten anhand einer Menge vorgegebener Attribute zu äußern. Bei der anderen Variante werden Erzeugnisse von den Auskunftspersonen nicht bezüglich bestimmter Merkmale, sondern im Hinblick auf die globale Ähnlichkeit eingeschätzt. Im Anschluss an die Erfassung der Wahrnehmungsurteile sind die Objekte von den Befragten in eine Präferenzrangfolge zu bringen.

Rekonstruktion des Produktmarktraums

In Abhängigkeit von der Art der erhobenen Wahrnehmungs- und Präferenzurteile kommen zwei unterschiedliche Positionierungsmethoden zur Anwendung. Die **Faktorenana-**

lyse ist geeignet, die zahlreichen Produkteigenschaften auf eine geringe Anzahl von Dimensionen zu reduzieren. Diese Dimensionen spannen den Produktmarktraum auf, in den sich die **Real-** und **Idealprodukte** aufgrund ihrer Ausprägungen bei den Dimensionen projizieren lassen. Bilden Ähnlichkeitsurteile die Datenbasis, ist ein Rückgriff auf die Verfahren der **Mehrdimensionalen Skalierung** zur Rekonstruktion des Produktmarktraums ratsam.

Interpretation des Produktmarktraums

Zur Verdeutlichung der folgenden Ausführungen dient der in Abbildung 150 dargestellte Produktmarktraum als Beispiel. Es ist zu erkennen, dass die Nachfrager die interessierenden Kaffeemarken hinsichtlich des Geschmacks und der Bekömmlichkeit wahrnehmen und beurteilen. Hinter der Dimension Geschmack verbirgt sich beispielsweise das Aroma, die Bohnenqualität und die Bohnenmischung, während bspw. Koffeingehalt und Reizarmut die Dimension Bekömmlichkeit ausmachen.

Abbildung 150: Produktmarktraum für Kaffeemarken
Quelle: In Anlehnung an Gaul/Baier, 1994, S. 145.

Der rekonstruierte Produktmarktraum spiegelt die „Welt der Kaffeemarken" eines durchschnittlichen Probanden wider. Hiernach lässt sich Eduscho Gala als Geschmacksführer kennzeichnen, wohingegen Tchibo Sana als Marke mit der besten Bekömmlichkeit gilt. Die Distanzen zwischen den Produkten erteilen Auskunft über die **Intensität der Wettbewerbsbeziehungen**. Marken, die sehr nahe beieinander (sehr weit auseinander) liegen, stehen in starken (schwachen) Konkurrenzrelationen. Die Marken Eduscho Gala und Jacobs Krönung nehmen aufgrund einer nahezu identischen Ausprägungen bei Geschmack und Bekömmlichkeit fast die gleiche Position im Produktmarktraum ein. Dagegen sind die beiden Marken von Jacobs (Krönung und Wundermild) sehr weit voneinander entfernt, so dass zwischen diesen keine unmittelbare Substitutionsgefahr besteht. Außerdem suggeriert das Schaubild die Existenz dreier Gruppen von Erzeugnissen. Eduscho Gala und Jacobs Krönung sind durch den guten Geschmack charakterisiert, Jacobs Wundermild und Tchibo Sana bilden die Gruppe der bekömmlichen Kaffees, Tchibo Beste Bohne und Tchibo Feine Milde weisen sowohl einen guten Geschmack als auch eine gute Bekömmlichkeit auf.

Daneben finden sich im Produktmarktraum die **Merkmalswunschkombinationen** zweier Segmente. Offenbar lassen sich die Nachfrager im Hinblick auf ihre Idealprodukte in zwei Gruppen unterteilen. Die einen achten besonders auf die Bekömmlichkeit, wohingegen für die anderen der Geschmack eine wichtige Rolle spielt. Für die erfolgreiche Produktpositionierung ist die Distanz zwischen den **Real-** und **Idealprodukten** von Relevanz. Je näher eine Marke beim Ideal eines Segments liegt, desto größer ist die Präferenz der Konsumenten für dieses Gut. Offenbar erfüllt Jacobs Krönung die Wünsche und Vorstellungen der im Segment eines zusammengefassten Personen am besten. Dagegen verlangen die Nachfrager im Segment eines nach den Marken Jacobs Wundermild, Tchibo Sana und Aldi Schonkaffee.

Formulierung einer Positionierungsstrategie

Auf der Grundlage aller bislang durchgeführten Analysen ist eine strategische Grundsatzentscheidung zu treffen. Im Kern geht es darum, die Zielposition des interessierenden Produkts zu bestimmen. Hierzu stehen eine Reihe von Positionierungsalternativen zur Auswahl:

- Mit der **Profilierungsstrategie** strebt das Unternehmen an, eine Marke so zu positionieren, dass es im ausgewählten Segment eine Alleinstellung einnimmt (z. B. Jacobs Krönung im Segment zwei).
- Bei der **Imitationsstrategie** soll ein Produkt gezielt in die Nähe eines am Markt erfolgreichen Konkurrenzerzeugnisses platziert werden. Beispielsweise nimmt Eduscho Gala eine solche me-too-Position ein.
- Eine **Repositionierung** hat zum Ziel, die Distanz zwischen einer Marke und der Merkmalswunschkombination der ins Auge gefassten Zielgruppe zu vermindern. Beispielsweise ist das Produkt von Aldi in den Eigenschaften Geschmack und Bekömmlichkeit so zu modifizieren, dass es den Wünschen und Vorstellungen der Nachfrager im Segment entspricht.

- Auch kann ein Anbieter bemüht sein, durch produkt-, preis- und kommunikations-politische Aktionen die relevanten Beurteilungsdimensionen mittel- bis langfristig zu verändern. Eine solche **Restrukturierungsstrategie** verfolgen bspw. Nahrungsmittel-hersteller, die die Dimension Gesundheit in der Nachfragerpsyche verankern wollen.

(3) Leistungskern definieren

Wie bereits dargestellt, zielt ein Unternehmen darauf ab, seine Leistung so zu gestalten, dass sie den Wünschen und Vorstellungen der tatsächlichen und potentiellen Nachfrager entspricht. Dieses Anliegen konkretisiert sich in dem produktpolitischen Hauptziel, ein bedürfnisgerechtes bzw. zwecktaugliches Produkt am Markt zu offerieren. Einige Ergän-zungen runden die bereits dargelegten Überlegungen ab (Koppelmann, 2000, S. 309 ff.):

- Bei der Vermarktung eines Guts spielt die **Bequemlichkeit** der Individuen eine Rolle. Es ist kaum mehr möglich, einem Nachfrager ein Erzeugnis an die Hand zu geben, das noch einer Be- und Verarbeitung bedarf.
- In nahezu allen Branchen zeigt sich das Bedürfnis der Käufer nach **sicheren Produkten**. Hierzu gehört nicht nur die Stör- und Bedienungssicherheit, sondern auch der Schutz vor Diebstahl und Zerstörung.
- Die Forderung nach **Wirtschaftlichkeit** bezieht sich nicht nur auf die Nutzung des Guts. Vielmehr interessiert auch dessen wirtschaftliche Herstellung, damit der Nachfrager nicht mehr bezahlen muss als unbedingt nötig.
- Die **Umweltfreundlichkeit** ist ein in vielen Fällen der Wirtschaftlichkeit entgegenste-hender Anspruch. Oft beklagen die Konsumenten die bei der Produktion auftretende Verschwendung nicht regenerierbarer Ressourcen.
- Das Produkt vermittelt dem Individuum und seinem sozialen Umfeld mehr oder we-niger angenehme **Empfindungen**. Sehr wichtige Gestaltungsmittel zur Beeinflussung der Anmutung bilden Material, Form und Farbe.

Die Variation des Produktes bietet ein wirksames und leistungsfähiges produktpoliti-sches Instrument. Insbesondere die ästhetische Qualität der Form, des Materials und der Farbe erscheint in diesem Zusammenhang von hoher Relevanz. Was bewirkt eigentlich Ästhetik? Dem physiologischen Ansatz zufolge sind es klare, geordnete, einander nicht widersprechende, möglichst symmetrische Elemente eines Objekts. Dagegen deuten psy-chologische Untersuchungen darauf hin, dass der Geschmack, die Tradition und die Um-gebung bedeutsame Einflussfaktoren sind.

Mit der Lösung von Problemen dieser Art befassen sich in Unternehmen vor allem die Designer. Dies ist unbefriedigend, da alle Aspekte der funktionalen und ästhetischen Pro-duktgestaltung auch aus Marketingsicht relevant sind. Hierfür sprechen die folgenden Gründe (Leitherer, 1993, S. 753 ff.):

- Zur Sicherstellung eines einheitlichen Marktauftritts der Produkte eines Anbieters er-scheint ein grundlegendes **Designkonzept**, das für alle Erzeugnisse gilt, unerlässlich.
- Es reicht nicht aus, dass ein Produkt durch seine funktionale Zwecktauglichkeit und Leistungsfähigkeit überzeugt. Der **ästhetischen Faszination** kommt eine zentrale Be-deutung bei der Kaufentscheidung zu.

- In vielen Unternehmen begleitet der Produktmanager die Generierung eines Erzeugnisses eher planerisch und nicht inhaltlich. Dies genügt nicht, um die Wünsche und Vorstellungen der Nachfrager in die Forschungs-, Entwicklungs- und Produktionsabteilungen zu übertragen.
- Im Rahmen der Produktmodifikation lassen sich bspw. Massenprodukte durch modisches Design erheblich aufwerten (z. B. Swatch, Apple). Damit erscheint eine grundsätzliche Repositionierung eines Erzeugnisses durch veränderte Designprägnanzen möglich.

Auf der Basis des in Abbildung 151 präsentierten Sinus-Milieu-Konzepts lässt sich zeigen, dass die einzelnen Designrichtungen und -wellen in den verschiedenen Marktsegmenten auf unterschiedlichen Anklang stoßen. So bildet das traditionsverwurzelte Milieu noch kein Zielpublikum für Designprodukte. Dagegen fällt auf, dass der ästhetische Funktionalismus überaus weit verbreitet ist und das Milieu der modernen Performer ein beachtliches Designinteresse besitzt.

Vor diesem Hintergrund sind bei der Gestaltung des Leistungskerns zwei strategische Grundfragen zu beantworten: (1) Ist bei der Produktgenerierung lediglich einer **Design-art** zu folgen oder erscheint ein **Pluralismus** an **Designvarianten**, wie bei Rosenthal und Alessi, ratsam? (2) Ist auf kurzfristig andauernde **Designwellen** zu setzen, wie z. B. bei Swatch, oder bietet sich eher ein langfristig angelegtes Designkonzept, wie bei Jaguar und Porsche, an?

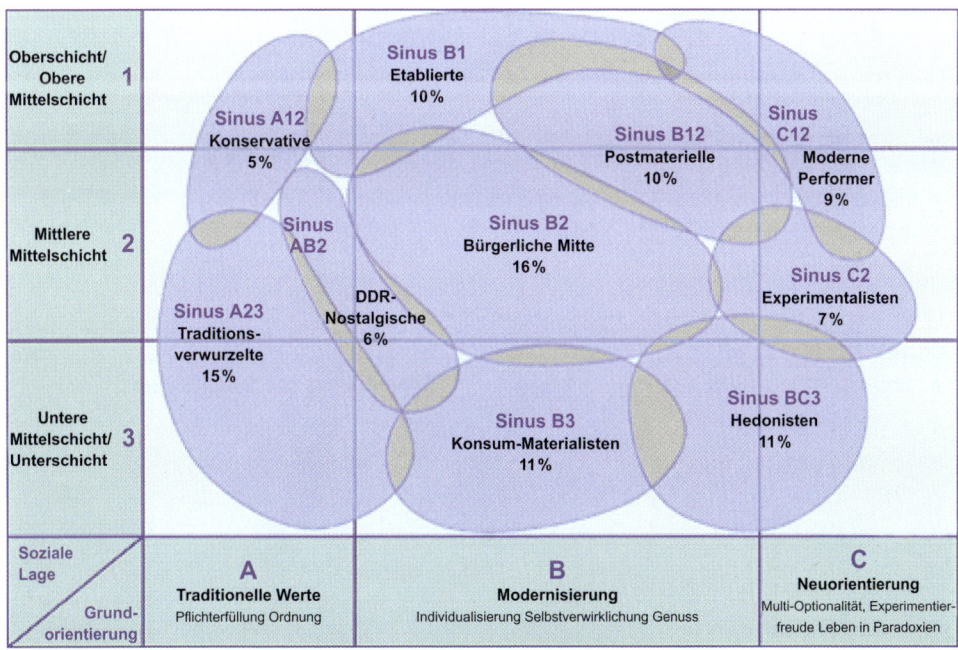

Abbildung 151: Sinus-Milieus
Quelle: http://www.agf.de/fsforschung/sinusmilieus

(4) Produkte verpacken

Auch die **Verpackung** ist geeignet, ein Produkt in den Augen der Nachfrager als begehrenswert erscheinen zu lassen. Obwohl ihr Zweck vornehmlich darin besteht, die Ware vor Beschädigung und Verderb zu schützen, bietet es sich geradezu an, die Umhüllung auch für werbepolitische Anliegen zu verwenden. Die Gestaltung der Verpackung ist somit eng mit der **Distributions-** und **Kommunikationspolitik** verzahnt, da die Umhüllung eines Erzeugnisses in der Regel einen geeigneten Träger für die Werbebotschaft darstellt.

Im Grunde sind es drei Referenzgruppen, die Ansprüche an die Verpackung erheben. Abbildung 152 zeigt am Beispiel von Getränken diese ganz unterschiedlichen Forderungen.

Da sich nicht alle Anforderungen gleichzeitig erfüllen lassen, sind im Einzelfall die Art der Unternehmensleistung und die Wettbewerbssituation zu berücksichtigen. Gleichwohl seien beispielhaft einige wichtige Gesichtspunkte bei der Verpackungsgestaltung genannt:

- Die Verpackung besitzt die Aufgabe, das Gut verkäuflich zu machen und es bei Transport, Handling im Lager oder Laden sowie bei der Bevorratung zu schützen (**Schutz-**

Hersteller	Handel	Verbraucher
Soziodemographische Kriterien	**Psychographische Kriterien**	**Kriterien des beobachteten Kauf- bzw. Konsumverhaltens**
• hohe Abfüllgeschwindigkeit • Eignung zur Profilierung • Eignung als Informationsträger • kostengünstig • Vermittlung intendierter Preis- und Qualitätsvorstellungen	• optimale Nutzung von Regalplatz • scanningfähig • selbstbedienungsgerecht • optimales Handling • Eignung für Verkaufsförderung	• ansprechendes Design • hohe Anmutungsqualität • Sichtbarkeit des Inhalts • leicht zu öffnen und zu schließen • Verbrauchswirtschaftlichkeit • Möglichkeit der Zweitverwendung • ökologische Qualität
• stapelfähig • palettierungsfähig • raumsparend	• Sicherheit vor missbräuchlicher Öffnung • verbrauchergerechte Größe	
• gewichtsgünstig • bruchsicher • Schutz des Inhalts • Haltbarkeit des Inhalts		

Abbildung 152: Anforderungen an die Verpackung aus Sicht von drei Bezugsgruppen
Quelle: Nieschlag/Dichtl/Hörschgen, 2002, S. 672.

aspekt). Dabei bestimmen die Abmessungen des Erzeugnisses, seine physiologische Empfindlichkeit sowie die Statik, das Gewicht und die Stabilität die von der Verpackung zu erbringende Leistung.

- In vielen Fällen ermöglicht die Verpackung erst den Ge- beziehungsweise Verbrauch eines Produkts durch beispielsweise Dosierhilfen, Vorportionierung und Aufreißlaschen (**Verwendungsaspekt**). Darüber hinaus befinden sich Informationen über die Zusammensetzung des Guts, die Herkunft der Bestandteile sowie das Herstellungs- und Verfallsdatum auf der Umhüllung.

- Überlegungen bei der Gestaltung der Verpackung zielen mitunter auf die optimale Ausnutzung der Lager-, Transport- und Regalflächen ab (**Logistikaspekt**). Die Bedeutung logistischer Facetten der Verpackungskonzipierung ist dort besonders groß, wo eine vertikale Handelspartnerschaft existiert oder eine Integration bevorsteht.

- Die augenscheinlichste kommunikative Funktion der Verpackung besteht darin, Verbraucher zu aktivieren (**Kommunikationsaspekt**). Dabei ist unter Voraussetzung einer möglichst großen Signalwirkung und Wiedererkennung eine Balance zu finden zwischen Produktidentifikation, Eigenständigkeit und damit Differenzierung gegenüber Konkurrenzangeboten sowie der notwendigen Arttypik.

- Unter Wirtschaftlichkeitsgesichtspunkten spielen auch die Maschinengängigkeit, Handlingeignung und Entsorgung der Verpackung eine Rolle. Alle diese Facetten schlagen sich in den Verpackungskosten nieder (**Kostenaspekt**).

- Nicht zuletzt aufgrund einer sensibilisierten Öffentlichkeit und gesetzgeberischen Aktivitäten sind bei der Verpackungsgestaltung die Mehrfachverwertung und die Abfallverarbeitung zu berücksichtigen (**Ökoaspekt**). Diese Aspekte gewinnen dann an Bedeutung, wenn Unternehmen freiwillig oder gezwungenermaßen Energie- und Materialbilanzen veröffentlichen.

Darüber hinaus schränken Gesetze und Verordnungen die Ausarbeitung von Verpackungskonzepten erheblich ein. Beispielsweise sind Deklarationen vorgeschrieben, die dem Schutz des Verbrauchers vor gesundheitlichen Schäden (z. B. **Lebensmittelgesetz**, z. B. **Arzneimittelgesetz**) dienen. Außerdem versucht der Gesetzgeber, die Abnehmer vor Irreführung (z. B. **Eichgesetz, Fertigpackverordnung**) zu bewahren und die Anbieter selbst vor den Aktionen der Wettbewerber (z. B. **Ausstattungs-** und **Geschmacksmusterschutz**) zu behüten.

Als vorbildliches Beispiel sei an dieser Stelle das Verpackungskonzept des Schweizer Migros-Konzerns erwähnt. Dieses Leitbild steht für eine tragfähige und praxisgerechte Verpackungspolitik, die auf die Erfüllung sowohl gesellschaftlicher als auch wirtschaftlicher Erfordernisse abzielt. Der Leitsatz lautet folgendermaßen: Die Verpackung soll ein **Maximum an Effizienz** auf den Stufen Produktion, Logistik, Verkauf, Konsum und Entsorgung erbringen, bei einem Minimum an ökologischer Belastung und ökonomischem Aufwand. Die einzelnen Dimensionen dieser Verpackungspolitik finden sich in Abbildung 153.

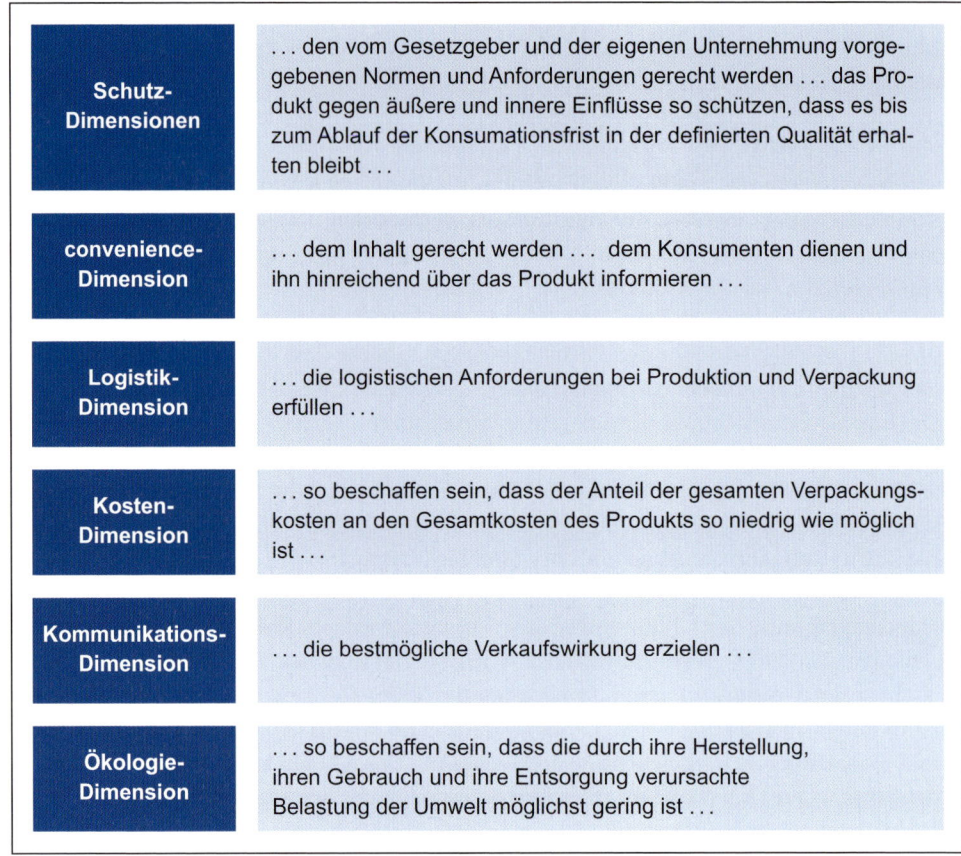

Abbildung 153: Verpackungsbeispiel des Migros-Konzerns
Quelle: In Anlehnung an Müller, 1995, Sp. 2595.

Programmpolitische Entscheidungsfelder

(1) Leistungsprogramm festlegen

Im Rahmen der Programmgestaltung sind Entscheidungen über die **Breite** und die **Tiefe** sowie die grundsätzliche Ausrichtung des Sortiments zu treffen. Dabei gibt die Breite die Anzahl der Produktlinien im Programm wieder, d. h. die Anzahl alternativer Produktkategorien (z. B. BMW 3er-, BMW 5er- und BMW 7er-Reihe). Die Tiefe reflektiert die Anzahl der Produkte innerhalb einer Produktlinie (z. B. BMW 318, BMW 320 und BMW 325) (Lehmann/Winer, 2001, S. 18 ff.).

Breites versus schmales Sortiment

Ein breites Angebot weisen zum Beispiel Gemischtwarenläden, Warenhäuser, Verbrauchermärkte und SB-Warenhäuser auf. Ihr Sortiment erscheint umfassend, allerdings ist die Auswahl innerhalb einzelner Warenbereiche bzw. Produktarten beschränkt. Ein schmales Sortiment ist kennzeichnend für Fachgeschäfte (z. B. Bergsportgeschäft, Schraubenmarkt), die eine beachtliche Auswahl von Produkten einer bestimmten Gattung offerieren.

Tiefes versus flaches Sortiment

Ein Sortiment lässt sich als tief kennzeichnen, sofern das Unternehmen eine größere Zahl von Artikeln und Sorten innerhalb einer Produktlinie führt. Dieser Fall ist typisch für Spezialgeschäfte, die Abstufungen z. B. nach Größe, Farbe, Muster, Qualität und Preislage vornehmen.

Im Kern lassen sich diese Kriterien auf drei wesentliche Prinzipien der Gestaltung eines Produktprogramms reduzieren:

- Ein Anbieter orientiert sich bei der Zusammenstellung einer Angebotspalette an den Bedürfnissen der tatsächlichen und potenziellen Kunden. Dies hat zur Folge, dass der Hersteller oder der Händler die Vorstellungen und Wünsche seiner Kunden studiert und Problemlösungen ersinnt. Eine Produktpolitik dieser Art lässt sich als **problem-** oder **bedarfstreu** charakterisieren.
- Möglicherweise lassen die Fertigungsanlagen eine andere als die gewohnte Produktion nicht zu, oder der Hersteller ist an die Ausbeutung und Veredelung bestimmter Roh- und Betriebsstoffe sowie Materialien gebunden. In diesem Fall liegt ein absatzwirtschaftliches Verhalten nahe, das sich als **produkt-** oder **materialtreu** kennzeichnen lässt.
- Die **Wissenstreue** trägt dem Sachverhalt Rechnung, dass eine Angebotspalette auf einem bestimmten Wissens- und Erfahrungsschatz basiert. Als typische Beispiele hierfür gelten Unternehmen der Datenverarbeitungsindustrie, die oftmals ihr ganz spezifisches Know-how nicht selbst nutzen, sondern anderen Betrieben überlassen.

Im Anschluss an die Abgrenzung der Produktlinien sowie der Festlegung ihrer Breite und Tiefe sind im Rahmen der Gestaltung einer Angebotspalette weitere Entscheidungsfelder zu berücksichtigen:

Ausweitung einer Produktlinie

Für die Ausweitung einer Angebotspalette bieten sich zwei grundsätzliche Stoßrichtungen an: **nach oben** und **nach unten**. Angesichts starker Konkurrenz und langsamen Wachstums im oberen Qualitätsbereich nehmen viele Anbieter eine Ausweitung nach unten vor (trading down). Dabei verfolgt das Unternehmen eine Übertragung des im oberen Qualitätssegment erworbenen Images auf das untere Preiscluster. Beispiele hierfür sind der Eintritt von IBM in den Markt für Personal-Computer und die Einführung eines Kompaktwagens durch Mercedes-Benz. Als Probleme dieser Vorgehensweise sind die negativen Auswirkungen auf das Image der im oberen Qualitätsbereich angebotenen Produkte, die fehlende Akzeptanz beim Handel und die aus der Massenfertigung resultierenden Kostenvorteile der Konkurrenten zu nennen.

Auffüllung einer Produktlinie

In eine bereits existierende Produktlinie lassen sich neue Erzeugnisse einfügen, um bislang unbefriedigte Kundenwünsche zu erfüllen. Hierbei tauchen jedoch die Schwierigkeiten auf, dass die Elemente der Angebotspalette kaum mehr zu differenzieren sind und sich die Güter gegenseitig kannibalisieren.

Modernisierung der Produktlinie

Die Modernisierung der Produktlinie lässt sich für die einzelnen Produkte zeitlich nacheinander oder für alle Güter gleichzeitig durchführen. Die Entscheidung hängt von den erwarteten Kundenreaktionen und den im Unternehmen verfügbaren personellen und finanziellen Ressourcen ab.

Bestimmung von „Flagschiffen"

Innerhalb einer Produktlinie wählt der Produktmanager häufig ein „Flagschiff" aus, das alle anderen Erzeugnisse repräsentiert. Hierbei handelt es sich um ein Gut, von dem besonders starke Ausstrahlungseffekte ausgehen. Die kommunikativen und sonstigen Maßnahmen lassen sich für dieses Gut stellvertretend für die gesamte Angebotspalette einsetzen.

Bereinigung der Produktlinie

Es liegt auf der Hand, nicht erfolgreiche Produkte aus der Angebotspalette zu entfernen. Entscheidungen dieser Art orientieren sich an Deckungsbeitragsanalysen und Ressourcenüberlegungen. Damit lässt sich z. B. Regalplatz im Handel, Transportkapazität im Vertrieb oder Verkaufskapazität im Außendienst freisetzen. Allerdings sind vor einer Elimination eines Guts die zwischen den Elementen einer Produktlinie bestehenden Verbundbeziehungen zu untersuchen.

(2) Neue Produkte entwickeln

Das Ersinnen neuer Erzeugnisse sowie deren Entwicklung, Produktion und Vermarktung bilden den Kern der **Produkt-** und **Programmpolitik** (Rosenau et al., 1996, S. 23 ff.). In Zeiten gravierender Sättigung und erheblichen Wettbewerbs besteht die zentrale Herausforderung für den Produktmanager darin, neue und zugleich erfolgreiche Güter zu schaffen (Abbildung 154). Wie Abbildung 155 zeigt, kann es sich hierbei sowohl um eine **Marktneuheit** als auch eine **Unternehmensneuheit** handeln. Erstere stellt prinzipiell eine neue Problemlösung dar, die geeignet ist, eine Aufgabe auf völlig andere Weise zu bewältigen (z. B. E-Mail gegenüber Brief) oder ein Bedürfnis zu befriedigen, für das es bislang noch kein Konzept gab (z. B. Navigationssystem für einen Pkw). Die Unternehmensneuheit gehört zu jenen Innovationen, die sich entweder nur in ihrer Äußerlichkeit oder in einer modifizierten, meist in einer verbesserten oder erweiterten Funktionserfüllung von bereits am Markt etablierten Erzeugnissen unterscheiden.

Eine **Produktinnovation** geht sehr häufig mit einer **Prozessinnovation** einher, die eine neuartige Faktorkombination darstellt, mit der die Herstellung eines Guts günstiger, hochwertiger, sicherer oder schneller ist. Dagegen berührt eine Produktinnovation nicht

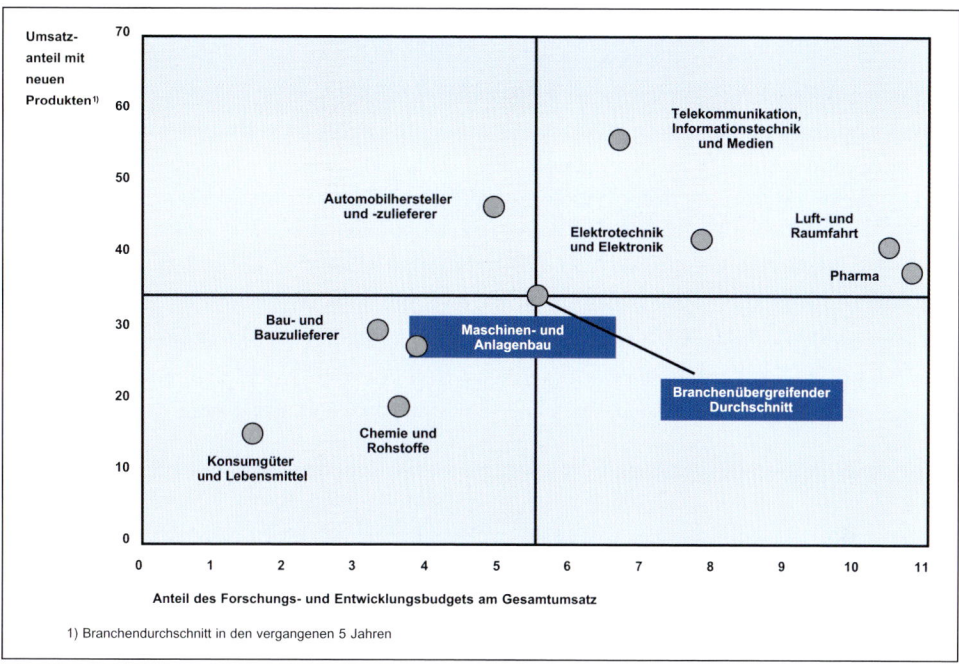

Abbildung 154: Innovationen in Deutschland im Vergleich
Quelle: Arthur D. Little, 2004.

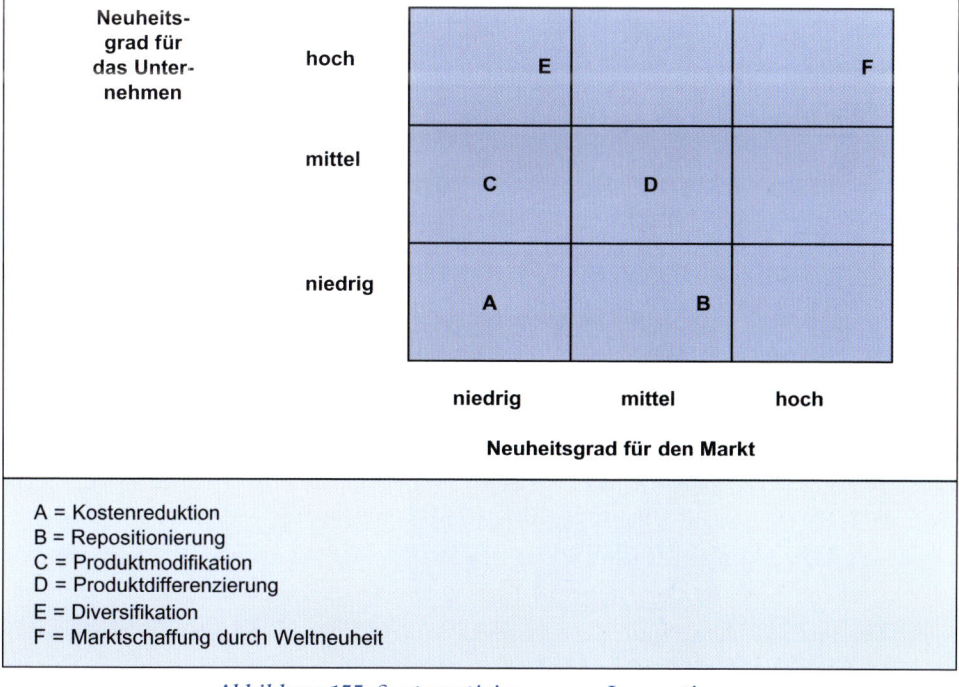

A = Kostenreduktion
B = Repositionierung
C = Produktmodifikation
D = Produktdifferenzierung
E = Diversifikation
F = Marktschaffung durch Weltneuheit

Abbildung 155: Systematisierung von Innovationen

nur den Kombinationsprozess im Unternehmen, sondern auch den Verwertungsprozess am Markt. Während das Anliegen dieser Innovationsart darin besteht, die Effektivität zu steigern, zielt die Prozessinnovation auf eine Erhöhung der Effizienz ab.

Darüber hinaus lässt sich auch zwischen **technischen** und **sozialtechnischen Innovationen** unterscheiden (Abbildung 156). Erstere sind Produkt- oder Prozessinnovationen, die durch eine Veränderung der technologischen Grundlage zustande kommen. Dagegen verändern Letztere z. B. die Art und Weise der Anwendung eines Produkts (z. B. Swatch) oder Verrichtung einer Tätigkeit (z. B. Qualitätszirkel). Dabei ist technologische Basis unverändert, lediglich die Anwendung der Technologie hat sich verändert.

Seit einigen Jahren ist das **Timing** Gegenstand von Analysen und Modellen, bei denen es im Kern um die Beantwortung der Frage nach den Vor- und Nachteilen von **Führer-** und **Folgerstrategien** geht. Hierbei lassen sich vier Grundtypen identifizieren:

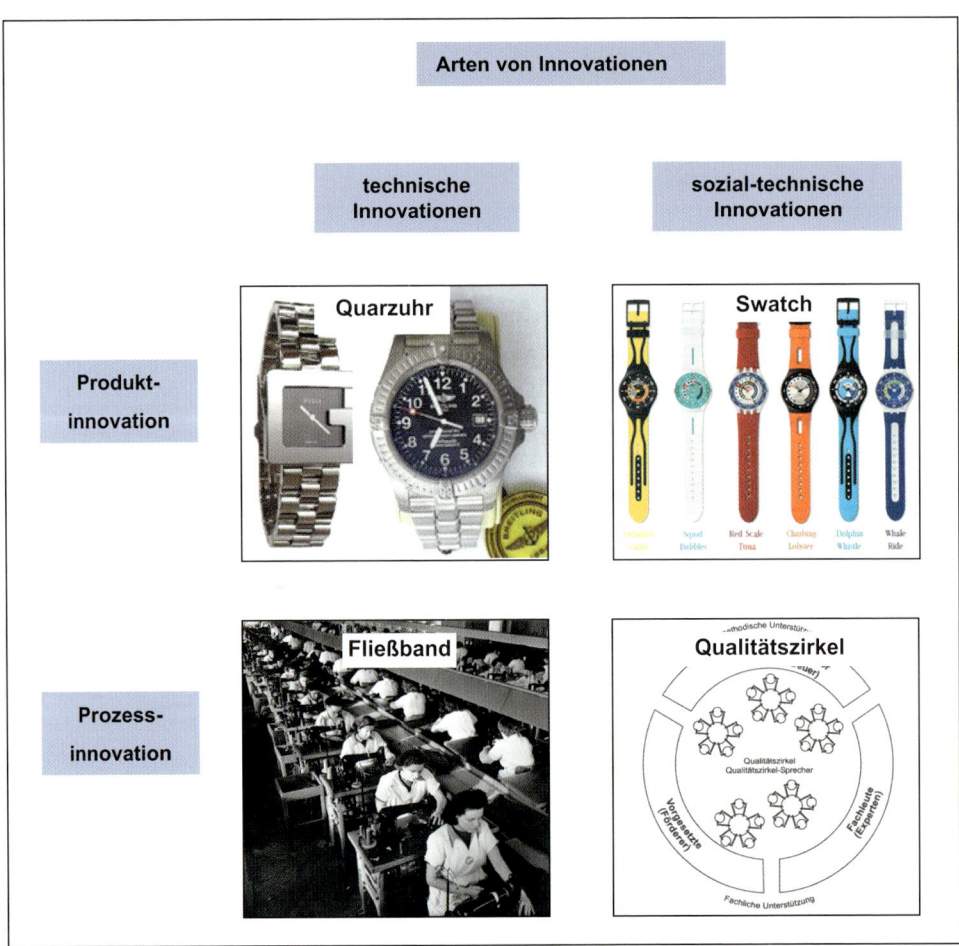

Abbildung 156: Arten von Innovationen im Überblick
Quelle: Esch, 1998, S. 368.

- first-to-market-Strategie
- second-to-market-Strategie
- later-to-market-Strategie
- latest-to-market-Strategie

Diesen unterschiedlichen Stufen einer **anbietergesteuerten Innovationsdiffusion** stehen verschiedene Phasen im **abnehmerorientierten Adaptionsprozess** gegenüber. Aus empirischen Studien sind Personen bekannt, die sehr schnell neue Erzeugnisse erwerben und ge- bzw. verbrauchen, während andere Individuen erst dann kaufen, wenn sich das Neuprodukt bewährt. Was das Innovationspotenzial respektive die Innovationsrichtung betrifft, lassen sich zwei Extremfälle betrachten:

Grundsätzlich gilt, dass eine Innovation, die sich durch eine neue Technologie und eine neue Anwendung auszeichnet (**Durchbruchsinnovation**), beachtliche Erfolgsaussichten aufweist, allerdings bei einem in vielen Fällen nicht unbedeutenden Risiko. Dagegen eröffnet eine Innovation, die durch eine bestehende Technologie und eine bestehende Anwendung charakterisiert ist (**Verbesserungsinnovation**), bei einem überschaubaren Risiko allenfalls geringfügige Erfolgschancen.

Das zentrale Problem des **Timing** besteht darin, eine **zeitliche Synchronisation** zwischen dem Reifegrad des Erzeugnisses beziehungsweise des Unternehmens und der Bereitschaft der Nachfrager zur Aufnahme des neuen Guts zu erreichen. Bei der Spezifikation eines günstigen Zeitpunkts für die Neuprodukteinführung spielen produktpolitische Voraussetzungen eine wichtige Rolle. Auf vier Konstellationen soll an dieser Stelle eingegangen werden (Becker, 2001):

first-to-market-Strategie und umfassende Tests

Aufgrund der vor einer endgültigen Neuprodukteinführung durchgeführten Produkt- und Markttests erhalten die Wettbewerber eine Vorstellung über die produktpolitischen Aktivitäten des Unternehmens. Insofern gefährden Anbieter, die mit Tests dieser Art operieren, ihre first-to-market-Strategie und geben somit auch das Timing der produktpolitischen Aktionen aus der Hand.

first-to-market-Strategie und lange Entwicklungszeit

Im Investitions- und Gebrauchsgütermarkt sind sehr lange Forschungs- und Entwicklungszeiten üblich. Häufig ist es nicht möglich, den Prozess der Produktgestaltung zu beschleunigen und einmal gemachte Fehler zu korrigieren. Zur Absicherung der first-to-market-Strategie bietet sich daher eine Ankündigung des neuen Erzeugnisses an.

second-to-market-Strategie und kurze Entwicklungszeit

In vielen Branchen sind nahezu alle Akteure auf dem gleichen technologischen Stand, so dass es einem Unternehmen sehr leicht fällt, den Vorsprung der unmittelbaren Konkurrenten schnell und nachhaltig wettzumachen. Daher erscheint ein Timing möglich, das dem Wettbewerber den Vortritt überlässt, zugleich aber sicherstellt, zeitlich unmittelbar zu folgen.

Teilung einer Innovation zur Markteroberung

Gelegentlich übersteigt es die Möglichkeiten eines Unternehmens, eine Produktinnovation in ausreichender Menge am Markt zu platzieren. Für eine schnelle und angemessene Amortisation der Forschungs- und Entwicklungsanstrengungen entschließen sich Anbieter freiwillig oder gegebenenfalls auch unter Zwang dazu, ein neues Konzept oder lediglich eine neue Idee mit anderen Akteuren zu teilen.

Das Verhalten eines Unternehmens gegenüber seinen Wettbewerbern lässt sich im Prinzip auf allgemeine Muster der **Konfliktbewältigung** zurückführen, so dass ein Bezug zur sozialpsychologischen Theorie entsteht. Aufgrund der Ähnlichkeit zwischen unternehmerischen und militärischen Konfliktsituationen beschreiben viele Autoren das Agieren von Anbietern in der Sprache der Lehre von der Kriegsführung. Obgleich Manager keine Militaristen sind, tauchen in den von Porter (1984) erläuterten Verhaltensstilen etwa Begriffe wie Waffen oder Fronten auf. Im Kern unterscheiden diese Autoren vier Verhaltensweisen:

- Der friedliche Stil ist dadurch charakterisiert, dass der Anbieter keine Konflikte mit anderen Akteuren initiiert.
- Wählt man den kooperativen Stil, so steht die Zusammenarbeit mit den Wettbewerbern im Mittelpunkt.
- Aggressiver Stil bedeutet, dass Angriffe gegenüber den Konkurrenten ins Auge gefasst werden.
- Beim konfliktären Stil nimmt das Unternehmen ganz bewusst Konflikte bei der Durchsetzung eigener Ziele in Kauf.

Insbesondere aggressive und konfliktäre Verhaltensweisen lassen sich mit Termini fassen, die aus dem militärischen Bereich stammen. Dabei lassen sich vier Angriffsstrategien voneinander unterscheiden:

- Bei der Strategie des Direktangriffs tragen neue beziehungsweise verbesserte Produkte sowie Preisreduzierungen dazu bei, die Stellung der Mitbewerber zu schwächen.
- Im Rahmen der Umzingelungsstrategie versucht ein Anbieter durch mehrere Erzeugnisse, die günstig und teuer, hochwertig und minderwertig sein können, den Konkurrenten zu schaden.
- Eine Strategie des Flankenangriffs, die sich zum Beispiel in neuen Packungsformaten oder neuen Sorten konkretisiert, ist geeignet, die Position der Wettbewerber zu erschüttern.
- Mittels einer Guerillastrategie, die sich beispielsweise in rechtlichen Streitigkeiten äußert, vermag ein Anbieter die anderen Akteure einzuschüchtern.

Im Sinne einer Überschaubarkeit zentraler Herausforderungen an das Innovationsmanagement ist es hilfreich, die Produktgestaltung in vier Phasen zu unterteilen:

Generierung von Produktideen und -konzepten

Zur Generierung von Produktideen und -konzepten kommt eine Analyse von Nachfragerbedürfnissen und Wettbewerberaktivitäten in Betracht. Außerdem bietet sich an dieser Stelle der Einsatz von Kreativitätstechniken an. Grundsätzlich entspringen Ideen für

Unternehmensinterne Quellen	Unternehmensexterne Quellen

• Betriebliches Vorschlagswesen
• Mitarbeiter v. a.
    im Außendienst
    in der Forschung + Entwicklung
    im Kundendienst
    im Vertrieb
	• Kunden und deren
	    Beschwerden
	    Anregungen
	    Wünsche
	• Wettbewerber
	  (Beobachtung auf Messen und
	  Ausstellungen sowie im Internet)
	• technologische Entwicklungen
	• Experten
	• Trend und Märkte
	• Berater

Abbildung 157: Interne und externe Quellen zur Generierung von Produktideen

neue Erzeugnisse aus zwei Quellen (Abbildung 157): Externe Quellen, wie Nachfrager, Wettbewerber oder Berater, sowie interne Quellen, wie Mitarbeiter. Ein beachtliches, jedoch selten ausgeschöpftes Potential neuer Produktideen steckt in den Köpfen der Beschäftigten. Gerade die Mitarbeiter im Kundendienst sind in der Lage, Auskunft über die Anwendungsprobleme eines Produktes und das Verwendungsverhalten der Abnehmer zu erteilen. Darüber hinaus trägt das betriebliche Vorschlagswesen dazu bei, das Innovationspotenzial des Unternehmens zu aktivieren und zu kanalisieren.

In der Literatur findet sich eine kaum überschaubare Anzahl von **Kreativitätstechniken**, die alle den Anspruch erheben, Ideen bezüglich neuer Produkte oder Produktmodifikationen zu generieren. Entsprechend der Art ihrer Vorgehensweise lassen sich **intuitiv-kreative Methoden** und **systematisch-logische Verfahren** voneinander unterscheiden. Erstere zielen darauf ab, die spontanen und intuitiven Eingebungen offen zu legen, wie etwa das Brainstorming. Die Produktion von Ideen erfolgt in der Regel als gruppendynamischer Prozess, um auf diese Weise das Kreativitätspotential jedes Teilnehmers auszuschöpfen. Neue Produktideen lassen sich auch auf dem Wege einer systematischen Analyse bereits existierender Erzeugnisse generieren. Bei diesem morphologischen Ansatz geht es um die Konfiguration von bekannten Produktbausteinen zu neuen Gebilden. Einen weit verbreiteten Ansatz dieser Art bildet der morphologische Kasten. Hierbei ist das interessierende Produkt (z. B. eine Uhr) zunächst in seine Merkmale (z. B. Motor, Anzeige, Energiequelle und Energiespeicher) zu unterteilen. Für jedes Merkmal (z. B. Motor) lassen sich daraufhin zahlreiche Ausprägungen (z. B. Federmotor, Elektromotor und hydraulischer Motor) ersinnen. Diese können schließlich zu ganz neuen und kreativen Erzeugnissen kombiniert werden. Beispielsweise ist eine Uhr vorstellbar, die aus den Komponenten Aufzug von Hand, Feder, Federmotor, Fliehkraftregler, Kettengetriebe und Wendeblätter besteht.

Prüfung und Auswahl von Produktideen und -konzepten

Mittels Bewertungsmatrizen sowie **Profil-**, **Werteskala-** oder **Punktwertmethoden** und den Verfahren der Investitions- und Kostenrechnung lassen sich die Produktideen und -konzepte prüfen und besonders Erfolg versprechende auswählen.

Das Anliegen der Ideenanalyse besteht darin, die Spreu vom Weizen zu trennen, also die Erfolg versprechenden Ideen von jenen zu separieren, die nur geringe Erfolgsaussichten aufweisen. Nach einer Vorauswahl, die der Elimination aller nicht realisierbaren Produktkonzepte dient, kommen Scoring-Modelle zur Ideenselektion zum Einsatz. Diese Ansätze zeichnen sich dadurch aus, dass sie eine mehrdimensionale, auf mehreren Kriterien basierende Beschreibung und Auswahl der vorliegenden Alternativen erlauben. Hierbei formulieren alle an der Produktgestaltung beteiligten Mitarbeiter unterschiedlicher Abteilungen relevante Kriterien, zum Beispiel benötigtes Investitionsvolumen, technische Realisierbarkeit und rechtliche Beschränkungen. Diese Dimensionen lassen sich mit einem Gewicht versehen, das deren relative Bedeutung bei der Auswahl einer Produktidee widerspiegelt. Diesen Gewichten stellt der Marktforscher Koeffizienten gegenüber, aus denen die Ausprägungen der zu bewertenden Alternativen beim jeweiligen Kriterium hervorgehen. Die Multiplikation der Koeffizienten mit den entsprechenden Gewichten und deren Addition ergeben einen Index, der die Tauglichkeit der Produktidee ausdrückt.

Test der Produktideen und -konzepte

Jene Produktideen und -konzepte, die in den Augen des Produktmanagers als sehr erfolgversprechend einzustufen sind, müssen sich im Rahmen umfassender Produkt- und Markttests in ausgewählten Testregionen bewähren. Produktideen, die die Testphase erreichen, sind bereits mehrfach modifiziert worden. Gleichwohl steht ihnen die eigentliche Bewährungsprobe noch bevor. Sie müssen in ihrer endgültigen Beschaffenheit auf Akzeptanz bei den Nachfragern stoßen und auch unter wirtschaftlichen Gesichtspunkten erfolgreich sein. So schätzt man, dass von 1000 ursprünglich generierten Produktideen letztlich nur noch eine einzige zu einem erfolgreichen Erzeugnis wird.

Der **Produkttest** (Abbildung 158) beinhaltet eine Überprüfung der Anmutungs- und Verwendungseigenschaften eines in der Regel am Markt noch nicht erhältlichen Erzeugnisses. Vor allem interessiert die Wirkung des Guts bzw. einzelner Komponenten, wie Farbe, Form und Material, auf die Probanden. Der Marktforscher zielt darauf ab, von kaufentscheidungsrelevanten Größen, wie Einstellungen und Präferenzen, auf den Markterfolg zu schließen. Beim Konzepttest gilt das Augenmerk den Reaktionen der Auskunftspersonen auf eine verbal oder schriftlich präsentierte Idee, eine Modelldarstellung oder ein Funktionsmuster. Die Bauzeichnung sowie das Holz-, Gips- oder Korkmodell eines Pkw bilden Beispiele für die beim Konzepttest vorgelegten Objekte. Als **store-Test** lässt sich der probeweise Verkauf von Produkten unter kontrollierten Bedingungen in ausgewählten Handelsgeschäften beschreiben. Im Mittelpunkt steht die Analyse des Verhaltens der Nachfrager am Point of Sale unter realen Bedingungen. Zahlreiche Marktforschungsgesellschaften unterhalten Store-Test-Panels, die sich vor dem Hintergrund des Unter-

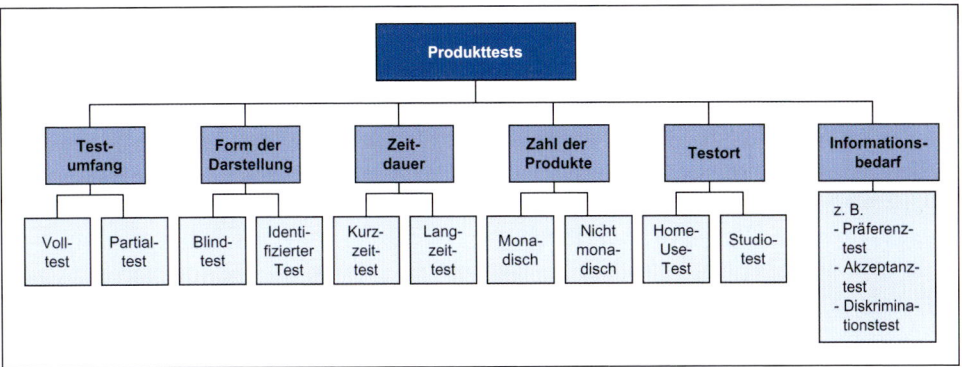

Abbildung 158: Produkttests im Überblick
Quelle: Esch, 2005, S. 295.

suchungszwecks auswählen lassen. Neben den Reaktionen der Nachfrager beim Kaufakt liefert ein Test dieser Art auch Aufschluss über Verbundeffekte zwischen Produkten und Reaktionen der Individuen im Laden.

Produkteinführung

Alle Produktideen und -konzepte, die bei den durchgeführten Tests besonders gut abschneiden, sind, sofern Überlegungen im Hinblick auf ihre Diffusion und die Ausrichtung des Unternehmens nicht dagegensprechen, Kandidaten für ein Neuprodukt. Bei der Festlegung des Zeitpunktes und der Vorgehensweise bei der Einführung eines neuen Erzeugnisses ist eine möglichst genaue Kenntnis über den Prozess der Verbreitung neuer Produkte im Markt hilfreich. Dazu bietet sich ein Rückgriff auf die Diffusionsforschung an, die sich mit der Übernahme von Neuerungen in sozialen Systemen und deren Bestimmungsfaktoren beschäftigt. Die Dauer und Intensität des Diffusionsprozesses hängen von einer Reihe personen-, umwelt- und produktbezogener Determinanten ab. Als Beispiele seien das Alter und Einkommen der Nachfrager, das Image des Anbieters und die als allgemein verbindlich geltenden Normen in der Gesellschaft genannt.

Aus einer Aggregation der individuellen Adoptionsprozesse lassen sich **Diffusionskurven** ableiten. Sie bringen den Anteil jener Personen zum Ausdruck, die das neue Produkt bereits angenommen haben. Aus einem Diffusionsmodell ergeben sich wertvolle Hinweise für die Produktgestaltung: Gelingt es, bei der Präsentation des neuen Gutes die als Meinungsführer agierenden Innovatoren und Frühadopter zu erreichen, ist mit einer Beschleunigung bei der Durchsetzung der Neuerung zu rechnen. Auch für das Timing der Markteinführung und die Bestimmung der Werbe- und Verkaufsstrategie liegen bedeutsame Anhaltspunkte vor: Die Massenmedien spielen vor allem in den ersten Phasen des **Diffusionsprozesses** eine dominierende Rolle. Hier kommt es darauf an, das neue Produkt bekannt zu machen und den Außendienst und die Händler zu überzeugen.

(3) Produkte variieren

Das Anliegen einer **Produktvariation** besteht darin, ein Bündel an Eigenschaften bzw. Nutzenkomponenten, die ein bisher angebotenes Produkt auszeichnen, ganz bewusst zu verändern (Büschken/von Thaden, 2002, S. 335 ff.). Grundsätzlich bleiben bei der Produktvariation die Basisfunktion des Guts sowie sein Verwendungszweck und seine Anwendungsmöglichkeiten erhalten. Vornehmlich geht es darum, ästhetische Facetten, wie Design, Farbe und Form, sowie symbolische Aspekte, zu denen etwa die zusatznutzenstiftenden Attribute gehören, zu modifizieren. Die Gründe für diese produktpolitische Aktion sind vielfältig:

- Da sich die **Wünsche** und **Bedürfnisse** der Nachfrager im Zeitverlauf ändern, ist eine Anpassung der nutzenstiftenden Attribute eines Gutes für den Erfolg unerlässlich.
- **Gesetzliche Auflagen**, wie im Automobilsektor oder in der Waschmittelbranche, zwingen ein Unternehmen dazu, ein Erzeugnis bei einem oder mehreren Merkmalen zu variieren.

Ein Blick auf die produktpolitischen Aktivitäten von Unternehmen zeigt, dass zwei Spielarten der Produktvariation zu finden sind, die Produktpflege und der Produktrelaunch. Beiden Varianten gemeinsam ist die Tatsache, dass die Gesamtzahl der vom Anbieter offerierten Erzeugnisse konstant bleibt.

> Den Gegenstand der **Produktpflege** bildet die kontinuierliche Verbesserung des am Markt eingeführten Erzeugnisses.

Maßnahmen dieser Art sind geeignet, die nach der Produkteinführung auftretenden Mängel zu beheben. Darüber hinaus trägt die Produktpflege dazu bei, den Herstellungsprozess zu vereinfachen und die Abläufe in anderen betrieblichen Einheiten zu verbessern. Ebenso kommt es darauf an, die Aktualität eines Gutes durch regelmäßige Anpassung an Modetrends zu sichern. Beispielsweise führt das steigende Gesundheitsbewusstsein der Individuen dazu, dass die Produzenten den Zucker- und Fettgehalt von Lebensmitteln senken.

> Der **Produktrelaunch** kennzeichnet eine umfassende Modifikation eines Erzeugnisses bei einem oder mehreren Produktmerkmal/-en.

Zur Unterstützung der Absatzwirkung einer solchen Produktveränderung kommen häufig auch andere Marketinginstrumente zum Einsatz. Denkbar sind bspw. eine Reduktion des Preises, eine Intensivierung der Werbung und die Auswahl neuer Vertriebswege. Mit einem Produktrelaunch reagiert ein Anbieter zumeist auf eine unbefriedigende Absatz-, Umsatz- und Gewinnentwicklung. Viele Beispiele verdeutlichen, dass sich die Lebensdauer eines Gutes durch die Modifikation mitunter erheblich verlängern lässt. Henkel modifizierte Persil seit seiner Einführung im Jahre 1907 mehrmals, um veränderten Nachfragerwünschen, rechtlichen Auflagen und produktionstechnischen Gegebenheiten zu entsprechen. Einige Meilensteine sind beispielhaft in Abbildung 159 dargestellt.

Zeit	Trend	Variation von *Persil*	Schlagwort
1965	• Verbreitung der Trommelwasch- maschinen	• Beimischung von Schauminhibitoren	• Die vollkommene Waschpflege
1970	• Einführung von synthetischen Geweben	• Zusetzung von Enzymen	• *Persil* mit Weiß- macher
1973	• Waschpulver muss maschinen- schonend sein	• Beimengung von Korrosionsinhibi- toren	• *Persil* waschmaschi- nenschonend
1986	• Weniger Schad- stoffe sollen ins Abwasser gelangen	• Waschmittel ohne Phosphat	• *Persil* phosphatfrei
1994	• Kleinere Ver- packung gewünscht	• Waschmittel als Perlen anstatt als Pulver	• *Persil* mit den Mega- perls
1998	• Kleinere Ver- packung gewünscht	• Waschmittel als Tabs anstatt als Pulver	• *Persil* mit den Tabs
2004	• Mit Langzeitfarb- schutz	• Waschmittel in Gel- form	• *Persil* Color Gel
Persil phosphatfrei 	*Persil* mit Megaperls 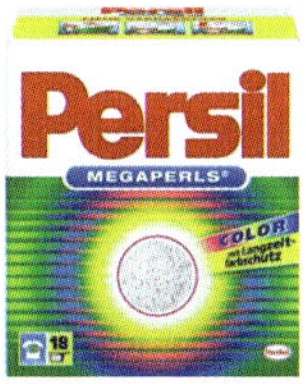	*Persil* mit Tabs 	*Persil* Color Gel 

Abbildung 159: Ausgewählte Variationen des Waschmittels Persil

(4) Produkte differenzieren

Eine **Produktdifferenzierung** zielt auf die Modifikation eines Produktes ab. Neben das be-stehende tritt noch ein abgewandeltes Produkt hinzu (Büschken/von Thaden, 2002, S. 335 ff.). Der Grund für die Popularität dieser Vorgehensweise liegt im Bestreben von Unternehmen, den Besonderheiten einzelner Märkte Rechnung zu tragen. Die Notwen-digkeit, den segmentspezifischen Anforderungen zu genügen, kann sowohl von gesetz-lichen Regelungen als auch von unterschiedlichen Nachfragerpräferenzen herrühren. Ab-bildung 160 vermittelt einen Überblick über die verschiedenen Limousinen der E-Klasse von Mercedes-Benz. Obgleich die Produktdifferenzierung als geeignetes Instrument zur

segmentspezifischen Bearbeitung der Nachfrager und zur teilmarktbezogenen Herausforderung der Wettbewerber gilt, tauchen bei ihrer konsequenten Umsetzung einige
Schwierigkeiten auf. So sind bsw. der Handlungszeitpunkt, die Anzahl der Varianten und
das Ausmaß der Veränderung entscheidend.

• Zur Ermittlung des Handlungszeitpunktes bietet sich ein Rückgriff auf den **Produktlebenszyklus** an. Grundsätzlich ist es ratsam, eine Differenzierung vorzunehmen, bevor das Produkt in die Stagnations- oder Degenerationsphase gelangt.

• Eine steigende Anzahl von Varianten geht in der Regel mit einer deutlich überpropor-
  tionalen Erhöhung der **Komplexitätskosten** einher. Vor diesem Hintergrund erweist
  sich die Differenzierungsentscheidung als äußerst schwierig.

• Außerdem ist die Frage nach dem Ausmaß der Veränderung aller ins Auge gefassten
  Varianten gegenüber dem Basisprodukt zu beantworten. Hierbei spielen die **Bedürf-**

Typ	Motor und Getriebe	Leistung	Hubraum	Bereifung
E 220 Diesel	4-Zylinder-Dieselmotor 4-Ventil-Technik 5-Gang-Getriebe mech.	70 kW/ 95 PS	2155 cm^3	195/65 R 15 91 T
E 290 Turbodiesel	5-Zylinder-Dieselmotor mit Direkteinspritzung 5-Gang-Getriebe mech.	95 kW/ 129 PS	2874 cm^3	205/65 R 15 94 H
E 300 Diesel	6-Zylinder-Dieselmotor 4-Ventil-Technik 5-Gang-Getriebe mech.	100 kW/ 136 PS	2996 cm^3	205/65 R 15 94 H
E 200	4-Zylinder-Dieselmotor 4-Ventil-Technik 5-Gang-Getriebe mech.	100 kW/ 136 PS	1998 cm^3	195/65 R 15 91 H
E 230	4-Zylinder-Dieselmotor 4-Ventil-Technik 5-Gang-Getriebe mech.	110 kW/ 150 PS	2295 cm^3	195/65 R 15 91 H
E 280	6-Zylinder-Dieselmotor 4-Ventil-Technik 5-Gang-Getriebe mech.	142 kW/ 193 PS	2799 cm^3	215/55 R 15 93 W
E 320	6-Zylinder-Dieselmotor 4-Ventil-Technik 5-Gang-Getriebe auto.	162 kW/ 220 PS	3199 cm^3	215/55 R 15 93 W
E 420	8-Zylinder-Dieselmotor 4-Ventil-Technik 5-Gang-Getriebe auto.	205 kW/ 279 PS	4196 cm^3	215/55 R 15 93 W

Abbildung 160: Limousinen der E-Klasse von Mercedes

nisse der **Nachfrager**, die **Komplexitätskosten** und **wettbewerbspolitische Überlegungen** eine Rolle.

Darüber hinaus stehen die Varianten häufig in einem vielschichtigen Wirkungsverbund, der sich im Partizipations- und Substitutionseffekt niederschlägt. Der **Partizipationseffekt** bezeichnet die durch die Produktvariante hinzugewonnenen Nachfrager, die bislang Produkte der Konkurrenten erwarben. Ein **Substitutionseffekt** liegt vor, sofern die Kunden von einer Produktvariante zu einer anderen wechseln, d. h., es besteht Wettbewerb zwischen den Erzeugnissen eines Anbieters (Kannibalisierung).

Ohne Zweifel gelten die hier diskutierten Erkenntnisse sowohl für die Gestaltung von Gütern als auch von Dienstleistungen. Gleichwohl sind bei der Erstellung von **Dienstleistungen** einige Besonderheiten zu beachten, die bei der Spezifikation der marketingpolitischen Aktivitäten von Bedeutung sind. Üblicherweise sind Dienstleistungen **immateriell**, woraus die Nicht-Lagerfähigkeit und die Nicht-Transportfähigkeit resultiert. Die **Nicht-Lagerfähigkeit** impliziert, dass Individuen eine Dienstleistung nur im Moment ihrer Erzeugung in Anspruch nehmen können. Ein Friseur hat beispielsweise die Fähigkeit, Haarschnitte zu erstellen, ein Flugunternehmen ist im Besitz von Transportpotenzialen. Diese Potenziale stehen zu einem bestimmten Zeitpunkt zur Verfügung und verfallen, sofern sie nicht genutzt werden. Leere Hotelzimmer oder unbesetzte Plätze einer Theateraufführung können nicht gelagert werden, um sie in Momenten der Spitzenbelastung abzugeben. Hinzu kommt, dass sie **nicht transportfähig** sind. So können freie Zimmer in einem Hotel in München nicht beliebig nach Hamburg transportiert werden, um dort Engpässe zu beheben. Hieraus resultiert das **uno-actu-Prinzip**, was bedeutet, dass Produktion und Konsumption der Dienstleistung simultan erfolgen. Haarschnitte, Beratungsleistungen oder medizinische Untersuchungen können nicht „auf Halde" erstellt und dann an einen anderen Ort transferiert werden. Insofern ist bei der Erstellung von Dienstleistungen sehr viel stärker als bei der Gestaltung von Realgütern darauf zu achten, dass das **Angebot** einer mitunter **schwankenden Nachfrage entspricht**.

Es besteht im Dienstleistungsbereich typischerweise kaum eine Möglichkeit, Leistungen auf Vorrat zu produzieren und sie dann bei entsprechender Nachfrage auf den Markt zu bringen. Hinzu kommt, dass die Immaterialität der Dienstleistung zwingend eine **Materialisierung** erfordert. Dies bedeutet, dass Dienste zu materialisieren sind, um dem potenziellen Kunden die Leistungsfähigkeit zu signalisieren. So dienen beispielsweise Sterne im Hotelmarkt dazu, das Leistungsspektrum des Hotelbetriebs zu signalisieren. Ein anderes Beispiel sind Sicherheitsplaketten, mit denen die Tauglichkeit elektronischer Geräte zum Ausdruck kommt.

Im Dienstleistungsgeschäft muss der **externe Faktor** in den Leistungserstellungsprozess integriert sein. Man denke etwa an einen Friseurbetrieb, wo es unerlässlich ist, dass der Kunde (externer Faktor) bei der Leistungserbringung gegenwärtig ist. Häufig ist sogar eine Beteiligung des Nachfragers erforderlich, um das Dienstleistungserlebnis zu ermöglichen. Beispielsweise muss der Kunde dem Friseur Hinweise geben, um den Haarschnitt in der gewünschten Form zu erhalten. Auch hängt der Erfolg eines Sprachkurses entscheidend von der Partizipation des Kunden ab.

3. Kommunikation managen

> *„Man kann nicht nicht kommunizieren."*
> Paul Watzlawick

3.1 Markt- und Kommunikationsbedingungen analysieren

Die Kommunikation für Marken, Produkte, Dienstleistungen und Unternehmen wird zunehmend durch die sich drastisch verschärfenden Rahmenbedingungen erschwert (Kroeber-Riel/Esch, 2004; Esch, 2005 a, S. 27). Folgende Rahmenbedingungen sind besonders relevant:

Inflation von Produkten und Marken: Die Anzahl der angebotenen Produkte und Marken explodierte in den letzten Jahren. So hat sich die Zahl der beworbenen Marken von 25 000 im Jahr 1975 auf 56 473 im Jahr 1995 erhöht (Nielsen, Market Research, 2004). Zwar erwächst daraus für den Kunden eine Wahlfreiheit, andererseits wird dadurch aber auch der Überblick über das Angebot erschwert. Gründe dafür liegen u. a. in der zunehmenden Marktsegmentierung mit differenzierten Angeboten für unterschiedliche Kundenbedürfnisse, der wachsenden Wettbewerberzahl (auch aus dem Ausland und durch neue Medien, wie dem Internet), die Verkürzung der Produktlebenszyklen sowie der Zahl neuer Produkte. Deshalb wird es immer schwerer für Angebote, in das Set der wahrgenommenen und akzeptierten Alternativen zu gelangen.

> Die Kommunikation muss daher dafür sorgen, dass das Angebot sichtbar wird und präferenzprägende Merkmale vermittelt werden.

Inflation kommunikativer Maßnahmen: Die Ausgaben für klassische Werbung stiegen von 1996 bis 2003 um 3,9 Mrd. € auf 17,2 Mrd. € an (S+P, 2004). Auch die Anzahl der Medien nahm in den letzten Jahren rapide zu. Die Zahl der bundesweiten deutschsprachigen TV-Programme stieg beispielsweise von 2003 bis 2004 von 62 auf 73 (ZAW, 2005, S. 282). Zu den werbestärksten Branchen zählen Handelsorganisationen (2274,6 Mio. € in 2004), der Auto-Markt (1661,9 Mio. € in 2004) und Spezial-Versender (1036,1 Mio. € in 2004) (ZAW, 2005, S. 17).

Die Wahl für geeignete Kommunikationsmaßnahmen und -mittel wird damit erschwert, und es ergeben sich erhöhte Anforderungen an die Mediaplanung und die effiziente Abstimmung der Kommunikationsmaßnahmen untereinander.

> Die markenkonforme Integration kommunikativer Maßnahmen wird zur großen Herausforderung für Markenmanager. Nur dadurch kann der zunehmenden Inflation kommunikativer Maßnahmen entgegengewirkt werden.

Qualitätspatt und Markengleichheit: Auf den vielfach gesättigten Märkten ist von hohen objektiven und funktionalen Qualitätsstandards der Angebote auszugehen. Qualitätsunterschiede zwischen den Produkten sind hier zumeist marginal (Kroeber-Riel, 1984). Dies spiegeln beispielsweise Testurteile wider, bei denen die überwiegende Zahl der Produkte als „gut" bewertet werden (Abbildung 161).

Konsumenten verlassen sich zunehmend auf die Qualität austauschbarer Angebote.

Daraus resultiert ein abnehmendes Interesse der Konsumenten an Produktinformationen. Gerade auf gesättigten Märkten mit vergleichbaren Produkten wird schon lange ein Trend vom Produkt- zum Kommunikationswettbewerb postuliert. Dahinter steckt die Annahme, dass eine Angebotsdifferenzierung primär nur noch durch Kommunikation erfolgen kann.

Informationsüberlastung und flüchtiges Informationsverhalten: Die ständig wachsende Kommunikationsflut stößt auf immer weniger involvierte Konsumenten. Das Interesse an Marken- und Produktinformationen sinkt stetig. Einer der Gründe dafür ist das bereits erwähnte Qualitätspatt in vielen Produktkategorien, so dass ein Kauf nur mit geringen qualitativen Risiken verbunden ist.

Zudem sind den Informationsaufnahmekapazitäten der Konsumenten enge Grenzen gesetzt. Diese setzen sich meist nur noch flüchtig und mit geringem Interesse mit der Kom-

test Digitalkameras		Zoomfaktor bis vierfach					
	Gewichtung	● **Canon** Digital Ixus 50	● **Fujifilm** Finepix F10	● **Ricoh** Caplio GX8	● **HP** Photosmart R717	● **Nikon** Coolpix S1	● **Pentax** Optio S5z
Preisspanne in Euro ca.		299 bis 400	350 bis 430	370 bis 450	249 bis 280	360 bis 400	295 bis 350
Mittlerer Preis in Euro ca.		**350**	**390**	**405**	**272**	**385**	**335**
test-QUALITÄTSURTEIL	100%	**GUT (2,3)**	**GUT (2,3)**	**GUT (2,4)**	**GUT (2,5)**	**GUT (2,5)**	**GUT (2,5)**
BILDQUALITÄT	30%	befried.(2,8)*)	gut (2,2)	gut (2,4)	gut (2,3)	gut (2,4)	befried. (2,9)
Sehtest		O	O	O	+	O	O
Messungen		O	+	+	+	+	O
Autofokus		+	+	O	+	+	+
VIDEOSEQUENZEN	3%	gut (2,3)	gut (2,4)	befried. (3,4)	ausreich.(3,6)	ausreich.(4,2)	gut (2,3)
BLITZ	8%	gut (2,4)	gut (2,1)	gut (2,1)	gut (2,5)	befried. (3,2)	befried. (3,2)
SUCHER UND MONITOR	12%	befried. (3,1)	gut (2,4)	befried. (3,2)	befried. (3,0)	gut (2,5)	gut (2,4)
Sucher		⊖	Entfällt	⊖	O	Entfällt	Entfällt
Monitor		+	+	+	O	+	+
HANDHABUNG	25%	gut (1,9)	gut (2,4)	gut (1,9)	gut (2,5)	gut (2,5)	gut (1,9)
Gebrauchsanleitung		+	+	+	O	+	+
Aufnahme und Datenübertragung		+	+	+	+	O	+
Batteriewechsel und Ladekontrolle		⊖	⊖	+	O	O	+
BETRIEBSDAUER	10%	sehr gut (0,5)	sehr gut (0,5)	befried. (3,5)	gut (1,6)	sehr gut (0,9)	befried. (3,1)
VIELSEITIGKEIT	12%	gut (2,0)	befried. (3,3)	sehr gut (1,5)	befried. (3,0)	befried. (3,2)	gut (2,2)

Abbildung 161: Testurteile Stiftung Warentest

Informationsüberlastung in Deutschland:	98,1 % in allen Medien
Informationsüberlastung durch die wichtigsten Medien:	
	99,4 % im Rundfunk **96,8 % im Fernsehen** **94,1 % in Zeitschriften** **91,7 % in Zeitungen**

Abbildung 162: Informationsüberlastung in der Bundesrepublik Deutschland
Quelle: Brünne/Esch/Ruge, 1987.

munikation auseinander. In Deutschland herrscht deshalb eine dramatische Informationsüberflutung. Die Informationsüberlastung kennzeichnet das Verhältnis zwischen den insgesamt angebotenen und den tatsächlich vom Kunden nachgefragten Informationen. Über 98 % der dargebotenen Informationen landen ungenutzt auf dem Müll (Abbildung 162).

Eine Werbeanzeige wird im Durchschnitt nur zwei Sekunden betrachtet (Kroeber-Riel/ Esch, 2004). Am Point of Sale widmet man einem Produkt im Durchschnitt gerade mal 1,6 Sekunden (Esch, 2005 a, S. 32).

> Kommunikation muss aufmerksamkeitsstärker, plakativer und bildhafter werden, um die Informationspicker bei der herrschenden Informationsflut zu erreichen.

Erlebnisorientierung der Konsumenten: Konsumenten suchen vermehrt nach erlebnisorientierter Stimulation beim Kauf von Produkten. Es ist der Erlebnischarakter, der zunehmend die Attraktivität eines Angebots bestimmt. Entsprechend wird es auch für die Kommunikation immer wichtiger, dem Konsumenten konkrete Erlebnisse zu vermitteln und mit den umworbenen Marken und Produkten zu verknüpfen, z. B. bei Bier (Beck's, Krombacher), bei Spirituosen (Bacardi, Ramazotti), bei Zigaretten (Davidoff, Marlboro).

3.2 Kommunikationsziele festlegen

In der Kommunikation ist grundsätzlich zwischen ökonomischen und außerökonomischen (verhaltenswissenschaftlichen) Zielvorgaben zu differenzieren (siehe hierzu ausführlicher Kapitel A. 2.).

Ökonomische Ziele sind beispielsweise die Erhöhung des Umsatzes oder die Steigerung von Absatzmengen. Diese beziehen sich somit auf das direkt beobachtbare Verhalten der Konsumenten, also den Kauf von Angeboten. Um mittel- und langfristige Kommunikationsstrategien zu formulieren, sind jedoch Ziele, die sich direkt auf das beobachtbare Verhalten beziehen, wenig zweckmäßig, da ein kontrollierbarer Einfluss auf die Zielerreichung nicht gewährleistet werden kann. Das Verhalten der Konsumenten ist von einer Vielzahl weiterer Größen, wie z. B. von Qualität, Preis, Distributionswegen oder Konkurrenzmaßnahmen, abhängig (Kroeber-Riel/Esch, 2004, S. 31). Zielvorgaben, wie „Erhöhe den Umsatz mittels Kommunikation" sind demnach zu abstrakt, um als Handlungsanweisung zu dienen.

> Ökonomische Ziele der Kommunikation sind nur mittelbar über die Verwirklichung verhaltenswissenschaftlicher Ziele zu erreichen (Esch, 2005a, S. 61).

Um den Konsumenten so zu beeinflussen, dass er das Produkt kauft, ist der Einsatz von **Sozialtechniken** notwendig. Diese kennzeichnen die Anwendung verhaltenswissenschaftlicher Erkenntnisse zur systematischen und zielgerichteten Beeinflussung von Konsumenten. Die Steuerung erfolgt dann über qualitative Größen, wie Image, Einstellung oder Bekanntheit (Kroeber-Riel/Esch, 2004, S. 127). Diese Ziele lassen sich wieder durch unterschiedliche kommunikative Umsetzungen realisieren. So kann eine Imageverbesserung z. B. durch mehr Information zu relevanten Themen oder durch eine emotionalere Ansprache erreicht werden.

> Kommunikationsziele müssen so formuliert werden, dass der Erfolg den Kommunikationsmaßnahmen zugeordnet werden kann.

3.3 Wirkungen der Kommunikation und Wirkungsmodelle erfassen

Die Wirkung kommunikativer Maßnahmen ist zu komplex, um sie anhand eines einheitlichen Wirkungsmodells darzustellen. Diese Sichtweise, wie sie beispielsweise von dem bekanntesten Werbewirkungsmodell AIDA postuliert wird, hat heute ausgedient. Nach diesem alten Modell müsste zunächst die Aufmerksamkeit der Zielgruppe erlangt werden (Attention), dann Interesse am Produkt geweckt werden (Interest), welches Verlangen nach dem Angebot (Desire) und auf der letzten Stufe eine Handlung – den Kauf des Produktes – auslöst (Action) (Lewis, 1898; Übersicht in Behrens, 1996, S. 280 ff.).

Heutzutage ist man sich weitestgehend einig, dass eine Reihe von verschiedenen Determinanten die Wirkung kommunikativer Maßnahmen bestimmt. Diese sind
- das Involvement der Konsumenten (dazu Kapitel B. 2.),
- die sprachliche oder bildliche, emotionale oder informative Gestaltung der Kommunikation sowie
- die Zahl der Wiederholungen (Kroeber-Riel/Weinberg, 2003, S. 612 ff.; Kroeber-Riel/Esch, 2004, S. 165).

Diese Bestimmungsfaktoren steuern, ob
- eher von einer schwachen oder starken Aufmerksamkeit bei der Wahrnehmung der Kommunikation auszugehen ist,
- stärker emotionale oder kognitive Vorgänge bei der Beurteilung dominieren und
- Einstellungen sowie innere Bilder geschaffen werden und es zu einem bestimmten Verhalten kommt (Kroeber-Riel/Esch, 2004, S. 165 f.)

Die Wirkungen werden im Folgenden am Modell der Werbewirkungspfade erklärt (dazu ausführlich Kroeber-Riel/Weinberg, 2003, S. 612 ff.; Kroeber-Riel/Esch, 2004, S. 165 ff.).

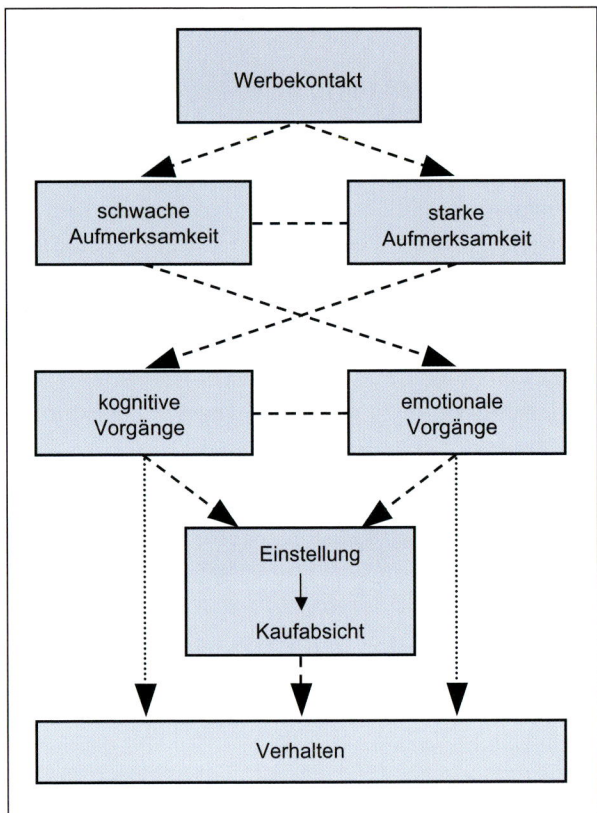

Abbildung 163: Grundmodelle der Werbewirkungspfade
Quelle: Kroeber-Riel/Weinberg, 2003, S. 614.

Emotionale oder informative Werbung kann demnach auf wenig oder stark involvierte Konsumenten treffen. Daraus ergeben sich verschiedene Werbewirkungspfade (Abbildung 163). Es ist belegt, dass bei wenig involvierten Konsumenten eine emotionale Werbung primär über den so genannten peripheren Weg der Beeinflussung wirkt, bei dem das Motto „Gefallen geht über Verstehen" gilt (Petty/Cacioppo, 1983). Demnach spielen hier primär emotionale Wirkungen bei der Einstellungsbildung und der Kaufabsicht gegenüber einem Angebot eine Rolle, kognitive Aspekte (z. B. funktionale und nutzenbezogene Kriterien) des Angebots sind hier eher unwichtig. Im anderen Extrem wird bei stark involvierten Konsumenten und sachlicher Werbung der zentrale Weg der Beeinflussung zum Tragen kommen. Die Qualität und Art der Argumente spielen bei diesem primär kognitiven Weg die entscheidende Rolle für die Einstellungsbildung und Kaufabsicht (Petty/Cacioppo, 1983). Dazwischen sind natürlich eine Reihe weiterer Varianten möglich (Kroeber-Riel/Esch, 2004).

Bei der Gestaltung von Kommunikationsmaßnahmen ist in der Werbung oder am Point of Sale darauf zu achten, dass Konsumenten in den meisten Fällen wenig involviert sind.

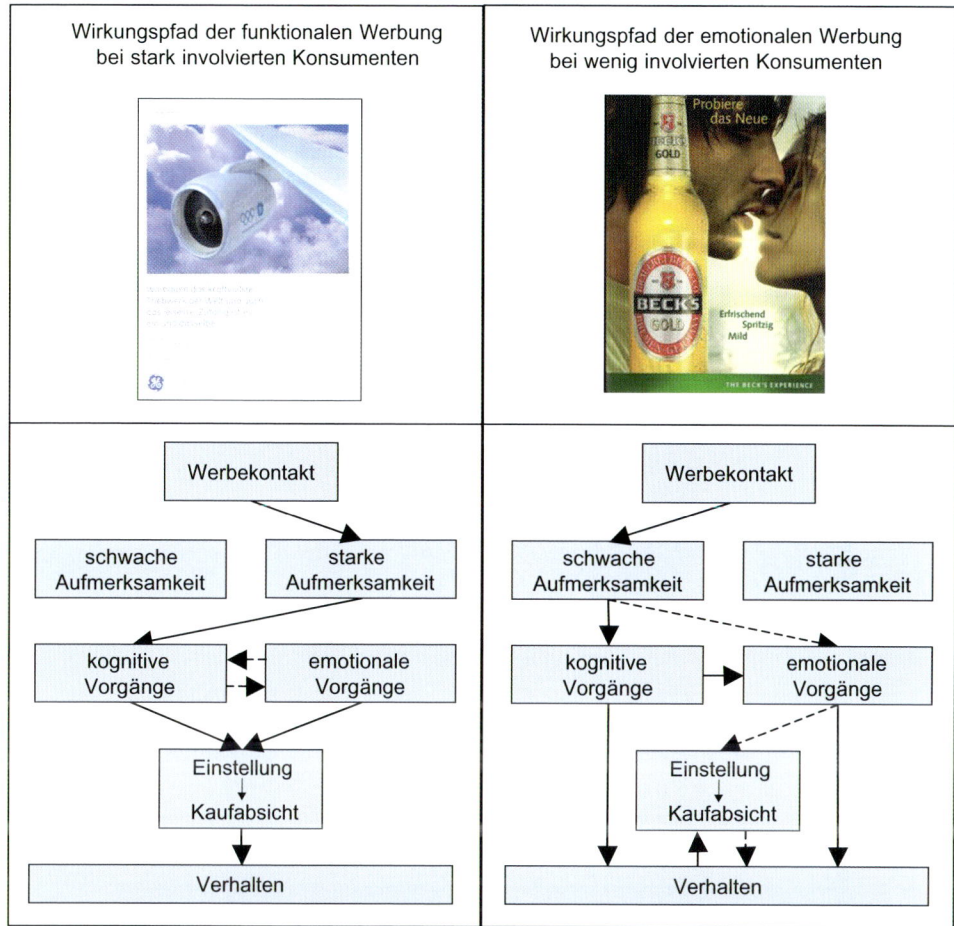

Abbildung 164: Unterschiedliche Wirkungspfade bei sachlicher und emotionaler Werbung

Dies gilt auch für Konsumenten mit grundsätzlich starkem Produktinteresse, die aufgrund situativer Gegebenheiten, wie etwa Zeitdruck, nicht in der Lage sind, sich intensiv mit Kommunikation auseinander zu setzen.

3.4 Kommunikation wirksam gestalten

Um sicherzustellen, dass die Botschaft von dem Konsumenten aufgenommen, verarbeitet und verstanden wird, muss die Kommunikation sozialtechnischen Regeln folgen. Zunächst muss zum Betrachter ein Kontakt hergestellt und die Aufnahme der Werbebotschaft sichergestellt werden. Anschließend müssen Emotionen vermittelt und ggf. Verständnis erreicht werden. Abschließend ist eine Verankerung im Gedächtnis anzustreben. Diese Regeln werden nun im Folgenden in Bezug auf die Werbung kurz dargestellt (dazu

Kroeber-Riel/Esch, 2004, S. 169 ff.). Sie lassen sich allerdings auch auf alle anderen Kommunikationsmaßnahmen übertragen.

Kontakt herstellen

Die Kommunikation sieht sich zunehmend Kontaktbarrieren gegenüber, es wird schwieriger Konsumenten zu erreichen. Hauptgrund dafür ist die ständig wachsende Informationsüberlastung. In der wachsenden Informationskonkurrenz werden sich solche Botschaften durchsetzen, die stärker auffallen und die Aufmerksamkeit der Empfänger auf sich ziehen.

Um Kontaktbarrieren zu überwinden, können vor allem zwei Sozialtechniken eingesetzt werden: **Aktivierungs-** und **Frequenztechniken**.

Unter Aktivierung versteht man einen Zustand vorübergehender oder anhaltender innerer Erregung, der dazu führt, dass sich Empfänger einem Reiz zuwenden (siehe zur Aktivierung auch Kapitel B. 2.). Dies wird als **Kontaktwirkung** der Aktivierung bezeichnet. Außerdem regt die Aktivierung die emotionale und kognitive Verarbeitung der Reize an. Aktivierende Reize werden besser erinnert. Diese Wirkung wird als **Verstärkerwirkung** bezeichnet. Generell gilt:

> Je größer die Aktivierungskraft der Kommunikationsmaßnahmen, desto höher ist die Chance unter konkurrierenden Maßnahmen beachtet und genutzt zu werden.

Aktivierung kann durch physisch intensive Reize (z. B. grelle Farben, laute Geräusche), emotionale Reize (z. B. Babykopf, Busen einer Frau) sowie überraschende Reize (Mann

Abbildung 165: Aufmerksamkeitsstarke versus aufmerksamkeitsschwache Werbung

mit Pferdekopf) ausgelöst werden. Damit durch die aktivierenden Reize auch die Schlüs-selbotschaft der Kommunikation (Marke, Informationen zum Angebot usw.) vermittelt wird, sollten diese in die aktivierenden Reize integriert sein, damit es nicht zu Ablen-kungseffekten kommt (ausführlich Kroeber-Riel/Esch, 2004).

Neben den Aktivierungstechniken unterstützen auch **Frequenztechniken** die Herstellung eines Kontakts. Diese zielen auf eine häufige Wiederholung der Kommunikationsbot-schaft innerhalb eines Kommunikationsmittels oder zwischen Kommunikationsmedien ab, damit sich dadurch die Chancen zur Kontaktaufnahme mit den Empfängern erhöht.

Bei wenig involvierten Konsumenten sind Aktivierungs- und Frequenztechniken unum-gänglich. In Fällen hohen Involvements, z. B. in einem Verkaufsgespräch, sind hingegen solche Techniken primär im Sinne von Verstärkungswirkungen dosiert zu nutzen.

Aufnahme der Werbebotschaft sichern

Die Aufnahme der Kommunikationsbotschaft umfasst neben den sachlichen Informatio-nen auch die Aufnahme emotionaler Reize. Um sicherzustellen, dass die Botschaft tat-sächlich aufgenommen wird, muss der **Abbruch des Kontaktes einkalkuliert** werden. Em-pirische Untersuchungen belegen, dass dieser Abbruch fast immer erfolgt. So enthalten beispielsweise Anzeigen in Publikumszeitschriften Informationen, deren vollständige Aufnahme durchschnittlich 35 bis 40 Sekunden benötigen würde. Die tatsächliche Be-trachtungszeit liegt, in Abhängigkeit vom Involvement, jedoch bei etwa zwei Sekunden pro Anzeige. Somit bleiben 95 % der Informationen ungenutzt (Kroeber-Riel/Esch, 2004, S. 17).

Um sicherzustellen, dass die relevanten Informationen Beachtung finden, ist es unerläss-lich zu wissen, welche Informationen vom Betrachter aufgenommen werden. Dazu kann die Messung des **Blickverhaltens** bei der Betrachtung von Anzeigen Einsicht bieten.

Um den zustande gekommenen **Kontakt wirksam zu nutzen** müssen einerseits Wahrneh-mungsbarrieren abgebaut und andererseits die Nutzung des Kommunikationsmittels an-geregt und gefördert werden. Bildinformationen haben dabei Vorteile gegenüber sprach-lich dargebotenen Informationen, weil diese einfacher und schneller aufgenommen, verarbeitet und gespeichert werden können (Kroeber-Riel, 1993). Insgesamt sollte die Kommunikation nicht zu komplex gestaltet sein, damit sich der Konsument schnell und ohne großen kognitiven Aufwand zurechtfinden kann.

> Der Bildteil einer Werbebotschaft erlaubt den Empfängern eine besonders schnelle Orientierung.

Emotionen vermitteln

Die Vermittlung emotionaler Erlebnisse setzt zielgruppenspezifische Einsichten in das emotionale Verhalten der Empfänger voraus. Es ist nicht der emotionale Reiz selbst, der die Wirkung der Kommunikation bestimmt, sondern das, was die Empfänger aus dem Reiz machen. Die subjektiven Empfindungen sind ausschlaggebend.

Durch Kommunikationsmaßnahmen können bei den Konsumenten gezielt Emotionen ausgelöst werden (Kroeber-Riel, 1986, 1993; siehe zu Emotionen auch Kapitel B. 2.):

- **atmosphärische Wirkungen**: Hier stehen emotionale Reize im Hintergrund und erzeugen ein emotionales Klima und Stimmungen. Solche atmosphärischen Wirkungen sind selbst bei informativer Kommunikation, die sich an stark involvierte Kunden richtet, wichtig, da auch hier der emotionale Eindruck dem genauen Verständnis vorausgeht (Abbildung 166).
- **Vermittlung emotionaler Konsumerlebnisse:** Diese soll ein Angebot von der Konkurrenz abheben. Hierbei geht es darum, durch spezifische Erlebnisse eine Marke in der Gefühls- und Erfahrungswelt der Konsumenten zu verankern (Marlboro ist Abenteuer und Freiheit; Krombacher ist Natürlichkeit und Frische) (Abbildung 166).

Ziel beider Wirkungen ist letztlich die Erzeugung von Akzeptanz für das Angebot.

Akzeptanz beinhaltet die Zustimmung der Umworbenen zur Gestaltung der Werbebotschaft und wird vor allem durch eine glaubwürdige und gefällige Gestaltung erreicht. Irritationen und innere Gegenargumente können sie beeinträchtigen. Häufig ist nicht der Inhalt der Botschaft entscheidend für den Erfolg, sondern die gefällige und unterhaltsame Aufmachung. Kurz gesagt:

Gefallen geht über Verstehen.

Abbildung 166: Werbeanzeige mit atmosphärischer Wirkung und Erlebnis

Verständnis erreichen

Das Verständnis ist ein wichtiger Schritt für den Werbeerfolg, sollte jedoch nicht überschätzt werden, da es nur einen **Teil der gedanklichen Verarbeitung** der Werbebotschaft ausmacht. Verständnis bezieht sich auf die direkte Verarbeitung der zur Werbebotschaft gehörenden Informationen. Zu den ausgelösten Reaktionen zählen zudem auch solche, die nur im losen Zusammenhang zur Werbebotschaft stehen. Außerdem werden eigenständige Gedanken beim Umworbenen ausgelöst, die ebenfalls nicht auf dem Verständnis der Werbebotschaft beruhen. Der gefühlsmäßige Eindruck geht dem Verständnis voraus und beeinflusst die Verständniswirkungen im erheblichen Maße.

Dies gilt sowohl für die persönliche Kommunikation, etwa die Verkäufer-Käufer-Interaktion, als auch für die Massenkommunikation, z. B. die Werbung.

Um sicherzustellen, dass die Werbebotschaft vom Empfänger aufgenommen und verstanden wird, bevor es zu einem Kontaktabbruch kommt, ist es nötig, **Informationen hierarchisch darzubieten**. Demnach ist die Werbebotschaft so zu gestalten, dass die verschiedenen Informationen in der Reihenfolge aufgenommen werden, die ihrer Bedeutung für das Verständnis der Werbebotschaft entspricht. Der wichtigste Teil zuerst, dann der

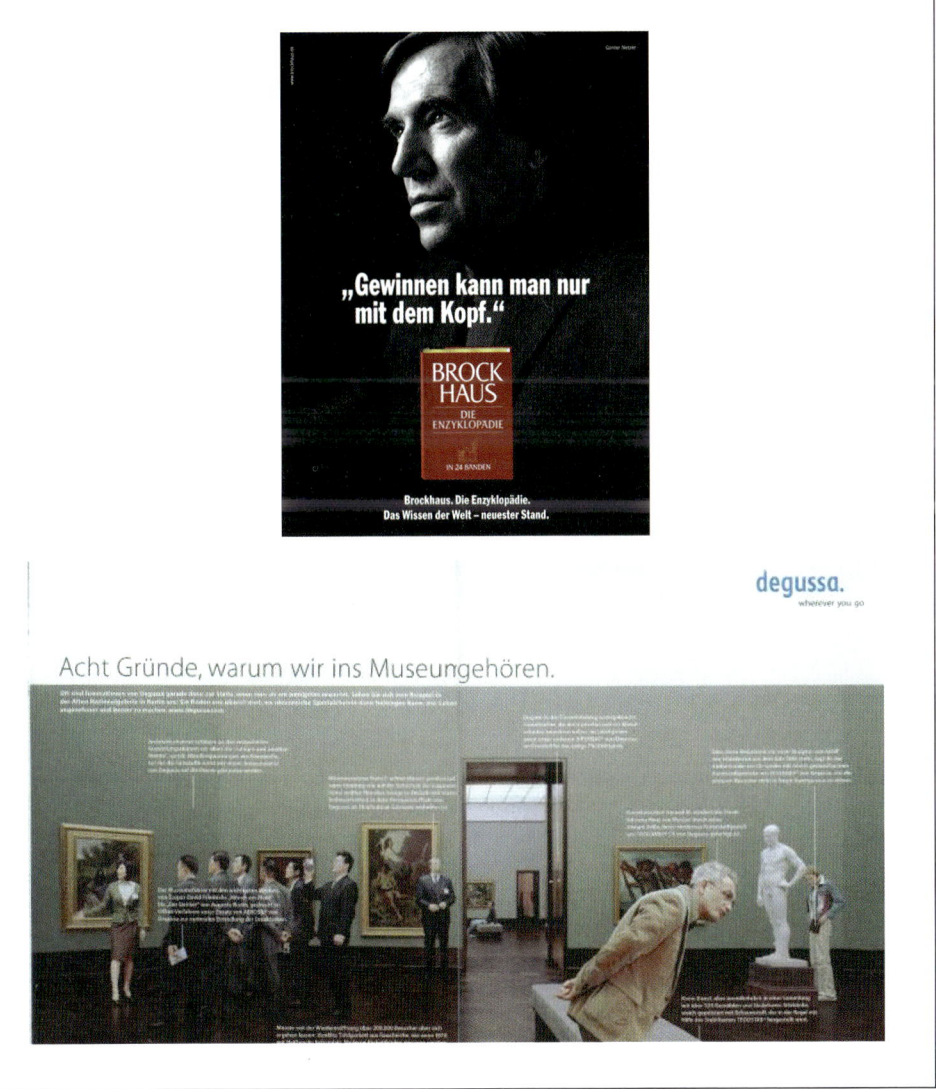

Abbildung 167: Leicht und schwer verständliche Werbeanzeige

zweitwichtigste, dann der drittwichtigste usw. So kann sichergestellt werden, dass auch der wenig involvierte Empfänger zumindest den Kern der Werbebotschaft aufnimmt und verarbeitet. Dabei ist zu beachten, dass der Auftritt der Marke so erfolgt, dass er vor dem erwarteten Abbruch mit dem Kommunikationsmittel wahrgenommen wird. Ist dies auch bei flüchtigem Informationsverhalten nicht der Fall, trägt die Werbung nicht einmal zum Aufbau von Markenbekanntheit bei. Der zuverlässigste Weg, um die Aufnahme sicherzustellen, ist eine Integration der Marke in das Bild oder in die Headline.

Aus Unternehmenssicht sind somit drei Fragen zentral:

1. Welche Informationen sind aus Sicht des Unternehmens die zentralen?
2. Welche Informationsbedürfnisse haben die Konsumenten in der jeweiligen Situation?
3. Wie kann man diese Informationen entsprechend der hierarchischen Informationsdarbietung am wirksamsten vermitteln?

Es geht also darum, Bilder und Texte auf die Erwartungen der Empfänger abzustimmen. Zudem hat sich gezeigt, dass meist Bilder und Headlines bei der Informationsvermittlung eine zentrale Rolle für das Verständnis von Werbung spielen, der Fließtext hingegen eher von untergeordneter Bedeutung ist (ausführlich Kroeber-Riel/Esch, 2004).

Im Gedächtnis verankern

Eine Folge der zunehmenden Informationsüberlastung ist die nachlassende Erinnerung kommunikativer Inhalte. Damit sie nicht so schnell verblassen, sind sie

- konkret anschaulich und bildhaft zu vermitteln,
- originell und eigenständig darzustellen, damit sie sich im Konkurrenzumfeld (Kommunikationsumfeld, Wettbewerbsumfeld) abheben, und
- häufig zu wiederholen.

Generell hängt die Lernleistung der Empfänger vom individuellen Aktivierungsniveau, der Motivation und den Bedingungen, unter welchen gelernt wird, ab. Demnach lernen stark kognitiv involvierte Rezipienten auch schwer einprägsame Informationen schnell. Bei schwachem Involvement sind hingegen viele Wiederholungen notwendig.

Gerade bei wenig involvierten Konsumenten ist in den letzten Jahren der Aufbau von lebendigen Gedächtnisbildern in den Blickpunkt des Interesses gerückt. Das Gedächtnisbild ist das innere Bild, das von der Erinnerung in Abwesenheit des Reizes erzeugt wird. Hierbei spielen im Marketing zwei Arten von Gedächtnisbildern eine zentrale Rolle: Präsenzsignale und Schlüsselbilder. **Präsenzsignale** sind Hinweisreize für eine Marke, die die gedankliche Präsenz in den Köpfen der Konsumenten absichern. Sie dienen vor allem dem Aufbau von Markenbekanntheit. Beispiele hierfür sind das Lacoste-Krokodil oder das Michelin-Männchen. Zur Vermittlung von Positionierungsinhalten dient der Einsatz von **Schlüsselbildern**, die den visuellen Kern der Positionierungsbotschaft darstellen. Schlüsselbilder werden eingesetzt, um konkrete sachliche und emotionale Eindrücke zu vermitteln. Durch sie können spezifische Erlebniswelten aufgebaut und transportiert werden. Ein Beispiel ist „der freie Weg" der Volks- und Raiffeisenbanken oder „der Fels in der Brandung" der Württembergischen Versicherung.

Innere Markenbilder können auch durch andere kommunikative Maßnahmen als durch Werbung erzeugt werden, wie beispielsweise durch Verpackung, Raumgestaltung, Design. Außerdem gibt es innere Bilder, die nicht visuell, sondern durch andere Modalitäten geprägt werden. Dies können z. B. haptische (Odol-Flasche), olfaktorische (Geruch der Maggi-Würze) oder akustische Eindrücke („Drumbone"-Töne von Intel) sein.

3.5 Kommunikationsinstrumente zielbezogen einsetzen

Grundsätzlich lassen sich Kommunikationsinstrumente nach persönlicher Kommunikation (direkte Kommunikation) und Massenkommunikation trennen (Abbildung 168).

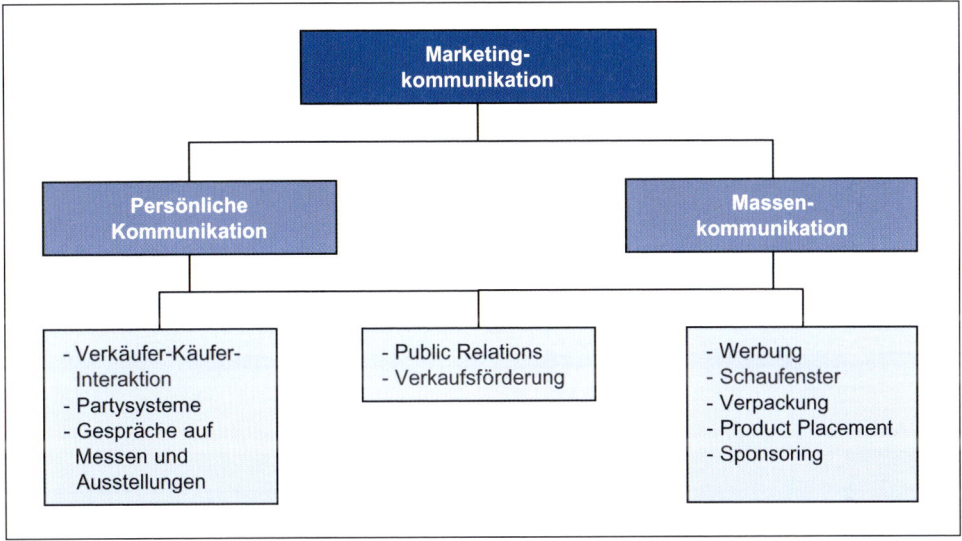

Abbildung 168: Einteilung der Kommunikationsinstrumente
Quelle: Kroeber-Riel/Weinberg, 2003, S. 509.

Unter **persönlicher Kommunikation** werden die Instrumente subsumiert, bei denen Kommunikation zwischen Personen stattfindet, die wechselseitig aufeinander reagieren können. Dieser Kontakt ermöglicht eine flexible Anpassung an den Gesprächspartner und die Situation. Durch persönliche Kommunikation kann besonders intensiv beeinflusst werden. Sie wird deshalb meist dort eingesetzt, wo es um komplexe Zusammenhänge geht (Kroeber-Riel/Weinberg, 2003).

Die persönliche Kommunikation dient der Verständigung in der näheren sozialen Umwelt und kann verbal (mündlich oder schriftlich) oder nonverbal (z. B. durch Mimik, Gestik, Kleidung, Gerüche oder Geschenke) erfolgen (Kroeber-Riel/Weinberg, 2003, S. 441 f.). Es ist eine direkt von Person zu Person gerichtete Kommunikation.

Bei der Massenkommunikation erfolgt die Verbreitung von Informationen mit Hilfe von Massenmedien an ein breites Publikum. Die Beziehung zwischen Sender und Empfänger ist meist unpersönlich. Neue Kommunikationsformen, wie beispielsweise das Internet, ermöglichen aber auch hier eine Kommunikation in Dialogform (Kroeber-Riel/Weinberg, 2003).

> Generell bezieht sich die Leistungsfähigkeit von persönlicher Kommunikation und Massenkommunikation darauf, inwieweit die Kommunikationsinstrumente dazu geeignet sind, die vorgegebenen Kommunikationsziele zu erreichen.

Abbildung 169 veranschaulicht die wichtigsten Merkmale und somit auch Unterschiede der persönlichen Kommunikation und der Massenkommunikation.

Art der Kommunikation / Merkmale	Persönliche Kommunikation	Massen-kommunikation
Umfang des Empfängerkreises	gering	groß
Homogenität des Empfängerkreises	groß	gering
Kontaktfrequenz	groß	gering
Kontaktintensität	groß	gering
Distanz Sender – Empfänger	gering	groß
Rückkopplung Empfänger – Sender	groß	gering

Abbildung 169: Merkmale von persönlicher Kommunikation und Massenkommunikation
Quelle: Kroeber-Riel/Weinberg, 2003, S. 502.

Grundsätzlich wird die Wirkung persönlicher Kommunikation höher eingeschätzt als die der Massenkommunikation (Kroeber-Riel/Weinberg, 2003, S. 510). Diese Hypothese wurde durch mehrere empirische Untersuchungen bestätigt (dazu z. B. Katz/Lazarsfeld, 1964; Assael, 1998; Meffert, 1979; Katz, 1983). Für die Überlegenheit der persönlichen Kommunikation werden drei Ursachen aufgeführt (dazu Kaas, 1973, S. 54 ff.):

- **Größere Glaubwürdigkeit** und **stärkere soziale Kontrolle** des Kommunikators. Teilnehmer an der persönlichen Kommunikation sind, solange sie nicht zu Vertretern, Verkäufern oder Firmenrepräsentanten gehören, im Allgemeinen nicht kommerziell motiviert und somit glaubwürdiger. Der Kommunikator übt eine stärkere soziale Kontrolle aus, weil er beim (wiederholten) Kommunikationskontakt die Reaktionen des Kommunikanten prüfen kann, also inwieweit seine Ratschläge und Empfehlungen übernommen wurden.

- Eine **bessere selektive Informationsaufnahme** durch die Kommunikanten. Diese können bei der persönlichen Kommunikation eher solche Informationen aufnehmen, die im Zusammenhang mit ihren individuellen Bedürfnissen stehen und ihnen bei der Bewältigung ihrer Aufgaben dienen.
- **Größere Flexibilität** beim gegenseitigen Informationsaustausch. Die persönliche Kommunikation erlaubt durch ständige Rückkopplung während des Gesprächs, Missverständnisse zu klären und das Gespräch so zu führen, dass es auf die individuelle Informationsnachfrage zugeschnitten ist.

Gerade Konsumenten, die ein hohes Kaufrisiko wahrnehmen, suchen mehr persönliche Kontakte, um produktbezogene Gespräche zu führen, als Konsumenten mit niedrigem Kaufrisiko (Kroeber-Riel/Weinberg, 2003, S. 514).

Zielgrößen

Als zentrale Kommunikationsziele gelten der Aufbau von Markenbekanntheit und der Aufbau eines unverwechselbaren Markenimages.

Um **Markenbekanntheit** aufzubauen, muss die Marke thematisiert und ins Gespräch gebracht werden. Grundsätzlich können zwei Arten von Markenbekanntheit differenziert werden. Zum einen die **aktive** Bekanntheit, bei der sich der Konsument frei und ungestützt an eine Marke erinnern kann (Markenrecall). Zum andern die **passive** Bekanntheit, die das bloße Wiedererkennen einer Marke beschreibt (Markenrecognition).

Die passive Markenbekanntheit ist vor allem für solche Produkte wichtig, bei denen die Kaufentscheidung erst am Point of Sale getroffen wird. In Low-Involvement-Situationen reicht dann oftmals das bloße Wiedererkennen einer Marke aus, um den Konsumenten zum Kauf zu bewegen. Für das Wiedererkennen am PoS ist es erforderlich, die Marke in der Kommunikation visuell darzubieten. Andernfalls wird das Wiedererkennen nur schwer möglich (Esch, 2005a, S. 240). Zudem ist zu beachten, ob sich der Aufbau von Markenbekanntheit an ein enges oder breites und disperses Publikum richtet.

> Der schnelle Aufbau von Markenbekanntheit bei einem breiten und dispersen Publikum ist am besten über klassische Werbung zu erreichen.

Für die Auswahl der Kommunikationsinstrumente zum Aufbau und zur Stärkung eines **Markenimages** müssen verschiedene Punkte Berücksichtigung finden. Zunächst muss man sich über die **Art** des zu realisierenden Markenimages bewusst werden. Vor allem bei emotional geprägten Images muss die Marke erlebbar gemacht werden. Der Einsatz von Bildern und anderen multisensualen Eindrücken ist dann notwendig. Damit fallen automatisch einige Kommunikationsinstrumente aus. Am besten sind hierfür Fernsehwerbung oder Events geeignet, da man hier die Marke sinnlich erlebbar machen kann (Nickel, 1998a; Zanger/Sistenich, 1998).

Grundsätzlich ist die Massenkommunikation, insbesondere die klassische Werbung, zum Aufbau eines Markenimages am besten geeignet (Esch, 2005a, S. 242 f.).

Einflussgrößen

Weiterhin sollte die **Einstellung der Zielgruppe** zur Marke Berücksichtigung finden. Die Kommunikationsinstrumente sind dann dahingehend zu überprüfen, ob sie geeignet sind, Einstellungen der Konsumenten zu beeinflussen. Gerade bei negativen Einstellungen gegenüber der Marke sind Argumentationszugänge erforderlich. Am besten eignet sich hierbei die Technik der zweiseitigen Argumentation, die sowohl die negativen als auch die positiven Aspekt zur Marke anspricht. Die negativen Vorstellungen sollen dann im Laufe der Argumentation durch die positiven ersetzt werden. So ist die klassische Werbung für diese Technik wenig geeignet, da es bei Low-Involvement und kurzen Kontakten schwer ist eine zweiseitige Argumentation wahrnehmbar umzusetzen. Möglich ist aber eine Aufgabenteilung im Marketing-Mix (Esch, 2005a, S. 242).

Schließlich hat auch das **Involvement der Zielgruppe** einen Einfluss auf die Wahl der Kommunikationsmittel. Bei Empfängern mit geringem Involvement steht die Unterhaltung und die Verwendung von Bildern im Vordergrund. Wenig involvierte Konsumenten haben nur geringes Interesse an Informationen. Aus diesem Grund sind die Kontakte kurz und beiläufig. Bei hohem Involvement hingegen erfolgt eine aktive Auseinandersetzung mit der Kommunikation, unter Umständen sogar eine eigenständige Informationssuche. Dementsprechend sind die Kommunikationsinhalte auf das Involvement abzustimmen (Abbildung 170).

	Charakteristika des Marketing bei ...	
	... High Involvement	... Low Involvement
Werbeziele	überzeugen	oft kontaktieren
Inhalt der Werbebotschaft	alles Wichtige sagen	„etwas" sagen
Länge der Werbebotschaft	ausführlich	kurz
Einstellungsänderung via	sachliche Argumente	affektive Reize
Kommunikationsmittel	Sprache	Bilder, Musik u. a.
Wiederholungsfrequenz	gering	hoch
Timingschwerpunkt	in Entscheidungsphase	keiner, aber ständig
Hohe Wechselwirkungen mit anderen Kommunikations-mitteln	persönlicher Verkauf, Produktqualität, Preis	Distribution, Point-of-sales-Stimuli

Abbildung 170: Kommunikation in Low- und High-Involvement-Situationen
Quelle: Trommsdorff, 2004, S. 57.

Dieser Sachverhalt ist für die Gestaltung der Kommunikation und die Nutzung verschiedener Kommunikationsinstrumente von zentraler Bedeutung. Nickel (1997, S. 59) hat in einer Expertenbefragung folgende Richtwerte zum Involvement der Zielgruppen ermittelt:

- 2 % der Empfänger sind in einer aktuellen Kaufsituation. Diese sind – bedingt durch diese Situation – höher involviert.
- 12 % der Empfänger befinden sich in einem längerfristigen Kaufentscheidungsprozess. Sie sind aus diesem Grund eher mittelmäßig involviert.
- 86 % der Empfänger sind hingegen nur gering involviert, weil sie sich nicht aktuell in einer Kauf- oder Kaufvorbereitungsphase befinden. Diese bringen der Kommunikation entsprechend geringes Interesse entgegen.

Bei der Gestaltung der Kommunikation und dem Einsatz der Kommunikationsinstrumente ist zudem darauf zu achten, in welcher Phase des Buying-Cycle mit welchem Kom-

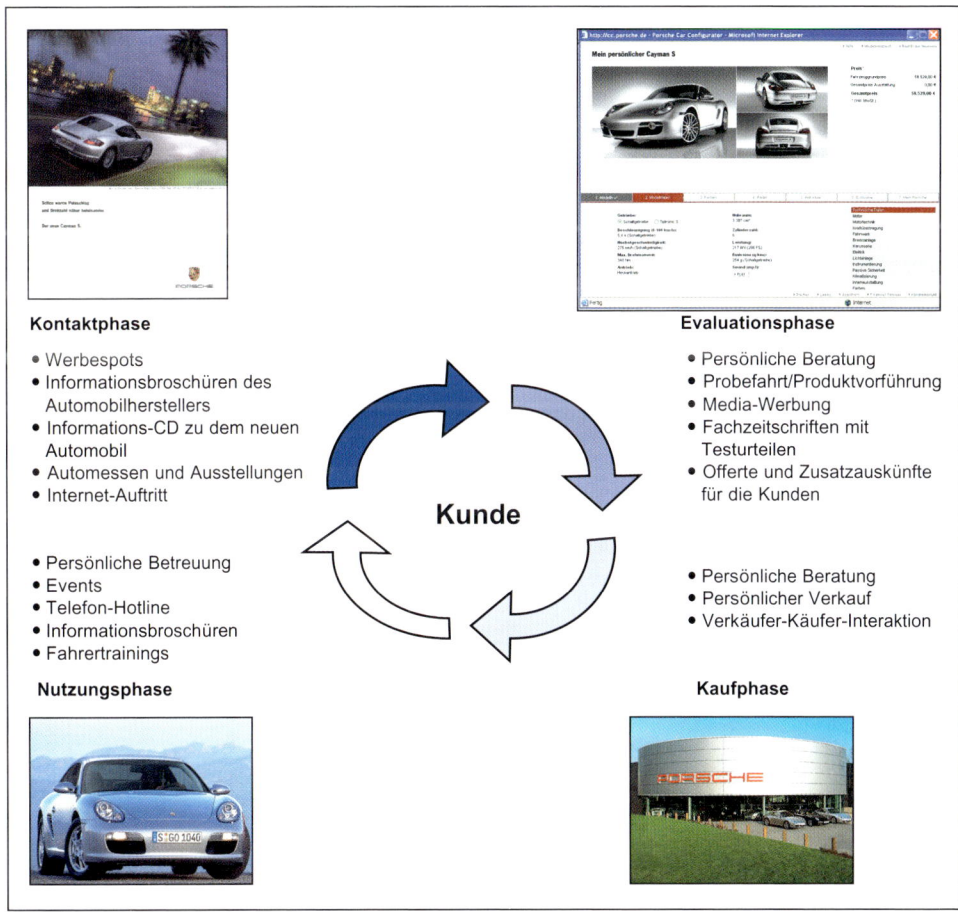

Abbildung 171: Buying-Cycle mit dazugehörenden Kommunikationsinstrumenten für ein Automobil

munikationsinstrument idealerweise auf die Kunden eingewirkt werden soll. Es empfiehlt sich hier eine kommunikative Kontaktpunktanalyse, um die Kontaktpunkte in den
jeweiligen Phasen des Buying-Cycles marken- und bedürfniskonform zu gestalten (Esch,
2005 a, S. 137 ff.). Beispielhaft ist ein solcher Buying-Cycle mit den jeweils genutzten Kommunikationsinstrumenten für ein Automobil in Abbildung 171 dargestellt.

Im Folgenden soll nun auf die einzelnen Kommunikationsmittel kurz eingegangen werden. Vorab ist es jedoch sinnvoll, die Kommunikationsinstrumente dahingehend zu klassifizieren, ob sie primär von längerfristiger, strategischer Bedeutung oder eher von kurzfristiger, taktischer Bedeutung sind (siehe auch Kuß, 2001, S. 235). Abbildung 172 gibt
hierzu eine Übersicht.

Diese Einteilung ist nicht misszuverstehen. Idealerweise sollte jede Kommunikations-
maßnahme auf das Markenimage einzahlen, also auch von langfristiger Bedeutung sein.
Allerdings stehen, je nach Kommunikationsinstrument, teilweise klar andere Ziele im
Vordergrund.

Kommunikations-instrumente	strategische Bedeutung	taktische Bedeutung
Werbung	Ziel: Imageaufbau	
Public Relations	Ziel: Imageaufbau bzw. -veränderung	
Verkaufs-förderung		kurzfristige Stimulierung und Aktualisierung des Leistungsangebots
Merchandising		bessere Warenbevorratung und -platzierung am PoS
Persönlicher Verkauf	Beziehungsmanagement: langfristige Kundenbindung	bessere Stimulierung und Aktualisierung des Leistungsangebots, Erfüllung aktuell vorhandener Kundenwünsche
Product Placement		Aktualisierung der Marke im positionierungskonformen Kontext
Event-Marketing		Aktualisierung der Marke im positionierungskonformen Kontext
Sponsoring		Aktualisierung der Marke im positionierungskonformen Kontext

Abbildung 172: Abgrenzung von Kommunikationsinstrumenten nach (primär) strategischer oder taktischer Bedeutung

Klassische Werbung

Unter Werbung versteht man eine „versuchte Verhaltensbeeinflussung mittels besonderer Kommunikationsmittel" (Kroeber-Riel/Esch, 2004, S. 35). Diese besonderen Kommunikationsmittel werden über Streumedien, wie z. B. Zeitungen, Zeitschriften, Anschlagstellen, Fernsehen, Hörfunk und Kino verbreitet. Zeitungen, Zeitschriften und Plakate zählen zu den **Insertionsmedien**. Fernsehen, Hörfunk und Kino bilden die Gruppe der **elektronischen Medien**.

Abbildung 173 gibt einen Überblick über die Netto-Werbeumsätze der Mediengruppen. An der Spitze steht nach wie vor die Tageszeitung. Die höchsten Zuwachsraten konnten Online-Medien verbuchen.

Die Werbung ist nach wie vor das wichtigste Kommunikationsinstrument und trägt wesentlich zum Bekanntheits- und Imageaufbau von Marken bei.

Werbeträger	2001	2002	2003	2004
Tageszeitungen	5.642,16	4.936,70	4.454,90	4.500,50
Fernsehen	4.469,03	3.956,41	3.811,27	3.860,38
Werbung per Post	3.255,78	3.334,67	3.303,87	3.398,43
Publikumszeitschriften	2.092,45	1.934,79	1.861,50	1.839,20
Anzeigenblätter	1.751,00	1.702,00	1.746,00	1.836,40
Verzeichnis-Medien	1.269,40	1249,90	1.219,51	1.195.73
Fachzeitschriften	1.074,00	966,00	877,00	865,00
Außenwerbung	759,71	713,45	709,97	720,11
Hörfunk	677,98	595,12	579,24	619,39
Online-Angebote	185,00	227,00	246,00	271,00
Wochen-/Sonntagszeitungen	286,73	267,80	225,10	245,80
Filmtheater	170,22	160,52	160,68	146,77
Zeitungssupplements	89,50	96,80	85,50	90,00
Gesamt	21.722,96	20.141,16	19.280,54	19.588,71

Abbildung 173: Netto-Werbeumsätze der Mediengruppen (in Mio. €)
Quelle: ZAW, 2005, S. 13.

Sponsoring

Allgemein versteht man unter Sponsoring die Zuwendung von Finanz-, Sach- oder Dienstleistungen an einen Empfänger, an die eine Gegenleistung geknüpft ist. Die Art der Beteiligung und der daraus entstehende Nutzen sind für Empfänger und Sponsor unterschiedlich. Für den Sponsor stellt die Aktion ein Kommunikationsinstrument dar, für den Gesponserten ein Mittel der Finanzierung (ähnlich Hermanns, 1997, S. 36 f.). Anders als beim Mäzenatentum, bei dem der Geber anonym bleibt, ist das Sponsoring nicht einseitig aufzufassen, sondern immer an eine Gegenleistung geknüpft. Tritt die RWE beispielsweise als Sponsor für den Fußballverein Bayer Leverkusen auf, so findet man als Gegenleistung u. a. auf den Trikots der Spieler den Sponsor mit seinem Logo abgedruckt.

Folgende Sponsoringarten können unterschieden werden (Hermanns, 1997; Bruhn, 2003 a):

- **Sport-Sponsoring**: Sponsoring von Sportarten, Einzelpersonen oder Teams (z. B. Sponsoring von Bayern München durch die Allianz AG; Sponsoring von Ferrari durch Vodafone). Sport-Sponsoring ist die mit Abstand verbreitetste Form des Sponsorings.
- **Kultur- (Kunst-) Sponsoring**: Die Bedeutung steigt mit der wachsenden Relevanz von Kultur im Freizeitbereich (z. B. Sponsoring des Musicals „König der Löwen" durch die Bitburger Brauerei).
- **Sozio-Sponsoring**: Empfänger sind unabhängige Institutionen im sozialen Bereich, staatliche, politische oder religiöse Einrichtungen. So sponsert beispielsweise Microsoft Schulen durch die Bereitstellung von Software.
- **Öko-Sponsoring**: Die zunehmende Sensibilisierung der Bevölkerung in Bezug auf Umweltprobleme ist die Basis für die Weiterentwicklung dieser Erscheinungsform. DaimlerChrysler unterhält beispielsweise eine Reihe von Allianzen zu Umweltschutzorganisationen, Krombacher engagiert sich für den Regenwald Südamerikas.
- **Wissenschafts-Sponsoring**: Diese Form ist in Deutschland noch nicht weit verbreitet, könnte aber in Hinblick auf die Finanzknappheit von Bildungseinrichtungen zu einem wichtigen Thema in den nächsten Jahren werden. Ein Beispiel dafür ist die Otto-Beisheim Universität für Unternehmensführung (WHU) in Vallendar.
- **Programm-Sponsoring**: Dies umfasst das Sponsoring bestimmter Sendungen im Fernsehen oder Radio. Beispiel hierfür sind das Sponsoring von Sportsendungen durch die Krombacher Brauerei oder das Sponsoring von Fernsehfilmen durch die Programmzeitschrift TV Spielfilm oder durch Rotkäppchen-Sekt. Besonders für private Anbieter, die sich ausschließlich aus Werbegeldern finanzieren müssen, stellt diese eine interessante Form dar.

Sponsoring-Maßnahmen dienen primär der Aktualisierung von Marken und Unternehmen. Also sind solche Maßnahmen vor allem dann zweckmäßig, wenn eine Marke oder ein Unternehmen Bekanntheitsdefizite aufweist. Dadurch, dass man sich durch die verschiedenen Sponsoring-Arten auch auf unterschiedliche Zielgruppen ausrichten kann, können gezielt Aktualitätsdefizite behoben werden. Sofern die Sponsoring-Partner nach Imagegesichtspunkten ausgewählt wurden, kann durch das Sponsoring auch ein Beitrag zur Vertiefung oder Veränderung des Markenimages geleistet werden. Dies wäre beispielsweise dann der Fall, wenn eine Fernsehsendung wie „Der Bulle von Tölz" durch eine bayerische Weizenbiermarke als Sponsor unterstützt würde.

Zwar hat das Sponsoring in den letzten Jahren deutlich an Bedeutung gewonnen, allerdings haften dem Sponsoring auch eine Reihe von Problemen an. Exemplarisch sei dies an dem Sponsoring großer Events, wie z. B. der Fußball-Weltmeisterschaft 2006, erläutert. So wird die WM 2006 in Deutschland von 15 internationalen und sechs nationalen Sponsoren gefördert (Stippel, 2005, S. 13 f.). Entsprechend hoch ist damit die Aufmerksamkeitskonkurrenz.

Abbildung 174: Sponsoring der Fußball-WM 2006

Deshalb ist es für einen Sponsor besonders wichtig, in seinem Umfeld Dominanz auszustrahlen, damit die Aktualisierungswirkung gesichert ist. Ein Beispiel für eine solche Dominanz stellt die Allianz-Arena von Bayern München dar, bei der man nicht umhin kommt, den Versicherer Allianz wahrzunehmen. Hingegen fallen dort andere Sponsoren eher weniger ins Auge.

Zaichkowsky und Hildebrand (2005) konnten in einer Untersuchung, in der 95 Probanden nach den Sponsoren eines Hockeyspiels befragt wurden, nachweisen, dass die Bekanntheit der Unternehmen, die als Sponsor auftreten, erhöht wird. So erinnerten 77,1 % der Befragten nach dem Hockeyspiel mindestens ein Unternehmen der drei Sponsoren in einer ungestützten Abfrage. Weiterhin erzielten diejenigen Sponsoren, die verschiedene Werbemöglichkeiten miteinander kombinierten (Bandenwerbung, das Erscheinen des Markennamens auf Spieltabellen, Anschlagtafeln und Spiel-Ankündigungen), die höchsten Recallwerte (Zaichkowsky / Hildebrand, 2005).

Product Placement

In den letzten 15 Jahren hat das Product Placement weite Verbreitung gefunden. Beim Product Placement werden Marken als Requisit in die Handlung von Spielfilmen oder Fernsehsendungen eingebaut (Berndt, 1995, S. 306). So werden in der Sendung „Wetten, dass" von Thomas Gottschalk prominent Haribo-Produkte in Szene gesetzt, die den eingeladenen Persönlichkeiten zur Verfügung stehen. Der neue Z8 von BMW wurde ebenfalls durch Product Placement in einem James-Bond-Film in Szene gesetzt. Die Marke Audi bringt sich mit einem eigens entwickelten Wagen der Zukunft in den Science-fiction-Film „I Robot" ein (Abbildung 174).

Das Product Placement erhöht demnach den Bekanntheitsgrad für eine Marke bzw. ein Produkt. Zudem kann, sofern die Marke in einem imagekonformen Umfeld eingebettet

Abbildung 175: Product Placement von Automobil-Marken

ist, ein Beitrag zum Imageaufbau bzw. zur Imagevertiefung geleistet werden. Dadurch, dass die Marke in einen natürlichen Kontext eingebettet ist, wirkt die Darstellung der Marke glaubwürdiger als bei klassischer Werbung. Wenn der Hauptakteur im James-Bond-Film Dom Perignon als Champagner bevorzugt, hat dies nachvollziehbar eine starke Ausstrahlwirkung.

Verkaufsförderung

Unter Verkaufsförderung (Sales Promotion bzw. Promotion) versteht man zeitlich befristete Maßnahmen mit Aktionscharakter, die andere Maßnahmen unterstützen und den Absatz bei Händlern und Kunden fördern sollen (Gedenk, 2002, S. 11). Verschiedentlich werden zudem auch Anreize gegenüber dem eigenen Außendienst unter Promotion-Maßnahmen subsumiert (Diller, 1984, S. 494; Cristofolini, 1989, S. 455).

> Ziel der Verkaufsförderung ist demnach eine kurzfristige Stimulation der Abverkäufe durch einmalige Aktionen.

Verkaufsförderungsmaßnahmen dienen insbesondere dazu, eine so genannte Push-Wirkung zu erzeugen. Hierbei versucht der Produzent, eine möglichst hohe Menge seiner Ware in den Handel „hinein zu drücken". Demgegenüber steht der so genannte Pull-Effekt, bei welchem eine Sogwirkung durch den Endverbraucher nach einem bestimmten Herstellerprodukt beim Handel erzeugt werden soll (Specht/Fritz, 2005; Szeliga, 1995; Tomczak/Schögel/Feige, 2005, S. 1095 f.).

Verkaufsförderungsaktionen können sich von dem Hersteller an den Endkunden, den Händler oder an interne Glieder der Vertriebskette, wie den Außendienst wenden. Ferner kann der Handel selbst ebenfalls Promotion-Maßnahmen gegenüber dem Endkunden realisieren (Bänsch, 1993).

Verkaufsförderungsaktionen sollen demnach das Leistungsvermögen steigern und einen besonderen Leistungswillen schaffen. Erreicht werden soll dies durch Maßnahmen, die auf die jeweilige Zielgruppe abgestimmt sind. So kann für die eigenen Mitarbeiter

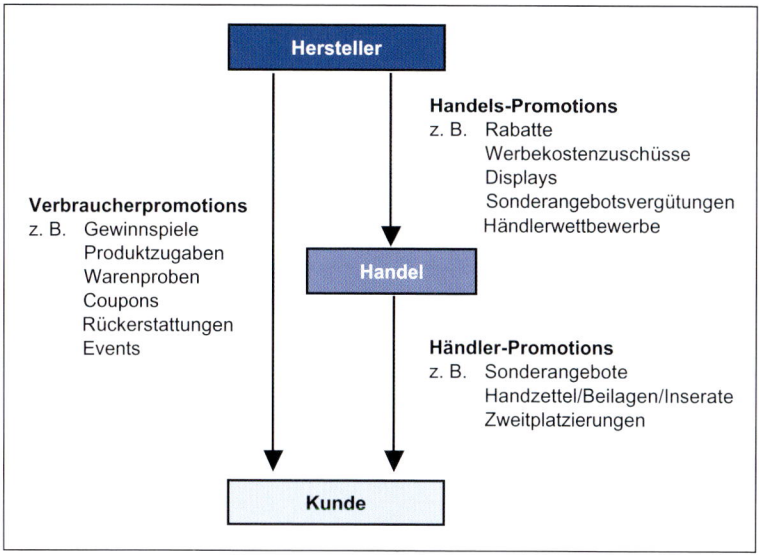

Abbildung 176: Ebenen der Verkaufsförderung
Quelle: in Anlehnung an Gedenk, 2002, S. 14.

beispielsweise eine Verkaufsprämie ausgesetzt werden, Reisen als Anreize für die Erfüllung bestimmter Verkaufsziele anvisiert oder gutes Präsentationsmaterial bereitgestellt werden. Der Handel kann mit Bonus-Systemen oder speziellen Verkaufsanreizen beeinflusst werden, Endkunden mit Gratisproben, Preisausschreiben oder Zweitplatzierungen (Abbildung 176).

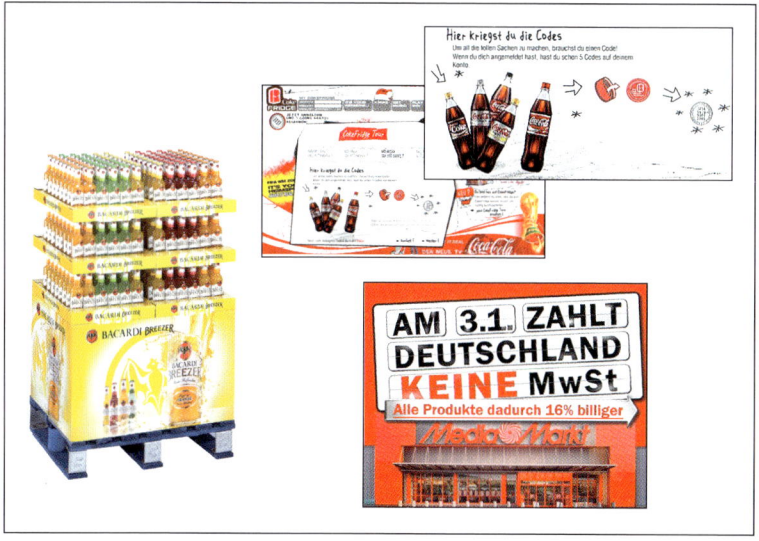

Abbildung 177: Beispiele für Verkaufsförderungsmaßnahmen

Für die Gestaltung von Verkaufsförderungsmaßnahmen gelten ähnliche Regeln wie bei der Werbung. Wichtig ist die Kopplung von Verkaufsförderungsmaßnahmen mit anderen Kommunikationsmaßnahmen. So wurde für Kinder-Überraschungseier beispielsweise in einem Spot mit der Möglichkeit zum Zugang in ein Internet-Spiel geworben. Der Magic-Code, der in den Eiern enthalten ist, wurde durch entsprechende Displays am PoS aktualisiert. Schließlich konnte man mit dem Magic-Code Zugang zu dem Spiel im Internet erhalten und dort auch Mitglied im Kinder-Überraschungs-Club werden.

In Deutschland lag der Anteil der **Verkaufsförderungsbudgets** am gesamten Kommunikationsbudget bei Konsumgüterherstellern laut GfK/WirtschaftsWoche in den Jahren 1998 und 2000 bei rund 20 %. Der Löwenanteil wird mit 65 % nach wie vor in klassische Werbung investiert. Hingegen verhält es sich in den USA laut Cannondale Associates (2001) in den Jahren 1999 und 2000 nahezu umgekehrt (Gedenk, 2002, S. 39, 41).

Zur **Wirkung von Promotions** gibt es zahlreiche empirische Befunde. Zwar lassen sich gerade Ergebnisse aus Studien, die in den USA und anderen Ländern gewonnen wurden, nicht unmittelbar auf den deutschen Markt übertragen, da die Handelsstruktur in Deutschland eine völlig andere ist. Dennoch lassen sich einige generelle Aussagen treffen, die Gedenk (2002, S. 351 ff.) wie folgt zusammenfasst:

1. Erfolg handelsgerichteter Verkaufsförderung

Zwar führen Promotion-Maßnahmen gegenüber Händlern durchaus zu dramatischen Liefermengenerhöhungen, allerdings werden diese häufig nicht in Händler-Promotions umgesetzt. Stattdessen werden diese billiger eingekauften Waren später zu regulären Bedingungen an Kunden weitergegeben. Händler-Promotions sind deshalb für Hersteller nur bedingt profitabel. Allerdings nutzen Hersteller Händler-Promotions sicherlich oft auch stärker unter kurzfristigen Absatz- als unter langfristigen Profitabilitätsgesichtspunkten (Gedenk, 2002, S. 353). Aufgrund der Marktmacht des Handels sind zudem Handels-Promotions mit Vorsicht zu genießen. Nach Analysen von Tomczak et al. (2001) können manche Hersteller, die nicht über starke Marken verfügen, lediglich noch über gute Beziehungen mit dem Handel und Zugeständnisse, etwa durch Promotions, ihre Produkte vermarkten.

2. Erfolg konsumentengerichteter Promotions

Preis-Promotions bezeichnen eine Preissenkung für ein Produkt für eine bestimmte Zeit (Sonderangebote, Sonderpackungen, Treuerabatte, Coupons, Rückerstattungen etc.). Im Gegensatz dazu stehen Nicht-Preis-Promotions, die sich auf andere Marketing-Mix-Instrumente der Produkt-, Distributions- und Kommunikationspolitik beziehen. Letztere können weiterhin in „unechte" und „echte" Nicht-Preis-Promotions differenziert werden. „Unechte" Nicht-Preis-Promotions bestehen nicht aus Instrumenten des Pricing, werden aber zur Unterstützung von Preis-Pomotions eingesetzt (z. B. Promotionwerbung durch Handzettel, Beilagen etc., PoS-Werbung und PoS-Material, Display/Zweitplatzierungen usw.). Dagegen stehen bei „echten" Nicht-Preis-Promotions keine preisbezogenen Elemente im Mittelpunkt (z. B. Warenproben, Produktzugaben, Gewinnspiele usw.) (siehe hierzu genauer Gedenk, 2002, S. 18 ff.).

Sowohl mit Preis-Pomotions als auch mit unechten Nicht-Preis-Promotions können erheblliche kurzfristige Absatzsteigerungen, zum Teil über mehrere hundert Prozent – realisiert werden. Ursachen dafür sind vorwiegend Markenwechsel der Konsumenten. Allerdings werden auch häufig Käufe vorverlegt. Man kauft früher, wenn es eine Aktion gibt. Diese Hamsterkäufe führen dazu, dass in vielen Bereichen Absatzrückgänge in den Folgeperioden registriert werden (Gedenk, 2002, S. 353). Dies ist vor allem bei gewohnheitsmäßig gekauften Produkten wie Kaffee der Fall. Bei impulsiv gekauften Produkten wie Süßigkeiten handelt es sich hingegen meist um echte Mehrkäufe (Esch/Redler, 2003). Insgesamt ist bei Promotions jedoch häufig mit negativen inkrementellen Deckungsbeiträgen zu rechnen. Preis-Promotions senken zudem die Marken- und Geschäftstreue. Bei Nicht-Preis-Promotions scheinen vor allem Warenproben gute Ergebnisse zu erzielen. Diese sind zwar vergleichsweise teuer, führen aber zu deutlichen Absatzsteigerungen und können langfristig die Markentreue erhöhen. Dies trifft auch bei etablierten Marken zu (Gedenk, 2002, S. 355).

Public Relation (PR)

Unter Public Relation (Öffentlichkeitsarbeit) versteht man die systematische und zielorientierte Pflege der Beziehungen zu seinen Anspruchsgruppen (intern und extern), mit dem Ziel, den Prozess der Meinungsbildung zu beeinflussen und das Image des Unternehmens zu festigen oder zu verbessern (ähnlich Bruhn, 2004a, S. 701 ff.; Schweiger/Schrattenecker, 2001, S. 103 f.). Dieses Instrument ist nicht unmittelbar auf den Absatz eines Produktes ausgerichtet, sondern dient vor allem dem Aufbau von Vertrauen und Verständnis. Einen Überblick über die Aufgaben der Public Relation bietet Abbildung 178.

PR-Aktivitäten kommen aktiv und reaktiv zum Einsatz. Im ersten Fall geht es darum, durch regelmäßig wiederkehrende PR-Maßnahmen das Image eines Unternehmens positiv zu beeinflussen. Im zweiten Fall handelt es sich hingegen um Defizitausgleichsstrategien, wenn ein Unternehmen aufgrund von Zwischenfällen negative Publicity erhält, wie z. B. die Versenkung der Bohrplattform Brent Spar durch den Mineralölkonzern Shell

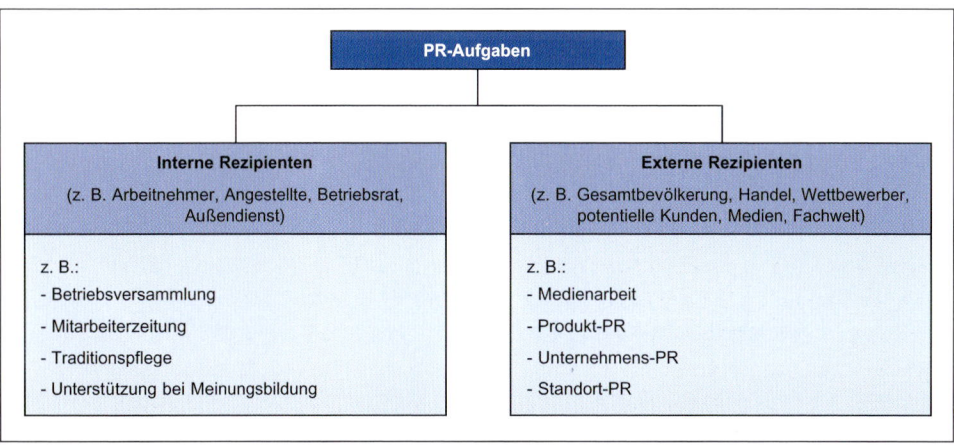

Abbildung 178: PR-Aufgaben

1995. Hier geht es vor allem darum, aufklärend zu wirken und dadurch die negativen Zwischenfälle aufzufangen.

Event-Marketing

Event-Marketing beschreibt die erlebbare Inszenierung besonderer Ereignisse mit dem Ziel, den Teilnehmern Erlebnisse und Emotionen zur Marke bzw. zum Unternehmen nahe zu bringen (Nickel, 1998 a, S. 7; Zanger/Sistenich, 1998, S. 234). Kommunikationsziele werden dadurch in besonders aktivierender Form vermittelt.

Im Gegensatz zum Sponsoring, wo der Werbetreibende nur wenig Einfluss auf die Veranstaltung nehmen kann, inszeniert er Events selber. Dadurch kann eine bessere Abstimmung auf die Kommunikationsziele erfolgen. Das Event zielt nicht wie die Verkaufsförderung unmittelbar auf den Verkauf von Produkten ab, sondern dient primär der Einstellungsbildung und der Vermittlung von Informationen (Nickel, 1998 a, S. 7 ff.). Wesentlich ist dabei die hohe „Dialogfähigkeit" des Event-Marketing.

Es besteht die Möglichkeit in unmittelbaren Kontakt mit den anwesenden Konsumenten zu treten. Mit dem Event-Marketing können die „klassischen", meist unpersönlichen Kommunikationsinstrumente, wie Werbung, Verkaufsförderung und Public-Relation, unterstützt und ergänzt werden. Grundsätzlich können durch das Event-Marketing auch interne und externe Zielgruppen angesprochen werden. Es ist also zwischen firmeninternen und firmenexternen Events zu unterscheiden.

Als zentrale Erfolgsfaktoren von Events gelten
• die multisensuale Darstellung von Marken und Unternehmen,
• die aktive Einbindung der Kunden in ein eigenständiges Erlebnis,
• die Dramaturgie und Gestaltung durchgängiger Erlebnisse sowie
• die Integration in die gesamte Marketingkommunikation (Nickel, 1998 a, S. 145).

Dies ist z. B. bei der Coca-Cola Weihnachtstruck-Promotion gewährleistet. Während der Vorweihnachtszeit steuern die festlich beleuchteten Trucks Weihnachtsmärkte in ganz Deutschland an. In einem bunten Programm für die ganze Familie stehen weihnachtliche Unterhaltung und exklusive Weihnachtsüberraschungen im Mittelpunkt. Begleitet wird die Aktion von einem TV-Spot, in dem die Trucks eine wesentliche Rolle spielen.

Abbildung 179: Coca-Cola Truck

Persönlicher Verkauf

Der persönliche Verkauf besteht aus der Interaktion zwischen Verkäufer und potenziellem/n Käufer(n), bei der ein Kauf vorbereitet oder herbeigeführt werden soll (Kroeber-Riel/Weinberg, 2003, S. 540). Albers (1989) spricht von persönlichem Verkauf, wenn der Verkauf durch Reisende oder Handelsvertreter außerhalb der unternehmenseigenen Niederlassungen erfolgt (Albers, 1989a, S. 20). Neben den verbalen Kommunikationselementen, also dem, was der Käufer sagt, sind auch nonverbale Kommunikationswirkungen zu beachten. Demzufolge haben vokale Elemente, wie z. B. die Lautstärke oder die Intonation, aber auch non-vokale Elemente Wirkungen auf den potenziellen Käufer. So nimmt dieser bewusst oder unbewusst z. B. die Mimik und Gestik des Verkäufers wahr. Allein durch die Kleidung des Verkäufers (gediegener Anzug) kann dieser den Eindruck von Kompetenz vermitteln. Klaffen verbale Aussagen und nonverbale Eindrücke auseinander, ordnet man oft den nicht-sprachlichen Eindrücken eine größere Bedeutung zu (z. B. bei einer Aussage „Super-Schnäppchen bei bester, langlebiger Qualität" begleitet durch ein verschlagenes Grinsen) (dazu ausführlich Kroeber-Riel/Weinberg, 2003, S. 526 ff.; siehe zu den Formen und Phasen des persönlichen Verkaufs Kapitel E. 5.).

Abbildung 180 gibt einen Überblick über die Kommunikationswirkungen im persönlichen Verkauf.

Die nonverbale Kommunikation umfasst die persönliche Kommunikation und die Massenkommunikation, die sich nicht auf eine sprachliche Informationsübertragung stützen (Kroeber-Riel/Weinberg, 2003, S. 526). Sie bezeichnet also alle menschlichen Ausdrucksformen, die weder schriftlich noch durch das gesprochene Wort übertragen werden (Bekmeier, 1989; 1994).

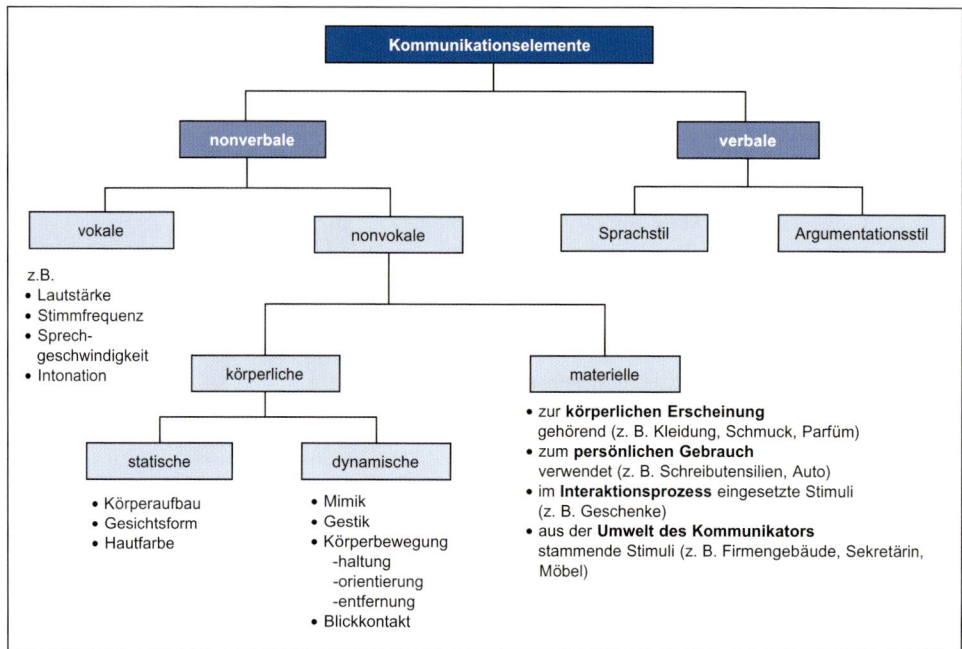

Abbildung 180: Kommunikationselemente im Verkaufsgespräch
Quelle: Kroeber-Riel/Weinberg, 2003, S. 529.

Nonverbale Kommunikation kann sowohl emotionale als auch kognitive Wirkungen herbeiführen (Abbildung 181). Nach der Hemisphärenforschung kommt es zu einer Verknüpfung der nonverbalen Kommunikation mit den rechtshemisphärischen Gehirnaktivitäten. Grundsätzlich ist die linke Gehirnhälfte des Menschen vor allem auf die analytisch-rationale Verarbeitung von Sprachinformationen spezialisiert, die rechte Gehirnhälfte hingegen auf die analoge Verarbeitung von nichtverbalen Informationen durch Bilder, Musik, Gerüche usw. (Kroeber-Riel/Weinberg, 2003, S. 528). Entsprechend wird die rechtshemisphärische Informationsverarbeitung des Menschen durch Merkmale charakterisiert, die auch der nonverbalen Kommunikation zugeschrieben werden: die nonverbale Kommunikation folgt ganzheitlichen Verständnisregeln, bezieht sich stärker auf das emotionale Verhalten, wird kognitiv weniger kontrolliert und wird weniger bewusst als die sprachliche Kommunikation wahrgenommen (Kroeber-Riel/Weinberg, 2003, S. 528 f.).

Somit kann die nonverbale Kommunikation gezielt im persönlichen Verkauf eingesetzt werden, um die Käufer zu beeinflussen. In der Werbung werden nonverbale Stimuli schneller wahrgenommen, emotionale nonverbale Stimuli fördern die Verarbeitung der Werbebotschaft und die Mimik eignet sich besonders zur Vermittlung von Emotionen. Dabei ist allerdings auf eine Integration nonverbaler und verbaler Stimuli zu achten, um eine Werbebotschaft zu vermitteln (Bekmeier, 1989, S. 240 ff.).

Nach Weinberg lassen sich sieben Arten der nonverbalen Kommunikation unterscheiden (Weinberg, 1986, S. 101 ff.; Kroeber-Riel/Weinberg, 2003, S. 534 ff.):

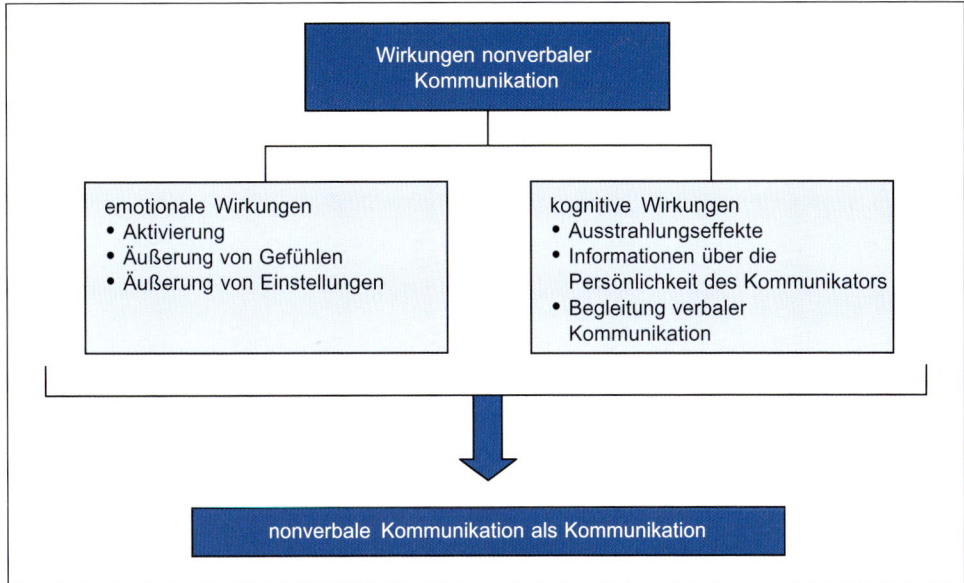

Abbildung 181: Wirkungen nonverbaler Kommunikation

- Zu der **Gestik** zählen Illustratoren, Regulatoren und Embleme. Illustratoren veranschaulichen, unterstreichen oder werten das Angebot; Regulatoren steuern den Ge-
sprächsablauf, und Embleme sind Gesten, die innerhalb einer Kultur eine allgemein akzeptierte Bedeutung haben. Gesten eignen sich besonders dazu, die Emotionsintensität
auszudrücken.

> **Sozialtechnik:** Setze Gesten zur Verdeutlichung der Redestruktur, zur Veranschau-
> lichung der Redeinhalte, zur Vermittlung nonverbaler Zusatzinformationen und
> zur Rückkopplung ein!

- Der **Gesichtsausdruck (Mimik)** vermittelt eine hohe Glaubwürdigkeit, spielt eine
Schlüsselrolle bei der Vermittlung von Emotionen, bringt die Einstellung gegenüber
dem Gesprächspartner sowie Freude, Ärger, Wut, Ekel, Trauer und Überraschung kul-
turunabhängig zum Ausdruck.

> **Sozialtechnik:** Setze mimische Reize gezielt zur Vermittlung von Belohnung und
> Zustimmung ein!

- Der **Blickkontakt** drückt Aufmerksamkeit aus, trägt zur Steuerung der Verhandlung bei,
wird als belohnend und motivierend empfunden, schafft eine freundliche und angenehme Gesprächsatmosphäre und dient als Indikator für die Aufrichtigkeit des Senders.

> **Sozialtechnik:** Setze den Blickkontakt zur gezielten Steuerung der Verhandlung
> und zur Schaffung einer angenehmen Atmosphäre ein!

- Die **Körperhaltung** bringt Einstellungen gegenüber dem Gesprächspartner zum Ausdruck und kommuniziert den Grad der Beteiligung an der Interaktion.

> **Sozialtechnik:** Zeige dem Gesprächspartner durch die Körperhaltung eine positive Einstellung und vermittle einen interessierten Eindruck.

- Der letzte Hauptpunkt der nonverbalen Kommunikation umfasst die in Abbildung 181 dargestellte Objekt-Kommunikation (nonverbale, nonvokale und materielle Kommunikation). Dabei geht es um die Wirkungen der äußeren Erscheinung des Kommunikators. Gegenstände der **körperlichen Erscheinung** (z. B. Kleidung, Schmuck, Parfüm) und des **persönlichen Gebrauchs** (z. B. Schreibutensilien, Auto), können den Gesprächspartner aktivieren und es kann zu Ausstrahlungswirkungen kommen: Man kann Schlüsse auf persönliche Eigenschaften, den sozialen Status und auf sonstige soziodemographische Merkmale, wie z. B. das Alter und den Familienstand, ziehen.

> **Sozialtechnik:** Nutze die Ausstrahlungswirkungen zum gezielten Imagemanagement der Unternehmung und vermeide den Aufbau interaktionshemmender Statusunterschiede.

- Die Wirkung von Stimuli, die vom Kommunikator **im Interaktionsprozess eingesetzt** werden, soll anhand des Beispiels von Geschenken dargestellt werden. **Geschenke** sind Mittel des sozialen Austausches mit Belohnungs- und Motivationscharakter, die soziale Anerkennung kommuniziert. Allerdings muss man sich der starken kulturellen Unterschiede im Geschenkverhalten bewusst sein (siehe hierzu z. B. Kroeber-Riel/Weinberg, 2003, S. 550 f.).

> **Sozialtechnik:** Nutze Geschenke gezielt zum Aufbau und zur Festigung der Kundenbindung.

- Auch die aus der **Umwelt des Kommunikators** stammenden Stimuli (z. B. Firmengebäude, Büroeinrichtung, Sekretärin) spielen im Bereich der nonverbalen Kommunikation eine bedeutende Rolle (Weinberg, 1986, S. 85 ff.) und müssen somit bei der Interaktion zwischen Kunden und Umwelt beachtet werden.

Direct Mails

Durch Direct Mails können Personen direkt, also ohne die Hilfe eines Werbeträgers, angesprochen werden. Die Ansprache erfolgt jedoch nicht persönlich, sondern z. B. durch standardisierte Postwurfsendungen, die an einen ausgewählten Personenkreis gesendet werden (ähnlich Schweiger/Schrattenecker, 2001, S. 107). Anders als bei der klassischen Werbung ermöglichen Direct Mails eine direkte Erwiderung, beispielsweise durch die Beilage von Freiumschlägen oder die Verknüpfung der Antwort mit einem Gewinnspiel. Daneben haben Direct Mails gegenüber Massenmedien weitere Vorteile, die den höheren Kontaktpreis rechtfertigen (Behrens, 1996, S. 169; Behrens et al., 2001, S. 102):

- Die, wenn auch schwach ausgeprägte, Möglichkeit der Personalisierung erhöht die Beeinflussungswirkung.
- Störende Konkurrenzeinflüsse werden vermieden.
- Bei guten Daten ist eine gezielte Ansprache der Zielgruppe möglich.
- Es gibt bessere Möglichkeiten der Wirkungskontrolle.

Allerdings hat sich auch das Umfeld für Direct Mails drastisch verschärft, weil Kunden mittlerweile allgemein viele Direct Mails und Postwurfsendungen erhalten. Deshalb darf es nicht verwundern, dass sich Kunden im Durchschnitt nur 6–8 Sekunden mit einer solchen Direct Mail auseinander setzen (Vögele, 1995).

Internet-Kommunikation

Internet-Kommunikation beinhaltet die Nutzung von Online-Anwendungen zu Kommunikationszwecken durch das World-Wide-Web (ähnlich Hoffman/Novak, 1996, S. 50; Albers et al., 2001 a, S. 11 f.). Die meisten Unternehmen haben heutzutage eigene Home-pages, über die sie mit Konsumenten in Kontakt treten und über sich und ihre Produkte und Marken informieren. Neben der eigenen Home-page besteht die Möglichkeit elektronische Anzeigen, in Form von Bannern oder Pop-ups, auf anderen Websites, beispielsweise auf Suchmaschinen, zu platzieren und so auf sein Angebot hinzuweisen. Weiterhin kann das Internet für E-Mail-Sendungen an interessierte Konsumenten genutzt werden. Ein großer Vorteil der Online-Kommunikation ist, dass z. B. durch click-through-Analysen Aufschlüsse über die Werbewirkung gewonnen werden können (Fritz, 2004). Ein anderer Vorteil ist, dass mit Hilfe des Internets Marken-Communities, beispielsweise durch eigene Community-Bereiche auf der Homepage, gefördert werden können, und so die Markenbindung erhöht werden kann.

3.6 Integrierte Kommunikation umsetzen

Durch die Marktkommunikation sollen Gedächtnisstrukturen für Angebote aufgebaut werden, die präferenzbildend wirken. Für den Aufbau starker Marken ist es wichtig, **integriert** zu kommunizieren, also alle Kommunikationsmaßnahmen inhaltlich und formal aufeinander abzustimmen. Nach dem Motto „**steter Tropfen höhlt den Stein**" sollen so die durch Kommunikation vermittelten Eindrücke vereinheitlicht und verstärkt werden (Kroeber-Riel/Esch, 2004, S. 108). Die integrierte Kommunikation kennzeichnet demnach die durchgängige Umsetzung eines Kommunikationskonzepts durch die Abstimmung der Maßnahmen im Zeitablauf und der eingesetzten Instrumente zur Optimierung der Kontaktwirkungen (Esch, 2001) (siehe zur Optimierung des Marketing-Mixes Kapitel E. 6.). Dadurch sollen die notwendigen Lernprozesse erleichtert werden.

Die Erinnerung an die Kommunikation soll somit erleichtert, Präferenzen verstärkt und gefestigt werden. Aus Anbietersicht bietet die integrierte Kommunikation erhebliche **Kostensenkungspotenziale**. Dies wird durch eine optimale Allokation der vorhandenen Ressourcen sowie durch die Ausnutzung von Synergieeffekten möglich (Duncan/Everett, 1993).

Integrierte Kommunikation ist dabei sowohl nach innen, also im Unternehmen, als auch nach außen, d.h. gegenüber den restlichen Anspruchsgruppen sicherzustellen. Es ist demnach nur logisch, dass die Ansprüche an die Integration mit wachsender Zahl relevanter Anspruchsgruppen steigt, da diese Anspruchsgruppen unterschiedliche Informationsbedürfnisse und Interessen haben. Umgekehrt lassen sich einzelne Anspruchsgruppen aber nicht völlig trennungsfrei ansprechen. Ein Mitarbeiter im Unternehmen kann gleichzeitig Aktionär und Kunde des Unternehmens sein. Zudem wird er, ebenso wie Kunden, möglicherweise ähnliche Publikumszeitschriften lesen oder Fernsehsender schauen.

In der Praxis ist integrierte Kommunikation mehr Wunsch als Realität. Die meisten Kommunikationsauftritte sind zersplittert (Esch, 2001, 2005c). Wie stark Integrationsklammern sein müssen, um vom Konsumenten wahrgenommen zu werden, ist vom Involvement abhängig. Prinzipiell gilt:

> **Je geringer das Involvement der Empfänger, desto stärker müssen Integrationsklammern sein und um so mehr Wiederholungen sind nötig, damit Lernprozesse initiiert werden können** (Kroeber-Riel/Esch, 2004, S. 106).

Dabei ist zwischen **Mitteln** und **Dimensionen** integrierter Kommunikation zu unterscheiden (Esch, 2001; Abbildung 182).

Die Dimensionen beinhalten die Integration im Zeitablauf (Kontinuität) und zwischen verschiedenen Kommunikationsmitteln. Beides ist sowohl für das erstmalige Lernen als auch für das Auffrischen von Kommunikationsbotschaften wichtig. Werden vorhandene Wissensbausteine nicht von Zeit zu Zeit wieder aufgefrischt, werden die Gedächtnisspuren zu diesen Inhalten verschüttet. Dieses Verblassen bereits gelernter Inhalte ist auf das

Mittel zur Integration / Dimensionen der Integration	Formale Integration		Inhaltliche Integration			
			Durch Sprache		Durch Bilder	
	„klassische" formale Mittel (Corporate-Design-Maßnahmen)	Präsenzsignale, Wort-Bild-Zeichen	identische Aussagen	semantisch gleiche Aussagen	gleicher Bildinhalt	Schlüsselbild
zeitlich						
zwischen den eingesetzten Kommunikationsmitteln						

Abbildung 182: Integrationsmatrix
Quelle: Esch, 2001, S. 71.

Bombardement kommunikativer Maßnahmen anderer Anbieter zurückzuführen, das zu Gedächtnisüberlagerungen führt (Esch, 2005 a, S. 261). Durch Kontinuität im kommunikativen Auftritt können markenspezifische Gedächtnisspuren aufgebaut werden.

Bei den Integrationsmitteln kann zwischen formalen und inhaltlichen Mitteln unterschieden werden (Abbildung 182). Zu den **formalen Integrationsmitteln** zählen die klassischen Corporate-Design-Merkmale, wie Farben, Formen, Typographie und Präsenzsignale. Gelungene Beispiele für eine stringente Umsetzung formaler Integrationsklammern sind beispielsweise Nivea, mit den dominanten Farben weiß und blau und der einprägsamen Typographie, sowie das Michelin-Männchen oder der Lufthansa-Kranich als wirksames Präsenzsignal (Kroeber-Riel/Esch, 2004) (Abbildung 183).

> Die formale Integration verankert primär die Marke in den Köpfen der Konsumenten. Der Zugriff auf die Marke wird dadurch leichter möglich.

Da das Awareness-Set der Kunden in einem Produktbereich in der Regel nur wenige Marken umfasst (Kroeber-Riel/Weinberg, 2003), ist diese Verankerung von großer Bedeutung.

Wenn es um die Vermittlung der Positionierung von Marken und Unternehmen geht, leisten formale Klammern kaum einen Beitrag. Dazu sind **inhaltliche Integrationsklammern** durch Sprache oder Bilder notwendig (Esch, 2005 a, S. 262). Bei den sprachlichen Integrationsmitteln finden Slogans am häufigsten Verwendung (Esch, 2000, S. 114). Neben den sprachlichen Klammern können auch Bilder zur Integration eingesetzt werden. Hierbei spielen Schlüsselbilder eine zentrale Rolle. Unter einem **Schlüsselbild** versteht man den visuellen Kern einer Positionierungsbotschaft. Es ist demnach das bildliche Grundmotiv, das über Jahre hinweg den werblichen Auftritt der Marke bestimmt, wie dies bei dem grünen Segelschiff von Beck's Bier der Fall ist. Studien zu inhaltlichen Integrationsklammern belegen die Überlegenheit der Schlüsselbildintegration gegenüber anderen Integrationsformen (Esch, 2001).

Neben der Ausgestaltung der integrierten Kommunikation spielt auch deren **organisatorische Verankerung im Unternehmen** eine große Rolle. Je mehr verschiedene Abteilungen unterschiedliche Kommunikationsbereiche betreuen und je mehr externe Dienstleister (Werbeagenturen, Sponsoring- und Eventagenturen, PR-Agenturen, CD-Agenturen usw.) mit verschiedenen Umsetzungen betreut werden, desto höher wird der Koordinationsaufwand und desto schwieriger ist die Umsetzung einer integrierten Kommunikation. Entsprechend sind auch im Unternehmen die organisatorischen Voraussetzungen für die Durchsetzung einer integrierten Kommunikation zu treffen und entsprechende Verantwortlichkeiten festzulegen (Bruhn, 1999).

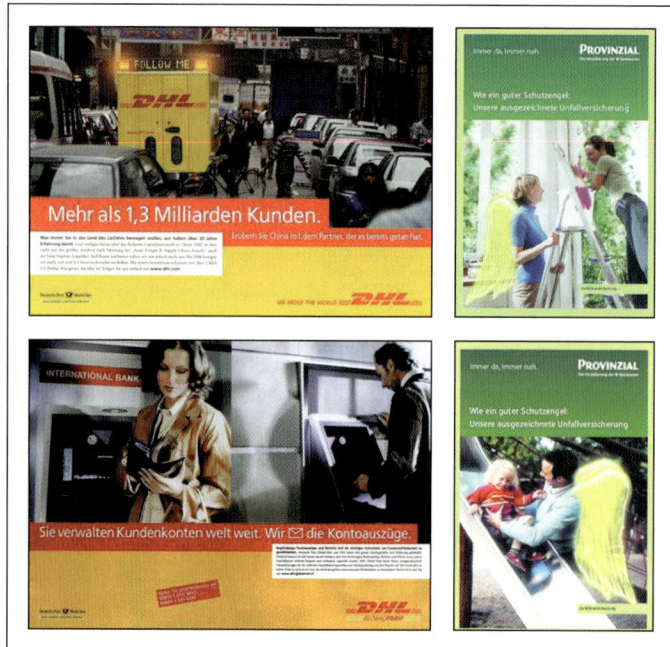

Abbildung 183: Beispiele für formale und inhaltliche Integration

3.7 Kommunikationsbudget festlegen und verteilen

Die Festlegung des Kommunikationsbudgets und die Verteilung auf unterschiedliche Medien (Mediaselektion) ist Bestandteil der Kommunikationsplanung.

Kommunikationsbudgetierung

> Die Kommunikationsbudgetierung beinhaltet die Festlegung von Kommunikations-etats zur Deckung der Planungs- und Durchführungskosten aller Kommunikations-maßnahmen einer Planungsperiode (Bruhn, 2003 b, S. 187).

Generell wird dabei zwischen heuristischen und analytischen Verfahren unterschieden. **Heuristische Verfahren** stellen in der Praxis entwickelte „Faustregeln" dar, die von Erfahrungswerten ausgehen, von denen vermutet wird, dass sie zu einer zieladäquaten Budgethöhe führen. **Analytische Verfahren** hingegen beruhen auf einer Wirkungsfunktion zwischen Werbebudget und Absatzmenge. Ein optimaler Etat ist dann erreicht, wenn die Grenzkosten, bezogen auf die durch den Etat zusätzlich erreichten Verkäufe, gleich den verkauften Produkten zugeordneten Grenzerlösen sind (siehe zur Optimierung des Marketing-Mixes Kapitel E. 6.).

Zunächst sollen nun die gängigsten **heuristischen Verfahren** dargestellt werden (Rasmussen, 1952; Simon/Möhrle, 1993).

„Was können wir uns leisten"-Methode: Der Kommunikationsetat wird auf Grundlage der verfügbaren Mittel festgelegt. Nach Abzug aller sonstigen Kosten werden die restlichen Mittel für kommunikative Maßnahmen zur Verfügung gestellt, oder das Budget richtet sich nach der Finanzlage des Unternehmens. Vorteile hierbei sind die leichte Handhabung sowie die Berücksichtigung von Erfolgsgrößen. Allerdings ist dieses Verfahren unter Marketingaspekten völlig unbrauchbar, da es eine prozyklisch orientierte Politik unterstützt, in wirtschaftlich schwierigen Zeiten jedoch das Kommunikationsbudget minimiert wird und folglich die Situation noch verschlimmert.

Prozent vom Umsatz (Gewinn-)Methode: Hierbei wird der Kommunikationsetat proportional zum Umsatz oder Gewinn bestimmt, entweder in Bezug zu Vorjahresgrößen oder Planungsgrößen der laufenden Periode. Vorteile dieser Methode liegen in der leichten und schnellen Bestimmung des Werbeetats und einem geringen finanziellen Risiko. Jedoch wird auch hier prozyklisch gehandelt.

Wettbewerbs-Paritäts-Methode: Hier orientieren sich die geplanten Werbeausgaben an den entsprechenden Werten der Konkurrenz. Branchenübliche Werte der Vergangenheit werden schematisch übernommen, ohne groß über deren Sinnhaftigkeit nachzudenken. Diese Methode trägt damit zur Stabilisierung von Marktanteilen konkurrierender Unternehmen bei. Außerdem bietet sie den Vorteil, dass das Konkurrenzumfeld in die Planung einbezogen wird. Nachteile zeigen sich jedoch in der Verwendung vergangenheitsbezogener Daten für zukunftsorientierte Planung. Zudem sind künftige Werbeausgaben der Konkurrenz in der Regel nicht bekannt. Ein weiteres Problem stellt die Übernahme eines konkurrenzbezogenen Budgets dar, ohne dass die Ziele der Wettbewerber, die von den eigenen abweichen können, in Betracht gezogen werden.

Werbeanteils-Marktanteils-Methode: Die Kommunikationsaufwendungen stehen bei dieser Methode in Beziehung zum Marktanteil. Damit wird zwar eine zentrale marktbezogene Erfolgsgröße berücksichtigt, Besonderheiten der kommunikativen Situation jedoch vernachlässigt. Zudem lässt eine Orientierung am derzeitigen Marktanteil kaum eine Vergrößerung des Anteils in der Zukunft zu.

Ziel-Aufgaben-Methode: Die Höhe des Kommunikationsbudgets wird anhand der jeweiligen Aufgabe festgelegt, wobei die Kosten zur Erreichung der Aufgaben möglichst gering sein sollten. Dazu ist ein dreistufiges Vorgehen notwendig: Zunächst muss das Kommunikationsziel möglichst genau formuliert werden. Anschließend müssen die zur Erreichung des Ziels notwendigen Aufgaben inklusive aller Kosten detailliert beschrieben werden. Die Summe der Kosten stellt schließlich den notwendigen Werbeetat dar. Bei dieser Methode findet der Ursache-Wirkungs-Zusammenhang zwischen Werbung und Umsatz- bzw. Gewinnerzielung Berücksichtigung. Außerdem besteht ein Zwang, Kommunikationsobjekte, -mittel und -träger einer Prüfung zu unterziehen, was eigenständige Unternehmensentscheidungen ermöglicht und eine Mitläuferschaft von Konkurrenten verhindert. Nachteile bestehen in umfangreichen Analysen zur Budgeterstellung. Außerdem findet keine Überprüfung statt, ob ein Ziel unter Berücksichtigung der zu seiner Erfüllung notwendigen Kosten erstrebenswert ist oder nicht.

Die Kommunikationsbudgets sollten sich nach den verfolgten Zielen richten (siehe hierzu Kapitel A. 2.). In der Praxis orientiert man sich jedoch allzu oft an Branchensätzen oder an vergangenen Umsätzen. Dabei zeigt eine Reihe von Studien, u. a. die der Boston Consulting Group am Beispiel des Biermarktes in Deutschland, dass Unternehmen, die sich in rezessiven Zeiten mit ihren Kommunikationsbudgets antizyklisch verhalten und weiter in Kommunikation investieren, erfolgreicher eine Rezession überstehen als andere Unternehmen (Mei-Pochtler, 2002; Abbildung 184).

Bei den **analytischen Verfahren** werden grundsätzlich statische und dynamische Modelle unterschieden (Simon/Möhrle, 1993, S. 311). Ein Problem dieser Verfahren ist die Beschaffbarkeit der benötigten Informationen.

Statische Modelle gehen von einem Zusammenhang zwischen dem Kommunikationsbudget und einer bestimmten Zielgröße (z. B. Absatzmenge, Umsatz oder Bekanntheitsgrad) aus. Dieser Zusammenhang wird häufig durch eine Werbewirkungsfunktion zum Ausdruck gebracht. Generell wird dabei von einem positiven Zusammenhang zwischen Budget und Zielgröße ausgegangen. Je nach Funktionsverlauf erreicht die Steigung unter Umständen ab einem gewissen Punkt eine Sättigung. Ist dieser Punkt erreicht, führen weiter steigende Kommunikationsausgaben zu keiner weiteren Steigung der Zielgröße.

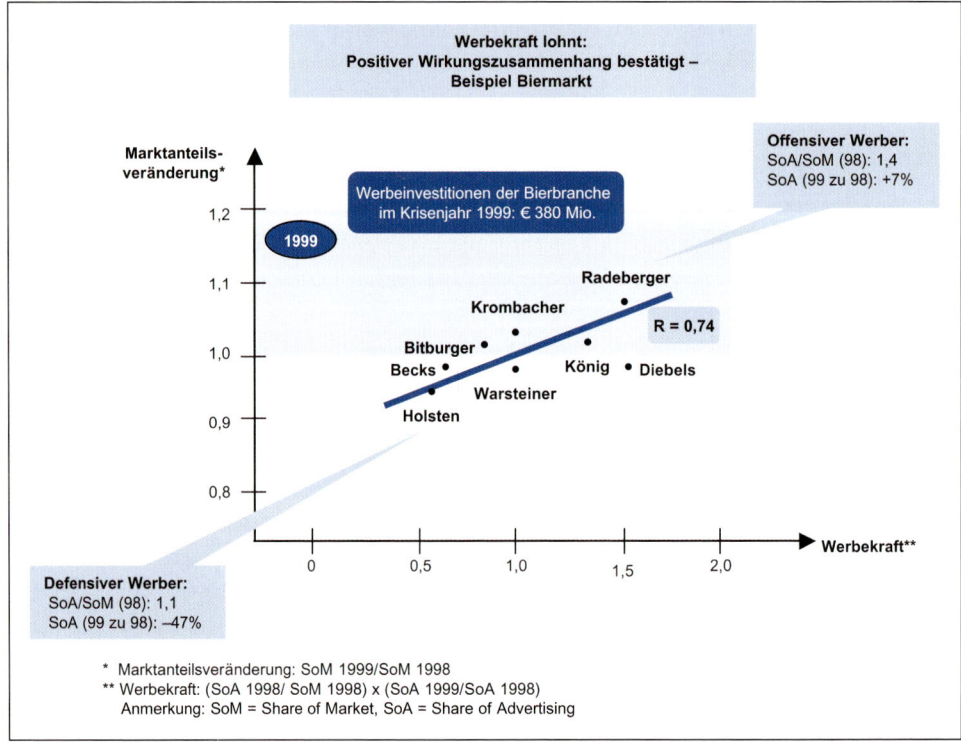

Abbildung 184: Wirkung antizyklischer Kommunikationsbudgets in rezessiven Phasen
Quelle: Mei-Pochtler, 2002.

Zu unterscheiden sind dabei Wirkungsfunktionen mit linearem, degressivem und s-förmigem Verlauf (Schmalen, 1992). Lediglich bei linearen Funktionen erwartet man keine Sättigung, sondern geht von einer konstanten Relation zwischen Werbebudget und Zielgröße konstant aus. Ein degressiver bzw. ein s-förmiger-Verlauf gilt daher als realistischer (Schmalen, 1992).

Dynamische Modelle gehen davon aus, dass die Kommunikationswirkung über mehrere Perioden anhält, im Zeitverlauf aber schwächer wird (Schweiger/Schrattenecker, 2001, S. 162; Simon, 1982, S. 352; Simon/Möhrle, 1993, S. 313 ff.). Ausstrahlungseffekte von Kommunikationsaktivitäten auf den Absatz sind vor dem Hintergrund vorangegangener Maßnahmen und dem aufgebauten Goodwill zu beurteilen. Ein dynamisches Budgetierungsmodell wurde beispielsweise von Vidale und Wolfe entwickelt (Vidale/Wolfe,

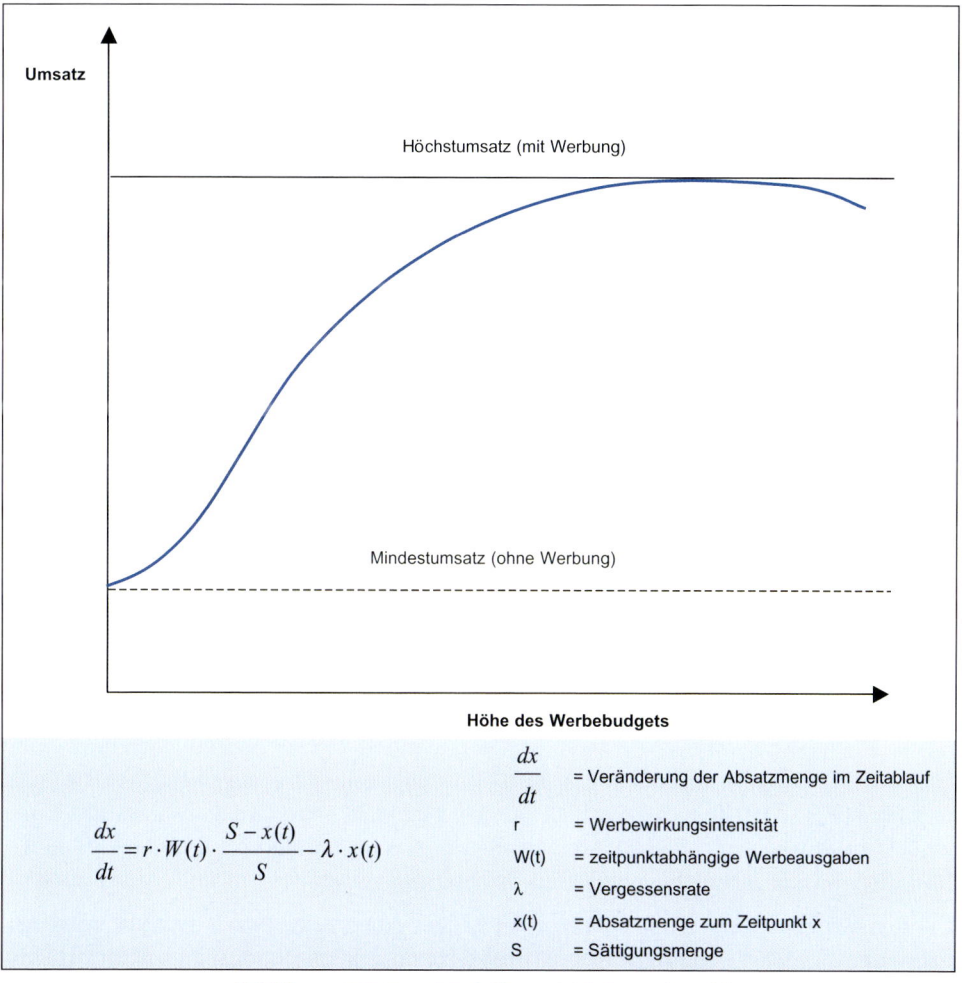

Abbildung 185: Das Modell von Vidale und Wolfe
Quelle: Vidale/Wolfe, 1957.

1957). Demnach sinkt der Umsatz eines Produktes ohne Unterstützung durch kommunikative Maßnahmen im Zeitablauf. Andererseits sind Steigerungen des Umsatzes, die auf eine starke Unterstützung der Kommunikation zurückzuführen sind, nur bis zu einer bestimmten Sättigungsgrenze möglich (Abbildung 185).

Mediaselektion

Unter Mediaselektion ist die zielgruppengerechte Aufteilung des Kommunikationsbudgets nach Art und Umfang der einzuschaltenden Medien zu verstehen. Ergebnis dieser Aufteilung ist ein **Streuplan**, der das verfügbare Werbebudget nach sachlichen, räumlichen und zeitlichen Kriterien auf die einzelnen Kommunikationsmedien, wie z. B. Fernsehen, Rundfunk oder Zeitung, aufteilt.

> Als Beurteilungsmaßstab für die einzelnen Medien gelten deren Reichweite und werbliche Eignung (Kroeber-Riel / Weinberg, 2003, S. 631).

Die Reichweite gibt an, wie viele Personen von den Kommunikationsträgern erreicht werden. Es wird zwischen quantitativer und qualitativer Reichweite unterschieden (Kroeber-Riel / Weinberg, 2003, S. 632 ff.; Schmalen, 1993, S. 465 ff.).

Die **quantitative Reichweite** bezieht sich auf die Anzahl der erreichbaren Personen. Zu unterscheiden ist dabei zwischen der einfachen Reichweite und der kumulierten Brutto-, bzw. Netto-Reichweite. Die **einfache Reichweite** gibt die durchschnittliche Anzahl der Nutzer eines Mediums an, beispielsweise die durchschnittliche Anzahl der Leser pro Ausgabe. Als **kumulierte Brutto-Reichweite** wird die Reichweite beim Einsatz mehrerer Ausgaben eines Mediums oder mehrerer Medien bezeichnet. Beispielsweise die Anzahl der Konsumenten, die erreicht werden, wenn neben der Schaltung einer Anzeige in einer Ausgabe des Sterns zusätzlich eine Anzeige im Focus geschalten wird. Bei der **kumulierten Netto-Reichweite** werden interne und externe Überschneidungen berücksichtigt. Interne Überschneidungen sind die Überschneidungen innerhalb eines Mediums, beispielsweise Abonnenten einer Zeitung. So wird bei der Schaltung einer Anzeige in mehreren Ausgaben der Abonnent nur einmal erfasst. Externe Überschneidungen beziehen sich auf Personen, die mehrere Medien nutzen, in denen das Unternehmen kommuniziert. Auch hier ist darauf zu achten, diese Konsumenten nicht mehrfach zu erfassen. Abbildung 186 zeigt die Unterschiede zwischen kumulierter Brutto- und Netto-Reichweite. Eine Anzeige wird in zwei Medien geschaltet. Die Nettoreichweite beträgt 7.830.000 (= 1.600.000 + 5.600.000 + 630.000), die Bruttoreichweite hingegen 8.460.000 (= 1.600.000 + 600.000 + 2 × 630.000). In der Übersicht wird deutlich, dass die Überschneidungsmenge in der Netto-Reichweite doppelt vorhanden ist, während sie in der Netto-Reichweite lediglich einmal Berücksichtigung findet.

Die Reichweiten suggerieren Scheingenauigkeiten, die in der Praxis so nicht zutreffen, denn: Im Kern geht es hier um Kontaktwahrscheinlichkeiten und nicht um tatsächliche Kontakte. Zudem können Reichweitenanalysen auch keine Aussagen über die Kontaktqualität treffen. Dazu nur ein Beispiel zur Verdeutlichung: Ist bei einem Fernseher zu

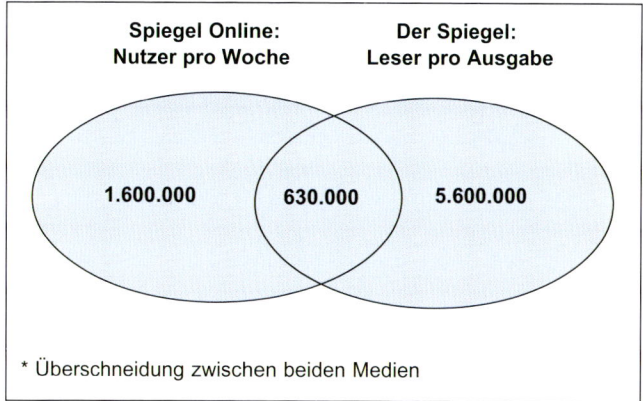

Abbildung 186: Beispiel für quantitative Reichweiten
Quelle: ACTA, 2004.

einem bestimmten Sendezeitpunkt das ZDF eingeschaltet, wird dies bei der Reichweitenberechnung berücksichtigt. Daraus lässt sich jedoch noch keine Aussage treffen, ob überhaupt jemand den angeschalteten Fernseher beachtet und auf die Mattscheibe schaut. Nach Ergebnissen der Fernsehforschung schaut gerade einmal ein Drittel der Zuschauer bei Werbepausen fernsehen. Ein Drittel befindet sich zwar im Raum, macht allerdings andere Dinge, während rund ein weiteres Drittel gar nicht anwesend ist (Wettig, 1988; Kroeber-Riel/Esch, 2004, S. 170).

Zur Beurteilung der verschiedenen Werbeträger untereinander muss weiterhin der Preis ermittelt werden, den ein Unternehmen entrichten muss, um z. B. eine Anzeige in einem Magazin zu schalten. Um verschiedene Werbeträger miteinander vergleichen zu können, werden jeweils die Kosten ins Verhältnis zur Reichweite gesetzt. Der hierbei ermittelte Tausenderkontaktpreis (TKP) gibt die Höhe der Kosten an, um 1000 Personen durch ein Medium zu erreichen. So liegt der TKP z. B. beim Stern bei 6,02 €, während er beim Spiegel 7,31 € beträgt (AWA, 2004).

Die **qualitative Reichweite** bezieht sich auf spezifische Merkmale des Publikums (Abbildung 187). Es kann dabei zwischen demographischen Merkmalen (z. B. Alter, Wohnort), sozioökonomischen Kriterien (z. B. Einkommen, soziale Schicht) und psychologischen Kriterien (z. B. Einstellungen) unterschieden werden.

Um Streuverluste der Kommunikation gering zu halten, sollte das vom Medium erreichte Publikum mit der eigenen Zielgruppe möglichst übereinstimmen.

Neben den Überlegungen zur Reichweite gilt die **werbliche Eignung** des Mediums als Bestimmungsfaktor für die Mediaselektion (Kroeber-Riel/Weinberg, 2003, S. 638 ff.). Die Eignung wird vor allem durch zwei Arten von Merkmalen klassifiziert:
• Merkmale, die die **Anmutungsqualität** des Mediums betreffen, wie Prestige oder Glaubwürdigkeit des Werbeträgers und

Medium / Reichweite (RW)	Focus		Der Spiegel	
	RW in %	RW in Mio.	RW in %	RW in Mio.
Total	9,6	6,22	8,8	5,73
Geschlecht				
Männer	12,9	4,01	11,8	3,65
Frauen	6,6	2,21	6,2	2,08
Alter				
14-19 Jahre	5,5	0,28	5,4	0,27
20-29 Jahre	10,5	0,8	9,4	0,72
30-39 Jahre	11,0	1,25	10,0	1,14
40-49 Jahre	13,0	1,49	10,3	1,17
50-59 Jahre	10,8	1,01	10,5	0,98
60-69 Jahre	8,3	0,87	8,5	0,89
70 Jahre und älter	5,6	0,53	5,8	0,55
Ausbildung				
Schüler in allgemeinbildender Schule	5,3	0,19	5,5	0,2
Haupt-/Volksschulabschluss ohne Lehre	3,1	0,2	2,5	0,16
Haupt-/Volksschulabschluss mit Lehre	7,1	1,63	5,4	1,25
weiterführende Schule ohne Abitur	11,2	2,35	8,9	1,87
Fach-/Hochschulreife ohne Studium	15,7	0,72	18,4	0,84
Fach-/Hochschulreife mit Studium	19,1	1,12	24,0	1,4

Abbildung 187: Beispiel für qualitative Reichweiten bei Publikumszeitschriften
Quelle: Arbeitsgemeinschaft Media-Analyse e. V., 2004.

- Merkmale, die zur **äußeren Gestaltung** des Mediums gehören, wie Heftumfang oder Farbe.

Für die Eignung eines Mediums ist die unterschiedliche werbliche Wirksamkeit der Medien zu berücksichtigen, damit die Kontaktqualität bei der Kommunikation sichergestellt werden kann.

3.8 Kommunikationskontrollen durchführen

Die Bedeutung der Kommunikationskontrolle resultiert nicht nur aus der zum Teil immensen Höhe der getätigten Investitionen in Kommunikation, sondern auch aus der strategischen Bedeutung der Kommunikation, da durch sie Markenbekanntheit und -image als Voraussetzung für einen Kauf aufgebaut werden. Ziel von Kommunikationswirkungskontrollen ist es, zu ermitteln, ob und wie sich Kommunikationsinvestitionen amortisieren. Gerade Werbewirkungskontrollen zählen zu den am weitesten entwickelten Messmethoden (Esch, 2000, S. 864). Mit leichten Modifikationen sind sie auch auf andere Kommunikationsmaßnahmen wie Sponsoring, Events, Product Placement oder Internet-Kommunikation übertragbar (siehe zur Kontrolle der Marketingmaßnahmen auch Kapitel F. 2.).

Die Werbewirkungsmessung lässt sich zunächst danach klassifizieren, ob es sich um Werbepretests oder -posttests handelt.

Unter **Werbepretests** versteht man die Überprüfung der Werbewirkung, bevor diese im Markt geschaltet wird (siehe hierzu Lodish, 1998 als auch den BEHAVIORSCAN der GfK). Sie werden eingesetzt, um die am besten auf das Werbeziel bezogene Alternative aus einer Reihe möglicher Alternativen herauszufinden. Außerdem sollen Wirkungsschwächen analysiert werden, um vor der Schaltung die Werbung zu optimieren. Hierbei geht es darum, Aussagen über die voraussichtliche Werbewirkung zu erhalten (Esch, 2000, S. 870). Dabei können sich die Tests auf die Überprüfung von Werbung in unterschiedlichen Entwicklungsstadien beziehen. Vom ersten Konzept, über Storyboards und Animatics bis hin zur fertig gestellten Werbung (Leven, 1993, S. 380). Da solche Werbepretests in der Regel im Labor stattfinden, stellt sich aber die Frage der externen Validität der Ergebnisse, also der Übertragbarkeit in die Realität. Um diese zu gewährleisten, ist sicherzustellen, dass die Tests unter Low-Involvement-Bedingungen stattfinden und die Testpersonen die Werbung wie in der Realität beiläufig betrachten. Gerade dies ist bei einigen Verfahren jedoch nicht gewährleistet. Kritisch sind vor allem solche Verfahren zu beurteilen, bei denen im Rahmen von Fokusgruppen Testpersonen quasi in die Rolle eines Experten gedrängt werden und die Werbung nach längerem und intensivem Betrachten „beurteilen" sollen. Dies muss zwangsläufig zu Ergebnisverzerrungen führen, da durch ein solches Verfahren die Rationalität gefördert wird und demnach Sachargumente die durch die Werbung ausgelösten Gefühle dominieren, obwohl es im praktischen Fall in der Regel genau umgekehrt ist.

Werbeposttests werden durchgeführt, nachdem die Werbung bereits im Markt geschaltet wurde. Sie lassen sich in zeitpunktbezogene und zeitraumbezogene Tests unterscheiden (Esch, 2000, S. 875). Zeitpunktbezogene Tests können in Analogie zu den Pretests entwickelt werden. Zeitraumbezogene Tests werden als Werbetrackings bezeichnet. Dahinter steckt eine kontinuierliche Betrachtung der Werbewirkung. Es werden dabei weniger einzelne Medien analysiert, als vielmehr der gesamte Medien-Mix im Rahmen einer Kampagne (Berekoven/Eckert/Ellenrieder, 2004). Anschließend ist weiterhin zu unterscheiden, ob die Messungen diagnostischen oder evaluativen Charakter haben (Kroeber-Riel/Esch, 2004, S. 291 ff.). Die **evaluative Messung** bezieht sich auf den angestrebten Erfolg der Werbung und gibt Auskunft über die Gesamtwirkung. In der Regel finden dabei „Over-all"-Beurteilungen Anwendung (z. B. „Die Werbung gefällt mir"). Evaluative Maße eignen sich gut zum Vergleich verschiedener Werbungen und zum Beurteilen der Erfolgsaussichten. Allerdings erhält man dadurch keinen Einblick in die Ursache der Wirkung oder aber Ansätze für therapeutische Maßnahmen (Esch, 2000; Kroeber-Riel/Esch, 2004). Dazu eignen sich hingegen **diagnostische Messungen**, bei denen explizit verschiedene Wirkungsgrößen erfasst werden und somit Aufschluss für das Zustandekommen des Werbeerfolgs bieten.

Den meisten Verfahren gemein ist die Erfassung der ungestützten und gestützten Markenbekanntheit, der Erfassung der Erinnerung an Kommunikationsinhalte sowie Fragen zum Markenimage mittels Ratingskalen. Einen weiteren Ansatzpunkt zur Klassifikation bietet der Ort der Durchführung. Werbekontrollen können als Labor- oder als Feldstudien durchgeführt werden. Pretests finden dabei meist im Labor statt, Posttests, insbesondere Trackingstudien, primär im Feld.

Die Kommunikationskontrollen sollten von Unternehmen in regelmäßigen Abständen durchgeführt werden. Hierzu bieten sich sowohl diagnostische als auch evaluative Messungen in Kombination an. Mittels diagnostischer Messungen ist das Unternehmen imstande, frühzeitig auf veränderte Kundenbedürfnisse zu reagieren, während es evaluative Messungen ermöglichen, die in der Vergangenheit durchgeführten Kommunikationsmaßnahmen entsprechend zu bewerten (siehe zur Kontrolle von Marketingmaßnahmen Kapitel F. 2.).

4. Preise bilden

> *„Marketing ist die Abschöpfung der maximalen Zahlungsbereitschaft."*
> *(Anonymus)*

4.1 Charakteristika von Preisentscheidungen kennen

Viele Unternehmen konzentrieren ihre Marketingstrategie auf Preise (Abbildung 188).

Abbildung 188: Beispiele für preisorientierte Marketingstrategien

Preisentscheidungen lassen sich zunächst sehr einfach definieren: Sie umfassen die Festlegung von Preisen für Produkte. Die im Markt erzielten Preise determinieren, ob und in welchem Maße Unternehmen mit dem Verkauf von Produkten Gewinne erzielen. Es gilt:

Umsatz (Preis · Absatzmenge) – Kosten = Gewinn.

Auf den ersten Blick sieht der Zusammenhang einfach aus, mithin scheint die Preisbildung einfach zu sein. Viele Unternehmen machen es sich auch einfach, indem sie die
Preise nach einem sehr einfachen **Kosten-Plus-Verfahren** bestimmen: Auf die kalkulierten
Stückkosten wird ein fester Prozentsatz aufgeschlagen. Sowohl bei Hersteller- als auch bei
Handelsunternehmen spielt dieses Verfahren eine zentrale Rolle bei der Preissetzung (Simon, 1992b, S. 149f.). Möchte z. B. ein Elektrohändler für einen neu ins Sortiment ge-
nommenen Kühlschrank einen Preis festlegen, so mag er z. B. auf den Wareneinstandspreis (vom Lieferanten in Rechnung gestellter Preis) in Höhe von 400 € 40 % aufschlagen
und damit zu einem Preis von 400 € · 1,4 = 560 € gelangen.

Warum ist nun die Preisbildung bei näherer Betrachtung komplex, warum macht es sich
der Elektrohändler im Beispiel zu einfach? Ein zentrales Problem besteht darin, dass der
Händler die Zusammenhänge zwischen Preis und Absatzmenge (so genannte Preisresponsefunktion) sowie zwischen Absatzmenge und Kosten (Kostenfunktion) nicht adäquat abbildet. Zur Ermittlung der Stückkosten benötigt er die Absatzmenge, z. B. weil er
je nach Absatzmenge mehr oder weniger günstige Konditionen vom Lieferanten erhält.
Realisiert der Händler ab einer Absatzmenge von 100 Stück einen Mengenrabatt in Höhe
von 5%, wirkt sich dies unmittelbar auf die Stückkosten bzw. den Wareneinstandspreis
aus. Die Absatzmenge hängt aber in entscheidender Weise vom Preis ab, der aber erst kal-
kuliert werden soll. Es liegt ein Zirkelschluss vor. Der logische Fehler des Kosten-Plus-
Verfahrens besteht in der Vernachlässigung der Preisresponsefunktion (Simon, 1992b,
S. 150), die abbildet, welche Absatzmengen sich bei alternativen Preisen ergeben. Typischerweise beziehen sich Preisresponsefunktionen auf einen gesamten Markt oder Marktsegmente und resultieren aus der Aggregation individueller Preisresponsefunktionen.
Zunächst wird auf individueller Ebene für einzelne Kunden ermittelt, wie viele Einheiten
eines Produkts bei alternativen Preisen nachgefragt werden. Anschließend aggregiert
man über sämtliche Kunden eines abgegrenzten Markts oder Marktsegments. Ein Beispiel für eine lineare aggregierte Preisresponsefunktion ist in Abbildung 189 wiedergegeben. Kennt man die Kostenfunktion, so lässt sich der gewinnoptimale Preis p* bestimmen.

Für die Preissetzung ist die Kenntnis der Preisresponsefunktion essentiell.

Für die Bestimmung des optimalen Preises sind verschiedenste Stellgrößen zu berücksichtigen. Die wichtigsten sind in Abbildung 189 aufgeführt und sollen im Folgenden
näher erläutert werden.

Von essentieller Bedeutung sind die **Kunden**. Hier ist das Preisverhalten zu analysieren,
z. B. im Hinblick auf die Fragen, ob und in welcher Intensität Preisinformationen zu einem
betrachteten Produkt sowie dessen Konkurrenzprodukten wahrgenommen und verarbeitet werden und welche Funktionen dem Preis bei Kaufentscheidungen zugemessen
werden. So kann der Preis je nach Funktion als nutzenmindernd (infolge der Budgetre-
duktion) oder nutzensteigernd (z. B. bei Interpretation als Qualitätssignal) wahrgenom-

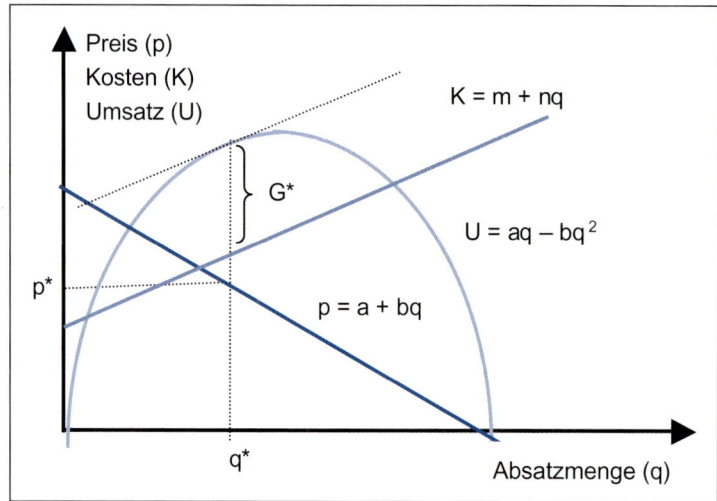

Abbildung 189: Bestimmung eines gewinnmaximalen Preises auf Basis
einer Preisresponsefunktion

men werden. Hierauf aufbauend sind auf Basis von Befragungen und Beobachtungen Preisresponsefunktionen zu bestimmen. Diese Aspekte werden ausführlich in den Abschnitten E. 4.2 und E. 4.3 erörtert.

Eine zweite zentrale Einflussgröße auf die Festlegung von Preisen sind **Wettbewerber**. Zunächst ist auf dem betrachteten Markt zu analysieren, ob und in welcher Intensität Wettbewerber vorhanden sind. Dazu muss der Markt sinnvoll abgegrenzt werden (siehe hierzu auch Kapitel D. 3.). Insbesondere bei echten Innovationen besteht am Anfang des Produktlebenszyklus mitunter eine monopolähnliche Situation (z. B. Red Bull mit einem neuen Energy Drink). Im Laufe des Produktlebenszyklus treten dann typischerweise weitere Wettbewerber in den Markt ein, sodass es zu einem Oligopol oder Polypol kommt. Teilweise können auch sehr starke Marken eine monopolähnliche Stellung aufbauen, indem ein erheblicher Teil der Nachfrager als absolut loyale Kunden gebunden wird (z. B. die Marke Nivea im mittleren Preissegment von Hautcremes). Entscheidend für die preispolitische Marktabgrenzung ist, ob Wettbewerber auf Preisänderungen reagieren. Ist dies nicht oder erst beim Überschreiten bestimmter Schwellen (absolut oder relativ zum bisherigen Preis) der Fall, so liegt ebenfalls eine monopolähnliche Situation vor. Interessanterweise ist hiervon typischerweise auch im Polypol auszugehen. Im Polypol werden die Konkurrenten von den Aktionen einzelner Mitanbieter nicht spürbar berührt, u. a. weil die einzelnen Marktteilnehmer nur über beschränkte Kapazitäten verfügen. Neben diesen monopolähnlichen Situationen dominieren in der Praxis Teiloligopole, d. h. der größte Teil des Markts wird von wenigen Anbietern beherrscht; darüber hinaus gibt es eine Vielzahl kleinerer Anbieter, die kumuliert jedoch nur einen kleinen Teil des Marktes ausmachen. So vereinigen die Marken Milka, Ritter Sport, Merci, Kinderschokolade und Lindt über 60 % des Umsatzvolumens des Tafelschokoladenmarkts in Deutschland auf sich; der

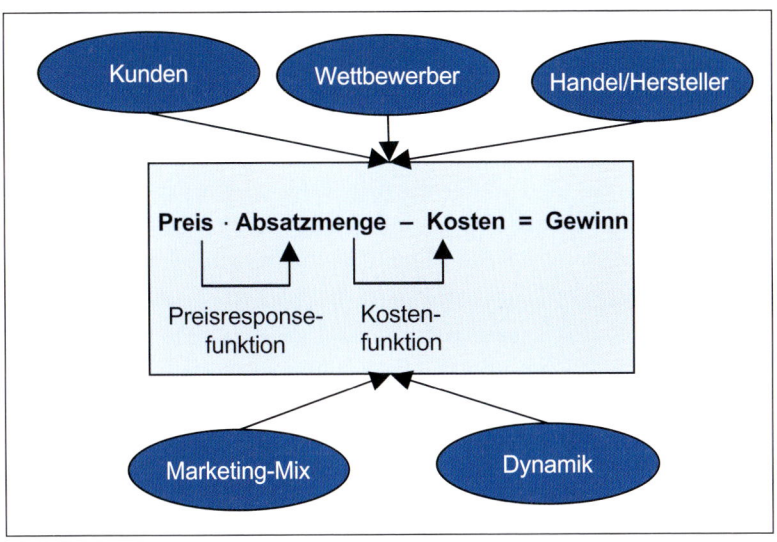

Abbildung 190: Zentrale Stellgrößen für die Festlegung von Preisen

Rest entfällt auf viele kleine Marken, u. a. verschiedene Handelsmarken (z. B. Die Sparsamen) und Spezialanbieter (z. B. Leysieffer, Arko).

Gerade im Konsumgüterbereich wird die Preispolitik entscheidend durch den **Handel** bestimmt. Nur bei wenigen Produkten sind Preisbindungen von Herstellern zulässig (z. B. Bücher). In den übrigen Bereichen sind die Einflussmöglichkeiten der Hersteller auf die Preispolitik des Handels eingeschränkt. Unverbindliche Preisempfehlungen fungieren meist nur als Preisobergrenzen. Gerade in der Preispolitik liegt ein erhebliches Konfliktpotenzial zwischen Herstellern und Handel. Nach wie vor versucht sich gerade der deutsche Handel, über preispolitische Maßnahmen zu profilieren. Discountstrategien erfreuen sich auf breiter Front seit Jahren zunehmender Beliebtheit. Aldi, Lidl und Media Markt sind nur einige Beispiele für diese Entwicklung. Neben einem erbitterten Kampf um Margen kann mit der Discountstrategie des Handels und dem damit verbundenen Preisverfall die Vernichtung von Markenkapital verbunden sein, so z. B. bei den Marken Jacobs Kaffee und Mumm. Einen Ausweg können Wertschöpfungspartnerschaften zwischen Handel und Herstellern in Form von ECR-Konzepten und deren Weiterentwicklungen bilden (siehe Kapitel E. 5.).

Preispolitische Maßnahmen werden in besonderer Weise durch den **Marketing-Mix** beeinflusst. So wirken temporäre Preissenkungen in Form von Sonderangeboten wesentlich stärker, wenn sie mit Werbung (z. B. Handzetteln) kombiniert werden im Vergleich zu einem Verzicht auf Werbung. Durch Kombination verschiedener Marketinginstrumente mit einem Sonderangebot lassen sich Absatzsteigerungen von mehreren Hundert Prozent realisieren (Gedenk, 2002, S. 213 ff.). Infolge eines Sortimentverbunds können selbst Preise unter Null sinnvoll sein, z. B. beim Verkauf von Handys (z. B. Preise gleich Null + Gesprächsguthaben) in Kombination mit Verbindungstarifen. Hochinnovative Produktentwicklungen erlauben die Realisierung von sehr hohen Preisen. Beispielsweise wurden Taschenrechner, die heute für unter 5 € angeboten werden, bei ihrer erstmaligen Einführung in den siebziger Jahren für umgerechnet über 500 € verkauft. Preise können zur zentralen Positionierungsdimension von Marken werden, z. B. sehr hohe Preise für die Luxuspositionierung der Marke Hermes (z. B. Seidenkrawatte für 160 €) oder sehr niedrige Preise für die Discountermarke Aldi (z. B. Seidenkrawatte für 6,99 €). Die Wechselwirkungen des Preises mit den anderen Marketinginstrumenten müssen bei der Preissetzung beachtet werden, etwa durch die Spezifizierung von Marktreaktionsfunktionen (siehe Kapitel E. 6.2).

Weiterhin sind **dynamische Prozesse** für die Preissetzung essentiell. Die gegenwärtigen Absatzchancen eines Produkts werden durch die Preissetzung in vergangenen Perioden beeinflusst. Beispielsweise kann über die Preispolitik gesteuert werden, wie schnell der Diffusionsverlauf eines Produkts erfolgt, in welchem Maße Erfahrungskurveneffekte und damit Kostensenkungspotenziale realisiert werden können, zu welchem Zeitpunkt preissensible Kundensegmente erreicht werden, wie schnell Wettbewerber in einen Markt eintreten oder welche Handelskanäle relevant sind. Mit zunehmender Relevanz solcher dynamischen Effekte wird es immer wichtiger, die Effekte in Form dynamischer Preisresponse- und Kostenfunktionen (unter Einbezug entsprechender Wettbewerbs- und Handelsreaktionen) abzubilden.

4.2 Preisverhalten analysieren

> Um die Preisreaktion von Kunden zu ermitteln, muss zuvor deren Preisverhalten analysiert werden.

Das Preisverhalten umfasst insbesondere vier Aspekte:

- **Preisinteresse**: In welchem Ausmaß suchen und verarbeiten Kunden Preise bei Kaufentscheidungen?
- **Preiskenntnis**: Wie gut kennen Kunden Preise?
- **Preisfunktionen**: Welche Funktionen übt der Preis bei Kaufentscheidungen aus?
- **Preisbeurteilung**: Welche Urteilsmechanismen werden im Zusammenhang mit dem Preis bei Kaufentscheidungen verwendet?

Diese Aspekte sollen nachfolgend näher betrachtet werden.

Preisinteresse

In einer „Geiz ist geil"-Gesellschaft sollte vermutet werden, dass dem Preis generell ein ausgesprochen großes Interesse entgegengebracht wird. Dem ist allerdings nicht zwangsläufig so. Empirische Untersuchungen zeigen, dass selbst beim Kauf höherwertiger Produkte kaum intensive Preisvergleiche vorgenommen werden (z. B. Schneider, 1999). Auch Preisvergleichsdienste im Internet, so genannte Preisrobots wie z. B. guenstiger.de, werden erstaunlich wenig genutzt. Beim Kauf kurzlebiger Konsumgüter werden Preise teilweise sogar überhaupt nicht beachtet. So kennen Konsumenten beim Kauf von Lebensmitteln vielfach die Preise der unmittelbar zuvor gekauften Produkte nicht (z. B. Dickson/Sawyer, 1990).

Es lassen sich insbesondere zwei Dimensionen des Preisinteresses unterscheiden: Preisgewichtung und Preisachtsamkeit (Diller, 2000, S. 113 ff.). Die **Preisgewichtung** spiegelt die Bedeutung des Preises in Relation zu anderen Kaufentscheidungskriterien wider. Bei der empirischen Messung des Preisgewichts ist besondere methodische Sorgfalt geboten. So kann es bei direkten Befragungen zu sozial erwünschten Antworten kommen (z. B. „Wie stark achten Sie auf den Preis?", Diller, 2000, S. 124). Weiterhin muss bei der Gewichtung von Kaufentscheidungskriterien beachtet werden, dass die Wichtigkeit einer Eigenschaft von der Bandbreite der möglichen Eigenschaftsausprägungen abhängt. Ist z. B. die Bandbreite von Preisen verschiedener zur Wahl stehender Produkte klein (z. B. 300,– bis 400,– €), muss die Eigenschaft Preis ein geringeres Gewicht erhalten als bei einer ansonsten identischen Entscheidungssituation, in der die Eigenschaft mit einer großen Bandbreite auftritt (z. B. 200,– bis 500,– €). Der Preis nimmt im Vergleich zu anderen Produkteigenschaften wenig Einfluss auf die Kaufentscheidung, wenn er für alle Produkte ähnlich ist, gewinnt dagegen an Bedeutung, wenn die Preisunterschiede groß sind. Verschiedene empirische Untersuchungen zeigen allerdings, dass Konsumenten Preisgewichte nur unzureichend an die Preisbandbreite anpassen (zusammenfassend Sattler/Gedenk/Hensel-Börner, 2002).

Preisachtsamkeit bezieht sich auf das Ausmaß an preisbezogenen Informationsaktivitäten. Dabei wird nicht nur auf den Preis eines spezifischen Produkts abgestellt. Vielmehr erstrecken sich die Informationsaktivitäten auch auf

- Preise konkurrierender Marken
- Preise pro Mengeneinheit (z. B. beim Vergleich von Normal- und Großpackungen)
- Preise innerhalb und zwischen Distributionskanälen
- Preise für unterschiedliche Nachfragergruppen (z. B. Kinder versus Erwachsene bei einer Bahnfahrt) und Kaufzeitpunkte (z. B. vor oder nach Weihnachten)
- Preise pro Nutzungseinheit (z. B. Preis pro gefahrener Kilometer bei einem Autokauf in Ergänzung und anstelle des Anschaffungspreises)
- Preise pro Nutzungszeit (z. B. Preis pro Betriebsstunde für ein Heizkissen anstelle des Anschaffungspreises) oder
- Preise mit oder ohne Rabatte und Skonti.

Ob und in welchem Maße diese Informationsaktivitäten durchgeführt werden, ist je nach Konsument, Situation und Produktgruppe sehr unterschiedlich ausgeprägt (z. B. Urbany/Dickson/Kalapurakal, 1996; Urbany/Dickson/Sawyer, 2000). Vor dem Hintergrund eines allgemeinen Entlastungsstrebens von Konsumenten bei Kaufentscheidungen sind insbesondere bei Situationen mit geringem Kaufrisiko Vereinfachungsstrategien im Hinblick auf das Preisinteresse zu beobachten (Diller, 2000, S. 127). Hierzu zählen z. B. die

Verlagerung von Informationsaktivitäten auf die Kaufdurchführungsphase anstelle der Kaufvorbereitungsphase oder die Tendenz zur passiven Informationsaufnahme. Letzteres kann dazu führen, dass vom Anbieter bereitgestellte Preisinformationen von Konsumenten unkritisch übernommen werden. So führt etwa das bloße „Framing" von Sonderangeboten (Hinweisschilder am Point of Sale wie „normalerweise 3,99 € – heute nur 3,49 €") zu erheblichen Absatzwirkungen (siehe zusammenfassend Gedenk, 2002, S. 267 ff.).

Zusammenfassend kann festgehalten werden:

> Das Preisinteresse von Kunden ist sehr heterogen. In vielen Konstellationen neigen Konsumenten zu Vereinfachungsstrategien. Die klassische mikroökonomische Annahme vollkommener Preistransparenz ist in den meisten Fällen weit von der Realität entfernt.

Preiskenntnis

Die Preiskenntnis kann sich

> - auf die Kenntnis des gezahlten Preises eines (unmittelbar zuvor) gekauften Produkts beziehen,
> - auf Preise von Produkten in verschiedenen Geschäften,
> - auf mittlere Preise von Produkten innerhalb einer Produktkategorie oder zwischen verschiedenen Geschäften,
> - auf die Verteilung von Preisen über Produkte, Geschäfte und Kaufsituationen (z. B. bezüglich der Endpunkte der Verteilung, d. h. besonders teure bzw. günstige Preise) oder
> - auf Kenntnis von Preisaktionen (Diller, 2000, S. 147 ff.).

Die exakte Preiskenntnis im Hinblick auf spezifische Produkte ist zumeist gering (z. B. Aalto-Setälä/Raijas, 2003; Diller, 2000, S. 148 f.). Allerdings haben Verbraucher in den meisten Fällen ein realitätsnahes Bild im Hinblick auf Preisverteilungen bzw. Verteilungsparameter (z. B. Aalto-Setälä/Raijas, 2003). Verschiedene Versuche, das unterschiedliche Ausmaß an Preiskenntnis durch demographische Variablen zu erklären, sind insgesamt gesehen fehlgeschlagen (zusammenfassend Estelami, 1998). Preiskenntnis scheint also relativ homogen zwischen Nachfragergruppen ausgeprägt zu sein. Unterschiede treten allerdings zwischen Produktgruppen auf (Estelami, 1998; Estelami/De Maeyer, 2004). So ist die Preiskenntnis überdurchschnittlich hoch bei Produktkategorien, die sich üblicherweise im Besitz privater Haushalte befinden (z. B. Waschmaschinen). Beispiele für die Preiskenntnis US-amerikanischer Verbraucher in unterschiedlichen Produktkategorien sind in Abbildung 191 aufgeführt.

> Die meisten Konsumenten verfügen nur über eine näherungsweise Kenntnis von Preisen.

Produktkategorie	Prozentsatz von Konsumenten mit Preiskenntnis innerhalb eines 25 %-Fehlerintervalls
Grill und Grillzubehör	44,4 %
Fahrräder	46,7 %
Kameras	47,1 %
Kinderspielzeug	36,4 %
Enzyklopädien	12,5 %
Kühlschränke	38,2 %
Motorräder	25,0 %
Fernsehgeräte	36,7 %
Rasenmäher	23,5 %
* Prozentsatz von Konsumenten mit Preiskenntnis innerhalb eines 25 %-Fehlerintervalls (Fehler = (Tatsächlicher Preis – Geschätzter Preis) / Tatsächlicher Preis)	

Abbildung 191: Preiskenntnis von Konsumenten in ausgewählten Produktkategorien
Quelle: Estelami/De Maeyer, 2004, S. 132 f.

Preisfunktionen

Mit dem Begriff „Preisfunktion" werden die verschiedenen Wirkungen des Preises auf die subjektive Produktbeurteilung bezeichnet. Die übliche Funktion eines Preises wird darin gesehen, dass er das „Opfer" bestimmt, welches der Kunde zu erbringen hat, um in den Besitz eines Produkts und in den Genuss des damit verbundenen Nutzens zu kommen. Diese Funktion wird als **Sacrifice-Effekt** des Preises bezeichnet (Sattler/Rao, 1997, S. 1285; Völckner, 2005a, S. 1). Viele Unternehmen konzentrieren ihre Preisstrategie auf solche Sacrifice-Effekte (Abbildung 192). Mit zunehmendem Preis sinkt die nachgefragte Menge und es ergibt sich eine negative direkte Preiselastizität der Nachfrage. Die Preiselastizität ist ein Maß für die Preissensitivität von Nachfragern und gibt an, um wie viel Prozent die nachgefragte Menge sinkt, wenn der Preis um 1 Prozent erhöht wird. Die negative Wirkung des Preises auf die Nachfrage kann auf zwei Ursachen zurückgeführt werden. Erstens determiniert die Höhe des gezahlten Preises, inwiefern der Kunde auf den Erwerb und den Nutzen anderer Güter verzichtet (Simon, 1992b, S. 3). So muss ein Kunde entscheiden, wie er sein verfügbares Einkommen auf verschiedene Produkte aufteilen möchte. Dem Preis kommt somit eine allokative Rolle zu – er determiniert den so genannten Allokationsnutzen des Kaufs. Zweitens kann ein Preis, der unter (oder über) dem erwarteten Preis liegt, einen Effekt auf die Nachfrage haben, der über den normalen allokativen Effekt des Preises hinausgeht. Dieses Phänomen äußert sich beispielsweise in dem bekannten Schnäppchenjägerverhalten: Der Schnäppchenjäger freut sich nicht nur über das gesparte Geld, sondern entwickelt auch einen regelrecht sportlichen Ehrgeiz, um einen günstigeren Preis als erwartet zu finden. Der Preis determiniert in dieser Situation den so genannten Transaktionsnutzen des Kaufs (Völckner, 2005a, S. 8).

Darüber hinaus besitzt der Preis eine **Informations- bzw. Signalfunktion** (Sattler/Rao, 1997, S. 1285; Abbildung 193). So kann der Preis als Signal hinsichtlich der Qualität eines Produkts fungieren („was teurer ist, ist auch gut"). So mag ein Nachfrager beispielsweise von zwei zur Auswahl stehenden Hotels der gleichen Kategorie das teurere Hotel wählen, weil er mit dem höheren Preis eine bessere Ausstattung und einen besseren Service assoziiert. Der Preis kann auch als Prestigesignal fungieren, z. B. wenn Konsumenten ein teures Hotel in erster Linie deshalb wählen, weil sie der Öffentlichkeit signalisieren möchten, dass sie sich ein besonders hochpreisiges Produkt leisten können. Schließlich kann der Preis auch als konsumenteninternes Signal fungieren, beispielsweise wenn ein teureres Hotel gewählt wird, weil man sich selbst mit einem hochpreisigen Produkt verwöhnen möchte (Narzissmus-Effekt; Völckner, 2005a). Für all diese Fälle ergibt sich eine positive Preiselastizität der Nachfrage. Abbildung 193 zeigt Beispiele für Preisslogans, die spezifische positive Preisfunktionen implizit oder explizit ansprechen.

Obwohl die Preisfunktionen (Abbildung 192) grundsätzlich verschieden sind, werden sie bei Verwendung von Kauf- oder Präferenzdaten zur Messung von Preiseffekten auf die Nachfrage vermischt. Es wird üblicherweise der **Gesamtpreiseffekt** (Summe aus Sacrifice- und Signaling-Effekt) gemessen. In einer Meta-Analyse empirisch gemessener Preiselastizitäten für 367 Produkte stellt Tellis bei ca. 50 dieser Produkte eine positive Preiselastizität fest (Tellis, 1988, S. 337). Geht man davon aus, dass die gemessene Wirkung des Preises auf die Nachfrage (Gesamtpreiseffekt) aus dem Nettoeffekt des Signaling-Effekts des Preises (mit einer positiven Wirkung auf die Nachfrage) und Sacrifice-Effekts des Preises (mit einer negativen Wirkung auf die Nachfrage) besteht, so scheint für diese 50 Produkte der Signaling-Effekt den Sacrifice-Effekt zu dominieren.

Aus praktischer Sicht ist die Separierbarkeit der beiden Preiseffekte von hoher Bedeutung. So kann bei häufig in der Praxis eingesetzten Labor-Instrumenten zur Messung von Preiseffekten auf die Nachfrage, wie z. B. Conjoint-Analysen und Testmarktsimulatoren, überprüft werden, inwiefern es bei diesen Labor-Instrumenten, bei denen vielfach ein

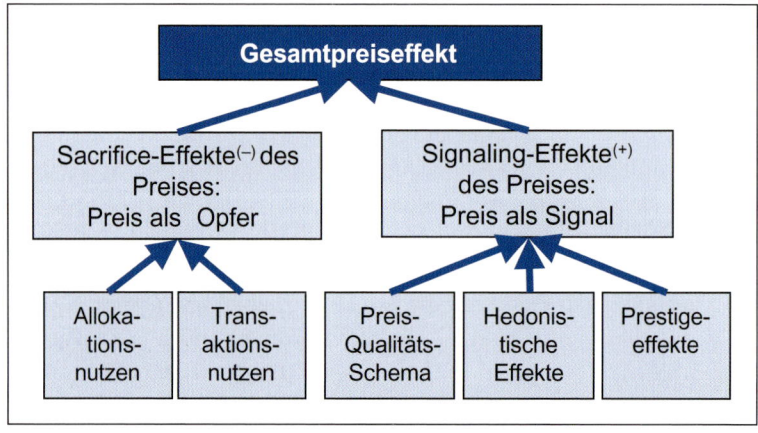

Abbildung 192: Preisfunktionen
Quelle: in Anlehnung an Völckner, 2005a, S. 6.

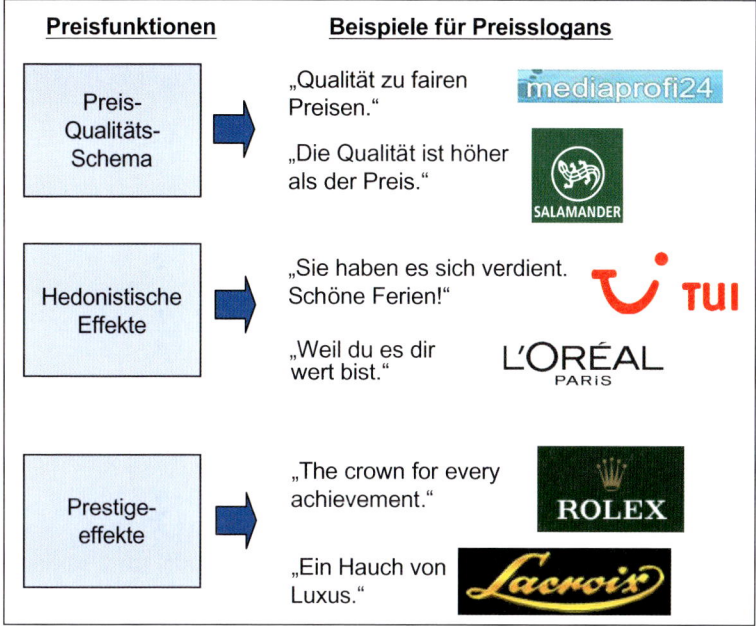

Abbildung 193: Positive Preisfunktionen und Preisslogans

Produktkauf ohne finanzielle Konsequenzen bleibt und damit der Sacrifice-Effekt u. U. nicht oder nur eingeschränkt erfasst wird, zu verzerrten Preiseffektschätzungen kommt. Weiterhin können bei Kenntnis der relativen Stärke der beiden Preiseffekte unterschiedliche preispolitische Gestaltungsmöglichkeiten eingesetzt werden. Ist einem Hersteller z. B. bekannt, dass die Preiselastizität bezüglich der Nachfrage eines angebotenen Produkts (absolut) deutlich durch eine stark ausgeprägte Signalfunktion des Preises gesenkt wird, so sollten dauerhafte Preissenkungen mit einhergehenden Verminderungen der Signalfunktion in jedem Fall vermieden werden.

> Je nachdem, ob die Sacrifice- oder Signalfunktion des Preises dominiert, ergeben sich bei Preiserhöhungen negative oder positive Effekte auf die abgesetzte Menge.

Preisbeurteilung

Wie der Preis bei Kaufentscheidungen beurteilt wird, hängt zunächst von den soeben behandelten Konstrukten **Preisinteresse, Preiskenntnis und Preisfunktionen** ab. Das Preisinteresse steuert, in welchem Maße und welche preisrelevante(n) Information(en) verarbeitet werden. Die Preiskenntnis hat entscheidenden Einfluss darauf, inwiefern Referenzpreise bei der Preisbeurteilung eine Rolle spielen. Je nachdem welche Kenntnisse ein Kunde im Hinblick auf Preise des relevanten Produkts und Preise konkurrierender Produkte hat, werden diese Preise als Referenzpunkte bei der Preisbeurteilung herangezogen. Beispiele für solche Referenzpunkte bilden der zuletzt gezahlte Preis, ein aus ver-

gangenen Erfahrungen abgeleiteter erwarteter Preis oder im Moment des Kaufs recher-
chierte Konkurrenzpreise. Bei der Preisbeurteilung wird dann ein Vergleich zwischen
dem aktuellen Preis und dem Referenzpreis vorgenommen und bewertet. Schließlich
steuern die Preisfunktionen, ob und in welchem Maß sich Preise positiv oder negativ auf
die Nachfrage auswirken.

Hinsichtlich relevanter Preisurteilsmechanismen lassen sich **zwei Typen** unterscheiden
(Abbildung 194). Bei Typ 1 wird der Preis unabhängig und beim Typ 2 in Abhängigkeit
vom Produktnutzen beurteilt. Typ 1 kann z. B. dann relevant werden, wenn ein Trade-off
zwischen Preis und Produktnutzen für zu aufwendig erachtet wird, der Produktnutzen
nicht beurteilt werden kann (z. B. bei hochinnovativen Produkten) oder näherungsweise
gleiche Produktnutzen für die zur Verfügung stehenden Kaufentscheidungsalternativen
vermutet werden. In diesen Fällen bildet sich das Preisurteil ausschließlich anhand abso-
luter Preise oder in Relation zu Referenzpreisen. Beispielsweise kann ein Preis in Höhe von
2000 € für ein neuartiges Navigationssystem als teuer beurteilt werden, weil er das vorhandene Budget sehr stark einschränken würde; gegebenenfalls kommt es zu einem Kauf-
verzicht. Ein Preis von 0,99 € für eine Erdbeerkonfitüre wird hingegen als sehr günstig beurteilt, weil er deutlich unter dem üblichen Preis (Referenzpreis) liegt, und es kommt zu
einem Vorratskauf. Die meisten Kaufentscheidungsprozesse sind jedoch durch einen
Preisurteilsmechanismus des Typs 2 gekennzeichnet. Hierbei können kompensatorische
und nicht-kompensatorische Entscheidungen unterschieden werden (Abbildung 194).
Nicht-kompensatorische Entscheidungen treten häufig in der Form auf, dass ein Mindest-
maß an Produktnutzen unabhängig vom Preis für einen Produktkauf vorhanden sein
muss oder es ab einem bestimmten Preis (dem so genannten Reservationspreis) unabhängig von der Qualität nicht mehr zu einem Kauf kommt. Beispielsweise kann ein Automobil ab einem bestimmten Verbrauchswert (mehr als 10 Liter DIN-Verbrauch pro 100 km)
aus ökologischen Beweggründen auch bei einem sehr niedrigen Preis nicht mehr zum Kauf
in Frage kommen oder aus Liquiditätsgründen ein Preis von mehr als 50 000 € als inakzep-
tabel eingestuft werden, auch wenn es sich um einen Ferrari oder Rolls-Royce handelt. Bei
kompensatorischen Entscheidungen werden hingegen Preis und Produktnutzen gegenein-
ander abgewogen. Bietet z. B. ein bestimmter Hotelanbieter im Vergleich zu unmittelbaren
Wettbewerbern für ein Einzelzimmer eine zentralere Lage und einen Stern mehr an Ausstattung bei einem Mehrpreis von 20 €, so muss ein potenzieller Kunde den zusätzlichen
Produktnutzen infolge der besseren Lage und Ausstattung gegenüber dem Mehrpreis ab-
wägen. Zu beachten ist, dass derartige kompensatorische Entscheidungen mit einer hohen
Urteilskomplexität verbunden sind (Diller, 2000, S. 152 ff.), sodass es vielfach zu Vereinfachungsstrategien bei Kaufentscheidungsträgern kommt, insbesondere in Form nicht-kom-
pensatorischer Entscheidungen (Hartmann, 2004), kompensatorischen Urteilen unter Verwendung weniger Produkteigenschaften (z. B. Trade-offs ausschließlich zwischen Preis
und Marke) oder Entscheidungen des Typ 1 (siehe hierzu auch Kapitel E. 2.).

Preisurteile sind häufig durch Vereinfachungsstrategien charakterisiert mit einem eingeschränkten Trade-off zwischen Preis und Produktnutzen.

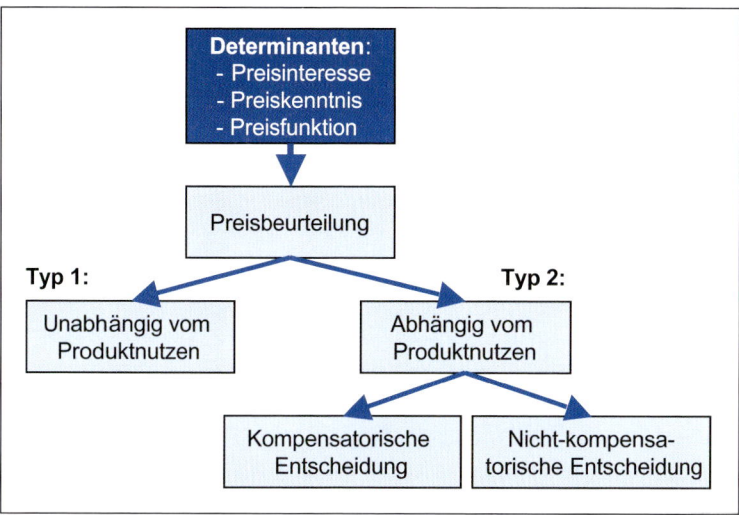

Abbildung 194: Preisbeurteilung

4.3 Preisreaktion messen

Für die Preissetzung von Unternehmen ist die Messung der Preisreaktion unerlässlich. Es geht dabei um die Frage, wie Kunden in ihrem Nachfrageverhalten auf Preise reagieren. Wie in Kapitel E. 4.1 herausgearbeitet, vernachlässigen viele Unternehmen immer noch die Preisresponse und verschenken damit erhebliche Gewinnpotenziale. Dass sich für ein und dasselbe Produkt sehr unterschiedliche Preise am Markt durchsetzen lassen, wird am Beispiel des Preises für eine Flasche Volvic-Mineralwasser deutlich (Abbildung 195).

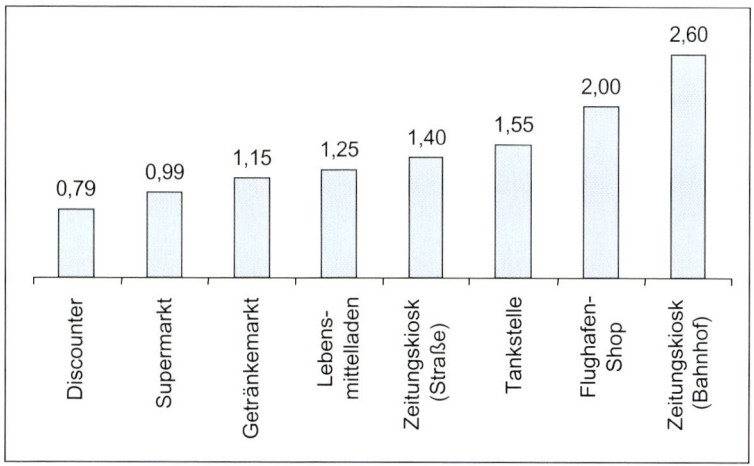

Abbildung 195: Preise (€) für Volvic stilles Mineralwasser,
1,5-Liter-Flasche ohne Pfand

Von besonderer Bedeutung ist die Messung der (maximalen) **Zahlungsbereitschaft** für ein Produkt. Die Zahlungsbereitschaft (synonym auch Maximalpreis, Reservationspreis oder Prohibitivpreis) erfasst, wie viel ein Nachfrager bereit ist, für ein Produkt zu zahlen. Aus Sicht von Unternehmen sollten Preise so gesetzt werden, dass möglichst viele Nachfrager ihre maximale Zahlungsbereitschaft realisieren.

> Zahlt ein Kunde einen geringeren Preis, als seine maximale Zahlungsbereitschaft beträgt, so erzielt er eine so genannte Konsumentenrente. Diese Konsumentenrente ist aus Sicht von Unternehmen so weit wie möglich abzuschöpfen.

Grundvoraussetzung hierfür ist zunächst die Kenntnis der Zahlungsbereitschaft. Dabei müssen verschiedene **Rahmenbedingungen** beachtet werden (Abbildung 196), insbesondere das Verhalten von Wettbewerbern, ggf. zwischengeschalteten Handelsunternehmen, Interaktionen mit anderen Produkten vom gleichen Anbieter, dynamische Effekte, das Ausmaß des Preisinteresses von Kunden sowie die Relevanz verschiedener Preisfunktionen und Preisurteilsmechanismen. Beispielsweise lässt sich die Konsumentenrente dann nicht voll abschöpfen, wenn Wettbewerber gleichwertige Produkte zu einem geringeren Preis anbieten oder der Handel entgegen den Vorstellungen des Herstellers die Preise senkt.

Zur Messung von Zahlungsbereitschaften ist eine Vielzahl von **Instrumenten** entwickelt worden. Die Instrumente lassen sich nach den verwendeten Datenquellen (Expertenschätzungen, Präferenzdaten, Kaufdaten und Kaufangebote) typisieren (Abbildung 196). Die wichtigsten Instrumente sollen im Folgenden dargestellt und beurteilt werden.

Eine sehr einfach zu implementierende Methode sind **Expertenschätzungen**. Beispielsweise können Verkaufsaußendienstmitarbeiter gebeten werden, Zahlungsbereitschaften einzelner Kunden oder typischer Kunden in verschiedenen Nachfragersegmenten oder Regionen direkt zu schätzen. Anstelle von Zahlungsbereitschaften können sich die Schätzungen auch auf zu erwartende Absatzmengen bei alternativen Preisen beziehen. Hierdurch kann ohne eine explizite Zahlungsbereitschaftsermittlung unmittelbar eine Preisabsatzfunktion ermittelt werden. Eine spezielle Form der Expertenschätzung bilden Analogieschlüsse. Ziel ist es hierbei, Zahlungsbereitschaften oder zentrale Parameter von Preisabsatzfunktionen (insbesondere Preiselastizitäten), die für möglichst ähnliche Produkte und Situationen in der Vergangenheit bereits ermittelt worden sind, auf das interessierende Produkt zu übertragen. Das zentrale durch Expertenschätzungen zu lösende Problem besteht in der Identifikation analoger Fälle. Um den hiermit verbundenen Ermessensspielraum zu verringern, kann anstelle der Betrachtung von Einzelfällen eine statistische Untersuchung in Form einer Meta-Analyse vorgenommen werden. Bei einer solchen Analyse werden zunächst möglichst viele zugängliche Daten hinsichtlich des interessierenden Sachverhalts gesammelt, z. B. in wissenschaftlichen Studien empirisch ermittelte Preiselastizitäten. So hat Tellis (1988) für 367 Produkte direkte Preiselastizitäten aus 27 Studien zusammengestellt. Im Mittel ergibt sich ein Wert von −1,76, der prinzipiell für den Analogieschluss verwendet werden könnte. Allerdings streuen die Preiselasti-

zitäten erheblich. Tellis (1988) konnte u. a. eine deutliche Abhängigkeit von der Produktkategorie herausfinden. So ergaben sich die absolut höchsten Preiselastizitäten für Waschmittel mit –2,77 und die geringsten Werte für Pharmazeutika mit –1,12. Verwendet man
für das interessierende Produkt die jeweils relevante Produktkategorie (und die sonstigen
Rahmenbedingungen), so erhält man einen deutlich sichereren Schätzwert als bei Verwendung des Gesamtmittelwerts oder eines subjektiv geschätzten Werts.

Insgesamt zeichnen sich Expertenschätzungen durch eine sehr einfache, schnelle, kosten-
günstige und breite (sowohl für neue als auch für etablierte Produkte) Anwendbarkeit
aus. Diese Vorteile werden durch erhebliche Validitätsprobleme (insbesondere infolge
mangelnder Reliabilität) erkauft. Die Probleme lassen sich durch Einbezug einer Vielzahl
von Experten, Expertentechniken (z. B. Delphi-Prognosen: Brockhoff, 1977) und statistische Analysemethoden (z. B. Meta-Analysen) vermindern.

Einen weiteren Ansatz zur Messung von Zahlungsbereitschaften stellen **Präferenzdaten**
dar (Abbildung 196). Sie lassen sich in direkte und indirekte Preisabfragen unterteilen.

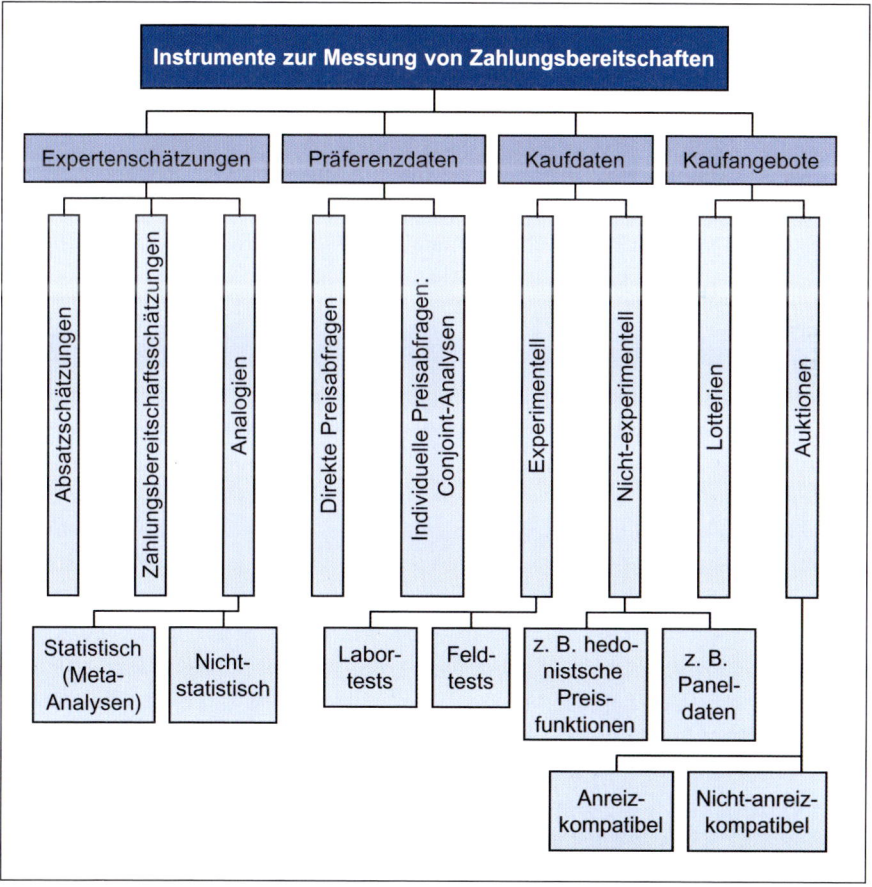

Abbildung 196: Messung von Zahlungsbereitschaften

Die **direkte Preisbefragung** kommt in unterschiedlichen Varianten vor, zum Beispiel in Form einer direkten Frage nach der maximalen Zahlungsbereitschaft (Sattler/Nitschke, 2003), der Vorlage unterschiedlicher Preise für das gleiche Produkt, verbunden mit der Frage, bis zu welchem Preis das Produkt noch gekauft werden würde (Gabor/Granger, 1966) oder der Erfragung der Preisbedeutung in Relation zu anderen Produkteigenschaften innerhalb so genannter Self-explicated-Modelle (Srinivasan, 1988). Bei der **indirekten Preisabfrage** werden typischerweise Conjoint-Analysen eingesetzt (siehe hierzu genauer Kapitel C. 3.4). Besonders geeignet sind hierbei wahlbasierte Conjoint-Analysen (Nitschke/Sattler, 2005). Die Aufgabe der Befragten besteht darin, eine Wahlentscheidung zwischen alternativen Produktkonzepten vorzunehmen, die sich systematisch hinsichtlich Preis und anderer Produkteigenschaften unterscheiden. Zur Ableitung der Zahlungsbereitschaft muss eine bestimmte Annahme zum Wahlverhalten der Befragten getroffen werden (Nitschke/Sattler, 2005).

Direkte Preisabfragen erfordern ein deutlich geringeres Methoden-Know-how als Conjoint-Analysen. Zeit- und Kostenaspekte werden in erster Linie durch die zu erhebende Stichprobe determiniert und sind (mit Ausnahme der aufwendigeren Auswertungen bei Conjoint-Analysen) bei beiden Methoden auf einem vergleichbaren Niveau anzusetzen. Was Validitätsaspekte anbelangt, so sind zumindest aus theoretischer Sicht erhebliche Zweifel gegenüber der direkten Preisabfrage geäußert worden (Simon, 1992 b, S. 116). Demgegenüber wird Conjoint-Analysen eine höhere Validität attestiert, z. B. infolge der höheren Ähnlichkeit zu realen Kaufentscheidungen (Simon, 1992 b, S. 116 ff.). Allerdings konnte zumindest bei den nicht-wahlbasierten Conjoint-Analysen eine solche Überlegenheit von der umfangreichen empirischen Forschung bisher nicht eindeutig nachgewiesen werden (Sattler/Hensel-Börner, 2000, S. 127 ff.; Sattler/Nitschke, 2003).

Häufig werden auch **Kaufdaten** zur Ermittlung von Zahlungsbereitschaften genutzt. Hierbei wird z. B. über Panelerhebungen (siehe hierzu genauer Kapitel C. 2.6) beobachtet, zu welchen Preisen Produkte gekauft werden. Solche Instrumente weisen den Vorteil auf, dass tatsächliche Käufe erfasst werden. Im Gegensatz zu den beschriebenen Präferenzdaten, bei denen die ermittelten Zahlungsbereitschaften auf hypothetischen Äußerungen beruhen, sind Kaufdaten mit unmittelbaren finanziellen Konsequenzen verbunden. Dadurch wird ein so genannter „Hypothetical Bias" vermieden (Völckner, 2005 b). Die Erhebung kann experimentell oder nicht-experimentell vorgenommen werden (siehe hierzu allgemein Kapitel C. 2.5). Bei entsprechenden **Experimenten** werden Produkte zu systematisch variierten Preisen zum Kauf angeboten. Ein Beispiel für ein Feldexperiment ist in Abbildung 197 dargestellt. Hierbei wurden in verschiedenen Supermärkten Orangen zu sieben verschiedenen Preisen zum Kauf angeboten und die entsprechenden Absatzmengen erfasst (Green/Tull, 1982, S. 603). Die Preise wurden systematisch über Geschäfte und Wochen hinweg variiert. Die sich ergebenden durchschnittlichen Absatzzahlen der sieben Preise lassen sich zur Ermittlung von Preisabsatzfunktionen verwenden. In dem vorliegenden Fall gelingt über die so genannte Gutenberg-Preisabsatzfunktion eine etwas bessere Anpassung an die beobachteten Daten als über eine lineare Funktion (Abbildung 197). In Laborexperimenten wird den Probanden häufig ein be-

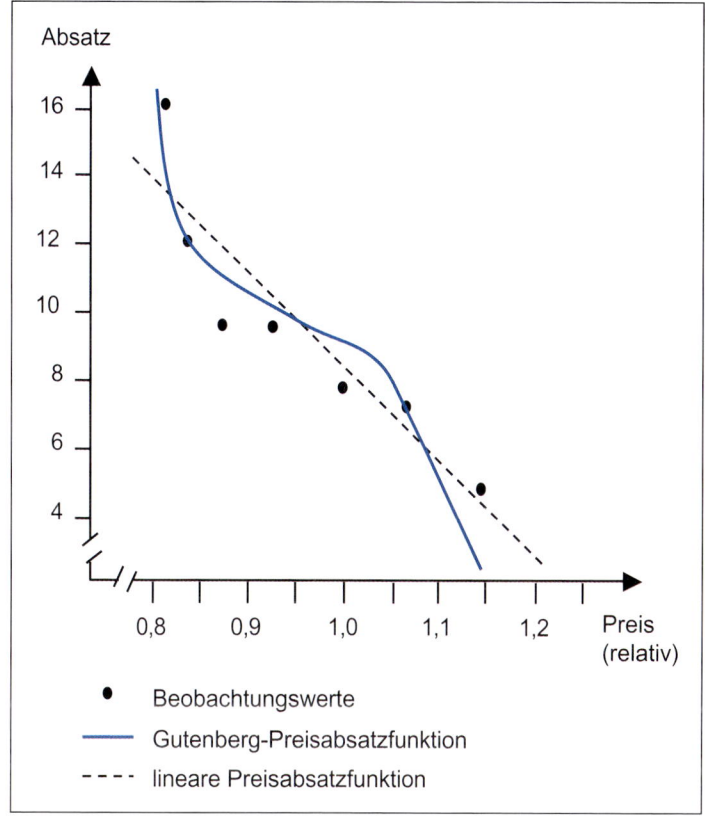

Abbildung 197: Preisabsatzfunktionen auf Basis eines Feldexperiments
Quelle: Green/Tull, 1982, S. 603.

stimmter Geldbetrag ausgehändigt, mit dem sie Produkte zu verschiedenen Preisen erwerben können. Um Anreizkompatibilität zu gewährleisten, ist es wichtig, dass nicht verbrauchte Geldbeträge von den Probanden behalten werden können und das Budget überschreitende Beträge von den Versuchspersonen aus eigener Tasche bezahlt werden. Grundsätzlich gilt, dass die bei Laborexperimenten im Vergleich zu Feldexperimenten bessere Kontrollierbarkeit externer Faktoren wie z. B. Einflüsse von Konkurrenzmaßnahmen durch einen geringeren Realitätsbezug erkauft wird.

Experimente erfordern typischerweise ein hohes Methoden-Know-how, einen (in Abhängigkeit von realen Kaufzyklen) erheblichen Zeitaufwand und verursachen insbesondere sehr hohe Kosten. Als Folge hiervon werden Preisexperimente mit Kaufdaten in der Praxis relativ selten eingesetzt. Allerdings ist – je nach Experimentaldesign – die Validität als hoch einzustufen.

Nicht-experimentelle Kaufdaten liegen in Unternehmen sehr weit verbreitet in Form von Paneldaten vor. Ein entsprechendes Beispiel für eine deutsche Premium-Biermarke ist in Abbildung 198 verdeutlicht. Die mehreren Tausend Datenpunkte wurden über ein Verbraucherpanel ermittelt. Über die Daten lassen sich wiederum Preisabsatzfunktionen bestimmen. Im vorliegenden Fall erzielt eine multiplikative Preisabsatzfunktion die beste Anpassung an die Datenpunkte. Bei Verwendung eines nicht-experimentellen Untersuchungsdesigns ist allerdings nicht sichergestellt, inwiefern die beobachteten Variationen der Kaufmengen kausal auf den Preis oder auf andere nicht kontrollierte Faktoren zurückzuführen sind. Zudem tritt typischerweise das Problem auf, dass die zugrunde gelegten Preise eine nur geringe Varianz aufweisen und somit nur sehr eingeschränkt Aussagen zur Zahlungsbereitschaft möglich sind (Skiera/Revenstorff, 1999, S. 224). Weiterhin ist eine Anwendung für Neuprodukte nicht möglich. Dem gegenüber steht ein geringer Kosten- und Zeitaufwand. Das erforderliche Methoden-Know-how zur Analyse von Paneldaten ist nicht unerheblich.

Schließlich besteht ein weiterer Ansatz darin, Befragten **Kaufangebote** zu offerieren. Wesentliche Formen hiervon bilden Auktionen und Lotterien (Abbildung 196). Bei **Auktionen** können anreizkompatible und nicht-anreizkompatible Formen unterschieden werden. Anreizkompatibel bedeutet, dass den Probanden ein Anreiz geboten wird, ihre tatsächliche Zahlungsbereitschaft zu offenbaren, was grundsätzlich die Validität erhöht. Ein solcher Anreiz wird bei **Vickrey-Auktionen** geboten (Skiera/Revenstorff, 1999, S. 225 f.; Vickrey, 1961, S. 20 ff.). Bei dieser Auktionsform werden von allen Bietern gleich-

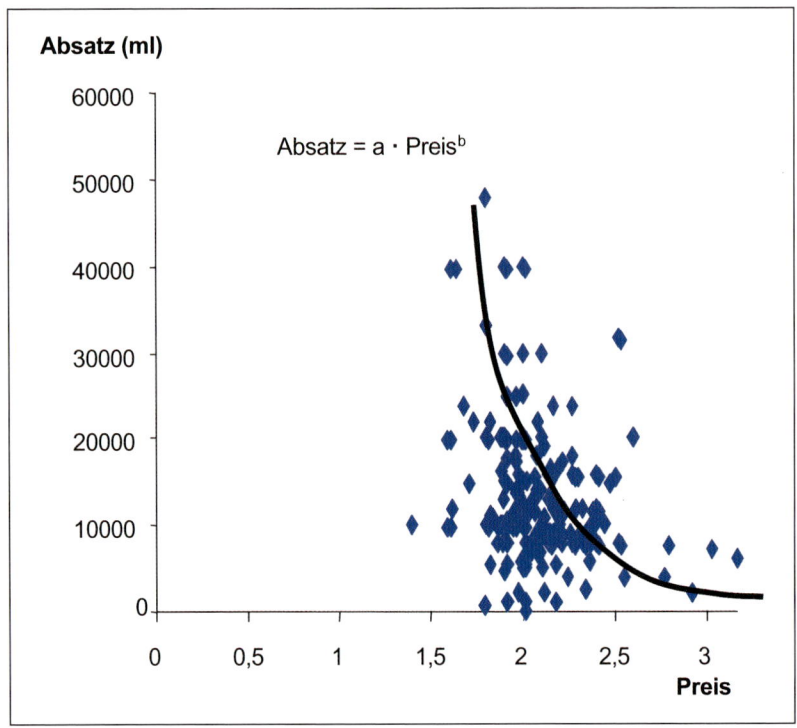

Abbildung 198: Preis-Absatz-Daten für eine Biermarke auf Basis
nicht-experimenteller Scanner-Paneldaten

zeitig verdeckte Gebote abgegeben. Den Zuschlag erhält die Person mit dem höchsten Gebot, wobei der Kaufpreis dem zweithöchsten Gebot entspricht. Erste empirische Befunde von Skiera und Revenstorff (1999) deuten auf eine hohe Validität dieses Instruments hin. Bislang gibt es im Marketing jedoch nur sehr wenige Anwendungen im Bereich der Ermittlung von Zahlungsbereitschaften, im Gegensatz zu nicht-anreizkompatiblen Formen von Auktionen, wie z. B. Höchstpreisauktionen, Englische Auktionen (z. B. implementiert bei der Auktionsplattform ebay) oder Holländische Auktionen (Skiera, 1999, S. 163 und die dort angegebene Literatur). Diese Formen sind im Gegensatz zu Vickrey-Auktion in der Praxis weit verbreitet, insbesondere im Internet.

Als Variante der Offerierung von Kaufangeboten werden neben Auktionen auch spezifische Lotterien eingesetzt, insbesondere gemäß einem Vorschlag von Becker, DeGroot und Marschak (1964), dem so genannten **BDM-Verfahren**. Die grundsätzliche Idee geht bis in die Zeit von Johann Wolfgang Goethe zurück (Abbildung 199; Wertenbroch/Skiera, 2002).

Am 16. Januar **1797** schrieb **Johann Wolfgang von Goethe** an den Verleger Vieweg:

„[. . .] Ich bin geneigt Herrn Vieweg in Berlin ein episches Gedicht **Hermann und Dorothea** das ohngefähr zweitausend Hexameter stark seyn wird zum Verlag zu überlassen.

[. . .] Was das **Honorar** betrifft so stelle ich Herrn Oberkonsistorialrath Böttiger ein versiegeltes Billet zu, worinn meine Forderung enthalten ist und erwarte was Herr Vieweg mir für meine Arbeit anbieten zu können glaubt. **Ist sein Anerbieten geringer als meine Forderung, so nehme ich meinen versiegelten Zettel uneröffnet zurück, und die Negotiation zerschlägt sich, ist es höher, so verlange ich nicht mehr als in dem, als dann von Herrn Oberkonsistorialrath zu eröffnenden Zettel verzeichnet ist."**

Abbildung 199: Eine alte Idee ...
Quelle: http://www.goethezeitportal.de

Der Proband gibt beim BDM-Verfahren zunächst gemäß einer direkten Preisbefragung seine Zahlungsbereitschaft für ein Produkt an. In einem zweiten Schritt wird dann über eine „Lotterie" zufällig ein Preis gezogen. Liegt der Preis unterhalb der angegebenen Zahlungsbereitschaft, so müssen die Auskunftspersonen in Analogie zur Vickrey-Auktion das Produkt zu dem zufällig ermittelten Preis kaufen. Liegt der Preis oberhalb der Zahlungsbereitschaft, so besteht keine Kaufmöglichkeit. Wie die Vickrey-Auktion ist auch dieses Instrument anreizkompatibel, da es die beste Strategie ist, seine tatsächliche Zahlungsbereitschaft aufzudecken. Während im Bereich der verhaltenswissenschaftlichen Entscheidungstheorie verschiedene Anwendungen dieses Instruments bekannt sind (z. B. Wertenbroch, 1998), ist es im Bereich der Marktforschungspraxis bisher nicht verbreitet. In der bisher einzigen vergleichenden empirischen Untersuchung ermitteln Wertenbroch und Skiera (2002) eine Überlegenheit dieser Lotterieform gegenüber direkten Preisbefragungen.

Insbesondere bei Kaufangeboten mit anreizkompatiblen Mechanismen ist von einer hohen Validität auszugehen. In einer großzahligen empirischen Untersuchung zeigt dies

Schäfers (2004) für die Vickrey-Auktion und die im Internet oftmals eingesetzte Englische Auktion mit Bietagenten. Ein Problem besteht allerdings darin, dass die Probanden einen Mindestbedarf an den untersuchten Produkten haben müssen, da sonst die Zahlungsbereitschaften unterschätzt werden (Völckner, 2006). Zudem muss bei Auktionen, nicht jedoch bei BDM-Verfahren, eine größere Menge an Probanden gleichzeitig verfügbar sein. Diese Punkte schränken die Anwendbarkeit der Verfahren ein. Darüber hinaus sind Neuprodukte nur sehr eingeschränkt testbar. Methoden-Know-how sowie Kosten- und Zeiterfordernisse sind als mittel bis hoch einzustufen.

Eine zusammenfassende Bewertung der erörterten Methoden zur Messung von Zahlungsbereitschaften findet sich in Abbildung 200. Es zeigt sich:

> Je nach Erfordernissen ergibt sich eine unterschiedliche Eignung der verschiedenen Instrumente zur Messung von Zahlungsbereitschaften. Wegen der zentralen Bedeutung solcher Instrumente für die Preissetzung ist eine besonders sorgfältige Auswahl geboten.

Instrumente	Kriterien				
	Methoden-Know-how	Kosten	Zeit	Anwend-barkeit	Validität
Experten-schätzungen	gering	gering	gering	breit	gering
Direkte Preisabfragen	gering	mittel bis hoch	mittel bis hoch	breit	mittel
Indirekte Preis-abfragen (Conjoint-Analysen)	hoch	mittel bis hoch	mittel bis hoch	breit	mittel bis hoch
Experimentelle Kaufdaten	hoch	sehr hoch	hoch	mittel	hoch
Nicht-experimentelle Kaufdaten	hoch	niedrig	niedrig	eng	gering bis mittel
Kaufangebote	hoch	mittel bis hoch	mittel bis hoch	mittel	hoch

Abbildung 200: Vergleich von Instrumenten zur Messung von Zahlungsbereitschaften
Quelle: in Anlehnung an Völckner, 2005 b.

4.4 Preise setzen

Die Preissetzung hat – im Gegensatz zu anderen Marketing-Mix-Instrumenten wie insbesondere der Produkt- und Kommunikationspolitik – sehr starke kurzfristige Effekte. Empirischen Untersuchungen zufolge ist die kurzfristige Preiselastizität etwa zehn Mal so hoch wie die Werbeelastizität, d. h. eine 1 %ige Änderung des Preises hat eine ca. 10 Mal so hohe relative Wirkung auf den Absatz wie eine 1 %ige Änderung des Werbebudgets (Assmus/Farley, 1984; Tellis, 1988). Diese starken kurzfristigen Effekte der Preispolitik verleiten viele Unternehmen dazu, die Preissetzung vorwiegend als taktisches Instrument zu betrachten. Eine solche Kurzfristorientierung kann jedoch zu schwerwiegenden Fehlentscheidungen führen.

> Grundlage der Preissetzung bildet eine Festlegung der Preisstrategie.

Preisstrategien festlegen

Preisstrategische Entscheidungen umfassen vielfältige Aspekte, von denen die wichtigsten im Folgenden näher betrachtet werden sollen:

- Marktanalysen hinsichtlich Kunden und Wettbewerbern
- Abstimmung mit der Unternehmens- und Marketingstrategie
- Preisimagepositionierung (z. B. Wahl der Preislage: Niedrig-, Mittel- oder Hochpreisstrategie)
- Veränderung von Preisen über die Zeit (z. B. kontinuierlich fallende oder konstante Preise)
- Preisdifferenzierung (unterschiedliche oder einheitliche Preise für ein Produkt)

Um die Preisstrategie zu bestimmen, bedarf es zunächst eingehender **Marktanalysen**. Im Hinblick auf die **Kunden** sind deren Zahlungsbereitschaften zu ermitteln (s. o.). Um nachhaltige strategische Wachstumspotenziale erschließen zu können, müssen die Zahlungsbereitschaften auch bei aussichtsreichen Neuproduktideen erfasst werden, nach Möglichkeit zu einem frühen Zeitpunkt im Produktentwicklungsprozess. Hierzu eignen sich die oben diskutierten Instrumente in unterschiedlichem Maße. Bei der Einführung des Golf V Ende 2003 mit deutlich erhöhten Preisen gegenüber dem Vorgängermodell hatte man a priori offensichtlich die Zahlungsbereitschaft der Kunden überschätzt. Erhebliche Absatz- und Gewinneinbußen waren die Folge.

Die relevanten **Wettbewerber** werden wesentlich durch die anvisierte Preislage (s. u.) bestimmt. Je nach Marktabgrenzung sind unterschiedliche Wettbewerbsformen und -intensitäten relevant (siehe Kapitel E. 4.1). Preispolitische Wettbewerbsreaktionen spielen eine besonders starke Rolle, da solche Reaktionen im Gegensatz zu anderen Marketinginstrumenten unmittelbar erfolgen können. Wettbewerbsinduzierte Preisänderungen sind nicht nur unter taktischen, sondern auch unter strategischen Gesichtspunkten zu sehen.

So können (wettbewerbsbedingte) permanente Preissenkungen das Markenimage nega tiv beeinflussen oder eine langfristige Kostendeckung gefährden. Eine wichtige Entschei dungsunterstützung zur Berücksichtigung von Wettbewerbsreaktionen stellen Marktsi mulationen dar. Als Grundlage hierfür können Präferenzdaten dienen, beispielsweise in Form von Conjoint-Analysen (siehe Kapitel E. 4.3). Auf Basis geschätzter Nutzenwerte für alternative Wettbewerbs- und Preiskonstellationen lassen sich Marktanteils- und (bei Kenntnis von Kosteneffekten) Deckungsbeitragsauswirkungen berechnen (siehe auch das Beispiel in Kapitel E. 4.3).

Preisstrategische Entscheidungen erfordern eine sorgsame **Abstimmung mit der Unter-nehmens- und Marketingstrategie**. Entschließt sich z. B. ein Unternehmen, Produkte in der Premiumpreislage anzubieten, so lassen sich die sehr hohen Preise typischerweise nur dann durchsetzen, wenn der übrige Marketing-Mix hiermit kongruent ist, z. B. im Hin blick auf das Markenimage, die Kommunikationspolitik, die wahrgenommene Produkt qualität und die Distributionskanäle. Auf einer übergeordneten Ebene ist zu klären, ob eine solche Marketingstrategie mit Unternehmensgrundsätzen und finanziellen Erforder nissen kompatibel ist. Besondere Abstimmungsanforderungen ergeben sich, wenn ein Un ternehmen mehrere Produkte anbietet, die nachfragemäßig verbunden sind. Beispiels weise kann eine im Einzelhandel häufig zu beobachtende „Mischkalkulation" sinnvoll sein, bei der einzelne Produkte mit sehr niedrigen Preisen nahe den Einstandskosten ver sehen werden und für andere komplementäre Produkte sehr hohe Preise verlangt werden.

Eine grundsätzliche strategische Entscheidung stellt die **Positionierung im Hinblick auf das Preisimage** dar. Die gebräuchlichsten Positionierungsdimensionen stellen Preis und wahrgenommene Leistung dar. Mögliche Positionierungsformen sind in Abbildung 201 am Beispiel von Sektmarken dargestellt. Die sich ergebenden Preissegmente, z. B. Nied rig-, Mittel- und Hochpreissegmente, werden auch als Preislagen bezeichnet. Weitere Bei spiele sind in Abbildung 202 aufgeführt. Vielfach deckt ein Hersteller mehrere Preislagen mit unterschiedlichen Marken oder Markenvarianten ab (z. B. werden die in Abbil dung 201 aufgeführten Sektmarken alle von der Oetker-Gruppe angeboten). Das Pro duktangebot sollte hierbei einer bestimmten „Preislogik" folgen, etwa mit den Zielen, den Einstieg von Kunden in eine Preis-Leistungsklasse zu bewerkstelligen, den Aufstieg von Kunden in Preislagen zu fördern und den Preisdruck auf hochpreisige Lagen durch Ak tionen in niedrigen Preislagen zu vermindern (Sebastian/Maessen, 2003, S. 60).

Neben den Preis-Leistungs-Dimensionen kann eine Positionierung auch im Hinblick auf Sonderangebote, Rabatt- und Bonuspolitik, Preiswerbung, Preisoptik (z. B. runde Preise wie 800 € versus gebrochene Preise wie 799 €), Preiskonstanz über die Zeit oder Preis garantien erfolgen. Aufgrund der besonderen Preissetzungskompetenz des Handels spie len solche Aspekte eine besondere Rolle bei der Preisimagebildung von Handelsbetrieben (Diller, 2000, S. 469 ff.). So ist z. B. das Preisimage von Media Markt („Wir können nur billig") zentral durch eine Preiskonstanz über die Zeit in Form einer Dauerniedrigpreis strategie geprägt. Die kleinen Preise von Plus zeigen, wie ein Preisimage mittels Preis werbung aufgebaut werden kann. Preisgarantien werden von Fielmann aktiv zur Preis imagebildung genutzt.

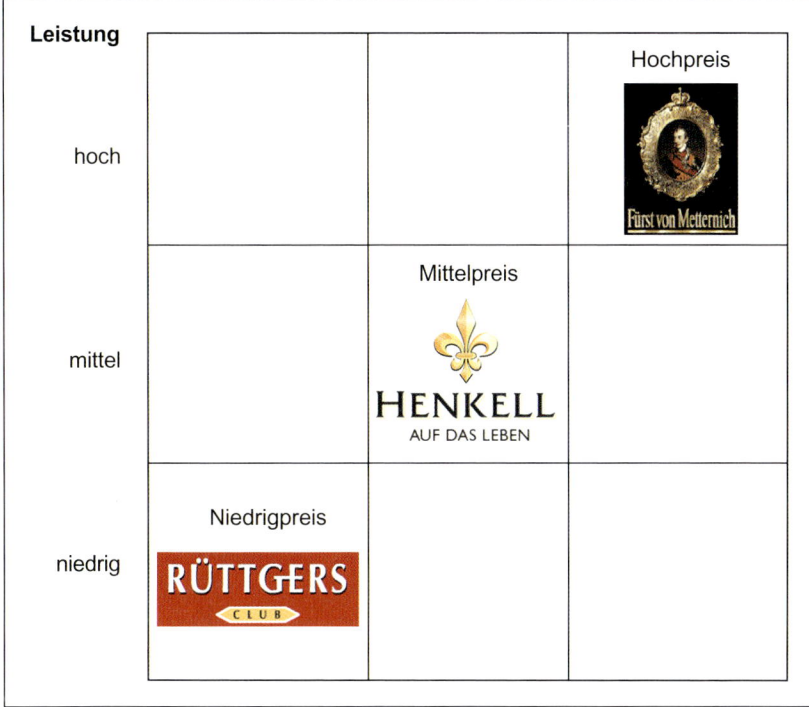

Abbildung 201: Optionen strategischer Preispositionierung

	Niedrigpreislage	Mittelpreislage	Hochpreislage
Beispiel	Seat, Etap-Hotels, Chantré, Sarotti	VW-Golf, Milka, Asbach	BMW, Lindt, Hennessey
Typische Merk-male aus Sicht der Nachfrager	günstiger Preis, hinreichende Qualität, breite Distribution, aktiver Marktauftritt	überdurchschnittliche Qualität, hohe Preis-würdigkeit, breite Anerkennung am Markt	Prestigenutzen, Spitzenqualität, neueste Technik, Seriosität, Design-anspruch

Abbildung 202: Beispiele für Preisimagepositionierungen
Quelle: in Anlehnung an Gierl, 2003, S. 117.

In zeitlicher Hinsicht können Strategien im Hinblick auf **Preisveränderungen** unterschieden werden. Kurzfristige Preisänderungen spielen in Form von Sonderangeboten und anderen Preispromotions eine dominante Rolle (siehe hierzu genauer Kapitel E. 3.). Langfristig werden vom Zeitpunkt der Produkteinführung an insbesondere zwei Strategien
unterschieden (z. B. Simon, 1992 b, S. 293 ff.). Bei der **Skimming-Strategie** wird ein neues
Produkt zu einem relativ hohen Preis eingeführt, der in späteren Perioden dann kontinu-

ierlich gesenkt wird. Eine solche Strategie ist häufig bei hochinnovativen langlebigen Konsumgütern zu beobachten, z. B. Taschenrechnern oder CD-Playern. Die **Penetrationsstrategie** besteht hingegen in der Einführung zu einem relativ niedrigen Preis, der dann langfristig beibehalten oder erhöht wird. Eine Extremform der Penetrationsstrategie besteht in einem Einführungspreis von Null oder nahe Null. Dies kann z. B. für Produkte mit hohen Wechselkosten sinnvoll sein (Shapiro/Varian, 1998, S. 103 ff.). So erbringen Software-Anwender häufig erhebliche Investitionen durch das Vertrautmachen mit dem Produkt. Sind diese Investitionen einmal getätigt, so entstehen beim Wechsel zu einem anderen Anbieter erhebliche Kosten für den Nachfrager. In dieser Phase lassen sich dann (ausgehend von dem sehr niedrigen Einführungspreis) erhebliche Preiserhöhungen durchsetzen. Losgelöst von dem Extremfall eines sehr niedrigen Einführungspreises sprechen verschiedene Argumente für eine Penetrationspreisstrategie (Simon, 1992b, S. 294 f.), u. a. die schnelle Senkung von Stückkosten durch schnelles Absatzwachstum, die Abschreckung potenzieller Konkurrenten vom Markteintritt oder eine erhöhte Kundenbindung. Argumente für eine Skimming-Strategie sind in der Möglichkeit zur Realisierung kurzfristiger Gewinne zu sehen, insbesondere bei Produkten mit einem hohen Obsoleszenzrisiko, wie z. B. Modeartikeln, in der Möglichkeit zur Ausnutzung einer quasi-monopolistischen Marktstellung in der Einführungsphase von echten Innovationen, z. B. bei Medikamenten, oder der Nutzung der Signalfunktion des Preises durch positive Qualitäts- und Prestigesignale (siehe hierzu Kapitel E. 4.2).

Schließlich ist zu entscheiden, ob, in welcher Form und in welchem Ausmaß Preise differenziert werden sollten. Da diese Entscheidungen auch unter operativen Gesichtspunkten zu treffen sind, soll dieser Aspekt in einem gesonderten Abschnitt behandelt werden. Zunächst werden verschiedene Regeln zur operativen Preissetzung betrachtet.

Preise mittels Heuristiken setzen

Aus Gründen einer einfachen Handhabbarkeit oder mangelnden Know-hows haben sich in der Unternehmenspraxis eine Reihe sehr einfacher Heuristiken für die Preissetzung herausgebildet. Hierzu zählt das in Kapitel E. 4.1 beschriebene **Kosten-Plus-Verfahren**, bei dem auf die kalkulierten Stückkosten ein fester Prozentsatz aufgeschlagen wird. Wie beschrieben besteht hierbei das zentrale Problem in der Vernachlässigung der Preisresponse von Nachfragern. Allenfalls wenn sich der Aufschlagssatz an der Preisresponse orientiert, kann dieses Verfahren zu optimalen Preisen führen. Eine Möglichkeit hierzu wird im nächsten Abschnitt erläutert.

Ähnliche Probleme ergeben sich bei anderen kostenorientierten Heuristiken der Preissetzung. In der Praxis werden häufig zur Kalkulation von **Preisuntergrenzen** Kostenüberlegungen angestellt. Oftmals wird argumentiert, dass kurzfristig der Preis nicht unter den variablen Kosten liegen sollte und langfristig nicht unter den Vollkosten. Dabei werden allerdings dynamische Effekte und Verbundbeziehungen zwischen Produkten vernachlässigt. Wie das oben erläuterte Beispiel von Produkten mit hohen Wechselkosten veranschaulicht, kann es sinnvoll sein, Preise temporär deutlich unter den variablen Kosten zu setzen. Gleiches gilt für z. B. komplementär verbundene Produkte. So kann es sinnvoll sein, Handys mit einem Marktpreis von 300 € zum Preis von 0 € anzubieten, wenn daran über langfristige Verträge gekoppelt Verbindungsentgelte für Telefonate mit hohen Deckungsbeiträgen durchgesetzt werden.

> Auch wenn Kosten eine wichtige Determinante der Preisbildung sind, so eignen sie sich nicht als alleinige Kalkulationsgrundlage für die Preissetzung.

Weitere Heuristiken orientieren sich bei der Preissetzung an Benchmarks, z. B. den Preisen von Wettbewerbern, etwa in Form einer gleichförmigen Preispolitik im Verhältnis zum Marktführer oder zum Hauptwettbewerber. Auch hier besteht das gravierendste Problem in der Vernachlässigung der Preisreaktion von Kunden. Im Handel sind vor dem Hintergrund der Vielzahl notwendiger Preisentscheidungen (große Warenhäuser führen mehr als 100 000 Artikel) sehr einfache Heuristiken zu finden, z. B. dass der Preis bzw. der Aufschlag auf den Wareneinstandspreis um so geringer ausfallen sollte, je höher die Umschlagsgeschwindigkeit des Artikels ist oder je stärker die Preiswahrnehmung ist (Simon, 1992b, S. 519). Beide Heuristiken zielen indirekt auf die Preissensitivität von Nachfragern. Es kann typischerweise davon ausgegangen werden, dass sowohl bei einer hohen Umschlagsgeschwindigkeit als auch bei einer starken Preiswahrnehmung die Preisreagibilität hoch ist. Je höher die Preissensitivität ist, desto geringer fällt der Aufschlagssatz auf den Wareneinstandspreis bzw. die Kosten aus. Diese Logik lässt sich auch mittels Marginalanalysen nachweisen.

Preise mittels Marginalanalysen setzen

Grundlage der Preissetzung unter Zuhilfenahme von Marginalanalysen bildet eine zu maximierende Gewinnfunktion:

$$G = U - K = p \cdot q\,(p) - K\,[q\,(p)] \qquad\qquad (E\text{-}1)$$

wobei:

G: Gewinn
U: Umsatz
K: Kosten
p: Preis
q: Absatzmenge

Der Ausdruck q (p) beinhaltet eine bestimmte Preisabsatzfunktion, im einfachsten Fall eine lineare Funktion wie in Abbildung 197 veranschaulicht. Will man die Gewinnfunktion bezüglich des Preises maximieren, so leitet man nach dem Preis p ab und setzt die Ableitung gleich Null:

$$dG/dp = q\,(p) + p \cdot (dq/dp) - (dK/dq) \cdot (dq/dp) = 0 \qquad\qquad (E\text{-}2)$$

Indem man die Gleichung (E-2) mit p/q multipliziert, für die entstehende Preiselastizität der Nachfrage e einsetzt und nach p auflöst, erhält man die so genannte Amoroso-Robinson-Relation:

$$p + (p/q) \cdot (dq/dp) \cdot p \quad K' \cdot (p/q) \cdot (dq/dp) = 0 \qquad \text{(E 3)}$$

$$p + e \cdot p - K' \cdot e = 0 \qquad \text{(E-4)}$$

$$p(1 + e) - K' \cdot e = 0 \qquad \text{(E-5)}$$

$$p = (e / (1 + e)) \cdot K' \qquad \text{(E-6)}$$

wobei:

K': dK/dq = Grenzkosten

e: $(dq/dp) \cdot (p/q)$ = Preiselastizität bezüglich der Absatzmenge

Man erkennt aus Gleichung (E-6), dass sich der gewinnoptimale Preis aus einem elastizitätsabhängigen Aufschlag auf die Grenzkosten ergibt. Je absolut höher die Preiselastizität der Nachfrage (d. h. die Preissensitivität der Kunden) ist, desto geringer ist der Aufschlag. Beispielsweise ergibt sich bei einer Preiselastizität von −2 ein Aufschlagfaktor von 2 und bei einer Preiselastizität von −3 ein Aufschlagfaktor von 1,5. Bei Grenzkosten von z. B. 10 € betragen die optimalen Preise 20 € bzw. 15 €. Wird nach diesen Gesichtspunkten eine Kosten-Plus-Preisbildung vorgenommen, so kann sich eine optimale Preispolitik ergeben.

Als wesentlichen Input benötigt man empirisch gemessene Preiselastizitäten. Hierfür können die in Kapitel E. 4.3 beschriebenen Verfahren eingesetzt werden. Eine Möglichkeit besteht darin, die Preiselastizitäten aus gemessenen Preisabsatzfunktionen abzuleiten. In Abbildung 198 hat z. B. eine multiplikative Funktion die beste Anpassung an die gemessenen Datenpunkte ergeben. Formal lässt sich diese Funktion folgendermaßen darstellen:

$$q = a \cdot p^b \qquad \text{(E-7)}$$

Hierbei stellen a und b empirisch zu schätzende Parameter dar. Die Gleichung (E-7) besitzt die Eigenschaft, dass sich für alle Punkte auf der Preisabsatzfunktion die gleiche Preiselastizität ergibt und unmittelbar dem Parameter b entspricht.

Die Amoroso-Robinson-Relation (E-6) ist allerdings an verschiedene Anwendungsvoraussetzungen gebunden. Da kein Wettbewerb berücksichtigt wird, besitzt sie nur für den Monopolfall und unter bestimmten Voraussetzungen für den Polypolfall (siehe Kapitel E. 4.1) Gültigkeit. Weiterhin werden keine Verbundbeziehungen und dynamischen Effekte berücksichtigt. Ferner ist die Betrachtung auf den Sacrifice-Effekt des Preises beschränkt. Bei deutlichen Signaleffekten des Preises lässt sich die Gleichung (E-6) nicht sinnvoll anwenden.

Die beschriebenen Einschränkungen lassen sich allerdings durch verschiedene Erweiterungen aufheben. Berücksichtigt man **Wettbewerbsreaktionen**, so kann analog zu den Gleichungen (E-1) bis (E-6) vorgegangen werden, wobei jetzt jedoch bei der Ableitung dq/dp die Konkurrenzreaktion berücksichtigt werden muss. Nach einigen Umformungen (Simon, 1992b, S. 206 f.) erhält man als optimalen Preis:

$$p = \frac{\varepsilon + \varsigma\varepsilon_k}{1 + \varepsilon + \varsigma\varepsilon_k} \; K' \qquad \text{(E-8)}$$

wobei:

$\varepsilon_k = (\partial q / \partial \bar{p})\ (\bar{p}/q)$ Kreuzpreiselastizität des betrachteten Produkts bezüglich des Konkurrenzpreises

$\varsigma = (\partial \bar{p} / \partial p)\ (p/\bar{p})$ Reaktionselastizität des Konkurrenzpreises bezüglich des Preises des betrachteten Produkts

Grundsätzlich entspricht (E-8) der Amoroso-Robinson-Relation (E-6), jedoch erweitert um den Term $\varsigma * e_k$. Die Reaktionselastizität gibt an, um wie viel Prozent sich der Konkurrenzpreis ändert, wenn der eigene Preis um ein Prozent geändert wird. Der Konkurrenzpreis kann sich auf den wichtigsten Wettbewerber oder den Durchschnitt der Wettbewerber beziehen. Zur Reaktionselastizität können alternative Hypothesen aufgestellt und auf die Deckungsbeitragswirkungen hin überprüft werden. Die Reaktionselastizitäten lassen sich ebenfalls aus Erfahrungswissen oder Marktbeobachtungen ableiten. Grundsätzlich kann davon ausgegangen werden, dass die Reaktionselastizität gleich oder größer Null ist, d. h. die Wettbewerber reagieren entweder gar nicht oder ziehen in dieselbe Richtung mit. Die Kreuzpreiselastizität gibt an, um wie viel Prozent sich der Absatz des eigenen Produkts (allgemein eines Produkts A) ändert, wenn sich der Preis der Konkurrenz (allgemein eines Produkts B) um 1 % ändert. Zwischen konkurrierenden Produkten ist sie üblicherweise positiv, bei komplementären Produkten hingegen negativ. Die Kreuzpreiselastizität kann analog zur direkten Preiselastizität geschätzt werden, z. B. auf Basis von Scanner-Paneldaten. Bei konkurrierenden Produkten ist somit der optimale Preis typischerweise höher als unter monopolistischen Bedingungen gemäß (E-6). Sind die Reaktionselastizität oder die Kreuzpreiselastizität gleich Null, so entspricht (E-8) unmittelbar (E-6).

Nach dem aufgezeigten Prinzip lässt sich auch ein optimaler Preis unter Berücksichtigung von **Verbundbeziehungen** ermitteln, etwa für den Fall eines Sortimentverbunds (Niehans, 1956; Simon, 1992 b, S. 426 ff.). Zielfunktion ist die Maximierung des Gesamtgewinns eines Sortiments mit n verbundenen Produkten. Durch partielles Differenzieren nach den Preisen $p_1, \ldots, p_n$, nullsetzen und auflösen nach dem Preis des j-ten Produkts erhält man als Optimalpreis:

$$p_j = \frac{\varepsilon_j}{1 + \varepsilon_j} K_j' - \sum_{\substack{i = 1 \\ i \neq j}}^{n} (p_i - K_i') \frac{\varepsilon_{ij}\, q_i}{(1 + \varepsilon_j) q_j} \qquad \text{(E-9)}$$

Neben der Amoroso-Robinson-Relation im ersten Teil von (E-9) ergibt sich ein „Korrekturterm", der die Wirkungen der Verbundbeziehungen quantifiziert. Er setzt sich aus dem Deckungsbeitrag der verbundenen Produkte $p_i - K_i'$, der Kreuzpreiselastizität, der direkten Preiselastizität und den Absatzmengen der Produkte i und j zusammen. Je nach relativer Stärke dieser Effekte und nach dem Vorzeichen der Kreuzpreiselastizität unterscheiden sich die Preise nach (E-9) und (E-6).

Auch **dynamische Effekte** lassen sich bei der Bestimmung von Optimalpreisen mittels Marginalanalysen integrieren (Simon, 1992 b, S. 300 ff.). Im einfachsten Fall ist gegenüber der Amoroso-Robinson-Relation als zusätzlicher Term – neben dem Deckungsbeitrag, den Absatzmengen zu verschiedenen Perioden und einem Diskontierungsfaktor – die dynamische Preiselastizität bei der Ermittlung des optimalen Preises zu berücksichtigen. Letztere erfasst die Wirkung der Preismaßnahme in t auf den Absatz einer zukünftigen Periode in $t + \tau$.

> Mit Marginalanalysen lassen sich sehr effektiv Regeln für die Preissetzung ableiten. Zentrale Einflussgrößen sind die Preisresponse von Nachfragern bzw. die direkte Preiselastizität der Nachfrage, die (Grenz-)Kosten, die Kreuzpreiselastizität, die Preisreaktionselastizität der Konkurrenz und die dynamische Preiselastizität. Die Größen können durch empirische Untersuchungen oder näherungsweise über Erfahrungswissen quantifiziert werden.

Preise differenzieren

Unter Preisdifferenzierung versteht man den Verkauf von (prinzipiell) gleichen Produkten an verschiedene Nachfrager oder Nachfragergruppen zu unterschiedlichen Preisen (z. B. Fassnacht, 2003, S. 486). So wird z. B. ein Liter Bier der Marke König-Pilsener im deutschen Einzelhandel zwischen 0,59 € und 2,19 € bei einem Durchschnittspreis von ca. 1 € verkauft. In Restaurants werden noch deutlich höhere Preise realisiert.

Ziel der Preisdifferenzierung ist es, möglichst viel Konsumentenrente abzuschöpfen. Die Konsumentenrente ist definiert als Differenz zwischen maximaler Zahlungsbereitschaft eines Nachfragers und dem Kaufpreis. Zur Illustration dient folgendes einfache Beispiel: Drei Nachfrager (analog Nachfragergruppen) A, B und C haben unterschiedliche Zahlungsbereitschaften für einen bestimmten Video-on-Demand-Film in Höhe von 5 € (Nachfrager A), 3 € (Nachfrager B) und 1 € (Nachfrager C). Alle drei Konsumenten fragen maximal einen Film nach. Bei einem Verzicht auf Preisdifferenzierung liegt der optimale Preis aus Sicht des Videoanbieters bei 3 €. Bei variablen Kosten in Höhe von 0 € ergibt sich ein Gewinn von 6 € (3 € von A + 3 € von B; C kauft nicht). Bei optimaler Preisdifferenzierung würden hingegen für A ein Preis von 5 €, für B ein Preis von 3 € und für C ein Preis von 1 € verlangt werden, woraus sich ein Gewinn in Höhe von 9 € ergibt. Durch die Preisdifferenzierung kann also in diesem Beispiel der Gewinn um 50 % gegenüber der uniformen Preisbildung gesteigert werden.

Das Grundprinzip der Preisdifferenzierung lässt sich graphisch anhand einer Preisabsatzfunktion darstellen (Abbildung 203). Hierbei wird von einer variablen Nachfragemenge ausgegangen.

> Eine Preisdifferenzierung bietet hohe Gewinnsteigerungspotenziale. Voraussetzungen sind eine valide Messung von Zahlungsbereitschaften und ein wirksamer Mechanismus zur Durchsetzung differenzierter Preise ohne Arbitragemöglichkeit.

Pigou (1960) unterscheidet drei Formen der Preisdifferenzierung. Bei der Differenzierung 1. Grades wird von jedem einzelnen Kunden genau der Preis verlangt, welcher der maximalen Zahlungsbereitschaft entspricht. In den meisten Anwendungsfällen ist diese

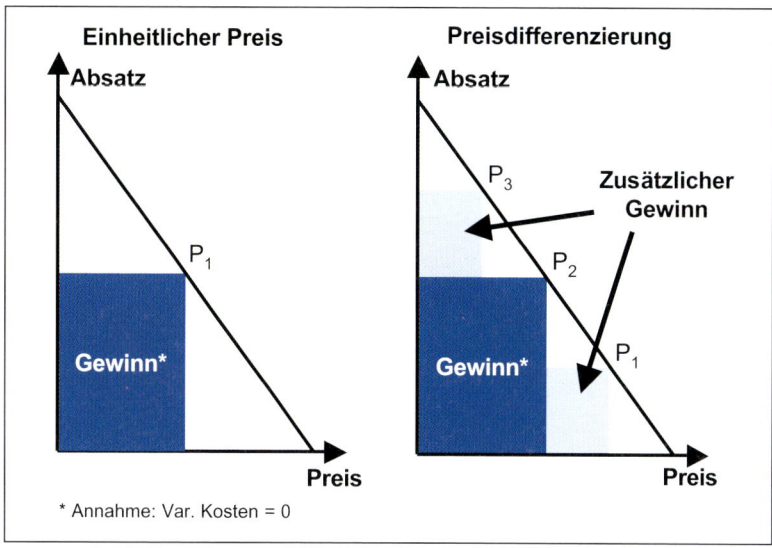

Abbildung 203: Das Grundprinzip der Preisdifferenzierung

Form schon aus Praktikabilitätsgründen nicht sinnvoll anwendbar. Ausnahmen bilden bestimmte Formen von Auktionen sowie Preisverhandlungen ähnlich zu einem orientalischen Basar. Bei der Preisdifferenzierung 2. Grades wird ein Produkt im Hinblick auf unterschiedliche Kundensegmente zu unterschiedlichen Preisen angeboten, wobei die Kunden frei sind, welchem Segment sie sich zuordnen (Selbstselektion des Preises). Beispielsweise bieten Fluggesellschaften Flüge in der Economy, Business und First Class an. Die Preisdifferenzierung 3. Grades nimmt ebenfalls ein segmentbezogenes Angebot unterschiedlicher Preise vor, wobei der Anbieter eine explizite Zuordnung von Preisen und Segmenten vornimmt. Im Unterschied zur Preisdifferenzierung 2. Grades ist eine freie Wahl zwischen den Preissegmenten nicht möglich oder mit erheblichen Kosten verbunden. Ein Beispiel sind unterschiedliche Preise von Kinokarten für Studierende und Rentner. Vorteile der Preisdifferenzierung 2. Grades bilden eine einfache Implementation – auch vor dem Hintergrund, dass keine explizite Zuordnung von Kunden auf Preise notwendig ist – sowie zumeist eine juristische Unbedenklichkeit. Letzteres kann bei der Preisdifferenzierung 3. Grades ein Problem darstellen, wenn Segmente sich diskriminiert fühlen (z. B. höhere Preise für Frauen oder Behinderte).

Typische Beispiele unterschiedlicher Formen der Preisdifferenzierung sind in Abbildung 204 dargestellt. Die Abbildung führt die Vielfalt der Preisdifferenzierung unmittelbar vor Augen (auch Fassnacht, 2003, S. 491 ff.).

> Preisdifferenzierungen werden in der Unternehmenspraxis sehr häufig und in unterschiedlichsten Formen angeboten. Besondere Bedeutung hat die Preisdifferenzierung nach der Kaufmenge.

Form	Beispiel
Nach Personen	• Preise für Jugendliche und Erwachsene bei Sportveranstaltungen • Ehepartner- versus Einzelpersonentarife bei Reisen
Nach Regionen	• Pkw-Preise für unterschiedliche Länder
Nach Zeitpunkten	• Flugpreise zur Haupt- und Nebensaison • Preise für Spitzen- versus Normallast bei Stromversorgern
Nach Leistungs- unterschieden	• Theaterpreise im Parkett versus 1. Rang • Bahnpreise für 1. und 2. Klasse
Nach Produktbündeln	• Komplett- versus Einzelpreis für PC, Monitor und Drucker • Menü- versus Einzelgerichtpreis im Restaurant
Nach Kaufmengen	• Bahncard • Mengenrabatt

Abbildung 204: Formen der Preisdifferenzierung

Das Prinzip der **mengenbezogenen Preisdifferenzierung** soll anhand eines Beispiels illustriert werden. Ein hungriger Professor mit ganz besonderem Appetit auf Hummer geht in ein einsames Restaurant in Maine. Der erste Hummer stiftet ihm einen höheren Nutzen als der zweite, dritte oder vierte, d. h. der Grenznutzen sinkt mit zunehmender Menge. Es besteht eine unterschiedliche Zahlungsbereitschaft für das 1., 2., 3.,... Produkt – eine zentrale Voraussetzung für die mengenbezogene Preisdifferenzierung. In einer solchen Situation sollte das Restaurant einen höheren Preis für den 1. im Vergleich zum 2. oder 4. Hummer fordern, ansonsten könnte der Professor Konsumenten- oder hier speziell „Professorenrente" realisieren. Nimmt man an, dass die Zahlungsbereitschaft des Professors für den 1. Hummer 20 \$, für den zweiten 15 \$, den dritten 5 \$ und den vierten 0 \$ beträgt und die Grenzkosten des Restaurants konstant bei 5 \$ liegen, so lassen sich optimale uniforme und differenzierte Preise berechnen. Der optimale uniforme Preis beträgt 15 \$. In diesem Fall würde der Professor zwei Hummer essen, was zu einem Gewinn von 20 \$ führt. Die optimale Lösung bei differenzierten Preisen beträgt 20 \$, 15 \$ und 5 \$ für den 1., 2. und 3. Hummer, was zu einem Gewinn von 25 \$ führt. Die Preisdifferenzierung ließe sich durch eine Grundgebühr in Höhe von 25 \$ in Verbindung mit einem Preis von 5 \$ pro Hummer realisieren, d. h. einem Angebot „All you can eat" für 25 \$ + 5 \$ pro Hummer, was ebenfalls zu einem Gewinn von 25 \$ führt. Der Professor würde in diesem Fall drei Hummer essen und insgesamt 40 \$ zahlen, was seine maximale Zahlungsbereitschaft gerade noch nicht überschreiten würde. Der Professor geht ohne „Professorenrente" und hoffentlich ohne Eiweißschock nach Hause.

Die Implementierung der mengenbezogenen Preisdifferenzierung kann auch alternativ über Blocktarife (z. B. bis 5 gekaufte Melonen 2 € pro Stück, bei mehr als 5 Melonen 1,50 € pro Stück), Mengenrabatt (z. B. ab 500 € Einkaufssumme 5 % Rabatt), Preispunkte (z. B.

1 Rose für 2 €, 3 Rosen für 5 € und 10 Rosen für 10 €) oder zweiteilige Tarife (z. B. Bahncard) erfolgen. In allen Fällen entstehen je nach abgenommener Menge unterschiedliche Durchschnittspreise, weshalb man auch von nicht-linearer Preisbildung spricht.

Werden differenzierte Preise gesetzt, so muss berücksichtigt werden, dass die Durchführung der Preisdifferenzierung gegenüber einer uniformen Preissetzung typischerweise zusätzliche Kosten verursacht, z. B. für zusätzliche Kommunikationsmaßnahmen, Produktmodifikationen und Marktforschung. Diese Kosten sind den zusätzlichen Erlösen infolge der Preisdifferenzierung gegenüberzustellen und zu optimieren (Fassnacht, 2003, S. 498 ff.).

Eine besondere, in der Praxis häufig eingesetzte Form der Preisdifferenzierung stellt die **Preisbündelung** dar (Priemer, 2003; Simon, 1992 b, S. 442 ff.). Es geht um die Frage, ob man Produkte einzeln anbieten und Einzelpreise fordern oder zu einem Bündel oder Paket zusammenfassen und für dieses einen Gesamtpreis setzen soll. Preisbündelung findet man z. B. bei Pauschalreisen (Flug + Hotel), in Restaurants mit Menüpreisen oder bei Sonderausstattungspaketen von Pkws. Die Bündelung ist vor allem für komplementäre Produkte bedeutsam. Ziel der Preisbündelung ist es, die Konsumentenrente heterogener Kunden besser abschöpfen zu können, als dies ein Verkauf zu Einzelpreisen zuließe.

5. Distributionsentscheidungen treffen

5.1 Grundlagen der Distributionsentscheidungen kennen

Der Distributions-Mix umfasst alle betrieblichen Entscheidungen und Handlungen, die im Zusammenhang mit dem Weg von Produkten bzw. Dienstleistungen zum Kunden stehen. Distributionspolitische Entscheidungen sind für ein Unternehmen äußerst kritisch. In der Regel dauert der Aufbau eines Distributionssystems viele Jahre und es kann nicht ohne weiteres verändert bzw. gewechselt werden. So erfordert z. B. der Wechsel vom Absatz über den selbständigen Handel zum Absatz über eigene Verkaufsstätten zunächst den Aufbau eigener Vertriebsstellen. Auch ist zu berücksichtigen, dass die gewählten Distributionskanäle einen ganz wesentlichen Einfluss auf alle anderen Marketingentscheidungen des Unternehmens haben. Wird ein Produkt z. B. exklusiv über Fachgeschäfte verkauft, so erfordert dies eine andere Produkt-, Preis- und Kommunikationspolitik als der Absatz über Supermärkte (z. B. Nieschlag/Dichtl/Hörschgen, 2002, S. 880 ff.).

> Entscheidungen über das Distributionssystem sind immer auch unter dem Gesichtspunkt der strategischen Planung zu sehen, da es sich um Entscheidungen handelt, die das Unternehmen mittel- bis langfristig binden.

Bei der Distributionspolitik müssen Entscheidungen über die Absatzwege und die physische Distribution der Produkte (Marketinglogistik) getroffen werden:

Bei der **Absatzwegepolitik** sind die vertikale und die horizontale Struktur der Absatz-kanäle festzulegen. Bei der vertikalen Struktur ist eine Entscheidung über die Länge des Absatzweges zu treffen, d. h. der Hersteller trifft hier eine Auswahl zwischen den Absatzstufen. Damit verbunden ist auch die Frage, ob ein eigenes Vertriebsnetz durch einen Außendienst aufgebaut oder Absatzmittler mit einbezogen werden sollen. D. h. es ist eine Entscheidung darüber zu treffen, ob die Produkte direkt und/oder indirekt vertrieben werden sollen. Bei der horizontalen Struktur des Absatzkanals geht es um die konkrete Auswahl der Absatzmittler innerhalb der ausgewählten Absatzstufen. Es ist die Breite festzulegen, d. h. die Anzahl der auf einer Absatzstufe einzusetzenden Absatzmittler. Außerdem ist die Tiefe zu bestimmen, bei der es um die Art der Absatzmittler (Betriebs-form, -typ) geht. Schließlich sind noch die konkreten vertraglichen Ausgestaltungen Gegenstand der Absatzwegepolitik (z. B. Nieschlag/Dichtl/Hörschgen, 2002, S. 915 ff.).

Die **physische Distribution** betrifft hingegen die physische Übermittlung einer Leistung vom Hersteller zum Endkäufer. Mit der physischen Distribution verbinden sich die Aufgaben der Raum- und Zeitüberbrückung zwischen Produktionsort und -zeit und dem späteren Kauf. Es sind hierbei Fragen der Standortplanung, Lagerhaltung, Kommissionierung, Verpackung und des Transports der Produkte zu klären (z. B. Nieschlag/Dichtl/Hörschgen, 2002, S. 955 ff.).

Auf dem Weg der Güter vom Hersteller zum Endabnehmer ist eine Vielzahl an Aufgaben zu erfüllen, die sich aus der zwischen Hersteller und Endabnehmer bestehenden physischen und kommunikativen Distanz ergeben. Die Distribution hat diese für den Austausch von Gütern und Dienstleistungen notwendigen Aufgaben zu erfüllen. Die wesentlichen Funk-

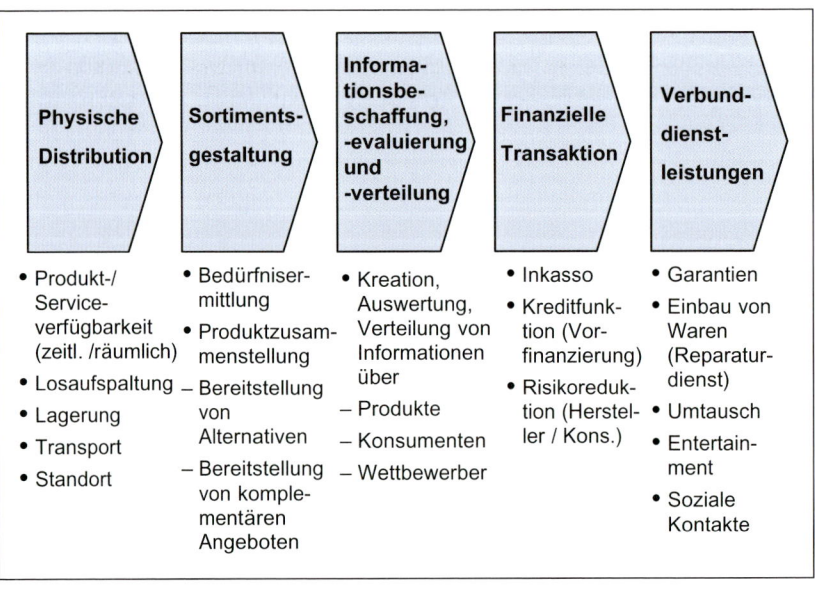

Abbildung 205: Funktionen der Distribution
Quelle: Albers/Peters, 1997, S. 70.

tionen der Distribution sind in Abbildung 205 anhand einer Wertschöpfungskette dargestellt (Albers/Peters, 1997, S. 72 ff.).

Aufgrund der zwischen Hersteller und Endabnehmer bestehenden **physischen Distanz** besteht die offensichtlichste Funktion der Distribution in der Lagerung und Verteilung von Produkten an geographisch weit verstreute Konsumenten. Damit bestimmt sie den zeitlichen und räumlichen Verfügbarkeitsgrad der Produkte.

Im Regelfall möchte der Nachfrager eine möglichst große Auswahl an Produkten an einem Ort vorfinden und die Produkte gebündelt kaufen, um seine Transaktionskosten zu senken. Daraus ergibt sich als weitere Distributionsfunktion die geeignete **Zusammenstellung von Warensortimenten** für bestimmte Konsumentensegmente entsprechend ihrer Bedürfnisse.

Darüber hinaus möchte der Kunde über die verschiedenen zur Auswahl stehenden Produkte informiert und beraten werden, um so ein Produkt zu finden, das seinen individuellen Präferenzen am besten entspricht. Neben dieser **Informations- und Beratungsfunktion** gegenüber den Kunden besteht eine weitere Aufgabe der Distribution darin, Informationen über Konkurrenten und andere relevante Gestaltungskräfte im Marktumfeld zu sammeln und weiterzugeben.

Ferner ist die Organisation und Abwicklung der **Finanzierungs- und Zahlungsflüsse** im Distributionssystem festzulegen, z. B. durch die Vergabe von Lieferanten- und Abnehmerkrediten.

Zur Differenzierung im Wettbewerb ist es schließlich oftmals erforderlich, mit dem Sortiment komplementär verbundene Dienstleistungen anzubieten, z. B. Montage, Wartung, Reparatur oder auch der Umtausch von Ware (**Verbunddienstleistungen**).

Letztlich besteht die Frage nicht darin, ob diese Distributionsfunktionen wahrgenommen werden müssen. Die Frage ist vielmehr, wer sie wahrnehmen soll. Die erläuterten Distributionsfunktionen haben drei Dinge gemeinsam: Sie beanspruchen nur begrenzt vorhandene Ressourcen, lassen sich oft durch höhere Spezialisierung besser erfüllen und der Hersteller kann sie auf Partner im Distributionssystem verlagern (Coughlan et al., 2001, S. 15).

Warum Absatzmittler?

Mit der Übertragung von Distributionsfunktionen an den Zwischenhandel verliert der Hersteller Kontrolle über bestimmte Elemente des Vermarktungsprozesses. Es liegt nicht mehr vollständig in der Hand des Herstellers, wie und an wen seine Produkte verkauft werden. Die Einschaltung der Absatzmittler ist jedoch dadurch gerechtfertigt, dass diese aufgrund ihrer Spezialisierung die jeweiligen Aufgaben effizienter und kostengünstiger wahrnehmen können als der Hersteller selbst. Die Übertragung von Aufgaben an den Zwischenhandel bringt insbesondere die folgenden Vorteile mit sich:

Reduzierung der Kontaktwege: Der Zwischenhandel kann gleichzeitig mehrere Hersteller gegenüber der nächsten Handelsstufe vertreten. Bei einem direkten Vertriebsweg muss jeder Hersteller seine Endkunden selbst erreichen, d. h. es gibt wesentlich mehr Kontakte, die für das Zusammentreffen von Herstellern und Konsumenten notwendig

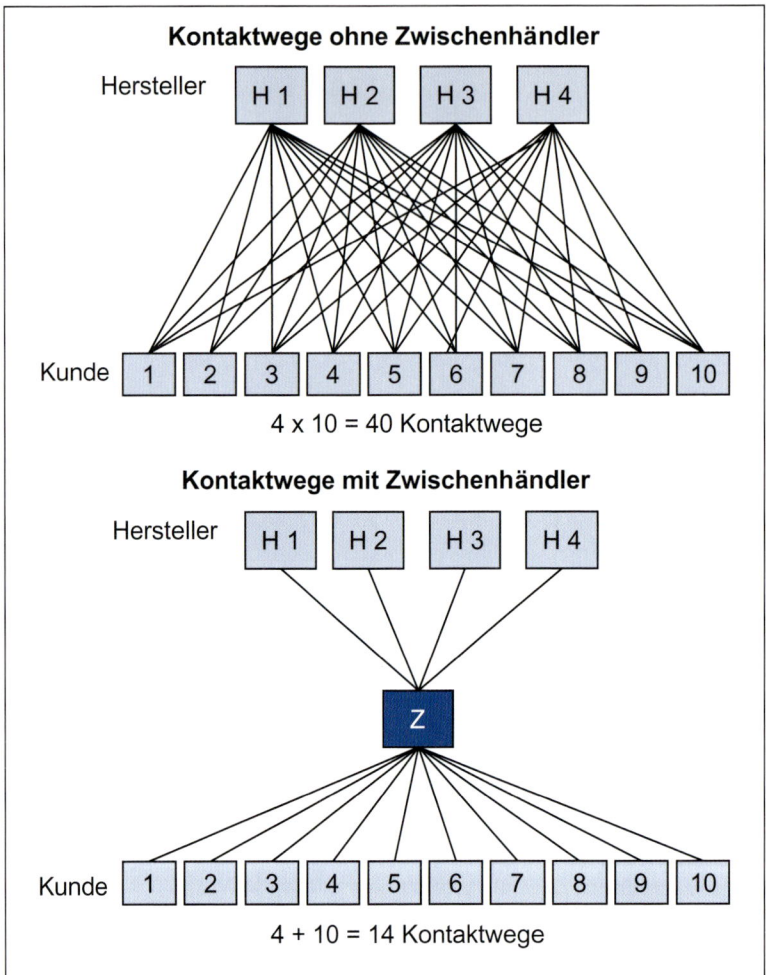

Abbildung 206: Reduzierung von Kontakten durch Zwischenhandel
Quelle: in Anlehnung an Coughlan et al., 2001, S. 8.

sind. Die Einschaltung von Absatzmittlern reduziert den erforderlichen Distributions-aufwand im Gesamtsystem (Abbildung 206).

Höhere **Effizienz bei der Warenverteilung**: Der Zwischenhandel erreicht durch die Zu-sammenfassung des Angebots mehrerer Hersteller in der Regel eine größere Effizienz bei der umfassenden Warenverteilung auf Zielmärkte als ein einzelner Hersteller.

Asymmetrische Informationsverteilung: Der Zwischenhandel verfügt in der Regel über ein größeres Distributions-Know-how als der Hersteller. Auch ist er den Endverbrau-chern zumeist näher und kennt deshalb deren Bedürfnisse besser.

Angebot eines **bedarfsgerechten Warensortiments** (Sortimentsfunktion des Handels): In der Regel wünschen die Endkäufer ein breites Warensortiment in kleinen Mengen. Hersteller bieten jedoch zumeist ein enges Warensortiment in großen Mengen an. Der Zwischenhandel kann die Waren verschiedener Hersteller zu einem bedarfsgerechten Sortiment umstrukturieren, d. h. er überbrückt Ungleichheiten zwischen Herstellerangebot und dem vom Endabnehmer gewünschten Sortiment.

5.2 Strategische Absatzkanalentscheidungen fällen

Bei der Entscheidung über die Absatzwege ist zwischen der Festlegung der vertikalen und der horizontalen Absatzkanalstruktur zu unterscheiden.

> Die vertikale Struktur des Absatzkanals setzt sich aus einer Anzahl von Zwischenhandelsstufen zusammen, die den Hersteller vom Endverbraucher trennen. Art und Anzahl dieser Stufen bestimmen die Länge des Absatzweges.

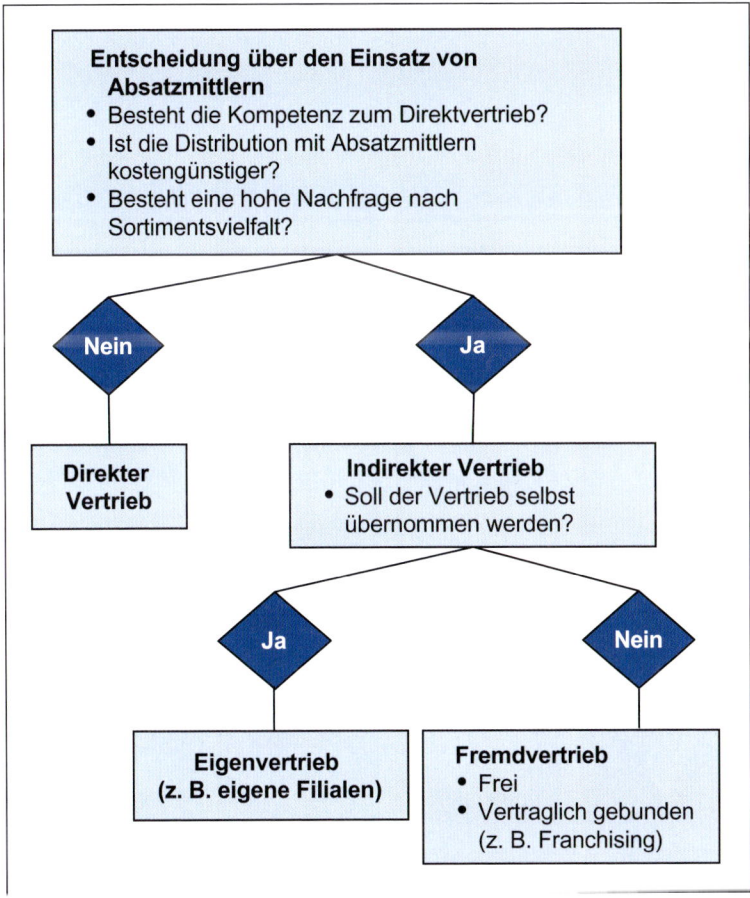

Abbildung 207: Festlegung der vertikalen Absatzkanalstruktur
Quelle: in Anlehnung an Coughlan et al., 2001, S. 111.

Mit der Auswahl der Absatzstufen ist die Frage verbunden, ob die Produkte direkt oder indirekt vertrieben werden sollen. Bei **direktem Vertrieb** verkauft der Hersteller seine Produkte unmittelbar an den Endverbraucher, d.h. es besteht ein direkter Kontakt zwischen Hersteller und Endverbraucher ohne die Zwischenschaltung selbständiger Handelsbetriebe. Bei einem **indirekten Vertrieb** erfolgt hingegen die Einschaltung von Absatzmittlern (Einzel- und/oder Großhändler) in den Absatzkanal. Hierbei kann es sich um eigene (z.B. eigene Filialen) oder um fremde, d.h. rechtlich selbständige Verkaufsorgane handeln. Bei Fremdvertrieb können die wechselseitigen Beziehungen entweder ohne längerfristige gegenseitige Vereinbarungen oder aber vertraglich geregelt sein. Vertragliche Bindungen gewährleisten eine bessere Durchsetzbarkeit der Marketingpolitik des Herstellers im Absatzkanal (Coughlan et al., 2001, S. 112). Auf unterschiedliche vertragliche Bindungen wird später noch eingegangen, wenn es um die Implementierung und das laufende Management der gewählten Absatzkanalstruktur geht. Abbildung 207 gibt einen Überblick zu Optionen bei der Festlegung der vertikalen Absatzkanalstruktur.

Der indirekte Distributionskanal ist entweder „lang" oder „kurz", je nach Anzahl der eingeschalteten Absatzmittler. In Abbildung 208 werden verschiedene Längen von Distribu-

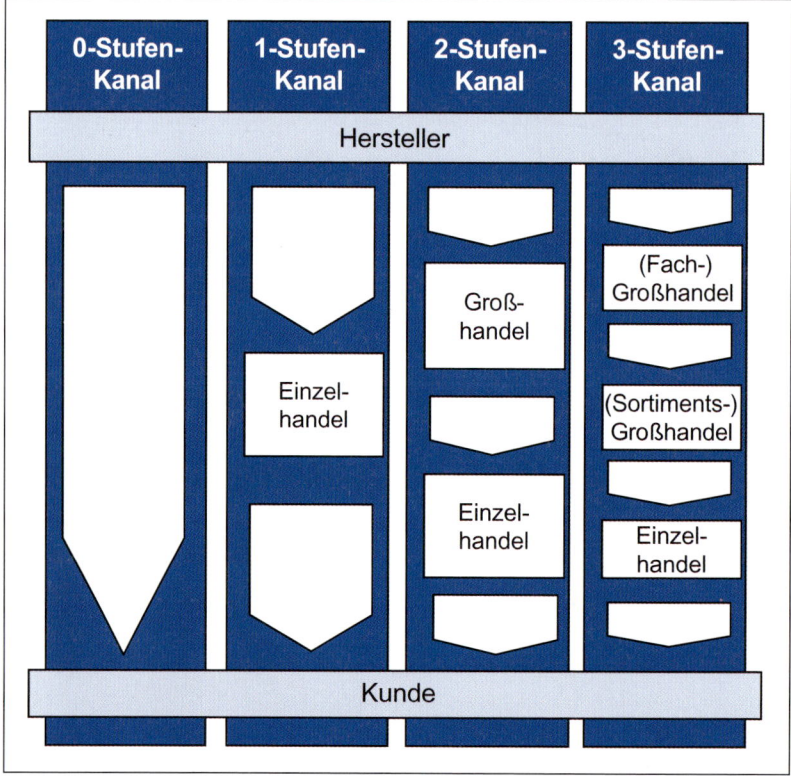

Abbildung 208: Distributionskanäle im Konsumgüterbereich

tionskanälen im Konsumgüterbereich veranschaulicht. Die verschiedenen Distributions-kanäle lassen sich wie folgt kennzeichnen:

Beim **Nullstufenkanal** erfolgt zwischen dem Hersteller und dem Endverbraucher ein un-mittelbarer Kontakt (direkter Vertrieb). Typische Beispiele sind der Hausverkauf durch Vertreter (z. B. Avon) oder der Versandhandel (z. B. Dell oder Quelle).

Sind Hersteller und Endverbraucher durch eine Handelsstufe voneinander getrennt, so liegt ein **Einstufenkanal** vor. Im Konsumgüterbereich ist dies zumeist der (Fach-)Einzel-handel. Der Hersteller knüpft hier also anstelle der Großhändler direkte Kontakte zu den Einzelhändlern. Bestimmte Markenartikler sowie Industriegüterhersteller wählen diesen Absatzweg, um so eine weitgehende Kontrolle über den Weg ihrer Produkte zum End-verbraucher zu haben.

Ein **Zweistufenkanal** liegt vor, wenn Hersteller und Endabnehmer durch zwei Handels-stufen (zumeist Groß- und Einzelhandel) getrennt sind. Insbesondere im Konsumgüter-bereich sind Zweistufenkanäle stark verbreitet.

Beim **Dreistufenkanal** wird zwischen Groß- und Einzelhandel noch eine weitere Han-delsstufe eingeschaltet. Diese Stufe kauft beim (Fach-)Großhandel und verkauft die Ware anschließend an kleinere Einzelhändler weiter. So wird z. B. bei der Vermarktung von Ge-tränken im Lebensmittelhandel z. T. der Getränke-Fachgroßhandel als erste und der Le-bensmittel-Sortimentsgroßhandel als zweite Großhandelsstufe eingesetzt.

> Bei der Entscheidung über die vertikale Absatzkanalstruktur erfolgt eine Auswahl zwischen den Absatzstufen, wodurch die Länge des Absatzweges zwischen Herstel-ler und Endabnehmer festgelegt wird.

Nach der Entscheidung über die vertikale Absatzkanalstruktur erfolgt im zweiten Schritt die Festlegung der **horizontalen Struktur**. Hierbei geht es um die konkrete Auswahl der Absatzmittler innerhalb der einzelnen Absatzstufen, wodurch Breite und Tiefe des Ab-satzkanals festgelegt werden. Die Dimension **Breite** betrifft die Anzahl der auf einer Stufe eingeschalteten Absatzmittler. Die **Tiefe** des Absatzkanals bezieht sich hingegen auf die Art der eingeschalteten Absatzmittler, d. h. sie bezieht sich auf die Anzahl der unter-schiedlichen Handelsbetriebstypen nach Branchen, Betriebsformen usw. Die Tiefe eines Absatzkanals nimmt mit steigender Heterogenität der eingeschalteten Absatzmittler zu.

Nach dem Kriterium der angestrebten Distributionsintensität können Breite und Tiefe auf jeder Handelsstufe nach den folgenden drei **Marktabdeckungsstrategien** festgelegt wer-den (Coughlan et al., 2001, S. 120 f.):

Intensive Distribution (Universalvertrieb) liegt vor, wenn die Anzahl der belieferten Händler keiner erkennbaren quantitativen oder qualitativen Beschränkung unterliegt, sondern lediglich von deren Aufnahmebereitschaft bestimmt wird. Der Hersteller strebt hier einen hohen Distributionsgrad an, d. h. die Produkte sollen möglichst überall erhält-lich sein (Ziel der Ubiquität). Dies trifft beispielsweise auf viele Güter des täglichen Be-darfs wie Schokosnacks, Zeitungen oder Erfrischungsgetränke zu. Insbesondere bei problemlosen Massenwaren mit geringem Kaufrisiko, aber auch bei Impulskaufartikeln kommt es ganz entscheidend darauf an, dass die Konsumenten in möglichst vielen Einkaufsstätten auf das Produkt stoßen. Denn bei fehlender Präsenz ihrer bevorzugten Marke sind Konsumenten bei dieser Art von Produkten schnell bereit, andere Marken auszuprobieren. Für den Hersteller ist dies in zweifacher Hinsicht problematisch: Zum einen wurde die Chance verpasst, etwas zu verkaufen. Zum anderen besteht die Gefahr eines endgültigen Markenwechsels. Das Hauptrisiko einer intensiven Distribution ist darin zu sehen, dass der Hersteller infolge des Vertriebs seiner Produkte in so vielen (und unterschiedlichen) Verkaufsstellen wie möglich die Kontrolle über seine Vermarktungspolitik gänzlich verliert. Qualitätsminderungen, Preisverfall, mangelnde Kooperation zwischen oder innerhalb der Absatzstufen usw. können die Folge sein.

Bei der **selektiven Distribution** wählt der Hersteller die einzuschaltenden Absatzmittler insbesondere nach qualitativen Kriterien aus. Solche Kriterien können z. B. die Geschäftsgröße sowie Geschäftslage der Absatzmittler, Abnahmemenge, die Qualität des Kundendienstes oder bestimmte Merkmale der Marketingaktivitäten (Kooperationsbereitschaft der Absatzmittler, Verzicht auf Lockvogelangebote usw.) sein. Durch eine selektive Distribution versucht der Hersteller sicherzustellen, dass seine Produkte eine ausreichende Präsenz am Markt erreichen, ein „Allerweltscharakter" der Produkte aber vermieden wird. Ein weiteres wesentliches Motiv für den Selektivvertrieb ist darin zu sehen, dass bestimmte Merkmale oder Verhaltensweisen einzelner Händler aus Herstellersicht unerwünschte Wirkungen auf seine Verbraucherzielgruppe haben. So kann es z. B. vorkommen, dass bestimmte Händler ein negatives Einkaufsstättenimage in den Augen der Verbraucher aufweisen, welches wiederum auf das Qualitätsimage der dort angebotenen Produkte abfärben kann. Auch ist zu berücksichtigen, dass bei Gütern des Prestigekonsums eine gewisse Einkaufsstättenexklusivität mit zu den nutzenstiftenden Produkteigenschaften gehört. Schließlich kann ein aggressives preispolitisches Verhalten mancher Händler (z. B. laufende Niedrigpreisangebote, Verwendung von Produkten des Herstellers als Lockvogelangebote) negative Wirkungen für den Hersteller zur Folge haben, beispielsweise eine Verminderung der Preisbereitschaft der Konsumenten oder die Beeinträchtigung von preisabhängigen Qualitätsurteilen. Der selektive Vertrieb lässt sich z. B. bei Elektrogeräten (Unterhaltung, Haushalt) oder bei Bekleidung finden. Beispielsweise vertreiben die Firmen Pierre Cardin und Nike ihre Bekleidungsartikel ausschließlich in Spezialgeschäften.

Ein zentraler Vorteil selektiver Distribution liegt somit in der engeren Bindung der ausgewählten Absatzmittler und in den damit verbundenen besseren Steuerungs- und Kontrollmöglichkeiten des Herstellers. Das Hauptrisiko besteht darin, dass der Markt nicht ausreichend abgedeckt wird. Der Hersteller muss also dafür Sorge tragen, dass der Konsument die Absatzmittler leicht identifizieren kann. Gelingt ihm das nicht, so besteht aufgrund der schlechteren Erhältlichkeit die Gefahr vieler verpasster Verkaufsgelegenheiten.

Die **exklusive Distribution** (Exklusivvertrieb) stellt einen Sonderfall der selektiven Distribution dar, bei dem zur qualitativen noch die quantitative Selektion tritt, d.h. die Absatzmittler werden zusätzlich hinsichtlich ihrer Quantität beschränkt, wie z. B. bei Mont

Blanc Schreibgeräten. Im Extremfall erhält hierbei in jedem Absatzbezirk nur noch ein Händler die Alleinvertriebsberechtigung (so genannte gebietsbezogene Exklusiv-Verträge). Im Gegenzug fordert der Hersteller vom Händler häufig auch eine geschäftliche Exklusivität für seine Produkte, d. h. der Händler darf dann keine Produkte von Konkurrenten des Herstellers führen. Der Hersteller erwartet eine hochmotivierte und qualifizierte Verkaufsunterstützung durch die Händler sowie bessere Kontroll- und Steuerungsmöglichkeiten über Preise, Absatzförderung und Serviceleistungen seiner Distributionspartner. Der Exklusivvertrieb verbessert tendenziell das Produktimage und ermöglicht höhere Handelsspannen. Beispiele für exklusive Distribution finden sich im Automobilhandel in Form von Vertragshändlersystemen (Ford, Honda, Mercedes-Benz oder Volkswagen), im Mineralölhandel oder der Gastronomie.

Die Entscheidung für eine der drei Marktabdeckungsstrategien wird weitgehend durch die Merkmale der vertriebenen Produkte bestimmt (Abbildung 209). So stellen z. B. hohe technische Komplexität und die damit zumeist verbundene Erklärungs-, Wartungs- und Reparaturbedürftigkeit hohe Anforderungen an die Qualifikation der Distributionspartner und verlangen von daher eine sorgfältige Absatzmittlerauswahl nach qualitativen Kriterien. D. h. hochwertige, komplexe und kaufrisikobehaftete Güter des aperiodischen Bedarfs verlangen tendenziell eine selektive Distribution unter der Leitmaxime der Exklusivität. Problemlose Güter des täglichen Bedarfs mit einem geringen Kaufrisiko verlangen hingegen eine maximale Marktabdeckung. Denn hier besteht die Gefahr, dass der Konsument eine andere Marke wählt, wenn er die präferierte Marke nicht am gewünschten Ort oder zum gewünschten Zeitpunkt bekommen kann (Ahlert, 1996, S. 41 ff.).

> Bei der Entscheidung über die horizontale Absatzkanalstruktur erfolgt die Festlegung der Breite (Zahl der Absatzmittler je Stufe: intensive, selektive und exklusive Distribution) und Tiefe des Absatzkanals (Art der Absatzmittler je Stufe nach Betriebsform und -typ).

Schließlich erfolgt mit der Festlegung der **Breite des Distributionssystems** die Entscheidung, auf wie viele parallele Absatzkanäle ein Anbieter gleichzeitig zurückgreifen soll. Bei einem Einkanalsystem verwendet der Anbieter lediglich einen Absatzweg. Ein Beispiel hierfür ist ein Markenartikelhersteller, der seine Produkte ausschließlich über den Einzelhandel vertreibt. Nutzt ein Hersteller hingegen gleichzeitig mehrere Absatzkanäle, so spricht man von einem **Multi-Channel-Distributionssystem** (Schögel, 1997). Beispielsweise vertreiben viele Brauereien ihr Bier sowohl über vertraglich gebundene Gaststätten als auch über den traditionellen Lebensmittelgroß- und -einzelhandel sowie Sonderformen des Einzelhandels, wie z. B. Kioske und Tankstellen. Durch die Hinzunahme zusätzlicher Absatzkanäle versuchen Unternehmen oftmals Kundensegmente zu erreichen, die sie durch die bestehenden Absatzwege nicht oder nur schlecht erreichen (vergrößerte Marktabdeckung). Ein weiteres Ziel kann darin bestehen, die Kosten der Distribution zu bereits existierenden Kundensegmenten zu senken, z. B. durch Händler, die bestimmte Kunden kostengünstig per Telefon erreichen. Schließlich kann ein Unternehmen einen bestimmten Absatzweg auch deshalb hinzufügen, weil dieser durch seine Verkaufsmethode

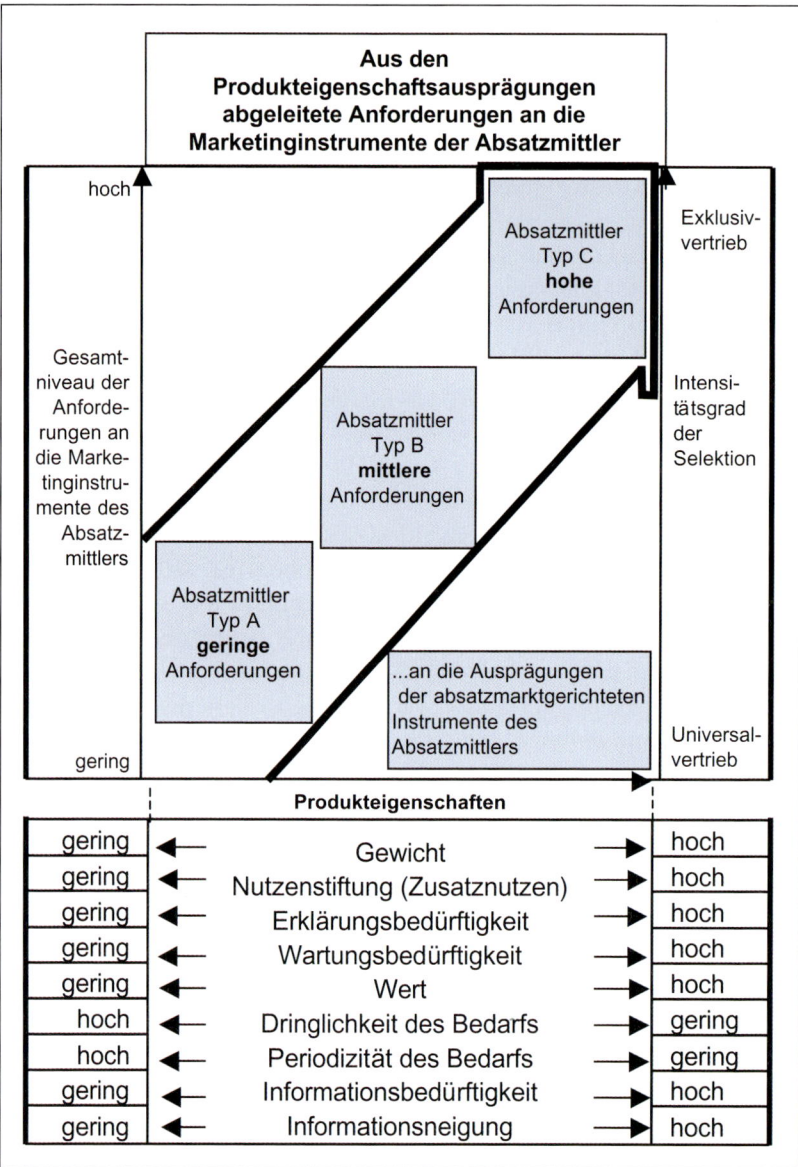

Abbildung 209: Produkteigenschaften und Marktabdeckungsstrategie
Quelle: Ahlert, 1996, S. 45.

den Kundenbedürfnissen besser entspricht als die bisherigen Absatzwege. Insbesondere die zusätzliche Möglichkeit der Vermarktung über das Internet nutzen diverse Computerhersteller, wie z. B. IBM, Hewlett-Packard oder Compaq. Ebenso ist auch die Mode von Esprit neben dem Einzelhandel auch im Internet erhältlich. Durch zusätzliche Absatzkanäle wird allerdings auch das Konfliktpotenzial zwischen den Absatzpartnern erhöht,

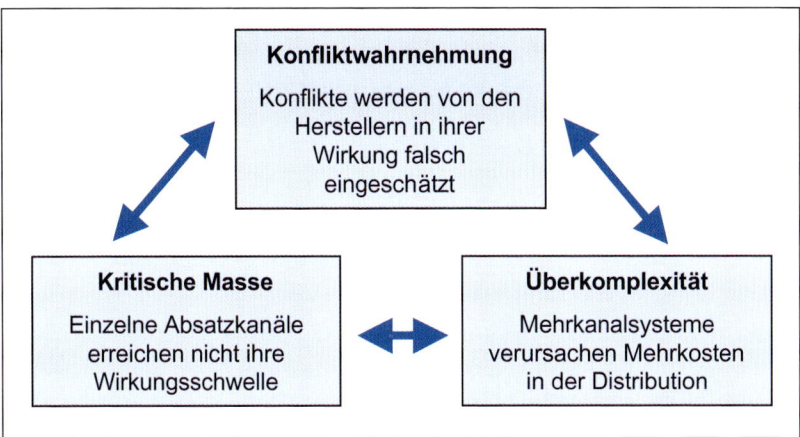

Abbildung 210: Problemkreise im Management von Multi-Channel-Distributionssystemen
Quelle: Schögel, 1997, S. 91.

z. B. wenn mehrere Absatzkanäle um die gleichen Kunden im Wettbewerb stehen. Darüber hinaus wird die Steuerung des Distributionssystems erschwert (Coughlan et al., 2001, S. 123). Abbildung 210 gibt einen Überblick über typische Problemkreise im Management von Multi-Channel-Distributionssystemen. Auch bei einem aktiven Konfliktmanagement kommt es immer wieder zu kontraproduktiven Konfliktwirkungen aufgrund einer mangelhaften oder fehlerhaften Wahrnehmung (z. B. aufgrund divergierender Rolleninterpretationen) einzelner Konfliktsituationen. Die zwangsläufig in einem Multi-Channel-Distributionssystem auftretenden Spannungen zwischen den Absatzkanälen werden falsch eingeschätzt und wirken sich negativ auf die Systemeffizienz aus. Ein weiterer Problemkreis bezieht sich auf das Phänomen der kritischen Masse. Im Kern geht es darum, dass Marketing-Maßnahmen erst ab einer bestimmten Größenordnung erfolgreich sind. Die Hersteller müssen somit für sämtliche Absatzkanäle genügend Ressourcen zur Verfügung stellen, um diese Wirkungsschwelle zu überschreiten. Schließlich können Multi-Channel-Distributionssysteme zusätzliche Kosten verursachen, die nicht nur aus den direkten Aufwendungen für die einzelnen Absatzkanäle, sondern auch aus Überkomplexität entstehen. Überkomplexität meint eine zunehmende Aufgabenvielfalt in der Distribution, die zu Mehrkosten in den Infrastrukturen und der Führung des Multi-Channel-Systems führen kann (Schögel, 1997, S. 91 ff.).

Die Festlegung der Absatzkanalstruktur ist ein hochkomplexes Entscheidungsproblem, bei dem eine Vielzahl von Einflussgrößen zu berücksichtigen ist. Für die Bewertung der grundsätzlich zur Auswahl stehenden Absatzkanalalternativen aus der Sicht des Herstellers können insbesondere die folgenden Entscheidungskriterien relevant werden (Ahlert, 1996, S. 174; Nieschlag/Dichtl/Hörschgen, 2002, S. 923 ff.):

Bei der Entscheidungsfindung sind die **langfristigen absatzkanalspezifischen Gewinnwirkungen** zu berücksichtigen, d. h. einerseits die absatzkanalspezifischen Erträge und andererseits die absatzkanalspezifischen Kosten sowie die Kapitalbindung. Die absatzkanalspezifischen Erträge hängen in erster Linie von dem in dem jeweiligen Absatzkanal erzielbaren Absatzvolumen und den durchschnittlich in diesem Absatzkanal erzielbaren Absatzpreisen ab. Im Hinblick auf die Kosten ist generell festzuhalten, dass die Kosten eines Absatzweges aus Herstellersicht umso höher sind, je direkter die Verbindung zwischen Hersteller und Endabnehmer und je breiter die Distribution ist. Des Weiteren sind die Vertriebskosten beim direkten Vertrieb durch den erforderlichen kostenintensiven Außendienst sehr hoch. Der indirekte Vertrieb ist generell kostengünstiger aufgrund der Funktionsübernahme des Handels. Allerdings muss der Hersteller hier Ertragseinbußen durch die Handelsspanne in Kauf nehmen.

Ferner ist die **Marktpräsenz der Distributionsobjekte** zu betrachten: Zentrale Kennzahlen zur Beschreibung der Marktpräsenz sind die Distributionsdichte und der Distributionsgrad. Die Distributionsdichte erfasst die Anzahl der Einkaufsstätten im Verhältnis zur Bevölkerungszahl oder Fläche eines Absatzgebiets. Der Distributionsgrad beschreibt die Anzahl der Einkaufsstätten im Verhältnis zu den möglichen bzw. vom Hersteller erwünschten oder vom Endverbraucher erwarteten Absatzstellen innerhalb eines Absatzgebiets.

Der **Grad der Funktionserfüllung durch die Mitglieder des Absatzkanals** bestimmt, inwieweit überhaupt Aufgaben an den Zwischenhandel übertragen werden können. Hier sind sowohl der Umfang der angebotenen Distributionsfunktionen (Kundenberatung, Kundendienst, Auslieferung, Werbung, Gewährung von Absatzkrediten, Verkaufsförderungsaktionen, Funktion des qualitativen Ausgleichs, Bereitstellung von Lager- und Verkaufsfläche etc.) als auch die Qualität der Funktionserfüllung zu berücksichtigen.

Je nach Zielsetzung des anbietenden Unternehmens wird die Wahl einer Absatzkanalstruktur maßgeblich vom **Erscheinungsbild der Absatzgüter** in der letzten Stufe des Absatzkanals abhängen, d. h. vom **Image des Absatzkanals** aus Sicht der Endabnehmer. Ein Fit zwischen Produkt und Absatzkanal ist gerade bei qualitativ hochwertigen Produkten wichtig.

Ein weiteres Kriterium stellt die **Flexibilität des Absatzkanals** dar. Hierunter fallen die Aufbaudauer des Absatzkanals sowie die Anpassungsfähigkeit und -willigkeit der Absatzmittler an Strategieänderungen des Herstellers. Sofern keine längerfristigen vertraglichen Vereinbarungen bestehen, können die eingeschalteten Absatzmittler bei indirekten Vertriebswegen prinzipiell relativ leicht ausgetauscht werden. Allerdings müssen dann auch neue akquiriert werden. Bei direktem Vertrieb müssen Mitarbeiterwechsel dagegen unter Beachtung der personalrechtlichen Bestimmungen vollzogen werden. Im Vergleich zum Vertrieb über Handelsbetriebe dürfte der direkte Vertrieb aber mit einer besseren Anpassungsfähigkeit der (eigenen) Mitarbeiter an neue Marketingkonzepte verbunden sein.

Je nach Zielsetzung des Herstellers wird die Entscheidung für einen bestimmten Absatzweg entscheidend davon abhängen, inwieweit die Marketingaktivitäten der Absatzmittler **beeinflusst und kontrolliert** werden können. Dabei spielt auch die Kooperationsbereitschaft und -fähigkeit der Absatzmittler eine maßgebliche Rolle, z. B. die Bereitschaft der Absatzmittler zur Verhaltensabstimmung, zur Übernahme von Garantie-, Pflege-, Kundendienstleistungen usw. Generell gilt, dass die Möglichkeiten der Einflussnahme bei direkten Absatzwegen aufgrund des kürzeren und ungestörten Informationsflusses höher sind als beim indirekten Vertrieb.

Des Weiteren ist eine Reihe von **Unternehmensmerkmalen** zu berücksichtigen. Die finanziellen Mittel und das distributionspolitische Know-how bestimmen, welche Distributionsfunktionen das anbietende Unternehmen selbst übernehmen kann und welche es an Distributionspartner übertragen kann. Eine hohe Finanzkraft begünstigt betriebseigene oder gebundene Absatzsysteme sowie direkte Absatzwege. Eine geringe Finanzkraft zwingt dagegen zu einer weitgehenden Übertragung der vielfältigen Distributionsfunktionen auf Handelsbetriebe. Zudem ist die Breite und Tiefe des Sortiments von Bedeutung. Je breiter und tiefer das Programm des anbietenden Unternehmens ist, desto größer ist seine Sortimentsleistung und desto eher kann auf den Großhandel als Absatzstufe verzichtet werden. Der Standort bestimmt die durchschnittliche räumliche Entfernung zum Abnehmer und damit die Wahl des Distributionssystems. Schließlich ist die Entscheidung über die Absatzkanalstruktur immer auch unter Berücksichtigung der konkreten distributionspolitischen Ziele des Unternehmens zu treffen, z. B. angestrebter Distributionsgrad, Lieferbereitschaft gegenüber dem Endverbraucher, angestrebtes Service- und Beratungsniveau gegenüber dem Endverbraucher.

Produktmerkmale wie z. B. hohe Komplexität, Erklärungsbedürftigkeit und ein hoher Grad der kundenindividuellen Anpassung, sprechen tendenziell eher für einen unmittelbaren Kontakt zwischen Hersteller und Endabnehmer und damit für den Direktvertrieb. Deshalb erfolgt im Industriegüterbereich der Vertrieb in aller Regel direkt.

Eine **hohe Anzahl an Kunden** sowie deren Wunsch, Güter im **Verbund** und nicht einzeln zu kaufen, sprechen hingegen für die Einschaltung von Handelsbetrieben und damit für den indirekten Vertrieb. Die Gewinnung **kundenbezogener Informationen** und der Aufbau enger Beziehungen zum Kunden gestalten sich dagegen im Direktvertrieb einfacher als im indirekten Vertrieb.

Die Entscheidung über das eigene Distributionssystem wird schließlich auch durch bereits vorhandene **Distributionssysteme der Konkurrenten** beeinflusst. Bei starken Wettbewerbern lassen sich gegebenenfalls bestimmte Absatzkanäle kaum ignorieren. Auch ist es möglich, dass starke Wettbewerber bestimmte Absatzkanäle durch Ausschließlichkeitsbindungen blockiert haben. Des Weiteren kann es ein Hersteller für sinnvoll halten, sich durch ein branchenunübliches Distributionssystem gegenüber der Konkurrenz zu differenzieren (z. B. Direktvertrieb von Eismann).

Ein Spezialproblem der Absatzmittlerauswahl stellt die Entscheidung zwischen **Handelsvertretern oder Reisenden** dar. Handelsvertreter sind nach § 84 Abs. 1 HGB rechtlich selbständige Gewerbetreibende. Sie sind damit betraut, für einen oder mehrere Hersteller Geschäfte zu vermitteln oder in dessen Namen abzuschließen. Sie erhalten im Regelfall eine umsatzabhängige Provision und in seltenen Fällen auch ein Fixum. Reisende sind hingegen weisungsgebundene Angestellte der Herstellerunternehmung. Sie sind damit betraut, Geschäfte zu vermitteln, besitzen jedoch keine Abschlussvollmacht. In der Regel erhalten Reisende ein Festgehalt und eine umsatzabhängige Provision.

Im Hinblick auf die rechtliche Stellung gegenüber dem Hersteller bestehen zwischen Reisenden und Handelsvertretern somit grundlegende Unterschiede. Beide Absatzmittler übernehmen jedoch Aufgabenbereiche, die in ihrer Grundstruktur sehr ähnlich sind. Damit konzentriert sich das Entscheidungsproblem zwischen Reisenden und Handelsvertretern auf die Frage, wer von beiden die Aufgaben in Bezug auf die Marketing- und Distributionsziele des Unternehmens effektiver und effizienter durchführen kann (Albers/Krafft, 1996). Grundlegende Vor- und Nachteile beider Vertriebsorgane sind im Überblick in Abbildung 211 zusammengestellt.

Kostenvergleichsrechnungen und Experteneinschätzungen sind zwei Ansätze zur Lösung des Entscheidungsproblems Reisender versus Handelsvertreter.

Kostenvergleichsrechnungen unterstellen, dass die Auswahlentscheidung Handelsvertreter versus Reisende keinen Einfluss auf das in einem bestimmten, geographisch abge-

Reisende	
Vorteile	**Nachteile**
• Strikte Weisungsgebundenheit und dementsprechend umfangreiche Kontrollrechte des Herstellers • Gute Rückkoppelung durch regelmäßige Berichte • Hoher Grad der Identifikation mit Produkt und Unternehmen • Gute Kenntnisse bezüglich des eigenen Produkts/der eigenen Produkte • Geringer Kostenanstieg mit steigenden Umsätzen	• Kundenkontakte sind auf das Sortiment des Herstellers beschränkt → geringes akquisitorisches Potenzial bei Neueinführungen • Begrenzte Besuchshäufigkeit (da weniger stark auf Provision angewiesen) • Einsatzbereitschaft und Motivation ggf. problematisch • Geringe Marktkenntnis (konzentriert auf das Sortiment eines Unternehmens) • Hohes Fixum
Handelsvertreter	
Vorteile	**Nachteile**
• Vielseitige Kontakte durch ein breites Sortiment mehrerer Firmen • Keine Fixkosten • Hohe persönliche Einsatzbereitschaft, Motivation • Vermittlung von Markt- und Brancheninformationen • Gute und langfristige Beziehungen zu Kunden (hohes akquisitorisches Potenzial bei Neueinführungen)	• Qualität und Intensität der Kundenberatung tendenziell eher gering • Bei steigenden Umsätzen starker Kostenanstieg • Hohe Abfindung • Unternehmen hat keinen direkten Kontakt zu Kunden • Vertritt zumeist mehrere Firmen → geringe Identifikation mit Produkt und Unternehmen

Abbildung 211: Vor- und Nachteile des Einsatzes von Reisenden bzw. Handelsvertretern

grenzten Verkaufsgebiet erreichbare Umsatzniveau des Herstellers hat. In einem solchen Fall genügt es, das kritische Umsatzniveau zu errechnen, bei dem die Kosten beider Alternativen gleich sind. Abbildung 212 stellt die Zusammenhänge in graphischer Form dar. Wenn der erwartete Umsatz über dem kritischen Umsatzniveau liegt, sollte der Hersteller auf Reisende zurückgreifen. Liegt der Umsatz unter dem kritischen Niveau, sind Handelsvertreter kostengünstiger. Wird die Prämisse aufgehoben, dass beide Vertriebsorgane gleich hohe Umsätze realisieren, dann ist ein Gewinnvergleich erforderlich.

Bei **Experteneinschätzungen** wird zur Beurteilung der Vorteilhaftigkeit des Einsatzes von Reisenden versus Handelsvertretern ein Kriterienkatalog herangezogen, wobei eine ein-

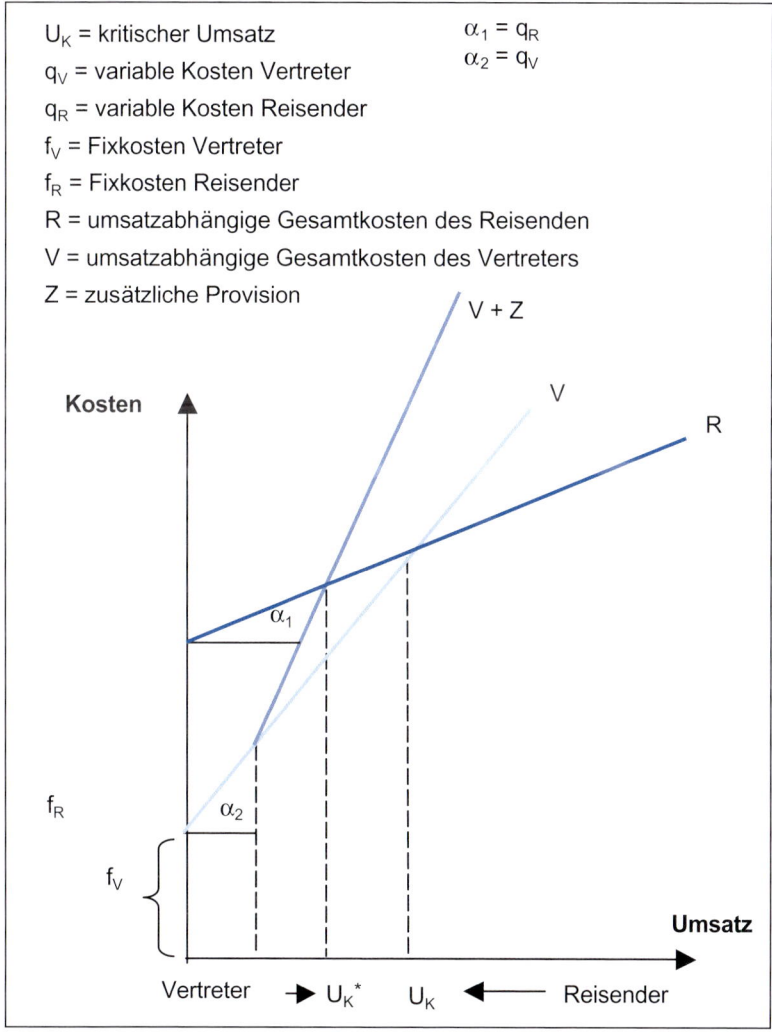

Abbildung 212: Kostenvergleich zwischen Reisendem und Handelsvertreter
Quelle: Meffert, 2000, S. 629.

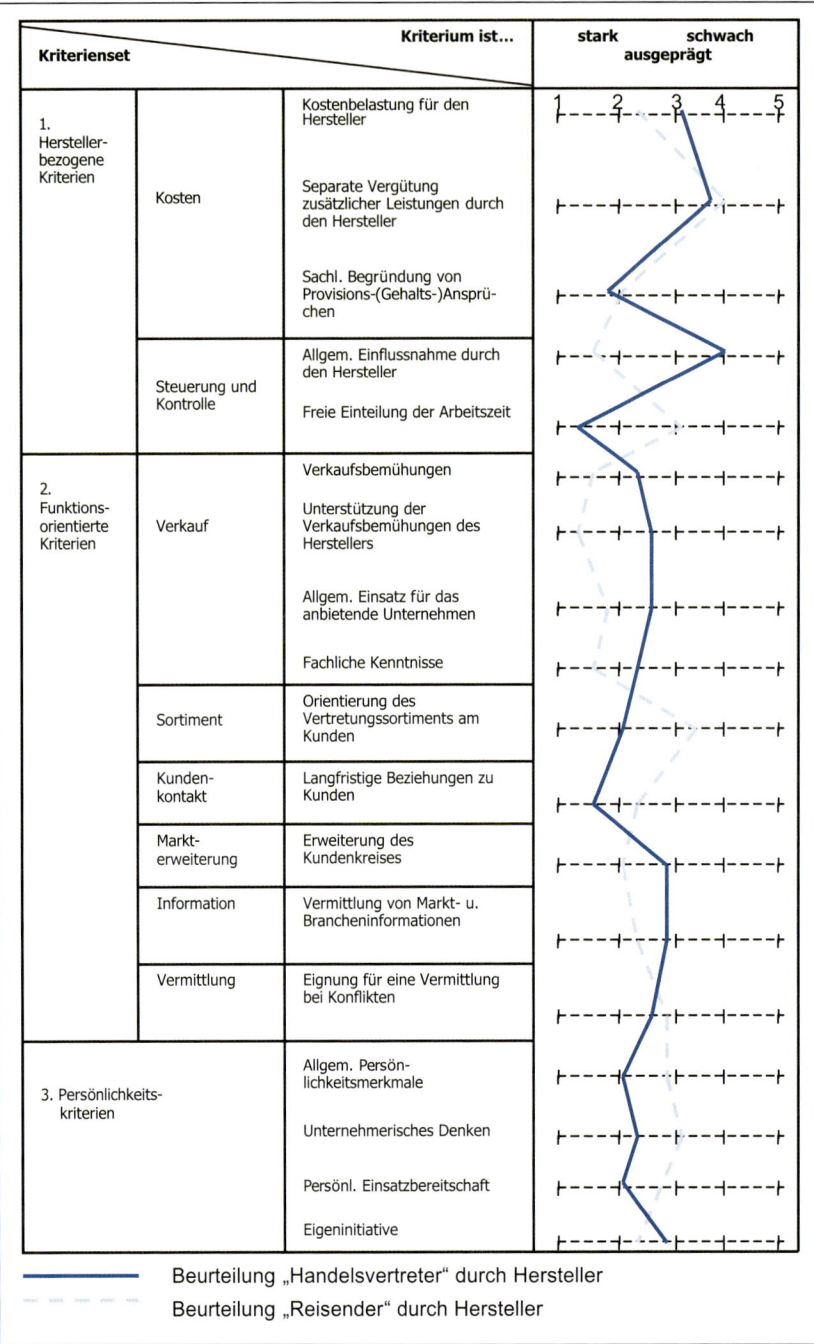

Abbildung 213: Experteneinschätzung Reisender versus Handelsvertreter
Quelle: Meffert/Kimmeskamp/Becker, 1983, S. 59.

heitliche Bewertungsskala verwendet wird, z. B. von 1 = stark ausgeprägt bis 5 = schwach ausgeprägt. Die Bewertungen lassen sich graphisch in Form von Profilverläufen darstellen (Abbildung 213). Dabei kommt es weniger auf den Detaillierungsgrad der Punkte an (d. h. ob maximal 5 oder 7 Punkte je Kriterium erreicht werden können). Vielmehr kommt es darauf an, dass die wesentlichen entscheidungsrelevanten Kriterien identifiziert und in die Beurteilung mit einbezogen wurden. Die Expertenurteile zu den Kriterien können schließlich auch gewichtet und zu einem Index verdichtet werden.

Mit der Entscheidung über die vertikale und horizontale Struktur des Absatzkanals ist das grundlegende Erscheinungsbild des Distributionssystems festgelegt.

> Nach Festlegung der vertikalen und horizontalen Absatzkanalstruktur ist die gewählte Struktur in geeigneter Form zu implementieren, wobei die Akquisition der zuvor ausgewählten Absatzmittler und die Ausgestaltung der vertraglichen Beziehungen zu den Absatzmittlern im Mittelpunkt stehen.

Auf beide Aspekte der Implementierung bzw. des laufenden Managements eines Distributionssystems soll im Folgenden eingegangen werden.

Push- versus Pull-Strategien

Voraussetzung für die erfolgreiche Implementierung der gewählten Absatzkanalstruktur ist es, dass überhaupt eine genügend große Zahl von Absatzmittlern der einzelnen Absatzstufen Interesse daran hat, die Waren des anbietenden Unternehmens ins Sortiment aufzunehmen und im Verkauf besonders zu forcieren.

Wie kann nun aber ein solches Interesse ausgelöst und im Rahmen des laufenden Beziehungsmanagements im Absatzkanal aufrechterhalten werden?

Nach der grundsätzlichen Richtung der Einflussnahme im Absatzkanal lassen sich zwei Strategien unterscheiden: Push- und Pull-Strategie (Abbildung 214).

Der Hersteller kann seine Anstrengungen in Bezug auf Kommunikation und Verkaufsförderung unmittelbar auf die zuvor selektierten Absatzmittler richten und auf diese Weise versuchen, einen so starken Angebotsdruck zu erzeugen, dass seine Waren förmlich in die Sortimente der Händler hineingedrückt werden (**Push-Strategie**). Der Hersteller bietet hier also in erster Linie dem Handel Anreize, um diesen zur Listung und eigenständigen Förderung der Herstellerwaren zu veranlassen. Entscheidend für den Kauf der Produkte durch die Verbraucher sind die Präsenz der Marke im Handel und ihre Forcierung gegenüber Konkurrenzprodukten durch die Händler. Das Risiko einer nur auf die Absatzmittler ausgerichteten Kommunikation und Verkaufsförderung liegt darin, dass der Hersteller vom guten Willen seiner Distributionspartner abhängig ist und sein Distributionssystem nicht wirklich kontrolliert.

Bei der **Pull-Strategie** hingegen konzentriert der Hersteller seine Kommunikations- und Verkaufsförderungsbemühungen direkt auf die Endverbraucher, um damit einen Nachfragesog im Absatzkanal zu erzeugen. Ziel ist es, bei den Konsumenten eine Präferenz für

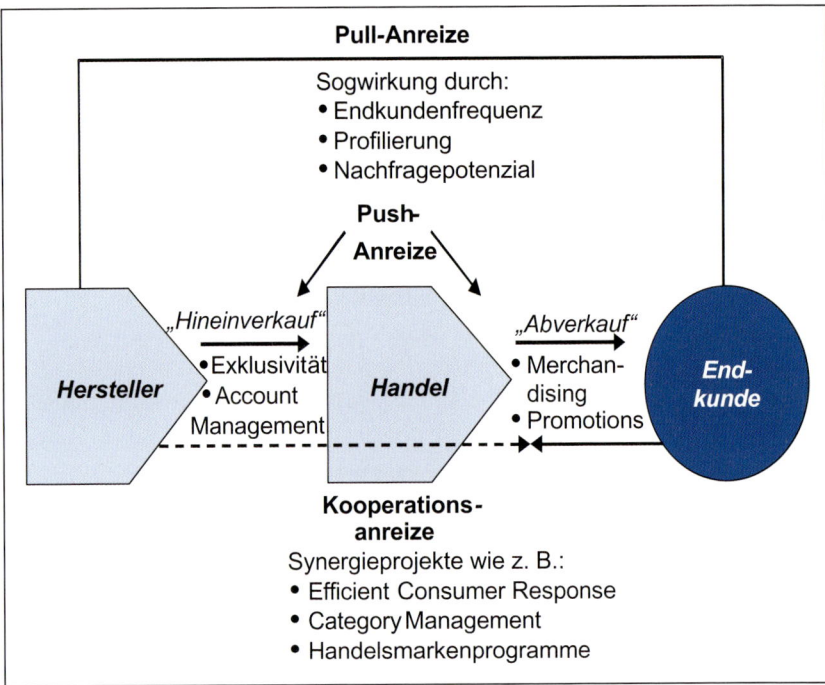

Abbildung 214: Ansätze für ein Beziehungsmanagement zwischen Hersteller und Handel
Quelle: Tomczak/Schögel/Feige, 2005.

die Herstellermarke zu erzeugen. Die Verbraucher sollen veranlasst werden, die Herstellerwaren aktiv beim Handel zu verlangen, d.h. sie förmlich aus den Regalen zu ziehen. Die Durchführung einer Pull-Strategie erfordert im Regelfall hohe Werbeausgaben über einen langen Zeitraum, um die entsprechende Endverbrauchernachfrage und damit den Druck auf den Handel zu erhöhen.

In der Praxis ergänzen sich Push- und Pull-Strategie, d.h. zumeist verfolgen Unternehmen eine **gemischte Strategie**, indem sie ihre Anstrengungen in Bezug auf Kommunikation und Verkaufsförderung zwischen Endverbrauchern und Distributionspartnern aufteilen.

Neben den bislang behandelten Push- und Pull-Anreizen setzen Unternehmen zur zielgerichteten Verhaltensbeeinflussung von Absatzmittlern vielfach auch ein breites Spektrum an Kooperations-Anreizen ein. Solche Anreize lassen sich an sämtlichen Schnittstellen von Aktivitäten zwischen Hersteller und Handel generieren, z.B. Logistik, Promotions, Entwicklung von Handelsmarken (Tomczak/Schögel/Feige, 2005).

Im Hinblick auf die Gestaltung der Prozesse zwischen anbietendem Unternehmen und seinen Distributionspartnern ist bei einer Kooperationsstrategie insbesondere das Konzept des **Efficient Consumer Response** (ECR) zu erwähnen. Hierbei handelt es sich um ein umfassendes Managementkonzept zur ganzheitlichen Steuerung und Optimierung des Waren- und Informationsflusses zwischen Hersteller und Distributionspartnern mit dem

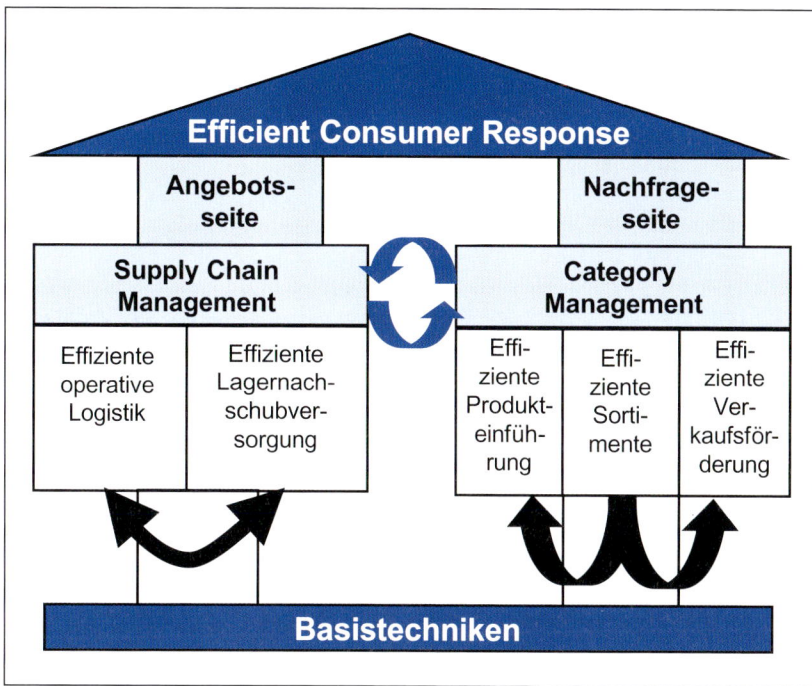

Abbildung 215: Die Basisstrategien des ECR-Konzeptes
Quelle: Zentes/Swoboda, 2005.

Ziel einer effizienteren Befriedigung von Konsumentenbedürfnissen (Seifert, 2002 a, S. 29). Abbildung 215 veranschaulicht die Komponenten des ECR-Konzeptes.

Das ECR-Konzept besteht aus drei Komponenten: Basistechniken, Category Management und Supply Chain Management. Die **Basistechniken** stellen die Grundlage für die Umsetzung von ECR-Konzepten dar und umfassen z. B. die zeit- und artikelgenaue Erfassung der Abverkäufe mit Hilfe eines Scanners am Kassenterminal und den elektronischen Datenaustausch zwischen Hersteller und Handel (EDI).

Auf der nachfrageorientierten Seite bestimmen und realisieren Hersteller und Handel via **Category Management** Marketingziele und -strategien für eine Warengruppe. Ziel ist es dabei, in den Kooperationsfeldern „effiziente Produkteinführung", „effiziente Verkaufsförderung" und „effiziente Sortimente" Fehlentwicklungen bei Produkteinführungen, Verkaufsförderungsaktivitäten und Sortimentsentscheidungen zu beheben. Im Bereich der Warenversorgung sollen durch eine Kooperation in der Logistikkette Ineffizienzen eliminiert werden, die durch unabgestimmte Abläufe in der Supply Chain auftreten, z. B. Liegezeiten von Waren oder überhöhte Sicherheitsbestände im Lager. Im Kooperationsfeld Logistik soll somit ein optimales **Supply Chain Management** realisiert werden (Seifert, 2002 a, S. 28 ff.).

Als ein zentrales monetäres Anreizinstrument sind neben der **Handelsspanne** (Differenz zwischen Endverbraucherpreis und dem vom Hersteller festgelegten Handelsabgabe-

Rabattart	Definition	Beispiele
Funktionsbezogen	Abschläge für bestimmte Handels-partner	• Pauschalfunktionsrabatt • Großhandelsrabatt • Einzelhandelsrabatt • Kostenübernahmerabatt, z. B. für Transport oder Lagerung • Marktbearbeitungsrabatt • Messerabatt • Zweitplatzierungsrabatt • Sonderaktionsrabatt • Finanzierungsrabatt • Skonto • Delkredere • Inkasso
Mengenbezogen	Differenzierung nach Abnahmemenge	• Einzelauftragsrabatt • Periodenrabatt • Umsatzrabatt
Zeitpunktbezogen	Bestellzeitpunkt abhängig	• Einführungsrabatt • Vorbestellungsrabatt • (Nach-)Saisonrabatt • Veralterungsrabatt • Abschlussrabatt
Sortimentsbezogen		• Abschlussrabatt
Bonus	Preisnachlass nach Lieferung am Ende eines Abrechnungs-zeitraums	• Jahresbonus • Treuerabatt • Sonderbonus • Werbebonus

Abbildung 216: Systematisierung von Rabattarten

preis) schließlich verschiedene Formen von **Rabatten** zu nennen, die der Hersteller dem Handel für bestimmte, in der Regel mit dem Produkt zusammenhängende Leistungen einräumt. Abbildung 216 gibt einen Überblick zu den Rabattarten auf Handelsebene (Tietz, 1993, S. 384 ff.).

Vertragliche Regelungen

Der Hersteller muss bei der konkreten Implementierung des gewählten Distributions-systems entscheiden, wie intensiv er die Beziehungen zu seinen Absatzmittlern ausgestal-ten will und welche rechtlichen Regelungen (über die in den üblichen Austauschverträgen vereinbarten Bedingungen hinaus) gegebenenfalls getroffen werden sollen. Die laufende Zusammenarbeit zwischen dem Hersteller und seinen Distributionspartnern kann grundsätzlich ohne oder mit expliziten vertraglichen Vereinbarungen erfolgen. Nach dem

Intensitätsgrad der vertraglich geregelten Verhaltensabstimmung kann dabei zwischen vertraglichen Einzelbindungen (z. B. Kommissionsvertrieb), umfassenden Vertriebsbindungssystemen bis hin zu Vertragshändler- und Franchisesystemen unterschieden werden.

Für eine vertragliche Institutionalisierung der Verhaltensabstimmung im Absatzkanal sprechen insbesondere die folgenden Gründe: Die Konsequenzen bei Verstößen gegen die Kooperationsvereinbarungen sind explizit geregelt. Durch den Vertragsabschluss wird eine Verhaltensbindung erreicht, im Extremfall besteht die Möglichkeit einer gerichtlichen Durchsetzung der eingegangenen Verpflichtung. Durch die schriftliche Vertragsfassung werden Missverständnisse und das Vergessen von Kooperationsvereinbarungen vermieden (Ahlert, 1996, S. 123).

> Zentrales Ziel umfassender Vertriebsbindungssysteme ist die Bereinigung des Absatzkanals nach bestimmten qualitativen und quantitativen Selektionskriterien und somit die (lückenlose) vertragliche Absicherung einer selektiven oder exklusiven Distributionsstrategie.

Grundsätzlich lassen sich drei verschiedene Formen von Vertriebsbindungen unterscheiden (Meffert, 2000, S. 635 f.):

Vertriebswegebindungen räumlicher Art beschränken das Aktivitätsfeld von Absatzmittlern auf ein geographisch begrenztes Absatzgebiet (so genannte Gebietsbindungen oder Gebietsschutzklauseln). Der Hersteller möchte auf diese Weise eine räumliche Optimierung der Vertriebsnetzdichte erreichen. Exportverbote für inländische Abnehmer sind ein typisches Beispiel für solche Vertriebswegebindungen.

Vertriebswegebindungen personeller Art beschränken den Vertrieb auf bestimmte Abnehmerkreise. Insbesondere bei mehrstufigen Absatzkanälen spielen derartige Kundenbeschränkungsklauseln eine besondere Rolle, da durch sie die Belieferung genau spezifizierter Abnehmergruppen durchgesetzt werden kann. Als Beispiel sind Fachhandelsbindungen zu nennen, wie sie bei Elektrogeräten weit verbreitet sind.

Vertriebsbindungen zeitlicher Art regeln bestimmte prozessual-zeitliche Aspekte der Warenlieferung und Warenlagerung innerhalb des Absatzkanals, z. B. Beschränkungen hinsichtlich der maximalen Lagerungsdauer bei verderblichen Gütern, Beschränkungen hinsichtlich der Vertriebszeit neuer bzw. auslaufender Modelle oder Terminklauseln im Zeitschriftenvertrieb.

Mit dem **Vertragshändler-** und insbesondere dem **Franchisesystem** wird schließlich versucht, die zentralen Vorteile von Filialsystemen (z. B. eine vollständige Steuer- und Kontrollierbarkeit) zu nutzen, ohne deren spezifische Nachteile (z. B. hoher Kapitalbedarf, Motivationsprobleme) in Kauf nehmen zu müssen. Im Vergleich zu umfassenden Vertriebsbindungssystemen wird hier eine noch stärkere Begrenzung der Gestaltungsspielräume der Distributionspartner vorgenommen. Vertragshändlersysteme findet man z. B. in der Automobilbranche (Autohäuser) oder im Mineralölvertrieb (Tankstellen). Der Vertragshändler verkauft dabei die Vertragsware des Herstellers im eigenen Namen und auf eigene Rechnung. Die Gewährung eines Händlervertrags kann an bestimmte Verkaufs-

und Leistungsauflagen geknüpft werden. So kann der Vertragshändler z. B. zum ausschließlichen Führen der Marken des Herstellers verpflichtet werden (Ausschließlichkeitsbindung). Im Gegenzug kann der Hersteller seinen Vertragshändlern zusichern, dass in einem räumlich abgegrenzten Verkaufsgebiet nur ein Vertragshändler tätig ist, so genannter Gebietsschutz (Ahlert, 1996, S. 197 f.).

Bei **Franchise-Systemen** erfolgt schließlich eine noch stärkere Vertriebspartnerbindung als bei Vertragshändlersystemen.

> **Franchising** ist ein vertikal-kooperativ organisiertes Vertriebssystem rechtlich und finanziell selbständiger Unternehmen auf der Basis eines vertraglichen Dauerschuldverhältnisses, wobei die Systemführerschaft dem Franchisegeber obliegt.

Die Beziehung zwischen dem Franchisegeber und den Franchisenehmern ist vertraglich umfassend geregelt. Der Franchisegeber stellt den Franchisenehmern ein von ihm entwickeltes Beschaffungs-, Absatz- und Organisationskonzept gegen Entgelt (fixe Eintrittsgebühr, gegebenenfalls jährliches Fixum, Umsatzbeteiligung) zur Verfügung, gewährt entsprechende Nutzungsrechte (u. a. auch an der Marke) sowie Schutzrechte für ein territorial begrenztes Gebiet. Der Franchisenehmer ist im eigenen Namen und auf eigene Rechnung tätig. Er hat das Recht und die Pflicht, das zur Verfügung gestellte Beschaffungs-, Absatz- und Organisationskonzept gegen Entgelt zu nutzen. Als Leistungsbeitrag liefert er Arbeit, Kapital und Informationen. Kennzeichnend für ein Franchise-System ist des Weiteren ein einheitlicher Marktauftritt, ein arbeitsteiliges Leistungsprogramm der Systempartner sowie ein Weisungs- und Kontrollsystem zur Sicherstellung eines system-

Abb. 217: Top-Franchise-Unternehmen in Deutschland mit mehr als 400 Betrieben
Quelle: Deutscher Franchise-Verband, 2005.

konformen Verhaltens der beteiligten Unternehmen (Meurer, 1997, S. 9; Posselt, 1999, S. 363). Mit Franchising wurde im Jahr 2004 in Deutschland ein Gesamtumsatz von 28 Mrd. Euro erzielt, 1995 waren es lediglich 12 Mrd. Euro (Deutscher Franchise-Verband, 2005). Die größten in Deutschland agierenden Franchise-Unternehmen kommen aus den unterschiedlichsten Branchen, wobei die meisten aus dem Dienstleistungsbereich stammen (Abbildung 217).

---

1. Leistungen des Franchisegebers (Beispiele)

- Bereitstellung eines Beschaffungs-, Organisations- und Absatzkonzeptes
- Schulung der Franchisenehmer
- Bereitstellung von Produkt-, Firmen- und Markenzeichen
- laufende Unterstützung der Franchisenehmer (Werbung, Verkaufsförderung, Aktionen usw.)
- Weiterentwicklung des Franchisekonzeptes
- Gewährung von Gebietsschutzrechten

2. Leistungen des Franchisenehmers (Beispiele)

- Beachtung der Systemregeln
- Bereitstellung von Kapital für Investitionen
- vorbehaltloser Einsatz für das System
- Verwendung von Marken und Zeichen des Franchisegebers
- Bereitstellung von Informationen (über Gewinne und Verluste, Personalsituation etc.)
- Wahrung der Betriebs- und Geschäftsgeheimnisse

3. Franchisegebühren

- fixe Eintrittsgebühr, ggf. ein jährliches Fixum, laufende Umsatzbeteiligung (Eintrittsgebühr sowie jährliches Fixum sind „Sunk Costs" und damit Austrittbarrieren für den Franchisenehmer)

4. Ausschließlichkeitsbindung des Franchisenehmers

- Verpflichtung keine konkurrierenden Leistungen zu denen des Franchisegebers anzubieten
- Ausschließlichkeitsbindungen zumeist verknüpft mit Gebietsschutz für den Franchisenehmer

5. Werbekooperation

Franchisenehmer muss bestimmten Betrag für Kommunikation auf dem regionalen Markt ausgeben

6. Vertragsbeendigung

Der Vertrag kann von beiden Parteien unter Beachtung einer bestimmten Frist gekündigt werden

Abbildung 218: Wesentliche Merkmale von Franchiseverträgen

Franchiseverträge umfassen eine Vielzahl an Rechten und Pflichten der Systempartner, die sowohl den Marktauftritt des Franchisesystems als auch das Innenverhältnis der Systempartner regeln. Wesentliche Merkmale eines Franchisevertrages sind in Abbildung 218 aufgeführt (Posselt, 1999, S. 349 f.; Tietz, 1991).

5.3 Logistische Entscheidungen treffen

Logistische Entscheidungen betreffen die Gestaltung der Auslieferung der Produkte an die Endkäufer. Die zentrale Bedeutung dieser distributionspolitischen Gestaltungsaufgabe ergibt sich daraus, dass die Kunden das richtige Produkt in der richtigen Menge, im richtigen Zustand, zur richtigen Zeit und am richtigen Ort verfügbar haben wollen.

> Marketinglogistik betrifft die physische Distribution der Ware, d. h. sie umfasst alle Tätigkeiten, die sich auf die räumliche, zeitliche und mengenmäßige Übermittlung einer Leistung vom Hersteller zum Endkäufer beziehen.

Mit den Entscheidungen über die Ausgestaltung der physischen Distribution definiert ein Unternehmen sein Serviceniveau hinsichtlich Lieferbereitschaft, Lieferzeit und Lieferzuverlässigkeit. Vor dem Hintergrund einer zunehmenden Austauschbarkeit der Produkte im Hinblick auf ihre physikalisch-technischen Eigenschaften kann sich ein Unternehmen damit gegebenenfalls entscheidende Wettbewerbsvorteile verschaffen. In diesem Sinne ist die Marketinglogistik als präferenzbildendes Instrument anzusehen.

Welches Lieferserviceniveau?

Das Serviceniveau hinsichtlich Lieferbereitschaft, Lieferzeit und Lieferzuverlässigkeit stellt den zentralen Output des logistischen Systems und damit auch die übergeordnete **logistische Zielgröße** dar (Pfohl, 2000, S. 198). Ausgehend von der bereits festgelegten Absatzkanalstruktur besteht die Aufgabe der strategischen Logistik-Planung von daher in erster Linie in der Festlegung des angestrebten Lieferserviceniveaus. Hierzu sind **Kosten-Nutzen-Kalküle** aufzustellen: Eine Verbesserung des Lieferservices wird zumeist zu einer Erhöhung der Logistikkosten führen. In der Regel ist aber auch mit positiven Nachfragewirkungen zu rechnen, z. B. größere Verkaufsmengen und/oder höhere erzielbare Absatzpreise. Diese Nachfragewirkungen müssen den entscheidungsrelevanten Kostenänderungen gegenübergestellt werden.

> Das Ziel der Marketinglogistik besteht darin, das Verhältnis von Lieferservice und den damit verbundenen Logistikkosten zu optimieren.

Abbildung 219 zeigt dieses Optimierungsproblem in graphischer Form. Der **Mindest-Lieferservice** wird durch eine produkt- und marktabhängige Untergrenze bestimmt. Unterschreitet ein Unternehmen dieses Lieferservice-Minimum, so ist mit erheblichen Nachfrageverlusten zu rechnen. Liegt ein Unternehmen hingegen ohnehin schon weit über dem marktüblichen Standard, bewirkt eine Verbesserung nur noch einen geringen Nach-fragezuwachs. Dieser Zusammenhang führt zu einem (produkt- und marktabhängigen) s-förmigen Nachfrageverlauf und damit auch zu einem s-förmigen Erlösverlauf. Zur Festlegung des anzustrebenden Lieferserviceniveaus sind nun **Erlös- und Kostenwir-kungen der Lieferservicepolitik** gemeinsam zu betrachten: Zusätzliche Verbesserungen eines ohnehin schon guten Lieferservices bringen nur geringe Umsatzzuwächse. Die Kosten steigen dagegen überproportional an. Es kann ein überhöhter Lieferservice in dem Sinn vorliegen, dass sich die Gewinnsituation durch eine Senkung des Lieferserviceni-veaus erhöhen lässt. Bei einem sehr niedrigen Lieferserviceniveau steigen die Erlöse hin-gegen stärker an als die Kosten. Hier lässt sich der Gewinn durch eine Erhöhung des Lie-ferserviceniveaus steigern.

> Es existiert ein optimales Lieferserviceniveau, welches durch den maximalen Abstand zwischen Erlös- und Kostenkurve gekennzeichnet ist.

Es sei an dieser Stelle jedoch darauf hingewiesen, dass die Ermittlung der Kosten- und insbesondere der Erlösfunktion in Abhängigkeit vom Lieferserviceniveau und somit die Festlegung des angestrebten Lieferserviceniveaus ein hochkomplexes Problem darstellt. Das Hauptproblem liegt dabei in der Beschaffung der erforderlichen Daten.

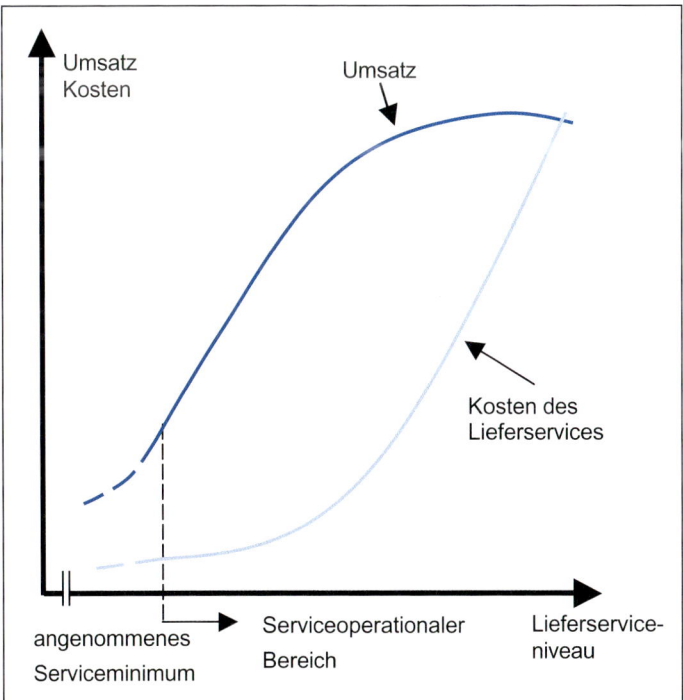

Abbildung 219: Erlös- und Kostenwirkungen des Lieferserviceniveaus
Quelle: Pfohl, 1977, S. 254.

Ausgehend von dem festgelegten Lieferserviceniveau ist das Logistiksystem nun konkret zu gestalten. Zentrale Entscheidungsfelder sind dabei:
- Entscheidungen über die Gestaltung der physischen Warenflüsse, insbesondere
  Entscheidungen über Anzahl, Art und Standort der Fertigwarenlager sowie Lagerhaltung, Kommissionierung, Verpackung und Transport.
- Entscheidungen über die Gestaltung des Informationsflusses zwischen Hersteller
  und Abnehmern (Auftragsabwicklung).

Durch die Einrichtung von **Lagersystemen** sollen die mengenmäßigen und zeitlichen Differenzen zwischen Angebot und Nachfrage überbrückt werden. Der Hersteller muss die
Lage und Anzahl der Standorte, die Art der Lager und ihre technische Ausstattung festlegen. Diese Entscheidungen haben strategischen Charakter, da sie mit hohen Investitionen verbunden sind und somit das Unternehmen für längere Zeit binden. Für alle operativen Prozesse der Marketinglogistik stellen sie ein Datum dar.

Durch die Art der Läger werden die Anzahl unterschiedlicher Lagerstufen und damit die
vertikale Warenverteilungsstruktur festgelegt. Analog zur Festlegung der vertikalen
Absatzkanalstruktur muss hier also festgelegt werden, wie viele Zwischenlagerstufen
der Absatzweg enthalten soll, um das angestrebte Lieferserviceniveau zu erreichen. Es
lassen sich vier Lagerstufen unterscheiden (Schulte/Schulte, 1992, S. 1029): Auf einer
ersten Stufe können die vom Unternehmen hergestellten Fertigerzeugnisse in räumlicher
Nähe zur jeweiligen Produktionsstätte in **Werkslagern** gelagert werden. Die Produkte aus
den verschiedenen Werkslagern eines Unternehmens werden auf einer nächsten Lagerstufe in **Zentrallagern** zusammengeführt. Aus diesen Lagern werden dann entweder
nachgelagerte Lagerstufen oder die Kunden beliefert. In den verschiedenen Absatz-
regionen können auf der nächsten Stufe **Regionallager** errichtet werden, in denen die in
den einzelnen Regionen nachgefragten Produkte bevorratet werden. Auf der untersten
Lagerstufe befinden sich schließlich **Auslieferungslager**. Sie sind dezentral im gesamten
Verkaufsgebiet verteilt. Im Regelfall halten sie nicht das gesamte Warensortiment des
Unternehmens bereit, sondern nur die – regional unterschiedlich – umsatzstarken Produkte. Alternative vertikale Warenverteilungsstrukturen sind in Abbildung 220 veranschaulicht.

Grundsätzlich verursacht die Einrichtung jeder Lagerstufe zusätzliche Kosten (Kapital-
bindungs- und Fixkosten). Dennoch kann die Zwischenschaltung von Regional- bzw.
Auslieferungslagern sinnvoll sein, wenn z. B. kleine Aufträge eines breitgestreuten Ab-
nehmerkreises die Regel sind. Hier würde ansonsten die hohe Transportfrequenz bei relativ geringem Transportvolumen und großen Distanzen zu einem starken Kostenanstieg
führen. Des Weiteren ist es durch die räumliche Nähe möglich, auch entfernt gelegene
Teilmärkte schnell beliefern zu können (Erhöhung des Lieferservicegrades). Die Reak-
tionsfähigkeit auf kurzfristige Bedarfsanforderungen steigt folglich mit dem Dezentrali-
sierungsgrad der Lagerstruktur. Darüber hinaus ist durch regionale Auslieferungslager
eine stärkere Berücksichtigung regionaler Besonderheiten möglich, da die Sortimente der
Lager auf die regionalen Eigenheiten abgestimmt werden können.

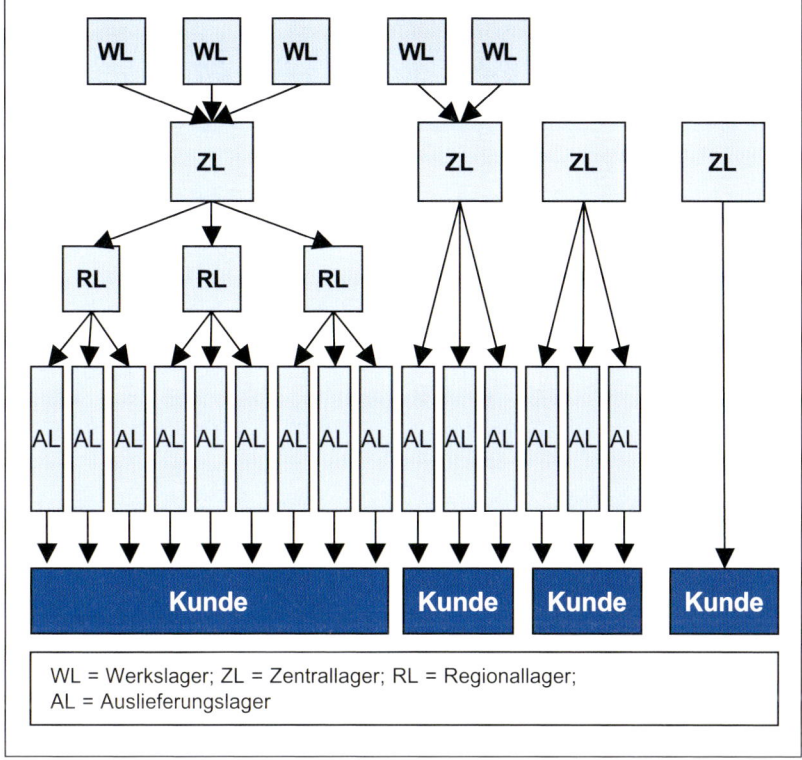

Abbildung 220: Alternative vertikale Warenverteilungsstrukturen
Quelle: Schulte, 1999, S. 279.

Eine zentralisierte Lagerhaltung ist hingegen dann kostengünstiger, wenn die Zahl der Abnehmer eines Unternehmens begrenzt ist und jeweils große Mengen bestellt werden. Des Weiteren lassen sich Größendegressionseffekte bei Personaleinsatz, Organisation und Lagerbetrieb realisieren, da große Lager den Einsatz automatisierter Kommissionier- und Lagertechniken rechtfertigen. Schließlich sind mit einer zentralisierten Lagerhaltung geringere Fixkosten und eine geringere Kapitalbindung verbunden. Die Sicherheitsbestände zur Vermeidung von Fehlmengen lassen sich reduzieren, ohne ein Absinken der Lieferbereitschaft zur Folge zu haben. Dies ist darauf zurückzuführen, dass mit abnehmender Zahl der Lager die Schwankungsbreite der Nachfrage im Verhältnis zur durchschnittlichen Nachfrage geringer wird bei einer gleichzeitig stärkeren Aggregation der Kunden (Schulte/Schulte, 1992, S. 1031).

Die Entscheidung über den Zentralisierungsgrad der Lagerhaltung wird demnach von einer Vielzahl von Größen beeinflusst. Abbildung 221 fasst die wesentlichen Kriterien zusammen.

Bei der anschließenden Festlegung der **horizontalen Warenverteilungsstruktur** muss entschieden werden, wie viele Lager auf jeder Lagerstufe zu errichten sind, an welchen Stand-

	Zentralisationsgrad	
Einflussfaktor	**Trend zu zentraler Lösung**	**Trend zu dezentraler Lösung**
Sortiment	Breites Sortiment	↔ Schmales Sortiment
Lieferzeit	Ausreichende Lieferzeiten	↔ Schnellste Belieferung Stundengenaue Anlieferung
Wert der Produkte	Teure Produkte	↔ Billige Produkte
Konzentration der Produktuiosstätten	Eine „Quelle"	↔ Viele „Quellen"
Kundenstruktur	Wenige Großkunden bzw. homogene Kundenstruktur	↔ Viele kleine Kunden bzw. inhomogene Kundenstruktur
Spezifische Lageranforderungen (z. B. Temperatur)	ja	↔ nein
Nationale Eigenheiten (Produktauszeichnung, nationale Vorschriften)	Wenig nationale Eigenheiten	↔ Viele nationale Eigenheiten

Abbildung 221: Kriterien für die Errichtung zentraler oder dezentraler Lagerstrukturen
Quelle: Schulte/Schulte, 1992, S. 1032.

orten diese Lager eingerichtet werden sollen und welche Kunden von welchem Lager zu beliefern sind. Zur Lösung dieses Entscheidungsproblems sind die Kosten- und Erlöswirkungen alternativer horizontaler Warenverteilungsstrukturen zu analysieren, wobei eine Reihe von Einflussgrößen zu berücksichtigen sind, z. B. die Zahl und geographische Verteilung der Produktionsstätten und Abnehmer, Transport- und Lagerhaltungskosten und das Bestellverhalten der Abnehmer. Zur Lösung dieses komplexen Entscheidungsproblems sind in der Literatur verschiedene quantitative Ansätze vorgeschlagen worden (hierzu ausführlich Domschke / Drexl, 1996; Homburg, 2000).

Nach den Entscheidungen über Lage und Anzahl der Lagerstandorte, die Art der Lager und ihre technische Ausstattung sind in einem nächsten Schritt Entscheidungen über **Lagerbestände und Bestellpolitiken** zu treffen (Lagerhaltungssystem). Bei der Festlegung der Lagerbestände ist zu entscheiden, ob alle Produkte in allen Lägern aufbewahrt (vollständige Lagerhaltung) oder ob bestimmte Produkte nur in ausgewählten Lägern bevorratet werden sollen (selektive Lagerhaltung). Anschließend sind in den einzelnen Lagern die Lagerbestände festzulegen, d. h. es ist zu entscheiden, wann und wie viel bestellt werden soll. Hinsichtlich unterschiedlicher Lagerbestandskonzepte und Bestellpolitiken sei auf die Literatur verwiesen (z. B. Pfohl, 2000, S. 94 ff.).

In jedem Lager sind schließlich Kommissionierungs- und Verpackungsaufgaben zu erfüllen. Für die Auslieferung der Waren sind bei der **Kommissionierung** aus der Gesamtheit der gelagerten Waren Teilmengen aufgrund von Kundenaufträgen zusammenzustellen

(Stadtler, 1998, S. 224). Hierbei kommt es im Sinne des festgelegten Lieferserviceniveaus insbesondere auf Fehlerfreiheit und Kostengünstigkeit an. Nach der Zusammenstellung eines Kundenauftrags werden die Waren schließlich für die Auslieferung zu Packstücken verpackt (z. B. auf einer Palette). Die **Verpackung** hat mehrere Funktionen zu erfüllen (siehe hierzu auch Kapitel E. 2.): Sie schützt die Ware vor Schmutz und Beschädigung. Des Weiteren werden die Artikel durch die Verpackung für Lagerung und Transport aufbereitet. In diesem Zusammenhang sollte die gewählte Verpackung eine möglichst raumsparende Lagerung und optimale Auslastung der Transportmittel ermöglichen (Nieschlag/Dicht/Hörschgen, 2002, S. 672). Schließlich kommt der Verpackung auch eine Informationsfunktion zu und sie ermöglicht die Identifikation der Ware, z. B. anhand von Etiketten. Grundsätzlich ist zwischen der individuellen Verpackung eines jeden Artikels im Anschluss an seine Herstellung und der Verpackung der bestellten Waren am Versandplatz zu unterscheiden. Die Verpackung erfüllt im Rahmen der Marketinglogistik in erster Linie eine physische Funktion (Nieschlag/Dichtl/Hörschgen, 2002, S. 671 f.). Bei der Entscheidung über die einzusetzende Verpackung sind auch ökologische und ökonomische Aspekte bei der Entsorgung von Verpackungsmaterial zu berücksichtigen (Pfohl/Stölzle, 1995, S. 2234 ff.).

Mit **Transportleistungen** sind schließlich räumliche Distanzen zwischen dem Ort der Produktion und den im Regelfall geographisch weit verstreuten Kunden zu überbrücken. Es geht hierbei um die Gestaltung der Transportprozesse von den Produktionsstätten zu den verschiedenen Stufen von Außenlagern und von diesen zu den Abnehmern bzw. deren Lägern (Specht/Fritz, 2005). Hierfür stehen dem Unternehmen die Transportalternativen Straße, Schiene, Wasser, Luftweg und Pipeline zur Auswahl. Bei der Entscheidungsfindung sind insbesondere produktspezifische Besonderheiten (Transportempfindlichkeit, Verderblichkeit, Kühlbedürftigkeit, Sperrigkeit usw.) sowie Kosten, Flexibilität, Zuverlässigkeit, Verfügbarkeit und Geschwindigkeit der einzelnen Transportmittel zu berücksichtigen. Häufig werden die verschiedenen Transportmittel auch kombiniert, z. B. Straße-Schiene („Huckepack-System") oder Roll-on/Roll-off-System, bei dem Land- und Wassertransport kombiniert werden (Specht/Fritz, 2005).

Neben der Gestaltung der physischen Warenflüsse ist die effiziente Gestaltung des Informationsflusses zwischen Hersteller und Abnehmern von grundlegender Bedeutung. Die **Auftragsabwicklung** hat die Aufgabe, den gesamten Güterstrom in der Warenverteilung zu steuern sowie sämtliche Einzelvorgänge zu koordinieren. Sie hat damit einen Querschnittscharakter und dient der Gewährleistung eines dem Güterfluss vorauseilenden, eines den Güterfluss begleitenden und eines dem Güterfluss nacheilenden Informationsflusses (Pfohl, 2000, S. 7 ff.).

Outsourcing von Logistikleistungen

Eine weitere wichtige Entscheidung bei der Gestaltung des logistischen Systems bezieht sich schließlich auf die Eigenerstellung logistischer Leistungen oder die Auslagerung von Logistikaufgaben an Dritte (Liebmann/Zentes, 2001, S. 585 f.). Make-or-buy-Entscheidungen spielen gerade bei der Lagerhaltung und beim Transport eine große Rolle. Beim Transport bietet es sich angesichts der vorhandenen Infrastruktur von externen Dienstleistern an, insbesondere bei außerbetrieblichen Transportprozessen Logistikdienstleister einzuschalten. Bei der Lagerhaltung beeinflussen Kriterien, wie z. B. Investitionsbedarf, laufende Betriebskosten, Know-how und Personalbedarf, die Make-or-buy-Entscheidung.

5.4 Verkaufsaktivitäten gestalten

Bislang wurden Entscheidungen über die Absatzwege und die physische Distribution der Produkte eines Unternehmens behandelt. Im Mittelpunkt dieses Kapitels steht die Gestaltung der Verkaufsaktivitäten. Die Bedeutung dieses Entscheidungsfeldes liegt darin begründet, dass sämtliche von einem Unternehmen getroffenen Entscheidungen und durchgeführten Maßnahmen mittel- oder unmittelbar auf den Verkauf der vom Unternehmen angebotenen Produkte oder Dienstleistungen zielen.

Formen des Verkaufs

Nach der Art des Kundenkontakts lassen sich grundsätzlich drei Formen des Verkaufs unterscheiden: persönlicher Verkauf, persönlich medialer Verkauf und unpersönlich medialer Verkauf (Meffert, 2000, S. 888).

Zentrales Kennzeichen des **persönlichen Verkaufs** ist der persönliche Kontakt zwischen (potenziellem) Käufer und Verkäufer mit dem Ziel, durch das Verkaufsgespräch einen Verkaufsabschluss zu erzielen. Ein solcher persönlicher direkter Kundenkontakt tritt in vielerlei Formen auf, z. B. beim Verkaufsgespräch im stationären Handel oder beim Einsatz von Außendienstmitarbeitern durch Besuche von Handelsvertretern oder Reisenden. Insbesondere bei erklärungsbedürftigen, hochwertigen und/oder neuartigen Produkten und Dienstleistungen spielt der persönliche direkte Kundenkontakt eine große Rolle. So werden z. B. Vorwerk Staubsauger ausschließlich persönlich verkauft.

Die zweite Form des Verkaufs ist der **persönlich mediale Verkauf**, der in erster Linie über das Telefon abläuft. Grundsätzlich kann hier zwischen aktivem und passivem Verkauf unterschieden werden (Weis, 2000, S. 203). Beim aktiven Verkauf geht der Kontakt vom anbietenden Unternehmen aus (Telefonverkauf z. B. über Call Center). Das Telefongespräch dient hier der Anbahnung und Erzielung eines Kaufabschlusses. Beim passiven Verkauf geht der Kontakt hingegen vom Kunden aus, sodass hier insbesondere die Aufnahme und Abwicklung von Kundenbestellungen im Vordergrund stehen.

Der **unpersönlich mediale Verkauf** ist schließlich dadurch gekennzeichnet, dass das eingesetzte Medium eine unmittelbare Verkaufsfunktion besitzt. Dabei kommen Medien wie z. B. Printmedien (z. B. Mailings oder Kataloge), Fernsehen (z. B. Teleshopping) oder Internet zum Einsatz. Eine hohe Bedeutung hat hierbei der Electronic Commerce, d. h. die digitale Anbahnung, Aushandlung und/oder Abwicklung von Transaktionen zwischen Wirtschaftssubjekten (Clement/Peters/Preiß, 2001, S. 57). Die fast unüberschaubare Zahl an Online-Shops illustriert die Bedeutung dieser Verkaufsform.

Phasen des (persönlichen) Verkaufs

Das primäre Ziel des (persönlichen) Verkaufs besteht darin, einen Verkaufsabschluss zu erzielen. Hinzu kommt jedoch eine Reihe weiterer Aufgaben im Vorfeld der eigentlichen Verhandlungsführung und insbesondere im Anschluss an den Kaufabschluss.

> Der (persönliche) Verkauf hat die Aufgabe, eine ganzheitliche Kundenbetreuung zu erfüllen.

Der im Sinne einer ganzheitlichen Kundenbetreuung verstandene Verkaufsprozess lässt sich in eine Sequenz von Einzelphasen zerlegen (Kotler/Bliemel, 2001, S. 1056 ff.) und ist in Abbildung 222 dargestellt.

Die **Kontaktanbahnung** beinhaltet eine Vorbereitungsphase und die Eröffnung des Verkaufsgesprächs. Die Vorbereitungsphase kann dabei sehr unterschiedlich ausfallen. So hat z. B. ein Verkäufer in einem Fachgeschäft, der unmittelbar von einem Kunden ange-

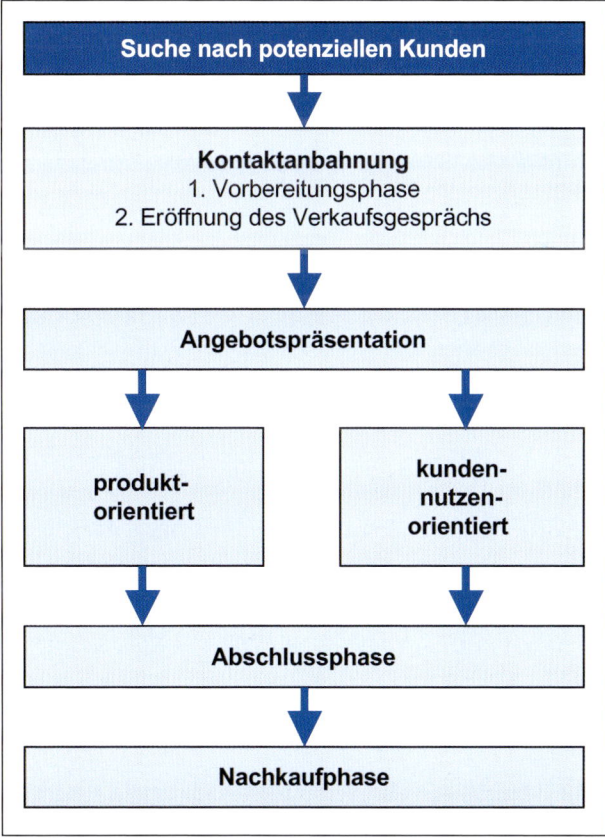

Abbildung 222: Phasen im Verkaufsprozess

sprochen wird, kaum eine Möglichkeit der Vorbereitung. Insbesondere im Business-to-Business-Bereich, aber auch bei Versicherungen oder anderen Finanzdienstleistungen werden Verkaufsgespräche hingegen zumeist vorab vereinbart, so dass eine Vorbereitungsphase existiert. Diese Phase sollte der Außendienstmitarbeiter insbesondere dazu nutzen, sich über die Gesprächsteilnehmer (z. B. Ziele und Erwartungen der Teilnehmer, Kompetenzen), die Kaufhistorie des Kunden und sein Potenzial (z. B. Kaufinteresse, Kaufkraft, wirtschaftliche Lage des Kunden) sowie die gegenwärtige Situation des Unternehmens beim Kunden (z. B. Kundenzufriedenheit, Dauer der Geschäftsbeziehung) zu informieren und sich über die eigenen Gesprächsziele Klarheit zu verschaffen. Der direkte persönliche Kontakt mit dem Kunden beginnt mit einer Gesprächseröffnungsphase. Hier kommt es insbesondere darauf an, beim ersten Eindruck ein positives Bild zu vermitteln und eine dem Ziel des Verkaufsgesprächs angemessene Gesprächsatmosphäre zu schaffen (Weis, 2000, S. 206 ff.).

Die Kernphase des Verkaufsgesprächs bildet die **Angebotspräsentation**. Diese kann grundsätzlich produktorientiert oder kundennutzenorientiert erfolgen (Kotler/Bliemel, 2001, S. 1053). Eine produktorientierte Präsentation konzentriert sich auf eine Darstellung der konkreten Produkteigenschaften, ohne dass hierbei der aus den Produktvorzügen resultierende Kundennutzen aufgezeigt wird. Im Mittelpunkt einer kundennutzenorientierten Angebotspräsentation steht hingegen der Problemlösungsbeitrag der angebotenen Leistung. Der Verkäufer erläutert die einzelnen Produkteigenschaften und den daraus resultierenden Kundennutzen.

Die **Abschlussphase** dient dem Kaufabschluss. Eine wichtige Rolle spielt hierbei das richtige Timing. Der Verkäufer muss aus den Anmerkungen, Fragen und dem Verhalten des Kunden Abschlusssignale entnehmen, um schließlich zum richtigen Zeitpunkt den eigentlichen Kaufabschluss einzuleiten (Weis, 2000, S. 217 ff.).

In der **Nachkaufphase** geht es darum, die ordnungsgemäße Abwicklung des Kundenauftrags sicherzustellen, gegebenenfalls vorhandene Nachkaufdissonanzen abzubauen und die Zufriedenheit des Kunden sicherzustellen. Des Weiteren steht in dieser Phase die Pflege der Kundenbeziehung im Mittelpunkt. Neben weiteren Verkaufsgesprächen werden in diesem Zusammenhang auch andere Arten von Kundengesprächen relevant, z. B. Gespräche im Rahmen der Beziehungspflege oder Beschwerdegespräche.

Zur effizienten Verrichtung der Verkaufsaktivitäten sind geeignete organisatorische Voraussetzungen zu schaffen, eine entsprechende Einsatzplanung der Außendienstmitarbeiter vorzunehmen und im Rahmen der Mitarbeiterführung Engagement, Motivation und Leistungsbereitschaft sicherzustellen. Auf diese Aspekte des Verkaufsmanagements soll im Folgenden kurz eingegangen werden.

Gestaltung der Aktivitäten im (persönlichen) Verkauf

Wesentliche Entscheidungsfelder des Verkaufsmanagements sind die organisatorische Gliederung des Verkaufsmanagements, die Einsatzplanung von Außendienstmitarbeitern und die Mitarbeiterführung (Abbildung 223).

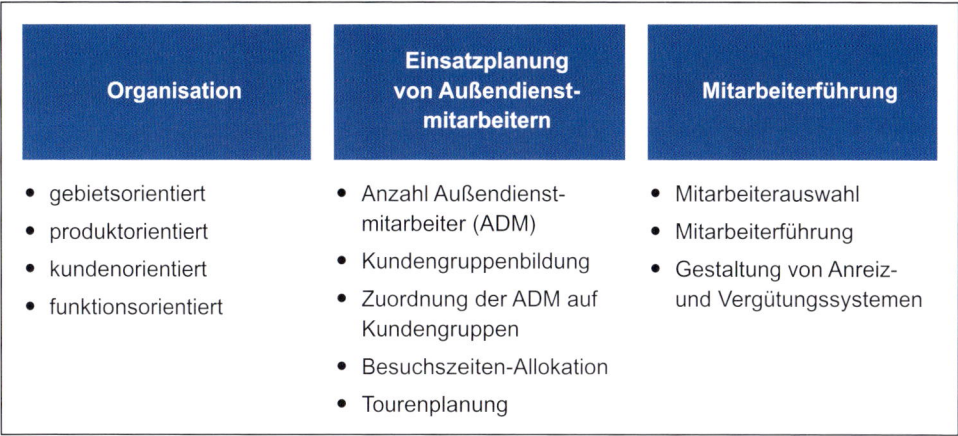

Abbildung 223: Entscheidungsfelder im Verkaufsmanagement

Im Hinblick auf die **organisatorische Ausgestaltung** des Verkaufsmanagements lassen sich gebiets-, produkt-, kunden- und funktionsorientierte Strukturen unterscheiden. Bei einer **gebietsorientierten** Verkaufsorganisation wird jedem Verkäufer ein Gebiet zugeteilt, in dem er alle Kunden mit der gesamten Produktlinie des Unternehmens zu betreuen hat (z. B. Albers, 1989 a, S. 412 ff.). Eine **produktorientierte** Organisation ist dadurch gekennzeichnet, dass sich jeder Außendienstmitarbeiter auf den Verkauf eines Produkts bzw. einer Produktlinie spezialisiert und dafür die Gewinnverantwortung trägt. So hat z. B. die Nestlé-Gruppe Deutschland eigene Verkaufsorganisationen für Schokoladen und Pralinen, Produkte der „warmen" Küche (Maggi) und zahlreiche andere Produktlinien eingerichtet. Auf diese Weise wird eine bessere Steuerung und Kontrolle einzelner Produktgruppen bzw. Produkte erreicht. Die Strukturierung der Verkaufsorganisation nach **Kundengruppen** ermöglicht hingegen eine gezielte und bedarfsgerechte Bearbeitung einzelner Kundensegmente. In der Praxis wird eine kundenorientierte Verkaufsorganisation aufgrund der damit verbundenen hohen Kosten zumeist nur bei einzelnen Schlüsselkunden, so genannten Key Accounts, eingesetzt (zum Key Account Management z. B. Diller, 1993). Zum Beispiel hat IBM in den USA jeweils ein eigenes Verkaufsnetz für Kunden im Finanz- und Kapitalmarkt und für Kunden in der Automobilbranche eingerichtet. Bei einer **funktionsorientierten** Struktur wird schließlich eine Unterteilung nach unterschiedlichen Verkaufsfunktionen (z. B. Verkaufsplanung, Auswahl und Schulung, Außendienst, Verkaufscontrolling usw.) vorgenommen.

Bei der **Einsatzplanung** sind Entscheidungen über die Anzahl der Außendienstmitarbeiter, die Einteilung der Verkaufsgebiete (Kundengruppenbildung), die Zuordnung von Außendienstmitarbeitern auf Kundengruppen, die Besuchshäufigkeit bei jedem Kunden (Besuchszeiten-Allokation) und das Timing der Besuche (Tourenplanung) zu treffen (Albers, 1989 a, S. 61). Zu den einzelnen Problemkreisen sind zahlreiche Entscheidungsmodelle entwickelt worden (Steffenhagen, 1974; Albers, 1989 a).

Im Rahmen der **Mitarbeiterführung** kommt neben der Auswahl und Schulung geeigneter Außendienstmitarbeiter (Weis, 2000, S. 229 ff.; Albers, 1989 a, S. 288 ff.) der Gestaltung leistungsorientierter **Anreiz- und Vergütungssysteme** eine wesentliche Bedeutung zu.

> Anreiz- und Vergütungssysteme im Verkauf sind so zu gestalten, dass einerseits die notwendigen standardisierten Verhaltensweisen von den Außendienstmitarbeitern eingehalten und andererseits ihre Leistungsbereitschaft und ihr Engagement gefördert werden.

Grundlegende Gestaltungselemente sind hierbei Festgehalt, Provisionssysteme, Vergünstigungen und Prämien (Albers, 1989 a, S. 246 ff.; Kotler / Bliemel, 2001, S. 1028 ff.).

Die Vergütung von Außendienstmitarbeitern über ein **Festgehalt** verursacht den geringsten Verwaltungsaufwand und ist dann zweckmäßig, wenn das Ergebnis der Verkaufstätigkeit nicht eindeutig den Verkaufsbemühungen der Außendienstmitarbeiter zurechenbar ist. Festgehälter erlauben die Entlohnung von Tätigkeiten, die nicht unmittelbar zu Umsatzsteigerungen führen (z. B. Beratung der Abnehmer, allgemeine Marktberichterstattung, Service). Allerdings kann ein reines Festgehalt zu geringerer Motivation führen. Eine Kombination aus Festgehalt und erfolgsabhängiger Entlohnung findet deshalb häufig Anwendung.

Der erfolgsabhängige Teil kann z. B. in Form von Prämien oder in Form einer Provision gewährt werden. Die **Provision** ist ein variables Anreizinstrument und wird als Prozentsatz von einer bestimmten Bezugsgröße (z. B. Umsatz oder Deckungsbeitrag) dem Verkäufer regelmäßig gezahlt. Aufgrund der unmittelbar erfolgsabhängigen Vergütung führt die Provision zu einer stärkeren Motivation der Verkäufer. Durch eine Differenzierung der Provisionssätze pro Produkt- und Kundengruppe kann gesteuert werden, wie der Außendienstmitarbeiter seine Zeit verwendet. Mit einer erfolgsabhängigen Entlohnung ist allerdings die Gefahr verbunden, dass kurzfristige, auf die Erzielung von Abschlüssen gerichtete Verkaufsanstrengungen in den Mittelpunkt der Verkaufstätigkeit gelangen. Provisionen fördern ein aggressives Verkäuferverhalten („Hard Selling") und die Vernachlässigung von Tätigkeiten, die nicht unmittelbar zu Umsätzen führen (z. B. Beratung und Service). Bei einer Kombination aus Festgehalt und erfolgsabhängiger Entlohnung kann allerdings diese reine Verkaufsorientierung der Außendienstmitarbeiter verhindert werden. Der feste Grundbetrag dient dazu, den Wunsch des Verkäufers nach einem sicheren Einkommen zu erfüllen. Der erfolgsabhängige Teil soll gesteigerte Verkaufsbemühungen fördern und belohnen. Zudem erfordert ein Provisionssystem zusätzliche Regelungen für nicht eindeutig zurechenbare Umsätze, Stornierungen und uneinbringliche Forderungen.

Prämien werden von Unternehmen unregelmäßig für bestimmte Sonderleistungen eingesetzt, die zwar wünschenswert, aber nicht mit einer Provision verbunden sind, z. B. pünktliche Abgabe von Besuchsberichten, der Erwerb außergewöhnlich guter Produktkenntnisse, Neukundenwerbung, die Erfüllung vorgegebener Quoten oder gute Platzierungen in Verkaufswettbewerben. Durch die Vergabe von Prämien ist es somit möglich, Außendienstmitarbeiter gezielt zu einem ganz konkreten Verhalten zu motivieren. Darüber hinaus verleihen Prämien dem Unternehmen eine gewisse Flexibilität, da die Prämiengewährung kurzfristig geändert werden kann. Bei häufig wechselnden Prämiensystemen besteht allerdings die Gefahr, eine systematische Verkaufstätigkeit zu untergraben.

Schließlich stehen einem Unternehmen als viertes Gestaltungselement der Entlohnung vielfältige Formen von **Vergünstigungen** zur Verfügung. Hierzu zählen beispielsweise Spesenpauschalen, die Privatnutzung eines Firmenwagens und Nebenvergünstigungen wie z. B. Lebensversicherung, Altersversorgung oder Umzugskosten.

> Zusammenfassend muss ein Unternehmen insbesondere die folgenden Entscheidungen bei der Gestaltung des Anreiz- und Vergütungssystems treffen:
> - Festlegung der im Mittel erreichbaren Gesamthöhe der Einkünfte der Verkäufer,
> - Bestimmung des Verhältnisses zwischen Festgehalt und erfolgsabhängiger Entlohnung,
> - Wahl einer Bezugsgröße für den Provisionssatz und gegebenenfalls Differenzierung der Provisionssätze nach Produkten oder Kundengruppen und
> - Festlegung des Prämiensystems und der anzubietenden Vergünstigungen.

6. Marketing-Mix optimieren

> *„Das Ganze ist mehr*
> *als die Summe seiner Teile."*
> *Aristoteles*

6.1 Marketing-Mix-Optimierungen verstehen

In den bisherigen Kapiteln wurden die einzelnen Bereiche des Marketing-Mix weitgehend getrennt voneinander betrachtet. In der Unternehmenspraxis sind Marketingentscheidungen jedoch nicht isoliert innerhalb der einzelnen Marketing-Mix-Bereiche zu treffen. Vielmehr stehen Unternehmen regelmäßig vor dem Problem, ihr Marketing-Mix **integrativ** zu planen und zu gestalten. Betrachtet man beispielsweise den bei Media-Markt beworbenen neuen Rasierer SmartTouch-XL von Philips (Abbildung 224), so sind hier gleichzeitig die Instrumente Kommunikationspolitik (Anzeigengestaltung, Werbekostenzuschüsse von Philips an Media-Markt, Planung der angekündigten Promotionaktion), Preispolitik (Endverbraucherpreis, von Philips zugestandene Handelsspanne), Produktpolitik (Neuproduktentwicklung des SmartTouch-XL), Markenpolitik (Positionierung auf der Innovationsdimension zur Aktualisierung des Markenimages von Philips) und Distributionspolitik (Vertrieb über den dominierenden Handelspartner Media-Markt; Sonderplatzierung im Rahmen der Promotionaktion) angesprochen.

Abbildung 224: Anzeige SmartTouch-XL von Philips über Media-Markt
Quelle: http//:www.media-markt.de/haus/

> Bei der Planung des Marketing-Mix ist festzulegen, welche Marketinginstrumente wie auszugestalten und mit welcher Intensität einzusetzen sind, um die Unternehmens- und Marketingziele bestmöglich zu erreichen.

Unternehmen machen es sich dabei häufig einfach, indem sie diese Entscheidungen mithilfe von Faustregeln (so genannten Heuristiken) treffen:

So werden Preise z. B. oftmals nach einer sehr einfachen Regel, dem so genannten **Kosten-Plus-Verfahren** bestimmt (siehe hierzu Kapitel E. 4.). Hierbei wird auf die kalkulierten Stückkosten einfach ein fester Prozentsatz aufgeschlagen. Das zentrale Problem einer solchen Vorgehensweise besteht darin, dass die **Wirkung des Preises auf die Nachfrage** unberücksichtigt bleibt. Die Zusammenhänge zwischen Preis und Absatzmenge in Form von so genannten Marktreaktionsfunktionen werden gänzlich vernachlässigt. Auch bleiben bei einer solchen Vorgehensweise mögliche Interdependenzen zwischen dem Preis und den anderen Marketing-Mix-Instrumenten unberücksichtigt. Preispolitische Maßnahmen werden aber in besonderer Weise durch den **Marketing-Mix** beeinflusst. So wirken z. B. temporäre Preissenkungen in Form von Sonderangeboten wesentlich stärker, wenn sie mit Werbung (z. B. Handzetteln) kombiniert werden im Vergleich zu einem Verzicht auf Werbung.

Auch für die anderen Marketing-Mix-Bereiche gibt es derartige Faustregeln. So wird z. B. die Höhe des Werbebudgets oftmals nach der so genannten **Prozent-vom-Umsatz-Methode** bestimmt. Dabei wird das Werbebudget einfach als fester Prozentsatz des Vorjahresumsatzes festgelegt (siehe hierzu auch Kapitel E. 3.). Die Wahl des Prozentsatzes kann dabei z. B. nach den Erfahrungen des Unternehmens in der Vergangenheit oder nach den Werten ähnlich strukturierter Unternehmen erfolgen. Das zentrale Problem dieser Vorgehensweise besteht darin, dass Unternehmen, die mithilfe dieser Faustregel die Höhe ihres Werbebudgets bestimmen, den kausalen **Zusammenhang zwischen Werbung und Nachfrage** einfach umkehren. Sachlogisch richtig ist, dass der Umsatz eine Größe darstellt, die u. a. von der Höhe der Werbeausgaben beeinflusst wird. Wenn aber das Werbebudget als fester Prozentsatz vom Vorjahresumsatz festgelegt wird, dann beeinflusst auf einmal der Umsatz die Höhe des Werbebudgets. Damit verbunden ist auch die Gefahr eines Teufelkreises: In schlechten Zeiten wird weniger geworben, was im Extremfall dazu führen kann, dass sich das Unternehmen aus dem Markt herauskalkuliert.

Derartige Faustregeln führen zumeist zu einem, in Bezug auf die Erreichung der Unternehmens- und Marketingziele, **suboptimalen** Einsatz der Marketinginstrumente. Eine (gewinn)optimale Planung des Marketing-Mix erfordert, dass die Wirkungen der Marketing-Mix-Instrumente auf die Nachfrage explizit in die Analyse einbezogen werden. Der Zusammenhang zwischen Absatzmenge und den Marketing-Mix-Instrumenten wird durch so genannte **Marktreaktionsfunktionen** erfasst. Diese Funktionen bilden ab, welche Absatzmengen sich bei alternativen Ausprägungen der Marketing-Mix-Instrumente ergeben (Gedenk/Skiera, 1993, S. 638). Mögliche Formen von Marktreaktionsfunktionen werden in Kapitel E. 6.2 diskutiert.

> Für die gewinnoptimale Planung des Marketing-Mix ist die Kenntnis der Marktreaktionsfunktion, welche den Zusammenhang zwischen Absatzmenge und Marketing-Mix-Instrumenten abbildet, essenziell.

Es ist offensichtlich, dass die einzelnen Marketing-Mix-Instrumente dabei nicht isoliert voneinander betrachtet werden können. Vielmehr sind Interdependenzen zwischen den einzelnen Instrumenten zu berücksichtigen. Von entscheidender Bedeutung ist dabei die Analyse von **Interaktionseffekten** zwischen den einzelnen Marketing-Mix-Instrumenten. Anschaulich gesprochen liegen solche Interaktionseffekte dann vor, wenn der Einsatz eines Marketinginstruments Auswirkungen auf die Gestaltung eines anderen Marketinginstruments hat.

Marketing-Mix-Interaktionen sind von großer praktischer Bedeutung. So ist nicht auszuschließen, dass Interaktionseffekte in manchen Fällen sogar stärker sind als die einzelnen Wirkungen der Marketing-Mix-Instrumente, wenn sie isoliert eingesetzt werden (Simon, 1992 a, S. 87). Beispielsweise bewirken Preissenkungen nichts, wenn sie von den Nachfragern nicht wahrgenommen werden. Erst wenn Preissenkungen durch eine entsprechende Werbung (z. B. Handzettel, Zeitung), gezielte Hinweise im Laden (z. B. Displays), Zweitplatzierungen etc. unterstützt werden, treten sie in das Bewusstsein der Nachfrager und führen zu entsprechenden Absatzsteigerungen. Ebenso sollte z. B. eine Penetrationspreisstrategie für Güter des täglichen Bedarfs mit einem hohen Distributionsgrad verbunden werden, um die für den Erfolg einer Penetrationspreisstrategie wichtige hohe Absatzmenge zu erzielen. Schließlich ist in der Praxis häufig zu beobachten, dass Preiserhöhungen mit einer verstärkten qualitäts-/imageorientierten Werbung, Unterstützung durch den Außendienst und/oder Produktverbesserungen einhergehen.

> Für die gewinnoptimale Planung des Marketing-Mix sind Interaktionseffekte zwischen den einzelnen Instrumenten des Marketing-Mix in die Analyse einzubeziehen.

Interaktionen zwischen Marketing-Mix-Instrumenten können in zweierlei Hinsicht auftreten (Simon, 1992 a, S. 91): Zum einen kann die Absatzwirkung der Änderung eines Marketinginstruments (d. h. der Grenzertrag bzw. die Response dieses Instruments) vom Niveau eines anderen Marketinginstruments abhängen. In diesem Fall spricht man von einer **Responseinteraktion.** So erscheint plausibel, dass der Grenzertrag der Werbung vom Niveau des Preises abhängt. Bei einem sehr hohen Preis führt Werbung zu geringem Mehrabsatz, bei einem sehr niedrigen Preis hingegen zu starkem Mehrabsatz. Zum anderen kann die Elastizität (und damit der optimale Wert) eines Marketinginstruments vom Niveau eines anderen Marketinginstruments abhängen. In einem solchen Fall spricht man von einer **Elastizitätsinteraktion.** Eine Elastizitätsinteraktion zwischen Werbung und Preiselastizität liegt beispielsweise dann vor, wenn ein höheres Werbebudget die Preiselastizität im Absolutbetrag reduziert. Mit einem höheren Werbebudget ist in diesem Fall offensichtlich auch ein höherer optimaler Preis verbunden.

Darüber hinaus können **zwischen den Produkten eines Herstellers** Interaktionseffekte bestehen. Dies ist dann der Fall, wenn der Absatz von Produkten des eigenen Unternehmens nicht nur vom Marketing-Mix des jeweiligen Produkts abhängt, sondern auch vom Einsatz des Marketing-Instrumentariums der anderen Produkte. In diesem Zusammenhang sind **Kreuzelastizitäten** von Bedeutung. Sie stellen ein Maß für die Wirkung der Marketinginstrumente eines Produkts B auf die Absatzmenge eines Produkts A dar. Kreuzelastizitäten geben an, um wie viel Prozent sich der Absatz eines Produkts A ändert, wenn ein Marketinginstrument eines Produkts B um 1 % variiert wird. Im Hinblick auf das Vorzeichen derartiger Kreuzelastizitäten muss eine Unterscheidung zwischen **substitutiven Produkten** (d. h. konkurrierenden Produkten, wie z. B. zwei Mineralwassersorten) und **komplementären Produkten** (d. h. sich ergänzenden Produkten, wie z. B. Handys und Verbindungstarife) getroffen werden. Abbildung 225 gibt einen Überblick über plausible Vorzeichen von Kreuzelastizitäten (Gedenk/Skiera, 1993, S. 638).

Bei substitutiven Produkten führt somit eine Preissenkung bei Produkt A zu einer Verringerung der Absatzmenge von Produkt B, da Nachfrager von Produkt B zum Produkt A wechseln, um von der Preissenkung zu profitieren. Ergänzen sich die Produkte hingegen, so führt eine Preissenkung bei Produkt A zu einer Absatzmengensteigerung bei Produkt B. Infolge eines derartigen Sortimentverbunds können im Extremfall selbst Preise unter Null sinnvoll sein, z. B. beim Verkauf von Handys (kostenloses Angebot + 50 € Gesprächsguthaben) in Kombination mit Verbindungstarifen (20 Cent pro Minute). Umgekehrt verhält es sich mit den Kreuzbudgetelastizitäten, d. h. den Kreuzelastizitäten von Werbung, Verkaufsförderung, Distribution etc. Bei komplementären Produkten wird mit Werbung für Produkt A zugleich das Produkt B beworben. Eine Erhöhung des Werbe-

	Substitutive Produkte z. B. zwei Mineralwassersorten	Komplementäre Produkte z. B. Handy und Verbindungstarife
Kreuzpreiselastizität	> 0	< 0
Kreuzbudgetelastizität	< 0	> 0

Abbildung 225: Plausible Vorzeichen von Kreuzelastizitäten

budgets für A führt somit auch zu einer Steigerung der Absatzmenge von Produkt B. Konkurrieren die Produkte hingegen miteinander, bewirkt eine Erhöhung des Werbebudgets für das Produkt A, dass Nachfrager von Produkt B zu Produkt A wechseln.

> Für die gewinnoptimale Planung des Marketing-Mix sind Interaktionseffekte zwischen den Produkten eines Herstellers in die Analyse einzubeziehen.

Interaktionseffekte zwischen den Marketing-Mix-Instrumenten bzw. zwischen den Produkten eines Herstellers lassen sich anhand von **Marktreaktionsfunktionen** formal abbilden. Gegenstand des folgenden Kapitels ist die Modellierung verschiedener Formen von Marktreaktionsfunktionen. Die Optimierung des Marketing-Mix auf der Grundlage von solchen Marktreaktionsfunktionen wird in Kapitel E. 6.3 diskutiert.

6.2 Marketing-Mix analysieren: Marktreaktionsfunktionen bestimmen

Bevor verschiedene Formen von Marktreaktionsfunktionen detailliert erläutert werden, soll anhand eines einfachen Beispiels die Grundidee der Marketing-Planung auf der Basis von Marktreaktionsfunktionen dargestellt werden.

Beispiel zur Marketing-Mix-Optimierung: Multiplikative Marktreaktionsfunktion

Um eine gewinnoptimale Planung des Marketing-Mix vorzunehmen, ist es erforderlich, die Nachfragewirkungen der einzelnen Marketinginstrumente in die Analyse einzubeziehen. Wie können nun diese Wirkungen modelliert und gemessen werden? Ein sinnvolles Maß für die Wirkung eines Marketinginstruments ist die **Elastizität**. Direkte Elastizitäten geben an, um wie viel Prozent sich der Absatz ändert, wenn ein Marketing-Mix-Instrument um 1 % geändert wird. Sie basieren somit auf der relativen Änderung der abhängigen (hier Absatzmenge) und der unabhängigen Variablen (hier Marketinginstrument). Elastizitäten stellen ein dimensionsloses Maß dar und sind damit über verschiedene Produkte, Regionen, Perioden etc. vergleichbar.

$$\varepsilon = \frac{\dfrac{dQ}{Q}}{\dfrac{dX}{X}} = \frac{dQ}{dX} \cdot \frac{X}{Q} \qquad \begin{aligned} &\text{mit: } \varepsilon = \text{Elastizität} \\ &\phantom{\text{mit: }} Q = \text{Absatzmenge} \\ &\phantom{\text{mit: }} X = \text{Marketinginstrument} \end{aligned}$$

Um die Absatzmenge in Abhängigkeit des Einsatzes der Marketing-Mix-Instrumente abzubilden, werden **Marktreaktionsfunktionen** eingesetzt. Eine häufig verwendete Funktionsform ist die multiplikative Reaktionsfunktion. Die Absatzmenge Q wird hier als multiplikative Verknüpfung der Marketinginstrumente modelliert, z. B. als multiplikative Verknüpfung von Preis P, Werbebudget W und Distributionsbudget D:

$$Q = b_0 \cdot P^{b1} \cdot W^{b2} \cdot D^{b3}$$

Besonders praktisch ist bei der multiplikativen Funktion, dass die Elastizitäten der einzelnen Marketinginstrumente direkt abgelesen werden können: Die Parameter b_1, b_2 und

b_3 stellen die Elastizität des jeweiligen Instruments dar. Berechnet man z. B. nach obiger Formel die Werbeelastizität, so erhält man als Ergebnis den Parameter b_2.

Entscheidend für die Qualität einer Marktreaktionsfunktion ist die **Auswahl der unabhängigen Variablen**, d. h. der Variablen des Marketing-Mix, welche die Absatzmenge beeinflussen. Bei dieser Aufgabe ist im Wesentlichen die Marktkenntnis des Marketing-Managers gefragt. Dieser steht vor einem Trade-off: So dürfen einerseits keine wichtigen Variablen im Modell fehlen, vielmehr müssen alle Marketinginstrumente berücksichtigt werden, welche den Absatz wesentlich beeinflussen. Andererseits ist aber auch zu bedenken, dass die entsprechenden Daten häufig im Unternehmen nicht vorhanden sind und ihre Beschaffung Kosten verursacht. Aufbauend auf einer solchen Marktreaktionsfunktion kann nun eine Optimierung des Marketing-Mix vorgenommen werden. Hierzu müssen zunächst Daten erhoben und die Parameter der Funktion bestimmt werden (Gedenk/Skiera, 1994). Liegen beispielsweise aus der Vergangenheit empirische Werte für die Absatzmenge Q, den Preis P, das Werbebudget W und das Distributionsbudget D vor, so kann obige Funktion ökonometrisch geschätzt werden. Darauf aufbauend können dann gewinnoptimale Werte für P, W und D bestimmt werden, indem der Deckungsbeitrag (DB) nach Marketing-Aufwand maximiert wird:

$$DB = (P - k) \cdot Q - W - D => \text{max!} \qquad \text{mit: } k = \text{Stückkosten}$$

$$Q = b_0 \cdot P^{b1} \cdot W^{b2} \cdot D^{b3}$$

> Bei der Schätzung von Marktreaktionsfunktionen wird in drei Schritten vorgegangen: Zunächst muss ein geeignetes Modell spezifiziert werden. Danach müssen Daten erhoben und schließlich die eigentliche Schätzung vorgenommen werden. Aufbauend auf der geschätzten Funktion kann eine Optimierung des Marketing-Mix erfolgen.

Diese Schritte und die anschließende Marketing-Mix-Optimierung werden im Folgenden näher betrachtet.

Modellierung von Marktreaktionsfunktionen

Marktreaktionsfunktionen bilden die Absatzmenge bei alternativen Ausprägungen eines oder mehrerer Marketing-Mix-Instrumente ab. Dabei können verschiedene **Funktionsverläufe** unterschieden werden. Fünf häufig verwendete Funktionstypen werden näher betrachtet: die lineare, die multiplikative, die semi-logarithmische, die modifiziert-exponentielle und die S-förmige Reaktionsfunktion. Dabei wird der Verlauf der Absatzmenge aus Vereinfachungsgründen jeweils nur in Abhängigkeit eines Marketinginstruments betrachtet. Abbildung 226 zeigt den Verlauf der Nachfrage bei den fünf im Folgenden dargestellten Grundformen.

Für die Verwendung eines **linearen Funktionsverlaufs** bei der Bestimmung von Marktreaktionsfunktionen spricht, dass eine ökonometrische Schätzung der Parameter (z. B. mit einer Regressionsanalyse) unmittelbar möglich ist, da die für eine lineare Regression erforderliche lineare Schätzfunktion bereits vorliegt. Zudem können in kleinen Intervallen komplexe funktionale Zusammenhänge gut linear approximiert werden. Da sich Ände-

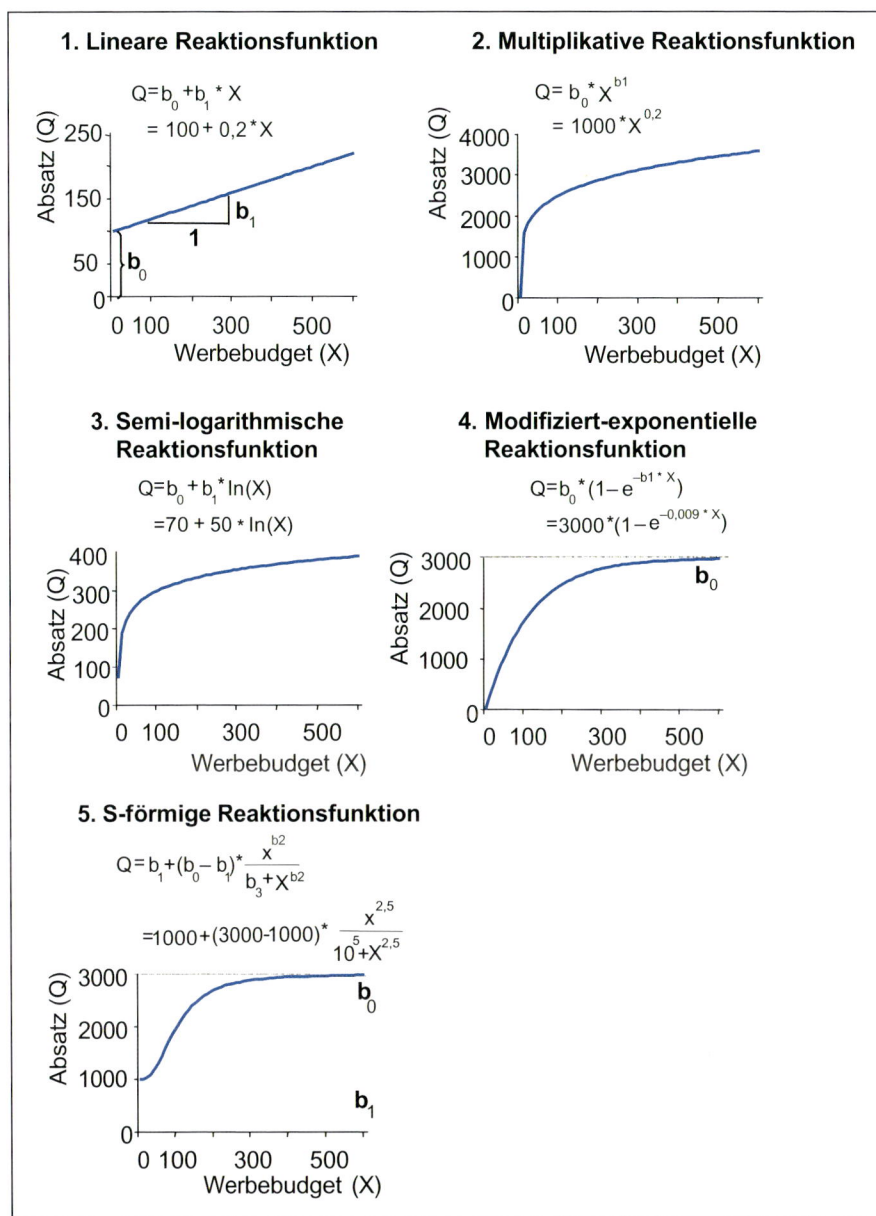

1. Lineare Reaktionsfunktion

$$Q = b_0 + b_1 * X$$
$$= 100 + 0,2 * X$$

2. Multiplikative Reaktionsfunktion

$$Q = b_0 * X^{b1}$$
$$= 1000 * X^{0,2}$$

3. Semi-logarithmische Reaktionsfunktion

$$Q = b_0 + b_1 * \ln(X)$$
$$= 70 + 50 * \ln(X)$$

4. Modifiziert-exponentielle Reaktionsfunktion

$$Q = b_0 * (1 - e^{-b1 * X})$$
$$= 3000 * (1 - e^{-0,009 * X})$$

5. S-förmige Reaktionsfunktion

$$Q = b_1 + (b_0 - b_1) * \frac{X^{b2}}{b_3 + X^{b2}}$$
$$= 1000 + (3000 - 1000) * \frac{X^{2,5}}{10^5 + X^{2,5}}$$

Abbildung 226: Fünf Grundformen von Marktreaktionsfunktionen

rungen von Marketing-Mix-Instrumenten in der Praxis zumeist nur in einem relativ engen Intervall bewegen, stellt die einfache lineare Funktion eine hinreichend gute Näherung dar (Lilien/Kotler/Moorthy, 1992, S. 653). Die lineare Funktionsform weist jedoch auch eine Reihe von Schwächen auf: So besitzt sie die Eigenschaft des konstanten Grenzertrags, da die Ableitung der Funktion nach einem Marketinginstrument X den konstan-

ten Parameter b1 ergibt. Dies erscheint wenig realistisch. So ist beispielsweise davon auszugehen, dass eine Preiserhöhung von 50 auf 51 Euro einen stärkeren absoluten Absatz-
mengenrückgang zur Folge hat als eine Erhöhung des Preises von 500 auf 501 Euro. Auch
kann vermutet werden, dass mit zunehmendem Werbebudget immer resistentere Käu-
ferschichten angesprochen werden, sodass der Grenzertrag der Werbung abnimmt. Sättigungseffekte können mit einer linearen Funktion jedoch nicht abgebildet werden.
Zudem erscheint es auch unrealistisch zu sein, dass die Elastizität eines Marketinginstruments (z. B. der Werbung) mit zunehmendem Einsatz dieses Marketinginstruments
steigt. Auch diese Eigenschaft erscheint unrealistisch. Warum sollte z. B. die Verkaufsförderungselastizität gerade bei einem hohen Verkaufsförderungsaufwand besonders hoch
sein?

Für viele Marketinginstrumente geeigneter erscheinen daher **konkave Funktionsformen**
(Abbildung 226), die einen degressiven Verlauf der Grenzerträge wiedergeben. Konkave
Verläufe können z. B. durch **multiplikative Reaktionsfunktionen** abgebildet werden. Auch
hier ist die ökonometrische Schätzung der Parameter einfach. Die Funktion liegt zwar
nicht direkt in der für die lineare Regression notwendigen Form vor, sie kann jedoch
durch Logarithmierung auf einfache Weise in eine lineare Form gebracht werden
(Hruschka, 1996, S. 20). Ferner können je nach verwendetem Exponenten (Elastizitäts-
parameter) abnehmende, konstante oder steigende Grenzerträge modelliert werden, d. h.
die Wirkungen aller Marketinginstrumente können mit dieser Funktionsform abgebildet
werden. So kann beispielsweise beim Marketinginstrument Werbung berücksichtigt werden, dass die absolute Wirkung der Werbung typischerweise umso geringer ist, je höher
das Niveau der Werbeausgaben ist, sodass sich ein degressiver Verlauf der Marktreaktionsfunktion ergibt (Abbildung 226). Die Elastizitäten sind hingegen konstant und entsprechen den jeweiligen Exponenten. Konstante Elastizitäten erleichtern wesentlich die
Interpretation des Modells und sind zudem realistischer als die steigenden Elastizitäten
bei einer linearen Funktion. Problematisch erscheint jedoch, dass es im multiplikativen
Modell keinen Mindestabsatz und keine Sättigungsmenge gibt. Zudem ist es eher unrealistisch, dass Elastizitäten vom Einsatzniveau der Marketinginstrumente bzw. von Sätti-
gungseffekten unabhängig sind.

Semi-logarithmische Modelle (Abbildung 226) sind ebenfalls mit Regressionsanalysen
linear schätzbar. Sie weisen sowohl sinkende Grenzerträge als auch sinkende Elastizitäten auf. Aber auch in diesem Modell können Sättigungseffekte nicht abgebildet werden.
Erst im **modifiziert-exponentiellen Modell** nähert sich der Funktionsverlauf einer Sättigungsmenge (b_0) an. Zudem sind modifiziert-exponentielle Modelle durch sinkende
Grenzerträge und sinkende Elastizitäten gekennzeichnet und können linear geschätzt
werden, sofern die Sättigungsmenge bekannt ist.

S-förmige Reaktionsfunktionen bestehen schließlich aus zwei Abschnitten (Abbildung 226): Im ersten Abschnitt liegen steigende Grenzerträge vor. Bei höheren Werten der
jeweils betrachteten Marketing-Mix-Instrumente liegen hingegen fallende Grenzerträge
vor (zweiter Abschnitt der Funktion). Außerdem nähern sich S-förmige Funktionen einer
Sättigungsmenge für die abhängige Variable (Absatzmenge). Schließlich ergibt sich für

Funktionstyp	Grenzertrag	Elastizität	Mindest-absatz	Sättigungs-menge	Linear schätzbar
Linear	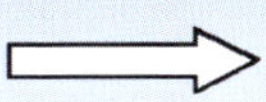	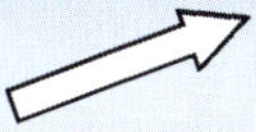	Ja	Nein	Ja
Multiplikativ	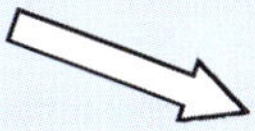	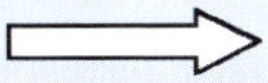	Nein	Nein	Ja
Semi-logarithmisch	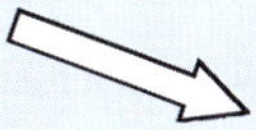		Ja	Nein	Ja
Modifiziert-exponentiell	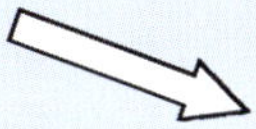	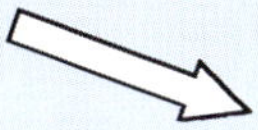	Nein	Ja	Wenn Sättigungs-menge bekannt
S-förmig	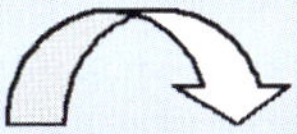		Ja	Ja	Wenn Mindest-absatz und Sättigungs-menge bekannt

Abbildung 227: Eigenschaften verschiedener Funktionsformen
Quelle: in Anlehnung an Gedenk/Skiera, 1994.

die Elastizitätswerte ein realistischer Verlauf mit zunächst steigenden, dann sinkenden Elastizitäten bei steigendem Einsatzniveau des jeweils betrachteten Marketinginstruments. Abbildung 227 fasst die diskutierten Eigenschaften der betrachteten Funktionstypen zusammen.

Die bisherigen Betrachtungen hatten **statischen Charakter**, d. h. die Zeitdimension wurde nicht explizit berücksichtigt. Unternehmen streben zumeist aber nicht nach Maximierung des kurzfristigen Periodengewinns, sondern sind an einer **langfristigen** Gewinnsicherung und -maximierung interessiert. Die gegenwärtigen Absatzchancen eines Produkts sind zumeist abhängig vom Einsatz der Marketinginstrumente in der Vergangenheit und der heutige Einsatz der Marketinginstrumente beeinflusst die Absatzchancen in der Zukunft. So wirken z. B. Werbeaktionen häufig auch in Folgeperioden, Sonderangebote führen oftmals zur Lagerbildung und verringertem Absatz in der Zukunft etc. Zudem erfolgt die Marktreaktion auf Marketingmaßnahmen nicht immer zeitgleich und symmetrisch. Solche Auswirkungen des Einsatzes eines Marketinginstruments auf die abhängige Variable (Absatzmenge) in einer anderen Periode bezeichnet man als **dynamischen Effekt** (Hruschka, 1996, S. 30).

Für die gewinnoptimale Planung des Marketing-Mix sind dynamische Effekte in die Analyse einzubeziehen.

Folgende dynamische Effekte lassen sich unterscheiden (Lilien/Kotler/Moorthy, 1992, S. 661 f.):

(a) Carry-Over-Effekte: Hierunter fallen zum einen so genannte **Delayed-Response-Effekte**, die dadurch entstehen, dass Marketingmaßnahmen zeitverzögert auf die Absatzmenge wirken. Zum anderen ist es möglich, dass Marketingmaßnahmen einer Periode t indirekt über die Absatzmenge der Periode t auf die Absatzmengen zukünftiger Perioden wirken. Für solche so genannten **Customer-Holdover-Effekte** können verschiedene Ursachen verantwortlich sein. So wird z. B. das Wiederkaufverhalten von den Erfahrungen mit den früher gekauften Produkten bestimmt oder die Erfahrungen mit einem Produkt werden an Dritte weitergegeben (Mundwerbung) und beeinflussen deren Kaufverhalten. Schließlich kann ein Bedürfnis nach Abwechslung dazu führen, dass ein einmal gekauftes Produkt innerhalb eines bestimmten Zeitraums nicht noch einmal gekauft wird (Simon, 1992 b, S. 258). In Abbildung 228 sind die beschriebenen Effekte graphisch dargestellt.

(b) Änderungseffekte: Marketingmaßnahmen können unter Umständen langfristige, dauerhafte Absatzeffekte, **Hysteresis-Effekte**, auslösen. So ist in der Praxis, z. B. bei einer Erhöhung des Werbeaufwands, häufig zu beobachten, dass die Absatzmenge relativ schnell ansteigt und anschließend, nachdem der Werbeaufwand wieder auf sein Ausgangsniveau reduziert wurde, konstant bleibt bzw. relativ langsam absinkt (Abbildung 228). **New-Trier-Effekte** treten insbesondere bei schnelldrehenden Konsumgütern auf, wenn viele Konsumenten ein Produkt ausprobieren, aber nur wenige Konsumenten zu regelmäßigen Verwendern des Produkts werden. Die Absatzmenge erreicht dann zunächst eine Absatzspitze und sinkt anschließend, bis eine Gleichgewichtsabsatzmenge erreicht ist (Ab-

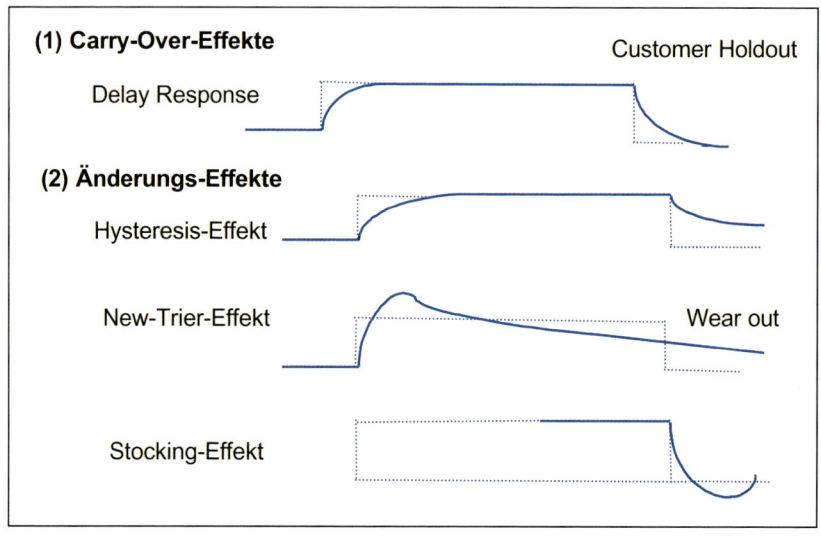

Abbildung 228: Dynamische Marktreaktionen
Quelle: Lilien/Kotler/Moorthy, 1992, S. 663.

bildung 228). Schließlich treten **Stocking-Effekte** auf, wenn Verkaufsförderungsmaßnahmen (z. B. Sonderangebote) nicht nur zu einem Mehrkonsum führen, sondern vielmehr zur Folge haben, dass vorhandene Kunden das betreffende Produkt auf Vorrat einkaufen. Solche Vorratskäufe führen dann zu einem Rückgang des Absatzes in den Folgeperioden (Abbildung 228).

Wie lassen sich nun solche dynamischen Effekte bei der Modellierung von Markreaktionsfunktionen berücksichtigen? Grundsätzlich ist die Modellierung dynamischer Effekte einfach dadurch möglich, dass **zeitverzögerte Marketing-Mix-Variablen** in die unterstellte Marktreaktionsfunktion aufgenommen werden. So kann beispielsweise das lineare Modell folgendermaßen zu einer dynamischen Reaktionsfunktion erweitert werden (mit Q = Absatzmenge und X = Marketingbudget):

$$Q_t = b_0 + b_1 \cdot X_t + b_2 \cdot X_{t-1} + b_3 \cdot X_{t-2} + \ldots$$

Dieses Vorgehen weist jedoch das Problem auf, dass die verzögerten Werte eines Marketinginstruments in der Regel hoch multikollinear sind. Darüber hinaus lässt die Anzahl der zur Verfügung stehenden Beobachtungen zumeist nur wenige zu schätzende Parameter zu, sodass nur ein bestimmter maximaler Lag von T Perioden berücksichtigt werden kann. Eine Alternative dazu besteht darin, eine **feste Struktur der Parameter** zu unterstellen. Die Lagstruktur wird hierbei als diskrete Wahrscheinlichkeitsverteilung aufgefasst, sodass die Anzahl der zu schätzenden Parameter beschränkt ist. Für eine bestimmte Form der Verteilung (geometrisch verteilte Lags) erhält man das so genannte Koyck-Modell (Hruschka, 1996, S. 32):

$$Q_t = b_0 + b_1 \cdot X_t + b_1 \cdot \lambda \cdot X_{t-1} \ + b_1 \cdot \lambda^2 \cdot X_{t-2} + \ldots \qquad \text{mit } \lambda = b_{i+1}/b_i$$

Das Koyck-Modell lässt sich in eine einfach schätzbare äquivalente Form transformieren mit dem aktuellen Niveau des betrachteten Marketinginstruments und dem um eine Periode verzögerten Absatz als unabhängige Variable. Dabei lässt sich zeigen, dass die langfristige Wirkung des Marketinginstruments X im Gleichgewicht bei $b_1/(1+\lambda)$ liegt, weshalb die Größe $1/(1+\lambda)$ auch als **Marketing-Multiplikator** bezeichnet wird.

Bereits in Kapitel E. 6.1 wurde ausgeführt, dass eine gewinnoptimale Planung des Marketing-Mix zudem die Berücksichtigung von **Wechselwirkungen zwischen den einzelnen Marketing-Mix-Instrumenten** erfordert. Beispielsweise ist davon auszugehen, dass die Wirkung eines Sonderangebots eine andere ist, wenn sie von entsprechender Werbung (z. B. Handzetteln im Geschäft, Inseraten in Tageszeitungen) unterstützt wird oder nicht. Dabei kann die Wirkung von Sonderangebot und begleitender Werbung zusammen größer (oder kleiner) sein als die Summe der Einzelwirkungen. Allgemein ist zwischen **Response- und Elastizitätsinteraktionen** zu unterscheiden (Kapitel E. 6.1). Inwiefern solche Interaktionswirkungen tatsächlich berücksichtigt werden, hängt von der unterstellten Marktreaktionsfunktion ab.

> Bei der Wahl der Funktionsform ist darauf zu achten, ob die vermuteten Interaktionen über die gewählte Reaktionsfunktion abgebildet werden können.

So kann die Absatzmenge Q als Funktion der beiden Marketinginstrumente Preis P und Werbung W beispielsweise mit einer log-linearen oder einer multiplikativen Funktion modelliert werden (Lilien/Kotler/Moorthy, 1992, S. 660 f.; Simon, 1992 a, S. 89 ff.). Je nach spezifizierter Reaktionsfunktion können dabei Response- bzw. Elastizitätsinteraktionen berücksichtigt werden oder nicht:

(a) Log-Lineare Funktion: Q = a + b · P + c ln(W)

Der Logarithmus bildet den mit zunehmendem Werbebudget abnehmenden Grenzertrag der Werbung ab. Die partiellen Ableitungen nach dem Preis dQ/dp = b und der Werbung dQ/dW = c/W sind unabhängig von dem jeweils anderen Instrument. Das lineare Modell berücksichtigt in der dargestellten Form somit keine Responseinteraktion. Hingegen gibt es bei linear-additiven Reaktionsfunktionen sehr wohl eine Abhängigkeit der Elastizitäten, d. h. eine **Elastizitätsinteraktion**. So ergibt z. B. die Berechnung der Preiselastizität für obige Funktion, dass ein höheres Werbebudget die Preiselastizität im Absolutbetrag reduziert:

$$\frac{dQ}{dP} \cdot \frac{P}{Q} = b \cdot P / (a + b \cdot p + c \cdot \ln(W))$$

Durch eine Erweiterung des einfachen log-linearen Modells um einen multiplikativen Term lässt sich bei log-linearen Modellen zusätzlich zur Elastizitätsinteraktion auch eine **Responseinteraktion** abbilden, wobei d der Parameter zur Darstellung der Interaktionsbeziehung ist: $Q = a + b \cdot P + c \cdot \ln(W) + d \cdot P \ln(W)$

(b) Multiplikative Funktion: $Q = a \cdot P^b \cdot W^c$

Genau umgekehrt verhält es sich mit dem multiplikativen Modell. Die Elastizitäten sind hier konstant und entsprechen den Exponenten der jeweiligen Marketinginstrumente. Elastizitätsinteraktionen können somit nicht berücksichtigt werden. Der Grenzertrag eines Instruments ist hingegen vom Niveau des anderen Marketinginstruments abhängig, sodass eine **Responseinteraktion** vorliegt.

Durch eine Erweiterung der einfachen multiplikativen Funktion kann schließlich bei multiplikativen Modellen sowohl eine Responseinteraktion als auch eine **Elastizitätsinteraktion** modelliert werden: $Q = a \cdot P^{(b1 + b2 \cdot \ln(W))} \cdot W^{(c1 + c2 \cdot \ln(P))}$

Ferner ist es grundsätzlich wünschenswert, **Einflüsse der Konkurrenz** im Modell zu berücksichtigen. Dies kann durch **Attraktionsmodelle** erfolgen. Der Marktanteil einer bestimmten Marke wird dabei durch den Nutzen dieser Marke für den Konsumenten (d. h. die „Attraktion" dieser Marke) relativ zur Attraktion aller zur Wahl stehenden Marken bestimmt. Die Attraktion einer Marke wiederum wird als Funktion der für diese Marke eingesetzten Marketinginstrumente modelliert (Cooper/Nakanishi, 1988, S. 26). Je nach verwendetem konkreten Funktionstyp erhält man unterschiedlich spezifizierte Attraktionsmodelle. Zwei häufig verwendete Attraktionsmodelle sind das MCI-Modell (Multiplicative Interaction Model) und das MNL-Modell (Multinomial Logit Model).

Schließlich können der Analyse **verschiedene Aggregationsniveaus** zugrunde gelegt werden. Aggregierte Modelle zur Wirkung der Marketing-Mix-Instrumente auf das Kaufverhalten arbeiten typischerweise mit Daten auf **Produkt-, Geschäfts- oder Regionen-**

ebene. Als abhängige Variable werden beispielsweise die Absatzmenge oder der Markt-anteil betrachtet und jeweils als Funktion der Marketing-Mix-Instrumente modelliert.

Disaggregierte Daten liegen hingegen typischerweise auf der Ebene von **Haushalten oder einzelnen Personen** vor. Für das Verständnis disaggregierter Modelle ist die Unterschei-dung verschiedener abhängiger Variablen wesentlich. Diese orientieren sich zumeist am Kaufentscheidungsprozess des Konsumenten: So entscheidet ein Konsument bei einem Einkaufstrip zunächst, welches Geschäft er aufsucht und ob er einen Kauf in der be-trachteten Produktkategorie tätigt. Kauft er in dem gewählten Geschäft und in der Pro-duktkategorie, entscheidet er weiter über die Marke und die Menge, die er kauft. Abbil-dung 229 zeigt diese Entscheidungen und die entsprechenden abhängigen Variablen von disaggregierten Marktreaktionsmodellen.

Die genannten abhängigen Variablen können nun jeweils als Funktion der Marketing-Mix-Instrumente modelliert werden. Für die einzelnen Konsumentenentscheidungen und die dazugehörigen Modelle sind jeweils unterschiedliche Funktionstypen relevant. Bei der Marken- und der Geschäftswahl handelt es sich um Wahlentscheidungen, die über Choice-Modelle abgebildet werden. Ein hierfür häufig eingesetztes Modell ist das **Logit-Modell** (Gedenk, 2002, S. 164 f.). Die Wahrscheinlichkeit, dass ein Konsument bei einer Kaufgelegenheit eine bestimmte Marke wählt, wird dabei von dem Nutzen dieser Marke für den Konsumenten relativ zum Nutzen aller zur Wahl stehenden Marken bestimmt. Der Nutzen ist wiederum eine lineare Funktion der Eigenschaften dieser Marke, u. a. der für sie eingesetzten Marketinginstrumente.

Im Folgenden soll am Beispiel eines Verbraucherpaneldatensatzes demonstriert werden, wie auf der Basis **disaggregierter Daten** Marktreaktionsfunktionen und Elastizitäten ge-schätzt werden können. Der zugrunde liegende Datensatz umfasst ca. 200 Käufe in der Produktkategorie Bier der Jahre 1998 bis 2000. Das Ziel der Analyse besteht darin, **Preis- und Sonderangebotselastizitäten** für die 13 betrachteten Biermarken zu bestimmen. Als unabhängige Variablen werden der Preis (Preis pro Liter), die Sonderangebotsintensität (Anteil der Kaufgelegenheiten, bei denen im Sonderangebot gekauft wurde) und soweit erforderlich Dummys für Marken bzw. Regionen ausgewählt. Als abhängige Variable dient der Marktanteil. Als Marktreaktionsmodell wird eine multiplikative Funktionsform gewählt. Dieser Funktionstyp weist – wie bereits erläutert – insbesondere den Vorteil auf,

Konsumenten-entscheidung	Abhängige Variable
Geschäftswahl	Wahrscheinlichkeit, bei einem Trip das g-te Geschäft zu wählen
Kaufzeitpunkt	• Wahrscheinlichkeit, bei einem Trip / in einer Periode einen Kauf in der Produktkategorie zu tätigen • Zeitdauer zwischen zwei Käufen in der Produktkategorie
Markenwahl	Wahrscheinlichkeit, bei einer Kaufgelegenheit die i-te Marke zu wählen
Kaufmenge	Bei einer Kaufgelegenheit gekaufte Menge

Abbildung 229: Modelle auf der Basis disaggregierter Daten

dass die Parameter direkt als Elastizitäten interpretierbar sind. Für jede der 13 Marken wird nun folgendes Modell geschätzt (gepoolt über Regionen):

$$MA_{irt} = \beta_0 \cdot P_{irt}{}^{\beta_1} \cdot SI_{irt}{}^{\beta_2} \cdot \beta_3{}^{R_1} \cdot \beta_4{}^{R_2} \cdot \beta_5{}^{R_3}$$

Um das Modell mit der linearen Regression schätzen zu können, wird die Funktion durch Logarithmierung linearisiert:

$$\ln(MA_{irt}) = \ln(\beta_0) + \beta_1 \cdot \ln(P_{irt}) + \beta_2 \cdot \ln(SI_{irt}) + R_1 \cdot \ln(\beta_3) + R_2 \cdot \ln(\beta_4) + R_3 \cdot \ln(\beta_5)$$

mit: MA_{irt} = Marktanteil der i-ten Marke in der r-ten Region in der t-ten Woche

$\quad\quad P_{irt}$ = Preis der i-ten Marke in der r-ten Region in der t-ten Woche

$\quad\quad SI_{irt}$ = Sonderangebotsintensität der i-ten Marke in der r-ten Region in der t-ten Woche

$\quad\quad R_r$ = Dummyvariable für die r-te Region (3 Dummys mit Effects-Coding)

$\quad\quad \beta_0$ = Skalierungsparameter

$\quad\quad \beta_1$ = Preiselastizität

$\quad\quad \beta_2$ = Sonderangebotsintensitätselastizität

$\quad\quad \beta_3 - \beta_5$ = Parameter für die Regionendummys

$\quad\quad$ Region 1 (Nord): Schleswig-Holstein, Hamburg, Niedersachsen, Bremen

$\quad\quad$ Region 2 (Mitte): Nordrhein-Westfalen, Rheinland-Pfalz, Saarland, Hessen

$\quad\quad$ Region 3 (Süd): Bayern, Baden-Württemberg

$\quad\quad$ Region 4 (Ost): Neue Bundesländer, Berlin

Marke	Preiselastizität (Irrtumswahrscheinlichkeit)	Promotionelastizität (Irrtumswahrscheinlichkeit)	Adj. R^2
1 Becks	0,94 (0,09)	**0,19 (0,00)**	0,22
2 Bit	−0,08 (0,91)	**0,23 (0,00)**	0,72
3 Hasseröder	−1,36 (0,10)	**0,13 (0,00)**	0,74
4 Holsten	0,84 (0,27)	**0,20 (0,00)**	0,60
5 Jever	−0,45 (0,40)	**0,18 (0,00)**	0,28
6 Krombacher	**−2,09 (0,00)**	**0,07 (0,00)**	0,71
7 Köpi	**−2,23 (0,00)**	**0,11 (0,00)**	0,78
8 Radeberger	**−4,89 (0,00)**	**0,26 (0,00)**	0,78
9 Veltins	**−1,82 (0,00)**	**0,08 (0,00)**	0,75
10 Warsteiner	**−1,54 (0,00)**	**0,13 (0,00)**	0,52
11 Wernesgrüner	−2,12 (0,06)	**0,16 (0,00)**	0,73
12 Licher	**−3,64 (0,00)**	**0,07 (0,04)**	0,47
13 Sonstige	−0,21 (0,29)	**0,01 (0,59)**	0,84
Aggregiert	**−1,65 (0,00)**	**0,10 (0,00)**	0,94

Abbildung 230: Geschätzte Elastizitäten

Abbildung 230 zeigt das Ergebnis der Parameterschätzung. Dabei sind sowohl die Ergebnisse der 13 markenspezifischen Regressionen aufgeführt (1 bis 13) als auch das Ergebnis der Schätzung gemeinsamer Elastizitäten über **alle Marken** (Zeile „aggregiert"). Für die Preiselastizitäten zeigt sich, dass schwächere Marken, wie z. B. Licher oder Radeberger, preissensitiver (d. h. absolut höhere Preiselastizitäten) sind als stärkere Marken. Je stärker eine Marke ist, desto weniger Käufer verliert sie durch Preiserhöhungen. Bei Promotions ist es tendenziell so, dass Sonderangebote bei starken Marken mehr wirken als bei schwachen.

Daten

Wenn die Variablen für das Marktreaktionsmodell ausgewählt sind und die Entscheidung für einen Funktionstyp gefallen ist, sind im nächsten Schritt **Daten zu erheben**. Um die Parameter des spezifizierten Marktreaktionsmodells zu schätzen, benötigt man Informationen darüber, welche Absatzmengen sich bei alternativen Ausprägungen des Marketing-Mix ergeben. Hierfür stehen im Wesentlichen vier Datenquellen zur Verfügung:

Marktdaten der Vergangenheit liegen z. B. in Form von Haushalts-, Handels- oder Single-Source-Scannerpaneldaten vor (Abbildung 231). Sie bilden am besten das tatsächliche Verhalten von Konsumenten ab. Ein typisches Problem von Vergangenheitsdaten besteht allerdings darin, dass sie oftmals wenig Varianz aufweisen. Auswirkungen einer Veränderung der Marketing-Mix-Instrumente auf die Absatzmenge können aber nur geschätzt werden, wenn der Einsatz der Marketinginstrumente in der Vergangenheit auch variiert wurde. Zudem liegen Marktdaten bei neu einzuführenden Produkten noch nicht vor (Gedenk/Skiera, 1994, S. 259).

Eine Alternative zu Vergangenheitsdaten stellen **Experimente** dar. In Experimenten wird die Zusammensetzung des Marketing-Mix systematisch variiert und die Wirkung auf die Absatzmenge beobachtet. Für neue Produkte werden derartige Experimente typischerweise in Form von Testmärkten und Testmarktsimulatoren durchgeführt (Hammann/Erichson, 2000, S. 210 ff.). In der Unternehmenspraxis werden Experimente eher selten durchgeführt. Bei Laborexperimenten (z. B. Testmarktsimulatoren) wird oftmals die Übertragbarkeit der Ergebnisse auf reale Marktgegebenheiten in Frage gestellt. Feldexperimente (z. B. Testmärkte) verursachen dagegen zumeist sehr hohe Kosten.

Eine dritte Möglichkeit der Datenerhebung bilden **Analogieschlüsse und Metaanalysen**. Die Grundidee von **Analogieschlüssen** besteht darin, Elastizitätswerte von anderen Produkten, Regionen, Zeitpunkten etc. für die Planung des eigenen Marketing-Mix zu übernehmen. Elastizitäten bieten sich hierzu insbesondere deshalb an, weil sie ein dimensionsloses Maß der Wirkung eines Marketinginstruments auf die Absatzmenge darstellen und insofern vergleichbar sind. Allerdings stellt sich die Frage, inwieweit Elastizitäten, die für bestimmte Produkte, Regionen, Perioden ermittelt wurden, tatsächlich auf andere Gegebenheiten übertragbar sind. Als Alternative bieten sich in diesen Fällen **Metaanalysen** an, bei denen **systematisch eine Vielzahl** bekannter Elastizitätswerte zusammengetragen und ausgewertet wird. Ein wesentlicher Vorteil dieser Vorgehensweise besteht darin, dass der Analyse zumeist eine sehr breite Datenbasis zugrunde liegt und die zusammen-

	Datenquelle	Preis	Distribution	Promotion	Werbung
Lieferdaten	Hersteller-daten	Handels-Abgabepreis		Handels-promotions	Eigenes Werbebudget
Handels-daten	Traditionelles Handelspanel (z. B. Nielsen)	Mittlerer Ver-braucherpreis	Distributions-quote		
	Scanner-Handelspanel (z. B. Info-Scan)	Verbraucher-preis	Distributions-quote in angeschlos-senen Geschäften	Händler-promotions	
	Handels-Scannerdaten (z. B. Rewe)	Verbraucher-preis			
Haushalts-daten	Traditionelles Haushalts-panel (z. B. GfK)	Verbraucher-preis		Wahrgenom-mene Son-derangebote	
	Single-Source-Scannerpanel (z. B. Behav-ior-Scan)	Verbraucher-preis		Händler-promotions	Targetable TV
Werbedaten	Nielsen S&P				Werbebudget der Mitbe-werber
	Research International/ GfK				Bekannt-heitsgrad
	Handels-werbepanel (z. B. IMP)			Handels-anzeigen	

Abbildung 231: Quellen von Vergangenheitsdaten

getragenen Befunde typischerweise eine hohe Varianz aufweisen. Auf Basis der zusam-mengetragenen Befunde lassen sich z. B. durchschnittliche Elastizitätswerte bestimmen. Eine bekannte Metaanalyse empirisch gemessener Preiselastizitäten stellt die Studie von Bijmolt/van Heerde/Pieters (2005) dar. Auf der Basis von 1851 gemessenen Elastizitäten aus 80 Studien ermitteln die Autoren eine durchschnittliche Preiselastizität von −2,62. Für die Werbeelastizität ermitteln z. B. Assmus/Farley/Lehmann (1984) einen durchschnittlichen Wert von 0,22. Die auf diese Weise ermittelten Elastizitätswerte lassen sich anschließend für die Planung des Marketing-Mix einsetzen. Darüber hinaus kann auch versucht werden, die Varianz in den zusammengetragenen Elastizitätswerten z. B. durch die eingesetzte Methodik (z. B. Funktionsform, verwendete Daten), die Sache (z. B. betrachtete Produkte), den Raum (z. B. betrachtete Regionen) und die Zeit zu erklären, um auf diese Weise genauere Informationen zur Übertragbarkeit der ermittelten Elastizitätswerte auf die eigene, unternehmensspezifische Situation zu erhalten. Ein grundsätzliches Problem von Metaanalysen ist jedoch darin zu sehen, dass unplausible und nicht signifikante Ergebnisse oftmals nicht veröffentlicht werden und somit in der Analyse nicht berücksichtigt werden können.

Als vierte Möglichkeit der Datenerhebung bieten sich **subjektive Schätzungen** an. Experten, in der Regel Marketing-Manager, werden danach gefragt, welche Absatzmengen sich bei bestimmten alternativen Ausprägungen des Marketing-Mix ergeben würden. Diese Punktschätzungen werden anschließend dazu genutzt, eine Marktreaktionsfunktion abzuleiten. Einer solchen Vorgehensweise liegt die Annahme zugrunde, dass Marketing-Manager über gute Marktkenntnisse verfügen. Durch eine strukturierte Befragung wird versucht, diese Kenntnisse offen zu legen, um auf dieser Grundlage eine gewinnmaximierende Planungsmethode anwenden zu können. Die Validität derartiger Expertenschätzungen wird häufig angezweifelt. Man sollte sich aber vor Augen halten, dass es besser ist, subjektive Schätzungen vorzunehmen, als überhaupt keine formale Analyse zur Planung des Marketing-Mix durchzuführen. Abbildung 232 zeigt im Überblick die erläuterten Methoden der Parameterbestimmung.

Kriterium	Vergangen-heitsdaten	Experimente	Metaanalysen	Subjektive Schätzungen
Verfügbarkeit	mittel – hoch	hoch	nur bestimmte Instrumente, geeignet für Neuprodukte	hoch
Qualität	mittel	hoch	gering	mittel
Varianz	häufig gering	systematische Variation		hoch
Quantität	mittel – hoch	mittel	mittel	gering
Kosten	mittel – hoch	hoch	gering	gering

Abbildung 232: Vergleich von Methoden der Parameterbestimmung

6.3 Marketing-Mix-Optimierung umsetzen

Nachdem in Kapitel E. 6.2 die Spezifikation und Schätzung von Marktreaktionsfunktionen behandelt wurde, sollen in diesem Abschnitt Ansätze zur gewinnoptimalen Planung des Marketing-Mix vorgestellt werden.

Prinzip der Deckungsbeitragsoptimierung

Nachdem eine geeignete Marktreaktionsfunktion ermittelt wurde (Kapitel E. 6.2), kann auf ihrer Basis der Marketing-Mix optimiert werden. Um das **Grundprinzip der Deckungsbeitragsmaximierung** zu veranschaulichen, soll im Folgenden davon ausgegangen werden, dass der Absatz Q eine Funktion der Marketing-Mix-Instrumente Preis P, Werbung W und Distribution D ist. Zur Bestimmung des optimalen Preises und der optimalen Marketingbudgets bei unbegrenztem Budget wird die folgende Zielfunktion aufgestellt:

Deckungsbeitrag (DB): $DB = (P - k) \cdot Q(P, W, D) - W - D => \max!$

mit: k = Stückkosten

Der optimale Marketing-Mix lässt sich nun bestimmen, indem die drei partiellen Ableitungen der Zielfunktion gebildet und gleich Null gesetzt werden.

Liegt hingegen ein **begrenztes Budget** $B_{max} \leq W + D$ vor, so ist als Zielfunktion ein **Lagrange-Ansatz** zu wählen. Obige Deckungsbeitragsfunktion wird hierbei um die Budgetbedingung $W + D \leq B_{max}$ erweitert:

$L(DB) = (P - k) \cdot Q(P, W, D) - \lambda \cdot (W + D - B_{max}) => \max!$

mit: λ = Lagrange-Multiplikator

Der optimale Preis und die optimalen Marketingbudgets bei begrenztem Gesamtbudget lassen sich nun bestimmen, indem die partiellen Ableitungen nach P, W, D und λ gebildet und gleich Null gesetzt werden.

Dorfman-Steiner-Theorem

Als Prototyp der Optimierungsansätze zur Bestimmung des kurzfristigen optimalen Marketing-Mix kann das **Dorfman-Steiner-Theorem** angesehen werden (Schmalen, 1988, S. 369 ff.). Ausgangspunkt ist die Zielfunktion eines gewinnmaximierenden Monopolisten, der über die beiden Marketinginstrumente Preis P und Werbebudget W verfügt. Es wird dabei unterstellt, dass eine Marktreaktionsfunktion Q = f(P,W) vorliegt, welche die Abhängigkeit der Absatzmenge Q von P und W beschreibt. Damit lässt sich die folgende Zielfunktion aufstellen:

$DB = (P - k) \cdot Q(P, W) - W => \max!$

mit: k = Stückkosten (Grenzkosten)

Die beiden partiellen Ableitungen dieser Deckungsbeitragsfunktion sind durch

$$\frac{\partial DB}{\partial P} = (P - k) \cdot \frac{\partial Q}{\partial P} + 1 \cdot Q \overset{!}{=} 0$$

sowie

$$\frac{\partial DB}{\partial P} = (P - k) \cdot \frac{\partial Q}{\partial W} - 1 \overset{!}{=} 0$$

gegeben. Löst man diese beiden Gleichungen jeweils nach 1 auf und setzt sie anschließend gleich, erhält man

$$(P - k) \cdot \frac{1}{-Q} \cdot \frac{\partial Q}{\partial P} = (P - k) \cdot \frac{\partial Q}{\partial W}$$

Durch Erweiterung der Gleichung mit dem Term $P \cdot W/Q$ erhält man schließlich:

$$\frac{1}{-Q} \cdot \frac{\partial Q}{\partial P} \cdot \frac{P}{Q} \cdot W = \frac{\partial Q}{\partial W} \cdot \frac{W}{Q} \cdot P$$

Auf der linken Seite dieser Gleichung steht offensichtlich die Elastizität des Absatzes bezüglich des Preises ε_P und auf der rechten Seite die Elastizität des Absatzes bezüglich des Werbebudgets ε_W. Damit erhält man die folgende zentrale Beziehung:

$$\frac{W}{P \cdot Q} = \frac{\varepsilon_W}{-\varepsilon_P} \Rightarrow \frac{\text{Werbebudget}}{\text{Umsatz}} = \frac{\text{Werbeelastizität}}{|\text{Preiselastizität}|}$$

Diese Gleichung stellt das so genannte **Dorfman-Steiner-Theorem** dar. Es besagt, dass das Werbebudget einen Anteil am Umsatz haben sollte, der sich nach dem Verhältnis von Werbeelastizität und Preiselastizität richtet. Es gilt:

> Bei Realisierung des Gewinnmaximums ist das Verhältnis von Werbebudget zu Umsatz (die Werbeintensität) gleich dem Verhältnis von Werbeelastizität und (absoluter) Preiselastizität.

Das optimale Werbebudget ist somit umso höher, je höher die Werbeelastizität bzw. je kleiner die Preiselastizität ist. In Abbildung 233 sind für verschiedene Preis- und Werbeelastizitäten die zugehörigen optimalen Anteile des Werbebudgets am Umsatz aufgeführt.

Werbe-elastizität \ Preis-elastizität	−1,1	−1,75	−2,5	−5,0
0,05	4,5 %	2,9 %	2,0 %	1,0 %
0,10	9,1 %	5,8 %	4,0 %	2,0 %
0,20	18,2 %	11,4 %	8,0 %	4,0 %
0,40	36,4 %	22,9 %	16,0 %	8,0 %

Abbildung 233: Beispiel zur optimalen Preis-Werbe-Politik

Es sei darauf hingewiesen, dass die Elastizitäten auf der rechten Seite des Gleichheitszeichens im Allgemeinen von P und W abhängen, sodass P und W auf beiden Seiten des Gleichheitszeichens auftreten. In diesen Fällen ermöglicht das Dorfman-Steiner-Theorem somit keine **direkte Ermittlung** der optimalen Werte von P und W. Im Sonderfall einer multiplikativen Marktreaktionsfunktion ist jedoch aufgrund der direkt ablesbaren Elastizitäten eine konkrete Aussage auf Basis des Dorfman-Steiner-Theorems möglich. Wurde z. B. folgende Marktreaktionsfunktion ermittelt,

$$Q = a \cdot P^{-2,5} \cdot W^{0,2} \, ,$$

so erhält man als Preiselastizität –2,5 und als Werbeelastizität 0,2. Gemäß dem Dorfman-Steiner-Theorem ist es somit optimal, 8 % (0,2/2,5 = 0,08) vom Umsatz für Werbung auszugeben.

Kurzfristige Allokation eines beschränkten Budgets auf mehrere Marketinginstrumente

Das Dorfman-Steiner-Theorem kann analog auch für andere Marketinginstrumente angewendet werden. Wäre die Absatzmenge im obigen Beispiel neben der klassischen Werbung W auch von Verkaufsförderungsmaßnahmen V und dem Distributionsbudget D abhängig, so würde sich die folgende Zielfunktion ergeben:

$$DB = (P - k) \cdot Q(W, V, D) - W - V - D => max!$$

unter der Nebenbedingung: $W + V + D \leq B_{max}$

Damit erhält man als zu maximierende Lagrange-Funktion:

$$L(DB) = (P - k) \cdot Q(W, V, D) - W - V - D - \lambda \cdot (W + V + D - B_{max}) => max!$$

Bildet man die partiellen Ableitungen dieser Funktion und setzt diese gleich Null, erhält man nach einigen Umformungen folgende Optimalitätsbedingungen:

$$(1) \quad \frac{W}{D} = \frac{\varepsilon_W}{\varepsilon_D} \qquad (2) \quad \frac{W}{V} = \frac{\varepsilon_W}{\varepsilon_V} \qquad (3) \quad \frac{D}{V} = \frac{\varepsilon_D}{\varepsilon_V}$$

Daraus folgt für die optimalen Budgethöhen:

$$W = \frac{\varepsilon_W}{\varepsilon_W + \varepsilon_D + \varepsilon_V} \cdot B_{max} \qquad D = \frac{\varepsilon_D}{\varepsilon_W + \varepsilon_D + \varepsilon_V} \cdot B_{max} \qquad V = \frac{\varepsilon_V}{\varepsilon_W + \varepsilon_D + \varepsilon_V} \cdot B_{max}$$

mit: ε_W = Werbeelastizität; ε_V = Verkaufsförderungselastizität; ε_D = Distributionselastizität.

Im Gewinnmaximum verhalten sich somit die Budgets der nicht-preislichen Marketinginstrumente genauso zueinander wie ihre Elastizitäten. Es gilt:

> Ein gegebenes Gesamtbudget ist auf die einzelnen Marketinginstrumente im Verhältnis ihrer Elastizitäten aufzuteilen.

Können die Elastizitäten der einzelnen Instrumente hinreichend genau geschätzt werden, so kann mit obiger Optimalitätsbedingung eine wirtschaftlich sinnvolle Budgetverteilung vorgenommen werden.

Prinzip des flachen Maximums

In den vorangegangenen Abschnitten wurden verschiedene Ansätze zur Bestimmung optimaler Werte für die Instrumente des Marketing-Mix behandelt. Welchen Einfluss hat nun aber eine Abweichung der einzelnen Marketingbudgets von ihrer optimalen Höhe auf den Deckungsbeitrag eines Unternehmens? Diese Frage haben Tull et al. (1986) überwiegend anhand numerischer Analysen für den statischen Fall eines monopolistischen Unternehmens im Hinblick auf das Werbebudget untersucht. Das überraschende Ergebnis ist, dass selbst Abweichungen vom Optimum von bis zu ± 25 % nur zu sehr geringen Deckungsbeitragsunterschieden führen. Dies ist dadurch zu erklären, dass die Deckungsbeitragsfunktion in einem weiten Bereich um ihr Maximum **relativ flach verläuft**, mithin sich Budgetwirkung und Budgetkosten um das Maximum herum nahezu ausgleichen. Die höheren Kosten eines über dem optimalen Wert liegenden Budgets werden durch die zusätzlichen Umsätze und die daraus resultierenden Deckungsbeiträge fast kompensiert, während die Umsatz- und Deckungsbeitragsverluste aufgrund eines unter dem optimalen Wert liegenden Budgets durch die geringeren Budgetkosten ebenfalls nahezu ausgeglichen werden. Abbildung 234 stellt das **Prinzip des flachen Maximums** für eine multiplikative Absatzreaktionsfunktion mit einer Werbeelastizität von 0,09 und variablen Stückkosten von 10 Euro beispielhaft graphisch dar. Die optimale Höhe des Werbebudgets liegt in diesem Fall bei 10 Mio. Euro. Ein um 50 % unter der optimalen Höhe liegendes Werbebudget führt im Vergleich zum Optimum zu einem um 1,6 % niedrigeren Deckungsbeitrag, während ein um 50 % über dem optimalen Wert liegendes Werbebudget sogar lediglich zu einem um 0,9 % niedrigeren Deckungsbeitrag führt.

> Abweichungen von der optimalen Höhe des Werbebudgets haben keine nennenswerten Auswirkungen auf die Höhe des Deckungsbeitrags, da sich Budgetwirkung und Budgetkosten um das Maximum herum in einem weiten Bereich ausgleichen. Budgeterhöhungen sind risikoärmer als Budgetsenkungen.

Dieses Beispiel ist kein Einzelfall. Tull et al. (1986) konnten das Prinzip des flachen Maximums für eine Vielzahl unterschiedlicher Elastizitäten und Deckungsbeitragssätze in verschiedenen Funktionsformen bestätigen. Des Weiteren konnte das Prinzip des flachen Maximums auch für das Auftreten von dynamischen Effekten in der Werbung und für die Betrachtung von Wettbewerb gezeigt werden (Chintagunta, 1993; Skiera, 1997). Schließlich liegt die Vermutung nahe, dass das Prinzip des flachen Maximums auch für andere Marketinginstrumente gilt.

Wenn also Veränderungen der **absoluten Höhe** des Budgets nur zu geringen Deckungsbeitragsunterschieden führen, da sich Budgetwirkung und Budgetkosten um das Maximum herum in einem weiten Bereich ausgleichen, dann stellt sich die Frage, wie man das insgesamt verfügbare Budget möglichst effizient einsetzt, **d. h. auf Marktsegmente, Verkaufsgebiete, Produkte etc. optimal verteilt**. Mit dieser Frage beschäftigt sich der nächste Abschnitt.

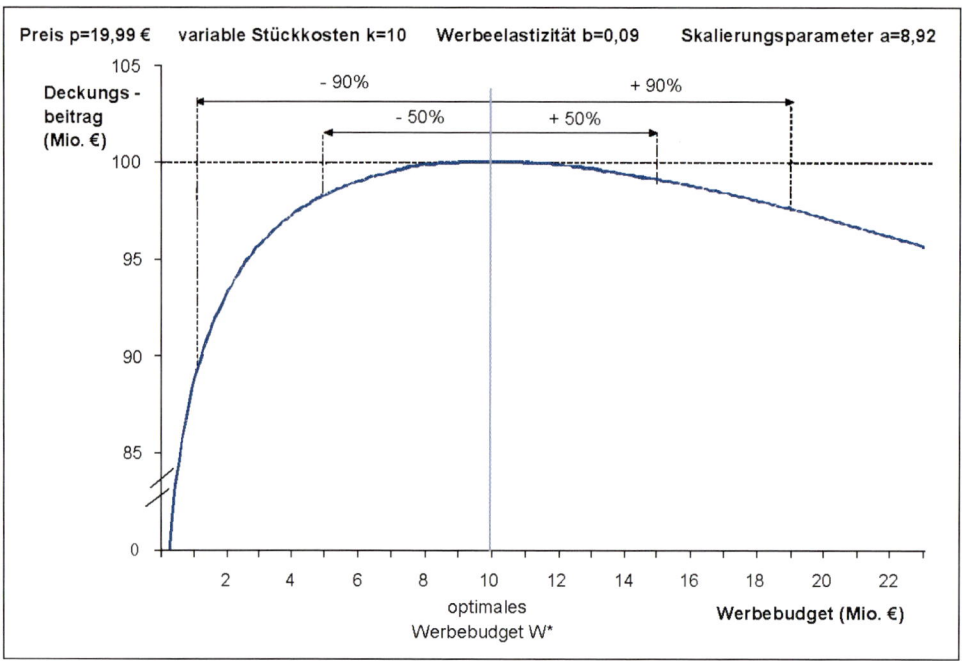

Abbildung 234: Das Prinzip des flachen Maximums

Allokation knapper Budgets auf Objekte

Ein Mehrproduktunternehmen steht üblicherweise vor dem Problem, das Marketing-budget oder ein Budget für ein einzelnes Marketing-Mix-Instrument, wie z. B. Werbung oder Verkaufsförderung, auf Produkte und Kunden bzw. allgemeiner auf Marktsegmente optimal zu verteilen. So ist z. B. ein Werbebudget auf Produkte und Medien zu verteilen. Innerhalb der Distribution gilt es zu entscheiden, wie viel Verkaufsförderung die einzel-nen Produkte und Handelspartner erhalten sollen. Und im eigenen Vertrieb muss die knappe Ressource Verkäufer-Arbeitszeit auf Regionen und Kunden verteilt werden.

Allgemein sei von folgendem Optimierungsproblem ausgegangen: Ein gegebenes Ge-samtbudget B_{max} soll auf i Objekte (z. B. Verkaufsgebiete) aufgeteilt werden, wobei insge-samt $B_{max} \leq B_i$ gelten muss. Die Beziehung zwischen dem Umsatz U_i und dem Budget B_i wird in Form einer (konkaven) Marktreaktionsfunktion $U_i(B_i)$ ausgedrückt. Die einzelnen Objekte i erzielen unterschiedliche Deckungsbeitragssätze d_i. Die optimale Allokation kann mithilfe des folgenden Optimierungsansatzes gefunden werden (Albers, 1998, S. 213 ff.):

$$DB = d_i \cdot U_i(B_i) - \lambda \left(\sum B_i - B_{max} \right) \Rightarrow max!$$

Bildet man die partiellen Ableitungen nach den Budgets der einzelnen Objekte und setzt die Ableitungen gleich Null, so erhält man als **Optimalitätsbedingung**, dass die Grenz-deckungsbeiträge bei einer optimalen Allokation gleich hoch sein müssen. Zur konkreten

Ermittlung einer optimalen Budgetaufteilung muss nun eine bestimmte Marktreaktions-funktion unterstellt und ein geeigneter Algorithmus eingesetzt werden, mit dem das Problem numerisch gelöst werden kann. Nur bei sehr einfachen Marktreaktionsfunktionen, wie z. B. der linearen oder semi-logarithmischen Funktion, existiert auch eine analytische Lösung. Es lässt sich jedoch aufbauend auf obiger Optimalitätsbedingung zeigen, dass eine **fast optimale Allokation** erreicht wird, wenn die Budgetaufteilung nach folgender **Heuristik** vorgenommen wird (Albers, 1998, S. 215 ff.):

$$\frac{B_i}{B_{max}} = \frac{d_i \cdot U_i \cdot \varepsilon_i}{\sum_{j \in I} d_j \cdot U_j \cdot \varepsilon_j}$$

mit: $\varepsilon_{i(j)}$ = direkte Elastizitäten des Umsatzes $U_{i(j)}$ bezüglich des Marketingbudgets $B_{i(j)}$

> Eine fast optimale Allokation wird dann erreicht, wenn das Gesamtbudget auf die einzelnen Objekte i **proportional zu deren Gewicht** aufgeteilt wird.

Das Gewicht eines Objekts i ergibt sich dabei als Produkt aus Deckungsbeitragssatz d_i, Referenzumsatz U_i und Budgetelastizität ε_i. Als Referenzumsatz kann z. B. der Umsatz der Vorperiode oder der geplante Umsatz verwendet werden.

Bislang wurde davon ausgegangen, dass die Objekte **unabhängig** voneinander sind. Dies mag z. B. bei Verkaufsgebieten zutreffen. Spätestens aber bei der Betrachtung von Produkten innerhalb eines Sortiments erscheint es jedoch realistischer, von einer Abhängigkeit der Allokationsobjekte auszugehen. So bestehen zwischen den Produkten eines Sortiments in der Regel **Komplementaritäts- oder Substitutionsbeziehungen** (siehe hierzu Kapitel E. 6.1), die bei einer gewinnoptimalen Allokation zu berücksichtigen sind. Der Einsatz der Marketing-Mix-Instrumente bei einem Produkt übt in diesen Fällen auch Wirkungen auf den Absatz bzw. Umsatz eines anderen Produkts aus. Damit verändert sich obige Marktreaktionsfunktion $U_i(B_i)$ in $U_i(B_i, B_j)$. Es lässt sich zeigen, dass eine fast optimale Budgetallokation erreicht wird, wenn das Gesamtbudget auf die einzelnen Produkte **proportional zu deren Gewicht** aufgeteilt wird. Das Gewicht eines Produkts i ergibt sich nun jedoch als (Albers, 1998, S. 225 ff.):

$$d_i \cdot U_i \cdot \varepsilon_i + \sum_{j \in I \setminus i} d_i \cdot U_i \cdot \varepsilon_{ji}$$

Im Falle von Interaktionsbeziehungen zwischen den Produkten müssen somit statt der Summe der direkten Elastizitäten auch die Summen der jeweiligen Kreuzelastizitäten ε_{ji} einbezogen werden.

F. Ziele, Strategien und Maßnahmen kontrollieren

1. Idee der Kontrolle verstehen

> *„Vertrauen ist gut, Kontrolle ist besser."*
> *Lenin*

Anknüpfend an den englischen Begriff „Control" geht es im Rahmen der Kontrolle von Zielen, Strategien und Maßnahmen nicht nur allein um die **Überwachung** und **Kontrolle** des Realisierten, sondern auch um die **Regelung** und **Steuerung**. Insbesondere die Feed-back-Funktion im Sinne des **Lernen** und **Verbessern** spielt im Rahmen des Kontrollvorgangs eine zentrale Rolle. Im Grunde besteht die Kontrolle aus **Soll-Ist-Vergleichen**, bei denen ein wünschenswerter Zustand mit dem tatsächlich Erreichten abgeglichen wird. Insbesondere vier Aspekte sind im Rahmen des Kontrollvorgangs von Bedeutung (Becker, 2001, S. 836 ff.):

- Ein Unternehmen interessiert sich dafür, ob und inwieweit die ins Auge gefassten Ziele, Strategien und Maßnahmen tatsächlich umgesetzt und realisiert wurden. Anhand von ökonomischen Kenngrößen wie Umsatz, Gewinn, Marktanteil oder auch verhaltens-wissenschaftliche Variablen wie Einstellung, Image oder Bekanntheit lässt sich ein entsprechender Vergleich durchführen.
- Zudem ist von Bedeutung, welche Ressourcen eingesetzt werden, um die Ziele zu erreichen, die Strategien umzusetzen und die Maßnahmen zu implementieren. Aus dieser Analyse sollen sich Erkenntnisse für einen effizienten Umgang mit den beschränkten finanziellen, personellen etc. Mitteln ergeben.
- Darüber hinaus fällt es der Kontrolle zu, die Rahmenbedingungen, unter denen das Unternehmen wirtschaftet, stets im Auge zu behalten. Hierzu gehören etwa Unternehmensgrundsätze und -leitlinien sowie Budgetvorgaben und organisatorische Anweisungen.
- Von zentraler Relevanz ist die Feedback-Funktion der Kontrolle. Aus den identifizierten Abweichungen ist zu lernen und das Gelernte in entsprechende Handlungsanweisungen umzusetzen. Insbesondere muss es darum gehen, dass die Erkenntnisse aus der Kontrolle in einer Verbesserung der Planung münden.

In Analogie zur Abgrenzung zwischen Zielen, Strategien und Maßnahmen lassen sich zwei Controlling-Ansätze voneinander unterscheiden (Köhler, 1993, S. 258 ff.). Das Prinzip des **operativen Marketing-Controllings** besteht darin, die Marketinginstrumente im Hinblick auf ihre Wirksamkeit zu untersuchen. Die Perspektive ist **rückwärts** gerichtet in dem Sinne, dass eine Soll-Ist-Abweichungsanalyse im Mittelpunkt steht. Daneben existiert das **strategische Marketing-Controlling**, das darauf ausgerichtet ist, mögliche Abweichungen zu **antizipieren,** um dadurch ihr Eintreten zu verhindern. Hier geht es insbesondere darum, Änderungen der unternehmerischen Rahmenbedingungen rechtzeitig zu erkennen und in strategische Handlungen zu überführen. Dabei dient die in Kapitel D. erläuterte Balanced Scorecard dazu, die einseitige Orientierung an finanziellen Größen zu überwinden und eine mehrdimensionale Perspektive aufzuzeigen. Innerhalb dieser umfassenden Sichtweise orientiert sich das operative Marketing-Controlling am Gewinn und der Rentabilität, während das strategische die Existenzsicherung, das Unternehmenswachstum und die Wettbewerbsvorteile im Blick hat. Bei der operativen Sichtweise geht es um Kosten und Erlöse und gegebenenfalls auch um nicht-monetäre Größen, wie etwa der Diffusionsgrad der Produkte oder ihr Bekanntheitsgrad. Aus strategischer Sicht spielen insbesondere die Marktposition, die Positionierung der Produkte sowie die Wettbewerbsperspektive eine zentrale Rolle. Dabei dienen insbesondere **Umwelt-** und **Unternehmensanalysen** als Informationsbasis, während im operativen Marketing-Controlling vor allem Daten aus dem **Rechnungswesen** und der **Marktforschung** in Betracht gezogen werden.

2. Strategisches Marketing-Controlling realisieren

> *„You cannot manage what you cannot*
> *measure. What gets measured, gets done.*
> *Measurement influences behaviour."*
> *Norbert Klingebiel*

Das **strategische Marketing-Controlling** dient der permanenten Überprüfung der mittel- und langfristigen Ausrichtung des Unternehmens. Dabei soll die Anpassungsfähigkeit des Unternehmens an Markt- und Umweltherausforderungen sichergestellt werden, damit möglichst reibungslos Anpassungen durchführbar sind (Becker, 2001, S. 877 ff.).

Dieser Spielart des Controllings kommt insofern eine wichtige Rolle im Rahmen der **Frühaufklärung** zu. Folglich geht es auch um die **Beschaffung** beziehungsweise **Aufarbeitung** entsprechender **Markt-** und **Umweltinformationen** sowie aller relevanten, strategieorientierten **Unternehmensinformationen**, die ihrerseits in den Prozess der Marketingplanung einfließen. Zentrales Instrument hierbei ist die **SWOT-Analyse** (Kapitel D.), bei der es einerseits um die Stärken und Schwächen des Unternehmens und andererseits um die Chancen und Risiken des Marktes beziehungsweise der Umwelt geht.

Inhaltlich gesehen ist das strategische Marketing-Controlling so ausgerichtet, dass Veränderungen im Markt und in der Umwelt möglichst frühzeitig erkannt werden können.

Reaktionen des Unternehmens darauf müssen rechtzeitig möglich sein bis hin zu einem **Notfall-Management**, das dann zum Zuge kommt, wenn eine strategische Überraschung auftaucht, d.h. ein Ereignis wurde im Rahmen der Frühaufklärung übersehen. Ein Beispiel hierfür sind die deutschen Automobilunternehmen, die die Leistungsfähigkeit des Hybridantriebs unterschätzten. Toyota trieb diese Technologie voran und ist inzwischen auch wirtschaftlich sehr erfolgreich damit.

Während das operative Marketing-Controlling auf die Überprüfung der **Effizienz** (Wirtschaftlichkeit) ausgerichtet ist, steht die **Effektivität** (Wirksamkeit) im Mittelpunkt des strategischen Marketing-Controllings. Will man effizient sein, muss man „**die Dinge richtig tun**". Geht es um Effektivität, sollen „**die richtigen Dinge getan**" werden. Diese strategischen Grundfragen richten sich dabei vor allem auf die **Produkt-**, **Marken-** und **Programmstrategie** des Unternehmens sowie die damit verbundene Marktbearbeitung. Hierzu dienen insbesondere **Portfolio-Analysen** (Kapitel D.), die Aufschluss über den Stand der Produkte im Markt vermitteln. Aus diesen strategischen Überlegungen resultieren Anhaltspunkte für den Produkt-Mix und die zur erfolgreichen Platzierung der Produkte erforderlichen Marketingaktivitäten. Diese durch das operative Marketing-Controlling zu beantwortende Frage nach der Optimierung des Instrumenteneinsatzes (Kapitel E.) erhält durch das strategische Marketing-Controlling einen strategischen Rahmen.

Aus den Ausführungen im Kapitel D. geht hervor, dass die Reduktion der Umweltambiguität auf ein bearbeitbares Maß ein wesentliches Merkmal der Marketingplanung darstellt. Aufgrund dieser konstruierten Vereinfachung der Unternehmens- und Umweltgegebenheiten resultiert ein struktureller Konflikt: Einerseits besteht die Notwendigkeit, die zwischen Unternehmen und Umwelt existierenden Relationen zu überschauen, andererseits besteht die Gefahr, dass **nicht beachtete Facetten** dieses Beziehungsgefüges das Unternehmen überraschen (Becker, 2001, S. 877 ff.).

Folglich steht das strategische Marketing-Controlling vor der Herausforderung, diese Reduktion des Marktgeschehens auf einen wesentlichen Wirkungszusammenhang daraufhin zu überwachen, ob sie sich bewährt oder kritische Situationen verursacht. Je weiter der Planungsprozess voranschreitet, das heißt, je mehr Facetten der Umwelt und des Unternehmens ausgespart bleiben, desto größer ist die Wahrscheinlichkeit, dass Überraschungen eintreten. In Anbetracht dieses Risikos der Marketingplanung lassen sich folgende zu bewältigende Aufgaben des strategischen Marketing-Controllings festmachen:

- Es bedarf einer **ständigen Überprüfung** der **Planungsprämissen**, inwieweit sie die realen Gegebenheiten reflektieren.
- Die Durchführung des Planungsprozesses muss in **überschaubare Etappen** unterteilt werden.
- Es ist sicherzustellen, dass man **Überraschungen** aus dem Umfeld des Unternehmens **rechtzeitig erkennt**.

Alle als bedeutsam erachteten Facetten des Marktgeschehens stammen aus den **Planungsprämissen**, die sich sowohl auf die Chancen und Risiken der Umwelt als auch auf die Ressourcensituation des Anbieters beziehen. Hieraus resultiert das zentrale Anliegen des strategischen Marketing-Controllings, die Richtigkeit der gesetzten Annahmen fortlaufend zu überprüfen. Diese Notwendigkeit erwächst aus der Tatsache, dass die Setzung von Prämissen die Komplexität und Ungewissheit der Umwelt nicht verändert, sondern einen Modus darstellt, um sie geistig zu bewältigen und methodisch zu durchdringen (Aaker, 1998, S. 15 ff.).

Häufig erscheint es aus wirtschaftlichen Gründen nicht sinnvoll, alle Prämissen mit der gleichen Intensität zu kontrollieren. Da jedoch kein theoretischer Ansatz zur Bestimmung der Wichtigkeit von Annahmen existiert, bleibt nur der Weg, das Konzept einer selektiven, auf ausgewählte Prämissen begrenzten Überwachung aus den Erfahrungen beispielsweise der Marktforscher abzuleiten.

Einer besonders intensiven Überprüfung bedürfen Annahmen,

- die im Planungsprozess einen **kritischen Stellenwert einnehmen**, da bereits geringe Abweichungen zu weitreichenden Konsequenzen führen,
- die auf **schwachen Prognosen fußen**, da solche sich häufig verändern, und
- die **nicht dem Einfluss des Unternehmens unterliegen** und vom Agieren zum Beispiel der Wettbewerber, Lieferanten und Kunden abhängen.

Beispielsweise sind die folgenden Prämissen für die Planung der Produktkonzepte eines Automobilherstellers bedeutsam:

- Das Marktvolumen für Pkw der Mittelklasse in Europa wächst um durchschnittlich 0,7 % pro Jahr.
- Die Nachfrage nach Fahrzeugen mit einem Kraftstoffverbrauch, der unter 8 Liter pro 100 Kilometer liegt, steigt erheblich an.
- Alle Ausstattungskomponenten zur Erhöhung der passiven Sicherheit spielen auch in Zukunft eine entscheidende Rolle.
- Bei der Gestaltung von Ausstattungspaketen kommt es vor allem darauf an, einen Verwendungszweck zu signalisieren.

Der sehr weit in die Zukunft reichende Horizont der strategischen Planung lässt es wegen Dynamik und Ambiguität der unternehmensinternen und -externen Entscheidungsfelder ratsam erscheinen, kurzfristige Handlungsziele als aufeinander folgende Etappenziele zu bestimmen. Die Kontrolle der bereits ergriffenen Maßnahmen und ihrer Wirkungen liefert Aufschluss darüber, inwieweit der eingeschlagene Weg und die vorgelegte Geschwindigkeit den strategischen Zielen entsprechen. Folglich geht es bei der **Durchführungskontrolle** darum, in Anbetracht der mit marketingpolitischen Aktivitäten erzielten Marktreaktionen über die Beibehaltung der eingeschlagenen strategischen Richtung zu entscheiden.

Da diese Art der Überwachung erst dann greift, wenn der Übergang vom Planen zum Handeln vollzogen ist, liegen Kontrollinformationen vor, die im Stadium der Prämissenformulierung nicht zugänglich sein konnten. Dies ergibt sich aus dem Einfluss unbekannter oder unerkannter Parameter, die man erst in einer Realisierungsphase offen legt, wo das Nicht-Antizipierte als Abweichung festgestellt wird. Die Durchführungskontrolle läuft bspw. im Pkw-Sektor auf ein Berichtswesen hinaus, das strategierelevante Informationen, wie Umsatz, Marktanteil und Marktwachstum unterteilt nach Produktkategorien und Märkten, miteinander verknüpft.

Die bisherigen Überlegungen suggerieren, dass die erläuterten Kontrollarten die strategische Überwachungsaufgabe nicht erschöpfend bewältigen. Die Durchführungskontrolle strukturiert das Überwachungsproblem durch die Festlegung von Etappenzielen und ist daher wie die Prämissenkontrolle, die ausgewählte Planungsprämissen überprüft, gerichtet und damit selektiv. Es bedarf also einer ergänzenden Kontrollart, die die Aussparungen der anderen Varianten auffängt. Die als **strategische Überwachung** bezeichnete Spielart dient somit als Auffangnetz für die Durchführungs- und Prämissenkontrolle im Sinne einer ungerichteten Beobachtungsaktivität (Becker, 2001, S. 407 ff.). Abbildung 235 veranschaulicht die Muster der beiden Kontrollkonzepte.

Da die strategische Überwachung keinen Vorgaben unterliegt und sich das Universum nicht auf alle denkbaren Signale überprüfen lässt, ist die Frage nach ihrer Durchführung zu beantworten. Zur Lösung dieses Problems dient die Erkenntnis, dass Entwicklungen im ausgeblendeten Bereich in Form von **krisenhaften Situationen** zum Ausdruck kommen und auf diese Weise in ihrer Bedeutung für die Strategie erfassbar erscheinen.

Gerichtete Kontrolle (Prämissen- und Durchführungskontrolle)	Ungerichtete Kontrolle (strategische Überwachung)
• Festlegung der als relevant erachteten Einflussfaktoren (Planungsprämissen)	• Beobachtung der Umwelt zur Identifikation von Veränderungen
• Bestimmung der Sensitivität von Zielen und Maßnahmen	• Exploration von Signalen im Rahmen eines Unternehmensradars
• Herleitung der für den Erfolg bedeutsamen Faktoren	• Ermittlung der Ursachen der Abweichungen von Plangrößen
• Überwachung dieser als kritisch eingestuften Parameter	• Bestimmung der Auswirkungen von Umweltveränderungen
• Erfassung der Abweichungen von den Plangrößen	• Analyse der Dringlichkeit zur Einleitung von Reaktionen

Abbildung 235: Vergleich der gerichteten und ungerichteten Kontrolle

Durch die Selektionsleistung lassen sich Bezugspunkte setzen, die es erlauben, die wahrgenommenen Signale zu beurteilen und ihnen einen krisenhaften Sinn zuzuschreiben. Dabei ist die strategische Überwachung so anzulegen, dass man **Krisensymptome möglichst früh identifiziert**. Je früher der Marketer herannahende Krisen erkennt, desto mehr Zeit bleibt, wohlüberlegte Gegenmaßnahmen einzuleiten. Abbildung 236 liefert einige Krisensymptome in der Automobilindustrie und denkbare Reaktionen eines Herstellers darauf.

Krisensymptome	Mögliche Reaktionen
• Weitreichende autofreie Zonen in den Innenstädten • Pkw-Markt zersplittert sich in zahlreiche Teilsegmente • Südkoreanische Anbieter drängen mit Macht auf den europäischen Markt	• Identifikation neuer Absatzmärkte • Modulare Fertigung von Fahrzeugen • Kooperation mit Anbietern aus Fernost

Abbildung 236: Krisensymptome und mögliche Reaktionen

3. Operatives Marketing-Controlling umsetzen

Das Anliegen der Marketingplanung besteht in der Konkretisierung und Operationalisierung der zuvor entwickelten Marketingstrategien. Da die strategische Marketingplanung den Orientierungsrahmen bildet, steht die operative Marketingplanung in einer **instrumentellen Vollzugsfunktion**. Hierbei listet man zunächst alle Mittel und Maßnahmen auf, die zur Zielerreichung beitragen. Daraufhin steht die Auswahl, Gewichtung und Ausgestaltung der marketingpolitischen Aktivitäten und deren Verzahnung zu einem zielführenden Mix im Blickpunkt. Ausgehend von den Erfahrungen des Marktforschers sowie „harter" Kosten- und Erlösdaten werden beispielsweise die einzelnen Produkte und Märkte hinsichtlich ihrer Bedeutung für die Erreichung der Unternehmensziele eingestuft. Anschließend lassen sich den entstandenen Produkt-Markt-Kombinationen geeignete marketingpolitische Aktionen zuordnen (Abbildung 237).

Den Gegenstand des operativen Marketing-Controllings bildet eine Überprüfung, ob und inwieweit sich die realisierten Maßnahmen als richtig und effizient erweisen.

Produkt	Markt	Marketingpolitische Aktivität		
		Geplante Maßnahme	Geplante Wirkung	Geplante Kosten
Audi 4	Frankreich	Entwicklung eines Sportpakets	Verbesserung des Images	4 Mio. Euro
Audi 6	Italien	Konzeption einer neuen Farbpalette	Erhöhung der Bekanntheit	10 Mio. Euro
Audi TT	Spanien	Einrichtung eines 24-Stunden-Services	Steigerung der Kundenzufriedenheit	7 Mio. Euro

Abbildung 237: Schema der operativen Marketingplanung am Beispiel Audi

Hierzu dient ein Vergleich zwischen dem tatsächlichen Ergebnis der marketingpolitischen Bemühungen und dem gewünschten Resultat. Als Kriterien für diesen Abgleich fungieren insbesondere quantitative Größen, wie **Umsatz**, **Marktanteil** und **Deckungsbeitrag** (Homburg/Krohmer, 2003, S. 993 ff.). Diese Kontrolle erschöpft sich jedoch nicht darin, Differenzen zwischen geplanter und tatsächlich eingetretener Wirkung festzustellen, sondern umschließt darüber hinaus auch die Analyse der **Abweichungsursachen**. Die gewonnenen Erkenntnisse geben dem Unternehmen Hinweise für eine Modifikation der Marketingplanung. Die operative Marketingkontrolle übernimmt damit eine **Feedback-Funktion**, indem sie Anstöße für einen neuen Planungsprozess liefert (Abbildung 238).

Zur Fundierung solcher Analysen bietet sich ein Rückgriff auf die Kosten- und Erlösrechnung an, die im Grunde ein **Nettoergebnis** oder einen **Deckungsbeitrag** liefert (Nieschlag/Dichtl/Hörschgen, 2002, S. 1190 ff.). Der ersten Kenngröße liegt die Vorstellung zugrunde, dass jedes Absatzgebiet, jede Produktgruppe, jeder Absatzweg oder jedes Erzeugnis ein **eigenes „Geschäft"** bildet, das einen eigenen Anteil an den **Kosten** und **Erlösen** des **Unternehmens** besitzt. Ist dies nicht der Fall, so bedarf es einer umfassenden Analyse über die Ursachen und möglicherweise Konsequenzen bis hin zu einem Verzicht auf

Marketingpolitische Aktivität					
Geplante Maßnahme	**Geplante Wirkung**	**Geplante Kosten**	**Tatsächliche Wirkung**	**Tatsächliche Kosten**	**Abweichungs-analyse**
Entwicklung eines Sportpakets	Verbesserung des Images	4 Mio. Euro	keine Image-verbesserung	4 Mio. Euro	geplante Wirkung wurde nicht erreicht, da die Kommunikation im Markt zu spät einsetzte
Konzeption einer neuen Farbpalette	Erhöhung der Bekanntheit	10 Mio. Euro	Erhöhung der Bekanntheit	12 Mio. Euro	geplante Kosten wurden überschritten, da die Farbentwicklung mehr Zeit als geplant benötigte
Einrichtung eines 24-Stunden-Services	Steigerung der Kunden-zufriedenheit	7 Mio. Euro	Steigerung der Zufriedenheit	4 Mio. Euro	geplante Kosten wurden eingehalten; geplante Wirkung wurde erreicht

Abbildung 238: Schema des operativen Marketing-Controllings

die entsprechende Produktgruppe bzw. das entsprechende Absatzgebiet. Dabei gilt die Vorstellung, dass produktgruppen- bzw. absatzgebietübergreifende Kosten im Sinne eines Verrechnungsschlüssels auf die einzelnen Kostenträger aufgeteilt werden können. Gerade für Produktgruppen- und Absatzgebietsvergleiche erscheint eine solche **Netto-ergebnisrechnung** durchführbar, da eine Reihe von Kostenarten direkt zurechenbar sind. In diesen Fällen sind nur wenige Kosten über Verteilungsschlüssel auf die entsprechenden Produktgruppen bzw. Absatzgebiete zu verteilen, so dass die Gefahr, durch unpassende Verteilungsschlüssel eine Fehlsteuerung vorzunehmen, gering ist. Allerdings ist stets zu bedenken, dass die Schwierigkeit der **verursachungsgerechten Verteilung** von **Gemeinkosten** besteht. Jede Schlüsselung von Gemeinkosten birgt die Gefahr, dass Gewinne oder Verluste erzeugt werden, die nicht den realen Gegebenheiten entsprechen. Dies kann zu Fehlentscheidungen insofern führen, als aufgrund einer besonderen Gemeinkostenbelastung Produkte vom Markt genommen oder Absatzgebiete nicht mehr beliefert werden. Insofern bedarf es einer sehr sorgfältigen Verteilung von Gemeinkosten insbesondere dann, wenn unmittelbar marketingpolitische Entscheidungen aus diesen Berechnungen abgeleitet werden.

Bei der **Deckungsbeitragsrechnung** verzichtet man auf eine Berücksichtigung jener Kosten, die dem Kalkulationsgegenstand (z. B. Produktgruppe, Absatzgebiet) nicht direkt zugerechnet werden können (Gemeinkosten). Die Methodik besteht darin, nur die **direkt zurechenbaren Erlöse** eines Objekts den **direkt zurechenbaren Kosten** gegenüberzustellen (Abbildung 239; Weber, 1998, S. 107 ff.). Aus diesem Abgleich resultiert ein Wert, der den Beitrag kennzeichnet, den das Objekt zur Deckung der ohnehin anfallenden und nicht von der Entscheidung betroffenen Kosten leistet (**Deckungsbeitrag**). Bei einem Automobilanbieter kommen solche Berechnungen zur Lösung zahlreicher Probleme in Betracht:

- Bei der Festlegung von Preisen für neue Modelle geht es darum, Zieldeckungsbeiträge in den einzelnen Ländern und Regionen zu bestimmen.
- Sonderaktionen, wie die Zusammenfassung einzelner Ausstattungskomponenten zu einem Paket, lassen sich mit Hilfe der Deckungsbeitragsrechnung analysieren.
- Die Förderung von Modellen, die Bearbeitung von Märkten und die Entwicklung und Vermarktung neuer Pkw-Varianten hängen von den realisierbaren Deckungsbeiträgen ab.

Bei der **Deckungsbeitragsrechnung** handelt es sich um ein Kalkül für die kurzfristige Betrachtung. Man geht davon aus, dass nicht verrechnete Gemeinkosten in der kurzen Frist nicht abbaufähig und damit nicht entscheidungsrelevant sind. Insofern eignet sich die Deckungsbeitragsrechnung insbesondere als Informationsinstrument für taktische Entscheidungen, vor allem als Grundlage für Entscheidungen über die **kurzfristige Belieferung** von **Absatzsegmenten** und die **kurzfristige Förderung** von **Produktgruppen**.

Ohne Zweifel bildet der Deckungsbeitrag ein zentrales Steuerungsinstrument für die Unternehmensführung. Von besonderem Interesse bei der Abweichungsanalyse ist jedoch die Erfassung von **Veränderungen relevanter Größen** von einer Periode zur nächsten. Dies lässt sich an folgendem Beispiel verdeutlichen: Abbildung 240 zeigt die Grundstruktur einer **Soll-Ist-Analyse** für die **Preis-** bzw. **Mengenkomponente** des **Umsatzes** (Nieschlag/

Spalte		1	2	3	4	5
Zeile	Erzeugnisse	AA	AB	AC	AD	Insgesamt
1	PLANABSATZMENGEN	1200	550	380	750	
2	Bruttoerlös	155,20	184,00	225,00	203,60	
3	Erlösschmälerungen	4,10	4,25	6,50	18,95	
4	NETTOERLÖSE	161,10	179,75	218,60	184,65	
5	umsatzwertabhängige Kosten	15,65	18,23	22,15	21,26	
6	sonstige absatzabhängige Kosten	1,99	2,11	1,54	5,88	
7	DECKUNGSBEITRAG I	133,46	159,41	194,81	157,51	
8	Materialeinzelkosten	86,15	93,25	75,38	75,38	
9	Fertigungseinzelkosten	15,99	19,77	23,71	20,75	
10	DECKUNGSBEITRAG II	31,32	46,39	95,72	61,38	
11	PLAN-DB II INSGESAMT	37.584,00	25.514,50	36.373,60	46.035,00	145.507,10
12	Fixkosten Fertigungsbereich					78.871,12
13	PLAN-DECKUNGSBEITRAG III					66.635,98
14	Unternehmensfixkosten					12.431,65
15	PLAN-DECKUNGSBEITRAG IV					54.204,33

Abbildung 239: Beispiel einer Deckungsbeitragsrechnung

Dichtl / Hörschgen, 2002, S. 1200 ff.). Wie aus der Abbildung ersichtlich, sollte bei einem Preis von 10 eine Menge von 40 abgesetzt werden. Tatsächlich konnten 48 Einheiten bei einem Preis von 12 abgesetzt werden. In Abbildung 241 zeigt sich, dass der geplante Umsatz von 400 € um 176 € überschritten wurde. Diese Umsatzabweichung von 176 € lässt sich in verschiedene Effekte unterteilen. Der am Markt durchsetzbare höhere Preis von 12 € statt 10 € führt zu einem Umsatzplus von 80 € (**Preiseffekt**). Zudem konnten acht Einheiten mehr abgesetzt werden als geplant, was ebenfalls 80 € zusätzlichen Umsatz generiert (**Mengeneffekt**). Durch das gleichzeitige Wirksamwerden von Preis- und Mengeneffekt entsteht ein **Interaktionseffekt**, der zusätzlich 16 € Umsatzsteigerung bringt (Albers, 1989 b, S. 638 ff.).

Diese Analyse lässt sich nicht nur auf der **Umsatz-**, sondern auch auf der **Kostenseite** durchführen (Nieschlag / Dichtl / Hörschgen, 2002, S. 1201 f.). In diesem Fall stehen nicht der **Absatzpreis** und die **Absatzmenge** auf den Achsen. Vielmehr bilden die **produzierte Menge** und die **Stückkosten** die Dimensionen des Schaubilds. Entsprechend dieser Abweichungsanalyse lassen sich Hinweise für die Modifikation der marketingpolitischen Instrumente ableiten. Zur Verdeutlichung sei ein Hersteller von Mineralwasser betrachtet, der fünf verschiedene Flaschengrößen anbietet (0,2-Liter-, 0,3-Liter-, 0,5-Liter-, 1,0-Liter- und 1,5-Liter-Flasche, Lingenfelder / Thomas, 1987, S. 531 ff.). Abbildung 242 zeigt eine Analyse der Deckungsbeitragsänderung, wobei die zuvor dargestellte **Umsatzentwicklungsanalyse** um eine **Kostenentwicklungsanalyse** ergänzt ist. Aus diesem Schaubild geht hervor, dass sich bei einem Hersteller von Mineralwasser der Deckungsbeitrag für die 0,2-Liter-Flasche

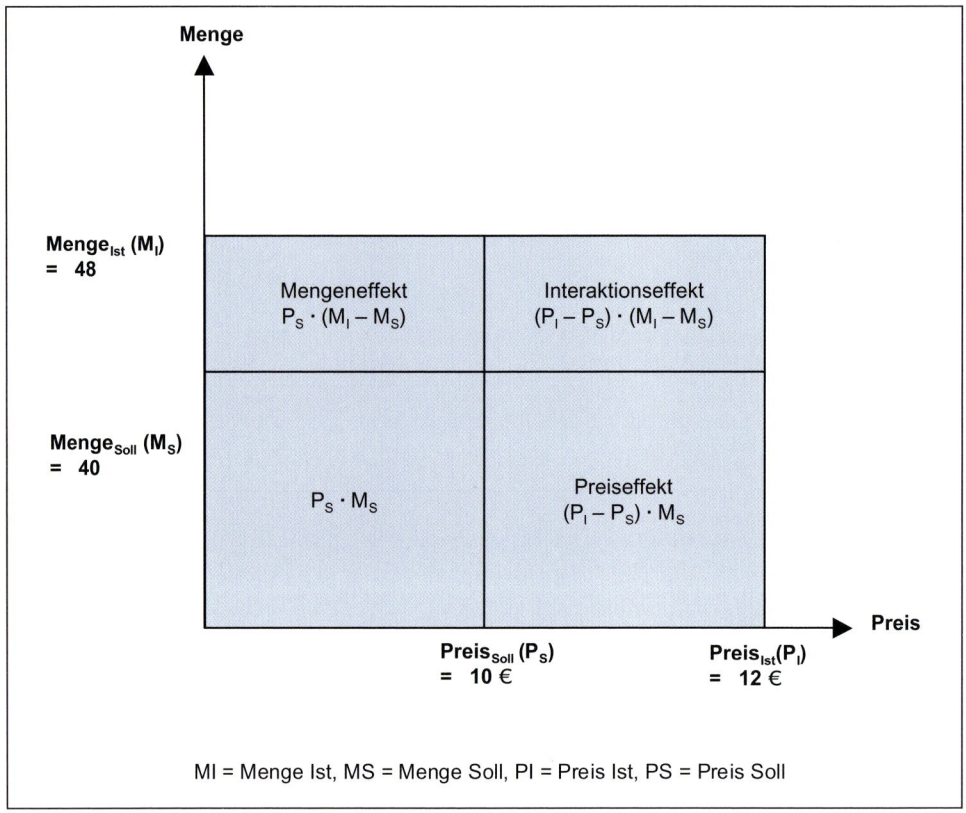

Abbildung 240: Schema zur Analyse von Soll-Ist-Abweichungen

um 9,7 % von der Vorperiode auf die jetzige Periode reduziert hat. Bei der 0,3-Liter-Flasche ist dagegen ein Anstieg des Deckungsbeitrags in diesem Zeitraum von 33,2 % zu konsta- tieren. In den Spalten Umsatz- und Kostenentwicklung zeigt sich, aus welcher Quelle diese Veränderung stammt. Bezüglich der 0,2-Liter- Flasche ist zu konstatieren, dass eine posi- tive Umsatzentwicklung zu verzeichnen ist, jedoch sind die Kosten im betrachteten Zeit- raum erheblich gestiegen (negative Kostenentwicklung). Die 0,3-Liter-Flasche ist durch eine positive Umsatzentwicklung charakterisiert (plus 23,6 %). Gleichzeitig konnten die Kosten gesenkt werden (Kostenreduktion trägt zu einer Erhöhung des Deckungsbeitrags um plus 9,6 % bei). Kritischer ist die Situation bei der 0,5-Liter- und der 1,0-Liter-Flasche. Bei diesen Produkten ist eine erhebliche Reduktion des Deckungsbeitrags zu verzeichnen (minus 26,4 % und minus 27,9 %). In beiden Fällen ist eine negative Umsatzentwicklung dafür verantwortlich. Hinzu kommt, dass im Fall der 1,0-Liter-Flasche eine Kostensteige- rung zu verkraften ist (Kostenentwicklung trägt zu einer Schmälerung des Deckungsbei- trags von minus 11,3 % bei). Dagegen hat sich der Deckungsbeitrag für die 1,5-Liter-Flasche positiv entwickelt (plus 40,3 %). Dafür ist sowohl eine beachtliche Umsatzsteigerung als auch eine geringfügige Kostensenkung verantwortlich.

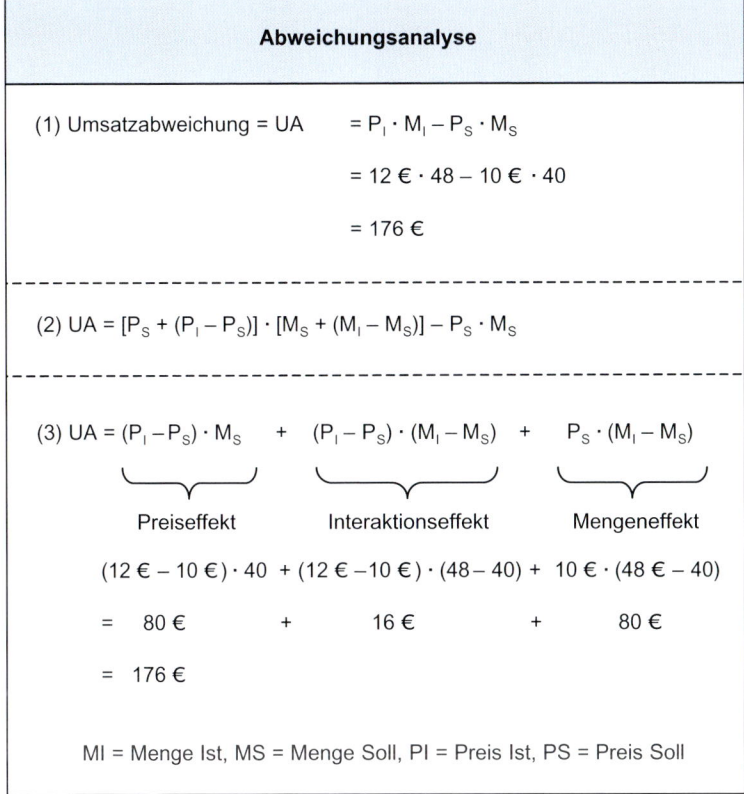

Abbildung 241: Bestimmung des Preis-, Mengen- und Interaktionseffekts

Die Abbildungen 243 und 244 liefern einen Einblick in die Hintergründe der Umsatz- und Kostenentwicklung. Es ist zu erkennen, dass der Umsatz der 0,2-Liter-Flasche um 10,7 % gesteigert werden konnte, während gleichzeitig die Kosten um 18,4 % stiegen. Dabei ist der Durchschnittspreis um 4,5 % gestiegen, und die Stückkosten haben sich um 10,3 % erhöht. Die Absatzmenge konnte um 4,9 % ausgeweitet werden, wohingegen die mengenbedingten Kosten um 5,8 % gewachsen sind. Der unbefriedigende Deckungsbeitrag ist also vor allem auf die **Erhöhung** der **Stückkosten** und der **mengenbedingten Kosten** zurückzuführen. Bei der 0,3-Liter-Flasche ist eine positive Umsatzentwicklung (23,6 %) und eine positive Kostenentwicklung (9,6 %) zu verzeichnen. Die Umsatzentwicklung geht vor allem auf eine **erhebliche Ausdehnung** der **abgesetzten Menge** (plus 27,8 %) und eine **Reduktion** der **Stückkosten** um 13,4 % zurück. Diese beiden Effekte sind maßgeblich für das beeindruckende Resultat für dieses Produkt verantwortlich. Auf diese Art und Weise lassen sich auch die anderen Produkte (0,5-Liter-, 1,0-Liter- und 1,5-Liter-Flasche) analysieren, um im Anschluss Handlungsempfehlungen für die Gestaltung der marketingpolitischen Instrumente abzuleiten.

Analyse der Deckungsbeitragsänderung			
Produkt	Deckungsbeitrags-änderung in %	Quelle der Deckungsbeitragsänderung in %	
		Umsatzentwicklung	Kostenentwicklung
0,2-Liter-Flasche	−9,7	+10,7	−18,4
0,3-Liter-Flasche	+33,2	+23,6	+9,6
0,5-Liter-Flasche	−26,4	−37,2	+13,8
1,0-Liter-Flasche	−27,9	−16,6	−11,3
1,5-Liter-Flasche	+40,3	+36,4	+3,9

Abbildung 242: Analyse der Deckungsbeitragsänderung

Analyse der Umsatzänderung				
Produkt	Umsatz-änderung in %	Quelle der Umsatzänderung in %		
		Preiseffekt	Mengeneffekt	Interaktionseffekt
0,2-Liter-Flasche	+10,7	+4,5	+4,9	+1,3
0,3-Liter-Flasche	+23,6	−1,7	+27,8	−2,5
0,5-Liter-Flasche	−37,2	−10,6	−21,8	−4,8
1,0-Liter-Flasche	−16,6	−19,3	+3,5	−0,8
1,5-Liter-Flasche	+36,4	+13,7	+18,4	+4,3

Abbildung 243: Bestimmung von Preis-, Mengen- und Interaktionseffekt

Analyse der Kostenänderung				
Produkt	Kosten-änderung in %	Quelle der Kostenänderung in %		
		Kosteneffekt	Mengeneffekt	Interaktionseffekt
0,2-Liter-Flasche	−18,4	−10,3	−5,8	-2,3
0,3-Liter-Flasche	+9,6	+13,4	−5,6	+1,8
0,5-Liter-Flasche	+13,8	+4,2	+7,5	+2,1
1,0-Liter-Flasche	−11,3	−1,8	−7,7	−1,8
1,5-Liter-Flasche	+3,9	−3,7	+6,9	+0,7

Abbildung 244: Bestimmung von Kosten-, Mengen- und Interaktionseffekt

Für das „**Abweichungsgespräch**" zwischen dem Controller und dem Marketingmanager erweist es sich als hilfreich, nicht nur die einzelnen Effekte (Preis-, Mengen- und Interaktionseffekt) voneinander zu unterscheiden, sondern auch endogene und exogene Einflüsse zu trennen. Hierbei umfassen die **exogenen Effekte** alle Einflussfaktoren, die auf den Markt wirken und nicht unmittelbar vom Unternehmen beeinflusst werden können. Dagegen betreffen die **endogenen Effekte** das Unternehmen; zu ihnen zählen alle Einflüsse, die auf Kunden- und Konkurrenzreaktionen beruhen (Albers, 1989b, S. 641 ff.). In Abbildung 245 erfolgt zunächst eine Aufspaltung des Umsatzes in den Preis und die Absatzmenge, die ihrerseits in den relativen Preis und den Branchenpreis beziehungsweise den Marktanteil und das Marktvolumen zerfallen. Marktvolumen und Branchenpreis sind durch den Marketingmanager nicht beeinflussbar. Hingegen hängen der relative Preis und der Marktanteil von den marketingpolitischen Aktivitäten des Unternehmens ab.

Voraussetzung für die Unterscheidung zwischen exogenen und endogenen Einflüssen sind entsprechende Daten. Insbesondere geht es darum, das Marktvolumen und den Branchenpreis zu erfassen. Auf Basis dieser Informationen ergeben sich der Marktanteil und der relative Preis durch Division des eigenen Umsatzes durch das Marktvolumen beziehungsweise des eigenen Preises durch den Branchenpreis. Den meisten Unternehmen liegen Zahlen über das Marktvolumen z. B. aus **Panels** vor. Falls das Unternehmen kein eigenes Panel besitzt, bietet sich ein Rückgriff auf die von Marktforschungsgesellschaften angebotenen Panels an. Ebenso gibt es für die Erfassung der Preise innerhalb einer Branche spezialisierte Institute.

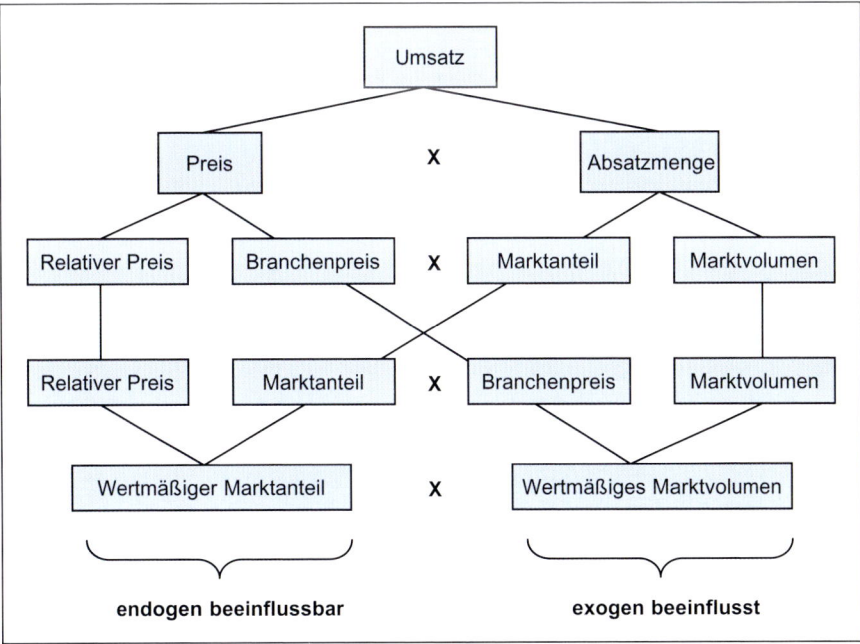

Abbildung 245: Bestimmung der Einflussfaktoren auf Preis und Absatzmenge
Quelle: Albers, 1989b, S. 642.

4. Kundenzufriedenheit, Kundenbindung und Kundenwert analysieren

> *„Der Kunde ist König."*
> *(Anonymus)*

In jüngster Zeit spielen auch außerökonomische Kontrollgrößen eine wichtige Rolle, um den Erfolg der Marketingaktivitäten zu überprüfen. Zentrale Variablen in diesem Zusammenhang sind – neben dem Markenwert (Kapitel F. 5.) – die **Kundenzufriedenheit**, die **Kundenbindung** und der **Kundenwert**. Aus den Urteilen der Kunden über die Zwecktauglichkeit von Erzeugnissen und deren Absicht, sich an das Unternehmen zu binden oder abzuwandern, ergeben sich Hinweise für die Leistungsgestaltung. Zudem spielt der Kundenwert eine Rolle, da viele Unternehmen ihre Leistungen in Abhängigkeit des Werts eines Kunden spezifizieren.

4.1 Kundenzufriedenheit

Das Anliegen der Kundenzufriedenheitsforschung besteht im Kern darin, die Bedürfnisadäquanz der Unternehmensleistung im Sinne eines **Controlling-Prozesses** zu analysieren (Homburg/Bucerius, 2003, S. 55 ff.). Aus einer Zufriedenheitsstudie ergeben sich Anhaltspunkte für die Modifikation eines bereits existierenden Erzeugnisses oder die Entwicklung und Gestaltung eines Neuprodukts. Die Relevanz des Zufriedenheitsurteils für die Bewertung der Marketingleistung resultiert aus seiner vermuteten Indikatorfunktion für den Unternehmenserfolg (Fornell et al., 1996, S. 10 ff.).

Zufriedenheit gehört zu den psychischen Phänomenen, von denen Individuen eine mehr oder weniger genaue, allerdings nur sehr selten explizierte Vorstellung besitzen. Dieser Terminus ist in der Alltagssprache positiv belegt und beschreibt Seinszustände, wie etwa sich wohl fühlen, in Freude leben, glücklich sein und Genugtuung empfinden.

(Un-)Zufriedenheit ergibt sich aus einem komplexen Informationsverarbeitungsprozess, der aus einem Soll-Ist-Vergleich zwischen der Erfahrung eines Kunden mit der erlebten Leistung (Ist) und seiner Erwartung hinsichtlich der Qualität (Zwecktauglichkeit, Bedürfnisgerechtigkeit) des Produkts (Soll) besteht.

Die aus dem Vergleich resultierende Kongruenz beziehungsweise Divergenz zwischen der erlebten und erwarteten Produktqualität kommt in der (Nicht-)Bestätigung zum Ausdruck (Homburg/Stock, 2003, S. 20 ff.).

Die Soll-Komponente

Die Soll-Komponente stellt ein dynamisches Konstrukt dar. Dabei erhöhen positive Erfahrungen (**Leistungserfüllung**) die Erwartungen, während negative Erfahrungen (**Leistungsdefizit**) die Erwartungen senken.

- Das **Erwartete** beruht auf den bisherigen Kauf- und Konsumerlebnissen und verkörpert daher einen Mittelwert aller Erfahrungen. Im Hinblick auf ein konkretes Erzeugnis repräsentiert diese Größe alle bislang erworbenen Kenntnisse und erlebten Empfindungen in Bezug auf das Produkt, den Hersteller sowie das Kauf- und Konsumumfeld (z. B. alle Erlebnisse in einem bestimmten italienischen Restaurant).
- Das **Ideale** spiegelt ebenso wie das Erwartete das Wissen eines Kunden über Hersteller und Produkt wider. Allerdings ergänzt der Betroffene seine Kenntnisse um seine Vorstellungen über eine Unternehmensleistung, die maximal möglich erscheint, also Merkmalsausprägungen aufweist, die seinen Wünschen entsprechen (z. B. Vorstellungen über das ideale italienische Restaurant).
- Das **Normale** bringt die Vorstellungen des Individuums über ein Angebot zum Ausdruck, das ein Produzent üblicherweise erbringt. Dieses Maß stellt ebenfalls einen Mittelwert dar, der jedoch weniger aus den Erfahrungen mit einem Gut stammt, sondern sich vielmehr aus der Leistungsfähigkeit der gesamten Branche ergibt (z. B. Vorstellungen über das typische italienische Restaurant).

Die Ist-Komponente

Die Ist-Komponente bündelt die **Erfahrungen** mit dem Erzeugnis. Dabei taucht die Schwierigkeit auf, dass der Kunde nicht die objektive Wirklichkeit, sondern die subjektive Realität preisgibt. Die Eignung der Kundenzufriedenheit für die Gestaltung marketingpolitischer Maßnahmen hängt entscheidend von dessen Operationalisierung, respektive Messung ab (Stauss, 1999, S. 11 ff.). Die Festlegung geeigneter Indikatoren ist untrennbar mit der Beantwortung der Frage nach dem Erhebungsverfahren verbunden (Abbildung 246):

- In der Unternehmenspraxis finden **objektive Verfahren** die größte Beachtung. Diese Methoden erfassen Größen, die nicht auf der Einschätzung von Betroffenen beruhen. Hierzu zählen insbesondere Umsatz- und Marktanteilszahlen sowie die Loyalitätsrate. Häufig erhebt ein Anbieter auch das Auftreten von Beschwerden, Gewährleistungsansprüche und die Reparaturhäufigkeit. Diese Informationen vermitteln Hinweise auf Leistungsdefizite und damit auf mögliche Ursachen von Unzufriedenheit (Nieschlag/Dichtl/Hörschgen, 2002, S. 1178 ff.).
- Auf Grund der individuell unterschiedlichen Perzeption einer gleichartigen Kauf- beziehungsweise Konsumsituation beklagen viele Forscher die mangelnde Validität objektiver Kriterien. Daher liegt es auf der Hand, die Zufriedenheit der Abnehmer auf **subjektiver Basis** festzustellen. Dieser Ansatz, der zwischen **merkmalsgestützten** und **ereignisorientierten Verfahren** differenziert, gründet auf der Vorstellung, dass sich die Bedürfnisgerechtigkeit einer Offerte nur auf der Grundlage von Kundenbefragungen ermitteln lässt. Zu den ereignisorientierten Verfahren gehört insbesondere die Critical Incident Technique. Hierbei geht es darum, etwa auf dem Weg eines offenen, unstrukturierten Interviews den Kunden zu bitten, die letzten Erlebnisse mit dem Unternehmen zu reflektieren. Im Zuge dieses Gespräches ergeben sich mitunter konkrete Anhaltspunkte für Leistungsdefizite, die im Folgenden verbessert werden können.

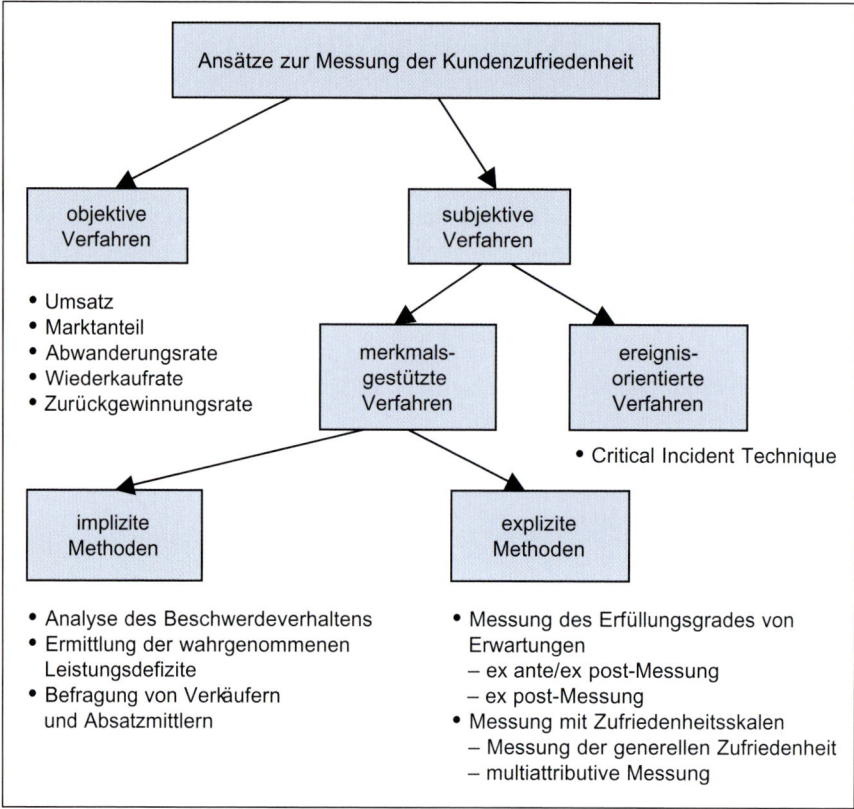

Abbildung 246: Ansätze zur Messung der Kundenzufriedenheit
Quelle: Nieschlag/Dichtl/Hörschgen, 2002, S. 1177.

- Die merkmalsgestützten Verfahren lassen sich in implizite und explizite Methoden unterteilen. Die impliziten Methoden zeichnen sich dadurch aus, dass die Zufriedenheit quasi indirekt über die Befragung von Dritten oder aus dem Verhalten der Kunden abgeleitet wird. Beispielsweise lässt das Beschwerdeverhalten Rückschlüsse auf die Bedürfnisgerechtigkeit der Unternehmensleistung zu. Auch können Verkäufer und Absatzmittler befragt werden, da sie zumeist eine genaue Vorstellung über die Zufriedenheit der Kunden besitzen. Bei den expliziten Methoden geht es darum, anhand bestimmter Items die Zufriedenheit der Kunden zu erfassen. Zumeist liegt eine multiattributive Messung vor, d. h. einzelne Dimensionen der Unternehmensleistung werden dem Kunden zur Beurteilung vorgelegt. Aus den Nennungen ergeben sich Hinweise auf Fehlleistungen in einzelnen Leistungsbereichen, die sodann Ausgangspunkt für eine Produktverbesserung sein können.

4.2 Kundenbindung

Viele Autoren erwähnen, dass **Kundenzufriedenheit** zu **Kundenbindung** führt (Homburg/ Bruhn, 2003; Huber/Herrmann/Braunstein, 2000). Kundenbindung bezieht sich auf den Aufbau und die Aufrechterhaltung der Geschäftsbeziehung (Diller, 1996, S. 581 ff.).

> **Kundenbindung** gilt als „... Realisierung oder Planung wiederholter Transaktionen zwischen einem Anbieter und einem Abnehmer innerhalb eines in Abhängigkeit von der Art der Transaktion bestimmten Zeitraums..." (Peter, 1997, S. 8 ff.).

Dieser Definitionsvorschlag enthält sowohl eine verhaltens- als auch eine einstellungsorientierte Komponente, da die Autorin das tatsächliche Handeln (**Realisierung der wiederholten Transaktionen**) mit einer Verhaltensabsicht (**Planung der wiederholten Transaktionen**) verzahnt. Die Festlegung des Zeitraums, innerhalb dessen sich die Transaktion wiederholen muss, um den Tatbestand der Kundenbindung zu erfüllen, hängt ganz entscheidend vom interessierenden Erzeugnis ab. Die Zeitspanne zwischen zwei Käufen erstreckt sich bei Automobilen auf mehrere Jahre, während sie bei Kleidung einige Monate umfasst. Geht es dagegen um Lebensmittel, so beträgt dieser Zeitraum oft nur wenige Tage.

Bruggemann (1974, S. 281 ff., Stauss/Neuhaus, 1995, S. 3 ff.) postuliert einen Zusammenhang zwischen der (Un-)Zufriedenheit eines Individuums und seinem emotionalen, kognitiven und intentionalen Seinszustand. Beispielsweise kommt Zufriedenheit auf der **emotionalen Ebene** durch freudige Zuversicht zum Ausdruck, während der wütende Protest eines Individuums seine Unzufriedenheit signalisiert. Die **kognitive Ebene** besteht aus erfahrungsgeprägten Erwartungen an die Leistung des Unternehmens, etwa dahin gehend, dass der Kunde mit einer Steigerung oder Senkung der Zwecktauglichkeit des Erzeugnisses rechnet. Auf der emotional-kognitiven Basis entsteht eine **Verhaltensintention** im Sinne der Bereitschaft, an der Geschäftsbeziehung festzuhalten oder zukünftig einen Wechsel vorzunehmen (Fournier/Nick, 1999, S. 14 ff.). Dabei gehen bestimmte emotionale, kognitive und intentionale Seinszustände mit verschiedenen Erscheinungsformen der Zufriedenheit beziehungsweise Unzufriedenheit einher (Abbildung 247 sowie Stauss, 1999, S. 11 ff.):

- Der **fordernd Zufriedene** erwartet aufgrund seiner bisherigen Erfahrungen, dass der Anbieter die steigenden Ansprüche erfüllt. Grundsätzlich hält er an der Geschäftsbeziehung fest, allerdings ist seine Bereitschaft an eine Verbesserung der Unternehmensleistung gebunden.
- Der **stabil Zufriedene** zeichnet sich durch seine sehr geringen Anforderungen an einen Anbieter beziehungsweise dessen Produkt aus. Ein solcher Nachfrager will ohne Einschränkung die Geschäftsbeziehung in der derzeitigen Form aufrechterhalten und setzt darauf, dass diese so bleibt, wie sie ist.
- Das Urteil des **resignativ Zufriedenen** beruht weniger auf dem Bewusstsein einer angemessenen Erfüllung der Erwartungen, sondern viel eher auf der Einschätzung, nicht

mehr das Erhaltene erhoffen zu können. Da sich Gleichgültigkeit einstellt, unternimmt er keine Anstrengungen, seine Ansprüche zu überdenken und gegenüber dem Anbieter zu formulieren.

Die Nachfrager weisen in Abhängigkeit ihrer Zugehörigkeit zu einem dieser Zufriedenheitstypen eine **unterschiedliche Neigung** zum **Produktwechsel** auf. Der stabil Zufriedene mit seinem Wunsch nach einer Fortsetzung der bisherigen Geschäftsbeziehung besitzt nur eine geringe Absicht zum Wechsel. Beim fordernd Zufriedenen existiert zwar eine emotionale Beziehung zum Anbieter, allerdings ist die Loyalität an die Bedingung geknüpft, dass das Gut auch in Zukunft den wachsenden Anforderungen entspricht. Eine besonders große Neigung zur Abwanderung existiert beim resigniert Zufriedenen, dessen Verhältnis zum Produzenten durch Gleichgültigkeit charakterisiert ist. Dieser Nachfrager hat aufgrund seiner Kauf- beziehungsweise Konsumerlebnisse das Anspruchsniveau reduziert und begründet seine Bindungsabsicht lediglich damit, dass keine Alternativen vorliegen. Darüber hinaus existieren noch der stabil Unzufriedene und der fordernd Unzufriedene. Ersterer zeichnet sich durch Enttäuschung und Ratlosigkeit aus sowie einer gewissen Hoffnungslosigkeit, die sich in der Überlegung konkretisiert, mehr zu erwarten aber keine Möglichkeit zu besitzen, dies einzufordern. Dagegen protestiert Letzterer und versucht Einfluss zu nehmen auf eine Leistungsverbesserung. Er signalisiert dem Unternehmen, erst dann wieder zu kaufen, wenn die Leistung seinen Vorstellungen entspricht.

Im Hinblick auf das Controlling der marketingpolitischen Aktivitäten ist es unerlässlich zu wissen, mit welchen Kunden dieser Art das Unternehmen zu tun hat. Beispielsweise ist bei einem fordernd Zufriedenen sehr stark auf die permanente Innovation der Unternehmensleistung zu achten. Bei stabil Unzufriedenen geht es dagegen vielmehr darum, sie im Rahmen der Kommunikation auf das Leistungsspektrum hinzuweisen und die nutzenstiftende Kraft der Erzeugnisse zu vermitteln. Hat man mit resignativ Zufriedenen zu tun, besteht die Herausforderung darin, ihn für die Unternehmensleistung zu faszinieren. Möglicherweise kann hier die Kommunikation zuträglich sein, indem die besonderen Vorzüge der Leistung vermittelt werden.

Mit Hilfe geeigneter **Kundenbindungsstrategien** sollen Investitionen in Kunden abgesichert und zum wirtschaftlichen Erfolg geführt werden. Dabei lassen sich zwei grundsätzliche Kundenbindungsstrategien voneinander unterscheiden (Eggert, 2003, S. 43 ff.): Bei der **Verbundenheitsstrategie** geht es darum, dass sich die Nachfrager einem Anbieter und seinen Produkten gegenüber verbunden fühlen. Die Kunden sollen die Produkte des betrachteten Anbieters im Vergleich zu denen der Konkurrenz bevorzugen und die Geschäftsbeziehung dauerhaft pflegen. Bei der **Gebundenheitsstrategie** zielt man darauf ab, Wechselbarrieren aufzubauen, um den Kunden zu binden. Zu solchen Wechselbarrieren zählen beispielsweise juristische, finanzielle und soziale Hürden, die die Nachfrager abhalten, zu einem Wettbewerber zu gehen. Zu den juristischen Wechselbarrieren gehören beispielsweise langfristige Verträge, während Pay-Back- und Miles-und-More-Systeme finanzielle Wechselbarrieren bilden.

Formen der (Un)zufriedenheit	Emotionaler, kognitiver und intentionaler Seinszustand eines Individuums nach dem Kauf beziehungsweise Konsum		
	Emotion	Kognition	Intention
Der fordernd Zufriedene	Optimismus und Zuversicht	...die Leistung muss Schritt halten...	...kaufe wieder, da die Leistung bislang mit meinen Anforderungen Schritt hielt...
Der stabil Zufriedene	Beständigkeit und Vertrauen	...die Leistung soll so bleiben...	...kaufe wieder, da die Leistung bislang meinen Anforderungen entsprach...
Der resignativ Zufriedene	Gleichgültigkeit und Anpassung	...mehr kann ich nicht erwarten...	...kaufe wieder, da die Leistung anderer Anbieter auch nicht besser ist...
Der stabil Unzufriedene	Enttäuschung und Ratlosigkeit	...ich erwarte mehr, aber was soll ich machen...	...kaufe nicht wieder, kann aber einen konkreten Grund nicht sagen...
Der fordernd Unzufriedene	Protest und Einflussnahme	...die Leistung muss sich verbessern...	...kaufe nicht wieder, da nicht auf meine Wünsche eingegangen wurde...

Abbildung 247: Zufriedenheits- und Unzufriedenheitstypen im Überblick

4.3 Kundenwert

Kundenwert erkennen und steuern

Allein Kunden schaffen durch ihre Kaufakte Wert für das Unternehmen.

Kunden sind originäre Werttreiber des Unternehmens und müssen genauso wie andere Vermögensgegenstände professionell gemanagt werden.

In Anbetracht begrenzter Marketingbudgets sind die Marketinginstrumente im Hinblick auf eine effiziente Gestaltung der Kundenbeziehung auszurichten. In diesem Sinne gilt das Augenmerk vieler Unternehmen der Zufriedenstellung **ökonomisch wertvoller Kunden** mit dem Anliegen, diese dauerhaft an das Unternehmen zu binden (Cornelsen, 2000, S. 3 ff.). Insofern erscheint ein am **ökonomischen Kundenerfolg** ausgerichtetes **Kundenmanagement** um einer damit verbundenen selektiven Kundenzufriedenheits- und Kundenbindungspolitik ratsam. Dabei besteht die zentrale unternehmerische Herausforderung darin, die „richtigen Kunden" zu finden und zu binden, also die Neukundenakquisition und die nachfolgende Pflege von Geschäftsbeziehungen unter **erfolgs-** bzw. **wertorientierten Gesichtspunkten** vorzunehmen (Helm/Günter, 2003, S. 14 ff.; siehe auch Diller/Haas/Ivens, 2005). Dieses Beziehungsmarketing zielt darauf ab, profitable Geschäftsbeziehungen mit ausgewählten Kunden aufzubauen und zu erhalten. Aufbau und Pflege von Geschäftsbeziehungen erfordern in der Regel von allen Beteiligten ein beachtliches Maß an persönlichem und finanziellem Einsatz. Da sich dieser Ressourceneinsatz oftmals erst über einen längeren Zeitraum auszahlt, liegt es nahe, Geschäftsbeziehungen als Investitionen zu betrachten.

Häufig wird beim Management von Kundenzufriedenheit und Kundenbindung vernachlässigt, wie sich die zumeist kostspieligen Maßnahmen auf den Unternehmenserfolg auswirken. „Kundenorientierung um jeden Preis" führt zu dem falschen Bemühen um „zero defections", d. h. dem Bemühen, sämtliche Kundenbeziehungen aufrechtzuerhalten (Cornelsen, 2000, S. 1). In der Regel trägt aber nur ein kleiner Teil der Kunden überproportional zum Gewinn bei. Eine Faustregel aus der Praxis besagt, dass auf ca. 20 % aller Kunden eines Unternehmens etwa 80 % des gesamten Unternehmensumsatzes zurückzuführen sind (Schmittlein/Cooper/Morrison, 1993). Ein an ökonomischen Zielen orientiertes Kundenmanagement muss die profitablen und damit Wert generierenden Kundenbeziehungen identifizieren und fördern. Diese Aufgabe ist jedoch alles andere als trivial. Ein wertorientiertes Management von Kundenbeziehungen ist eine komplexe Managementaufgabe, in deren Mittelpunkt insbesondere die folgenden Fragen stehen:
- Wie kann man zwischen den interessanten (d. h. Wert generierenden) und den uninteressanten (im Sinne von Wert vernichtenden) Kunden unterscheiden?
- In welchem Umfang sollen potenzielle Kunden angesprochen werden?
- Welche Neukunden sollen akquiriert werden?
- Von welchen Kunden im bestehenden Kundenstamm sollte man sich trennen?
- Wie sind begrenzte Ressourcen auf die Neukundenakquisition versus Stammkundenpflege aufzuteilen?
- Wie ist der Marketing-Mix im Rahmen individueller Kundenbeziehungen zu gestalten?

Zur Beantwortung dieser Fragen ist es für ein Unternehmen unumgänglich, den ökonomischen Wert eines Kunden zu bestimmen. Nur so können knappe Mittel wie Marketing- und Vertriebsbudgets ihrer produktivsten Verwendung zugeführt werden. Als Steuerungsgröße sollte hierbei ein monetärer Wert bestimmt werden, der auf allen zukünftig erwarteten und dem Kunden direkt zurechenbaren Ein- und Auszahlungen basiert.

> Aus anbieterorientierter Perspektive ist der Kundenwert als ökonomischer Gesamtwert des Kunden für das Unternehmen zu verstehen.

Der Kundenwert wird durch verschiedene Determinanten beeinflusst. Die offensichtlichste Determinante des Kundenwerts ist der **Transaktionswert** des Kunden. Er stellt die Summe der diskontierten monetären Einzahlungsüberschüsse dar, die direkt aus den mit dem Kunden während seiner gesamten Bindungsdauer getätigten Transaktionen resultieren. Der Transaktionswert wird folglich entscheidend von der Entwicklung der getätigten Transaktionen über die Zeit, der Kundenbindungsdauer und den zur Aufrechterhaltung der Kundenbeziehung erforderlichen Kosten beeinflusst (von Wangenheim, 2003, S. 37 f.).

Eine Erhöhung des Transaktionsvolumens über die Zeit lässt sich insbesondere durch **Cross-Selling- und Up-Selling-Aktivitäten** erreichen. Dabei kennzeichnet Cross-Selling den Verkauf zusätzlicher Leistungen und Up-Selling den Verkauf höherwertiger Leistungen im Verlauf der Kundenbeziehung (Reichheld/Sasser, 1990, S. 108). Im Hinblick auf die Dauer der Kundenbeziehung ist zu beachten, dass nicht zwangsläufig ein direkter positiver Zusammenhang zwischen der Kundenbindungsdauer und der Profitabilität einer Kundenbeziehung bestehen muss. Krafft zeigt empirisch am Beispiel des Versandhandels, dass durchaus Kundenbeziehungen existieren, die hohe Ertragswerte und niedrige Mailing-Kosten pro Umsatz bei kurzen Bindungsdauern aufweisen. Auch existieren durchaus langfristige Kundenbeziehungen, die im Verlauf der Zeit steigende Kosten verursachen, ohne dass entsprechende Erlöszuwächse zu verzeichnen sind (Krafft, 2002, S. 149).

Der **Weiterempfehlungswert** eines Kunden resultiert aus dessen Abgabe von positiver oder negativer Information über den Anbieter oder eine Anbieterleistung an einen oder mehrere potenzielle Kunden des Anbieters. Er lässt sich damit als Gegenwartswert sämtlicher monetärer bzw. monetarisierbarer Effekte definieren, die durch das zukünftige Weiterempfehlungsverhalten des jeweiligen Kunden entstehen (von Wangenheim, 2003, 55 f.).

Wichtige Einflussfaktoren der Abgabe positiver Weiterempfehlung sind die Kundenzufriedenheit, der vorherige eigene Empfang von Weiterempfehlung, das situative Involvement sowie das Produktinvolvement. Im Industriegüterbereich spielen außerdem das Produktinteresse und die Produktbedeutung eine zentrale Rolle (von Wangenheim, 2003, S. 272).

Der **Informationswert** eines Kunden umfasst sämtliche Informationen, die der Kunde dem Unternehmen zur Verfügung stellt und die in der Folge zu Kosteneinsparungen oder Erlössteigerungen im Unternehmen genutzt werden. Erlöszuwächse können sich z. B. daraus ergeben, dass aufgrund von Kundenanregungen marktgängige Produktvariationen oder Produktinnovationen eingeführt werden. Kosteneinsparungen resultieren bspw. aus der Optimierung interner Prozesse, Zeitreduzierung oder Produktivitätssteigerung (Cornelsen, 2000, S. 230). Wertvolle Kundeninformationen lassen sich z. B. durch ein funktionierendes Beschwerdemanagement gewinnen.

Der **Kooperationswert** eines Kunden resultiert schließlich aus den Synergien und Wertsteigerungen, die im Zuge einer verstärkten Zusammenarbeit und Integration der Wertschöpfungsketten von Anbieter und Kunde in einem bestimmten Zeitraum entstehen, z. B. Zusammenarbeit in Forschung und Entwicklung, Logistik oder Produktentwicklung. Insbesondere im Business-to-Business- und Dienstleistungsbereich lassen sich zum Teil erhebliche Kooperationswertpotenziale realisieren, da hier die Leistungserstellung oftmals von vornherein die Zusammenarbeit von Anbieter und Kunde erfordert (Rudolf-Sipötz, 2001, S. 121).

Kundenwert messen

Im Folgenden soll auf gängige Methoden der Kundenbewertung eingegangen werden. Nach der Anzahl der zur Bewertung eingesetzten Kriterien wird dabei zwischen eindimensionalen und mehrdimensionalen Ansätzen unterschieden. Anhand des Zeitbezugs der Bewertung erfolgt eine Einteilung in gegenwartsbezogene bzw. retrospektive (d. h. Daten der Vergangenheit einbeziehende) und prospektive Ansätze (Abbildung 248). Eindimensionale Kundenbewertungsverfahren bieten insbesondere den Vorteil, dass sie in der Regel auf direkt verfügbaren Daten des Rechnungswesens aufbauen (z. B. Umsatz oder Deckungsbeitrag pro Kunde) und einfach handhabbar sind. Die Orientierung an nur einem Indikator des Kundenwerts ist allerdings kaum geeignet, die Komplexität und Profitabilität von Kundenbeziehungen und der darauf wirkenden Einflussgrößen abzubilden (Krafft, 2002, S. 56 f. und S. 60). Mehrdimensionale Ansätze sind naturgemäß besser geeignet, die Vielschichtigkeit des Kundenwerts zu erfassen. Im Hinblick auf den Zeitbezug der verschiedenen Ansätze ist zu sagen, dass eine rein gegenwartsbezogene bzw. retrospektive Analyse des Kundenwerts zukünftige Nutzenpotenziale unberücksichtigt lässt und insofern für ein wertorientiertes Kundenmanagement nicht ausreicht.

Ein in der Praxis weit verbreitetes eindimensionales Verfahren ist die **Kundendeckungsbeitragsrechnung (KDBR)**. Voraussetzung für eine aussagekräftige KDBR ist eine zweckneutrale Grundrechnung, d. h. eine Organisation von Erlösen und Kosten nach beliebigen Absatzsegmenten (Produkte, Aufträge, Kunden, Regionen etc.). Darauf aufbauend können dann Auswertungen für Kunden als Kalkulationsobjekte vorgenommen werden. Das Grundprinzip der Kundendeckungsbeitragsrechnung ist die Zurechnung aller durch den

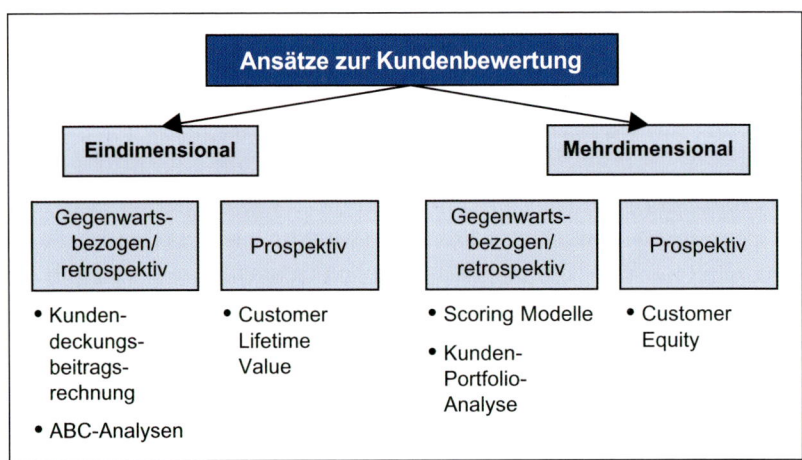

Abbildung 248: Ausgewählte Ansätze der Kundenbewertung
Quelle: in Anlehnung an Krafft/Bromberger, 2002, S. 163.

Bruttoerlöse – Erlösschmälerungen
= Nettoerlöse – variable Herstellkosten der bezogenen Leistung
= Kundendeckungsbeitrag I (produktbezogen) – direkt auftragsbezogene variable Marketingkosten (inkl. Vertrieb)   (z. B. Angebotserstellungskosten, kundenspezifische Verpackungskosten)
= Kundendeckungsbeitrag II (auftragsbezogen) – direkt kundenbezogene variable Marketingkosten   (z. B. kundenbezogene Rabatte, Kosten der kundenspezifischen Auftragsanpassung)
= Kundendeckungsbeitrag III – indirekte kundenbezogene variable Marketingkosten   (z. B. Betreuungskosten, Verkaufsförderungsmaßnahmen)
= Kundendeckungsbeitrag IV – fixe Einzelkosten der Kunden
= Kundendeckungsbeitrag V

Abbildung 249: Grundschema einer stufenweisen Kundendeckungsbeitragsrechnung
Quelle: Palloks, 1988, S. 256.

Kunden verursachten Kosten und Erlöse. Zur Erhöhung der Transparenz sollte eine stufenweise KDBR vorgenommen werden, bei der mehrere Deckungsbeiträge auf verschiedenen Zurechnungsstufen definiert werden. Bei der Umsetzung einer KDBR gestaltet sich die verursachergerechte Zurechnung der Kosten in vielen Fällen problematisch. Zum einen stellt sich hier die Frage, bis zu welchem Grad eine Erfassung von Kosten auf Einzelkundenebene möglich bzw. ökonomisch sinnvoll ist. Zum anderen ist es schwierig, eine differenzierte Kostenzuschlüsselung von kundensegmentbezogenen Aufwendungen, z. B. im Service, vorzunehmen (Rudolf-Sipötz, 2001, S. 34). Abbildung 249 zeigt das Grundschema einer stufenweisen KDBR.

Eine Weiterentwicklung der traditionellen Kundendeckungsbeitragsrechnung stellt die **Prozesskostenrechnung** dar, wenn dabei statt der sonst üblichen produktbezogenen Prozesse (Aufträge oder Serien) einzelne Kundenbeziehungen als Bezugsgröße gewählt werden (Krafft, 2002, S. 58; Cornelsen, 2000, S. 113 ff.).

Ein weiteres eindimensionales Verfahren ist die **ABC-Analyse**, bei der eine Klassifikation der Kunden nach ihrer Wichtigkeit anhand des Umsatzes bzw. Deckungsbeitrages des jeweiligen Kunden in Relation zum Gesamtumsatz des Unternehmens erfolgt. Abbildung 250 zeigt eine umsatzbezogene ABC-Analyse. Gerade umsatzbezogene ABC-Analysen sind in der Praxis außerordentlich beliebt. Kundenumsätze können direkt dem Rechnungswesen entnommen werden, und die anschließende geordnete Aggregation der Kunden nach dem Umsatz ist schnell durchgeführt. Kritisch anzumerken ist allerdings, dass zwischen dem Gesamtumsatz und der Profitabilität einzelner Kundenbeziehungen nicht zwingend eine lineare Beziehung bestehen muss. Vor diesem Hintergrund erscheint eine deckungsbeitragsbezogene ABC-Analyse geeigneter.

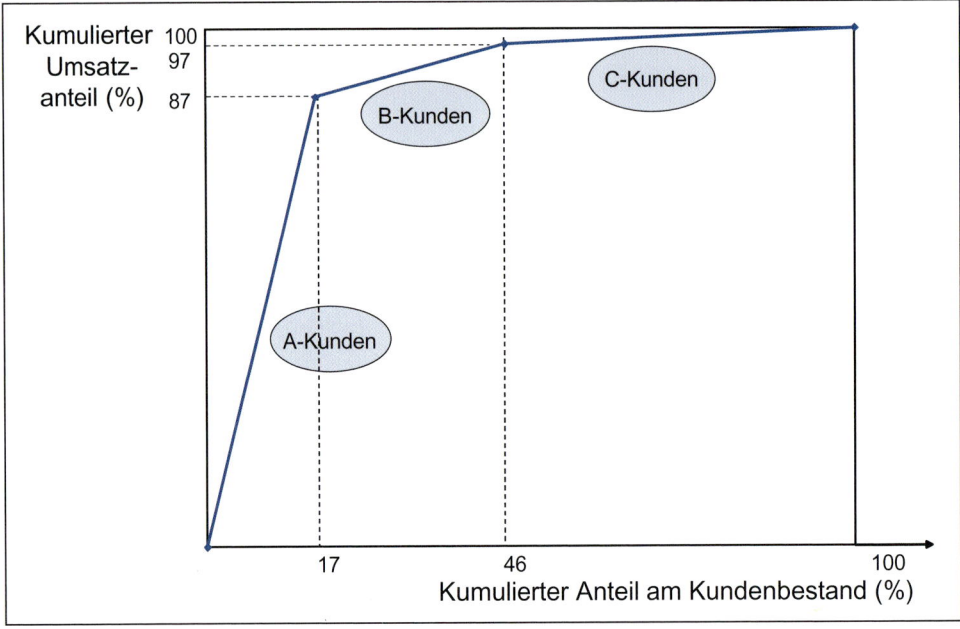

Abbildung 250: Umsatzbezogene ABC-Analyse
Quelle: Homburg/Baum, 1997, S. 59.

Allerdings erfolgt diese Analyse eindimensional: Man bewertet die Objekte lediglich im Hinblick auf ein einzelnes Kriterium. Es ist sehr leicht vorstellbar, dass zur Fundierung von Entscheidungen über die Allokation von Marketingressourcen eine Vielzahl von Kriterien berücksichtigt werden müssen. Darüber hinaus bestehen beispielsweise zwischen Produkten **Verbundeffekte**. So ist denkbar, dass ein A-Produkt nur deshalb gekauft wird, weil das Unternehmen das entsprechende C-Produkt anbietet. Eine Elimination des C-Produkts hätte zur Folge, dass der Markterfolg des A-Produkts gefährdet wäre.

Der **Customer-Lifetime-Value-(CLV-)Ansatz** überträgt die Prinzipien der Investitionsrechnung auf die Bewertung von Kunden. Der CLV eines Kunden ist definiert als die Summe der diskontierten, kundenbezogenen Ein- und Auszahlungen während der Akquisitionsphase und der gesamten Dauer der anschließenden Kundenbeziehung, wobei strenggenommen nicht nur die mit dem Unternehmen getätigten Transaktionen, sondern alle wertrelevanten Aspekte der Kundenbeziehung zu berücksichtigen sind (von Wangenheim, 2003, S. 31 f.). Der CLV-Ansatz stellt also eine Dynamisierung der kundenbezogenen Erfolgsrechnung über die gesamte Kundenlebenszeit dar. In Abhängigkeit vom Typ der zugrunde gelegten Kundenbeziehung lassen sich Retention-Modelle und Migrationsmodelle unterscheiden.

In **Retention-Modellen** gilt ein Kunde beim Abbruch der Geschäftsbeziehung, z. B. durch Vertragskündigung, Anbieterwechsel, Inaktivität, als für immer verloren. Insbesondere bei Kontraktgütern (z. B. Zeitschriftenabonnement, Mobilfunk) und bei Investitionsgütern (z. B. im hochtechnologisierten Anlagenbau) erscheint eine solche Annahme plausibel. Zur Berechnung des CLV in Retention-Modellen sind neben den aus der Kundenbeziehung erwarteten Einzahlungen und Auszahlungen insbesondere die aus der Vergangenheit abgeleiteten Loyalitätsraten (retention rate) erforderlich (Dwyer, 1997, S. 9 f.).

Migrationsmodelle unterstellen hingegen, dass Kunden ihren Bedarf nicht bei einem einzigen Anbieter decken. Ein Kunde, der in der nächstfolgenden Periode nicht kauft und somit „inaktiv" ist, gilt folglich noch nicht als endgültig abgewanderter Kunde. Mit zunehmender Anzahl der inaktiven Perioden eines Kunden sinkt allerdings die Wahrscheinlichkeit eines Wiederkaufs. Insbesondere im (Versand-)Handel, bei kurzlebigen Gütern (z. B. Drogerieartikel, Schreibbedarf) und bei Dienstleistungen ohne vertragliche Bindung (z. B. Restaurants, Reisebüros) ist dieser Kundentyp anzutreffen. Die Kundenentwicklung im Zeitablauf wird in Migrationsmodelle anhand von Übergangswahrscheinlichkeiten zur Abbildung des Markenwechsel- und -bindungsverhaltens modelliert (Dwyer, 1997, S. 11 ff.).

Wie die Ausführungen zum CLV-Ansatz nahe legen, ist die Kenntnis der Dauer der Geschäftsbeziehung für die Ermittlung des CLV eines Kunden von grundlegender Bedeutung. Ist die Geschäftsbeziehung vertraglich geregelt, dann kennt das Unternehmen Beginn und Ende der Beziehung. Wie aber kann die Dauer der Kundenbindung bei nicht vertraglich geregelten Geschäftsbeziehungen vorhergesagt werden? Wenn eine längere Zeit seit dem letzten Kaufakt vergangen ist, dann kann ein Unternehmen hier nicht mit Sicherheit sagen, ob der Kunde die Beziehung beendet hat, oder ob die Beziehung nur zeitweise ruht. Aus Sicht des Unternehmens ist jedoch davon auszugehen, dass mit zunehmender Dauer der Inaktivität eines Kunden die Wahrscheinlichkeit steigt, das der Kunde die Geschäftsbeziehung beendet hat. Ein wichtiger Ansatz zur Abschätzung des Aktivitätsstatus eines Kunden stellt das **NBD/Pareto-Modell** von Schmittlein, Morrison und Colombo (1987) dar. Dem Modell liegt die Annahme zugrunde, dass sich der Aktivitätsstatus eines Kunden anhand von zwei Variablen seines vergangenen Kaufverhaltens ermitteln lässt:

- Recency: Vergangene Zeit seit dem letzten Kaufakt des jeweiligen Kunden
- Frequency: Anzahl der Käufe innerhalb eines definierten Zeitraums

Das Ergebnis des NBD/Pareto-Modells ist die Wahrscheinlichkeit, dass ein Kunde aktiv ist, d. h. in späteren Perioden kauft und somit die Geschäftsbeziehung aufrechterhält. Diese Größe kann schließlich in eine dichotome „aktiv/inaktiv"-Variable der Kundenbeziehung überführt werden, so dass sich für jeden Kunden eine endliche Lebenszeit ergibt.

Bei den mehrdimensionalen Verfahren spielen **Scoring-Modelle** eine herausragende Rolle. Zur Beurteilung einzelner Kunden wird hier ein Kriterienkatalog herangezogen mit einer einheitlichen Bewertungsskala, die z. B. von 1 = sehr gut bis 5 = sehr schlecht reicht. Die Beurteilungen zu den einzelnen Kriterien können gewichtet und in einen Gesamtscore pro Kunde überführt werden. Hier zeigen sich aber auch die Schwachstellen von Scoring-Ansätzen wegen einer oftmals willkürlichen Auswahl der Beurteilungskriterien und einer Subjektivität in der Zuordnung der Punktewerte zu den Kriterien sowie in deren Gewichtung. Abbildung 251 zeigt die Vorgehensweise eines Kundenscoring, das auf qualitativen Größen beruht.

Punkte / Kriterien	1	2	3	4	5	Gewicht	Wert
Bedarfsvolumen				X		30	120
Wachstum		X				10	20
Preisdurchsetzbarkeit			X			20	60
Kundentreue			X			5	15
Bonität		X				5	10
Lieferanteil					X	10	50
Auftragskontinuität						5	15
Lead-User-Funktion	X					5	5
Strategische Partner	X					5	5
Fit mit Ressourcen				X		5	20
Summe						100	320

Abbildung 251: Beispiel für ein Kundenscoring
Quelle: Köhler, 1998, S. 346.

Ein auf bisherigen Absatzdaten aufbauendes Scoring-Modell ist das sogenannte **RFM-Verfahren**, wobei R für „Recency of last purchase", F für „Frequency of purchase" und M für „Monetary Value" stehen. Dem RFM-Modell liegt die aus dem Versandhandel stammende Erkenntnis zugrunde, dass ein Kunde häufiger und in höheren Bestellwerten ordert, je näher der letzte Bestellvorgang liegt (recency), je häufiger der Kunde in einem festgelegten Zeitraum bestellt hat (frequency) und je mehr Umsatz in der bisherigen Geschäftsbeziehung zu verzeichnen war (monetary value). Entsprechend ihrem individuellen Kaufverhalten erhalten die Kunden nun Punkte für diese drei Größen, wobei für jede Größe mehrere Kriterien eingesetzt werden können (Krafft, 2002, S. 61).

Auf der Basis individueller Kundenscorings können schließlich auch alle Kunden in einem **Kundenportfolio** abgebildet werden. Potentielle und bestehende Kunden werden hier mit Hilfe der klassischen Portfoliotechnik (Kap. D.) z. B. anhand der Dimensionen Kundenattraktivität und Wettbewerbsposition dargestellt. Die Kundenattraktivität kann anhand von Kriterien wie z. B. derzeitige Bedarfsvolumina, Preisdurchsetzbarkeit, Bonität, Betreuungsaufwand usw. beurteilt werden. Kriterien zur Beurteilung der Wettbewerbsposition sind z. B. die bisherige Länge der Geschäftsbeziehung, der derzeitige Lieferanteil beim Kunden, die Entwicklung des Lieferanteils und die Zufriedenheit des Kunden. Ein Vorteil von Kundenportfolio-Analysen liegt in der Visualisierung der Kundenstruktur und in dem damit verbundenen hohen Kommunikationswert. Abbildung 252 zeigt ein Beispiel für ein Kundenportfolio. Die Kreisfläche ist ein Indikator für das Umsatzpotential des Kunden. Die schwarze Fläche gibt den derzeitigen Marktanteil

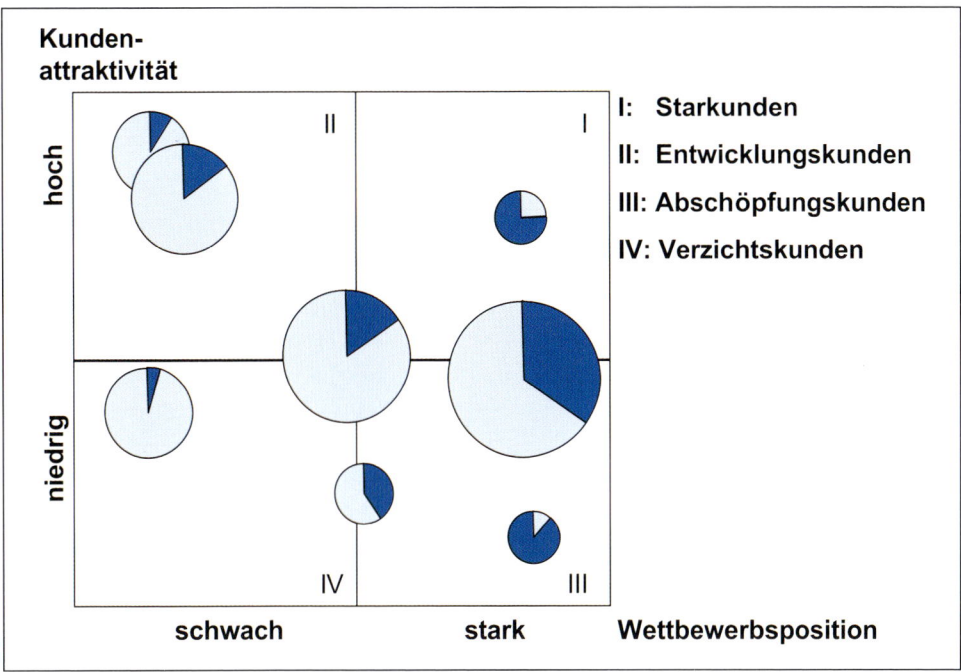

Abbildung 252: Kundenattraktivität/Wettbewerbsposition-Portfolio
Quelle: Krafft, 2002, S. 63.

beim Kunden wieder (Lieferanteil). Für jedes Portfoliofeld lassen sich nun Normstrategien analog zur klassischen Portfoliotechnik ableiten (Kotler/Bliemel, 2001, S. 122 f.), z. B. „Halten/Intensivieren" bei Starkunden oder „Desinvestieren" bei Verzichtskunden.

Modelle zur Berechnung des **Customer Equity** wurden in den vergangenen Jahren von einer Vielzahl von Autoren entwickelt. Exemplarisch soll im Folgenden das Modell von Cornelsen (2000) näher betrachtet werden, welches den Kundenwert unter Einbeziehung psychographischer Größen berechnet. Eine zusammenfassende Übersicht weiterer Modelle findet der Leser z. B. bei Burmann (2003).

Im Customer Equity Modell von Cornelsen wird in einem ersten Schritt aus dem durchschnittlichen Jahresumsatz des Kunden zuzüglich seines Referenzwerts der Wert des Kunden für ein Jahr berechnet. Der Referenzwert soll abbilden, in welchem Ausmaß der betrachtete Kunde die Kaufentscheidung anderer Personen zugunsten des Unternehmens beeinflusst. Er errechnet sich multiplikativ aus der Größe des sozialen Netzes (d. h. in welchem Umfang und wie intensiv Gespräche über die Produkte des Anbieters geführt werden), dem Grad der Meinungsführerschaft (d. h. in welchem Umfang der Kunde andere Personen bei ihren Kaufentscheidungen beeinflusst), dem Grad der Zufriedenheit des Kunden und dem monetären Referenzvolumen (d. h. dem Anteil an zukünftigen Einzahlungen neuer Kunden, der auf die Beeinflussung durch den betrachteten Kunden zurückzuführen ist). Cornelsen unterstellt des Weiteren, dass Konsumenten in Abhängigkeit von der betrachteten Güterklasse nur bis zu einem bestimmten Maximalalter als Käufer aktiv sind, z. B. bis 75 Jahren bei Automobilen. Unter dieser Annahme ergibt sich die noch verbleibende Kundenlebenszeit als Differenz zwischen diesem „Maximalalter" eines Kunden und seinem Lebensalter. Zur Ermittlung des Customer Lifetime Value wird nun der berechnete Jahreswert des Kunden mit seiner verbleibenden Lebenszeit und einem Index aus der Einstellung gegenüber dem Unternehmen und der Wiederkaufabsicht multipliziert. Das Customer Equity eines Unternehmens ergibt sich schließlich als Summe der auf diese Weise berechneten **Customer Lifetime Value** über alle Kunden (Cornelsen, 2000, S. 251 ff.).

4.4 Zusammenhänge zwischen Kundenzufriedenheit, Kundenbindung und Kundenwert erkennen

In welcher Beziehung stehen die interessierenden Größen Zufriedenheit, Bindung und Unternehmenserfolg bzw. Kundenwert? Führt eine hohe (niedrige) Zufriedenheit zwangsläufig zu einer großen (geringen) Bindung? Ein Blick in die Literatur zeigt einige Studien zur Aufhellung der zwischen diesen Variablen existierenden Relation. Auh und Johnson (1997, S. 143 f.) fassen die Ergebnisse dieser vielfältigen Analysen zusammen, indem sie postulieren, dass „… customers who say they are 80 to 90 percent satisfied have retention rates of only 30 to 40 percent …". Dieser Erkenntnis zufolge besteht **kein linearer Zusammenhang** zwischen **Zufriedenheit** und **Bindung**. Die Loyalität steigt über mittlere und große Zufriedenheitswerte an, bevor der Verlauf wieder abflacht (Homburg/ Becker/Hentschel, 2003, S. 105 ff.). Diese Relation zwischen den beiden interessierenden Größen ist in Abbildung 253 illustriert.

Der nicht-lineare Verlauf dieser Kurve resultiert beispielsweise aus dem Variety-Seeking-Verhalten der Kunden. Trotz sehr hoher Zufriedenheit mit einem Produkt wechseln Individuen zu einer anderen Marke, da sie ihr Bedürfnis nach einem Produktwechsel unabhängig von der tatsächlichen Leistungsfähigkeit des neuen Produkts befriedigen möchten. Dieses Phänomen ist überall dort ausgeprägt, wo der Produktwechsel kein Risiko darstellt, also insbesondere in Märkten mit standardisierten und homogenisierten Produkten.

Bei der Analyse der Wirkung der Kundenbindung auf den Umsatz des Anbieters erscheinen drei Arten von Zielen relevant, nämlich **Sicherheit**, **Wachstum** und **Gewinn**, respektive **Rentabilität** (Diller, 1996, S. 85 ff.). Die unmittelbare Wirkung, die für ein Unternehmen aus einer stärkeren Kundenbindung resultiert, besteht in einem höheren Maß an Sicherheit, die sich in langfristigen vertraglichen Vereinbarungen oder einer Habitualisierung des Kauf- beziehungsweise Konsumverhaltens zeigt. Zur Begründung lassen sich die folgenden Argumente anführen (Peter, 1997, S. 42 ff.):

• Unabhängig von der Art der Bindung verstärkt sich mit zunehmender Dauer einer Geschäftsbeziehung die **gegenseitige Toleranz**. Dies impliziert beispielsweise, dass sich das Verhältnis zu einem Stammkunden, der mit der Begleichung einer Rechnung im Verzug ist, nicht unmittelbar verschlechtert. Umgekehrt bleibt ein solcher Kunde sei-

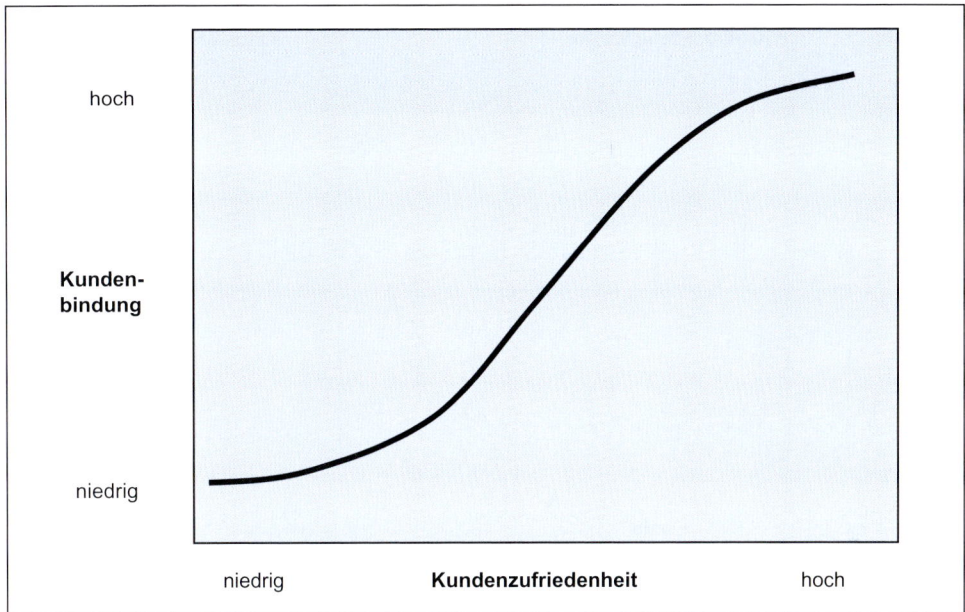

Abbildung 253: Zusammenhang zwischen Zufriedenheit und Bindung

nem Stammlieferanten in der Regel auch dann treu, wenn dieser einmal eine nicht zufrieden stellende Leistung erbringt.

- Die größere Toleranz hängt insbesondere mit einem höheren Maß an **Interaktion** zusammen, die bei einer länger andauernden Relation zwischen den Partnern entsteht. Dieses intensive Miteinander schlägt sich unter anderem in einer verstärkten gegenseitigen Auskunfts- und Beschwerdebereitschaft nieder. Unternehmen, wie die Lufthansa AG und die Deutsche Bahn AG, nutzen dieses kooperative Verhalten ihrer Klientel, indem sie Kundenforen einrichten.
- Ein weiterer die Sicherheit des Herstellers verstärkender Effekt der Kundenbindung besteht in der **Verringerung** verschiedener Risiken, wie **Bonitäts-**, **Transport-** und **Währungsrisiken**. Darüber hinaus vermindert sich das **Produktinnovationsrisiko**, da der Anbieter die Kundenbedürfnisse besser kennt. Eng damit verbunden ist die Reduktion des **Investitionsrisikos** durch eine stärker an den Erfordernissen des Absatzmarkts ausgerichtete Innovationspolitik.

Neben der Gewährleistung von Sicherheit birgt eine langfristige Kundenbindung auch erhebliche Wachstumschancen für ein Unternehmen (Huber/Herrmann/Braunstein, 2000, S. 51 ff.):

- Eine Intensivierung der Kontakte führt oftmals zu einer verstärkten Kundenpenetration, das heißt, die Kauffrequenz sowie das Kaufvolumen steigen mit zunehmender Dauer der Geschäftsbeziehung. Hinzu treten cross-buying-Effekte, da die Kunden auch zu anderen Angeboten aus der Leistungspalette des angestammten Lieferanten greifen.

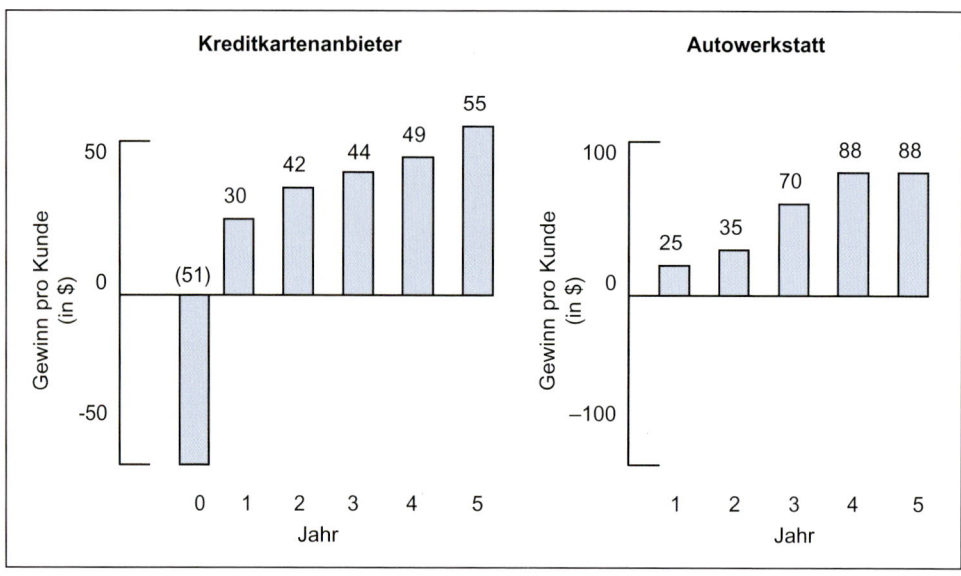

Abbildung 254: Gewinnentwicklung in Abhängigkeit der Dauer einer Geschäftsbeziehung
Quelle: Reichheld, 1996, S. 38.

- Unternehmenswachstum resultiert auch aus einer Ausweitung der Menge der treuen Nachfrager. Dazu tragen ganz besonders die erhöhte Referenzbereitschaft und Empfehlungsneigung der Stammkunden bei. Bekannterweise gilt die Mundwerbung als besonders glaubwürdig, weil sie vom Anbieter nicht beeinflusst ist.
- Enge Beziehungen zur Klientel erleichtern auch die Gewinnung von Neukunden, wie dies seit langer Zeit beispielsweise in der Zeitungsbranche verbreitet ist. Es gilt als erwiesen, dass Personen, die aufgrund einer Empfehlung von Bekannten kaufen, eher zu loyalem Verhalten tendieren als jene, die zum Beispiel über eine Anzeige vom Angebot des Produzenten erfuhren.

Eine Studie von Reichheld und Sasser (1991, S. 108 ff.) belegt den positiven Effekt der Kundenbindung auf den Unternehmenserfolg. Hiernach steigt der Gewinn pro Kunde mit zunehmender Dauer der Beziehung zum jeweiligen Anbieter, wenn auch in unterschiedlich starkem Maße je nach Branche. Wie Abbildung 254 veranschaulicht, beläuft sich beispielsweise der Gewinn pro Pkw-Fahrer bei einer Autowerkstatt im vierten Jahr der Beziehung auf mehr als das Dreifache des Ertrags im Vergleich zum ersten Jahr. Eine Kreditkartenorganisation verzeichnet erst im zweiten Jahr der Geschäftsbeziehung überhaupt einen Gewinn, der aber stetig steigt (Homburg/Becker/Hentschel, 2003, S. 101 ff.).

5. Markenwert analysieren

> *„What's in a name? That which we*
> *call a rose, by any other*
> *name would smell as sweet"*
> *Shakespeare*
> *Romeo and Juliet, Act II, Scene II*

5.1 Markenwertrelevanz erkennen

Marken stellen für die meisten Unternehmen einen herausragenden Vermögensgegenstand dar. Die Bedeutung von Marken für die sie führenden Unternehmen lässt sich anhand der gelegentlich bekannt gegebenen finanziellen Werte einzelner Marken erkennen. Laut Interbrand verfügen Marken wie Coca-Cola, McDonald's, Microsoft oder IBM über Markenwerte im zweistelligen Euro-Milliardenbereich (siehe hierzu auch Kapitel E. 1.). Der erhebliche finanzielle Wert von Marken wird auch in einer Managementbefragung von Sattler und PriceWaterhouseCoopers im Jahr 1999 deutlich. Nach den Schätzungen der Befragten repräsentieren Marken durchschnittlich 56 % des Gesamtwertes der jeweils angesprochenen Unternehmen. Nach Ansicht der meisten befragten Unternehmen wird dieser Wert zukünftig noch weiter steigen. Aus Konsumentensicht ergibt sich dieser Wert aufgrund spezifischer, im Gedächtnis gespeicherter Kenntnisse und Vorstellungen, welche mit dem Namen oder Symbol der Marke verbunden sind (Esch/Wicke, 2001, S. 11).

Durch den Aufbau von Marken kann die Profilierung und Differenzierung der Unternehmensleistung gegenüber Konkurrenzmarken unterstützt und somit ein über den eigentlichen Produktnutzen aufgrund technisch-physikalischer Eigenschaften hinausgehender Wert geschaffen werden (Sattler, 1995, S. 664).

Der Wert von Marken ist wesentlich darauf zurückzuführen, dass sie in der Lage sind, zukünftige Cash-Flows eines Unternehmens zu beschleunigen, auszuweiten und das Risiko zukünftiger Cash-Flows zu reduzieren (Srivastava/Shervani/Fahey, 1998, S. 9 ff.). Eine Beschleunigung von Cash-Flows kann u. a. dadurch erreicht werden, dass Konsumenten infolge eines starken Markenimages schneller auf Neuprodukteinführungen reagieren. Beispielsweise zeigt sich bei Personalcomputern, dass imagestarke Marken wie IBM, Compaq und Hewlett-Packard typischerweise eine drei bis fünf Monate frühere Adaptierung neuer Computergenerationen bewirken als imageschwache Marken (Sattler/Schirm, 1999, S. 78 ff.). Eine Ausweitung zukünftiger Cash-Flows kann durch den Transfer einer etablierten Marke auf neue Produktbereiche, Zielgruppen oder Märkte erfolgen (d. h. durch einen Markentransfer, Sattler, 2005). Ein Paradebeispiel stellt die ursprünglich für den Hautcrememarkt entwickelte Marke Nivea dar, die im Laufe der Zeit auf eine Vielzahl von Neuprodukten wie z. B. Sonnencreme, Shampoo, Deodorant und Lippenstift mit großem Erfolg transferiert wurde. Als Beispiele aus der jüngeren Vergangenheit seien der Transfer der Marke Dextro Energy auf einen Müsliriegel oder der Marke Mr. Proper auf Waschmittel genannt. Schließlich kann eine Risikoreduktion zukünftiger Cash-Flows beispielsweise dadurch erreicht werden, dass die Markenloyalität verstärkt und dadurch die Wechselkosten durch den Einsatz einer starken Marke erhöht werden.

Das Ausmaß, mit dem Marken zukünftige Cash-Flows von Unternehmen beeinflussen und damit Werte generieren können, hängt insbesondere davon ab, wie Marken von Nachfragern wahrgenommen werden. Die Wahrnehmung bezieht sich auf die Markenerkennung und Markenerinnerung (Markenbekanntheit) sowie die Stärke, Vorteilhaftigkeit und Einzigartigkeit von Markenassoziationen (Markenimage). Markenbekanntheit und -image bilden zusammen die Wissensstruktur einer Marke (Keller, 1993, S. 2 f.). Die Wissensstrukturen einer Marke mit den dahinter liegenden Bekanntheits- und Imagestrukturen determinieren den Wert einer Marke aus Konsumentensicht. Sie stellen die Quelle für zukünftige markenspezifische (d. h. ursächlich auf die Marke zurückzuführende) Gewinne dar.

Die Fähigkeit von Marken, zukünftige Cash Flows eines Unternehmens zu beeinflussen, macht sie bzw. ihren Wert aus Konsumentensicht zum Schlüsseltreiber des Kundenwerts (siehe hierzu auch Ambler et al., 2002, S. 13 ff.).

> Die wertorientierte Markenführung zielt auf den Aufbau klarer, relevanter und einzigartiger Wissensstrukturen zur Marke als Basis für deren Kapitalisierung. Die Wissensstrukturen einer Marke sind mit dem Ziel einer langfristigen Markenwertsteigerung zu gestalten.

Dazu ist es nötig, sowohl Auszahlungen für den Aufbau und den Erhalt von Wissensstrukturen als auch aus einer gegebenen Wissensstruktur resultierende Einzahlungen zu quantifizieren, d. h. den Markenwert zu messen. Aus einer finanzorientierten Perspektive ist der Markenwert definiert als der Barwert aller zukünftigen Einzahlungsüberschüsse, die der Eigentümer aus der Marke erwirtschaften kann, die also ursächlich auf die Marke zurückzuführen sind (Sattler, 2005).

Im Folgenden werden zunächst Verwendungszwecke einer Markenwertmessung dargestellt. Anschließend wird ein Überblick zu den Grundproblemen und Ansätzen der Markenbewertung gegeben. Abschließend wird auf wesentliche Determinanten des Markenwerts als Grundlage für eine wertorientierte Markenpolitik eingegangen.

5.2 Markenbewertungszwecke identifizieren

Die Motivation für eine Markenwertmessung kann sehr vielfältig sein. In einer Umfrage von Sattler und PriceWaterhouseCoopers im Jahr 1999 unter den 100 größten deutschen Unternehmen sowie den Mitgliedern des Deutschen Markenverbandes wurde die Bedeutung von Verwendungszwecken einer Markenbewertung erfragt (Abbildung 255).

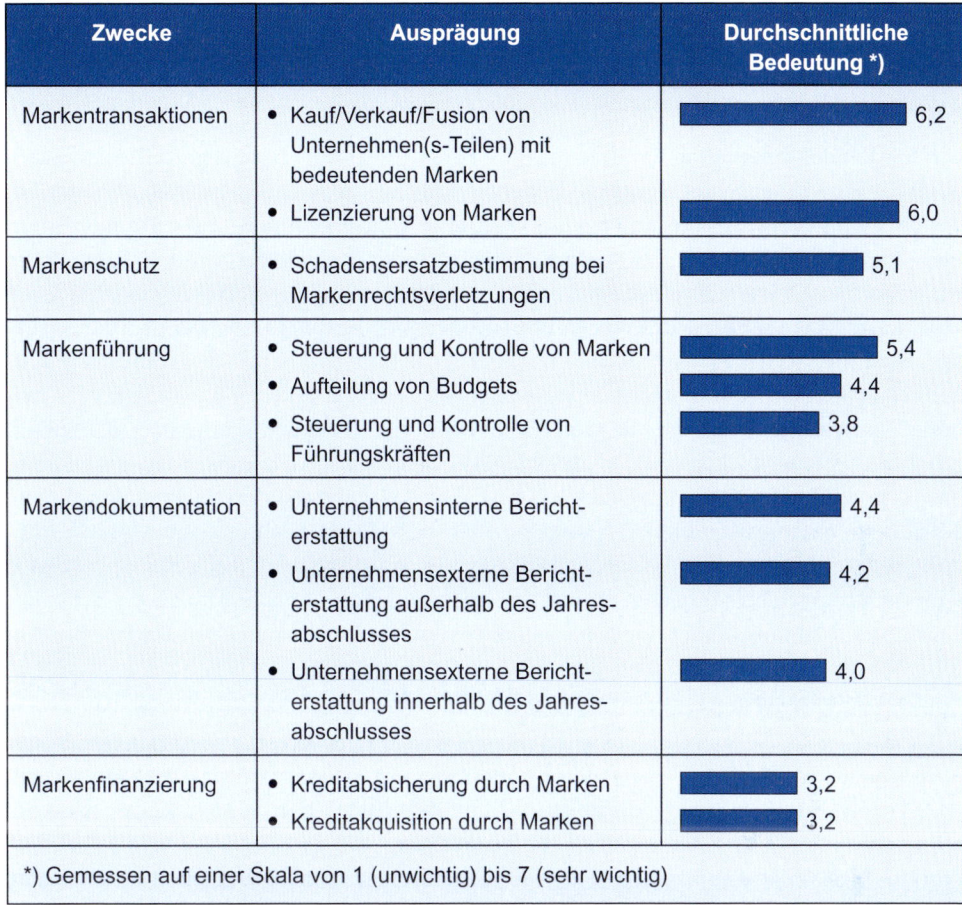

Zwecke	Ausprägung	Durchschnittliche Bedeutung *)
Markentransaktionen	• Kauf/Verkauf/Fusion von Unternehmen(s-Teilen) mit bedeutenden Marken	6,2
	• Lizenzierung von Marken	6,0
Markenschutz	• Schadensersatzbestimmung bei Markenrechtsverletzungen	5,1
Markenführung	• Steuerung und Kontrolle von Marken	5,4
	• Aufteilung von Budgets	4,4
	• Steuerung und Kontrolle von Führungskräften	3,8
Markendokumentation	• Unternehmensinterne Bericht-erstattung	4,4
	• Unternehmensexterne Bericht-erstattung außerhalb des Jahres-abschlusses	4,2
	• Unternehmensexterne Bericht-erstattung innerhalb des Jahres-abschlusses	4,0
Markenfinanzierung	• Kreditabsicherung durch Marken	3,2
	• Kreditakquisition durch Marken	3,2
*) Gemessen auf einer Skala von 1 (unwichtig) bis 7 (sehr wichtig)		

Abbildung 255: Verwendungszwecke von Markenbewertungen (n = 126)
Quelle: Sattler/PriceWaterhouseCoopers, 1999, S. 16.

Den mit Abstand wichtigsten Verwendungszweck stellen **Markentransaktionen** dar. Vielfach steht hierbei der Erwerb von Markenrechten im Mittelpunkt des Interesses, so z. B. bei den Übernahmen von Blendax durch Procter & Gamble, Rowntree durch Nestlé oder Bestfoods durch Unilever. Fusionen, Akquisitionen und Veräußerungen von Unternehmen bzw. Unternehmensteilen mit bedeutenden Marken lassen eine finanzielle Markenbewertung bei der Kaufpreisbestimmung relevant werden.

An zweiter Stelle werden von der Bedeutung her **Markenschutzaspekte** gesehen. Hierbei lässt sich eine Markenbewertung u. a. dazu verwenden, die Höhe eines Schadensersatzes infolge von Markenrechtsverletzungen zu bestimmen, z. B. unzutreffende Behauptungen über die Verunreinigung von Lebensmitteln, wie im Frischei-„Skandal" bei der Marke Birkel, oder die rechtswidrige Verwendung von Markenzeichen (Lacoste-Krokodil auf Sportschuhen). Insbesondere für Fälle von Markenpiraterie ist diese Anwendungsmöglichkeit von zunehmender Bedeutung.

Von ebenfalls hoher Bedeutung ist die Verwendung von Markenbewertungen für **Zwecke der Markenführung**. Hierbei dominiert der Zweck „Steuerung und Kontrolle von Marken", dem auch die in Kapitel E. 1. behandelten markenstrategischen Entscheidungen zuzurechnen sind.

Die **Markendokumentation** hat eine mittlere Bedeutung. Am ehesten wird dieser Zweck noch für eine unternehmensinterne Berichterstattung für wichtig erachtet, weniger bedeutend hingegen für eine unternehmensexterne Dokumentation, insbesondere innerhalb des Jahresabschlusses. Dieser Befund ist auch vor dem Hintergrund zu sehen, dass in Deutschland bisher grundsätzlich handels- und steuerrechtlich für selbstentwickelte Marken ein Aktivierungsverbot besteht. Allerdings ist prinzipiell die Möglichkeit gegeben, über die Werte solcher Marken im Anhang des Jahresabschlusses zu berichten. Entgeltlich erworbene Markenrechte müssen aktiviert werden. Aktuell haben sich verschiedene Neuerungen ergeben, die den Stellenwert der Markendokumentation deutlich erhöhen dürften (Mackenstedt/Mussler, 2004). So hat der International Accounting Standards Board (IASB) 2004 analog zu US GAAP eine Neuregelung der Markenbilanzierung bei Unternehmenszusammenschlüssen veröffentlicht. Danach sind die einzelnen Vermögenswerte (inklusive der Marken) im Rahmen der Kaufpreisverteilung des erworbenen Unternehmens zu identifizieren und mit ihrem Zeitwert („fair value") anzusetzen. Bei unbegrenzter Nutzungsdauer, wovon bei etablierten Marken auszugehen ist, ist eine Abschreibung nur noch über eine zwingend vorgeschriebene, jährlich durchzuführende Werthaltigkeitsprüfung („impairment test") möglich.

Schließlich ist die Verwendung einer Markenbewertung für Zwecke der **Markenfinanzierung** durch Kredite eher von geringer Bedeutung. Dies mag damit zusammenhängen, dass vielen Unternehmen die diesbezüglichen Möglichkeiten noch nicht hinreichend bewusst sind. Durch das „Gesetz über die Erstreckung von gewerblichen Schutzrechten" vom 23. 4. 1992 ist die Bindung des Warenzeichens an den Geschäftsbetrieb entfallen. Markenzeichen sind damit zum selbständigen Wirtschaftsgut geworden, die auch als Finanzierungsinstrument eingesetzt werden können (Repenn, 1994, S. 175).

5.3 Markenwert messen

Bei der Messung eines Markenwerts sind verschiedene Problembereiche bedeutsam (Abbildung 256). Ein erstes Problem besteht darin, dass bei der Ermittlung von Einzahlungen nicht die gesamten Einzahlungsüberschüsse aus dem mit der Marke verbundenen Produkt relevant sind, sondern nur diejenigen, welche ursächlich auf die Marke zurückzuführen sind. So würde ein Teil der Umsatzerlöse auch erzielt werden können, wenn für das jeweilige Produkt keine (bzw. eine nahezu unbekannte) Marke verwendet wird. Entsprechend sind auch nur diejenigen Auszahlungen zu berücksichtigen, die durch die Marke verursacht werden. Es gilt also markenspezifische Zahlungen zu isolieren.

Neben dem Isolierungsproblem besteht ein zweites Problem darin, dass sich die Wirkungen von Marken über sehr lange Zeiträume erstrecken. Allgemein zeigt die Existenz klassischer Markenartikel wie z. B. Coca-Cola, Dr. Oetker, Nivea, Persil, Rama und Tempo

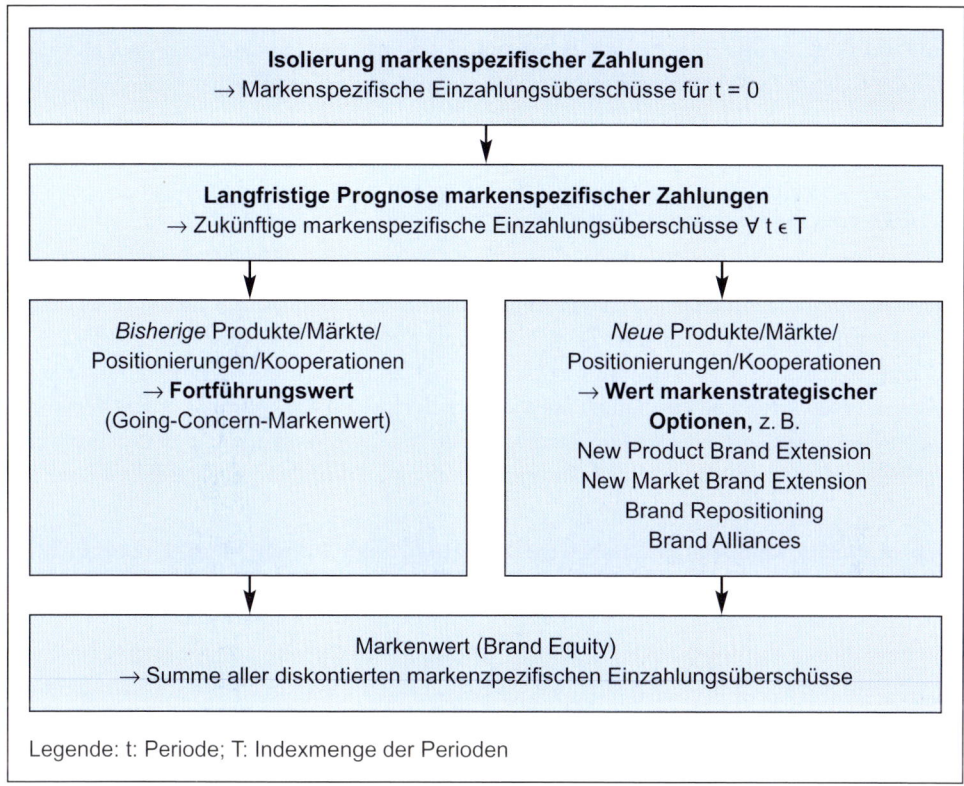

Abbildung 256: Grundprobleme und Komponenten einer Markenwertmessung
Quelle: Sattler, 2001, S. 152.

über einen Zeitraum von deutlich über 50 Jahren die (potentiell) langfristige Wirkung von Markenstrategien. Für die Markenbewertung können somit Prognosezeiträume von 5, 10 oder sogar mehr Jahren relevant werden (langfristiges Prognoseproblem).

Als drittes zentrales Problem ist schließlich zu berücksichtigen, dass das Wertschöpfungspotenzial einer Marke wesentlich durch markenstrategische Optionen beeinflusst wird (Kaufmann/Sattler/Völckner, 2005). Diese Optionen bestehen in erster Linie darin, dass die zu bewertende Marke in Form eines Markentransfers auf neue Produktbereiche ausgedehnt werden kann (Völckner/Sattler, 2006). Weitere markenstrategische Optionen bestehen in einer Umpositionierung der Marke, beispielsweise durch eine Etablierung neuer zentraler Imagedimensionen (z. B. Innovativität bei der Automarke Audi) oder dem Eingehen von markenbezogenen Kooperationen, z. B. in Form von Markenallianzen mit Wettbewerbern.

Der Gesamtwert einer Marke kann in die beiden Komponenten Fortführungswert (Going-Concern-Markenwert) und Wert markenstrategischer Optionen aufgeteilt werden. Für beide Komponenten sind markenspezifische Zahlungen isoliert und langfristig zu prognostizieren. Beim Going-Concern-Markenwert wird davon ausgegangen, dass die zu bewertende Marke zukünftig unter den gegenwärtigen Rahmenbedingungen (bisherige Produkte, Märkte, Positionierungen und Kooperationen) fortgeführt wird. Der Wert markenstrategischer Optionen ergibt sich aus zukünftigen Handlungsmöglichkeiten der betrachteten Marke im Hinblick auf neue Produkte, Märkte, Positionierungen oder Kooperationen.

(1) Isolierung markenspezifischer Zahlungen

Zur Lösung des **Isolierungsproblems** liegt eine Vielzahl von Vorschlägen vor. Dabei konzentrieren sich die Ansätze auf markenspezifische Einzahlungen, die auch im Folgenden im Mittelpunkt stehen sollen (zur Ermittlung markenspezifischer Auszahlungen vgl. Sattler, 2001, S. 152 ff.). Die Ansätze können nach dem Datenerhebungsverfahren in kompositionelle versus dekompositionelle Ansätze gegliedert werden. Kompositionelle Verfahren erheben einzelne Markenwertkomponenten separat, während bei dekompositionellen Verfahren eine ganzheitliche Bewertung vorgenommen wird und anschließend eine Dekomposition in Einzelgrößen erfolgt.

Nicht-monetäre, kompositionelle Verfahren erfassen den Wert einer Marke über die Messung von Markenwertindikatoren. Es wird also nicht unmittelbar eine markenspezifische Einzahlungskomponente gemessen, sondern man versucht, indirekt über die Ermittlung von Indikatoren für den Markenwert eine Lösung des Isolierungsproblems zu erreichen. Dabei wird entweder lediglich ein einzelner Indikator verwendet, z. B. Markenqualitätseinschätzung, oder es werden kombiniert mehrere Indikatoren erfasst, z. B. Mittelwert aus Markenvertrautheit und subjektiver Markeneinschätzung (Sattler, 2001, S. 156 f.). Sämtliche nicht-monetären Maße weisen den Nachteil auf, dass sie sich für eine wertorientierte Markenpolitik und die meisten praktisch relevanten Markenbewertungszwecke nicht unmittelbar einsetzen lassen. Allerdings können die Maße insofern verwendet werden, als dass sie als Basis für eine Transformation in monetäre Größen herangezogen werden. Betrachtet man unter diesem Gesichtspunkt relativ einfach zu ermittelnde Markenwertmaße wie Markenbekanntheit, -vertrautheit und -verbundenheit, so erweist sich hier eine Transformation in monetäre Werte als schwierig. Denn die Maße beschreiben Konstrukte, die relativ weit von einer – mit monetären Transaktionen verbundenen – Kaufentscheidung entfernt sind.

Dekompositionelle Verfahren nehmen zunächst eine ganzheitliche Bewertung vor, der erst nachträglich eine Zerlegung der gemessenen Größe in Einzelkomponenten folgt. Ein bedeutendes dekompositionelles Verfahren stellt die Conjoint-Analyse dar (siehe Kapitel C. 3.). Eine Transformation der hierbei ermittelten Markennutzen in monetäre Größen kann unter Anwendung bestimmter Kaufverhaltensannahmen in Kaufwahrscheinlichkeiten und dann anschließend in inkrementale Umsätze erfolgen. Gleiches gilt für den im Ansatz von Kamakura und Russell (1993) ermittelten Markennutzen. Hier wird zunächst auf Basis von Scanner-Paneldaten ganzheitlich ein Produktnutzen ermittelt, der dann in nicht-markenspezifische (objektive Produkteigenschaften, kurzfristige Werbewirkungen und Preis) und markenspezifische Nutzenkomponenten (subjektiv wahrgenommene Markeneigenschaften und eine „intangible" Komponente) zerlegt wird. Dekompositionelle Maße scheinen sich eher für eine monetäre Transformation zu eignen. So kommen François und MacLachlan (1995) bei einem umfassenden empirischen Vergleich nicht-monetärer Maße zu dem Ergebnis, dass Conjoint-Analysen die höchste Validität aufweisen (siehe jedoch einschränkend Sattler/Hensel-Börner, 2000).

Im Gegensatz zu den nicht-monetären Ansätzen verfolgen die **monetären Verfahren** unmittelbar das Ziel, die zusätzliche Zahlungsbereitschaft zu ermitteln, die Nachfrager für eine bestimmte Marke gegenüber einer unbekannten (oder nahezu unbekannten) Marke zeigen.

> Die am häufigsten eingesetzte Vorgehensweise zur Isolierung markenspezifischer Zahlungen basiert auf der Ermittlung eines Preis- und/oder Mengenpremiums.

Der Grundgedanke besteht darin, dass eine Marke, in die verschiedene Markeninvestitionen wie z. B. Werbung getätigt wurden, gegenüber einer Referenzmarke mit keinen oder minimalen Markeninvestitionen (näherungsweise eine schwach profilierte Handelsmarke oder als Extremfall ein nicht markiertes Produkt) am Markt einen höheren Preis (Preispremium) und/oder eine höhere Absatzmenge (Mengenpremium) erzielen kann. Werden unter beiden Marken die (prinzipiell) gleichen Produkte angeboten, so stellen Preis- und Mengenpremium unmittelbar ein Maß für markenspezifische Zahlungen dar. Je nach Stärke und Richtung des erzielbaren Preis- und Mengenpremiums können vier Fälle unterschieden werden (Abbildung 257).

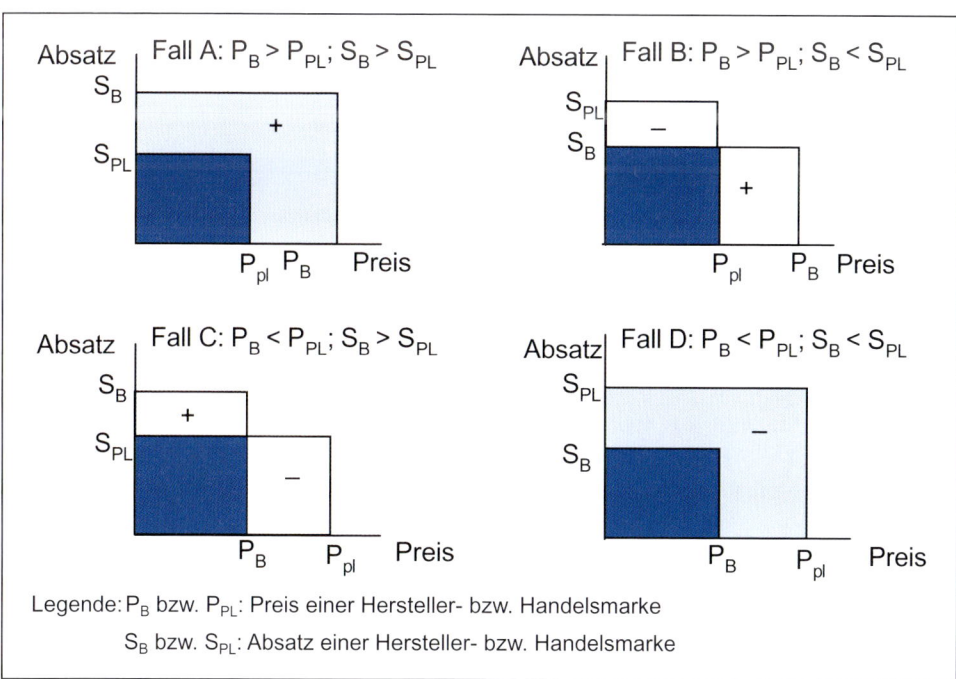

Legende: P_B bzw. P_{PL}: Preis einer Hersteller- bzw. Handelsmarke
S_B bzw. S_{PL}: Absatz einer Hersteller- bzw. Handelsmarke

Abbildung 257: Alternative Konstellationen für ein Preis- und Mengenpremium
Quelle: Ailawadi/Lehmann/Neslin, 2003.

Die Daten zur Messung des Preis- und Mengenpremiums können direkt aus unternehmensinternen Daten (z. B. Paneldaten) entnommen werden. Ein erstes Problem besteht darin, dass die betrachteten Preise und Absatzmengen starken kurzfristigen Schwankungen unterliegen können, z. B. infolge von Verkaufsförderungsmaßnahmen, insbesondere Preispromotions (Gedenk, 2002). Darüber hinaus werden keine Wettbewerber und Wettbewerbsreaktionen berücksichtigt. Auch Distributionseffekte werden vernachlässigt. Weiterhin ist unklar, inwiefern die zu bewertende Marke und die Referenzmarke (näherungsweise) identische Produkte bzw. Produkteigenschaften anbieten. Schließlich besteht nicht die Möglichkeit, eine Ursachen- und Wirkungsanalyse der Markenwertentstehung vorzunehmen.

Ein Teil der Probleme kann durch die Verwendung individueller Befragungsdaten behoben werden. Häufig wird über direkte („Self Explicated"-Modelle) oder indirekte Befragungen (Conjoint-Analysen) eine zusätzliche Zahlungsbereitschaft ermittelt, die Nachfrager für eine Marke gegenüber einer Referenzmarke (z. B. Handelsmarke) haben (Sattler, 2001). Kennt man die Nachfragemengen pro Konsument innerhalb der gegenwärtigen Periode (z. B. innerhalb des laufenden Jahres) und hat man ein für den relevanten Produktmarkt repräsentatives Sample von Konsumenten hinsichtlich der zusätzlichen Zahlungsbereitschaft befragt, so lässt sich der gegenwärtige Wert der Marke hochrechnen. Je nach erhobenen Daten lassen sich Preis- und Mengenpremium bestimmen.

(2) Prognose markenspezifischer Zahlungen

Zur Prognose markenspezifischer Zahlungen haben sich weitgehend unstrittig ertragsorientierte Verfahren durchgesetzt.

Die Grundidee besteht darin, die zukünftigen Erträge einer Marke, d. h. die markenspezifischen Einzahlungsüberschüsse, zu prognostizieren und auf den Bewertungsstichtag zu diskontieren (Castedello/Klingbeil, 2004). Die Diskontierung erfordert die Ermittlung eines Kalkulationszinssatzes. In Anlehnung an Praktiken der Unternehmensbewertung wird der Kapitalisierungszinssatz insbesondere anhand des Capital Asset Pricing Modells (CAPM) abgeleitet (Sattler, 1997; Sattler, 2005). Hierbei werden die (Prognose-)Risiken über empirisch am Kapitalmarkt beobachtete, so genannte Betafaktoren gemessen. Eine *markenspezifische* Risikoermittlung erfolgt beim Ansatz von PwC/GfK/Sattler dadurch, dass eine produktgruppenspezifisch ermittelte Bandbreite von Betafaktoren in Abhängigkeit der empirisch bestimmten Markenstärke zu einem markenspezifischen Betafaktor verdichtet wird (Sattler/Högl/Hupp, 2003).

Grundlage für die Prognose bildet typischerweise eine detaillierte Analyse von Daten aus dem Marketing und Rechnungswesen, inklusive historischer Daten und Plangrößen, wie z. B. Planbilanzen oder Geschäftspläne. Beispielsweise werden beim Modell von BBDO/ Ernst & Young auf Basis der genannten Daten vom Bewertenden Umsätze für die Planungsperiode geschätzt. Diese Umsätze werden dann gemäß eines der oben beschriebenen Isolierungsverfahren in markenspezifische Zahlungen überführt. Ergänzend zu den Einschätzungen der Bewertenden werden verschiedentlich Expertenschätzungen verwendet (z. B. bei Interbrand, 1999; Stucky, 2004), oder PwC/GfK/Sattler (Maul/Mussler/Hupp, 2004; Sattler/Högl/Hupp, 2003). Diese Einschätzungen unterliegen einem erheblichen Ermessensspielraum, wodurch die Objektivierbarkeit und Validität eingeschränkt wird.

Teilweise wird bei der Prognose auch eine einfache pauschalierte Fortschreibung von Zahlungen in die Zukunft vorgenommen. Eine häufige Annahme ist, dass sich die Überschüsse zukünftig (ggf. inflationsbereinigt) dauerhaft konstant entwickeln (Fischer, 2005). In diesem Fall lässt sich der langfristige Markenwert sehr einfach durch Division des kurzfristigen Markenwerts (z. B. isolierte markenspezifische Zahlungen des aktuellen Jahres) durch den Kalkulationszinssatz gemäß der Formel zur Berechnung einer ewigen Rente berechnen. Der Faktor (1/Kalkulationszinssatz) entspricht dann einem Brand-Earnings-Multiple. Teilweise wird direkt an diesem Multiple bei der Prognose angesetzt. So bestimmt das Verfahren „Semion Brand Evaluation" ein Multiple anhand von sechs Hauptfaktoren im Sinne von „Brand Value Drivers" (Finanzwert, Markenschutz, Markenstärke, Markenimage, Markeneinfluss, internationale Markenbedeutung), die sich aus insgesamt bis zu 94 Einzelfaktoren zusammensetzen (Kaeuffer, 2004). Aufgrund der willkürlich anmutenden Gewichtung der Faktoren ist dieser Ansatz mit erheblichen Validitätsproblemen behaftet. Anstelle der Annahme zukünftig konstanter Entwicklungen wird teilweise auch mit konstanten Wachstumsraten gearbeitet (z. B. Lou/Anson, 2000). Bei langen Prognosezeiträumen führen derartige lineare Wachstumsannahmen häufig zu eklatanten Prognosefehlern. Solche Fehler können durch explizite Prognosen vermieden werden.

(3) Bewertung markenstrategischer Optionen

Eine Bewertung von markenstrategischen Optionen wird bei den meisten bisher entwickelten Markenbewertungsverfahren nicht vorgenommen, zumeist mit dem Argument einer zu hohen Bewertungsunsicherheit (Sattler, 2005). Dabei muss berücksichtigt werden:

Ein Verzicht auf die Messung markenstrategischer Optionen entspricht einer Bewertung mit 0, was in den allermeisten Fällen, insbesondere bei Bewertungen im Rahmen von markenmotivierten Unternehmensakquisitionen, zu groben Fehleinschätzungen führt.

Die Erfassung von Wertkomponenten markenstrategischer Optionen beschränkt sich bisher fast ausschließlich auf Markentransfers. Die Bewertung erfolgt zumeist über einfache Näherungsverfahren, z. B. über ein Scoringmodell für das Markentransferpotenzial im Rahmen der Berechnung eines „Brand Future Score" beim Brand-Rating-Ansatz oder implizit im Rahmen der Messung der Markenstärke (z. B. beim Interbrand-Ansatz, Stucky, 2004). Der bisher umfassendste Versuch, markenstrategische Optionen in Form von Markentransferpotenzialen zu quantifizieren, stammt von Sattler, Högl und Hupp (2003). Bei der Bewertung wird zunächst durch ein Bewertungsteam eine Auswahl besonders erfolgversprechender Transfermärkte vorgenommen, auf welche die zu bewertende Marke zukünftig ausgedehnt werden kann. Für jeden dieser Märkte wird dann die Markentransferpotenzialstärke über einen so genannten Stretching-Score ermittelt. Dieser determiniert die Erfolgswahrscheinlichkeit zur Erreichung eines bestimmten Marktanteils auf dem Transfermarkt. Der Stretching-Score wird über ein Punktbewertungsverfahren ermittelt, in das eine Vielzahl von Erfolgsfaktoren von Markentransfers einfließt, u. a. die Ähnlichkeit zwischen Marke und neuem Transferprodukt, die Muttermarkenstärke, der Erfolg und die Breite vorangegangener Markentransfers, die Marketingunterstützung und die Handelsakzeptanz auf dem Transfermarkt. Die Wirkungsstrukturen wurden kausalanalytisch auf Basis der bislang umfangreichsten wissenschaftlichen Studie zum Erfolg von Markentransfers geschätzt (Völckner, 2003).

5.4 Markenwert gestalten

Die wesentliche Ursache dafür, dass Marken einen (finanziellen) Wert für Markenanbieter haben, liegt in der Wahrnehmung von Marken durch Nachfrager begründet. Wie bereits erläutert, bezieht sich die Wahrnehmung im Wesentlichen auf die beiden Konstrukte Markenbekanntheit und -image, die zusammen die Wissensstruktur einer Marke bilden (Kapitel E. 1. sowie Esch/Wicke, 2001; Keller, 1993, S. 2 f.). Markenbekanntheit und -image sind die Quelle für zukünftige markenspezifische Gewinne und stellen folglich zentrale Werttreiber des Markenwerts dar. Daher gilt:

> Markenwert gestalten, bedeutet die zentralen Komponenten der Wissensstruktur einer Marke wertorientiert zu gestalten.

Die Wissensstrukturen werden u. a. durch das Marketing-Mix von Markenanbietern, Erfahrungen von Konsumenten (entweder direkt oder über Dritte) oder andere Institutionen (z. B. Warentestinstitute, Medienberichte) vermittelt und unterliegen einem ständigen Wandel. Der Wandel im Zuge des Aufbaus oder der Umpositionierung von Marken ist jedoch im Hinblick auf das Markenimage ein sehr langfristiger Prozess, der sich selbst beim Einsatz erheblicher Investitionen typischerweise über Jahre hinweg vollzieht. Demgegenüber kann Markenbekanntheit bei entsprechend hohen Investitionen relativ schnell aufgebaut werden (Sattler 1997, S. 265) (siehe zur Positionierung von Marken Kapitel E. 1.; zu den verhaltenswissenschaftlichen Größen Kapitel A. 2.).

Markenbekanntheit beinhaltet die Fähigkeit potentieller Nachfrager, ein Markenzeichen zu erinnern oder wieder zu erkennen und diese Kenntnisse einer Produktkategorie zuzuordnen (Aaker, 1991, S. 61). Sofern eine Marke in mehreren Produktkategorien vertreten ist, kann sich die Zuordnung auch auf mehrere Kategorien erstrecken.

Die Intensität der Markenbekanntheit beeinflusst die Kaufentscheidung von Marken und kann damit zu einer wesentlichen Wertkomponente einer Marke werden. Die Beeinflussung der Kaufentscheidung beruht zunächst darauf, dass die Markenbekanntheit eine

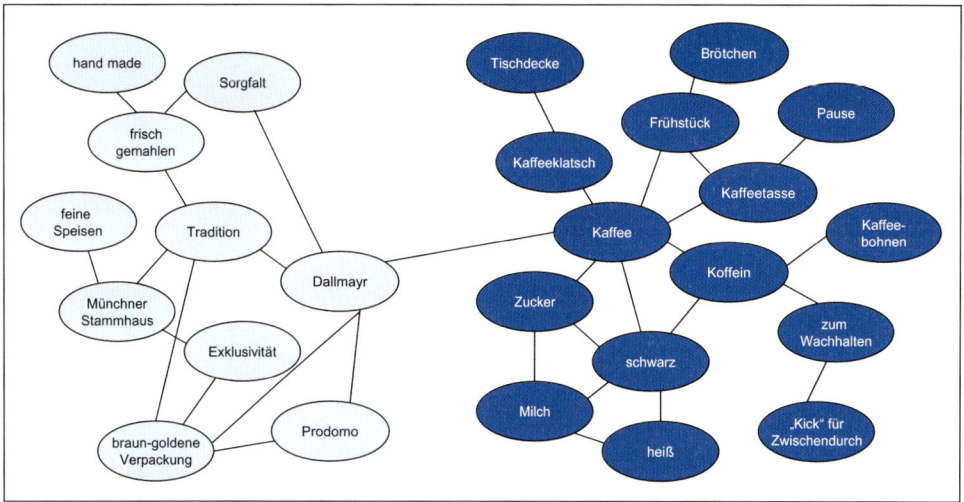

Abbildung 258: Semantisches Netzwerk am Beispiel Dalmayr Kaffee

notwendige Bedingung zum Aufbau eines Markenimage ist. Die Kommunikation spezifischer Wissensstrukturen als Bestandteil von Markenimages (z. B. über Werbung) ist üblicherweise sinnlos, solange diese Wissensstrukturen nicht einer bekannten Marke zugeordnet werden können. Das Markenzeichen dient als eine Art von Karteikarte oder File, worauf die Wissensstrukturen gespeichert werden können. In Abhängigkeit von der Intensität der Markenbekanntheit können mit der Marke verbundene Imagedimensionen mehr oder weniger leicht abgerufen werden (Keller, 2003, S. 68).

Keller (1993, S. 3), definiert **Markenimage** als Wahrnehmungen einer Marke, die in Form von Markenassoziationen im Gedächtnis von Nachfragern repräsentiert sind. Die Markenassoziationen verkörpern die neben der Markenbekanntheit eigentliche inhaltliche Wissensstruktur einer Marke aus der subjektiven Sicht von Nachfragern. Die Wissensstruktur kann z. B. in Form semantischer Netzwerke abgebildet werden. Ein entsprechendes Beispiel für Dalmayr Kaffee ist in Abbildung 258 wiedergegeben (Esch, 2005 a).

Weitere Maßnahmen zur Gestaltung von Markenwerten werden im Kapitel E. 1. behandelt.

G. Marketing im Unternehmen verankern

1. Aufbau- und Ablaufstrukturen bilden

> *„Orchester haben keinen eigenen Klang;*
> *den macht der Dirigent."*
> Herbert von Karajan

Folgt man dem Verständnis, dass das Marketing die konsequente Ausrichtung eines Unternehmens auf den Markt darstellt, wird deutlich, dass auch die organisatorische Gestaltung der Unternehmung eine wichtige Aufgabe des Marketings darstellt. Das folgende Kapitel beschäftigt sich daher mit der Frage, wie solche strukturellen Gegebenheiten in der Unternehmung geschaffen werden können. Dafür wird zunächst auf das Konzept der Aufbau- und Ablauforganisation eingegangen und dann unterschiedliche Organisationsformen mit ihren spezifischen Vorzügen und Nachteilen vorgestellt. Den Abschluss bildet eine kurze Darstellung der Schnittstellen- und Wertkettenproblematik.

Aufbau- und Ablauforganisation sind Vorstellungsmodelle darüber, wie sich die Gesamtheit einer Unternehmung strukturieren lässt. Beide Ansätze sind Sichtweisen, die dem Betrachter helfen sollen, das komplexe System Unternehmung zu analysieren, zu verstehen und zu gestalten. Dabei sind in einer existierenden Organisation immer beide Komponenten vorhanden. Das eine kann ohne das andere nicht existieren (Gaitanides, 1994, S. 4; Krüger, 1994, S. 119 f.; Schreyögg, 2003, S. 120 f.). Deshalb:

> Nutze Aufbau- und Ablauforganisation als gedankliche Werkzeuge zur Gestaltung der Organisation!

Kurz gesagt befasst sich die Aufbauorganisation mit den Strukturen, die Ablauforganisation hingegen mit den Prozessen (Schreyögg, 2003, S. 121). Unter dem Begriff „Aufbauorganisation" versteht man die Aufteilung der Unternehmung in funktionsfähige Teileinheiten (Subsystembildung) und deren Koordination (Subsystemintegration) (Krüger, 1994, S. 39). Sie betrifft somit die Regelung und Abgrenzung von Aufgaben, Kompetenzen und Unterstellungsverhältnissen. Im Mittelpunkt der Betrachtung steht dabei zumeist die Aufgabe. Die Aufgabe ist zu verstehen als dauerhaft wirksame Aufforderung, Verrichtungen an Objekten durchzuführen. Aufgaben werden in einer Aufgabenanalyse bezüglich ihrer Bedeutung beurteilt und in Teilaufgaben zerlegt.[1] Bei der anschließenden Aufgabensynthese werden die entstandenen Teilaufgaben zu zielwirksamen Strukturen zusammengesetzt. Bei aufbauorganisatorischen Fragestellungen geht es somit zumeist um eine qualitative und quantitative Zuordnung von Aufgabenträgern zu Teilaufgaben, also die personale Zuordnung. Die möglichen aufbauorganisatorischen Grundmodelle lassen sich anhand dreier Gestaltungsparameter beschreiben (Krüger, 1994, S. 95):

(1) Struktur der Weisungsbeziehungen

Man unterscheidet Einlinien- und Mehrliniensysteme.

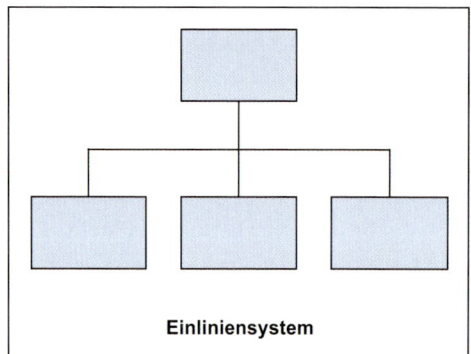
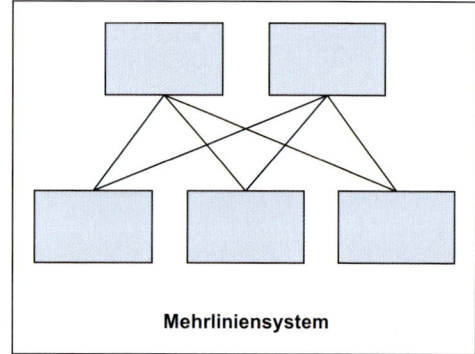

Abbildung 259: Ein- und Mehrliniensysteme
Quelle: in Anlehnung an Krüger, 1994, S. 65.

Einliniensysteme sind dadurch gekennzeichnet, dass ein Mitarbeiter jeweils nur einem Vorgesetzten unterstellt ist. Somit erhält der Mitarbeiter nur von einer Instanz Anweisungen und ist nur dieser Person Rechenschaft schuldig. Einer Instanz hingegen sind zumeist mehrere Ausführungsstellen zugeordnet (Staehle, 1999). Im Fall der Mehrliniensysteme ist eine Stelle mehr als einer Instanz unterstellt. Bei zwei berücksichtigten Dimensionen ergibt sich eine Matrix-, bei mehr als zwei Dimensionen eine Tensororganisation.

(2) Form der Aufgabenspezialisierung

Hierbei lassen sich die Aufbauorganisationen danach unterscheiden, ob der Gliederung verrichtungs- oder objektorientierte Kriterien zugrunde liegen. Einerseits kann eine Differenzierung der Aufgaben nach Funktionen (z. B. Produktion, Marketing usw.) vorgenommen werden, andererseits hinsichtlich von Objekten (z. B. Produkt A, B, C usw.). Ein praktisches Beispiel für eine Aufbauorganisation nach Objekten (Geschäftsfeldern) ist in Abbildung 260 dargestellt.

---

1 Die Aufgabenanalyse kann dabei nach fünf Dimensionen erfolgen: Verrichtungen, Objekte, Phase, Rang und Zweckbeziehung (Schreyögg, 1999, S. 114).

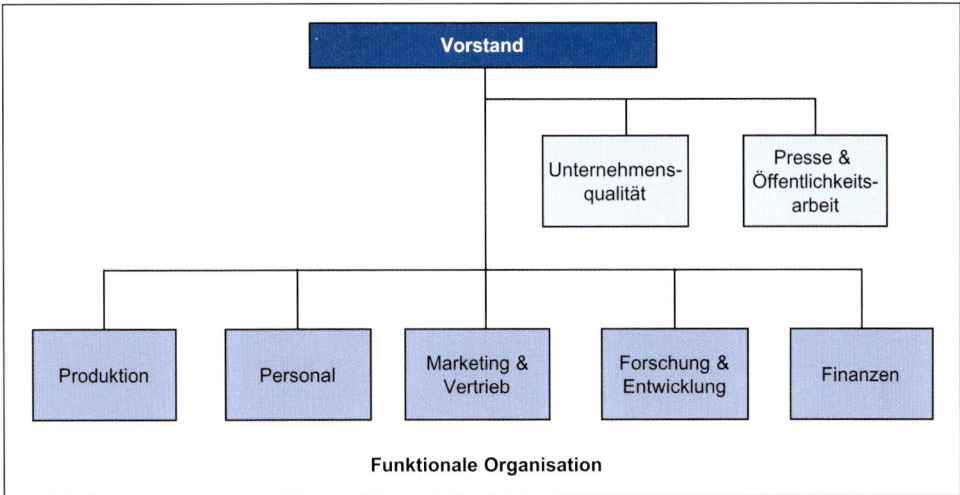

Abbildung 260: Funktionale Organisation: BMW (Stand: Februar 2004)

(3) Verteilung der Entscheidungsaufgaben

Die unterschiedlichen organisatorischen Grundtypen lassen sich danach differenzieren, ob Entscheidungsbefugnisse in der Organisation zentralisiert oder dezentral verteilt sind.

Mittels dieser drei Gestaltungsparameter lassen sich existierende Organisationsformen beschreiben. Zunächst ist eine Unterscheidung nach der Struktur der Weisungsbeziehungen vorzunehmen, also danach, ob es sich um ein Einlinien- oder ein Mehrliniensystem handelt (Krüger, 1994, S. 66; Meffert, 2000, S. 1066; Becker, 2001, S. 837 ff.). Im Falle des Einliniensystems wird nur ein Ordnungskriterium herangezogen. Entweder orientiert sich die Struktur an Verrichtungen oder an Objekten. Erfolgt die Systemstrukturierung anhand der unterschiedlichen Verrichtungen, so wird die Organisation in Zweck- oder Funktionsbereiche gegliedert. Innerhalb eines Zweck- oder Funktionsbereichs werden identische und ähnliche Verrichtungen zusammengefasst. Die Entscheidungsbefugnisse sind hier eher zentral gebündelt. Werden Objekte zur Gliederung der Organisation herangezogen, entsteht eine divisionale Organisation. Objekte können Marken, Produkte, Produktgruppen, Kunden, Kundengruppen oder Regionen sein. Die Unternehmung ist dann häufig innerhalb jeden Teilbereichs nach den einzelnen Funktionen untergliedert, wobei aber Funktionen, welche in den einzelnen Bereichen identisch oder ähnlich sind, übergreifend in der Unternehmung zusammengefasst werden können. Divisionale Organisationen erfordern zumeist eine stärkere Dezentralisierung der Entscheidungen. Im Bereich der Mehrlinienorganisationen können zwei (Matrixorganisation) oder mehr (Tensororganisation) Ordnungskriterien miteinander kombiniert werden (Becker, 2001, S. 842).

Die Ablauforganisation, als gedankliches Gegenstück zur Aufbauorganisation, ist auf die raum-zeitliche Strukturierung der zur Aufgabenerfüllung erforderlichen Arbeitsprozesse ausgerichtet. Die Gestaltung der Ablauforganisation sollte somit die Fragen Wo?, Wann?

Eindimensionale Gliederung der Organisation				Mehrdimensionale Gliederung der Organisation	
nach Funktionen (z. B. Marketing, Produktion, Personal, Forschung etc.)	nach Objekten			Matrix-organisation (zwei Dimen-sionen, z. B. Marken, Funktionen)	Tensor-organisation (mehr als zwei Dimensionen, z. B. Marken, Funktionen und Länder)
	Marke, Produkt (z. B. Marke A, Marke B etc.)	Kunde (z. B. Account A, Account B etc.)	Region (z. B. Europa, Asien, USA)		

Abbildung 261: Aufbauorganisatorische Grundmodelle
Quelle: in Anlehnung an Meffert, 2000, S. 1069.

und Wieviel? beantworten (Bleicher, 1991, S. 42). Die Ablauforganisation ist eng verknüpft mit informations- und kommunikationstechnischen Problemstellungen. Durch die geschickte Gestaltung der Ablauforganisation soll eine unnötige Unterteilung der erforderlichen Prozesse unterbunden werden (Schreyögg, 2003, S. 121 f.).

Bei der Gestaltung der Ablauforganisation sind insbesondere solche Prozesse zu berücksichtigen, die als kritisch für den Unternehmenserfolg angesehen werden können. Es existiert eine Reihe von Merkmalen, welche auf die erfolgskritische Bedeutung von Prozessen hinweisen. So sind Prozesse näher auf ihre erfolgskritische Bedeutung zu prüfen, die eine hohe Bedeutung für die Problemlösung oder Zufriedenheit von externen oder internen Kunden besitzen, zur Erlangung oder zum Halten eines Wettbewerbsvorteils unverzichtbar sind oder, die eine hohe Kostenintensität aufweisen. Des Weiteren sind die Bedeutung für die Produktqualität und die Sicherheit der Produktion, die Länge der Prozessdauer sowie die Verfügbarkeit neuer Technologien und anderer Lösungswege relevante Einflussfaktoren (Krüger, 1994, S. 121 f.). Für einen PC-Händler kann z. B. der After-Sales-Service, d. h. die Betreuung des Kunden nach dem Kauf eines PCs, ein kritischer Prozess sein, da hierbei häufig Schwierigkeiten bei der Benutzung auftreten können, die sich negativ auf die Zufriedenheit und die Problemlösung des Endkunden auswirken. Als weiteres Beispiel für einen kritischen Prozess, hier aufgrund der langen Prozessdauer, ist die Produktentwicklung im Pharmabereich zu nennen, die sich oftmals über mehrere Jahre erstreckt. Die als kritisch erkannten Prozesse sollten maßgeblich für die Gestaltung der Strukturen in der Organisation sein.

2. Aufbau- und Ablaufstrukturen evaluieren

Dieser Abschnitt soll verdeutlichen, welche Organisationsformen in der Praxis existieren und welche Vor- und Nachteile mit den einzelnen Gestaltungen verbunden sind. Die Marketingorganisation lässt sich zum einen verstehen als die Strukturierung des Funktionsbereichs Marketing und zum anderen als konsequente Ausrichtung der Unternehmung auf den Markt und die Kundenbedürfnisse. Somit ist die organisatorische Gestaltung sowohl des Marketingbereichs als auch der gesamten Unternehmung bei einer konsequenten Marketingausrichtung zu überdenken (Becker, 2001, S. 837; Kotler/Bliemel, 2001, S. 1262 ff.).

> Bei konsequenter Marketingorientierung gilt es, die Strukturierung der gesamten Unternehmung zu überdenken.

2.1 Einlinien- vs. Mehrliniensysteme

Wie oben beschrieben existieren Ein- und Mehrliniensysteme, die jeweils spezifische Vor- und Nachteile aufweisen. Einliniensysteme zeichnen sich durch klare Unterstellungsverhältnisse und somit klare Kompetenzabgrenzungen aus. Durch eindeutige Beziehungen zwischen den Instanzen und den Mitarbeitern entsteht Sicherheit. Nachteile entstehen durch die zumeist langen Instanzwege, die einzuhalten sind, die damit verbundene stärkere Belastung höherer organisationaler Ebenen sowie die mangelnde Möglichkeit, sich auf verschiedene Objekte gleichzeitig auszurichten (Krüger, 1994, S. 95 ff.).

Mit Mehrliniensystemen versucht man zumeist der großen Umweltkomplexität durch komplexe Strukturen zu begegnen. Dies scheitert in der Praxis allerdings allzu oft. Mehrliniensysteme weisen die große Gefahr auf, ineffizient zu werden. Unklare Entscheidungsbefugnisse sowie Ziel-, Verteilungs- und Kompetenzkonflikte erzeugen einen großen Koordinationsaufwand, der die theoretischen Vorteile der schnelleren und einfacheren Kommunikation, der Konzentration auf verschiedene Objekte und die geringere Belastung der höheren Instanzen zumeist aufwiegt. Zudem führen widersprüchliche Anweisungen verschiedener Vorgesetzter schnell zu Verwirrung und Frustration unter den Mitarbeitern. Aufgrund dieser gravierenden Probleme haben reine Mehrliniensysteme in der Praxis Seltenheitswert (Krüger, 1994, S. 111 ff.).

2.2 Funktionsorientierter Aufbau

In einer nach Funktionen gegliederten Organisation werden gleichartige oder ähnliche Verrichtungen zu einer organisatorischen Einheit zusammengefasst (Becker, 2001, S. 837). Diese organisatorischen Einheiten sind Funktions- oder Zweckbereiche. Beispielsweise basiert die klassische Trennung nach Beschaffung, Produktion und Absatz auf dieser Zusammenfassung von gleichartigen Verrichtungen. Auch innerhalb des Marketings ist ein funktionsorientierter Aufbau möglich und üblich. So sind z. B. die Funktionen Marktforschung, Kommunikation, Markenführung und Verkauf organisatorisch häufig voneinander getrennt.

Grund für die Trennung sowohl auf Organisations- als auch auf Marketingebene sind die dadurch erzielbaren Spezialisierungseffekte. Statt auf „Allrounder" setzt man in einer funktionalen Organisation auf „Experten". Neben der qualifizierten Aufgabenerfüllung und der Standardisierung der Abläufe in der Organisation lassen sich hierbei auch

Größenvorteile realisieren (Krüger, 1994, S. 97; Nieschlag/Dichtl/Hörschgen, 2002, S. 1220 ff.). Den Vorteilen steht allerdings eine Reihe von Nachteilen gegenüber. Diese Organisationsform erschwert flexible Reaktionen auf qualitative Umweltveränderungen. Kundenkontakt, der zur erforderlichen Marktnähe führt, ist nur in vereinzelten Bereichen, wie z. B. dem Verkauf, vorhanden. Zudem wird die Spitze durch den hohen Koordinationsaufwand und die Erfordernis zu zentralen Entscheidungen überlastet. Durch die mangelnde Ergebnisverantwortung und Marktnähe wird außerdem die Kreativität und Innovationsbereitschaft der einzelnen Individuen gehemmt. Lediglich Verfahrensinnovationen werden durch die Spezialisierung gefördert (Krüger, 1994, S. 96 ff.). Durch die mangelnde Ergebnisverantwortung kann es zusätzlich dazu kommen, dass eher unpopuläre Produkte vernachlässigt werden (Kotler/Bliemel, 2001, S. 1241).

Vorteile	Nachteile
• Spezialisierung der Teilbereiche • Zentrale Entscheidungen werden vereinfacht • Einheitlicher Auftritt durch standardisierte Strukturen und Abläufe	• relativ unflexibel • Vielzahl an Koordinationsaufgaben und Zentralisierung führen zur Überlastung der Spitze • Kreativität und Innovationsbereitschaft werden kaum gefördert

Abbildung 262: Vor- und Nachteile der funktionalen Organisation

Somit scheint die funktionale Organisation nur für Unternehmungen geeignet, die mit einer relativ undifferenzierten Produktpalette in überschaubaren Märkten agieren (Becker, 2001, S. 838). Denn lediglich bei einer Beschränkung auf wenige Produkte bleibt die funktionale Organisation überschaubar. Wichtige Aspekte des Marktes, der Kunden, der Regionen oder der Produkte bleiben weitestgehend unbeachtet (Meffert, 2000, S. 1072). Somit ergibt sich die funktionale Organisation gerade für kleine und mittelständische Unternehmungen häufig als einzig sinnvolle Alternative.

> Funktionale Organisation bietet sich nur dann an, wenn Spezialisierungseffekte wichtig sind und Kunden, Produkte und Regionen keine Differenzierung erfordern.

Ist die funktionale Gliederung der Organisation unvermeidlich, so ist die Optimierung der Schnittstellen als kritischer Faktor für den Erfolg anzusehen (Kotler/Bliemel, 2001, S. 1241 und Abschnitt 1.3). Eine Modifikation der funktionalen Organisation stellt die objektorientierte Ausgestaltung des Absatzbereiches dar, welche die Marktnähe durch die Beachtung von Marken, Produkten, Kunden, Regionen oder Projekten erhöhen soll (Becker, 2001, S. 838). Hierbei überlagern dann objektorientierte Schattenstrukturen die funktionale Organisation und bilden so eine duale Organisation. Die Verantwortung für einen Objektbereich kommt dann für eine Instanz zu der Linienaufgabe hinzu (Krüger, 1994, S. 97 f.).

2.3 Produktmanagement / Category Management

Beim Produktmanagement findet eine Aufgabenspezialisierung nach Produkten oder Marken statt. Dies bietet sich an, wenn das Unternehmen über ein sehr breites und heterogenes Produktprogramm verfügt, wie es häufig bei Konsumgüterherstellern der Fall ist (Staehle, 1999; Meffert, 2000, S. 1074). Aufgabe des Produktmanagements ist die Entwicklung, Durchführung und Kontrolle von Marketingstrategien und -plänen für einzelne Produkte oder Produktgruppen. Das Aufgabengebiet umfasst somit auch Marktanalyse und -prognose, Ziel- und Maßnahmenfestlegung und die Weiterentwicklung von Produkt und Positionierung (Becker, 2001, S. 839; Nieschlag/Dichtl/Hörschgen, 2002, S. 1224).

> Implementiere ein Produktmanagement, wenn das Unternehmen viele unterschiedliche Produkte anbietet!

Dabei lässt sich das Produktmanagement in dreierlei Weise in der Unternehmung installieren. Im ersten Fall wird die Unternehmung in einzelne Divisionen unterteilt, die entsprechend der vorhandenen Produkte gebildet werden. Jede einzelne Division ist für den Erfolg ihres Produkts verantwortlich. Diese Form ist insbesondere dann sinnvoll, wenn die Produkte nur wenige Gemeinsamkeiten besitzen, durch die sich Synergien ergeben könnten. Als zweite Möglichkeit bietet es sich an, einzelne Produktmanager als Stabstellen in einer funktionellen Organisation zu bilden. Somit existiert für jedes Produkt ein Experte, der Produktmanager, welcher sich ausschließlich um die Belange seines Produktes kümmern kann. Als gravierender Nachteil erweisen sich allerdings die mangelnden Kompetenzen, die mit einer Stabstelle einhergehen. So muss sich der Produktmanager häufig auf seine persönliche und fachliche Überzeugungskraft verlassen. Als dritte Möglichkeit kommt eine Matrixorganisation in Frage, in welcher der Produktmanager gleichberechtigt beispielsweise einem Kundenmanager, einem Funktionsleiter oder einem Regionalmanager gegenübersteht. Zu Schwierigkeiten kommt es hierbei insbesondere aufgrund des Konfliktpotentials einer Mehrlinienorganisation und der steigenden Komplexität der Organisation (Nieschlag/Dichtl/Hörschgen, 2002, S. 1224 ff.).

Vorteile	Nachteile
• Flexibilität bei Umweltveränderungen • Ergebnisverantwortung und Überschaubarkeit des eigenen Bereichs führen zu erhöhter Motivation beim Produktmanager und den Mitarbeitern • Erhöhung der Kreativität und Innovationsbereitschaft • Einsatz als Produktmanager kann als Kaderschmiede für Führungskräfte dienen	• Parallelarbeiten in den einzelnen Produktbereichen • Bereichsegoismus kann zu suboptimalen Konsequenzen für die Gesamtunternehmung führen • fehlende Bereichsspezialisierung: Möglicherweise leidet der homogene Auftritt der Unternehmung

Abbildung 263: Vor- und Nachteile der produktorientierten Marketingorganisation

Das **Category Management** ist ein recht neuer Ansatz mit dem Ziel, eine für Hersteller- und Handelsseite vorteilhafte Kooperation zu erreichen. Gemeinsam wollen der Handel und ein Hersteller die einzelnen Warengruppen (= „Categories") aus Konsumentensicht optimal dimensionieren und strukturieren (Meffert, 2000, S. 1094). Somit soll insbesondere der sachlichen Zusammengehörigkeit verschiedener Produkte Rechnung getragen und die daraus entstehenden Verbundwirkungen gesichert werden. Merkmale des Category Managements sind das kooperative Zusammenwirken von Hersteller und Handel, die generelle Marktorientierung, also die Anpassung des Sortiments an die Kundenbedürfnisse, ein funktionsübergreifendes Prozessmanagement und das Ziel, den Marktanteil, Umsatz und Deckungsbeitrag aller Warengruppen zu steigern. Zu betonen ist, dass die jeweilige Organisationseinheit direkte Gewinnverantwortung trägt (Becker, 2001, S. 840).

> Ziehe ein Category Management in Betracht, wenn die Produkte aufgrund des Verwendungszwecks gemeinsam präsentiert werden sollen und man auf gute Händler-Hersteller-Beziehungen angewiesen ist!

Für den Hersteller ist die Reduktion von Konfliktpotential mit dem Händler und die Einflussnahme auf die Präsentation der eigenen Marke und somit deren Schutz von Vorteil. Zudem erhält der Hersteller durch die Zusammenarbeit Handelsinformationen direkt von der Kundenbasis. Über das Category Management versuchen die Hersteller zudem die „Category Leadership" zu übernehmen und somit „Category Captain" zu werden. Als Category Captain kommt dem Hersteller die Aufgabe zu, den Auftritt dieser Category in dem Handelsunternehmen komplett zu gestalten. In Frage kommen für diese Aufgabe aber nur die führenden Unternehmungen der jeweiligen Category, von denen sich der Händler eine wettbewerbsübergreifende Beratung vorstellen kann. So ist z. B. Henkel Category Captain im Bereich Waschmittel bei Extra. Dem Handel kommt die erhöhte Kundenorientierung zugute und zudem verringert sich für ihn der Aufwand bei der Warenbewirtschaftung. Allerdings besteht beim Category Management die Gefahr, dass die sich widersprechenden Zielsetzungen der Partner zu opportunistischem Verhalten führen. Zudem gerät der Nutzen des Endkunden leicht aus dem Blickfeld (Kotler/Bliemel, 2001, S. 1247).

2.4 Kundenmanagement / Key-Account

Objektorientierung der Unternehmung nach dem Kriterium Kunden ist dann sinnvoll, wenn große Kundengruppen oder Einzelkunden existieren, die unterschiedliche Ansprüche an das Angebot haben und einer intensiven Betreuung bedürfen. Beispielsweise nimmt DELL eine Unterscheidung zwischen Privatkunden, Firmenkunden bis 200 Mitarbeiter und Großkunden (ab 200 Mitarbeiter) sowie öffentlichen Auftraggebern vor. Die Gliederung der Organisation nach Kunden dient somit der Ausrichtung auf die spezifischen Bedürfnisse der Kunden. Das Kundenmanagement bezieht sich allgemein auf die Fokussierung von Kundeninteressen, während sich Key-Account-Management auf besonders bedeutsame Einzelkunden bezieht. Hierbei wird dann ein Kunde (z. B. eine große Handelskette) von einem Key-Account-Manager betreut. Kontaktpartner auf Handelsunternehmensseite ist zumeist ein Einkäufer. Von Kundengruppenmanagement wird dann gesprochen, wenn sich die Unternehmung mehreren großen Kundengruppen mit jeweils relativ homogenen Bedürfnissen gegenübersieht (Becker, 2001, S. 840).

> Schaffe Kundenmanager, wenn Kunden und Kundengruppen existieren, die eine große Bedeutung für die Unternehmung besitzen und unterschiedliche Ansprüche an das Angebot stellen!

Der Kunden- oder Key-Account-Manager hat die Funktion, die Beziehungen zwischen dem eigenen Unternehmen und dem oder den Kunden zu pflegen und weiterzuentwickeln. Aufgrund seiner Position ist er in der Lage, die Wünsche und Bedürfnisse der Kunden zu erkennen und diese in die Planung einzubeziehen. Langfristiges Ziel ist dabei die Stabilisierung der Geschäftsbeziehungen. Durch den engen Kontakt mit den Kunden ist insbesondere auch eine Neuprodukteinführung im Handel erleichtert. Diese Organisationsform ermöglicht der Unternehmung somit, sehr nahe am Markt zu agieren (Nieschlag/Dichtl/Hörschgen, 2002, S. 1227).

2.5 Regionenmanagement

Die Einführung von Regionalmanagern scheint dann sinnvoll, wenn Unternehmen ihre Leistungen auf heterogenen, räumlich weit auseinander liegenden Märkten anbieten. Von Vorteil ist auch ein begrenztes Angebot, da der Regionalmanager für alle Produkte und Kunden in seiner Region gleichermaßen verantwortlich ist. Häufig findet man eine geographische Gliederung innerhalb des Verkaufs insbesondere bei international tätigen Unternehmungen (Becker, 2001, S. 841; Kotler/Bliemel, 2001, S. 1242). Einteilungen werden dann üblicherweise nach Ländern, Ländergruppen oder Kontinenten vorgenommen (Meffert, 2000, S. 1084). Aber auch nationale Untergliederungen sind möglich, so z. B. nach Bundesländern, Regierungsbezirken oder Nielsen-Gebieten (Nieschlag/Dichtl/Hörschgen, 2002, S. 1228).

> Setze Regionalmanager ein, wenn die unterschiedlichen Gebiete verschiedene Angebotsgestaltungen erfordern!

Vorteile	Nachteile
• Unterschiedliche Bedürfnisse einzelner Regionen können besser bedient werden • Regionalmanager verfügen über bessere Kenntnisse bezüglich Markt, Menschen, Kultur und Politik	• Schlechter Informationsaustausch zwischen den Regionen • Parallelarbeiten für die gleichen Produkte in verschiedenen Regionen

Abbildung 264: Vor- und Nachteile des regionenorientierten Marketings

2.6 Projektorganisation

Aufgrund der relativ geringen Flexibilität der bisher dargestellten Organisationsformen gegenüber Umweltveränderungen und der zunehmenden Komplexität des organisatorischen Umfelds besteht Bedarf an Organisationsstrukturen, mit deren Hilfe neuartige, relativ komplexe, zeitlich begrenzte Vorhaben (= Projekte) bewältigt werden können. Diesem Gedanken trägt das Projektmanagement Rechnung. Mit Hilfe des Projektmanagements können, parallel zur vorhandenen Struktur, funktions- oder abteilungsübergreifende Projekte systematisch angegangen werden. Typische Bereiche für das Projektmanagement sind Produktentwicklung, aber auch die Abwicklung kundenindividueller Aufträge, wie z. B. der Bau einer Industrieanlage (Meffert, 2000, S. 1088; Becker, 2001, S. 841).

> Projektorganisation bietet sich dann an, wenn die Unternehmung häufig komplexen, einmaligen und zeitlich befristeten Problemen gegenübersteht, welche die Zusammenarbeit unterschiedlichster Bereiche erfordert!

Dafür ist erforderlich, dass dem Projekt geeignete Mitarbeiter und die notwendigen Sachmittel für einen gewissen Zeitraum zugeteilt werden. Neben dem Einsatz vorhandener Mitarbeiter ist auch die Einbeziehung von Unternehmungsexternen in Projektteams möglich. Entscheidend hierfür sind die Faktoren Qualifikation, Zeitdruck und Kosten (Meffert, 2000, S. 1089; Becker, 2001, S. 841).

Projektarbeit lässt sich zum einen als stabartige Stelle implementieren. In diesem Fall sind die Projektmitglieder parallel zu ihrem Tagesgeschäft mit der Projektarbeit betraut. Zum anderen ist die Einrichtung eines freigestellten Projektteams möglich. Hierbei kann sich das Team mit vollem Einsatz dem Projekt widmen. Projektarbeit lässt sich zuletzt auch in Form einer Matrixorganisation verwirklichen. Hierbei ist die Organisation zusätzlich nach einem zweiten Gliederungskriterium (z. B. Funktionen oder Produkten) strukturiert (Meffert, 2000, S. 1088).

2.7 Virtuelle Marketingorganisation

Der Begriff „virtuell" bedeutet soviel wie „scheinbar" oder „als ob". Im Zusammenhang mit Organisationen wird er so verwendet, dass mehrere voneinander unabhängige Teileinheiten nach außen den Eindruck einer kompakten Gesamteinheit erwecken und deren Funktion genauso wie eine reale Einheit wahrnehmen. Eine virtuelle Unternehmung ist somit eine „Als-ob-Unternehmung". Der Anbieter wird vom Kunden als eine Einheit wahrgenommen, obwohl er aus verschiedenen unabhängigen Partnern besteht.

> Nutze die virtuelle Organisation, wenn die Unternehmung eine Geschäftsidee, aber nicht die passende Infrastruktur hat, oder wenn sich eigene Kernkompetenzen mit Kompetenzen anderer Partner zu einer überzeugenden Geschäftsidee verbinden lassen!

Virtuelle Unternehmungen sind durch folgende Merkmale geprägt: Die virtuelle Unternehmung wird durch ein **Unternehmensnetzwerk** mehrerer unabhängiger Partner gebildet. Ziel ist die **Realisierung von Wettbewerbsvorteilen** dadurch, dass die verschiedenen Unternehmungen ihre Kernkompetenzen in die Kooperation einbringen. Die unterschiedlichen Partner steuern demnach verschiedene Teile der Wertkette bei, im Idealfall solche, in denen sie wettbewerbsüberlegen sind. Des Weiteren ist die virtuelle Unternehmung durch **zeitliche Befristung** gekennzeichnet. Die Zusammenarbeit findet also nur für den Zeitraum statt, der zur Erfüllung der Marktaufgabe erforderlich ist. Dies kann aber durchaus auch langfristig der Fall sein. Wichtige Voraussetzung für die virtuelle Unternehmung ist die **informatorische Vernetzung** zwischen den Partnern. Dies ist erst aufgrund der Entwicklungen im Bereich der Informations- und Kommunikationstechnologien möglich geworden. Zudem zeichnet sich die virtuelle Unternehmung durch einen recht **geringen Grad an Institutionalisierung** aus, welcher zur hohen Flexibilität dieser Organisationsform beiträgt (Meffert, 2000, S. 1092). Reine Formen der virtuellen Organisation sind allerdings zurzeit noch eine Seltenheit. Denkbar sind sie insbesondere bei informationstechnischen Produkten (Internetplattformen, Medien-Branche), in sich schnell entwickelnden High-Tech-Branchen (Elektronik, Biotechnologie) sowie bei Produkten mit relativ kurzen Produktlebenszyklen (Spielwaren, Bekleidung).

Vorteile	Nachteile
• flexibel aufgrund kaum vorhandener vertraglicher Regelungen • Auch relativ kleine Unternehmen haben so die Möglichkeit, ihre Kernkompetenzen international zu nutzen • Durch größeres Know-how bessere Qualität und somit höhere Kundenzufriedenheit möglich	• recht hoher Koordinationsaufwand • Nützliche kulturelle Gemeinsamkeiten lassen sich nur schwer entwickeln • Aufgrund geringer vertraglicher Vereinbarung hohes Maß an Unsicherheit • Vertrauen erforderlich • Abhängigkeit von externen Unternehmen

Abbildung 265: Vor- und Nachteile der virtuellen Unternehmung

Bei einer innerbetrieblichen virtuellen Aufteilung kann man auch von einer modularen Gestaltung sprechen. Dabei beschreibt die **modulare Organisation** eine zeitliche und räumliche Entkopplung einzelner Teilprozesse in einem Unternehmen. Die Module werden für unterschiedliche Teilprozesse gebildet und stehen in lockeren Koordinationsbeziehungen zueinander. Dies soll die Komplexität reduzieren und die Kundennähe erhöhen. Modularisierung ist aber nur bei standardisierbaren und häufig durchzuführenden Aktivitäten zu empfehlen (Meffert, 2000, S. 1089 f.).

3. Prozessbezogenes Schnittstellen- und Wertkettenmanagement implementieren

Die bisher getroffenen Überlegungen zu der optimalen Gestaltung der Unternehmungsorganisation haben einen Aspekt weitestgehend unberücksichtigt gelassen. Durch die horizontale und vertikale Arbeitsteilung entstehen Schnittstellen innerhalb der Divisionen und Funktionsbereiche, zwischen diesen und auch nach außen. Da diese Schnittstellen nicht zwangsläufig reibungslos funktionieren, sondern in der Realität sogar einen sehr problematischen Bereich darstellen, erfordern sie besondere Beachtung in der Unternehmung.

Ausgangspunkt für das Schnittstellenmanagement sind somit Koordinationsprobleme, die durch die zunehmende Komplexität von Entscheidungs- und Umsetzungsprozessen in der Unternehmung entstehen. Schnittstellen können verstanden werden als „Beziehungen an der Grenze zwischen zwei ... (Sub-)Systemen" (Wermeyer, 1994, S. 7). Sie entstehen somit durch die Bildung der organisatorischen Subsysteme im Bereich der Aufbauorganisation. Durch die Trennung von unterschiedlichen Verrichtungen in einzelne Funktionsbereiche, sei es in funktionalen Organisationen oder innerhalb einzelner Divisionen, entstehen jeweils Schnittstellen bei der Bearbeitung eines Prozesses (Brockhoff, 1989, S. 1). Schnittstellen gibt es allerdings auch zwischen Divisionen oder Projekten. Aufgabe des Schnittstellenmanagement ist es, Koordinationsprobleme zwischen den organisatorischen Einheiten zu beseitigen bzw. zu vermeiden (Staehle, 1999, S. 698). Damit soll verhindert werden, dass die Schnittstellen sich negativ auf die Zielerreichung der Unternehmung auswirken. Das Schnittstellenmanagement soll dafür sorgen, dass die Entscheidungen für die Gesamtunternehmung optimal sind (Becker, 2001, S. 846). Somit gilt es, die Funktionsbereichsstrategien aufeinander abzustimmen (Brockhoff, 1989, S. 1).

> Durch das Schnittstellenmanagement findet eine Abstimmung der Teilbereiche untereinander und auf die Unternehmensziele statt!

Die konkreten Ziele des Schnittstellenmanagements können beispielsweise die Kommunikation betreffen, z. B. Schnelligkeit oder Angemessenheit des Informationsaustauschs, oder auch das Individual- oder Gruppenverhalten, wie z. B. die Konfliktvermeidung.

Schnittstellenmanagement ist nicht nur für die Gesamtorganisation ein relevantes Thema, es betrifft natürlich auch die Kontaktpunkte innerhalb der einzelnen Funktionen des Absatzes und ebenso nach außen zu anderen Funktionsbereichen. Innerhalb der Absatzfunktion ist vor allem auf eine Koordination der Bereiche Marketing und Vertrieb zu achten. Bei Schnittstellen zu anderen Funktionsbereichen sei hier insbesondere auf die Schnittstellen zu Forschung und Entwicklung sowie zur Produktion verwiesen (Brockhoff, 1989).

Ein wichtiger Ansatz zur Analyse der Schnittstellen ist die Wertschöpfungskette, kurz Wertkette genannt. Mit ihrer Hilfe lässt sich der Prozess der Wertschaffung visualisieren und analysieren. Gleichzeitig dient sie als Grundlage zur Optimierung der einzelnen Kettenglieder nach Ertrags- und Kostengesichtspunkten (Krüger, 1994, S. 123). Den Namen erhält die Wertkette dabei von dem Wert, der durch jedes der Kettenglieder geschaffen werden soll. Schnittstellen können innerhalb einzelner Wertkettenglieder, zwischen den einzelnen Gliedern der Wertkette, zu vor- und nachgelagerten Stufen sowie zur sonstigen Umwelt vorhanden sein. Insbesondere die Schnittstellen zwischen den Gliedern und zu den vor- und nachgelagerten Stufen finden bei der Wertkettenanalyse von Porter Beachtung.

> Wertketten dienen dazu, die Schnittstellen zu offenbaren, zu analysieren und zu optimieren!

Porter (2000) unterscheidet in seiner **Wertkette** primäre und unterstützende (sekundäre) Aktivitäten. Primäre Aktivitäten sind solche, die sich direkt mit der Herstellung und dem Vertrieb des Produktes oder der Leistung beschäftigen. Die unterstützenden Aktivitäten dienen dazu, den primären Aktivitäten einen reibungslosen und optimalen Ablauf zu ermöglichen (Porter, 2000, S. 70 ff.). Die hypothetische Wertkette eines PC-Herstellers könnte z. B. mit dem Bereich der Bauteilbeschaffung (Prozessoren, Mainboards, Arbeitsspeicher, Grafikkarten usw.) beginnen. Nach der Beschaffung, die in diesem Fall eine primäre Aktivität wäre, werden die Komponenten zu kompletten Rechnern montiert. Durch den Direktvertrieb, z. B. über das Internet und/oder den Vertrieb über unabhängige Händler und der damit jeweils verbundenen Logistik, gelangen die Computer zu den jeweiligen Kunden. Eine weitere primäre Aktivität ist beim PC-Hersteller dann der Kundendienst über Service-Hotlines und Vor-Ort- und Abhol-Reparaturservices. Neben diesen primären Aktivitäten finden weitere sekundäre Aktivitäten statt, welche die Werterzeugung unterstützen. Diese wären dann die Unternehmensinfrastruktur inklusive z. B. der strategischen Planung und dem Finanzbereich sowie das Personalmanagement. Der Bereich der Technologieentwicklung würde zu den unterstützenden Aktivitäten gezählt werden, wenn es dabei lediglich um die neue Zusammenstellung von Rechnersystemen ginge. Forschung und Entwicklung könnte aber, insbesondere bei einem Premiumanbieter, auch den Charakter einer primären Wertaktivität aufweisen, und zwar dann, wenn der Hersteller versucht, sich über PC-Innovationen im Markt zu positionieren. Dies wäre insbesondere möglich, wenn der PC-Hersteller zugleich auch Hersteller verschiedener Bauelemente des PCs ist. Dieses Beispiel zeigt zugleich, dass die von Porter vorgenommene Einteilung der einzelnen Aktivitäten in primäre und unterstützende nicht als Dogma zu verstehen ist, sondern einer Anpassung an die individuellen Gegebenheiten bedarf (Becker, 2001, S. 849 f.).

Die einmalig ermittelte Wertkette einer Unternehmung ist nicht unveränderlich. Sie dient vielmehr als Ausgangspunkt für Überlegungen dahin gehend, wie die optimale Wertkette auszusehen hätte. „Der Wettbewerb innerhalb von Industrien wird zum Wettbewerb auf einzelnen Schichten der Wertschöpfungskette" (Heuskel, 1999, S. 37). Überlegungen in dieser Richtung werden unter dem Begriff **„Layer Competition"** behandelt. Bei der Layer Competition wird das einzelne Wertkettenglied zum Betrachtungsgegenstand. Die ein-

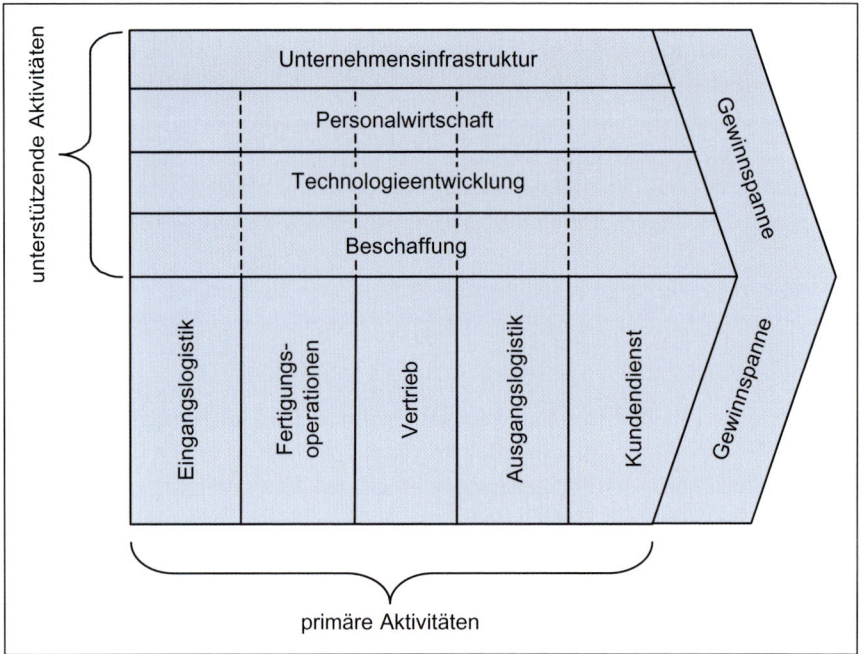

Abbildung 266: Wertkette nach Porter
Quelle: Porter, 2000, S. 66.

zelnen Elemente der Wertkette werden somit individuell marktfähig. Kombinationen vormals unzusammenhängender Glieder sind dabei genauso möglich wie der Verzicht auf einzelne Glieder und die Spezialisierung auf bestimmte Teilbereiche. So ist beispielsweise die Möglichkeit zu prüfen, ob alle Kettenglieder zwangsläufig in der eigenen Unternehmung vorhanden sein müssen, oder ob nicht einzelne Glieder auf externe Unternehmungen ausgelagert werden sollten. In dieser Make-or-Buy-Entscheidung sind die eigenen Kompetenzen eine wichtige Einflussgröße. Ist ein Wertkettenglied von essentieller Bedeutung für ein Produkt oder eine Leistung, so muss sie in der Unternehmung verbleiben. Andererseits lassen sich Wertkettenglieder an externe Unternehmungen abgeben, die für das Produkt oder die Leistung von geringerer Bedeutung sind und bei denen die eigene Unternehmung keine ausgeprägten Kompetenzen besitzt. Letztendlich ist allerdings die Wettbewerbsfähigkeit jeder Stufe entscheidend (Heuskel, 1999, S. 42).

Neben einer solchen Verkürzung der Wertkette ist natürlich auch eine Erweiterung um vor- oder nachgelagerte Wertkettenglieder möglich. Neben diesen sind auch andere Formen der Wertkettenveränderung denkbar. So kann z. B. eine Unternehmung eine Aktivität – auch eine unterstützende –, in der sie eine Kernkompetenz besitzt, diese Funktion zu einem eigenen Geschäftsfeld machen und auch extern am Markt anbieten. Aus diesen verschiedenen Möglichkeiten zur Gestaltung der Wertkette haben sich einige neue Geschäftsmodelle der Layer Competition entwickelt (Abbildung 267): Der **Schichtenspezialist** (Layer Player) konzentriert sich auf ein Wertkettenglied, in welchem er besondere

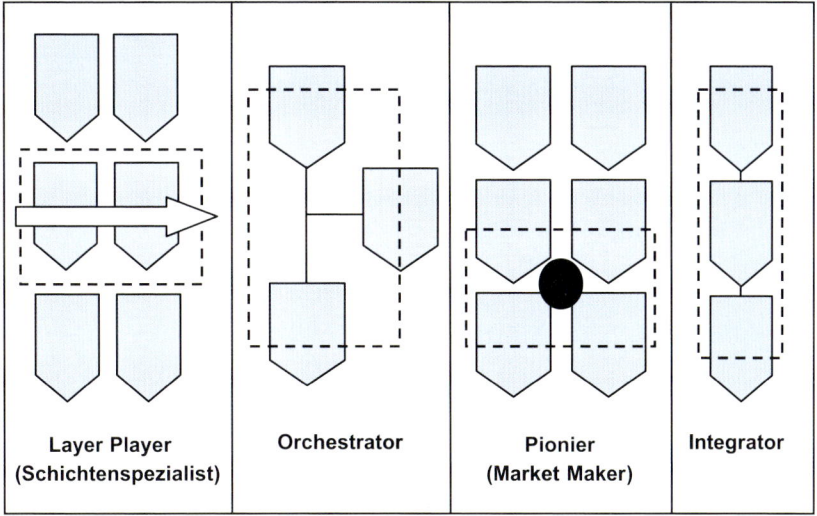

Abbildung 267: Geschäftsmodelle der Layer Competition
Quelle: in Anlehnung an Heuskel, 1999, S. 57 ff.

Kompetenzen besitzt. Durch Ausweitung dieses Kettenglieds auf andere Unternehmungen der gleichen Branche, aber auch über Branchengrenzen hinweg, versucht der Schichtenspezialist Skaleneffekte zu realisieren.[2] Beispielsweise kann versucht werden, eine Einkaufsabteilung zu einem branchenübergreifenden Einkaufsspezialisten zu transformieren.

Der **Orchestrator** hingegen legt seinen Fokus auf die Kettenglieder, in denen er seine Kompetenzen besitzt und die für die Leistungserbringung von zentraler Bedeutung sind, und lagert alle weiteren Kettenglieder aus. Der Orchestrator behält dabei aber die Steuerung des gesamten Prozesses der Leistungserstellung in seinen Händen. Die Optimierung der Koordination ist die Geschäftsbasis. Als Beispiele lassen sich die Sportartikelanbieter Nike oder Puma nennen, die sich auf Design und Vermarktung der Produkte konzentrieren und Produktion sowie Logistik an Partnerunternehmungen vergeben. Auch die Marke Joop!, bei der lediglich die Markenführung im eigenen Hause stattfindet und sämtliche Produkte über Markenlizenzierungen an Fremdunternehmen vergeben werden, lässt sich somit als Orchestrator bezeichnen (Esch, 2005 a, S. 343 f.). Der **Pionier** – auch Market Maker – genannt, kombiniert verschiedene Wertkettenglieder unabhängiger Leis-

---

2 Zu prüfende Kriterien, ob eine solche Strategie sinnvoll ist:
   – Wo sind vergleichbare Wertkettenglieder in anderen Unternehmen oder Branchen, die unterdurchschnittlich produktiv oder deren unternehmensinternes Optimierungspotential bereits ausgeschöpft ist?
   – Kann dieses Wertkettenglied aus der Unternehmung herausgelöst werden?
   – Besitzt das eigene Unternehmen Kompetenzen, um dieses Wertkettenglied als eigenes Geschäft anzubieten? (Heuskel, 1999, S. 61).

tungserstellungsprozesse zu einem neuen Geschäft. Als Beispiel wäre hier der Internet-buchhändler Amazon zu nennen, der Elemente des klassischen Buchhandels mit E-Commerce-Aspekten kombinierte und somit einen neuen Markt schuf. Der **Integrator** stellt das klassische Modell dar. Hierbei verbleibt (fast) die gesamte Wertkette innerhalb einer Unternehmung (Heuskel, 1999, S. 54 ff.).

Abschließend ist noch einmal zu betonen, dass organisatorische Fragestellungen für ein konsequentes Marketing von Bedeutung sind.

Fazit: Die Wahl einer optimalen organisationalen Struktur hängt von verschiedenen Einflussgrößen ab, insbesondere Kundenbedürfnisse, regionale Unterschiede, Produkteigenschaften sowie Kostenaspekte. Je nach Bedeutung der einzelnen Einflussgrößen für das Unternehmen sind geeignete Strukturen zu schaffen und zu pflegen, entsprechend dem Motto „structure follows strategy". Bei der strukturellen Gestaltung sind die Prozesse zu berücksichtigen, womit sich das Motto zu „structure follows process follows strategy" erweitert. Als geeignetes Instrument zur Analyse und zur Gestaltung von Prozessen hat sich die Wertkette etabliert. Dabei erhalten Schnittstellenprobleme eine immer größere Bedeutung in der Unternehmung, die es zu lösen gilt.

Literaturverzeichnis

Aaker, D. A. (1991): Managing Brand Equity: Capitalizing on the Value of a Brand Name, New York.

Aaker, D. A. (1992): Managing Brand Equity: Capitalizing on the Value of a Brand Name, New York.

Aaker, D. A. (1998): Strategic Market Management, 5. Aufl., New York.

Aalto-Setälä, V./Raijas, A. (2003): Actual Market Prices and Consumer Price Knowledge, in: Journal of Product & Brand Management, Vol. 12, pp. 180–191.

Abell, D. F. (1980): Defining the Business – the Starting Point of Strategic Planning, Englewood Cliffs.

ACTA (2004): Allensbacher Computer- und Technik-Analyse Codebuch, Allensbach am Bodensee.

Addelman, S. (1962): Orthogonal Main-Effect Plans for Asymmetrical Factorial Experiments. Technometrics, Vol. 4, pp. 21–46.

ADM Internetinformationen: http://www.adm-ev.de/, 14. Dezember 2005.

Aebi, R. (2000): Kundenorientiertes Knowledge Management, München.

Ahlert, D. (1996): Distributionspolitik – Das Management des Absatzkanals, 3. Aufl., Stuttgart u. a.

Ailawadi, K. L./Lehmann, D. R./Neslin, S. A. (2003): Revenue Premium as an Outcome Measure of Brand Equity, in: Journal of Marketing, Vol. 67, pp. 1–17.

Albers, S. (1989 a): Entscheidungshilfen für den persönlichen Verkauf, Berlin.

Albers, S. (1989 b): Ein System zur Ist-Soll-Abweichungs-Ursachenanalyse von Erlösen, in: Zeitschrift für Betriebswirtschaft, 59. Jg., S. 637–654.

Albers, S. (1998): Regeln für die Allokation eines Marketing-Budgets auf Produkte oder Marktsegmente, in: Zeitschrift für betriebswirtschaftliche Forschung, 50. Jg., S. 211–235.

Albers, S./Clement, M./Peters, K./Skiera, B. (Hg.) (2001 a): eCommerce: Einstieg, Strategie und Umsetzung im Unternehmen, Frankfurt/Main.

Albers, S./Clement, M./Peters, K./Skiera, B. (Hg.) (2001 b): Marketing mit Interaktiven Medien – Strategien zum Markterfolg, 3. Aufl., Frankfurt/Main.

Albers, S./Herrmann, A. (Hg.) (2002 a): Handbuch Produktmanagement, 2. Aufl., Wiesbaden.

Albers, S./Herrmann, A. (2002 b): Ziele, Aufgaben und Grundkonzepte des Produktmanagements, in: Albers, S./Herrmann, A. (Hg.): Handbuch Produktmanagement, 2. Aufl., Wiesbaden, S. 3–24.

Albers, S./Krafft, M. (1996): Ansätze der Neuen Institutionenlehre für die Absatzformwahl sowie die Entlohnung, in: Zeitschrift für Betriebswirtschaft, 56. Jg., S. 1381–1408.

Albers, S./Peters, K. (1997): Die Wertschöpfungskette des Handels im Zeitalter des Electronic Commerce, in: Marketing ZFP, 19. Jg., S. 69–80.

Allvine, F. C. (Hg.) (1972): Combined Proceedings, Evanston.

Ambler, T./Bhattacharya, C. B./Edell, J., Keller, K. L./Lemon, K. N./Mittal, V. (2002): Relating Brand and Customer Perspectives on Marketing Management, in: Journal of Services Research, Vol. 5, pp. 13–25.

American Marketing Association (2004): AMA Adopts New Definition of Marketing, http://www.marketingpower.com.

Anderson, J. R. (2001): Kognitive Psychologie, 3. Aufl., Heidelberg.

Ansoff, H. I. (1966): Management-Strategie, München.

Arbeitsgemeinschaft Media-Analyse e. V. (2004): MA 2004 Pressemedien II, Frankfurt/Main.

Assael, H. (1998): Consumer Behavior and Marketing Action, 6. Aufl., Boston et al.

Assmus, G./Farley, J. U./Lehmann, D. R. (1984): How Advertising Affects Sales: Meta-Analysis of Econometric Results, in: Journal of Marketing Research, Vol. 21, pp. 65–74.

Auh, S./Johnson, M. D. (1997): The complex Relationship between Customer Satisfaction and Loyalty for Automobiles, in: Johnson, M. D./Herrmann, A./Huber, F./Gustafsson, A. (Hg.): Customer Retention in the Automotive Industry, Wiesbaden, pp. 141–166.

AWA (2004): Allensbacher Markt- und Werbeträgeranalyse, online unter: http://www.awa-online.de/.

Bach, N./Buchholz, W./Eichler, B. (Hg.) (2003): Geschäftsmodelle für Wertschöpfungsketten, Festschrift für W. Krüger, Wiesbaden.

Backhaus, K. (1998): Relationship Marketing – Ein neues Paradigma im Marketing?, in: Bruhn, M./Steffenhagen, H. (Hg.): Marktorientierte Unternehmensführung. Reflexion – Denkanstöße – Perspektiven, 2. Aufl., Wiesbaden, S. 19–35.

Backhaus, K./Erichson, B./Plinke, W./Weiber, R. (2006): Multivariate Analysemethoden – Eine anwendungsorientierte Einführung, 11. Aufl., Berlin u. a.

Bagozzi, R. P./Yi, Y. (1988): On the Evaluation of Structural Equation Models, in: Journal of the Academy of Marketing Science, Vol. 16, pp. 74–94.

Bamberg, G./Coenenberg, A. G. (2004): Betriebswirtschaftliche Entscheidungslehre, München.

Bänsch, A. (1993): Charakterisierung und Arten von Sales Promotions, in: Berndt, A./Hermanns, A. (Hg.): Handbuch Marketing Kommunikation, Wiesbaden, S. 563–575.

Bartels, R. (1951): Can Marketing Be a Science?, in: Journal of Marketing, Vol. 15, pp. 319–328.

Bauer, H./Fischer, M. (2000): Die empirische Typologisierung von Produktlebenszyklen und ihre Erklärung durch die Markteintrittsreihenfolge, Zeitschrift für Betriebswirtschaft, 70. Jg., S. 937–958.

Bearden, W. O./Etzel, M. J. (1982): Reference Group Influence on Product and Brand Purchase Decisions, in: Journal of Consumer Research, Vol. 9, pp. 183–194.

Becker, G. M./DeGroot, M. H./Marschak, J. (1964): Measuring Utility by a Single-Response Sequential Method, in: Behavioral Science, Vol. 9, pp. 226–232.

Becker, J. (2001): Marketing-Konzeption, Grundlagen des strategischen und operativen Marketingmanagements, 7. Aufl., München.

Becker, J. (2005): Einzel-, Familien- und Dachmarken als grundlegende Handlungsoptionen, in: Esch, F.-R. (Hg.) (2005 d): Moderne Markenführung, 4. Aufl., Wiesbaden, S. 381–402.

Behrens, G. (1991): Konsumentenverhalten, 2. Aufl., Heidelberg.

Behrens, G. (1996): Werbung, München.

Behrens, G./Esch, F.-R./Leischner, E./Neumaier, M. (Hg.) (2001): Gabler Lexikon Werbung, Wiesbaden.

Bekmeier, S. (1989): Nonverbale Kommunikation in der Fernsehwerbung, Heidelberg.

Bekmeier, S. (1994): Emotionale Bildkommunikation mittels nonverbaler Kommunikation, Eine interdisziplinäre Betrachtung der Wirkung nonverbaler Bildreize, in: Forschungsgruppe Konsum und Verhalten (Hg.): Konsumentenforschung, München, S. 89–105.

Bekmeier-Feuerhahn, S. (1998): Marktorientierte Markenbewertung – Eine konsumenten- und unternehmensorientierte Betrachtung, Wiesbaden.

Belz, C. (Hg.) (1997): Suchfelder für innovatives Marketing – Kompetenz für Marketing-Innovationen, Schrift 1, St. Gallen.

Berekoven, L. (1978): Zum Verständnis und Selbstverständnis des Markenwesens, in: Markenartikel heute: Marke, Markt und Marketing, Wiesbaden, S. 35–48.

Berekoven, L. (1979): Die Bedeutung Wilhelm Vershofens für die Absatzwirtschaft, in: Jahrbuch der Absatz- und Verbrauchsforschung, S. 2–10.

Berekoven, L./Eckert, W./Ellenrieder, P. (2004): Marktforschung: methodische Grundlagen und praktische Anwendung, 10. Aufl., Wiesbaden.

Berlyne, D. E. (1970): Novelty, complexity, and hedonic value. in: Perception & Psychophysics, Vol. 8, pp. 279–286.

Berndt, R. (1995): Marketing, Bd. 3, 2. Aufl., Berlin u. a.

Berndt, R./Hermanns, A. (Hg.) (1993): Handbuch Marketing-Kommunikation, Wiesbaden.

Best, H./Thome, H. (Hg.) (1992): Neue Methoden der Analyse historischer Daten, St. Katharinen.

Bijmolt, T. H. A./van Heerde, H. J./Pieters, R. G. M. (2005): New Empirical Generalizations on the Determinants of Price Elasticity, in: Journal of Marketing Research, pp. 141–156.

Binder, C. U. (2005): Lizenzierung von Marken, in: Esch, F.-R. (Hg.) (2005d): Moderne Markenführung, 4. Aufl., Wiesbaden, S. 523–548.

Blackett, T./Boad, B. (Hg.) (1999a): Co-Branding – The Science of Alliance, Houndsmill et al.

Blackett, T./Russel, N. (1999b): What is Co-Branding?, in: Blackett, T./Boad, B. (Hg.) (1999a): Co-Branding – The Science of Alliance, Houndsmill et al., pp. 1–21.

Blackwell, R. D./Miniard, P. W./Engel, J. F. (2005): Consumer Behavior, 10. Aufl., Mason, Ohio.

Bleicher, K. (1991): Organisation: Strategien – Strukturen – Kulturen, 2. Aufl., Wiesbaden.

Böcker, F. (1986): Präferenzforschung als Mittel marktorientierter Unternehmensführung, in: Zeitschrift für betriebswirtschaftliche Forschung 38, S. 543–574.

Böhler, H. (2004): Marktforschung, 3. Aufl., Stuttgart.

Bortz, J. (1999): Statistik für Sozialwissenschaftler, Berlin u. a.

Bost, E. (1987): Ladenatmosphäre und Konsumverhalten, Heidelberg.

Boston Consulting Group (2004): Produktionsstandort Deutschland – quo vadis? Fertigungsverlagerungen – Warum es sie gibt, wie sie sich entwickeln werden und was wir dagegen tun können, http://www.bcg.com/publications/files/Futureworld_08Nov04.pdf.

Brauers, J./Weber, M. (1986): Szenarioanalyse als Hilfsmittel der strategischen Planung: Methodenvergleich und Darstellung einer neuen Methode, in: Zeitschrift für Betriebswirtschaft, 56. Jg., S. 631–652.

Brehm, J. W. (1966): A Theory of Psychological Reactance, New York et al.

Brockhoff, K. (1977): Prognoseverfahren für die Unternehmensplanung, Wiesbaden.

Brockhoff, K. (1989): Schnittstellen-Management – Abstimmungsprobleme zwischen Marketing und Forschung und Entwicklung, Stuttgart.

Brockhoff, K. (1992): Positionierungsmodelle, in: Diller, H. (Hg.): Vahlens Großes Marketing Lexikon, München.

Brockhoff, K. (1999): Produktpolitik, 4. Aufl., Stuttgart.

Brockhoff, K./Sattler, H. (1996): Schwartauer Werke. Markenwert und Qualitätszeichen, in: Dichtl, E./Eggers, W. (Hg.): Markterfolg mit Marken, München, S. 207–224.

Bruggemann, A. (1974): Zur Unterscheidung verschiedener Formen der Arbeitszufriedenheit, in: Arbeit und Leistung, S. 342–365.

Bruhn, M. (1999): Internes Marketing. Integration der Kunden- und Mitarbeiterorientierung. Grundlagen, Implementierung, Praxisbeispiele, 2. Aufl., Wiesbaden.

Bruhn, M. (2003a): Sponsoring. Systematische Planung und integrativer Einsatz, 4. Aufl., München.

Bruhn, M. (2003b): Kommunikationspolitik, 2. Aufl., München.

Bruhn, M. (2004a): Public Relations, in: Bruhn, M. (Hg.): Gabler Lexikon Marketing, 2. Aufl., Wiesbaden, S. 701–703.

Bruhn, M. (Hg.) (2004b): Gabler Lexikon Marketing, 2. Aufl., Wiesbaden.

Bruhn, M. (2005): Marketing für Nonprofit-Organisationen, Stuttgart.

Bruhn, M./Homburg, C. (Hg.) (2003): Handbuch Kundenbindungsmanagement, 4. Aufl., Wiesbaden.

Bruhn, M./Steffenhagen, H. (Hg.) (1998): Marktorientierte Unternehmensführung. Reflexion – Denkanstöße – Perspektiven, 2. Aufl., Wiesbaden.

Brüne, G. (1989): Meinungsführerschaft im Konsumgütermarketing, Heidelberg.

Brünne, M./Esch, F.-R./Ruge, H.-D. (1987): Berechnung der Informationsüberlastung in der Bundesrepublik Deutschland, Bericht des Instituts für Konsum- und Verhaltensforschung an der Universität des Saarlandes, Saarbrücken.

Bruner II, G. C./Hensel, P. J. (1994): Marketing Scales Handbook. A Compilation of Multi-Item Measures, Chicago.

Burmann, C. (2003): Customer Equity als Steuerungsgröße für die Unternehmensführung, in: Zeitschrift für Betriebswirtschaft, 73. Jg., S. 113–138.

Büschken, J./von Thaden, C. (2000): Clusteranalyse, in: Herrmann, A./Homburg, C. (Hg.): Marktforschung. Methoden, Anwendungen, Praxisbeispiele, 2. Aufl., Wiesbaden, S. 337–380.

Büschken, J./von Thaden, C. (2002): Produktvariation, -differenzierung und -diversifikation, in: Albers, S./Herrmann, A. (Hg.): Handbuch Produktmanagement, 2. Aufl., Wiesbaden, S. 553–574.

Buzzell, R. D./Gale, B. T. (1989): Das PIMS-Programm, Wiesbaden.

Campbell, D. T./Fiske, J. D. (1959): Convergent and Discriminant Validity by the Multitrait-Multimethod Matrix, in: Psychological Bulletins, Vol. 56, pp. 81–105.

Campbell, D. T./Stanley, C. (1966): Experimental and Quasi-Experimental Designs for Research, Chicago.

Carpenter, G. S. (1989): Perceptual Position and Competitive Brand Strategy in a Two-Dimensional, Two-Brand-Market, in: Management Science, Vol. 35, pp. 1029–1044.

Castedello, M./Klingbeil, C. (2004): KPMG-Modell: in: Verlagsgruppe Handelsblatt GmbH (Hg.): Die Tank AG, Düsseldorf, S. 147–169.

Chin, W. (1998): Issues and Opinion on Structural Equation Modelling, in: Management Information Systems Quarterly, Vol. 22, pp. 7–16.

Chintagunta, P. K. (1993): Investigating the Sensitivity of Equilibrium Profits to Advertising Dynamics and Competitive Effects, in: Management Science, Vol. 39, pp. 1146–1162.

Churchill, G. A. (1979): A Paradigm for Developing Better Measures of Marketing Constructs, in: Journal of Marketing Research, Vol. 16, pp. 64–73.

Clement, M./Peters, K./Preiß, J. F. (2001): Electronic Commerce, in: Albers, S./Clement, M./Peters, K./Skiera, B. (Hg.) (2001 b): Marketing mit Interaktiven Medien – Strategien zum Markterfolg, Frankfurt/Main, 3. Aufl., S. 56–70.

Collins, J. C./Porras, J. I. (1996): Building Your Companies Vision, in: Harvard Business Review, Vol. 74, pp. 65–77.

Cooper, L. G./Nakanishi, M. (1988): Market Share Analysis, Boston et al.

Cornelsen, J. (2000): Kundenwertanalysen im Beziehungsmarketing: Theoretische Grundlagen und Ergebnisse einer empirischen Studie im Automobilbereich, Nürnberg.

Coughlan, A. T./Anderson, E./Stern, L. W./El-Ansary, A. I. (2001): Marketing Channels, 6. Aufl., Upper Saddle River.

Court, D./Leiter, M./Loch, M. (1999): Brand Leverage, in: The McKinsey Quarterly, No. 2, pp. 100–110.

Cox, E. P. (1980): The Optimal Number of Response Alternatives of a Scale: A Review, in: Journal of Marketing Research, Vol. 17, pp. 407–422.

Cox, W. E. Jr. (1967): Product Life Cycles as Marketing Models, in: Journal of Business, Vol. 40, pp. 375–384.

Cravens, D. W./Piercy, N. F./Prentice, A. (2000): Developing Market-Driven Product Strategies, in: Journal of Product and Brand Management, Vol. 9, pp. 671–684.

Cristofolini, P. M. (1989): Verkaufsförderung als Baustein der Marketingkommunikation, in: Bruhn, M. (Hg.): Handwörterbuch des Marketing, München, S. 453–471.

Daur, B. (o. J.): Brand Communication: Die Exploration von Consumer Insights, in: Michael, B. M. (Hg.): Werkbuch M wie Marke, Modul 3.2.

Davis, S. M./Dunn, M. (2002): Building the Brand-Driven Business, San Francisco.

Day, G. S. (1984): Strategic market planning: the pursuit of competitive advantage, St. Paul.

Deutscher Franchise-Verband (2005): www.dfv-franchise.de.

Deutscher Marketing-Verband e. V. (Hg.) (2001): Mission – Evolution statt Revolution, Düsseldorf.

Dichtl, E./Eggers, W. (Hg.): Markterfolg mit Marken, München.

Dickson, P. R./Sawyer, A. G. (1990): The Price Knowledge and Search of Supermarket Shoppers, in: Journal of Marketing, Vol. 54, pp. 42–53.

Diehl, S. (2002): Erlebnisorientiertes Internetmarketing: Analyse, Konzeption und Umsetzung von Internetshops aus verhaltenswissenschaftlicher Perspektive, Wiesbaden.

Diller, H. (1984): Das Zielsystem der Verkaufsförderung, in: Wirtschaftswissenschaftliches Studium, 13. Jg., S. 494–499.

Diller, H. (1993): Key Account Management: Alter Wein in neue Schläuche?, in: Thexis, 10. Jg., S. 6–16.

Diller, H. (1995): Beziehungsmanagement, in: Tietz, B./Köhler, R./Zentes, J. (Hg.): Handwörterbuch des Marketing, 2. Aufl., Stuttgart, S. 285–300.

Diller, H. (1996): Kundenbindung als Marketingziel, in: Marketing ZFP, 18. Jg., S. 81–94.

Diller, H. (2000): Preispolitik, 3. Aufl., Stuttgart u. a.

Diller, H. (Hg.) (1992): Vahlens Großes Marketing Lexikon, München.

Diller, H./Haas, A./Ivens, B. (2005): Verkauf und Kundenmanagement, Stuttgart.

Diller, H./Herrmann, A. (Hg.) (2003): Handbuch Preispolitik, Wiesbaden.

Domizlaff, H. (1992): Die Gewinnung des öffentlichen Vertrauens: Ein Lehrbuch der Markenführung, 6. Aufl., Hamburg.

Domschke, W./Drexl, A. (1996): Logistik: Standorte, 4. Aufl., München.

Drucker, P. F. (1999): The practice of management, London.

Duncan, T. R./Everett, S. E. (1993): Client Perceptions of Integrated Marketing Communications, Journal of Advertising Research, Vol. 33, pp. 30–39.

Dwyer, F. R. (1997): Customer Lifetime Valuation to Support Marketing Decision Making, in: Journal of Direct Marketing, Vol. 11, pp. 6–13.

Eggert, A. (2003): Die zwei Perspektiven des Kundenwerts: Darstellung und Versuch einer Integration, in: Günter, B./Helm, S. (Hg.): Kundenwert: Grundlagen – Innovative Konzepte – Praktische Umsetzungen, 2. Aufl., Wiesbaden, S. 41–60.

Engel, J. F./Blackwell, R. D./Miniard, P. W. (2000): Consumer Behavior, 9. Aufl., New York et al.

Enis, B. M. (1973): Deepening the concept of marketing, in: Journal of Marketing, Vol. 37, pp. 57–62.

Epple, M./Hahn, G. (2003): Dialog im virtuellen Raum – Die Online-Focusgroup in der Praxis der Marktforschung, in: Theobald, A./Dreyer, M./Starsetzki, T. (Hg.): On-line-Marktforschung. Theoretische Grundlagen und praktische Erfahrungen, 2. Aufl., Wiesbaden, S. 297–308.

Esch, F.-R. (1992): Positionierungsstrategien – konstituierender Erfolgsfaktor für Handelsunternehmen, in: Thexis, 9. Jg., S. 9–15.

Esch, F.-R. (1998): Sozialtechnische Forschung und Entwicklung in Unternehmen, in: Kroeber-Riel, W./Behrens, G./Dombrowski, J. (Hg.): Kommunikative Beeinflussung in der Gesellschaft, Wiesbaden, S. 363–390.

Esch, F.-R. (2000): Werbewirkungsforschung, in: Herrmann, A./Homburg, C. (Hg.): Marktforschung, 2. Aufl., Wiesbaden, S. 861–910.

Esch, F.-R. (2001 a): Wirkung integrierter Kommunikation, Forschungsgruppe Konsum und Verhalten, 3. Aufl., Wiesbaden.

Esch, F.-R. (Hg.) (2001 b): Moderne Markenführung, 3. Aufl., Wiesbaden.

Esch, F.-R. (2005 a): Strategie und Technik der Markenführung, 3. Aufl., München.

Esch, F.-R. (2005 b): Markenpositionierung als Grundlage der Markenführung, in: Esch, F.-R. (Hg.) (2005 d): Moderne Markenführung, 4. Aufl., Wiesbaden, S. 131–163.

Esch, F.-R. (2005 c): Aufbau starker Marken durch integrierte Kommunikation, in: Esch, F.-R. (Hg.) (2005 d): Moderne Markenführung, 4. Aufl., Wiesbaden, S. 707–745.

Esch, F.-R. (Hg.) (2005 d): Moderne Markenführung, 4. Aufl., Wiesbaden.

Esch, F.-R./Billen, P. (1996): Förderung der Mental Convenience beim Einkauf durch Cognitive Maps und kundenorientierte Produktgruppierungen, in: Trommsdorff, V. (Hg.): Handelsforschung 1996, Jahrbuch der Forschungsstelle für den Handel Berlin (FfH) e. V., Wiesbaden, S. 317–337.

Esch, F.-R./Bräutigam, S. (2001): Analyse und Gestaltung komplexer Markenarchitekturen, in: Esch, F.-R. (Hg.) (2001 b): Moderne Markenführung, 3. Aufl., Wiesbaden, S. 711–732.

Esch, F.-R./Bräutigam, S. (2005): Analyse und Gestaltung komplexer Markenarchitekturen, in: Esch, F.-R. (Hg.) (2005 d): Moderne Markenführung, 3. Aufl., Wiesbaden, S. 839–861.

Esch, F.-R./Geus, P./Langner, T. (2002): Brand Performance Measurement zur wirksamen Markennavigation, in: Controlling, 14. Jg., S. 39–47.

Esch, F.-R./Langner, T. (2003): Markenführung in Wertschöpfungsnetzwerken, in: Bach, N./Buchholz, W./Eichler, B. (Hg.): Geschäftsmodelle für Wertschöpfungsketten, Festschrift für W. Krüger, Wiesbaden, S. 239–266.

Esch, F.-R./Möll, T. (2005): Kognitionspsychologische und neuroökonomische Zugänge zum Phänomen Marke, in: Esch, F.-R. (Hg.) (2005 d): Moderne Markenführung, 4. Aufl., Wiesbaden, S. 61–82.

Esch, F.-R./Redler, J. (2003): Markenkraft und Impuls – Den POS wirkungsvoll gestalten, in: Bruhn, M. (Hg.): Handbuch Markenartikel, Bd. 2, 2. Aufl., Wiesbaden, S. 1467–1490.

Esch, F.-R./Redler, J. (2005): Anchoringeffekte bei der Beurteilung gegenüber Markenallianzen: Die Bedeutung von Markenbekanntheit, Markenimage und Produktkategoriefit, in: Marketing ZFP, 27. Jg., S. 79–194.

Esch, F.-R./Wicke, A. (2001): Herausforderungen und Aufgaben des Markenmanagements, in: Esch, F.-R. (Hg.) (2001 b): Moderne Markenführung, 3. Aufl., Wiesbaden, S. 3–55.

Estelami, H. (1998): The Price Is Right … or is it? Demographic and category effects on consumer price knowledge, in: Journal of Product & Brand Management, 1998, Vol. 7, pp. 254–267.

Estelami, H./De Maeyer, P. (2004): Product Category Determinants of Price Knowledge for Durable Consumer Goods, in: Journal of Retailing, Vol. 80, pp. 129–137.

Farmer, R. N. (1967): Would You Want Your Daughter To Marry A Marketing-Man?, in: Journal of Marketing, Vol. 31, page 1.

Fassnacht, M. (2003): Preisdifferenzierung, in: Diller, H./Herrmann, A. (Hg.): Handbuch Preispolitik, Wiesbaden, S. 483–502.

Festinger, L. (1957): A Theory of Cognitive Dissonance, Stanford (Cal.). Deutsche Übersetzung (1978): Theorie der kognitiven Dissonanz, Bern.

Fischer, M. (2005): Markenbewertung unter den Bedingungen kapitalmarktorientierter Rechnungslegung, Manuskript, Christian-Albrechts-Universität Kiel.

Fishbein (1963): An Investigation of the Relationships between Beliefs about an Object and the Attitude toward that Object, in: Human Relations, Vol. 16, pp. 233–239.

Fornell, C./Johnson, M. D./Anderson, E. W./Cha, J./Bryant, B. E. (1996): The American Customer Satisfaction Index: Nature, Purpose and Findings, in: Journal of Marketing, Vol. 60, pp. 7–18.

Forschungsgruppe Konsum und Verhalten (Hg.) (1994): Konsumentenforschung, München.

Fournier, S./Nick, D. (1999): Rediscovering Satisfaction, in: Journal of Marketing, Vol. 63, pp. 5–23.

François, P./MacLachlan, D. L. (1995): Ecological Validation of Alternative Customer-Based Brand Strength Measures, in: International Journal of Research in Marketing, Vol. 12, pp. 321–332.

Frese, E. (Hg.) (1992): Handwörterbuch der Organisation, 3. Aufl., Stuttgart.

Freter, H./Baumgarth, C. (2005): Ingredient Branding – Begriff und theoretische Begründung, in: Esch, F.-R. (Hg.) (2005 d): Moderne Markenführung, 4. Aufl., Wiesbaden, S. 455–480.

Freter, M., (1995): Marktsegmentierung, Stuttgart.

Fritz, W. (1995): Marketing-Management und Unternehmenserfolg: Grundlagen und Ergebnisse einer empirischen Untersuchung, 2. Aufl., Stuttgart.

Fritz, W. (2004): Internet-Marketing und Electronic Commerce, 3. Aufl., Wiesbaden.

Fröhlich, W. D./Zitzlsperger, R. (Hg.) (1992): Die verstellte Welt, Beiträge zur Medienökonomie, 2. Aufl., Weinheim.

Gabor, A./Granger, C. W. J. (1966): Price as an Indicator of Quality: Report on an Enquiry, in: Economica, Vol. 33, pp. 43–70.

Gaitanides, M. (1992): Ablauforganisation, in: Frese, E. (Hg.): Handwörterbuch der Organisation, 3. Aufl., Stuttgart.

Gaul, W./Baier, D. (1994): Marktforschung und Marketing-Management: Computerbasierte Entscheidungsunterstützung, 2. Aufl., München.

Gedenk, K. (2002): Verkaufsförderung. München.

Gedenk, K./Skiera, B. (1993): Marketing-Planung auf der Basis von Reaktionsfunktionen. Elastizitäten und Absatzreaktionsfunktionen, in: Wirtschaftswissenschaftliches Studium, 22. Jg., S. 637–641.

Gedenk, K./Skiera, B. (1994): Marketingplanung auf der Basis von Reaktionsfunktionen. Funktionsschätzung und Optimierung, in: Wirtschaftswissenschaftliches Studium, 23. Jg., S. 258–262.

Gesellschaft für Konsumforschung (GfK) (2001): Die neuen „Lebenswelten" zur Segmentation von Märkten, Nürnberg.

Gierl, H. (2003): Preislagenpolitik, in: Diller, H./Herrmann, A. (Hg.): Handbuch Preispolitik, Wiesbaden, S. 115–136.

Gilbert, A. N./Crouch, M./Kemp, S. E. (1988): Olfactory and Visual mental Imagery, Journal of Mental Imagery, Vol. 22, pp. 137–146.

Gilbert, X./Strebel, P. (1987): Strategies to Outpace the Competition, in: Journal of Business Strategy, Vol. 8, pp. 28–36.

Göritz, A. S. (2003): Online-Panels, in: Theobald, A./Dreyer, M./Starsetzki, T. (Hg.): Online-Marktforschung. Theoretische Grundlagen und praktische Erfahrungen, 2. Aufl., Wiesbaden, S. 227–240.

Graumann, C. F./Willig, R. (1983): Wert, Wertung, Werthaltung, in: Thomae, H. (Hg.): Enzyklopädie der Psychologie, Themenbereich C, Serie IV, Bd. 1, Theorien und Formen der Motivation, Göttingen, S. 313–396.

Green, P. E./Tull, D. S. (1982): Methoden und Techniken der Marktforschung, Stuttgart.

Gröppel, A. (1991): Erlebnisstrategien im Einzelhandel, Heidelberg.

Grossbart, S. L./Rammohan, B. (1981): Cognitive Maps and Shopping Convenience, in: Advances in Consumer Research, Vol. 8, pp. 128–134.

Günter, B. (2003): Beschwerdemanagement als Schlüssel zur Kundenzufriedenheit, in: Homburg, C. (Hg.): Kundenzufriedenheit: Konzepte – Methoden – Erfahrungen. 5. Aufl., Wiesbaden, S. 291–312.

Günter, B./Helm, S. (Hg.) (2003): Kundenwert: Grundlagen – Innovative Konzepte – Praktische Umsetzungen, 2. Aufl., Wiesbaden.

Günther, M./Vossebein, U./Wildner, R. (1998): Marktforschung mit Panels – Arten – Erhebung – Analyse – Anwendung, Wiesbaden.

Gustafsson, A./Herrmann, A./Huber, F. (Hg.) (2003): Conjoint Measurement – Methods and Applications, 3. Aufl., Berlin et al.

Haaijer, R./Wedel, M. (2003): Conjoint Choice Experiments: General Characteristics and Alternative Model Specifications, in: Gustafsson, A./Herrmann, A./Huber, F. (Hg.): Conjoint Measurement – Methods and Applications, 3. Aufl., Berlin et al., pp. 371–412.

Hahn, D./Hungenberg, H. (2001): PuK: Planung und Kontrolle, Planungs- und Kontrollsysteme, Planungs- und Kontrollrechnung; wertorientierte Controllingkonzepte, 6. Aufl., Wiesbaden.

Hammann, P./Erichson, B. (2000): Marktforschung, 4. Aufl., Stuttgart.

Hansen, H. R. (Hg.) (1974): Computergestützte Marketingplanung, München.

Harrigan, K. R. (1989): Unternehmensstrategien für reife und rückläufige Märkte, Frankfurt/Main u. a.

Hartmann, A. (2004): Kaufentscheidungsprognose auf Basis von Befragungen, Wiesbaden.

Hartmann, A./Sattler, H. (2004): Wie robust sind Methoden zur Präferenzmessung?, in: Zeitschrift für betriebswirtschaftliche Forschung, 56. Jg., Heft 2, S. 3–22.

Hartmann, A./Sattler, H./Völckner, F. (2003): Lizenzmarketing: Gut florierendes Geschäft, Absatzwirtschaft, Nr. 3, S. 94–97.

Hebb, D. O. (1949): The Organization of Behavior, New York: Wiley.

Heinen, E. (1976): Grundlagen betriebswirtschaftlicher Entscheidungen – Das Zielsystem der Unternehmung, 3. Aufl., Wiesbaden.

Heinen, E. (1984): Betriebswirtschaftliche Führungslehre: Grundlagen – Strategien – Modelle: Ein entscheidungsorientierter Ansatz, Wiesbaden.

Helm, S./Günter, B. (2003): Kundenwert – Eine Einführung in die theoretischen und praktischen Herausforderungen der Bewertung von Kundenbeziehungen, in: Günter, B./Helm, S. (Hg.): Kundenwert: Grundlagen – Innovative Konzepte – Praktische Umsetzungen, 2. Aufl., Wiesbaden, S. 3–40.

Hermanns, A. (1997): Sponsoring: Grundlagen – Wirkungen – Management – Perspektiven, München.

Hermanns, A./Flegel, V. (Hg.) (1992): Handbuch des Electronic Marketing: Funktionen und Anwendungen der Informations- und Kommunikationstechnik im Marketing, München.

Herrmann, A. (1998): Produktmanagement, München.

Herrmann, A./Homburg, C. (2000a): Marktforschung: Ziele, Vorgehensweise und Methoden, in: Herrmann, A./Homburg, C. (Hg.) (2000b): Marktforschung. Methoden, Anwendungen, Praxisbeispiele, Wiesbaden, S. 13–32.

Herrmann, A./Homburg, C. (Hg.) (2000b): Marktforschung. Methoden, Anwendungen, Praxisbeispiele, Wiesbaden.

Herrmann, A./Homburg, C. (Hg.) (2004): Marktforschung. Methoden, Anwendungen, Praxisbeispiele, 2. Aufl., Wiesbaden.

Herrmann, A./Seilheimer, C. (2000): Varianz- und Kovarianzanalyse, in: Herrmann, A./Homburg, C. (Hg.) (2000b): Marktforschung. Methoden, Anwendungen, Praxisbeispiele, Wiesbaden, S. 265–294.

Heuskel, D. (1999): Wettbewerb jenseits von Industriegrenzen: Aufbruch zu neuen Wachstumsstrategien, Frankfurt/Main u. a.

Hildebrandt, L. (1992): Wettbewerbssituation und Unternehmenserfolg: Empirische Analysen, in: Zeitschrift für Betriebswirtschaft, 62. Jg., S. 1069–1084.

Hildebrandt, L./Homburg, C. (2001): Die Kausalanalyse, Stuttgart.

Hinterhuber, H./Matzler, K. (Hg.) (2000): Die kundenorientierte Unternehmensführung: Kundenorientierung, Kundenzufriedenheit, Kundenbindung, 2. Aufl., Wiesbaden.

Hoffman, D. L./Novak, T. P. (1996): Marketing in Hypermedia Computer-Mediated Environments: Conceptual Foundations, in: Journal of Marketing, Vol. 60, pp. 50–68.

Homburg, C. (2000): Quantitative Betriebswirtschaftslehre: Entscheidungsunterstützung durch Modelle, 3. Aufl., Wiesbaden.

Homburg, C. (Hg.) (2003): Kundenzufriedenheit: Konzepte – Methoden – Erfahrungen. 5. Aufl., Wiesbaden.

Homburg, C./Becker, A./Hentschel, F. (2003): Der Zusammenhang zwischen Kundenzufriedenheit und Kundenbindung, in: Bruhn, M./Homburg, C. (Hg.): Handbuch Kundenbindungsmanagement, 4. Aufl., Wiesbaden, S. 91–124.

Homburg, C./Bruhn, M. (1999): Kundenbindungsmanagement – Eine Einführung in die theoretischen und praktischen Grundlagen, Wiesbaden.

Homburg, C./Bruhn, M. (2003): Kundenbindungsmanagement – eine Einführung in die theoretischen und praktischen Problemstellungen, in: Bruhn, M./Homburg, C. (Hg.): Handbuch Kundenbindungsmanagement, 4. Aufl., Wiesbaden, S. 3–40.

Homburg, C./Bucerius, M. (2003): Kundenzufriedenheit als Managementherausforderung, in: Homburg, C. (Hg.): Kundenzufriedenheit: Konzepte – Methoden – Erfahrungen, 5. Aufl., Wiesbaden, S. 53–86.

Homburg, C./Daum, D. (1997): Marktorientiertes Kostenmanagement. Kosteneffizienz und Kundennähe verbinden, Frankfurt/Main.

Homburg, C./Koschate, N./Becker, A. (2005): Messung von Markenzufriedenheit und Markenloyalität, in: Esch, F.-R. (Hg.) (2005d): Moderne Markenführung, Grundlagen – Innovative Ansätze – Praktische Umsetzungen, 4. Aufl., Wiesbaden, S. 1393–1408.

Homburg, C./Krohmer, H. (2003): Marketingmanagement: Strategie – Instrumente – Umsetzung – Unternehmensführung, Wiesbaden.

Homburg, C./Pflesser; C. (2000a): Konfirmatorische Faktorenanalyse, in: Herrmann, A./Homburg, C. (Hg.) (2000b): Marktforschung. Methoden, Anwendungen, Praxisbeispiele, Wiesbaden, S. 413–437.

Homburg, C./Pflesser, C. (2000b): Strukturgleichungsmodelle mit latenten Variablen: Kausalanalyse, in: Herrmann, A./Homburg, C. (Hg.) (2000b): Marktforschung. Methoden, Anwendungen, Praxisbeispiele, Wiesbaden, S. 633–659.

Homburg, C./Stock, R. (2003): Theoretische Perspektiven zur Kundenzufriedenheit, in: Homburg, C. (Hg.): Kundenzufriedenheit: Konzepte, Methoden, Erfahrungen, 5. Aufl., Wiesbaden, S. 27–51.

Howard, J. A./Sheth, J. N. (1969): The Theory of Buyer Behavior, New York.

Hruschka, H. (1996): Marketing-Entscheidungen, München.

Huber, F./Herrmann, A./Braunstein, C. (2000): Der Zusammenhang zwischen Produktqualität, Kundenzufriedenheit und Unternehmenserfolg, in: Hinterhuber, H./Matzler, K. (Hg.): Die kundenorientierte Unternehmensführung: Kundenorientierung, Kundenzufriedenheit, Kundenbindung, 2. Aufl., Wiesbaden, S. 49–66.

Hüttner, M. (1999): Grundzüge der Marktforschung, München/Wien.

Hüttner, M./Schwarting, U. (2002): Grundzüge der Marktforschung, 7. Aufl., München.

Hyman, H. H./ Singer, E. (Hg.) (1968): Readings in Reference Group Theory and Research, New York et al.

Interbrand (1999) (Hg.): Brand Valuation, Firmenbroschüre, London.

Interbrand (2005): Interbrand's Annual Ranking of 100 of the World's Most Valuable Brands, Online im Internet: http://www.interbrand.de.

Isermann, H. (Hg.) (1998): Logistik – Gestaltung von Logistiksystemen, 2. Aufl., Landsberg/Lech.

Ittelson, W. H./Prohansky, H. M./Rivlin, L. G./Winkel, G. H. (1977): Einführung in die Umweltpsychologie, Stuttgart.

Jain, D./Singh, S. (2002): Customer Lifetime Value Research in Marketing: A Review and Future Directions, in: Journal of Interactive Marketing, Vol. 16, pp. 34–46.

Johnson, M. D./Herrmann, A./Huber, F./Gustafsson, A. (Hg.) (1997): Customer Retention in the Automotive Industry, Wiesbaden, pp. 141–166.

Kaas, K. P. (1973): Diffusion und Marketing, Stuttgart.

Kaas, K. P. (1995): Informationsökonomik, in: Tietz, B./Köhler, R./Zentes, J. (Hg.): Handwörterbuch des Marketing, 2. Aufl., Stuttgart, S. 971–978.

Kaeuffer, J. (2004): semion brand€valuation, in: Verlagsgruppe Handelsblatt GmbH (Hg.): Die Tank AG, Düsseldorf, S. 205–220.

Kapferer, J.-N. (1992), Die Marke – Kapital des Unternehmens, Landsberg/Lech.

Kapferer, J.-N. (1998): Strategic Brand Management, Creating and Sustaining Brand Equity Long Term, 2. Aufl., London.

Kaplan, R. S./Norton, D. P. (1997): Balanced Scorecard, Strategien erfolgreich umsetzen, Stuttgart.

Katz, E./Lazarsfeld, P. F. (1962): Persönlicher Einfluss und Meinungsbildung, Wien.

Katz, E./Lazarsfeld P. F. (1964): Personal Influence, New York et al.

Katz, E./Lazarsfeld, P. F. (1972): Meinungsführer beim Einkauf, in: Kroeber-Riel, W. (Hg.): Marketingtheorie: Verhaltensorientierte Erklärungen von Marktreaktionen, Köln, S. 107–121.

Katz, R. (1983): Informationsquellen der Konsumenten, Wiesbaden.

Katz, R. (1992): Wird das Fernsehen überschätzt: Konzepte der Medienwirkungsforschung, in: Fröhlich, W. D./Zitzlsperger, R. (Hg.): Die verstellte Welt, Beiträge zur Medienökonomie, 2. Aufl., Weinheim, S. 190–221.

Kaufmann, G./Sattler, H./Völckner, F. (2006a): Drivers of Reciprocal Effects of Brand Extensions, Research Papers on Marketing and Retailing, University of Hamburg.

Kaufmann, G./Sattler, H./Völckner, F. (2006b): Markenstrategische Optionen, in: Die Betriebswirtschaft (DBW-Stichwort) 66. Jg., S. 247.

Keller, K. L. (1993): Conceptualizing, Measuring and Managing Customer-Based Brand Equity, in: Journal of Marketing, Vol. 57, pp. 1–22.

Keller, K. L. (2003): Strategic Brand Management. Building, Measuring, and Managing Brand Equity, 2. Aufl., Upper Saddle River.

Kelley, H. H. (1968): Two Functions of Reference Groups, in: Hyman, H. H./Singer, E. (Hg.): Readings in Reference Group Theory and Research, New York et al., pp. 77–83.

Kepper, G. (2000): Methoden der Qualitativen Marktforschung, in: Herrmann, A./Homburg, C. (Hg.): Marktforschung. Methoden, Anwendungen, Praxisbeispiele, Wiesbaden, S. 159–202.

King, C. W./Summers, J. O. (1970): Overlap of Opinion Leadership Across consumer Product Categories, in: Journal of Marketing Research, Vol. 7, pp. 43–50.

Koeppler, K.-E. (1984): Opinion Leaders. Merkmale und Wirkung, Hamburg.

Köhler, R. (1993): Beiträge zum Marketing-Management, 3. Aufl., Stuttgart.

Köhler, R. (1998): Kundenorientiertes Rechnungswesen als Voraussetzung des Kundenbindungsmanagements, in: Bruhn, M./Homburg, C. (Hg.): Handbuch Kundenbindungsmanagement: Grundlagen – Konzepte – Erfahrungen, Wiesbaden, S. 329–359.

Koppelmann, U. (1973): Beiträge zum Produktmarketing, Herne u. a.

Koppelmann, U. (1997): Produktmarketing, 5. Aufl., Berlin.

Koppelmann, U. (2000): Produktmarketing, 6. Aufl., Berlin.

Kotler, P. (1972): A Generic Concept of Marketing, in: Journal of Marketing, Vol. 36, pp. 46–54.

Kotler, P. (1978): Marketing für Non-Profit-Organisationen, Stuttgart.

Kotler, P. (1992): Total Marketing, in: Business Week Advance Executive Brief, Vol. 2, New York.

Kotler, P./Bliemel, F. (2001): Marketing-Management: Analyse, Planung und Verwirklichung, 10. Aufl., Stuttgart.

Kotler, P./Levy, S. J. (1969): Broadening the Concept of Marketing, in: Journal of Marketing, Vol. 33, pp. 10–15.

Krafft, M. (2000): Logistische Regression, in: Herrmann, A./Homburg, C. (Hg.): Marktforschung, S. 237–264.

Krafft, M. (2002): Kundenbindung und Kundenwert, Heidelberg.

Krafft, M./Bromberger, J. (2001): Kundenwert und Kundenbindung, in: Albers, S./ Clement, M./Peters, K./Skiera, B. (Hg.): Marketing mit Interaktiven Medien, 3. Aufl., Frankfurt/Main, S. 160–174.

Kriegbaum, C. (2001): Markencontrolling: Bewertung und Steuerung von Marken als immaterielle Vermögenswerte im Rahmen eines unternehmenswertorientierten Controlling, München.

Kroeber-Riel, W. (Hg.) (1972): Marketingtheorie: Verhaltensorientierte Erklärungen von Marktreaktionen, Köln.

Kroeber-Riel, W. (1984): Zentrale Probleme auf gesättigten Märkten, in: Marketing, ZFP, 6. Jg., S. 210–214.

Kroeber-Riel, W. (1986): Nonverbal Measurement of Emotional Advertising Effects, in: Olson, J. C./Kentis, K. (Hg.): Advertising and Consumer Psychology, Vol. 2, New York, pp. 35–52.

Kroeber-Riel, W. (1993): Bildkommunikation: Imagerystrategien für die Werbung, München.

Kroeber-Riel, W./Behrens, G./Dombrowski, J. (Hg.) (1998): Kommunikative Beeinflussung in der Gesellschaft, Wiesbaden.

Kroeber-Riel, W./Esch, F.-R. (2004): Strategie und Technik der Werbung, 6. Aufl., Stuttgart.

Kroeber-Riel, W./Weinberg, P. (2003): Konsumentenverhalten, 8. Aufl., München.

Krueger, R. A./Casey, M. A. (2000): Focus Groups. A practical guide for applied research, 3. Aufl., Thousand Oaks, London et al.

Krüger, B. (2000): Starke Marken: Die Mehrmarkenstrategie des Volkswagen-Konzerns, in: Thexis, 17. Jg., S. 46–49.

Krüger, W. (1994): Organisation der Unternehmung, 3., verbesserte Aufl., Stuttgart u. a.

Kühn, R./Vifian, P. (2003): Marketing – Analyse und Strategie, 9. Aufl., Zürich.

Kuß, A./Tomczak, T. (2002): Marketingplanung, Wiesbaden.

Kutschker, M./Schmid, S. (2004): Internationales Management, 3. Aufl., München.

Lachnit, L./Lange, C./Palloks, M. (Hg.) (1988): Zukunftsfähiges Controlling: Konzeption, Umsetzungen, Praxiserfahrungen, München.

Lehmann, D. R./Gupta, S./Steckel, J.-H. (1998): Marketing Research, Reading et al.

Lehmann, D. R./Winer, R. S. (2001): Product Management, 3. Aufl., New York.

Leitherer, E. (1989): Betriebliche Marktlehre, 3. Aufl., Stuttgart.

Leitherer, E. (1993): Design, in: Wittmann, W./Kern, W./Köhler, R. (Hg.): Handwörterbuch der Betriebswirtschaft, Stuttgart, S. 753–764.

Leven, W. (1993): Werbemittel-Pretests, in: Berndt, R./Herrmanns, A. (Hg.) (1993): Handbuch Marketing Kommunikation, Wiesbaden, S. 379–392.

Levine, F. M. (Hg.) (1976): Theoretical Readings in Motivation: Perspectives on Human Behavior, Chicago.

Levitt, T. (1986): The Marketing Imagination, New York.

Lewin, K. (1963): Feldtheorie in den Sozialwissenschaften, ausgewählte theoretische Schriften, Stuttgart.

Liebmann, H.-P./Zentes, J. (2001): Handelsmanagement, München.

Lilien, G. L./Kotler, P./Moorthy, K. S. (1992): Marketing Models, Englewood Cliffs, New Jersey.

Lingenfelder, M./Thomas, U. (1987): Die Deckungsbeitragsflussrechnung als Analyseinstrument im Marketing, in: Wirtschaftswissenschaftliches Studium, 16. Jg., S. 531–536.

Link, J./Hildebrandt, V. G. (1993): Database Marketing und Computer Aided Selling: Strategische Wettbewerbsvorteile durch neue informationstechnologische Systemkonzeptionen, München.

Little, A. D. (2004): Frankfurter Allgemeine Zeitung, Nr. 192, S. 13.

Lodish, L. M. (1998): STAS and BehaviorScan – It's Just Not That Simple, in: Journal of Advertising Research, Vol. 38, pp. 54–56.

Lou, M./Anson, W. (2000): Brand Valuation. Die marktorientierte Markenbewertung, in: absatzwirtschaft, Sondernummer Oktober 2000, S. 164–168.

Lowrey, T. M./Otnes, C. C./Ruth, J. A. (2004): Social Influences on Dyadic Giving over Time: A Taxonomy from the Giver's Perspective, in: Journal of Consumer Research, Vol. 30, pp. 547–558.

MA (2004) Pressemedien II, Arbeitsgemeinschaft Media Analyse e. V.

Mackenstedt, A./Mussler, S. (2004): IFRS 3 regelt Markenbilanzierung neu, in: pwc, November, S. 22–24.

Madakom; Lebensmittel Praxis (Hg.) (2002): Innovationsreport 2002, Köln.

Magyar, K. M./Magyar, P. K. (1987): Marketingpioniere, Landsberg/Lech.

Maslow, A. M. (1975): Motivation and Personality in: Levine, F. M. (Hg.): Theoretical Readings in Motivation: Perspectives on Human Behavior, Chicago, pp. 358–379.

Maul, K.-H./Mussler, S./Hupp, O. (2004): Advanced Brand Valuation, in: Verlagsgruppe Handelsblatt GmbH (Hg.): Die Tank AG, Düsseldorf, S. 171–204.

Meffert, H. (1979): Die Beurteilung und Nutzung von Informationsquellen beim Kauf von Konsumgütern. Empirische Ergebnisse und Prüfung ausgewählter Hypothesen, in: Meffert, H./Steffenhagen, H., et al. (Hg.): Konsumentenverhalten und Information, Wiesbaden.

Meffert, H. (1992): Marketingforschung und Käuferverhalten, 2. Aufl., Wiesbaden.

Meffert, H. (1994): Marketing-Management, Analyse – Strategie – Implementierung, Wiesbaden.

Meffert, H. (2000): Marketing. Grundlagen marktorientierter Unternehmensführung. Konzepte – Instrumente – Praxisbeispiele, 9. Aufl., Wiesbaden.

Meffert, H./Burmann, C./Koers, M. (Hg.) (2005): Markenmanagement: Grundlagen der identitätsorientierten Markenführung, 2. Aufl., Wiesbaden.

Meffert, H./Kimmeskamp, G./Becker, R. (1983): Die Handelsvertretung im Meinungsbild ihrer Marktpartner, Stuttgart u. a.

Meffert, H./Kirchgeorg, M. (1998): Marktorientiertes Umweltmanagement, Stuttgart.

Meffert, H./Koers, M. (2005): Identitätsorientiertes Markencontrolling – Grundlagen und konzeptionelle Ausgestaltung, in: Meffert, H./Burmann, C./Koers, M. (Hg.): Markenmanagement: Grundlagen der identitätsorientierten Markenführung, Wiesbaden, S. 403–428.

Meffert, H./Perrey, J. (2002): Mehrmarkenstrategien – Identitätsorientierte Führung von Markenportfolios, in: Meffert, H./Burmann, C./Koers, M. (Hg.): Markenmanagement: Grundlagen der identitätsorientierten Markenführung, Wiesbaden, S. 201–232.

Meffert, H./Perrey, J. (2005): Mehrmarkenstrategien – Ansätze für das Management von Markenportfolios, in: Esch, F.-R. (Hg.) (2005b): Moderne Markenführung, 3. Aufl., Wiesbaden, S. 811–838.

Meffert, H./Steffenhagen, H., et al. (Hg.) (1979): Konsumentenverhalten und Information, Wiesbaden.

Mehrabian, A. (1987): Räume des Alltags: wie die Umwelt unser Verhalten bestimmt, gekürzte Neuausg., Frankfurt/Main u. a.

Mehrabian, A./Russell, J. A. (1974): An Approach to Environmental Psychology, Cambridge/MA.

Mei-Pochtler, A. (2002): The Boston Consulting Group: Gegen den Strom – Wertsteigerung durch antizyklischen Markenaufbau, online unter: http://www.publimedia.ch/online-mediaplanung/GegenDenStrom-Endversion.pdf, zuletzt abgerufen am 19.12.2005.

Mellerowicz, K. (1963): Markenartikel – Die ökonomischen Gesetze ihrer Preisbildung und Preisbindung, München u.a.

Meurer, J. (1997): Führung von Franchise-Systemen – Führungstypen – Einflussfaktoren – Verhaltens- und Erfolgswirkungen, Wiesbaden.

Meyer, A./Dornach, F. (1997): Das Deutsche Kundenbarometer 1997 – Qualität und Zufriedenheit, Düsseldorf u.a.

Monster (2001): Die beliebtesten Arbeitgeber in Deutschland, http://www.monster.de.

Mouven, J.C./Minor, M.S. (2001), Consumer Behavior: A Framework, Upper Saddle River, New Jersey.

Müller, R. (1995): Verpackungspolitik, in: Tietz, B./Köhler, R./Zentes, J. (Hg.): Handwörterbuch des Marketing, 2. Aufl., Stuttgart, S. 2589–2600.

Müller, W./Riesenbeck, H.J. (1991): Wie aus zufriedenen auch anhängliche Kunden werden, Harvard Business Manager, 13. Jg., S. 67–79.

Müller-Stewens, G./Lechner, C. (2003): Strategisches Management, 2. Aufl., Wiesbaden.

Nickel, O. (1997): Werbemonitoring: computergestütztes Verfahren zur Konkurrenzanalyse, Wiesbaden.

Nickel, O. (1998a): Verhaltenswissenschaftliche Grundlagen erfolgreicher Marketingevents, in: Nickel, O. (Hg.): Eventmarketing: Grundlagen und Erfolgsbeispiele, München, S. 121–149.

Nickel, O. (Hg.) (1998b): Eventmarketing: Grundlagen und Erfolgsbeispiele, München.

Niehans, J. (1956): Preistheoretischer Leitfaden für Verkehrswissenschaftler, in: Schweizerisches Archiv für Verkehrswissenschaft und Verkehrspolitik, 11. Jg., S. 293–320.

Nieschlag, R. (1954): Die Dynamik der Betriebsformen im Handel, Essen.

Nieschlag, R./Dichtl, E./Hörschgen, H. (2002): Marketing, 19. Aufl., Berlin.

Nitschke, T./Sattler, H. (2005): Präferenzstrukturen und Zahlungsbereitschaften für Online-Medieninhalte: Eine empirische Analyse am Beispiel von Online-Videoangeboten, in: Posselt, T./Schade, C. (Hg.): Quantitative Marketingforschung in Deutschland: Festschrift für Klaus Peter Kaas zum 65. Geburtstag, Berlin, S. 59–80.

o.V. (1985): AMA Board Approves New Definition of Marketing, in: Marketing News, Vol. 19, page 1.

o.V. (2004): Zahlen über den Markt für Marktforschung, ADM Arbeitskreis Deutscher Markt- und Sozialforschungsinstitute e.V., http://www.adm-ev.de/zahlen.html, abgerufen am 8.12.2005.

o.V. (o.J.): GfK BEHAVIORSCAN – Der erste experimentelle Testmarkt mit Targetable TV, GfK Marktforschung, http://www.gfk.com/index.php?lang=de&contentpath=http%3A-//www.gfk.com/produkte/statisch/services/produkt_1_1_4_501.php, abgerufen am 8.12.2005.

Olson, J.C./Kentis, K. (Hg.) (1986): Advertising and Consumer Psychology, Vol. 2, New York.

Palloks, M. (1988): Langfristige Geschäftsbeziehungen als strategischer Erfolgsfaktor, in: Lachnit, L./Lange, C./Palloks, M. (Hg.): Zukunftsfähiges Controlling: Konzeption, Umsetzungen, Praxiserfahrungen, München, S. 247–274.

Park, C. W./Jun, S. Y./Shocker, A. D. (1996): Composite Branding Alliances: An Investigation of Extension and Feedback Effects, in: Journal of Marketing Research, Vol. 33, pp. 453–466.

Percy, L./Woodside, A. G. (Hg.) (1983): Advertising and Consumer Psychology, Lexington et al.

Peter, P. J. (1979): Reliability: A Review of Psychometric Basics and Recent Marketing Practices, in: Journal of Marketing Research, Vol. 16, pp. 6–17.

Peter, S. (1997): Kundenbindung als Marketingziel, Wiesbaden.

Peters, T./Waterman, R. (1982): In Search for Excellence, New York.

Petty, R. E./Cacioppo, J. T. (1983): Central and Peripheral Routes to Persuasion: Application to Advertising, in: Percy, L./Woodside, A. G. (Hg.): Advertising and Consumer Psychology, Lexington et al., pp. 3–24.

Pfohl, H.-C. (1977): Zur Formulierung einer Lieferservicepolitik: Theoretische Aussagen zum Angebot von Sekundärdienstleistungen als absatzpolitisches Instrument, in: Zeitschrift für betriebswirtschaftliche Forschung, 29. Jg., S. 239–255.

Pfohl, H.-C. (2000): Logistiksysteme: Betriebswirtschaftliche Grundlagen, 6. Aufl., Berlin.

Pfohl, H.-C./W. Stölzle (1995): Retrodistribution, in: Tietz, B./Köhler, R./Zentes, J. (Hg.): Handwörterbuch des Marketing, 2. Aufl., Stuttgart, Sp. 2234–2247.

Pigou, A. C. (1960): The Economics of Welfare. 4. Aufl., London et al.

POPAI (1999): European Consumer Buying Habits Study – Ergebnisse und Analysen der deutschen Teilstudie, Frankfurt/Main.

Porter, M. (1984): Wettbewerbsstrategie, 2. Aufl., Frankfurt/Main.

Porter, M. (1995): Wettbewerbsstrategie, 8. Aufl., Frankfurt/Main.

Porter, M. (2000): Wettbewerbsvorteile: Spitzenleistungen erreichen und behaupten = (Competitive Advantage), 6. Aufl., Frankfurt/Main u. a.

Posselt, T. (1999): Das Design vertraglicher Vertriebsbeziehungen am Beispiel Franchising, in: Zeitschrift für Betriebswirtschaft, 69. Jg., S. 347–375.

Posselt, T. (2001): Die Gestaltung von Distributionssystemen: eine institutionenökonomische Untersuchung mit einer Fallstudie aus der Mineralölwirtschaft, Stuttgart.

Posselt, T./Schade, C. (Hg.) (2005): Quantitative Marketingforschung in Deutschland: Festschrift für Klaus Peter Kaas zum 65. Geburtstag, Berlin.

Priemer, V. (2003): Preisbündelung, in: Diller, H./Herrmann, A. (Hg.): Handbuch Preispolitik, Wiesbaden, S. 503–519.

Raffée, H. (1979): Marketing und Umwelt, Stuttgart.

Rasmussen, A. (1952): „The Determination of Advertising Expenditure", in: Journal of Marketing, Vol. 16, pp. 439–446.

Reader's Digest (1996): Der Marketing 3 Klang. Das Beste Typologie SöMaS auf Basis der AWA 96, 2. Aufl., Düsseldorf.

Reichheld, F. F. (1996): The Loyalty Effect, Boston.

Reichheld, F. F./Sasser, W. E. (1990): Zero-Defections: Quality comes to Services, in: Harvard Business Review, Vol. 86, pp. 105–111.

Reichheld, F. F./Sasser, W. E. (1991): Zero-Migration, Dienstleister im Sog der Qualitätsrevolution, in: Harvard Business Manager Vol. 13, S. 108–116.

Reichheld, F. F./Sasser, W. E. (1999): Zero-Migration, Dienstleister im Sog der Qualitätsrevolution, in: Bruhn, M./Homburg, C. (Hg.): Handbuch Kundenbindungsmanagement, 2. Aufl., Wiesbaden, S. 135–149.

Reichmann, T. (1997): Controlling mit Kennzahlen und Managementberichten, 5. Aufl., München.

Repenn, W. (1994): Pfändung und Verwertung von Warenzeichen, in: Neue Juristische Wochenschrift, 47. Jg., S. 175–176.

Reynolds, T. J./Gutman, J. (1988): Laddering Theory, Methods, Analysis, and Interpretation, in: Journal of Advertising Research, Vol. 28, pp. 11–31.

Rohnke, C. (1992): Bewertung von Warenzeichen beim Unternehmenskauf, in: Der Betrieb, 45. Jg., S. 1941–1945.

Rosenau, M. D./Griffin, A./ Castellio, G. A./Anschuetz, N. F. (1996): The Handbook of New Product Development, New York.

Rudolf-Sipötz, E. (2001): Kundenwert: Konzeption – Determinanten – Management, St. Gallen.

Ruge, H.-D. (1988): Die Messung bildhafter Konsumerlebnisse, Heidelberg.

Russell, J. A./Ward, L. M. (1982): Environmental Psychology, in: Annual Review of Psychology, Vol. 33, pp. 651–688.

S + P (2004): Daten der A. C. Nielsen Werbeforschung S & P GmbH, Hamburg.

Sattler, H. (1995): Markenbewertung, in: Zeitschrift für Betriebswirtschaft, 65. Jg., S. 663–682.

Sattler, H. (1997): Monetäre Bewertung von Markenstrategien für neue Produkte, Stuttgart.

Sattler, H. (2001): Markenpolitik, Stuttgart u. a.

Sattler, H. (2005): Markenbewertung: State-of-the-Art, in: Zeitschrift für Betriebswirtschaft, Special Issue 2, S. 33–57.

Sattler, H. (2006): Methoden zur Messung von Präferenzen für Innovationen, erscheint in: Zeitschrift für betriebswirtschaftliche Forschung.

Sattler, H./Gedenk, K./Hensel-Börner, S. (2002): Bandbreiten-Effekte bei multiattributiven Entscheidungen: Ein empirischer Vergleich von alternativen Verfahren zur Bestimmung von Eigenschaftsgewichten, in: Zeitschrift für Betriebswirtschaft, 72. Jg., S. 953–977.

Sattler, H./Hensel-Börner, S. (2000): A Comparison of Conjoint Measurement with Self-Explicated Approaches, in: Gustafsson, A./Herrmann, A./Huber, F. (Hg.): Conjoint Measurement: Methods and Applications, Berlin et al., pp. 121–133.

Sattler, H./Högl, S./Hupp, O. (2003): Evaluation of the Financial Value of Brands, in: Excellence in International Research (Hg.): ESOMAR – The World Association of Research Professionals, Vol. 4, pp. 75–96.

Sattler, H./Nitschke, T. (2003): Ein empirischer Vergleich von Instrumenten zur Erhebung von Zahlungsbereitschaften, in: Zeitschrift für betriebswirtschaftliche Forschung, 55. Jg., S. 364–381.

Sattler, H./PriceWaterhouseCoopers (1999): Praxis von Markenbewertung und Markenmanagement in Deutschen Unternehmen, Industriestudie, PriceWaterhouse Coopers (Hg.), Frankfurt/Main.

Sattler, H./PriceWaterhouseCoopers (2001): Praxis von Markenbewertung und Markenmanagement in deutschen Unternehmen, 2. Aufl., Frankfurt/Main.

Sattler, H./Rao, V. R. (1997): Die Validität eines Ansatzes zur Separierung der Allokations- und Informationsfunktion des Preises, in: Zeitschrift für Betriebswirtschaft, 67. Jg., S. 1285–1307.

Sattler, H./Schirm, K. (1999): Der Einfluss von Marken auf die Glaubwürdigkeit von Produktvorankündigungen. Ein internationaler empirischer Vergleich, in: Zeitschrift für Betriebswirtschaft, 69. Jg., S. 63–87.

Schäfer, E. (1950): Die Aufgabe der Absatzwirtschaft, Köln.

Schäfers, B. (2004): Preisgebote im Internet: Neue Ansätze zur Messung individueller Zahlungsbereitschaften, Wiesbaden.

Schenk, M. (2002): Medienwirkungsforschung, 2. Aufl., Tübingen.

Schiffman, L. G./Kanuk, L. L. (2004): Consumer behavior, 8. Aufl., Upper Saddle River, NJ.

Schimansky, A. (Hg.) (2004): Der Wert der Marke, München.

Schmalen, H. (1988): Das Dorfman-Steiner-Theorem, in: Wirtschaftswissenschaftliches Studium, Heft 7, S. 369–371.

Schmalen, H. (1992): Kommunikationspolitik: Werbeplanung, 2. Aufl., Stuttgart.

Schmalen, H. (1993): Mediaselektion, in: Berndt, R./Hermanns, A. (Hg.): Handbuch: Marketing Kommunikation, Wiesbaden, S. 463–476.

Schmittlein, D. C./Cooper, L. G./Morrison, D. G. (1993): Truth in Concentration in the Land of (80/20) Laws, in: Marketing Science, Vol. 12, pp. 167–183.

Schmittlein, D. C./Morrison, D. G./Colombo, R. (1987): Counting your Customers: Who are they and What will they Do Next?, in: Management Science, Vol. 33, pp. 1–24.

Schneider, H. (1999): Preisbeurteilung als Determinante der Verkehrsmittelwahl, Wiesbaden.

Schnell, R. (1991): Realisierung von Missing-Data-Ersetzungstechniken innerhalb statistischer Programmpakete und ihre Leistungsfähigkeit, in: Best, H. (Hg.): Neue Methoden der Analyse historischer Daten, St. Katharinen, S. 105–131.

Schoemaker, P. (1995): Scenario Planning: A Tool for Strategic Thinking, Sloan Management Review, Vol. 36, pp. 25–40.

Schögel, M. (1997): Mehrkanalsysteme in der Distribution, St. Gallen.

Schreyögg, G. (1999): Organisation: Grundlagen moderner Organisationsgestaltung, 3. Aufl., Wiesbaden.

Schreyögg, G. (2003): Organisation: Grundlagen moderner Organisationsgestaltung, 6. Aufl., Wiesbaden.

Schulte, C. (1999): Logistik: Wege zur Optimierung des Material- und Informationsflusses, 3. Aufl., München.

Schulte, C./Schulte, K. (1992): Entwicklungstendenzen in der Distributionslogistik, in: Zeitschrift für betriebswirtschaftliche Forschung, 11. Jg., S. 1023–1045.

Schweiger, G./Schrattenecker, G. (2001): Werbung, 5. Aufl., Stuttgart.

Sebastian, K.-H./Maessen, A. (2003): Optionen im strategischen Preismanagement, in: Diller, H./Herrmann, A. (Hg.): Handbuch Preispolitik, Wiesbaden, S. 47–68.

Seifert, D. (2002a): Efficient Consumer Response als Ausgangspunkt von CPFR, in: Seifert, D. (Hg.): Collaborative Planning, Forecasting and Replenishment: Ein neues Konzept für state-of-the-art Supply Chain Management, München, S. 27–53.

Seifert, D. (Hg.) (2002b): Collaborative Planning, Forecasting and Replenishment: Ein neues Konzept für state-of-the-art Supply Chain Management, München.

Shapiro, C./Varian, H. H. (1998): Information Rules, Boston.

Shocker, A. D./Srivastava, R. K./Ruekert, R. W. (1994): Challenges and Opportunities Facing Brand Management: An Introduction to the Special Issue, Journal of Marketing Research, Vol. 31, pp. 149–158.

Simon, H. (1982): ADPLUS: An Advertising Model with Wearout and Pulsation, in: Journal of Marketing Research, Vol. 19, pp. 352–363.

Simon, H. (1992a): Marketing-Mix-Interaktion: Theorie, empirische Befunde, strategische Implikationen, in: Zeitschrift für betriebswirtschaftliche Forschung, 44. Jg., S. 87–110.

Simon, H. (1992b): Preismanagement – Analyse, Strategie, Umsetzung, 2. Aufl., Wiesbaden.

Simon, H./Möhrle, M. (1993), Werbebudgetierung, in: Berndt, R./Hermanns, A. (Hg.): Handbuch Marketing-Kommunikation, Wiesbaden, S. 301–317.

Skiera, B. (1997): Das Prinzip des flachen Maximums, in: Die Betriebswirtschaft, 57. Jg., S. 864–867.

Skiera, B. (1999): Mengenbezogene Preisdifferenzierung bei Dienstleistungen, Wiesbaden.

Skiera, B./Albers, S. (2000): Regressionsanalyse, in: Herrmann, A./Homburg, C. (Hg.): Marktforschung, S. 203–236.

Skiera, B./Revenstorff, I. (1999): Auktionen als Instrument zur Erhebung von Zahlungsbereitschaften, in: ZfbF, 51. Jg., S. 224–242.

Slywotzky, A./Shapiro, B. (1994): Neues Marketingdenken: der loyale Kunde zählt, nicht die schnelle Mark, in: Harvard Business Manager, 16. Jg., S. 84–94.

Solomon, M. R. (2001): Consumer Behavior: Buying, Having and Being, 5. Aufl., Upper Saddle River, New Jersey.

Solomon, M./Bamossy, G./Askegaard, S. (2001): Konsumentenverhalten. Der europäische Markt, München.

Solso, R. L. (2005): Kognitive Psychologie, Berlin.

Sommer, R./Aitkens, S. (1982): Mental Mapping of Two Supermarkets, in: Journal of Consumer Research, Vol. 9, S. 211–216.

Specht, G./Fritz, W. (2005): Distributionsmanagement, 4. Aufl., Stuttgart.

Srinivasan, V. (1988): A Conjunctive-Compensatory Approach to the Self-Explication of Multiattributed Preferences, in: Decision Sciences, Vol. 19, pp. 295–305.

Srivastava, R. K./Shervani, T. A./Fahey, L. (1998): Market-Based Assets and Shareholder Value: A Framework for Analysis, in: Journal of Marketing, Vol. 62, S. 2–18.

Stadtler, H. (1998): Gestaltung von Lagersystemen, in: Isermann, H. (Hg.): Logistik – Gestaltung von Logistiksystemen, 2. Aufl., Landsberg/Lech, S. 223–236.

Staehle, W. (1999): Management – eine verhaltenswissenschaftliche Perspektive, 8. Aufl., München.

Stauss, B. (1999): Kundenzufriedenheit, in: Marketing ZFP, 21. Jg., S. 5–24.

Stauss, B./Neuhaus, P. (1995): Das qualitative Zufriedenheitsmodell, Arbeitspapier, Universität Eichstätt, Ingolstadt.

Stauss, B./Seidel, W. (2002): Beschwerdemanagement, 3. Aufl., München u. a.

Steffenhagen, H. (1974): Modelle zur Außendienstpolitik, in: Hansen, H. R. (Hg.): Computergestützte Marketingplanung, München, S. 295–321.

Steffenhagen, H. (2004): Marketing. Eine Einführung, 5. Aufl., Stuttgart u. a.

Stippel, P. (2005): Die Marketing WM, in: Absatzwirtschaft, Nr. 7, S. 12–17.

Stucky, N. (2004): Monetäre Markenbewertung nach dem Interbrand-Ansatz, in: Schimansky, A. (Hg.): Der Wert der Marke, München, S. 430–459.

Szeliga, M. (1995): Push und Pull in der Markenpolitik. Ein Beitrag zur modellgestützten Marketingplanung am Beispiel des Reifenmarktes, Frankfurt/Main.

Tauber, E.-M. (1988): Brand Leverage: Strategy for Growth in a Cost Control World, in: Journal of Advertising Research, Vol. 28, pp. 26–30.

Tellis, G. J. (1988): The Price Elasticity of Selective Demand: A Meta-Analysis of Econometric Models of Sales, in: Journal of Marketing Research, Vol. 25, pp. 331–341.

Theobald, A./Dreyer, M./Starsetzki, T. (Hg.) (2003): Online-Marktforschung. Theoretische Grundlagen und praktische Erfahrungen, 2. Aufl., Wiesbaden.

Thomae, H. (Hg.) (1983): Enzyklopädie der Psychologie, Themenbereich C, Serie IV, Bd. 1, Theorien und Formen der Motivation, Göttingen.

Tietz, B. (1991): Handbuch Franchising: Zukunftsstrategien für die Marktbearbeitung, 2. Aufl., Landsberg/Lech.

Tietz, B. (1993): Der Handelsbetrieb, 2. Aufl., München.

Tietz, B./Köhler, R./Zentes, J. (Hg.) (1995): Handwörterbuch des Marketing, 2. Aufl., Stuttgart.

Tomczak, T./Esch, F.-R./Roosdorp, A. (1997): Positionierung – Von der Entwicklung über die Umsetzung bis zum Controlling, in: Belz, C. (Hg.): Suchfelder für innovatives Marketing, Innovationen, Schrift 1, St. Gallen, S. 60–83.

Tomczak, T./Schögel, M/Feige, S. (2005): Erfolgreiche Markenführung gegenüber dem Handel, in: Esch, F.-R. (Hg.) (2005 d): Moderne Markenführung, 4. Aufl., Wiesbaden, S. 1088–1111.

Trevillon, K./Perrier, R. (1999): Brand Valuation – A Practical Guide, in: Accountants' Digest (Hg.), Issue 405, London.

Trommsdorff, V. (1975): Die Messung von Produktimages für das Marketing, Köln u. a.

Trommsdorff, V. (1992): Multivariate Imageforschung und strategische Marketingplanung, in: Hermanns, A./Flegel, V. (Hg.): Handbuch des Electronic Marketing: Funktionen und Anwendungen der Informations- und Kommunikationstechnik im Marketing, München, S. 321–337.

Trommsdorff, V. (Hg.) (1996): Handelsforschung 1996, Jahrbuch der Forschungsstelle für den Handel Berlin (FfH) e. V., Wiesbaden.

Trommsdorff, V. (2002): Produktpositionierung, in: Albers, S./Herrmann, A. (Hg.): Handbuch Produktmanagement, 2. Aufl., München, S. 333–354.

Trommsdorff, V. (2004): Konsumentenverhalten, 6. Aufl., Stuttgart.

Trommsdorff, V./Bookhagen, A./Hess, C. (2000): Produktpositionierung, in: Herrmann, A./Homburg, C. (Hg.): Marktforschung: Methoden, Anwendungen; Praxisbeispiele, 2. Aufl., Wiesbaden, S. 765–787.

Tull, D. S./Wood, V. R./Duhan, D./Gillpatrick, T./Robertson, K. R./Helgeson, J. G. (1986): Leveraged Decision Making in Advertising: The Flat Maximum Principle and Its Implications, in: Journal of Marketing Research, Vol. 23, pp. 25–32.

Ulrich, H./Probst, G. J. B. (1995): Anleitung zum ganzheitlichen Denken und Handeln: ein Brevier für Führungskräfte, 4. Aufl., Bern u. a.

Urban, G./Hauser, J. (1993): Design and Marketing of New Products, 2. Aufl., Englewood Cliffs.

Urbany, J. E., Dickson, P. F./Kalapurakal, R. (1996): Price Search in the Retail Grocery Market, in: Journal of Marketing, Vol. 60, pp. 91–104.

Urbany, J. F./Dickson, P. R./Sawyer, A. G. (2000): Insights Into Cross- and Within-Store Price Search: Retailer Estimates Vs. Consumer Self-Reports, in: Journal of Retailing, Vol. 76, pp. 243–257.

Verlagsgruppe Handelsblatt GmbH (Hg.) (2004): Die Tank AG, Düsseldorf.

Vershofen, W. (1959): Die Marktentnahme als Kernstück der Wirtschaftsforschung, Berlin.

Vickrey, W. (1961): Counter Speculation, Auctions and Competitive Sealed Tenders, in: Journal of Finance, Vol. 16, pp. 8–37

Vidale, M./Wolfe, H. (1957): An Operations-Research Study of Sales Response to Advertising, in: Operations Research, Vol. 5, pp. 370–381.

Vögele, S. (1995): 99 Regeln für Direktmarketing: der Praxisratgeber für alle Branchen, 2. Aufl., Landsberg/Lech.

Völckner, F. (2003): Neuprodukterfolg bei kurzlebigen Konsumgütern. Eine empirische Analyse der Erfolgsfaktoren von Markentransfers, Wiesbaden.

Völckner, F. (2005a): The Dual Role of Price: Signaling and Sacrifice Effects, Research Papers on Marketing and Retailing, Hamburg.

Völckner, F. (2005b): Methoden zur Messung individueller Zahlungsbereitschaften: Ein Überblick zum State-of-the-Art, Research Papers on Marketing and Retailing, Hamburg.

Völckner, F. (2006): An Empirical Comparison of Methods for Measuring Consumers' Willingness to Pay, erscheint in: Marketing Letters.

Völckner, F./Sattler, H. (2005a): Empirical Generalizability of Consumer Evaluations of Brand Extensions, Research Papers on Marketing and Retailing, University of Hamburg.

Völckner, F./Sattler, H. (2005b): Markentransfererfolgsanalysen bei kurzlebigen Konsumgütern unter Berücksichtigung von Konsumentenheterogenität, in: Zeitschrift für betriebswirtschaftliche Forschung, 57. Jg., S. 664–683.

Völckner, F./Sattler, H. (2006): Drivers of Brand Extension Success, erscheint in: Journal of Marketing, Vol. 70.

Wangenheim, F. von (2003): Weiterempfehlung und Kundenwert: Ein Ansatz zur persönlichen Kommunikation, Wiesbaden.

Weber, J. (1998): Einführung in das Controlling, 7. Aufl., Stuttgart.

Weber, M. (1986): Der Marktwert von Produkteigenschaften, Berlin.

Wehrli, H. P. (1981): Marketing – Züricher Ansatz, Bern.

Weinberg, P. (1986): Nonverbale Marktkommunikation, Heidelberg.

Weinberg, P. (1992): Erlebnismarketing, München.

Weinhold-Stünzi, H. (1984), Situatives Marketing, in: Thexis, 1985, 2. Jg., S. 1–2.

Weis, H.-C. (2000): Verkauf, 5. Aufl., Ludwigshafen.

Welge, M./Al-Laham, A. (1999): Strategisches Management: Grundlagen – Prozess – Implementierung, 2. Aufl., Wiesbaden.

Wells, W. D./Tigert, D. J. (1971), Activities, Interests and Opinions, in: Journal of Advertising Research, Vol. 11, pp. 27–35.

Wermeyer, F. (1994): Marketing und Produktion – Schnittstellenmanagement aus unternehmensstrategischer Sicht, Wiesbaden.

Wertenbroch, K. (1998): Consumption Self-Control by Rationing Purchase Quantities of Virtue and Vice, in: Marketing Science, Vol. 17, pp. 317–337.

Wertenbroch, K./Skiera, B. (2002): Measuring Consumers' Willingness to Pay at the Point of Purchase, in: Journal of Marketing Research, Vol. 39, pp. 228–241.

Wettig, H. (1988): Der Zuschauer vor dem Bildschirm: Scharfer Blick durch die Mattscheibe, in: werben & verkaufen, Nr. 16, S. 46–56.

Wind, Y. (1972): Life Style Analysis, in: Allvine, F. C. (Hg.), Combined Proceedings, Evanston, pp. 302–315.

Wind, Y. J. (1982): Product Policy: Concepts, Methods and Strategy, Reading/MA.

Wiswede, G. (1973): Motivation und Verbraucherverhalten, München.

Wiswede, G. (2000): Einführung in die Wirtschaftspsychologie, 3. Aufl., München u. a.

Wittmann, W./Kern, W./Köhler, R. (Hg.) (1993): Handwörterbuch der Betriebswirtschaft, Stuttgart.

Wöhe, G./Döring, U. (2005): Einführung in die allgemeine Betriebswirtschaftslehre, 22. Aufl., München.

Zaichkowsky, J./Hildebrand, J. (2005): Watching the game live: The effects of sponsorship on spectators, Paper submitted to the 2005 EMAC Conference, Milan, Italy.

Zanger, C./Sistenich, F. (1998): Theoretische Ansätze zur Begründung des Kommunikationserfolgs von Event-Marketing – illustriert an einem Fallbeispiel, in: Nickel, O. (Hg.): Eventmarketing: Grundlagen und Erfolgsbeispiele, München, S. 39–60.

Zatloukal, G. (2002): Erfolgsfaktoren von Markentransfers, Wiesbaden.

ZAW (2005): Werbung in Deutschland, 2005, Bonn.

Zeitlin, D. M./Westwood, R. A. (1986): Measuring Emotional Response, in: Journal of Advertising, Vol. 15, pp. 34–44.

Zentes, J./Swoboda, B. (2005): Hersteller-Handels-Beziehungen aus markenpolitischer Sicht, in: Esch, F.-R. (Hg.) (2005 d): Moderne Markenführung, 4. Aufl., Wiesbaden, S. 1063–1086.

Zerr, K. (2003): Online-Marktforschung – Erscheinungsformen und Nutzenpotenziale, in: Theobald, A./Dreyer, M./Starsetzki, T. H. (Hg.): Online-Marktforschung. Theoretische Grundlagen und praktische Erfahrungen, Wiesbaden, S. 7–20.

Stichwortverzeichnis